Dieter Frühauf
Hans Tegen

BlickPunkt Chemie 7–10

Ein Lehr- und Arbeitsbuch

7. – 10. Schuljahr

Schroedel
westermann

BlickPunkt
Chemie 7-10

Herausgegeben von:
Dieter Frühauf
Hans Tegen

Bearbeitet von:
Bernd Braun
Lydia Eickhoff
Sabine Fink
Dieter Frühauf
Dr. Erwin Graf
Thomas Günkel
Ursula Himmler
Friederike Krämer-Brand
Sandra Kranz
Michael Kratz
Angelika Meinhold
Marcus Mössner
Wolfgang Münzinger
Hans Tegen
Reiner Wagner
Mareike Wilms
Dr. Hilde Wirbs

unter Mitarbeit der Verlagsredaktion

Grafiken:
Jan Bintakies, Renate Diener, Wolfgang Gluszak, Helmut Holtermann, Brigitte Karnath, Karin Mall, Tom Menzel, Heike Möller, Thilo Pustlauk, Volkmar Rinke, Ingrid Schobel, Thies Schwarz, DTP-Studio Wiegand, Dr. Winfried Zemann

Grundlayout:
idee design werbeagentur

Umschlaggestaltung:
SINNSALON, Büro für Konzept und Gestaltung

westermann GRUPPE

Druck A ^{4} / Jahr 2017
Alle Drucke der Serie A sind im Unterricht parallel verwendbar.

Satz: media service schmidt, Hildesheim
Repro: westermann druck GmbH, Braunschweig
Druck und Bindung: westermann druck GmbH, Braunschweig

ISBN 978-3-507-**77304**-2

Inhaltsverzeichnis

Inhaltsverzeichnis

Inhaltsverzeichnis

8 Säuren und Laugen

9 Energie für heute und morgen

10 Erdöl – zu schade zum Verbrennen

11 Vom Traubenzucker zum Alkohol

12 Organische Säuren überall

Inhaltsverzeichnis

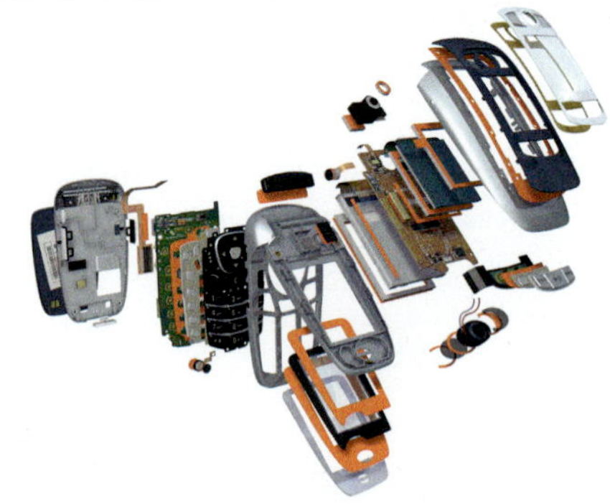

14 Kunststoffe überall – vom Handy bis zur Babywindel

Elemente im Buch

Methode

Hier findest du Tipps für allgemeine und für spezielle Arbeitsmethoden aus den Naturwissenschaften.

Exkurs

Hier wird ein spezielles Thema vertieft oder in ein benachbartes Fach geschaut.

Pinnwand

Hier werden interessante Anwendungsbeispiele in Bild und Text vorgestellt.

Basiswissen

In dieser Zusammenfassung stehen knapp und übersichtlich die wichtigsten Inhalte eines Kapitels.

Mini-Projekt

Hier stehen Themenvorschläge zum gemeinsamen Arbeiten im Team.

Trainer

Mithilfe dieser Aufgaben kannst du das Gelernte wiederholen und vertiefen.

Entsorgung von Chemikalienresten

Chemikalienreste darf man nicht ohne weiteres in den Abfluss oder Abfalleimer geben. Gefährliche Stoffe müssen vielmehr ordnungsgemäß entsorgt werden. Das gilt besonders für Stoffe, die bei chemischen Experimenten anfallen.

Entsorgungskonzept. Abfallchemikalien müssen nach Stoffklassen getrennt gesammelt werden, damit die ordnungsgemäße endgültige Entsorgung vereinfacht wird. Für die im Chemieunterricht anfallenden Chemikalien genügt ein einfaches Entsorgungssystem aus vier Behältern.

B1	B2	B3	B4
Säuren und Laugen	giftige anorganische Stoffe	halogenfreie organische Stoffe	halogenhaltige organische Stoffe
Beispiele:			
Salzsäure, Natronlauge	Kupfersulfat	Benzin	Dibromethan

B1 Im **Behälter 1** werden saure und alkalische Lösungen gesammelt. Der Inhalt von Behälter 1 sollte neutralisiert werden, bevor der Behälter ganz gefüllt ist. Der neutralisierte Inhalt kann dann in den Ausguss geschüttet werden. Deshalb dürfen giftige Verbindungen wie saure oder alkalische Chromat-Lösungen *nicht* in diese Behälter gegeben werden.

B2 Im **Behälter 2** werden giftige anorganische Stoffe wie Schwermetallsalze und Chromate gesammelt.

B3 Im **Behälter 3** werden wasserunlösliche und wasserlösliche halogenfreie organische Stoffe gesammelt.

B4 In den **Behälter 4** gehören alle Halogenkohlenwasserstoffe, alle sonstigen halogenhaltigen organischen Stoffe sowie die Abfälle aus Halogenierungsreaktionen organischer Stoffe.

Die endgültige Entsorgung der Behälter 2, 3 und 4 muss durch ein Entsorgungsunternehmen erfolgen.

Sicheres Experimentieren

1 Chemieräume dürfen nur in Gegenwart einer Aufsichtsperson betreten werden. In Chemieräumen darf nicht gegessen und getrunken werden.

2 Alle Experimente dürfen grundsätzlich nur mit einer Schutzbrille ausgeführt werden! Beim Umgang mit offenen Flammen sind die Haare so zu tragen, dass sie nicht in die Flammen geraten können.

3 Die Versuchsanleitung muss vor Beginn eines Versuches sorgfältig gelesen oder besprochen werden. Sie muss genau befolgt werden.

4 Alle benötigten Geräte und Chemikalien werden vor der Durchführung des Versuches bereitgestellt. Ohne Genehmigung des Lehrers dürfen diese nicht berührt werden.

5 Die Geräte müssen in sicherer Entfernung von der Tischkante standfest aufgebaut werden. Der Arbeitsplatz soll sauber und aufgeräumt sein. Die Geräte werden nach dem Versuch gereinigt und wieder weggeräumt.

6 Geschmacksproben dürfen nicht durchgeführt werden. Den Geruch stellt man nur auf besondere Weise durch vorsichtiges Zufächeln fest. Chemikalien fasst man nicht mit den Fingern an.

7 Chemikalien dürfen nur in Gefäßen aufbewahrt werden, die eindeutig und dauerhaft beschriftet sind und die vorgeschriebenen Gefahrensymbole aufweisen. Gefäße, die üblicherweise zur Aufnahme von Speisen oder Getränken bestimmt sind, dürfen auf keinen Fall für Chemikalien verwendet werden.

8 Bei chemischen Versuchen arbeitet man möglichst mit wenig Chemikalien, so wie es in der Versuchsanleitung angegeben ist. Nach dem Gebrauch werden Chemikaliengefäße sofort wieder verschlossen.

9 Chemikalienreste gibt man nicht in die Vorratsgefäße zurück. Sie werden in besonderen Abfallbehältern gesammelt (Behälter B1–B4). Reste dürfen nur auf Hinweis des Lehrers in den Papierkorb oder Ausguss gegeben werden.

Symbol	Kennbuchstabe und Bedeutung	Gefahrenmerkmale
	T+ Sehr giftig	Bereits die Aufnahme sehr geringer Mengen kann zu sehr schweren Gesundheitsschäden führen.
	T Giftig	Bereits die Aufnahme geringer Mengen kann zu sehr schweren Gesundheitsschäden führen.
	Xn Gesundheitsschädlich	Die Aufnahme solcher Stoffe kann zu Gesundheitsschäden führen.
	C Ätzend	Solche Stoffe können das Hautgewebe innerhalb weniger Minuten zerstören.
	Xi Reizend	Diese Stoffe reizen Haut, Augen und Atmungsorgane und können nach mehrstündiger Einwirkung zu Entzündungen führen.

Symbol	Kennbuchstabe und Bedeutung	Gefahrenmerkmale
	F+ Hoch entzündlich	Hoch entzündliche Stoffe lassen sich bereits unter 0 °C entzünden.
	F Leicht entzündlich	Leicht entzündliche Stoffe lassen sich unter 21 °C entzünden oder entzünden sich selbst.
	N Umweltgefährlich	Schädlich für die Umwelt (Boden, Gewässer, Luft, Lebewesen).
	E Explosionsgefährlich	Diese Stoffe können unter bestimmten Bedingungen explodieren.
	O Brandfördernd	Stoffe, die brennbare Materialien entzünden oder ausgebrochene Brände fördern können.

Sicheres Experimentieren

Bei chemischen Versuchen muss oft etwas erhitzt werden. Hierfür werden Gasbrenner für Erdgas oder Propangas verwendet. Beim Umgang mit dem Gasbrenner muss man einige Regeln beachten.

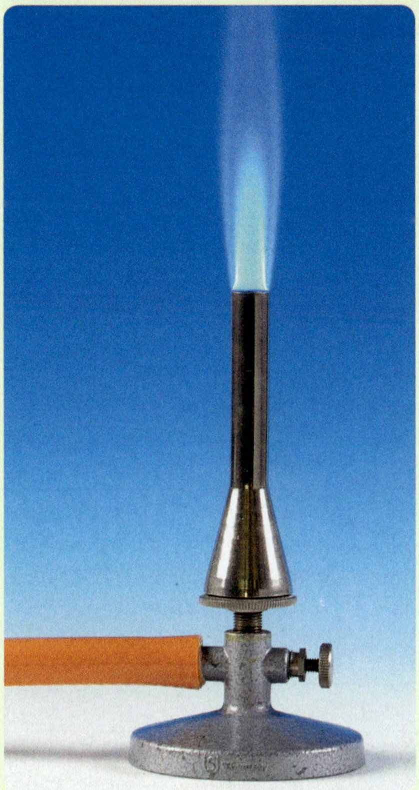

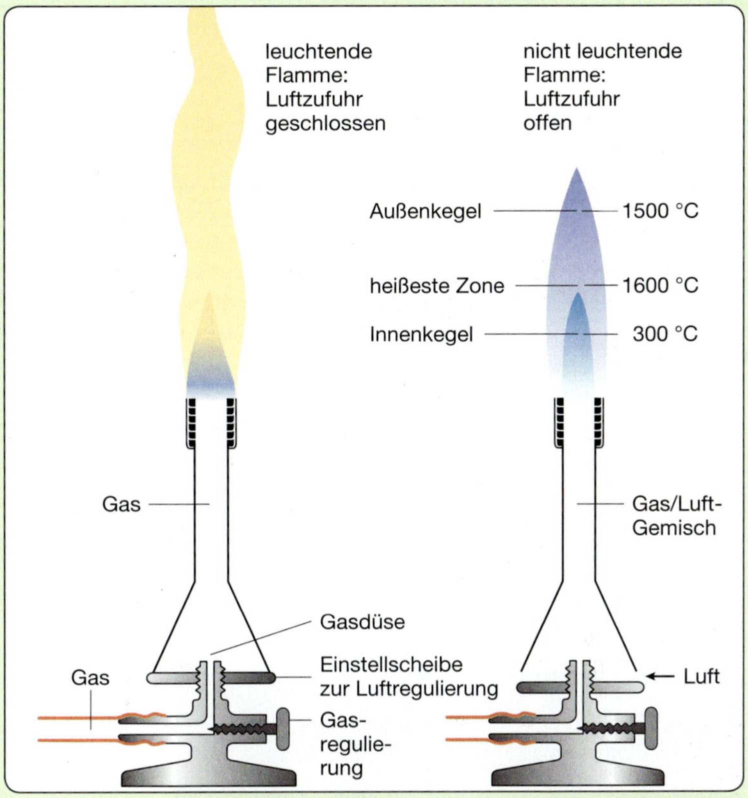

Vorbereitung

– Trage eine Schutzbrille und binde lange Haare zusammen.

– Stelle den Brenner kippsicher auf eine feuerfeste Unterlage.

– Verbinde den Gasschlauch des Brenners mit der Gaszuleitung am Tisch. Achte darauf, dass der Schlauch fest sitzt.

Entzünden des Brenners

– Öffne die Gaszufuhr am Brenner und dann den gelben Gashahn am Tisch. Entzünde das ausströmende Gas. Arbeite dabei zügig, aber ohne Hektik.

– Stelle die gewünschte Flammenhöhe ein. Dazu musst du die Gasregulierschraube am Brenner etwas aufdrehen.

– Öffne dann die Luftzufuhr etwas, bis du eine blaue Flamme erhältst.

Hinweis: Ist die Gaszufuhr zu gering oder die Luftzufuhr zu stark, dann kann die Flamme ins Innere des Brennrohres zurückschlagen. Der Brenner wird dabei sehr heiß. Es besteht die Gefahr, dass der Schlauch schmilzt und sich entzündet. Falls die Flamme zurückschlägt, **muss die Gaszufuhr sofort geschlossen werden.** Ein heiß gewordener Brenner muss erst abkühlen, bevor man das Gas erneut anzündet.
Über den **Not-Aus-Schalter** kann man übrigens in jedem Chemieraum alle Strom- und Gaszuführungen mit einem einzigen Knopfdruck unterbrechen.

Tipp: Lasst euch von der Lehrerin oder dem Lehrer zeigen, wo sich die **Feuerlöschdecke** befindet und wie man den **Feuerlöscher** bedient. Auch das Verhalten in einem Notfall solltet ihr einmal duchsprechen und üben. Die **Feuerwehr** hat die Rufnummer **112.**

Wie arbeitet ein Naturwissenschaftler?

Am Beginn einer wissenschaftlichen Arbeit steht meist eine unerwartete Beobachtung, eine Fragestellung, ein Problem. Man denkt darüber nach und versucht herauszubekommen, wie man das Problem löst. An einem Beispiel soll dies veranschaulicht werden.

1. Startexperiment

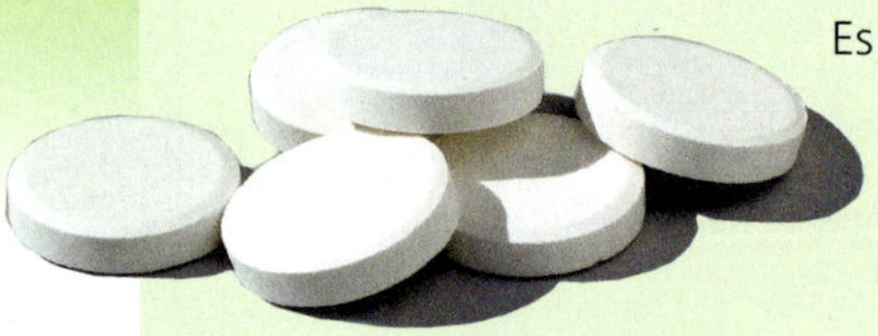

Es soll untersucht werden, wie viel Gas beim Auflösen einer Brausetablette entsteht.

Dazu nutzt man einen mit Wasser gefüllten Messzylinder, den man kopfüber in ein Wasserbecken stellt. Mit einer Pinzette legt man eine Brausetablette unter den Messzylinder, sodass das gesamte Gas aufgefangen wird. Es ist Kohlenstoffdioxid (CO_2). Es steigt im Messzylinder hoch und verdrängt dabei einen Teil des Wassers. Auf diese Weise kann man das entstandene Gasvolumen ablesen.

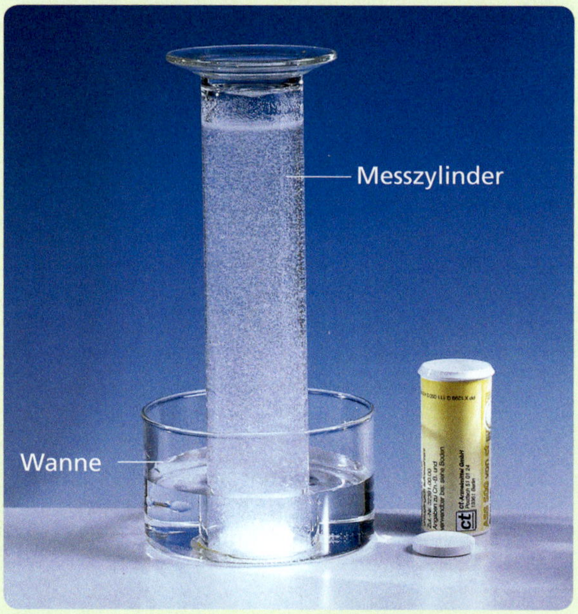

Um einen zweiten Messwert zu bekommen, löst man eine weitere Tablette unter demselben Messzylinder auf. Und da kann man eine merkwürdige Beobachtung machen …

2. Beobachtung

Man beobachtet, ganz entgegen der Erwartung, dass bei der zweiten Tablette *mehr als das Doppelte an Gasvolumen entsteht*.
Zu erwarten war aber, dass bei beiden Tabletten gleich viel Gas entsteht.

Messung	gemessene Gasmenge 1. Tablette	gemessene Gasmenge 2. Tablette
Nr. 1	50 ml	120 ml

3. Problem

Wie kann man sich das erklären, dass bei der zweiten Tablette mehr als das Doppelte an Gasvolumen im Glaszylinder entsteht?

4. Hypothesen

Man stellt Vermutungen an, woran das liegen kann. Diese unbewiesenen Vermutungen nennt man Hypothesen.
Solche Hypothesen könnten im vorliegenden Fall sein:

A: Bei der Messung ist ein Fehler unterlaufen.

B: Obwohl die Tabletten gleich aussehen, sind sie nicht gleich schwer. Das kann zu unterschiedlichen Gasmengen führen.

C: Die Löslichkeit von Kohlenstoffdioxid in Wasser spielt eine Rolle. Kohlenstoffdioxidgas löst sich gut in Wasser (das kennt man vom sprudelnden „Mineralwasser"). Das entstehende Gas aus der ersten Tablette löst sich zu einem großen Teil in Wasser. Deshalb ist bei der 1. Tablette nur wenig Gas zu messen. Bei der 2. Tablette kann das Wasser kein weiteres Gas mehr aufnehmen. Jetzt wird die gesamte Gasmenge gemessen, die beim Auflösen der Brausetablette ensteht.

5. Überprüfung der Hypothesen

Hypothese A:
Um Messfehler auszuschließen, wiederholt man den Versuch und erhält folgendes Ergebnis:

Messung	gemessene Gasmenge 1. Tablette	gemessene Gasmenge 2. Tablette
Nr. 2	55 ml	125 ml

Auch bei der Messung Nr. 2 erhält man ein ähnliches Ergebnis. Die Hypothese A ist damit widerlegt. Es handelt sich *nicht* um einen Messfehler.

Hypothese B:
Man wiegt einige Sprudeltabletten. Man stellt fest, dass die Sprudeltabletten alle ziemlich genau gleich viel wiegen. Damit ist widerlegt, dass die unterschiedlichen Gasmengen etwas mit dem unterschiedlichen Gewicht der Tabletten zu tun haben.

Hypothese C:
Man füllt einen Kolbenprober mit 100 ml Kohlenstoffdioxid. Dieses Gas kann man zum Beispiel einem Sodasprudler entnehmen. Man leitet das Gas aus dem Kolbenprober in den mit Wasser gefüllten Messzylinder.

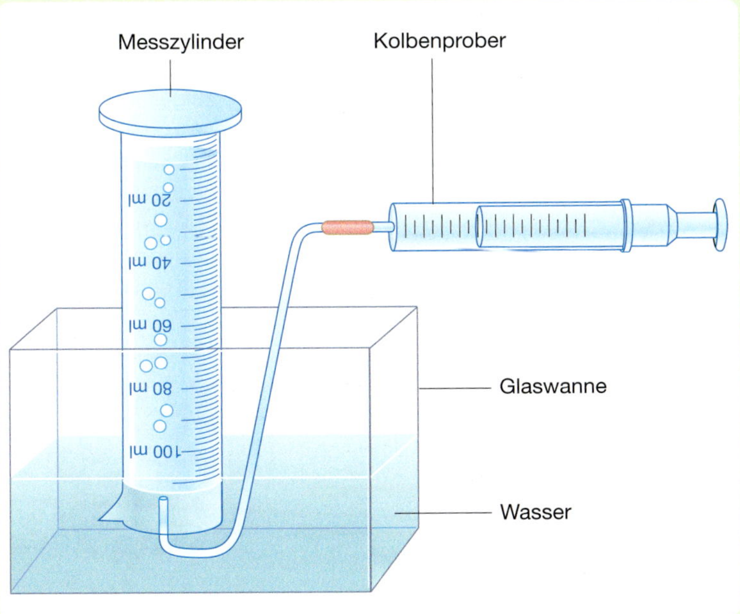

Und tatsächlich, es tritt ein Volumenschwund beim eingepressten Gas auf. Das heißt, es wird im Messzylinder eine kleinere Gasmenge angezeigt, als man aus dem Kolbenprober entnommen hat.
Wiederholt man das mehrere Male, ist das Wasser bald gesättigt und es löst sich gar kein Kohlenstoffdioxidgas mehr darin.

Damit ist die Hypothese C vorläufig bestätigt.

Tabellenbücher bestätigen diese Vermutung. Man findet folgende Angaben:

Löslichkeit in 1 l Wasser bei Raumtemperatur
0,0185 l Wasserstoff
0,8810 l Kohlenstoffdioxid
0,0311 l Sauerstoff
0,0128 l Stickstoff

6. Ergebnis, Problemlösung

Kohlenstoffdioxidgas löst sich in Wasser. Das entstehende Gas aus der 1. Tablette verdrängt nur wenig Wasser, da sich ein großer Teil des Gases in Wasser löst.

Wenn weiteres Gas aus einer 2. Tablette im gleichen Wasser hinzukommt, kann sich kaum noch etwas lösen, da das Wasser durch Gas aus der 1. Tablette bereits mit Kohlenstoffdioxidgas gesättigt ist. Also *verdrängt* das entstehende Gas aus der 2. Tablette *mehr Wasser als das Gas aus der 1. Tablette*.
Die Gültigkeit der Hypothese C ist damit bewiesen.

Mit den Versuchen und mit den logischen Schlussfolgerungen wurde aus den Hypothesen gesichertes Wissen.

1. Öffne eine warme und eine kalte Sprudelflasche. Beobachte jeweils, was geschieht. Versuche durch Hypothesenbildung eine Erklärung für die unterschiedlichen Beobachtungen zu finden.
2. Finde heraus, wie ein Sodasprudler funktioniert. Warum gibt er nach dem Besprudeln ein pfeifendes Geräusch von sich?

Rückblick Band1: Stoffe in Alltag und Technik

→ **Stoffeigenschaften:** Stoffe erkennt man an ihren Eigenschaften. In der Chemie ist ein Stoff das Material, aus dem ein Gegenstand besteht.

Ermitteln mit den Sinnen	Farbe, Form, Oberfläche, Glanz 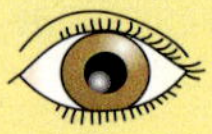	Geruch 	Geschmack 	Klang 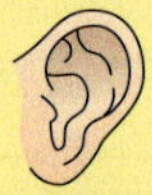	Wärmeleitfähigkeit, Oberfläche 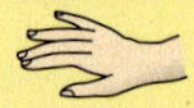
Ermitteln mit Hilfsmitteln	Schmelztemperatur, Siedetemperatur	Löslichkeit, Magnetisierbarkeit	Brennbarkeit	Härte, Verformbarkeit	elektrische Leitfähigkeit

→ **Aggregatzustände:** Stoffe können je nach Temperatur fest, flüssig oder gasförmig sein. Jeder Stoff besitzt eine ganz bestimmte **Schmelztemperatur** und eine ganz bestimmte **Siedetemperatur.** Beim Erhitzen bleibt die Temperatur eines Stoffes so lange konstant, bis er vollständig geschmolzen beziehungsweise verdampft ist.

→ **Löslichkeit:** Die Löslichkeit gibt an, wie viel Gramm eines Stoffes sich in 100 g Wasser lösen lassen. Dann liegt eine **gesättigte Lösung** vor.

→ **„Steckbrief“:** Jeder Stoff lässt sich durch eine charakteristische Kombination von Eigenschaften beschreiben. Stoffe mit ähnlichen Eigenschaften ordnet man in Stoffgruppen. Metalle glänzen, sind undurchsichtig und leicht verformbar; sie sind gute elektrische Leiter und gute Wärmeleiter.

→ **Teilchenmodell:** Alle Stoffe bestehen aus kleinsten Teilchen. Die Teilchen sind ständig in Bewegung. Die Bewegung wird mit steigender Temperatur stärker.

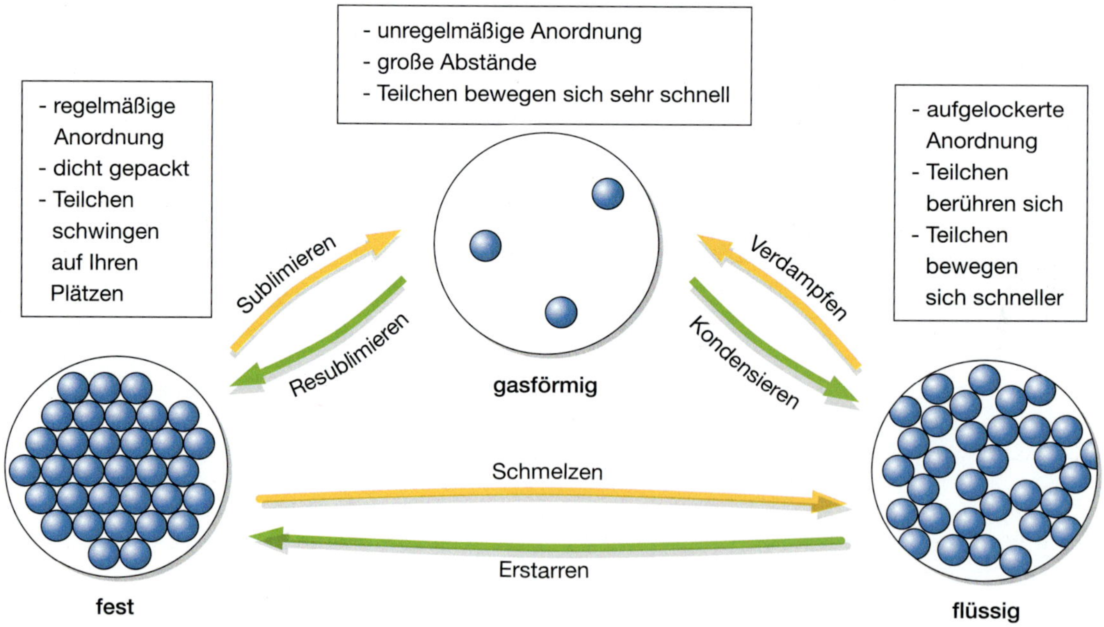

Rückblick Band1: Mischen und Trennen

→ **Reinstoffe** haben typische, unveränderliche Eigenschaften. Sie sind einheitlich aufgebaut.

→ **Stoffgemische** bestehen aus mindestens zwei, meist jedoch mehreren Reinstoffen.
Fast alle Lebensmittel sind Stoffgemische.

Gemisch	Aggregatzustand der Bestandteile	Beispiele
Gemenge	fest in fest	Müsli
Lösung	fest in flüssig	süßer Tee
Lösung	flüssig in flüssig	Apfelsaft
Lösung	gasförmig in flüssig	Mineralwasser
Suspension	fest in flüssig	Orangensaft
Rauch	fest in gasförmig	Grillfeuer
Emulsion	flüssig in flüssig	Milch
Nebel	flüssig in gasförmig	dampfendes Getränk
Schaum	gasförmig in flüssig	Schaumgebäck

→ **Stofftrennung:** Bei der Trennung von Stoffgemischen werden die unterschiedlichen Eigenschaften der Reinstoffe genutzt.

Eindampfen

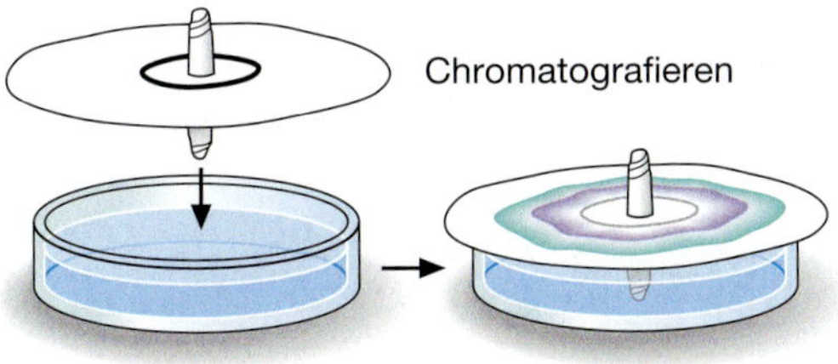

Chromatografieren

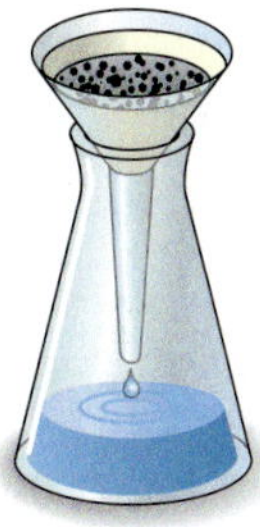

Filtrieren

Trennverfahren	Trennung aufgrund von …
Auslesen	Form, Farbe
Sieben, Filtrieren	Teilchengröße
Eindampfen	Siedetemperatur
Destillieren	Siedetemperatur
Extrahieren	Löslichkeit
Absetzen lassen	Dichte
Dekantieren	Dichte
Absorbieren	Haftfähigkeit
Chromatografieren	Haftfähigkeit und Löslichkeit

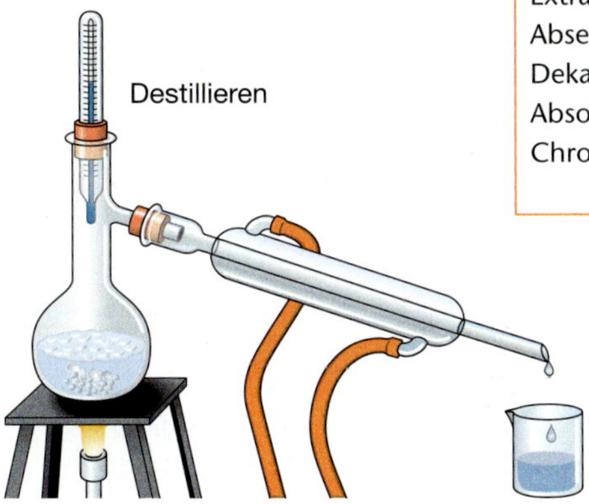

Destillieren

Absetzen lassen

Dekantieren

→ **Salzgewinnung:** Kochsalz wird aus Meerwasser, bergmännisch und durch Aussolung gewonnen.

→ **Mülltrennung:** Viele Werkstoffe können wiederverwertet werden (Recycling). Deshalb sollte der Hausmüll sorgfältig getrennt werden. Stoffe, die nicht wiederverwertet werden können, kommen in eine Müllverbrennungsanlage oder auf die Mülldeponie.

Rückblick Band1: Ohne Wasser geht nichts!

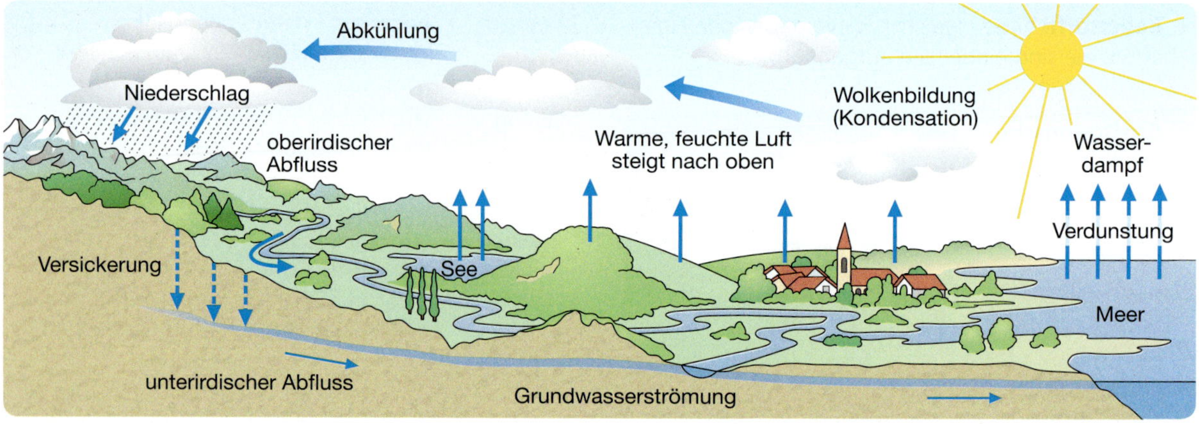

→ **Wasserkreislauf:** Wasser befindet sich in der Natur in einem ständigen Kreislauf, der von der Sonne angetrieben wird.

→ **Wasserarten:** Das meiste Wasser auf der Erde ist salziges Meerwasser, das man nicht trinken kann. Salzarmes Wasser heißt Süßwasser. Es macht aber nur einen kleinen Teil der gesamten Wassermenge aus.
Trinkwasser wird vor allem aus Grundwasser, Quellwasser und Flusswasser gewonnen.

→ **Wasser ist lebensnotwendig:** Jedes Lebewesen enthält einen bedeutenden Anteil Wasser. Ohne Wasser gibt es auf der Erde kein Leben.
Getrocknete Lebensmittel bleiben länger haltbar, weil sich Mikroorganismen darin kaum noch vermehren können.

→ **Aggregatzustände von Wasser:** Wasser ist der einzige Stoff, der sowohl fest, flüssig als auch gasförmig in der Natur vorkommt.

→ **Oberflächenspannung:** Wasser hat eine große Oberflächenspannung.

→ **Bedeutung von Wasser:** Wasser wird außer zum Trinken noch für sehr viele andere Zwecke verwendet, z. B. beim Waschen, Reinigen, für die Herstellung und den Transport von Waren, als Kühlmittel, zur Energiegewinnung …

→ **Abwasserreinigung:** Abwasser gelangt über die Kanalisation in die Kläranlage. Hier wird es mechanisch, biologisch und chemisch gereinigt.

→ **Wassernachweis:** Wasserfreies, weißes Kupfersulfat wird blau, wenn es mit Wasser in Kontakt kommt.

→ **Anomalie des Wassers:** Eis, also festes Wasser, ist leichter als flüssiges Wasser, weil es sich beim Gefrieren ausdehnt.

→ **Lösemittel:** Wasser löst sehr viele Stoffe – feste, flüssige und gasförmige.

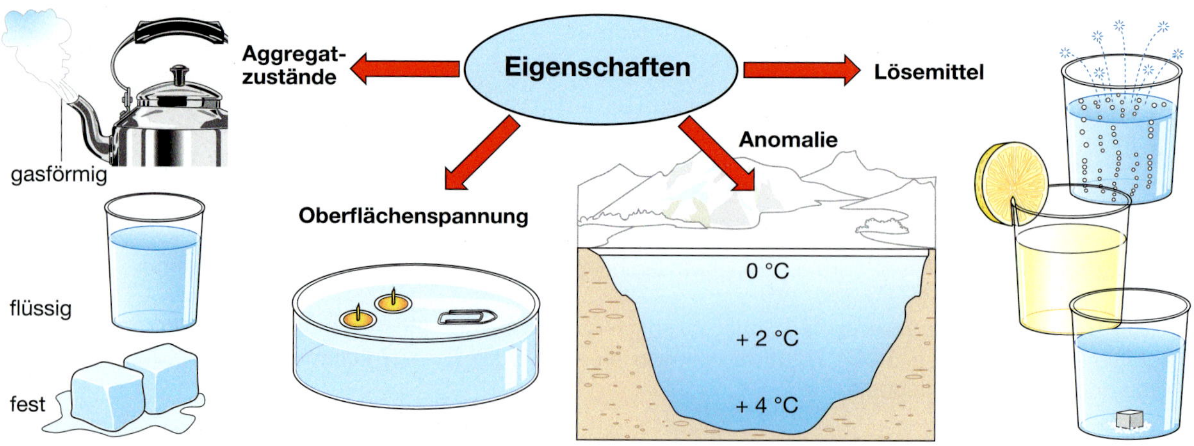

Rückblick Band1: Feuer und Flamme

→ Bedeutung des Feuers: Feuer ist nützlich und vielseitig, kann aber auch Häuser und Menschenleben vernichten. Ein unerwünschtes Feuer heißt Brand.

→ Voraussetzungen für ein Feuer: Drei Dinge braucht ein Feuer: einen **Brennstoff, Sauerstoff** und eine ausreichende Temperatur, die **Zündtemperatur.**

→ Zerteilungsgrad: Eine Verbrennung verläuft umso heftiger, je feiner der Brennstoff verteilt ist.

→ Kerze: In einer Kerze verbrennt verdampftes Kerzenwachs. Nur gasförmige Stoffe verbrennen mit einer Flamme. Feste Stoffe brennen ohne Flamme, sie glühen – etwa Holzkohle.

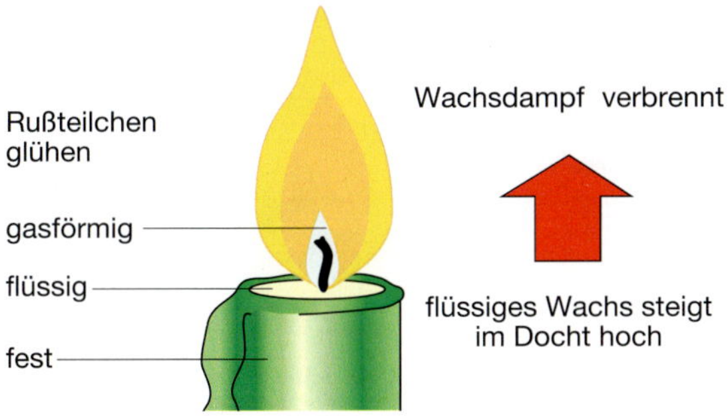

→ Verhalten bei Bränden: Brände meldet man umgehend bei der Feuerwehr:

1. Wähle die Telefonnummer **112**.
2. Melde dich mit deinem Namen.
3. Nenne den Brandort.
4. Berichte kurz, was geschehen ist.
5. Befolge die Hinweise der Feuerwehr.

Den Brandort soll man sofort verlassen. Grüne Schilder zeigen den Fluchtweg.

→ Feuer löschen: Um ein Feuer zu löschen, genügt es, eine der drei Brandbedingungen zu beseitigen:

– Man kann den **Brennstoff entfernen;** Beispiel: bei einem Waldbrand eine Schneise schlagen.

– Man kann die **Sauerstoffzufuhr unterbrechen;** Beispiel: das Feuer mit einem Schaumlöscher bekämpfen.

– Man kann das Feuer **abkühlen,** sodass die Zünttemperatur unterschritten wird; Beispiel: mit Wasser löschen. Brennendes Fett darf nicht mit Wasser gelöscht werden!

→ Verbrennungen wandeln Stoffe um: Bei einer Verbrennung verbinden sich Ausgangsstoffe mit Sauerstoff zu Verbrennungsprodukten. Dabei entstehen neue Stoffe mit neuen Eigenschaften. Bei jeder Verbrennung werden Wärme und Licht frei.

Asche besteht aus festen Verbrennungsprodukten oder nicht brennbaren Stoffen.

Verbrennt man Holz, Kerzenwachs oder Alkohol, entsteht **Wasserdampf.**

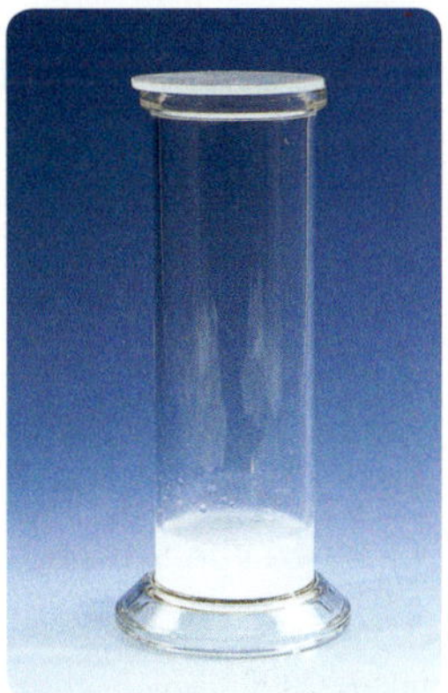

Die Abgase trüben Kalkwasser. Das ist der Nachweis für **Kohlenstoffdioxid.**

Rückblick Band1: Stoffe in Alltag und Technik

1. Form und Stoff

Beschreibe und vergleiche die Gegenstände auf den Abbildungen oben. Benutze hierfür auch die Begriffe Material, Form und Stoff.

2. Stoffe mit den Sinnen erkennen

a) Welche Stoffeigenschaften kannst du mit deinen Sinnesorganen erkennen?
b) Nenne einige Nachteile, die das Prüfen mit den Sinnen besitzt.

3. Stoffe im Haushalt

a) Welche Vor- und Nachteile haben Kochtöpfe, die Griffe aus Kunststoff haben?
b) Becher, Teller und Flaschen für Kleinkinder werden oft aus Kunststoff hergestellt. Was könnten die Gründe dafür sein?

4. Fest – flüssig – gasförmig

a) Begründe, weshalb du zum Schmelzen von Eisen kein Kupfergefäß verwenden kannst.
b) Wie nennt man den Vorgang, ...
- bei dem ein flüssiger Stoff gasförmig wird?
- bei dem ein flüssiger Stoff fest wird?
- bei dem ein gasförmiger Stoff flüssig wird?

5. Härte von Stoffen

a) Wie lässt sich die Härte von zwei Stoffen miteinander vergleichen?
b) Vergleiche die Härte von Porzellan, Tafelkreide, einem Eisennagel, einer Glasscherbe und Kupferdraht miteinander. Bringe sie in eine Reihenfolge nach ihrer Härte.

6. Magnetisch oder nicht?

a) Hältst du einen Magneten an eine Getränkedose, so wird die Dose an manchen Stellen angezogen, an anderen aber nicht. Wie lässt sich das erklären?
b) Überlege, wo man die Eigenschaft, dass manche Stoffe magnetisch sind, sinnvoll nutzen könnte?

7. Chemie-Gerätschaften

Wie heißen diese Gerätschaften und wozu werden sie benutzt?

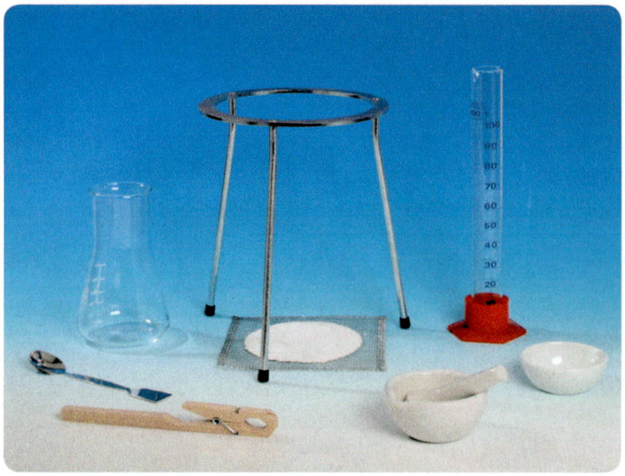

8. Experiment für die Küche: Tanzende Rosinen

Nimm ein hohes Glas, fülle es mit sprudelndem Mineralwasser und gib einige Rosinen hinzu. Wenn es klappt, siehst du nach wenigen Minuten ein interessantes Auf und Ab.

a) Versuche die Bewegung zu erklären.
b) Führt man das Experiment in einem verschlossenen Schraubdeckelglas durch, kann man den Effekt länger beobachten. Woran könnte das liegen?
c) Nimmt man statt Rosinen Senfkörner, verläuft die Bewegung schneller. Begründe dies.
d) Zähle auf, welche Stoffeigenschaften man an diesem Beispiel zeigen kann.

9. Aluminium

Campinggeschirr, Koffer, Aufbauten bei LKWs und ganze Flugzeugrümpfe werden aus Aluminium hergestellt. Welche Gründe sprechen für die Verwendung dieses Metalls?

10. Raureif

Nimmt man ein Kühlelement aus dem Tiefkühlfach, bildet sich innerhalb weniger Minuten Eis daran. Wie lässt sich das erklären?

11. Löslichkeit von Stoffen

a) Wie kann man erreichen, dass sich mehr von einem Feststoff in Wasser löst?
b) Lösen sich Gase besser in warmem oder in kaltem Wasser?
c) Du sollst feststellen, wie viel eines Stoffes sich in 100 ml Wasser lösen. Wie kannst du vorgehen?
d) Was geschieht, wenn man 45 g Kochsalz in 100 ml Wasser gibt und umrührt?
e) Es dauert viel länger, bis sich ein großer Brocken Salz gelöst hat als wenn man viele kleine Stückchen Salz oder gar feine Salzkörnchen nimmt.
Begründe dies mithilfe des Teilchenmodells.

12. Mineralwasser

a) Sprudelndes Mineralwasser schmeckt bald etwas fade, wenn die Flasche einmal geöffnet ist. Woran liegt das?
b) Was kann man tun, damit der Geschmack länger frisch bleibt? Begründe deine Aussage.

13. Stoffe erkennen

Vor dir liegen drei Stoffproben: Kochsalz, Puderzucker und Gips. Wie kannst du die drei Stoffe eindeutig voneinander unterscheiden, ohne eine Geschmacksprobe durchzuführen? Beschreibe dein Vorgehen.

14. Welcher Stoff ist es?

a) Auf welchen Stoff trifft folgende Eigenschaftskombination zu? Fest, silbrig-grau, elektrisch leitend, nicht magnetisch, nicht wasserlöslich, Schmelztemperatur 420 °C.
b) Erstellt in Zweierteams jeweils den Steckbrief eines Stoffes. Lasst andere Teams herausfinden, um welchen Stoff es sich handelt.

15. Teilchenmodell

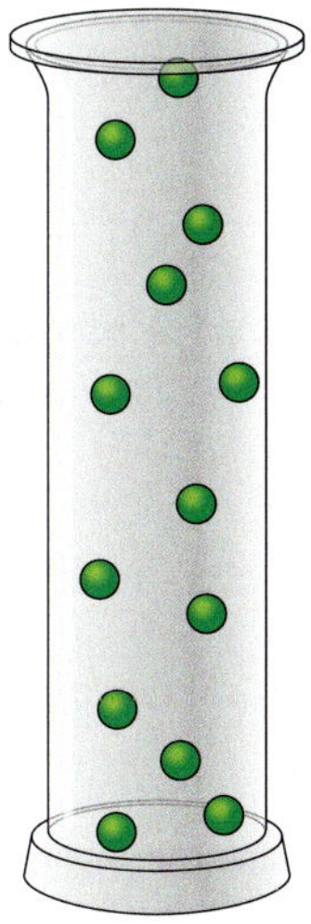

a) Erläutere kurz, was man unter dem Teilchenmodell in der Chemie versteht.
b) Was kannst du über die Bewegung der kleinen Teilchen in Stoffen sagen?
c) In welchem Aggregatzustand liegt der Stoff in dem Behälter rechts vor?
d) Beschreibe die Anordnung und die Bewegung der kleinen Teilchen in einem Eiswürfel, der gerade auftaut.

16. Parfüm und kleine Teilchen

Der Duft von Parfüm verteilt sich relativ schnell in einem Raum.
Stellt euch vor, ihr selbst wärt Parfümteilchen. Spielt in der Klasse nach, wie man sich die Verteilung der Teilchen im Raum vorstellen kann.

Rückblick Band1: Mischen und Trennen

1. Reinstoff oder Gemisch?

Handelt es sich bei den folgenden Stoffen um Reinstoffe oder Gemische?
Schokokuss, Kochsalz, Parfüm, Meerwasser, Kaffee, Ketchup, Zucker, Cola, Natron, Rotwein, Luft.

a) Lege eine Tabelle an.
b) Ergänze die Tabelle um vier weitere Beispiele.

2. Salzgewinnung

Kochsalz lässt sich aus Steinsalz, aus Salzsole oder aus Meerwasser gewinnen. Beschreibe kurz die verschiedenen Gewinnungsmethoden.

3. Stoffgemische trennen

a) Ein Gemisch aus Sand, Kochsalz, Wasser und Eisen soll getrennt werden. Beschreibe, wie du vorgehen würdest.
b) Wie lassen sich diese Stoffgemische trennen: Müsli, Salat vom Waschwasser, Nudeln vom Kochwasser, Salzlösung?

4. Wie funktioniert diese Anlage?

Betrachte die Abbildung. Beschreibe, wie diese Anlage funktioniert und was sich damit gewinnen lässt.

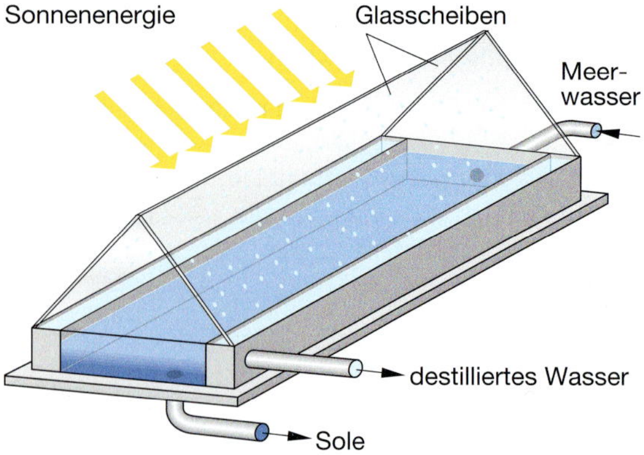

5. Stoffgemische benennen

Für Stoffgemische gibt es besondere Bezeichnungen: Emulsion, Suspension, Lösung, Schaum.
Nenne je zwei Beispiele für diese Gemische.

6. Creme aus Öl und Wasser

Die Herstellung einer Creme will nicht gelingen. Trotz kräftigem Rühren trennen sich Öl und Wasser immer wieder voneinander. Worin könnte der Fehler liegen?

7. Mineralwasser

a) Fülle frisches und abgestandenes Mineralwasser in je 1 Reagenzglas. Stelle die Reagenzgläser in ein Becherglas mit heißem Wasser. Was stellst du fest?
b) Warum kann eine Mineralwasserflasche platzen, wenn sie lange in der Sonne liegt?

8. Trennmethoden aus der Küche

a) Zum Entfetten von Bratensoße kann man das „Fettwegkännchen" benutzen. Dabei wird die Soße vom Fett abgetrennt. Nach welchem Prinzip funktioniert dieses Gerät?

b) Was kann man mit diesem Küchengerät machen?
Wo nutzt man diese Trennmethode noch?

9. Alkoholdestillation

a) Ein Gemisch aus Alkohol und Wasser lässt sich durch Destillation trennen. Nenne die Stoffeigenschaft, die hierbei genutzt wird.
b) Bei der Destillation von Wein erhält man im Destillat neben Alkohol auch immer etwas Wasser. Woran könnte das liegen?

10. Rezept für türkischen Kaffee

a) Kaffeemehl, Zucker, Wasser und Gewürze wie Kardamom oder Zimt in ein Kännchen („Ibrik") geben. Dreimal erhitzen, bis der Schaum nach oben steigt und umrühren. Den Kaffee auf die Tassen verteilen. Einige Zeit warten – und dann genießen. Welche Trennverfahren spielen hier eine Rolle?
b) Welche Trennverfahren kommen bei der Kaffeezubereitung mit der Kaffeemaschine vor? Welchen Unterschied gibt es zur türkischen Methode?

11. Versuche planen

a) In der Schale von Zitrusfrüchten sind gut riechende etherische Öle eingelagert. Plane einen Versuch, wie du an das Orangenöl herankommst.
b) Überlege: Wie könntest du zeigen, dass destilliertes Wasser kein Salz enthält?

12. Farbstoff in Getränken

Viele Erfrischungsgetränke machen durch ungewöhnliche Farben auf sich aufmerksam.
a) Versuche, den Farbstoff in einem Getränk mit Aktivkohle zu entfernen.
b) Wie heißt dieses Trennverfahren?
c) Um welchen Farbstoff handelt es sich? Man kann ihn anhand der E-Nummer auf dem Etikett feststellen.
d) Informiere dich, was Ernährungsfachleute und Ärzte über solche Farbstoffe sagen.

13. Chromatografie

a) Beschreibe dieses Trennverfahren.
b) Nenne Stoffgemische, die man damit trennen kann.
c) Es besteht der Verdacht, dass auf einem Scheck der Betrag nachträglich verändert worden ist. Wie könnte man das überprüfen?

14. Trübe Pfützen

Nach einem Regenschauer ist das Wasser in Pfützen trüb. Wenige Minuten später wird es klar. Erkläre diese Erscheinung mithilfe von Fachbegriffen.

15. Apfelsaft-Herstellung

Die Verarbeitung vom Apfel bis zum fertigen Apfelsaft erfolgt in mehreren Arbeitsschritten.
a) Erläutere die Arbeitsschritte auf der Abbildung mit eigenen Worten.
b) Welche Trennverfahren spielen eine Rolle?

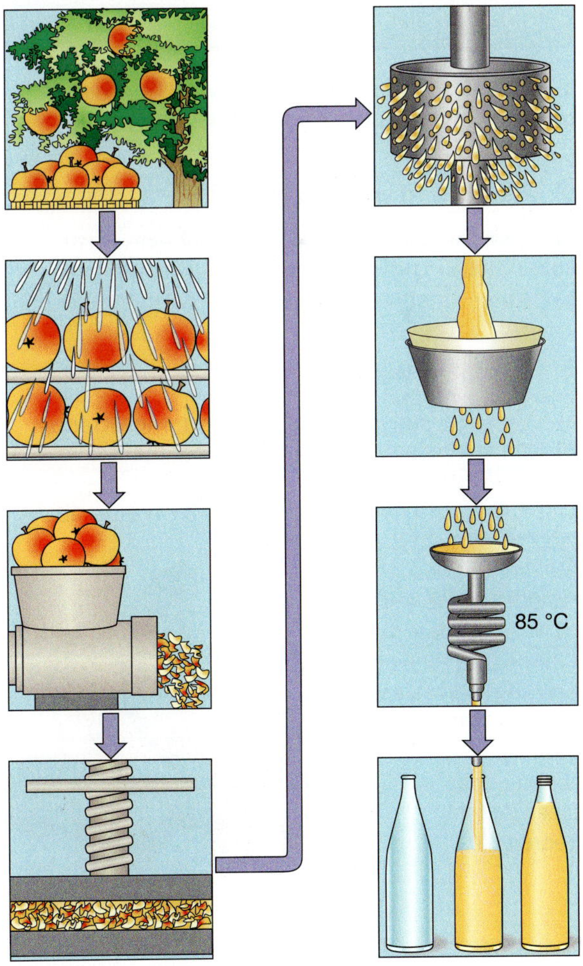

Rückblick Band1: Ohne Wasser geht nichts

1. Richtig oder falsch?

– Auf der Erde gibt es mehr Süß- als Salzwasser.
– Der größte Teil des Süßwassers ist gefrorenes Eis.
– Aus Grundwasser kann man kein Trinkwasser gewinnen.
– Meerwasser kann man nicht trinken, da man davon nur noch mehr Durst bekäme.

2. Wolken

a) Woraus bestehen Wolken und wie entstehen sie?
b) Wann kann aus Wolken Niederschlag fallen?

3. Wasser wird vielfältig genutzt

a) In welchen Bereichen spielt Wasser eine wichtige Rolle? Stelle mindestens acht Beispiele zusammen.
b) Wie gewinnt man Energie mithilfe von Wasser?

4. Wasser im Menschen

a) Wie hoch ist der Wasseranteil beim Menschen?
b) Nenne einige Aufgaben, für die der menschliche Körper Wasser benötigt.
c) Ein Erwachsener, der pro Tag 2 – 3 l Wasser abgibt, muss nicht 2 – 3 l Flüssigkeit trinken, um gesund zu bleiben. Erläutere diese Aussage.
d) Was würdest du auf eine Wanderung an einem heißen Sommertag eher mitnehmen – eine Banane, eine Tomate oder einen Apfel? Begründe.

5. Den Wassergehalt bestimmen

a) Wie kannst du nachweisen, dass in Karotten Wasser enthalten ist?
b) Plane ein Experiment, mit dem du feststellen kannst, wie viel Wasser in 100 g Karotten enthalten ist.

6. Experiment mit gefärbtem Wasser

Färbe Wasser mit Lebensmittelfarbe an und stelle eine weiße oder helle Schnittblume hinein.

Notiere deine Beobachtungen. Was kannst du aus den Beobachtungen schließen?

7. Ohne Wasser kein Leben

Wahre Überlebenskünstler sind die kleinen Salzkrebse mit dem lateinischen Namen Artemia. Diese Tierchen gibt es schon seit Millionen Jahren, man nennt sie daher oft auch „Urzeitkrebse". In Zoohandlungen werden die 1 – 2 cm großen Krebschen manchmal auch als Lebend-Zierfischfutter verkauft.
Finde heraus, warum man bei ihnen tatsächlich von Überlebenskünstlern sprechen kann – und welche Rolle das Wasser dabei spielt.

8. Fische brauchen Sauerstoff

a) In einem Süßwasseraquarium sollte die Wassertemperatur nicht über 28 °C liegen.
Weshalb kann zu warmes Wasser für Fische und andere Wasserbewohner ungünstig sein?
b) Über welches Organ nehmen Fische den Sauerstoff aus dem Wasser auf?

9. Wasser als Lösemittel

a) Selbst wenn man sich an einem heißen Sommertag einen Eistee machen möchte, lässt man den Teebeutel in heißem Wasser ziehen.
Warum macht man das?
b) Viele Stoffe lösen sich in Wasser. Nenne jeweils zwei Feststoffe und zwei Gase, die sich in Wasser lösen.

10. Ein erfrischendes Getränk …?

a) Was ist an diesem Bild nicht richtig dargestellt?
b) Erkläre, wie und warum es anders aussehen muss.

11. Unfall im Gefrierfach

Diese Flaschen lagen zu lange im Gefrierfach. Erkläre, warum es zu so einem „Unfall" kommen kann.

12. Frostaufbrüche auf Straßen

Besonders im Frühjahr kann man Frostaufbrüche auf Straßen oft sehen. Dabei entstehen störende Schlaglöcher auf der Fahrbahn.
Versuche zu erklären, wie sie entstehen.

13. Wasser sparen?

Ein Mitarbeiter eines Klärwerks behauptet: „Im Normalfall haben wir in Deutschland keine Probleme bei der Trinkwasserversorgung. Deshalb ist es bei uns nicht notwendig, noch mehr Wasser einzusparen, im Gegenteil. Viel wichtiger ist es, das Wasser nicht unnötig zu verschmutzen."
Nimm Stellung zu dieser Aussage. Denke dabei auch an die Kanalisation und die Funktion der Kläranlage.

14. Trinkwasser ist oft sehr knapp

In einigen Regionen der Erde gibt es von Natur aus wenig Wasser.
a) Erläutere, weshalb sich in den letzten Jahrzehnten die Lage dort weiter verschlechtert hat.
b) Wie kann man auf den Wassermangel reagieren?
c) Was können wir selbst tun, damit in heißen Urlaubsgebieten nicht übermäßig viel Wasser verbraucht wird?

d) Es gab schon Überlegungen, Eisberge auf dem Meer mit Schiffen in heiße Länder mit Wassermangel zu schleppen. Überlege, was für eine solche Aktion spräche und was dagegen.
e) Warum darf ein Schiffbrüchiger kein Meerwasser trinken? Wie könnte er versuchen, an Trinkwasser zu kommen?

Rückblick Band1: Feuer und Flamme

1. Feuer in früheren Zeiten

a) Feuer hat man in der Steinzeit in Form von Glut transportiert. Später hat man sein Herdfeuer möglichst lang brennen lassen, auch wenn man es nicht ständig gebraucht hat. Was zeigt uns dieses Verhalten?
b) Bei den griechischen Göttern gab es einen Gott der Vulkane, des Feuers und der Schmiedekunst. Wie lautete sein Name?

2. Was sind Eulenlöcher?

In alten niedersächsischen Bauernhäusern findet man unter dem Dachfirst häufig ein „Eulenloch". Finde heraus, welche Funktion dieses Eulenloch hatte.

3. Ein Grillfeuer anzünden

a) Für Grillfeuer werden verschiedene Grillanzünder angeboten. Weshalb benötigt man solche Hilfsmittel?
b) Wie geht man vor, wenn man ein Grillfeuer anzünden will?
c) Begründe, weshalb man auf keinen Fall Spiritus in ein schlecht brennendes Feuer gießen darf.

4. Feuerzeuge

Ein „Schlagfeuerzeug" aus der Steinzeit mit Feuerstein, Pyrit und Zunder erscheint uns heute sehr primitiv.
Vergleiche es in der Funktion mit einem einfachen Gasfeuerzeug unserer Tage.

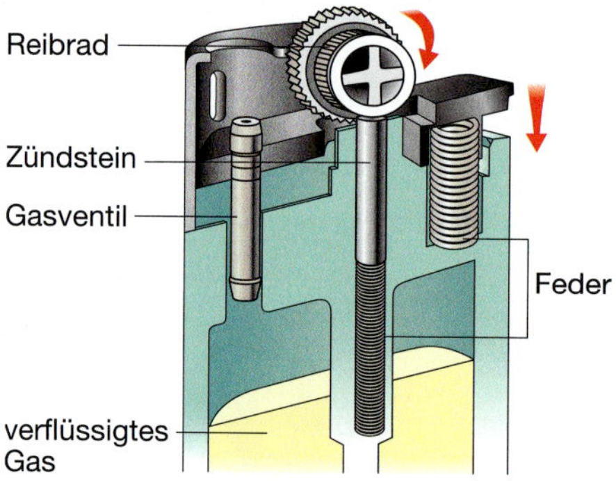

5. Feuer für den Kamin

Beschreibe die abgebildeten Schritte, wenn man ein Feuer in einem Kamin anzünden will.

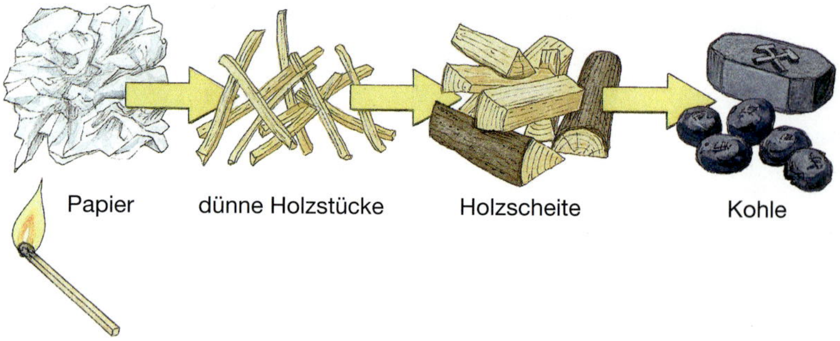

6. Gefährliches Spiel

Zwei Kinder haben beim Spielen ein Feuer auf einem Bauernhof verursacht – obwohl sie kein Feuerzeug und auch keine Streichhölzer hatten. Sie wollten nur mit einer Lupe Insekten beobachten, erwiderten sie bei der Befragung durch die Polizei.
Wie kann man sich das erklären?

7. Kann man so Feuer machen?

Jemand behauptet, dass sich auch mit einer Bohrmaschine und einem Holzbrett ein Feuer entzünden lässt. Wie könnte so etwas funktionieren?

8. Kerzen

a) Wie kann man bei einer Kerze zeigen, dass es tatsächlich der Wachsdampf ist, der brennt?
b) Warum kann man eine Kerze ohne Docht nicht anzünden?

9. Eine Kerze als Uhr?

a) Versuche selbst, eine ganz einfache „Kerzenuhr" zu konstruieren. Mache zunächst einen Plan und schreibe eine Materialliste.
b) Sicherlich hat deine Konstruktion einige Nachteile. Schreibe sie auf.
(Tipp: Versuche es mit einer Kerze und einigen Nägeln.)

10. Einen Brand melden

Das richtige Verhalten beim Melden eines Brandes kann man gut in einem Rollenspiel üben. Versuche das mit einem Mitschüler der Klasse vorzuführen. Aus der Kritik deiner Mitschüler können alle sicherlich etwas lernen.

11. Wie löscht man so ein Feuer?

Ein Großbrand in einer Möbelfabrik verursachte einen Schaden von mehreren Millionen Euro. Das Feuer war zunächst im Benzin- und Heizöllager ausgebrochen und drohte auf das Holzlager überzugreifen. Die Anwohner in der Nachbarschaft mussten vorübergehend ihre Wohnungen verlassen.

a) Auf welche Weise kann das Feuer im Holzlager gelöscht werden?
b) Wie geht die Feuerwehr wohl im Benzin- und Heizöllager vor?
c) Warum mussten zeitweise die Bewohner der Nachbarhäuser evakuiert werden?

12. Zeitungsmeldung

In der Zeitung liest man die Überschrift:
„Leichtsinn: Heizlüfter setzt Badezimmer in Brand!".
a) Was könnte hier passiert sein?
b) An welche Stelle der Mindmap auf Seite 114 in diesem Buch müsste man dieses Beispiel einordnen?

13. Richtiges Verhalten bei Feuer

a) Du hast kein Wasser zur Verfügung, musst aber ein Lagerfeuer im Freien löschen. Was tust du?
b) Der Schlauch an einem Gasbrenner in der Schule brennt. Was ist zu tun?
c) Im Labor hat die Kleidung eines Mitschülers Feuer gefangen. Was kannst du tun?

14. Die Schule brennt

Beim Verlassen eines brennenden Gebäudes soll man Türen und Fenster schließen. Weshalb gibt man diesen Ratschlag? Entscheide dich für a, b oder c.
a) Es sieht einfach ordentlicher aus.
b) Der Qualm soll möglichst lange im Gebäude bleiben, damit die umliegenden Bewohner nicht gefährdet werden.
c) Luftzug ist ein starker Brandbeschleuniger. Selbst bei kleineren Bränden ist Wind gefährlich.

15. Ein Wald brennt

Gegen einen Waldbrand werden verschiedene Löschmethoden angewendet.
a) Löschflugzeuge werden eingesetzt, um den Brand mit Wasser zu bekämpfen. Erkläre die Wirkung.
b) Eine andere Bekämpfungsmethode ist das Schlagen von Schneisen. Welche Löschmethode liegt diesem Verfahren zugrunde?

16. Brandklassen und Feuerlöscher

Brände teilt man in verschiedene Brandklassen ein. Nach dieser Einteilung wird das Löschmittel ausgewählt. Finde heraus, für welche Brände die Feuerlöscher an eurer Schule geeignet sind.

Symbol	Brandklasse
	Feste Stoffe, die eine Glut bilden, z. B. Holz, Kohle, Papier
	Flüssige Stoffe, z. B. Benzin, Alkohol
	Gasförmige Stoffe, z. B. Erdgas, Propan, Wasserstoff
	Brennbare Metalle, z. B. Magnesium, Aluminium
	Speiseöle, Speisefette, z. B. Frittierfett

17. Verbrennungen sind Stoffumwandlungen

a) Was wird bei der Verbrennung aus Kerzenwachs?
b) Nenne Nachweismöglichkeiten für zwei Verbrennungsprodukte eines Feuers.
c) Was haben alle Verbrennungen gemeinsam?

1 Chemische Reaktionen überall

„Hier tut sich 'was!" Viele Menschen staunen, wenn sie sehen, wie man Stoffe dazu bringen kann, sich zu verändern und dabei vielleicht Feuer oder Licht entsteht.
Manche Stoffe wandeln sich sogar ganz von allein, ohne unser Zutun, in andere Stoffe um.
In diesem Kapitel wollen wir das genauer untersuchen. Wir wollen wissen:
- **Was geschieht bei solchen Stoffumwandlungen?**
- **Wie ist es möglich, vorhandene Stoffe in völlig andere Stoffe umzuwandeln?**

▲ 1. Hier wird ganz gewöhnliche Eisenwolle verbrannt.
Überlege: Weshalb verläuft die Verbrennung hier so heftig?

◀ Eine ganz alltägliche chemische Reaktion …

2. Das ist keine fliegende Untertasse, sondern eine Tiefseequalle mit dem Namen Periphylla. Das Besondere ist, dass diese Qualle selbst Licht erzeugen kann! Dafür nutzt sie eine bestimmte chemische Reaktion. ▶

▲ 3. Bis aus einem winzigen Keimling im Laufe von Jahren ein großer Nadelbaum geworden ist, müssen unzählige chemische Reaktionen in den Zellen der Pflanze ablaufen. Jedes Lebewesen ist eine Art chemische Fabrik.

4. Eine Brausetablette fällt ins Wasser und ein Gas entsteht. Versuche doch selbst einmal, die Gasmenge pro Tablette festzustellen. Um welches Gas könnte es sich handeln? ▼

Chemische Reaktionen in Alltag und Umwelt

1. Karamellbonbons – selbst hergestellt

Material: Backpapier, Löffel, Messer, Kochplatte, Topf; zwei Esslöffel Wasser, 25 g Butter, 250 g Zucker.
Durchführung: Der Topf wird auf die Kochplatte gestellt (mittlere Hitze). Wenn er heiß geworden ist, gebt ihr nacheinander Zucker, Wasser und Butter hinein. Rührt dabei ständig um. Achtung, der Topf darf nicht zu heiß werden, sonst brennt der Zucker an.

Erhitzt die Masse so lange im Topf, bis sie Bläschen wirft und hellbraun geworden ist. Gebt sie dann mit dem Löffel in einzelnen Portionen auf das Backpapier. Probiert die Karamellbonbons aber erst, wenn sie abgekühlt sind!

2. Apfel an der Luft

Wenn ein angeschnittener Apfel einige Zeit an der Luft liegt, wird er braun. Woran könnte das liegen?

3. Streichholz, vorher – nachher

Zünde ein Streichholz an. Beobachte möglichst genau, was passiert. Wie verändert es sich? Schreibe deine Beobachtungen auf.

4. Rezept für Geheimtinte

Unsichtbare Tinte eignet sich gut zur Übermittlung geheimer Botschaften.... Als Tinte kann man Zitronensaft, Essig oder Milch verwenden, als Papier am besten Recycling-Schreibpapier. Schreibe oder male mit einem befeuchteten Wattestäbchen auf das Papier. Lass die Schrift dann ein wenig trocknen. Du kannst die Schrift mit einem (sehr) heißen Bügeleisen sichtbar machen.

5. Der Glühdraht einer Glühlampe

Bei einer klaren Glühlampe kannst du den Glühdraht genau erkennen.
a) Schreibe auf, wie der Glühdraht vor und nach dem Einschalten aussieht.
b) Überlege, durch welche Vorgänge der Glühdraht zum Leuchten gebracht wird.

6. Geheimnisvoller Hefeteig

Vermische einen Esslöffel Mehl mit einem halben Esslöffel Zucker und einem Viertel Hefewürfel.
Verrühre alles mit etwas warmem Wasser zu einem dicken Brei. Stelle ihn etwa 15 Minuten auf die Heizung.
Was passiert mit dem Gemisch?

▲ *1. Chemische Reaktion im Alltag*

Chemische Reaktionen. Ein Würstchen auf dem Grill verändert sich, es wird braun – und sogar schwarz, wenn man nicht aufpasst. Auch wenn man Zucker erhitzt, einen Kuchen backt oder eine Brausetablette auflöst, werden Veränderungen sichtbar. Es entstehen neue Stoffe, die anders aussehen oder anders schmecken.
Einen solchen Vorgang, bei dem **neue Stoffe** mit **neuen Eigenschaften** entstehen, bezeichnet man als **chemische Reaktion.**

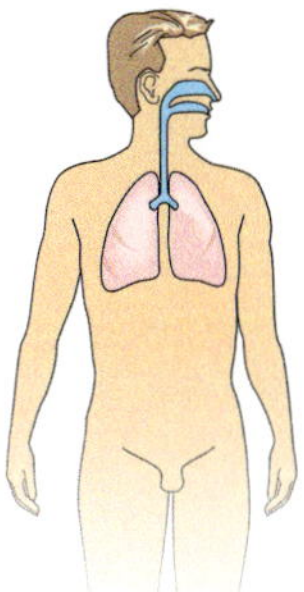

Auch im menschlichen Körper laufen ständig zahlreiche chemische Reaktionen ab, etwa bei der Atmung.
Beim Einatmen nehmen wir sauerstoffreiche Luft über die Lungen auf. Der Sauerstoff wird für chemische Reaktionen im Körper benötigt. Dabei wird lebensnotwendige Energie frei. Bei der Reaktion im Körper entsteht Kohlenstoffdioxid. Man kann das Gas in der ausgeatmeten Luft nachweisen.

Physikalische Vorgänge. Der Glühdraht einer Lampe hat nach dem Ausschalten die gleichen Eigenschaften wie zuvor; er ist der gleiche Stoff geblieben. Auch Glas bleibt nach kräftigem Erhitzen stofflich unverändert. Dort hat also *keine* chemische Reaktion stattgefunden. Solche Vorgänge bezeichnet man als **physikalische Vorgänge.**

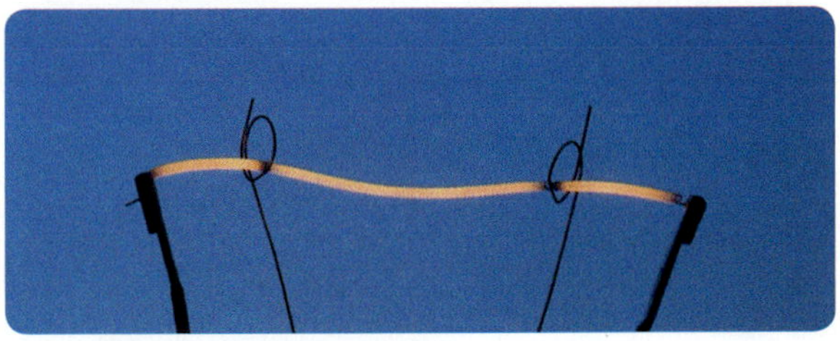

▲ *3. Glühdraht einer Glühlampe*

Eine chemische Reaktion ist ein Vorgang, bei dem aus vorhandenen Stoffen neue Stoffe mit neuen Eigenschaften entstehen.

1. Fragen zum Text

a) Was ist typisch für eine chemische Reaktion?
b) Nenne einige Beispiele für chemische Reaktionen, die in der Küche zu beobachten sind.
c) Welche chemischen Reaktionen laufen im menschlichen Körper ab?
d) Gib ein Beispiel für einen physikalischen Vorgang an.

2. Brausepulver

a) Gib etwas Brausepulver in ein Glas mit Wasser und beschreibe, was passiert.
b) Beschreibe das Aussehen der Stoffe vorher und nachher.
c) Läuft bei der Brauseherstellung wirklich eine chemische Reaktion ab? Begründe deine Meinung.

3. Tintenkiller

Mit einem Tintenkiller verschwindet die Schrift wie von Zauberhand.
Handelt es sich dabei um eine chemische Reaktion oder um einen physikalischen Vorgang?
Begründe deine Meinung.

Auch Metalle können brennen

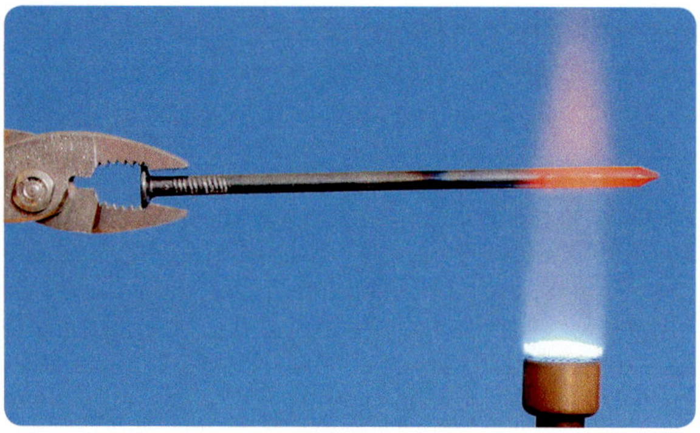

▲ *1. Ein Eisennagel wird erhitzt*

▲ *2. Eisenwolle vor dem Versuch und nach dem Versuch*

1. Kann Eisen brennen?

a) Halte einen Eisennagel mit einer Tiegelzange etwa eine Minute in eine rauschende Brennerflamme. Verändert er sich? Vorsicht, der Nagel ist danach noch längere Zeit heiß!
b) Halte etwas Eisenwolle in die Brennerflamme. Nimm sie aus der Flamme und puste mehrmals hinein, wenn sie aufglüht. Was kannst du beobachten? Wie sieht die Eisenwolle nach dem Erkalten aus?
c) Vergleiche deine Ergebnisse aus den beiden Experimenten. Versuche, beide Beobachtungen zu erklären.

2. Neuer Stoff, anderes Gewicht?

Hänge zwei gleich schwere Büschel Eisenwolle an eine Balkenwaage. Erhitze die Eisenwolle an einer Seite der Waage mit der Brennerflamme bis zur Rotglut.
a) Was zeigt die Waage nach dem Erkalten an?
b) Versuche deine Beobachtung zu erklären.

3. Erhitzen eines Kupferbriefs

Falte ein Stück dünnes Kupferblech einmal zusammen und biege die Ränder fest um. Erhitze das Blech in der rauschenden Brennerflamme mit einer Tiegelzange so lange, bis es einmal vollständig durchgeglüht ist.
Falte den Kupferbrief nach dem Abkühlen wieder auseinander.
a) Beschreibe, wo und wie sich das Kupferblech verändert hat.
b) Versuche die Unterschiede zu erklären.

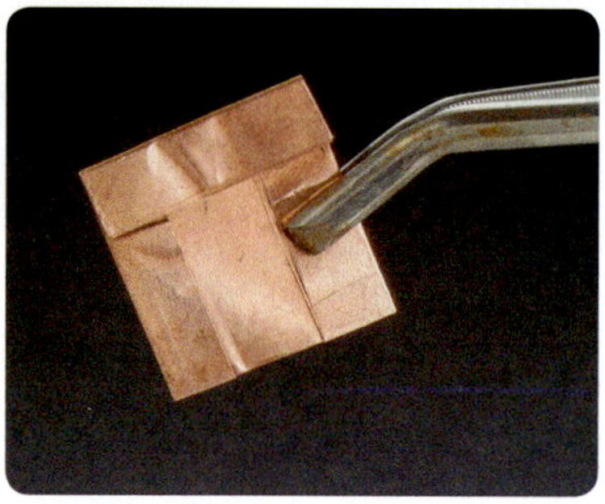

▲ *3. Der Kupferbrief*

4. Feuerwerk aus Metallpulver

Blase mit einem Glasrohr über einer feuerfesten Unterlage nacheinander Aluminium-, Zink-, Eisen-, Magnesium- und Kupferpulver in die nicht leuchtende Flamme eines Brenners.
a) Ordne die Metallpulver nach der Heftigkeit der Verbrennung.
b) Warum entsteht derart helles Licht?

Eisenwolle brennt. Wenn man Eisenwolle in der Brennerflamme erhitzt hat, beobachtet man einige Veränderungen:
Aus der zuvor hellgrauen, metallisch glänzenden Eisenwolle ist ein dunkelgrauer, stumpf aussehender Stoff geworden. Er zerbröckelt in der Hand, wenn man ihn zusammendrückt; Eisenwolle dagegen gibt auf Druck federnd nach.
Bei der Verbrennung muss sich aus der Eisenwolle also ein **neuer Stoff** mit **neuen Eigenschaften** gebildet haben.

Verbrennt man Eisenwolle an einer Waage, ist der neue Stoff erkennbar **schwerer** als der Ausgangsstoff. Es muss also aus der Luft *etwas hinzugekommen sein.*

Der Kupferbrief. Erhitzt man ein zusammengefaltetes Kupferblech in der Brennerflamme, bemerkt man nur außen eine Veränderung. Innen, dort wo keine Luft hinzutreten konnte, ist das Kupfer unverändert. Nur außen bildet sich der neue, schwarze Stoff. Es ist kein Ruß, sondern *Kupferoxid* – entstanden aus dem Kupfer und dem Sauerstoff der Luft.

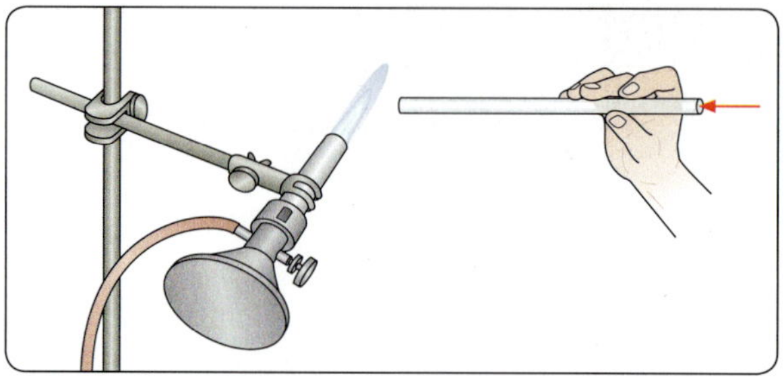

Bei der Verbrennung der Eisenwolle ist ebenfalls ein neuer Stoff entstanden. Er heißt Eisenoxid.

▲ 1. *Eisenwolle verbrennt an einer Waage*

Die Verbrennung ist ein typisches Beispiel für eine **chemische Reaktion.** Reagiert ein Stoff **mit Sauerstoff,** wird diese Reaktion **Oxidation** genannt, das Reaktionsprodukt heißt **Oxid.**
Aus Eisen und Sauerstoff wird so *Eisenoxid;* aus Kupfer und Sauerstoff wird *Kupferoxid.*

Zerteilungsgrad. Eine Eisenschraube kann man nicht mit einem Brenner anzünden. Bei einem Eisenwollebüschel ist der Zerteilungsgrad aber so groß, dass das Eisenwollebüschel in der Brennerflamme verglüht.

Reiner Sauerstoff. Wenn man Metalle in reinem Sauerstoff verbrennen lässt, laufen diese Reaktionen besonders heftig ab.

Viele Metalle verbrennen, wenn sie in Gegenwart von Sauerstoff erhitzt werden.
Eine chemische Reaktion, bei der sich ein Stoff mit Sauerstoff verbindet, wird Oxidation genannt, das Reaktionsprodukt heißt Oxid.

1. Fragen zum Text
a) Was geschieht, wenn man Eisenwolle erhitzt?
b) Woran kannst du erkennen, dass beim Verbrennen eine chemische Reaktion stattfindet?
c) Was ist eine Oxidation?
d) Warum verändert sich der Kupferbrief innen nicht?

2. Lehrerversuch: Verbrennung in Sauerstoff
Ein hohes Glasgefäß wird mit reinem Sauerstoff gefüllt. Mit einer Tiegelzange wird ein Büschel Eisenwolle in einer Brennerflamme zum Glühen gebracht. Die glühende Eisenwolle wird dann mit der Tiegelzange vorsichtig in das Gefäß mit Sauerstoff gehalten (Abb. 15.2).

▲ 2. *Eisenwolle verbrennt in reinem Sauerstoff*

a) Was ist bei diesem Versuch anders als beim Glühen von Eisenwolle an der Luft?
b) Versuche die Unterschiede zu erklären.

3. Brennende Glühlampe
a) Beschreibe, was du auf den Fotos ganz unten siehst.
b) Warum bleibt bei einer intakten Glühlampe der Glühdraht unverändert?
c) Was geschieht, wenn man eine Glühlampe ohne Glashülle in Betrieb nimmt?
(Achtung, auf keinen Fall selbst nachmachen, Lebensgefahr!)

▲ 3. *Der Wolframdraht einer Glühlampe (ver)brennt ohne Glashülle*

Die Farben beim Feuerwerk

Feuerwerke faszinieren immer wieder mit ihren Leucht- und Knalleffekten vor dem schwarzen Nachthimmel.

Die farbenprächtigen Leuchteffekte eines Feuerwerks verdanken wir überwiegend Metallen und Metallverbindungen. Sie verbrennen, wenn die Raketen hochgestiegen sind. Schwarzpulver dient als Treibstoff.
Natriumverbindungen erzeugen ein sehr intensives gelbes Licht. Bariumverbindungen verursachen ein grünes, Strontiumverbindungen dagegen rotes Licht. Ein etwas dezenteres Violett kommt von Kaliumverbindungen. Kalk- und Gipspulver setzt man für orangerote Effekte ein. Am schwierigsten ist es, blaues Licht zu erzeugen. Hierfür nimmt man verschiedene Kupferverbindungen, vermischt mit Zusatzstoffen.
Die goldenen Funken, die man auch von Wunderkerzen kennt, stammen von grobem Eisenpulver oder Eisenfeilspänen. Die ganz grellen Lichtblitze kommen von Magnesium- oder Aluminiumpulver.

1. Überlege, welche Stoffe man bei dem abgebildeten Feuerwerk verwendet haben könnte.

Wie funktionieren Wunderkerzen?

Eine Wunderkerze besteht aus einem Metalldraht, der mit einer getrockneten grauen Masse überzogen ist. Enthalten darin ist meistens Aluminium- und Eisenpulver, ein Sauerstoff liefernder Stoff wie Bariumnitrat sowie ein Bindemittel.
Beim Entzünden reagiert Aluminium mit Bariumnitrat, es entstehen zunächst Metalloxide und Stickstoff. Dabei wird viel Wärme frei. Deshalb glüht die Wunderkerze.
Die Wärme und das entstehende Stickstoffgas sorgen dafür, dass das Eisenpulver nach außen weggeschleudert wird und mit dem Sauerstoff der Luft verbrennt. Das sind die weißgolden zerplatzenden Funken, die so typisch für Wunderkerzen sind.

Wunderkerzen sollte man nur im Freien anzünden, denn es entstehen auch giftige Stoffe wie Stickstoffoxide. Achtung, eine abgebrannte Wunderkerze ist noch längere Zeit sehr heiß!

2. Erstellt ein Lernplakat darüber, wie eine Wunderkerze funktioniert. Fertigt eine Skizze an und beschriftet diese mithilfe der Informationen aus diesem Text.

Wunderkerzen selbst gemacht

Materialien: Feuerfeste Unterlage, Glasstab, Waage, Spatel, ca. 15 Pfeifenreiniger, Becherglas 100 ml, 3 g Tapetenkleister, 11 g Bariumnitrat (O, Xn), 1 g Aluminiumpulver (F) und 5 g grobes Eisenpulver (F).

Durchführung: Mische zunächst Bariumnitrat, Aluminium- und Eisenpulver sorgfältig miteinander. Rühre aus Tapetenkleister mit wenig Wasser einen steifen Brei an und gib die vermischten Chemikalien dazu.
Bestreiche anschließend die Pfeifenreiniger gleichmäßig mit dem Brei. Lass die Masse vollständig trocknen, mindestens einen Tag lang. Probiere dann im Freien aus, ob die Arbeit gelungen ist.

Chemie aus der Zeitung

Berichte mit Bezügen zur Chemie findet man schon ab und zu in den Medien. Nicht immer sind diese Berichte verständlich und auch nicht immer chemisch korrekt.

1. Überprüfe, ob der folgende Artikel über Feuerlöscher korrekt ist. Begründe deine Antwort.

TIPP: Feuerlöscher warten!

Feuerlöscher müssen regelmäßig gewartet werden, damit sie im Notfall auch richtig funktionieren. Versäumen Sie dies nicht!

Wer vergisst, den heimischen Feuerlöscher regelmäßig überprüfen zu lassen, geht nicht nur ein hohes Sicherheitsrisiko ein. Man riskiert auch eine satte Geldstrafe, wenn man erwischt wird.

Wenden Sie sich aber auf jeden Fall an einen Fachbetrieb. Er kennt sich bestens aus und füllt frische Druckluft in ihren Feuerlöscher – damit bei Ihnen zu Hause garantiert nichts anbrennt!

Der folgende Text berichtet über ein tatsächlich geschehenes Unglück mit einem defekten Heizofen.

Der Tod kam im Schlaf

In Castellòn in Ostspanien ist ein defekter Heizofen 18 jungen Menschen zum Verhängnis geworden. Sie waren mit anderen Gästen auf einer großen Geburtstagsfeier in einem alten Schloss. Um in der kalten Nacht nicht zu frieren, hatten Sie einen mitgebrachten Heizofen nach der Feier in einem Schlafraum aufgestellt und angesteckt.
Der Heizofen funktionierte nicht richtig. Es strömte nach Aussage der Ermittler höchstwahrscheinlich Kohlenstoffmonooxid aus. 18 Gäste wurden von diesem tückischen Gas im Schlaf getötet.
Kohlenstoffmonooxid entsteht bei einer Verbrennung unter Sauerstoffmangel. Es ist ein geruch- und geschmackloses Gas, das stark giftig ist. Schon geringe Mengen des Gases können zu Vergiftungen führen.

2. Weshalb haben die Menschen von den giftigen Abgasen des Ofens nichts bemerkt?
3. Finde heraus, wie dieses Gas auf den menschlichen Körper wirkt.
4. Auch beim Rauchen und im Autoabgas kommt Kohlenstoffmonooxid vor. Was kannst du daraus ableiten?
5. Weshalb warnen Schornsteinfeger vor Vogelnestern in Schornsteinen?

Großbrand in Gießerei

Die Gießerei eines Großbetriebes in Nordhessen war gestern Abend von grellem Licht taghell erleuchtet. Ein Großbrand wütete in dem Industriebetrieb. Mehrere Feuerwehrzüge waren bemüht, den Brand unter Kontrolle zu bringen.
Auf dem Schrottplatz des Betriebes sind vermutlich mehrere Lastwagen durch den Einschlag eines Blitzes in Brand geraten. Die Lastwagen waren mit Magnesiumteilen und anderen Metallabfällen beladen.
Obwohl das Feuer schwer zu bekämpfen war, konnte die Werksfeuerwehr mit Unterstützung der freiwilligen Feuerwehr eine Ausbreitung des Brandes verhindern. Werksangehörige sind glücklicherweise nicht zu Schaden gekommen, Produktionsanlagen sind nicht beeinträchtigt worden.
Das Feuer muss eine beträchtliche Hitze entwickelt haben, denn von den Lastwagen war nach der Beendigung der Löscharbeiten nicht mehr viel zu erkennen.

Max (11 Jahre) liest den Bericht über ein Feuer in einem Industriebetrieb.
Nachdem er den Artikel gelesen hat, wundert er sich: „So ein großes Feuer – und das nur wegen der paar LKW? Die bestehen doch vor allem aus Metall! Und die Ladung der LKW konnte doch auch nicht brennen. Magnesium ist doch auch ein Metall, so wie Eisen – oder?"

6. Lies den Artikel zu dem Großbrand noch mal. Was würdest du Max gegenüber richtig stellen, damit er den Artikel richtig versteht?
7. Sind in dem Artikel Fehler enthalten?

Schadstoffe in der Luft

1. Achtung, Alarm: Kohlenstoffmonooxid!

In Tiefgaragen und langen Straßentunneln kontrollieren Gaswarngeräte die Luft.

a) Weshalb ist dies notwendig?

b) Wie sollte man sich verhalten, wenn in einer Tiefgarage plötzlich Kohlenstoffmonooxid-Alarm ausgelöst wird?

Im Abgas eines Motors findet man neben unverbranntem Treibstoff Kohlenstoffdioxid, Kohlenstoffmonooxid, Schwefeldioxid und Stickstoffoxide. Diese Gase entstehen bei der Verbrennung des Benzins im Motor. Sie sind für Mensch und Umwelt mehr oder weniger schädlich. Vom Abgaskatalysator können sie nur teilweise in unschädlichere Stoffe umgewandelt werden.

Kohlenstoffdioxid. Kohlenstoffdioxid (abgekürzt CO_2) ist ein farbloses und geruchsloses Gas. Es ist nicht brennbar und unterhält die Verbrennung nicht. Um frischen, prickelnden Geschmack zu erzeugen, wird Kohlenstoffdioxid unter Druck in Mineralwasser geleitet und löst sich dort. Auf dem Etikett steht dann meistens „mit Kohlensäure".

Entstehung. Kohle und Holzkohle bestehen fast ganz aus Kohlenstoff; Holz, Heizöl, Benzin und Erdgas enthalten ebenfalls Kohlenstoff.
Kohlenstoffdioxid bildet sich, wenn diese Stoffe in Luft oder Sauerstoff verbrannt werden.

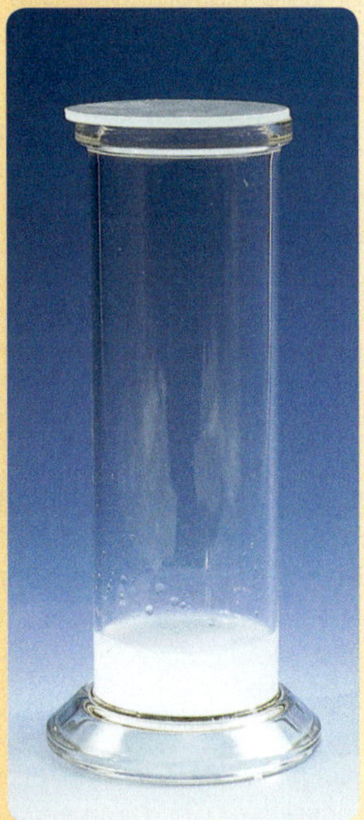
▲ 1. *Kohlenstoffdioxid trübt Kalkwasser*

Leitet man Kohlenstoffdioxid in Kalkwasser, lässt sich eine Trübung beobachten. **Die Trübung des Kalkwassers** ist eine **Nachweisreaktion** für Kohlenstoffdioxid.

Kohlenstoffdioxid ist ein *Treibhausgas.* Steigt die Konzentration des Kohlenstoffdioxids in der Atmosphäre, so kommt es zu einer globalen Erwärmung unserer Erde, dem so genannten Treibhauseffekt. Kohlenstoffdioxid wird durch den Abgaskatalysator nicht verändert.

▲ 2. *Schwefel verbrennt mit einer intensiv blauen Flamme zu Schwefeldioxid.*

▲ 3. *Verkehrsstau bei Ferienbeginn*

Kohlenstoffmonooxid. Kohlenstoffmonooxid (abgekürzt CO) ist ein farbloses und geruchloses Gas, das schon bei geringen Mengen in der Luft tödlich wirkt.
Verbrennt man Kohlenstoff unter Sauerstoffmangel, entsteht neben Kohlenstoffdioxid auch Kohlenstoffmonooxid.

Schwefeldioxid. Schwefeldioxid (abgekürzt SO_2) ist ein giftiges, stechend riechendes Gas, das die Schleimhäute und Atemwege schädigt. Es tötet Schimmelpilze und Bakterien ab und wird deshalb zur Desinfektion von Bier- und Weinfässern verwendet. Auch Trockenobst wird damit behandelt und so länger haltbar gemacht.

Entstehung. In Kohle, Heizöl und Benzin sind geringe Mengen schwefelhaltiger Stoffe enthalten. Verbrennt man sie, entsteht Schwefeldioxid.

Schwefeldioxid ist einer der Verursacher des sauren Regens. Es lässt sich durch den Abgaskatalysator nicht aus dem Abgas entfernen.

Kohlenstoffmonooxid entsteht auch im Automotor und wird im Abgaskatalysator zu Kohlenstoffdioxid verbrannt. Auch im Tabakrauch kommt dieses giftige Gas in geringen Mengen vor.

Stickstoffoxide. Es gibt verschiedene Stickstoffoxide (abgekürzt NO_x). Das wichtigste darunter ist das Stickstoffdioxid (NO_2).

Entstehung. Stickstoff ist so reaktionsträge, dass er nur bei hohen Temperaturen verbrennt. Man kann die Bildung des braunen Stickstoffdioxids gut beobachten, wenn man eine Wunderkerze in einem verschlossenen Glas verbrennt.

▲ *4. NO_2 entsteht beim Verbrennen einer Wunderkerze.*

Im Automotor wird das Benzin-Luft-Gemisch durch den heißen Zündfunken der Zündkerze zur Explosion gebracht. Da Stickstoff und Sauerstoff immer in der Luft vorhanden sind, entstehen im Automotor stets auch Stickstoffoxide. Sie sind Mitverursacher des sauren Regens. Im Abgaskatalysator wird Stickstoffdioxid wieder in Stickstoff und Sauerstoff umgewandelt.

Die Nichtmetalle Kohlenstoff, Schwefel und Stickstoff reagieren mit Sauerstoff zu Kohlenstoffdioxid, Kohlenstoffmonooxid, Schwefeldioxid und verschiedenen Stickstoffoxiden. Diese Oxide sind für die Umwelt mehr oder weniger schädlich, manche sogar giftig.

1. Fragen zum Text

a) Welcher Bestandteil in Abgasen ist schon in geringer Konzentration für den Menschen sehr gefährlich?
b) Welche Stoffe im Abgas eines Motors sind für den sauren Regen mitverantwortlich?
c) Welches Gas aus dem Auspuff eines Autos verstärkt den Treibhauseffekt?
d) Bei welchen Gasen bleibt der Abgaskatalysator wirkungslos?

Chemische Reaktion mit Schwefel

Steckbrief:
Zink

Silbrig-graues Metall

Dichte: 7,1g/cm³
Schmelztemperatur: 419 °C
elektrisch leitfähig

Steckbrief:
Schwefel

Gelber, geruchloser Feststoff

Dichte: 2,1g/cm³
Schmelztemperatur: 113 °C
nicht elektrisch leitfähig

1. Lehrerversuch: Zink reagiert mit Schwefel

Schwefel ist ein gelber Stoff, den man unter anderem zur Herstellung von Gummi, Zündhölzern und Schießpulver verwendet. Zink ist ein silbriggraues Metall. Man beschichtet damit Eisenbleche, um sie vor Rost zu schützen.

3 g Schwefelpulver werden mit 6 g Zinkpulver (F) vermischt. Das Gemisch wird **im Abzug** auf eine feuerfeste Unterlage gegeben und vorsichtig mit einer brennenden Wunderkerze gezündet. Achtung, Sicherheitsabstand einhalten!

a) Woran kann man erkennen, dass eine chemische Reaktion stattgefunden hat?

b) Überlege, warum man die Reaktion mit einer Wunderkerze starten muss und nicht mit einem Streichholz.

Steckbrief: Zinksulfid

gelb-weißer, geruchloser Feststoff

Dichte: 4,1g/cm³
Schmelztemperatur 1020° C
nicht elektrisch leitfähig

Metalle reagieren mit Schwefel. Zündet man ein Zink-Schwefel-Gemisch, reagieren die beiden Stoffe mit einem Lichtblitz und unter heftiger Hitze- und Qualmentwicklung miteinander. Es entsteht ein gelbweißer Stoff.

Dieser Stoff hat deutlich andere Eigenschaften als die Ausgangsstoffe Zink und Schwefel. Das sieht man schon, wenn man die Steckbriefe vergleicht. Farbe, Dichte und Schmelztemperatur unterscheiden sich deutlich.
Hier ist also bei einer chemischen Reaktion ein neuer Stoff mit neuen Eigenschaften entstanden. Er heißt *Zinksulfid*.

Bei Reaktionen von Metallen mit Schwefel wird stets Energie freigesetzt. Die neu entstandenen Stoffe heißen **Sulfide.** Sulfide sind also Verbindungen mit Schwefel.

Wortgleichung. Der Chemiker beschreibt die Reaktion eines Metalls mit Schwefel auf folgende Weise:

Zink und Schwefel reagieren miteinander zu Zinksulfid; dabei wird Energie frei.

Diese Aussage lässt sich auch etwas kürzer als **Wortgleichung** oder **Reaktionsschema** darstellen:

Zink + Schwefel → Zinksulfid;
Energie wird frei

Dabei wird das Pluszeichen als *„und"* gelesen, der Reaktionspfeil als *„reagieren zu"*.
Auf der linken Seite des Pfeils stehen die Ausgangsstoffe, die Edukte, auf der rechten Seite die Reaktionsprodukte.

Metalle reagieren mit Schwefel zu Metallsulfiden. Dabei wird Energie abgegeben.
Chemische Reaktionen lassen sich in Kurzform durch Wortgleichungen darstellen.

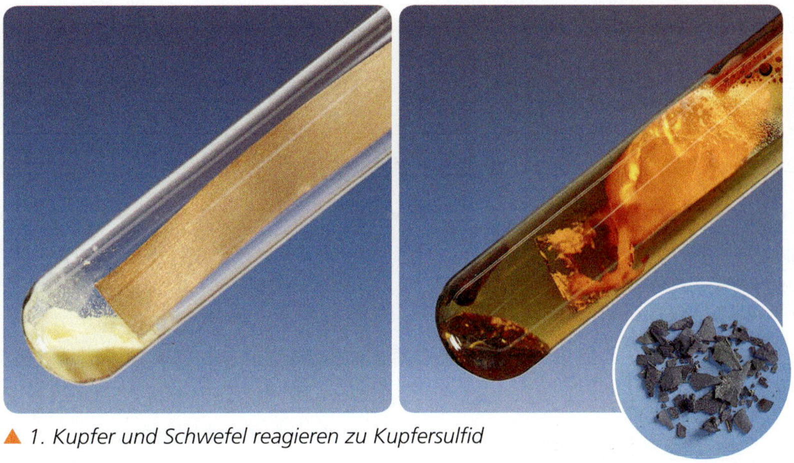

▲ 1. Kupfer und Schwefel reagieren zu Kupfersulfid

1. Fragen zum Text
a) Wie kann man Zinksulfid herstellen?
b) Nenne zwei Eigenschaften, in denen sich die Ausgangsstoffe vom Reaktionsprodukt unterscheiden.
c) Stelle die Reaktion von Schwefel und Eisen als Wortgleichung dar.

2. Kupfer und Schwefel
Gib etwas Schwefelpulver und einen dünnen Kupferstreifen in ein Reagenzglas.
Verschließe die Reagenzglasöffnung mit einem Luftballon, damit keine Dämpfe entweichen.
Erhitze das Kupferblech und den Schwefel so lange über dem Brenner, bis der Schwefel verdampft und eine Reaktion einsetzt.
a) Beschreibe die Beobachtungen.
b) Woran erkennst du, dass eine chemische Reaktion stattgefunden hat?
c) Stelle die Wortgleichung für diese Reaktion auf.

Exkurs

Wie funktionieren eigentlich Streichhölzer?

Der Zündkopf eines Streichholzes besteht aus einer Zündmasse, die Kaliumchlorat, Schwefel, Manganoxid, Farbstoff, Glaspulver und Leim enthält.
Die Reibfläche der Streichholzschachtel enthält roten Phosphor und Glaspulver in einem Bindemittel. Sowohl der Zündkopf als auch die Reibfläche sind durch Glaspulver rau. Streicht man mit dem Streichholzkopf über die Reibfläche, so entsteht Reibungswärme. Wenn Phosphor und Kaliumchlorat miteinander in Kontakt kommen, reicht die Reibungswärme aus, dass die beiden Stoffe miteinander reagieren und für eine ordentliche Zündflamme sorgen. Die Zündflamme setzt dann den Schwefel in Brand, der zu Schwefeldioxid verbrennt.

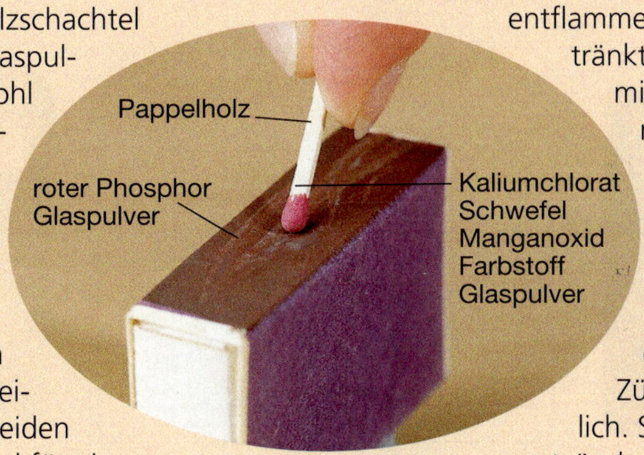

Der brennende Zündkopf lässt das Pappelholzstäbchen entflammen. Dieses ist mit Paraffin getränkt, damit es besser brennt. Es ist mit Ammoniumphosphat imprägniert, damit es nach dem Ausblasen nicht nachglimmt.
Früher befand sich der rote Phosphor ebenfalls im Zündkopf. Daher konnte man die Zündhölzer auch an jeder rauen Oberfläche entzünden. Diese Zündhölzer waren nicht ungefährlich. Sie konnten sich auch ungewollt entzünden und einen Brand verursachen, wenn sie wärmer als etwa 60 °C wurden.

Energie bei chemischen Reaktionen

1. Knicklichter

a) Kennst du solche Knicklichter wie im Bild rechts? Wo werden sie verwendet?
b) Weißt du, wie der Name Knicklicht zustande kommt?
c) Welche Vorteile und welche Nachteile haben diese Lichter?

3. Aus Blau wird Weiß

a) Erhitze ein Reagenzglas mit etwas blauem Kupfersulfat vorsichtig mit der Brennerflamme. Was beobachtest du?
b) Tropfe nach dem Abkühlen etwas Wasser auf das entstandene Pulver. Was geschieht jetzt?

2. Taschenwärmer

Mit chemischen Taschenwärmern kann man sich im Winter für einige Zeit die Hände wärmen (Abb. links und rechts).
a) Wie werden sie aktiviert?
b) Was muss man tun, bevor man sie erneut verwenden kann?
c) Woher stammt die Energie, die diese Handwärmer abgeben?

Exotherme und endotherme Reaktionen. Die Aufnahme und Abgabe von Wärme kann man gut an Experimenten mit Kupfersulfat beobachten. Wenn man blaues, wasserhaltiges Kupfersulfat (Kupfersulfat-Hydrat) erhitzt, kann man sehen, wie Wasser daraus frei wird. Es entweicht als Wasserdampf. Daneben entsteht weißes, wasserfreies Kupfersulfat.

Eine solche Reaktion, die nur bei ständiger Energiezufuhr abläuft, nennt man **endotherme Reaktion.**

Tropft man auf weißes Kupfersulfat Wasser, so bildet sich wieder blaues Kupfersulfat. Dabei wird Wärme frei.

Eine Reaktion bei der Wärme frei wird, nennt man **exotherme Reaktion.**

Die beim Erhitzen des blauen Kupfersulfats zugeführte Wärme wird als chemische Energie im weißen Kupfersulfat gespeichert. Bei der Reaktion mit Wasser wird die chemische Energie wieder in Wärme umgewandelt und abgegeben.

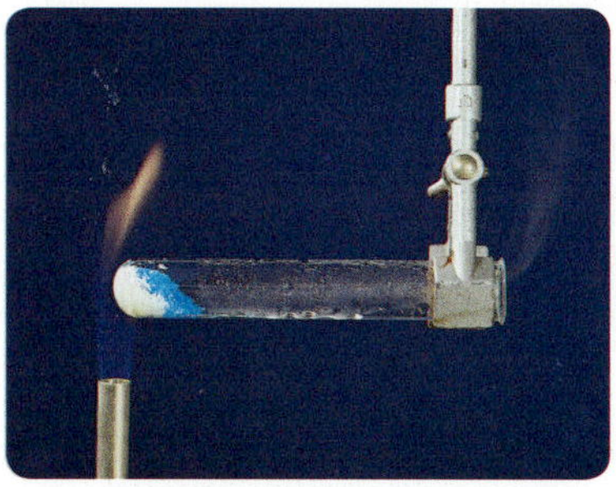

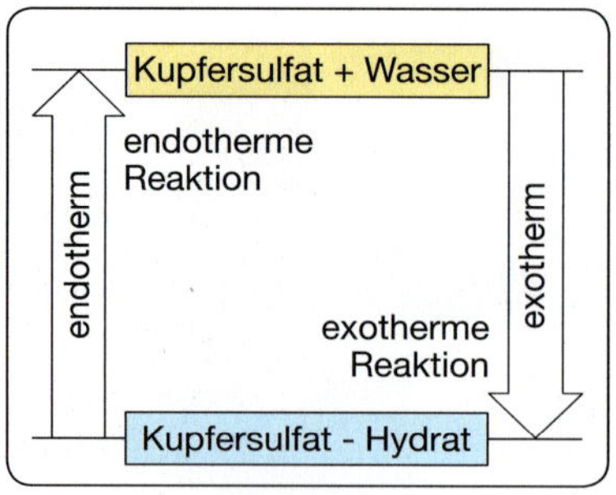

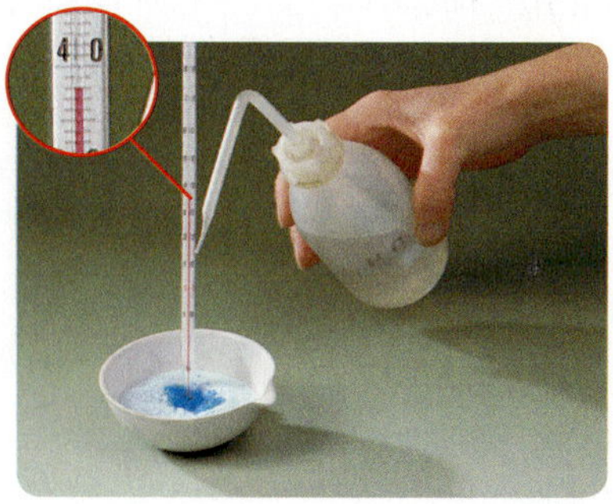

▲ 3. *Kupfersulfat wird zunächst erhitzt – und später wieder mit Wasser versetzt*

Knicklichter und Taschenwärmer. Hier laufen ebenfalls exotherme Reaktionen ab. Durch das Knicken der *Leuchtstäbe* beginnt die Reaktion abzulaufen. Dabei wird die in den Stoffen gespeicherte chemische Energie vor allem als Licht an die Umgebung abgegeben.
Beim Aktivieren eines *Taschenwärmers* beginnt der flüssige Inhalt schlagartig zu kristallisieren. Dabei wird Wärme frei. Will man das Wärmekissen erneut verwenden, muss man es in kochendes Wasser legen. Der feste Inhalt wird wieder flüssig. Wärme wird als chemische Energie gespeichert.

▲ *1. Eisen reagiert mit Schwefel*

Aktivierungsenergie. Ein Gemisch aus Eisen- und Schwefelpulver kann man beliebig lange aufbewahren, ohne dass sich die beiden Stoffe verändern. Zündet man dieses Gemisch aber mit einem glühenden Draht, kann man das Gemisch zur Reaktion bringen. Die Reaktion setzt sich fort, selbst wenn man den glühenden Draht entfernt.
Diese zugeführte Energie bezeichnet der Chemiker als **Aktivierungsenergie.**

Die Aktivierungsenergie startet die Reaktion. Bei der Reaktion wird dann soviel Energie frei, dass sie von allein weiterläuft. Sie läuft so lange, bis wenigstens einer der Reaktionspartner völlig verbraucht ist.

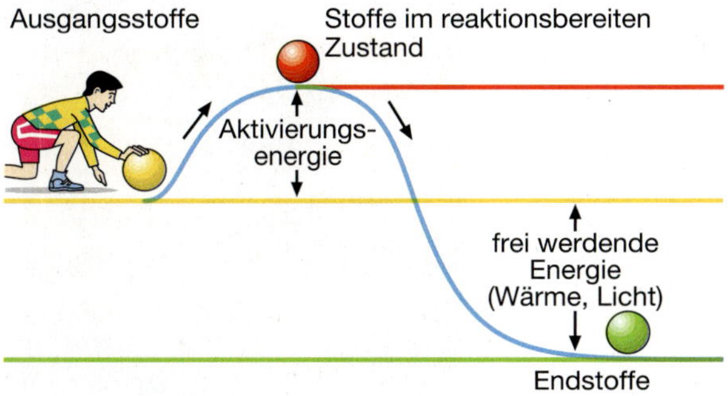

▲ *2. Modellvorstellung zur exothermen Reaktion*

Das Modellbild 23.2 veranschaulicht diesen Vorgang. Der Ball muss erst über einen Hügel geschoben werden (Aktivierungsenergie), bis er von allein den Berg hinabrollt (Energie wird frei).

Energieerhaltung. Auch wenn man es im Alltag anders sagt: Energie wird niemals neu geschaffen oder verbraucht, sondern nur in andere Energieformen umgewandelt.

Chemische Reaktionen sind immer von einem Energieumsatz begleitet. Bei exothermen Reaktionen wird Energie abgegeben, bei endothermen wird Energie aufgenommen.
Zum Starten einer Reaktion wird Aktivierungsenergie benötigt.
Energie wird nie verbraucht, sondern nur von einer Form in die andere umgewandelt.

1. Fragen zum Text
a) Was ist das Kennzeichen einer exothermen Reaktion?
b) Welche Energieformen kann man bei Knicklichtern und Taschenwärmern beobachten?
c) Nenne je zwei Beispiele für exotherme und endotherme Reaktionen.
d) Erläutere den Begriff Aktivierungsenergie.

2. Fotosynthese
a) Bei der Fotosynthese bilden Pflanzen aus Kohlenstoffdioxid und Wasser die Stoffe Traubenzucker und Sauerstoff. Diese Reaktion läuft aber nur bei Sonneneinstrahlung ab. Ist die Fotosynthese eine exotherme oder eine endotherme Reaktion?
b) Die Verdauung von Traubenzucker ist ein exothermer Vorgang. Aus dem Zucker wird wieder Kohlenstoffdioxid und Wasser. Warum ist es wichtig für unser Leben, dass hier Energie frei wird?

3. Energiediagramm

In einem Energiediagramm kann man die Energiestufen bei einer chemischen Reaktion darstellen.
Die Abbildung rechts zeigt das Diagramm für eine chemische Reaktion.
Erläutere, was man aus der Abbildung ablesen kann.

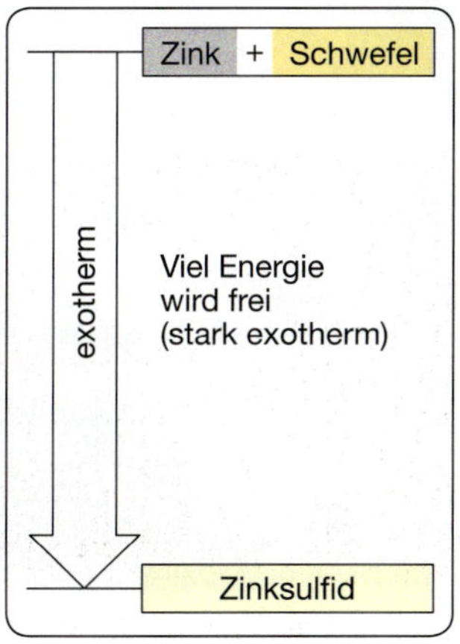

Von Quallen und Knicklichtern

Knicklichter. Als bunter Partyspaß sind Knicklichter vielen bekannt. Angler und Segler nutzen sie zur Markierung und Orientierung im Dunkeln. Das Licht wird nicht durch Strom erzeugt, sondern stammt aus einer chemischen Reaktion. Im Knicklicht befinden sich zwei verschiedene Flüssigkeiten, eine davon in einem Glasröhrchen. Beim Knicken wird das Glasröhrchen zerbrochen, die beiden Flüssigkeiten vermischen sich – und das Leuchten beginnt. Es hält mehrere Stunden an, je nach Menge der Ausgangsstoffe.

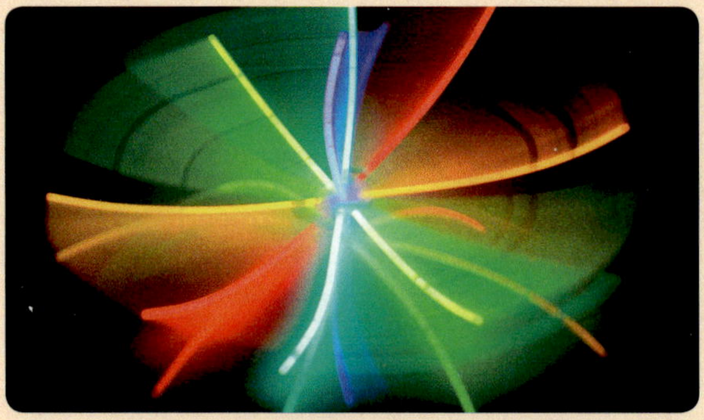
▲ 1. *Verschiedene bunte Knicklichter in Bewegung*

Manche Garnelen oder Tintenfische stoßen einen leuchtenden Stoff aus, um ihre Verfolger abzulenken.
Die Tiefseequalle Atolla fängt aufgeregt zu leuchten an, wenn sie angegriffen wird. Sie will damit größere Tiere anlocken, um den eigenen Angreifer loszuwerden.

Lebendes Licht. Erfunden hat das chemische Licht nicht der Mensch, sondern die Natur. Man spricht dann von Bio-Lumineszenz. Ein bekanntes Beispiel sind die Glühwürmchen, die in Wirklichkeit keine Würmer sind, sondern Käfer. In warmen Frühsommernächten kann man sie auch bei uns in naturnahen Regionen leuchten oder blinken sehen. Die Weibchen wollen mit dem gelbgrünen Licht Männchen anlocken (Abb. 2).

▲ 2. *Glühwürmchen*

Wer sich im Internet oder mit Büchern in die noch weitgehend unbekannte Welt der Tiefsee begibt, wird aus dem Staunen kaum mehr herauskommen!

1. a) Erkläre den Begriff „kaltes Licht".
b) Vergleiche die Lichtausbeute bei der Bio-Lumineszenz mit der von Glühlampen.

2. a) Zu welchen Zwecken nutzen Tiere das chemische Licht?
b) Recherchiert zur Bio-Lumineszenz im Internet und macht eine Ausstellung der schönsten Bilder.

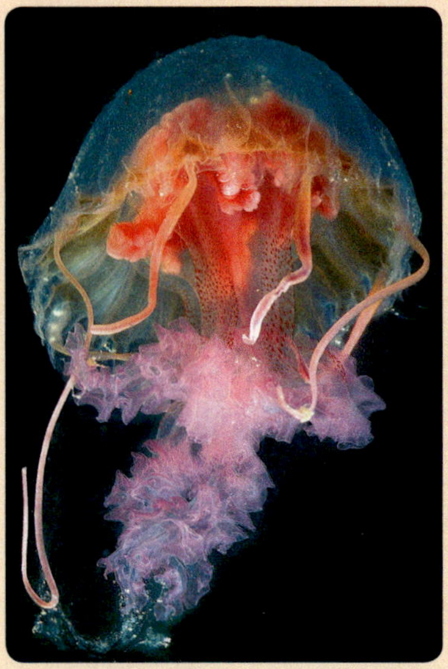
▲ 3. *Leuchtqualle*

Weil die Energie zu rund 95 % in Form von Licht abgegeben wird und nur zu 5 % in Wärme, nennt man es auch „kaltes Licht."
Bio-Lumineszenz kommt auch bei Fischen, Quallen (Abb. 3) und sogar Einzellern vor.

In der Tiefsee. Vor allem in der Tiefsee ab 1000 m Tiefe ist das kalte Licht weit verbreitet. In den dunklen Gewässern tummeln sich oft bizarr aussehende Gestalten.
Der Anglerfisch (Abb. 4) lockt mit dem Licht an seinem angelartigen Anhängsel Beutetiere direkt vor sein Maul – und muss dann nur noch zuschnappen.

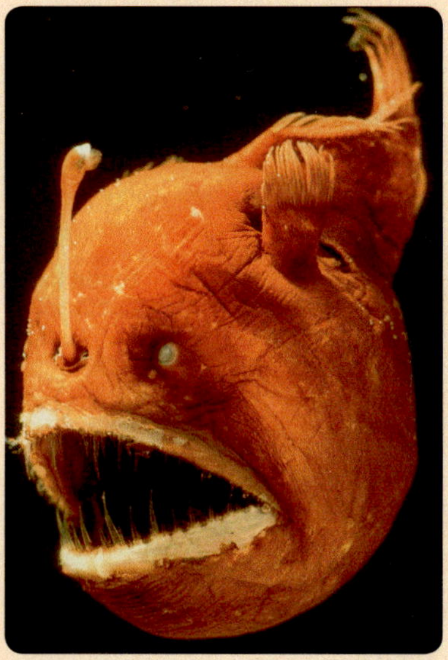
▲ 4. *Anglerfisch*

Elemente und Verbindungen

▲ *1. Silberoxid lässt sich zerlegen*

1. Zerlegung (Thermolyse) von Silberoxid

Wenn man etwas Silberoxid in einem Reagenzglas erhitzt, hört man zunächst ein Knistern. Führt man dann einen glimmenden Holzspan in das Glas ein, fängt er wieder an zu brennen. Außerdem bildet sich eine glühende Kugel, die nach dem Erkalten metallisch hell und silbrig glänzt und sich leicht mit einem Hammer verformen lässt.

a) Worauf ist das Aufflammen des glühenden Holzspans zurückzuführen?

b) Aus welchem Stoff kann die Metallkugel sein? Begründe deine Vermutung.

Elemente und Verbindungen. Silberoxid lässt sich durch kräftiges Erhitzen in Silber und Sauerstoff zerlegen. Man bezeichnet dies als **Oxidspaltung.**

Kupferiodid lässt sich durch Wärme in Kupfer und Iod zerlegen. Die Stoffe Silber, Sauerstoff, Kupfer oder Iod lassen sich durch chemische Rektionen aber nicht weiter zerlegen. Es sind *besondere* Reinstoffe, die der Chemiker als **Grundstoffe** oder **chemische Elemente** bezeichnet. Man kann sie nicht durch chemische Reaktionen aus anderen Elementen herstellen.

Silberoxid und Kupferiodid sind dagegen Verbindungen. Das sind Reinstoffe, die man durch chemische Reaktionen wieder in Elemente zerlegen kann.

Vielfalt der Elemente. Bisher sind ungefähr 110 Elemente entdeckt worden. Metalle wie Silber, Aluminium, Eisen, Magnesium und Zink gehören dazu. Weitere Elemente sind die Feststoffe Schwefel und Kohlenstoff sowie die Gase Sauerstoff, Stickstoff und Helium.

▲ *2. Beispiele für Elemente*

Auch *Gold* ist ein Element. Alchemisten im Mittelalter haben oft versucht, Gold aus Kupfer oder Blei herzustellen. Ihnen war der heutige Elementbegriff unbekannt, sonst hätten sie gewusst, dass die Goldherstellung so gar nicht funktionieren kann.

Elemente sind Reinstoffe, die sich durch chemische Reaktionen nicht weiter in andere Stoffe zerlegen lassen.

Chemische Verbindungen werden aus mindestens zwei Elementen gebildet. Sie lassen sich durch chemische Reaktionen wieder in Elemente zerlegen.

2. Fragen zum Text

a) Warum bezeichnet man Sauerstoff, Silber, Iod und Kupfer als Elemente?

b) Zähle mindestens fünf Elemente und fünf Verbindungen auf.

c) Wodurch unterscheiden sich die Stoffe Silberoxid und Silber?

3. Was ist Kupferiodid?

Wenn man Kupferiodid in einem Reagenzglas erhitzt, sieht man bald blauvioletten Dampf und ein rötlich glänzendes Metall am unteren Teil des Glases.

a) Um welche Stoffe könnte es sich dabei handeln?

b) Was könnte geschehen sein?

c) Ist Kupferiodid eine Verbindung oder ein Element?

4. Gold herstellen?

Erkläre, warum es nicht möglich ist, Gold aus Stoffen wie Eisen, Blei oder Schwefel herzustellen.

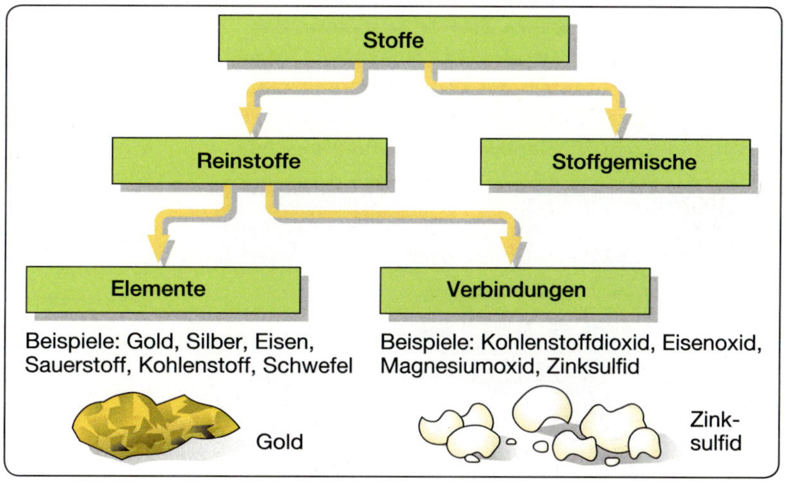

▲ *3. So lassen sich Stoffe einteilen*

Elemente im menschlichen Körper

Im menschlichen Körper kann man zahlreiche chemische Elemente nachweisen. Die Tabelle nennt die zehn häufigsten. Sie kommen aber nicht elementar vor, sondern nur in Form von Verbindungen.

Element	O	C	H	N	Ca	P	S	K	Na	Cl
Anteil an der Körpermasse in %	61	23	10	2,6	1,4	1,1	0,2	0,2	0,14	0,12

1. Erstelle eine übersichtliche Grafik aus den Werten in der Tabelle.

Das Element Iod (I) ist wichtig für die Funktion der Schilddrüse. Das ist ein Organ, das für die körperliche Aktivität des Menschen, die Körpertemperatur und das Wachstum wichtig ist.

2. Finde heraus, weshalb man Speisesalz mit Iodverbindungen versetzt.

Auch Eisen (Fe) benötigt der Mensch, vor allem für das Blut. Denn der rote Blutfarbstoff Hämoglobin ist ein kompliziert gebauter Eiweißstoff, der Eisen in gebundener Form enthält. Nur so kann der Blutfarbstoff ausreichend Sauerstoff aufnehmen und im Körper transportieren. Die rote Farbe des Hämoglobins kommt vor allem vom gebundenen Eisen.

Der Sauerstoff wird im Körper benötigt, um durch Oxidation aus den Nährstoffen Energie zu gewinnen.

3. Bei Eisenmangel hat man eine blasse Gesichtsfarbe, ist ständig müde und man kann sich schlecht konzentrieren. Versuche diese Symptome zu erklären.

Kohlenstoff (C) ist das Element des Lebens! Er ist in allen biologischen Stoffen enthalten. Gewebe wie Haut, Muskeln und die inneren Organe bestehen größtenteils aus verschiedenen Eiweißstoffen. Eiweißstoffe sind typische Kohlenstoffverbindungen in Pflanzen, Tieren und Menschen.

Insgesamt gibt es mehrere Millionen Kohlenstoffverbindungen!
Die Ursache für diese große Vielfalt liegt darin, dass C-Atome lange Ketten mit und ohne Verzweigungen und sogar Ringe bilden können. Zusammen mit den Bindungspartnern Wasserstoff, Sauerstoff und Stickstoff ergibt sich so eine riesige Vielfalt an Verbindungen.

4. Inwiefern kann man Kohlenstoff als „Element des Lebens" bezeichnen?
5. Schreibe auf, welche Kohlenstoffverbindungen du bereits kennst.
6. Was für ein Stoff entsteht, wenn man Kohlenstoff verbrennt?
7. a) Wie lässt sich das Gas Kohlenstoffdioxid nachweisen?
b) Welche Rolle spielt es bei der Atmung?

Das Gesetz von der Erhaltung der Masse

1. Verändert sich die Masse oder nicht?

a) Eine brennende Kerze steht auf einer Waage. Was geschieht im Laufe der Zeit?
b) Wie verändert sich die Masse, wenn du einen Büschel Eisenwolle mit dem Brenner erhitzt?

2. Streichhölzer im Reagenzglas

Gib drei Streichhölzer in ein Reagenzglas, verschließe es mit einem Luftballon und wiege es. Erwärme das Reagenzglas in der Brennerflamme, bis sich die Streichhölzer darin entzünden. Wiege erneut, wenn das Glas abgekühlt ist. Was stellst du fest?

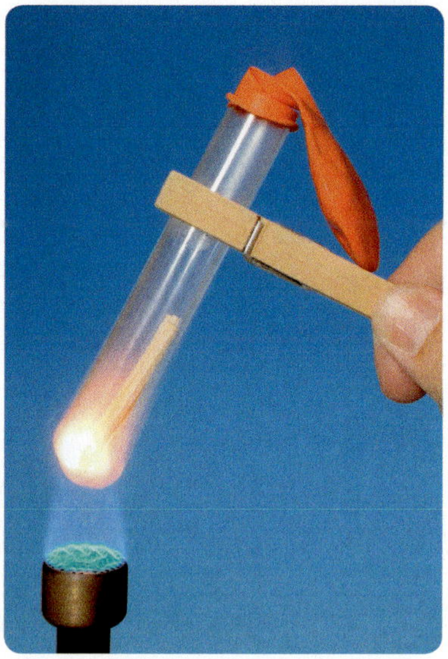

▲ *1. Streichhölzer werden erhitzt*

Das Gesetz von der Erhaltung der Masse. Der französische Chemiker LAVOISIER war im Jahre 1774 äußerst unzufrieden: Bei seinen Versuchen zur Verbrennung gab es manchmal einen Massenverlust und ein anderes Mal eine Massenzunahme.
Er vermutete, dass während der Reaktion entweder ein Stoff unbemerkt verloren geht oder unbemerkt hinzukommt. Er kam daher auf die Idee, einen Stoff in einem verschlossenen Glasgefäß zu verbrennen. Somit konnte während der chemischen Reaktion nichts verloren gehen und nichts hinzukommen.

Das Ergebnis seiner Untersuchungen war immer dasselbe: Die **Gesamtmasse** war *nach* dem Versuch **genau so groß** wie *vor* dem Versuch. Die Ergebnisse der Untersuchungen von LAVOISIER bildeten die Grundlagen für das **Gesetz von der Erhaltung der Masse.**

Dieses Gesetz gilt für alle chemischen Reaktionen. So wird die Kerze bei der Verbrennung nur deshalb **leichter,** weil die Reaktionsprodukte Kohlenstoffdioxid und Wasserdampf als Gase entweichen. Sie werden bei der herkömmlichen Versuchsanordnung nicht mit gewogen.

Wenn Eisenwolle verbrennt, kommt während der Reaktion gasförmiger Sauerstoff aus der Luft hinzu, der vorher nicht gewogen werden kann.
Nur, wenn in einem geschlossenen Gefäß alle Ausgangsstoffe und alle entstehenden Stoffe mit gewogen werden, ändert sich die Masse nicht.

Bei einer chemischen Reaktion ist die Masse der Ausgangsstoffe genau so groß wie die Masse der Endprodukte.

3. Fragen zum Text
a) Weshalb wird die Eisenwolle beim Verbrennen schwerer?
b) Wie lautet das Gesetz von der Erhaltung der Masse?
c) Warum wird das Reagenzglas bei dem Versuch mit den Streichhölzern mit einem Luftballon verschlossen?
d) Durch welche Beobachtungen ist LAVOISIER auf das Gesetz von der Erhaltung der Masse gestoßen?

4. Mit eigenen Worten
Eine Kerze wird beim Verbrennen immer kleiner und leichter. Trotzdem gilt das Gesetz von der Erhaltung der Masse. Erkläre diesen Widerspruch.

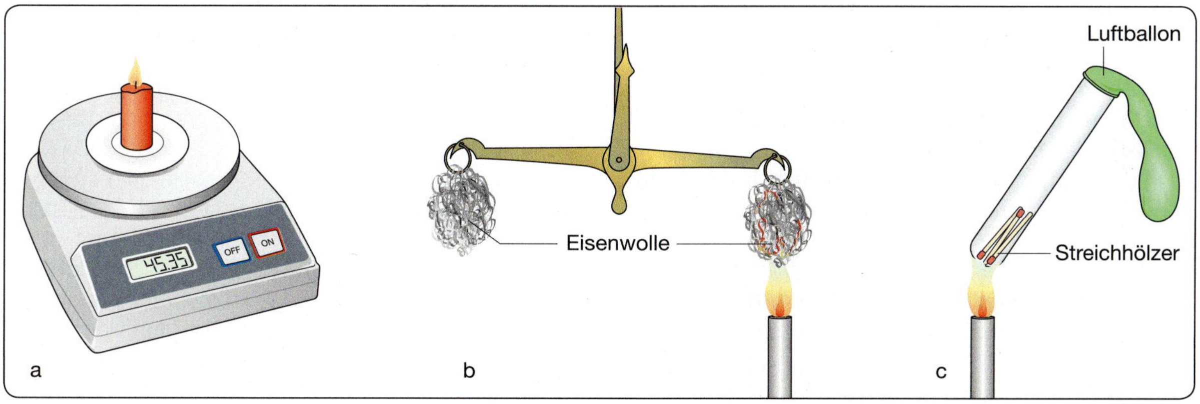

▲ *2. Unterschiedliche Ergebnisse bei chemischen Reaktionen*

Das Atommodell nach DALTON

1. John DALTON, ein englischer Chemiker

Informiere dich im Internet oder in einem Lexikon über das Leben und über die Arbeiten von John DALTON.

Das Atommodell nach DALTON. Anfang des 19. Jahrhunderts entwickelte DALTON ein Modell, das den **Aufbau der Stoffe aus Atomen** erklärte.

Über die Atome machte DALTON die folgenden Aussagen:

1. Jedes Element besteht aus winzig kleinen, kugelförmigen Teilchen, den Atomen.

2. Atome desselben Elements sind untereinander gleich, sie haben die gleiche Masse und die gleiche Größe.

3. Atome unterschiedlicher Elemente haben unterschiedliche Größe und Masse; es gibt also genau so viele Atomarten, wie es Elemente gibt.

4. Atome können durch chemische Reaktionen weder vernichtet noch erzeugt werden.

◀ *2. DALTON: Jedes Element besteht aus winzigen kugelförmigen Atomen*

Obwohl das Atommodell von DALTON aus heutiger Sicht die Welt der Atome nur unzureichend beschreibt, eignet es sich doch gut, um chemische Reaktionen zu veranschaulichen.

Anordnung der Atome. Inzwischen weiß man, dass einzelne Atome, wie sie sich DALTON vorgestellt hat, in der Natur selten zu finden sind. Nur die kleinsten Teilchen der *Edelgase* kommen als **einzelne, frei bewegliche Atome** vor.

Die kleinsten Teilchen von *gasförmigen Stoffen* bestehen aus **Molekülen.** Das sind Teilchen, die aus zwei oder mehr Atomen aufgebaut sind.

Im Sauerstoff-Molekül sind z. B. zwei Sauerstoff-Atome miteinander verbunden. Ein Molekül Kohlenstoffdioxid setzt sich aus zwei Sauerstoff-Atomen und einem Kohlenstoff-Atom zusammen. Bei Gasen sind die Moleküle frei beweglich.

In *Metallen* wie Eisen oder Aluminium sind unvorstellbar viele Atome in regelmäßiger Weise dicht nebeneinander angeordnet. Sie bilden einen riesig großen, geordneten **Atomverband.** Die Atome im Metall sind nicht frei beweglich, sondern ortsfest gepackt.

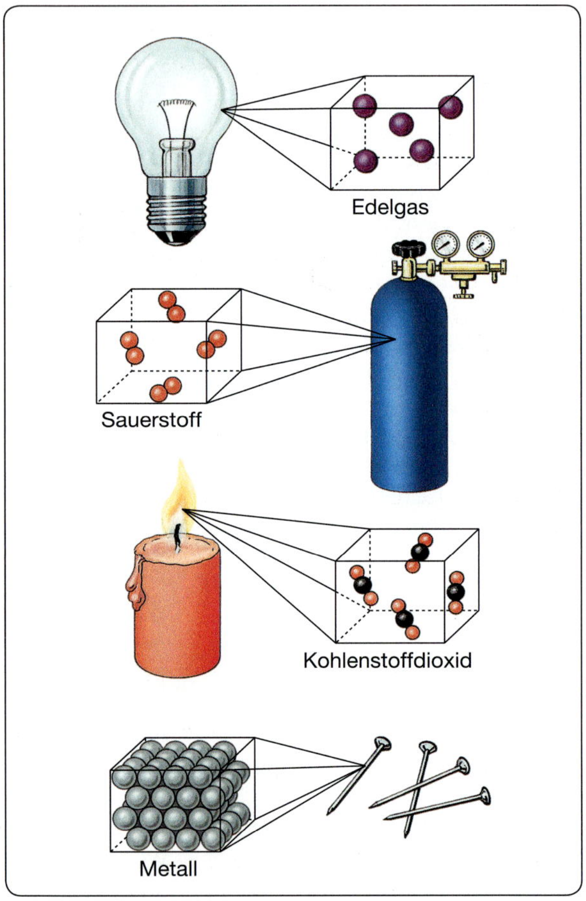

▲ *3. Atome ordnen sich unterschiedlich an*

Die chemische Reaktion als Neugruppierung von Atomen. Zink und Schwefel reagieren unter heftiger Qualm- und Wärmeentwicklung zu Zinksulfid. Das Metall Zink besteht aus unzähligen, regelmäßig angeordneten Zink-Atomen. Auch der Feststoff Schwefel ist aus regelmäßig angeordneten Atomen aufgebaut.

Bei der Reaktion werden zunächst sowohl die Zink-Atome als auch die Schwefel-Atome voneinander getrennt. Das wird durch die zugeführte Aktivierungsenergie bewirkt. Anschließend ordnen sich diese Atome neu an und bilden zusammen die Verbindung Zinksulfid; dabei wird Energie frei.

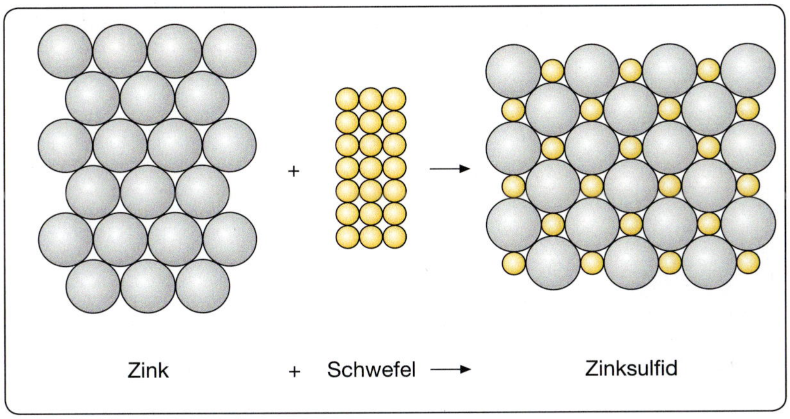

▲ 1. *Chemische Reaktion im* DALTON*-Modell*

Während einer chemischen Reaktion *entstehen* also *keine neuen Atome.* Auch *werden keine Atome zerstört.* Die bereits vorhandenen Atome werden **voneinander getrennt** und **ordnen sich** dann auf eine **andere Weise an.** Sie bilden einen **neuen Stoff.** Die vorhandenen Atome sind also nur umgruppiert worden.

Mit der Neugruppierung der Atome bei einer chemischen Reaktion kann man das **Gesetz zur Erhaltung der Masse** erklären:

Da vor, während und nach einer chemischen Reaktion stets **gleich viele Atome** vorliegen und die einzelnen Atome weder schwerer noch leichter werden, **muss die Gesamtmasse** der an der Reaktion beteiligten Atome stets **gleich bleiben.**

Alle Stoffe sind aus Atomen aufgebaut. Bei einer chemischen Reaktion entstehen keine neuen Atome; Anzahl und Masse der Atome bleiben unverändert.
Die Atome werden bei einer chemischen Reaktion aber ganz neu angeordnet.

1. Fragen zum Text
a) Welche Aussagen machte DALTON über Atome?
b) Welche Atome sind untereinander gleich, welche sind verschieden?
c) Was sind Moleküle?
d) Beschreibe die Anordnung der Atome im Element Sauerstoff und die im Element Eisen.
e) Erkläre, wieso sich bei einer chemischen Reaktion die Gesamtmasse der Stoffe nicht ändert.

Exkurs

Eine chemische Reaktion – näher betrachtet

Was geschieht, wenn man Kohle erhitzt?

In der festen Kohle sind die Kohlenstoff-Atome dicht nebeneinander, ortsfest und regelmäßig angeordnet. Bei ansteigender Temperatur schwingen sie immer stärker hin und her. An den Ecken und Kanten werden die Atome nicht so stark festgehalten; dort können sie am ehesten eine Reaktion eingehen.

Sauerstoff besteht aus Molekülen. Im Sauerstoff-Molekül sind jeweils zwei Sauerstoff-Atome miteinander verbunden. Die Moleküle bewegen sich ungeordnet im Raum. Dabei stoßen sie auch häufig zusammen und prallen wieder voneinander ab. Je höher die Temperatur ist, umso größer wird die Geschwindigkeit und umso heftiger werden die Zusammenstöße.

2. Beschreibe möglichst genau, was geschieht, wenn Kohlenstoff mit Sauerstoff reagiert.

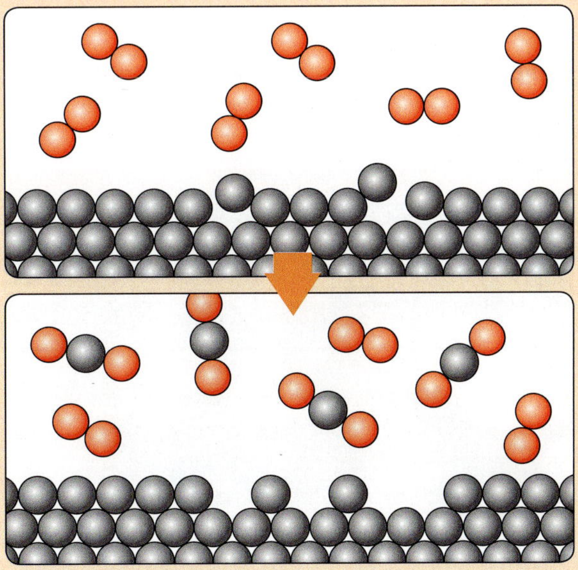

Die Sprache der Chemie

▲ 1. *Wie geht es jetzt weiter ...?*

Element	heutiges Symbol	Symbol nach DALTON
Wasserstoff (**H**ydrogenium)	H	
Kohlenstoff (**C**arboneum)	C	
Stickstoff (**N**itrogenium)	N	
Phosphor (**P**hosphorus)	P	
Schwefel (**S**ulfur)	S	
Gold (**Au**rum)	Au	
Silber (**Ar**g**entum)	Ag	
Kupfer (**Cu**prum)	Cu	
Quecksilber (**H**ydrar**g**yrum)	Hg	
Eisen (**Fe**rrum)	Fe	

▲ 3. *Symbole für chemische Elemente*

1. Symbole im Alltag

a) Wo findet man im Alltag Schilder mit Symbolen?
b) Welche Vorteile haben die Symbole im Vergleich zu geschriebenen Hinweisen?

Vorteile einer Zeichensprache. Einfache Bilder oder Symbole sagen oft mehr als viele Worte. So findet man sich auf fremden Bahnhöfen oder Flughäfen auch zurecht, wenn man die Hinweisschilder mit Symbolen beachtet.
Solche einfachen Zeichen stellen eine Art Kurzschrift dar, die oft ohne weitere Erklärung verstanden werden. Sie sind von der Sprache der Reisenden unabhängig, genau so wie international verständliche Verkehrsschilder.

Symbole für Elemente. Auch in der Chemie verwendet man schon lange eine Kurzschrift. Diese zunächst

▲ 2. *Chemische Symbole sind international*

von den Alchemisten bis in das 18. Jahrhundert benutzten Zeichen waren aus der Astronomie bekannt. Zu Beginn des 19. Jahrhunderts hat der englische Chemiker DALTON dann Kurzzeichen für die damals bekannten Elemente eingeführt.

Die heute *gebräuchliche Symbolschrift* der Chemie hat der Schwede BERZELIUS um 1820 entwickelt. Er schlug vor, die Anfangsbuchstaben der lateinischen oder griechischen Bezeichnungen der Elemente als Abkürzungen zu verwenden.
So bekam das Element **Sauerstoff** das Symbol **O** vom lateinischen Namen **Oxygenium. Schwefel** hat das Elementsymbol **S**, da der lateinische Name **Sulfur** lautet.

Beginnen mehrere Elemente mit dem gleichen Buchstaben, wird zur Unterscheidung ein zweiter *klein geschriebener* Buchstabe hinzugefügt. So hat das Element Gold das Elementsymbol Au und das Element Silber Ag.

Alle Chemiker weltweit benutzen diese Elementsymbole. Die chemischen Symbole sind international.

Bedeutung der Elementsymbole. In der Chemie haben die Elementsymbole eine doppelte Bedeutung.
– Zum einen bezeichnen sie das Element, also den **Stoff.**
– Zum anderen stehen sie für **ein Atom** dieses Stoffes.
Nur aus dem jeweiligen Zusammenhang heraus kann man verstehen, welche Bedeutung das Symbol gerade besitzt.

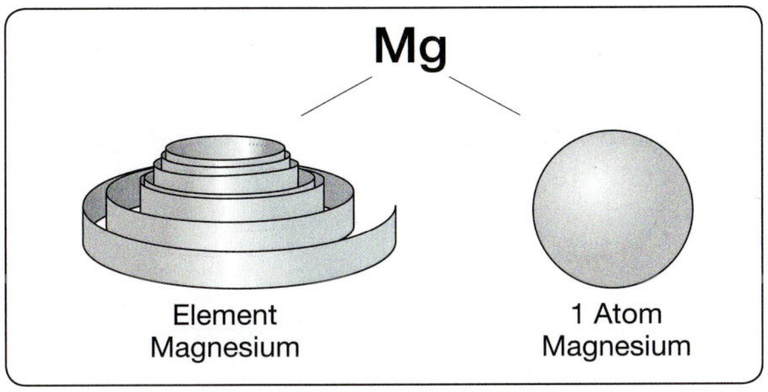

1. *Bedeutung eines Elementsymbols*

Formeln für Moleküle. Chemische Bezeichnungen gibt es nicht nur für Elemente, sondern auch für chemische Verbindungen.
Die Formel H_2O bedeutet beispielsweise, dass ein Wasser-Molekül aus *zwei* Wasserstoff-Atomen und *einem* Sauerstoff-Atom besteht. Die kleine tiefgestellte Index-Zahl gibt an, *wie viel Atome einer Atomsorte* in einem Molekül enthalten sind. Eigentlich müsste man daher H_2O_1 schreiben. Die Index-Zahl 1 lässt man aber verabredungsgemäß weg.

Verwendet man diese Molekülformeln, erspart man sich viel Schreibarbeit. Anstatt zwei Sauerstoff-Moleküle schreibt man nur noch 2 O_2, drei Wasser-Moleküle werden als 3 H_2O abgekürzt.

Auch Molekülformeln haben wie die Elementsymbole zwei Bedeutungen:
– Sie beschreiben den **Aufbau eines Moleküls.**
– Sie sind **Abkürzungen** für die Namen der entsprechenden **Stoffe.**

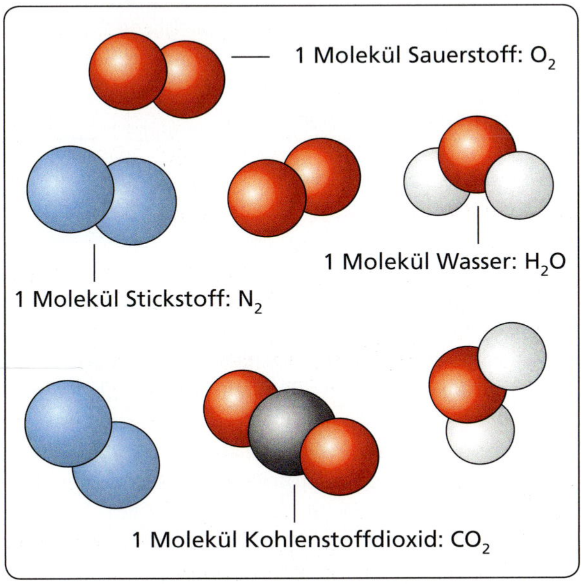

2. *Verschiedene Molekülmodelle mit ihren Formeln*

Wie man Formeln für Moleküle aufstellen kann. Einem Stoff kann man seine Formel nicht ansehen. Man kann ihn aber analysieren, d. h. Spezialisten zerlegen ihn chemisch und bestimmen Art und Anzahl der Atome, aus denen die Moleküle des Stoffes bestehen. Mithilfe der **Bindigkeit (Wertigkeit)** kann man Formeln mit weniger Aufwand ermitteln.
Die **Bindigkeit** ist eine Zahl, die Auskunft über die Bindefähigkeit eines Atoms gibt. Sie sagt aus, wie viele Atome Wasserstoff das betreffende Atom binden oder im Molekül ersetzen kann. Ein Wasserstoff-Atom ist dabei *immer einbindig.*
Ein Chlor-Atom kann im HCl-Molekül nur *ein* Wasserstoff-Atom binden. Also ist es *einbindig*. Wasser hat die Formel H_2O. Das bedeutet, ein Sauerstoff-Atom kann *zwei* Wasserstoff-Atome binden, es ist also *zweibindig*. In der Verbindung Ammoniak (NH_3) kann ein Stickstoff-Atom *drei* Wasserstoff-Atome binden, Stickstoff-Atome sind hier *dreibindig*. Im Methan-Molekül (CH_4) ist ein Kohlenstoff-Atom *vierbindig*.

Element	Symbol	Bindigkeit
Wasserstoff	H	I
Chlor	Cl	I
Sauerstoff	O	II
Magnesium	Mg	II
Zink	Zn	II
Stickstoff	N	III
Aluminium	Al	III
Kohlenstoff	C	IV
Schwefel	S	IV (II, VI)

Die Formelsprache der Chemie beruht auf international einheitlichen Elementsymbolen.
Ein Elementsymbol steht für einen Stoff oder für ein Atom dieses Stoffes.
Eine Molekülformel gibt die Elemente und die Anzahl der Atome an, aus denen das Molekül aufgebaut ist.

1. Fragen zum Text
a) Nach welchen Regeln hat BERZELIUS die Elementsymbole eingeführt?
b) Welche Doppelbedeutung haben Elementsymbole und Molekülformeln?
c) Schreibe die Elementsymbole für Wasserstoff, Kohlenstoff, Sauerstoff und Chlor auf.

2. Symbole und Formeln
a) Finde mithilfe dieses Schulbuches heraus, welche chemischen Elemente sich hinter den Symbolen Ne, O, S, P, Au, Ag, Ne, I, Fe, U und Br verbergen.
b) Finde die Namen der Stoffe, die zu diesen Formeln passen: O_2, H_2O, CO_2, O_3, H_2S, CO.

Zwei Modelle für die Bindigkeit

Um den Begriff der Bindigkeit (Wertigkeit) besser zu veranschaulichen, kann man ihn auch mithilfe von Modellen darstellen. Das eine Modell verwendet **Hände,** das andere **Steckbausteine.**

Das Hände-Modell. Die Wertigkeit (Bindefähigkeit) gibt an, wie viele Wasserstoff-Atome ein anderes Atom binden oder ersetzen kann.
Wasserstoff-Atome selbst sind immer **einbindig** (einwertig). Im Hände-Modell bekommt ein Wasserstoff-Atom dementsprechend nur eine Hand zugesprochen. Ein Chlor-Atom kann nur ein Wasserstoff-Atom binden. Auch Chlor ist also **einbindig.** Im Modell bekommt es ebenfalls eine Hand. Verbindet sich nun ein Chlor-Atom mit einem Wasserstoff-Atom, „reichen sich die beiden Atome die Hand", sie verbinden sich also. Der entstehende Stoff heißt Chlorwasserstoff.

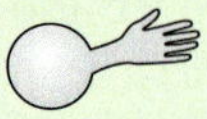
Wasserstoff ist einwertig

Chlorwasserstoff

Bei anderen Atomen kann man es sich so vorstellen:

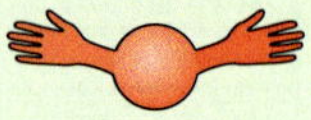

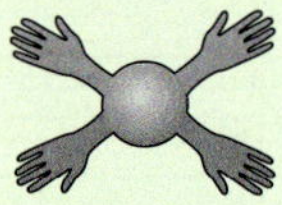

Ein Sauerstoff-Atom ist **zweibindig,** es bekommt also **zwei Hände.**
Beim Kohlenstoff-Atom sind es **vier Hände,** es ist **vierbindig.**
Beim Stickstoff-Atom sind es **drei Hände.**

So kann man auf einen Blick sehen, wie viele Bindungen das Atom eingehen kann.

Um die **Formel** für die Verbindung aus einem Stickstoff-Atom und Wasserstoff-Atomen herauszufinden, braucht man nur die Hände zu verknüpfen. Ein Stickstoff-Atom hat im Modell drei Hände, die Formel muss also NH_3 heißen. Die Wasserstoff-Verbindungen mit Kohlenstoff und Sauerstoff heißen entsprechend CH_4 und H_2O.

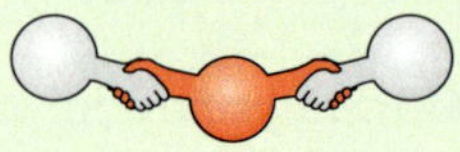
H_2O

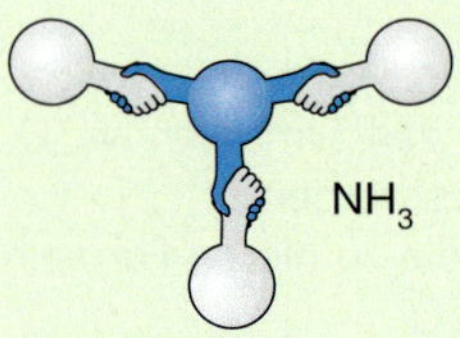
NH_3

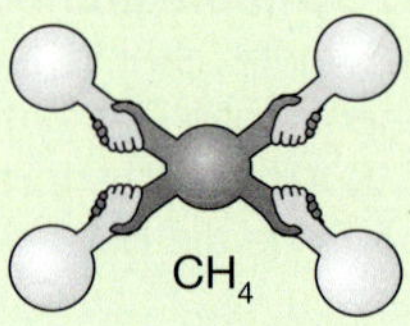
CH_4

Das Baustein-Modell. Mithilfe von echten oder gezeichneten Steckbausteinen kann man ebenfalls Bindigkeiten darstellen und Formeln ermitteln.

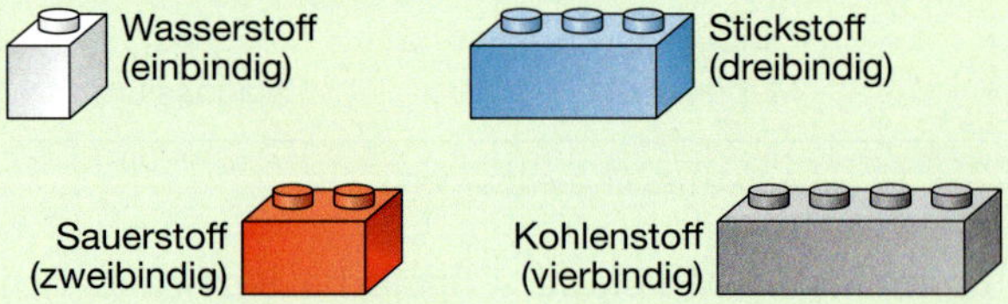

In einer Verbindung muss die Summe der Bindigkeiten *ausgeglichen* sein. Also müssen die Bausteine der Bindungspartner *gleich lang* sein – also gleich viele Noppen haben.

Beispiel: Wie lautet die Formel für die Verbindung aus Wasserstoff-Atomen und Stickstoff-Atomen?

– Als Erstes stellt man in einer Tabelle (siehe S. 31) die Bindigkeit fest: Wasserstoff ist einbindig, Stickstoff ist dreibindig. Man sucht sich also Bausteine mit der entsprechenden Zahl von Noppen.

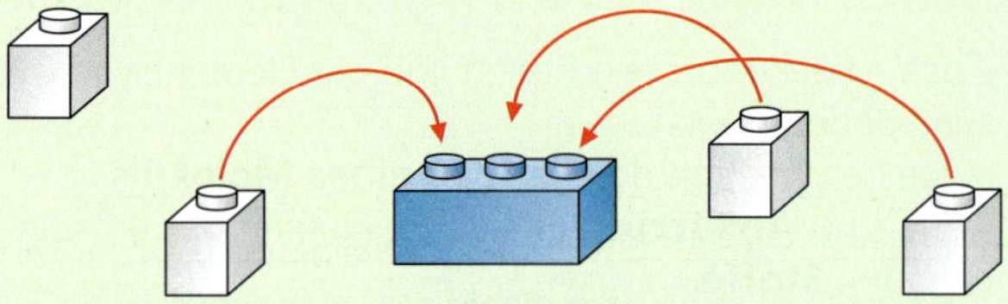

– Nun werden die Bindigkeiten ausgeglichen. Die Bausteine mit einer Noppe werden auf den größeren Baustein aufgesteckt. Es passen natürlich genau drei kleine auf den größeren Baustein.

– Die Formel für das Molekül heißt demnach NH_3.

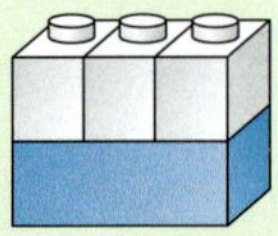

1. Wie sieht das Baustein-Modell für die Moleküle CO_2, CH_4 und H_2O aus?
2. Aluminium ist dreibindig. Ermittle die Formel für Aluminiumoxid mit dem Baustein-Modell. (Tipp: Hier benötigst du zwei Aluminium-Bausteine).
3. Spielt in der Klasse symbolisch das Hände-Modell. Schüler, die H- und Cl-Atome darstellen, dürfen sich nur einhändig binden. Schüler als O-Atome arbeiten zweihändig. Stellt gemeinsam verschiedene Moleküle dar, z. B. H_2O, HCl, O_2, H_2.

Reaktionsgleichungen

◀ *1. Magnesium verbrennt*

1. Wie man eine Reaktion kurz beschreibt

Magnesium verbrennt an der Luft mit einer sehr hellen Flamme zu Magnesiumoxid.
a) Stelle die Reaktion mit einer Wortgleichung dar.
b) Wie könnte man diese Reaktion kürzer beschreiben?

Reaktionsgleichungen. Die Beschreibung einer chemischen Reaktion mithilfe von Symbolen und Formeln nennt man Reaktionsgleichung. Reaktionsgleichungen sind international verständlich. Das Aufstellen einer Reaktionsgleichung ist gar nicht so schwierig, wenn man sich an folgende Regeln hält.

1. Wortgleichung (Reaktionsschema) aufstellen:

Magnesium + Sauerstoff → Magnesiumoxid

2. Elementsymbole oder Formeln einsetzen:
Dabei muss man beachten, dass Sauerstoff als zweiatomiges Molekül vorkommt.

$$■\,Mg + ■\,O_2 \rightarrow ■\,MgO$$

3. Einrichten auf der Seite der Produkte:
Bei einer chemischen Reaktion bleibt die Anzahl der Atome vor und nach der Reaktion unverändert. Die Anzahl der Atome muss deshalb auf der linken und auf der rechten Seite des Reaktionspfeils gleich groß sein. Links vom Reaktionspfeil stehen zwei Sauerstoff-Atome, rechts nur eines. Deshalb schreibt man rechts den Faktor 2 vor die Formel MgO:

$$■\,Mg + ■\,O_2 \rightarrow 2\,MgO$$

4. Einrichten auf der Seite der Ausgangsstoffe:
Nun stehen rechts 2 Magnesium-Atome; diese müssen auf der linken Seite bereitgestellt werden. Deshalb schreibt man nun vor das Elementsymbol Mg den Faktor 2.

$$2\,Mg + ■\,O_2 \rightarrow 2\,MgO$$
$$2\,Mg + O_2 \rightarrow 2\,MgO$$

Jetzt ist die Reaktionsgleichung ausgeglichen. Links und rechts vom Pfeil stehen gleich viele Atome. Den Faktor 1 schreibt man in Reaktionsgleichungen nicht hin.

5. Angabe des Energieumsatzes:
Zusätzlich kann man noch angeben, ob bei der Reaktion Energie frei wird (exotherme Reaktion) oder ob man ständig Energie zuführen muss (endotherme Reaktion):

$$2\,Mg + O_2 \rightarrow 2\,MgO;\ \text{Energie wird frei}$$

Bei chemischen Reaktionen sind natürlich stets sehr viele Atome und Moleküle beteiligt. Man gibt in Reaktionsgleichungen aber stellvertretend nur die kleinstmögliche Zahl von Teilchen an, die bei einer Reaktion beteiligt sind.

Eine chemische Reaktion kann mit einer Reaktionsgleichung beschrieben werden. Die Reaktionsgleichung gibt die Ausgangsstoffe und Reaktionsprodukte an.

2. Fragen zum Text
a) Welche Vorteile hat eine Reaktionsgleichung gegenüber einer Wortgleichung?
b) Weshalb müssen links und rechts vom Reaktionspfeil gleich viele Atome stehen?

3. Reaktionsgleichung für Ammoniak
Stickstoff reagiert mit Wasserstoff zu Ammoniak (NH_3). Stelle für diese Reaktion die Reaktionsgleichung auf. Denke daran, dass Wasserstoff und Stickstoff zweiatomige Moleküle bilden.

4. Verbrennung von Kohlenstoffmonooxid
a) Das giftige Kohlenstoffmonooxid in Autoabgasen wird in einem Abgaskatalysator mit Luft zu Kohlenstoffdioxid verbrannt. Stelle dazu die Reaktionsgleichung auf.

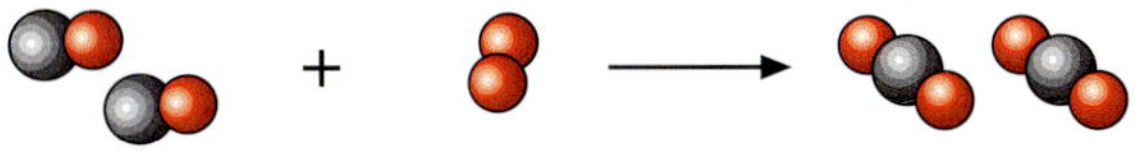

5. Verbrennung von Methan
Bei der Verbrennung von Methan (CH_4) entstehen Kohlenstoffdioxid und Wasser. Stelle die Reaktionsgleichung auf. Verwende als Hilfsmittel eine Teilchendarstellung wie bei dem Beispiel oben.

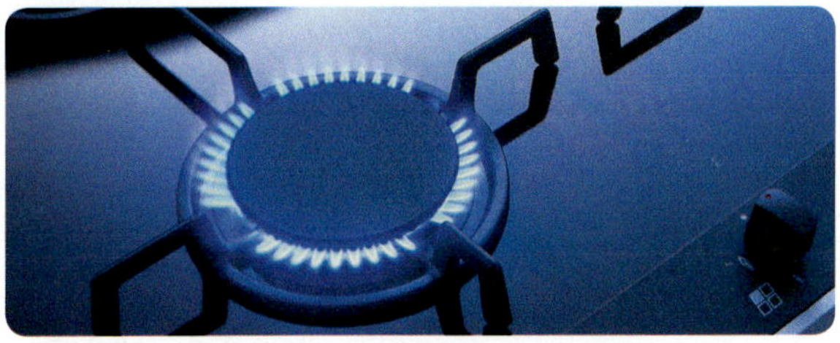

▲ *3. Erdgas besteht zu über 90 % aus Methan*

Verbrennungsprodukt Wasser: H_2O

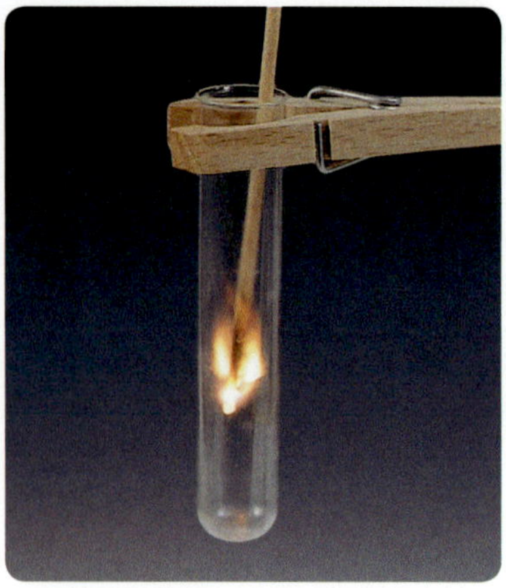

▲ 1. Glimmspanprobe

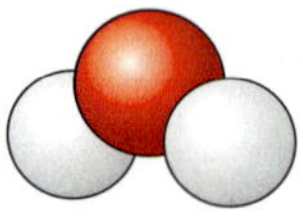

3. Modell eines Wasser-Moleküls ▶

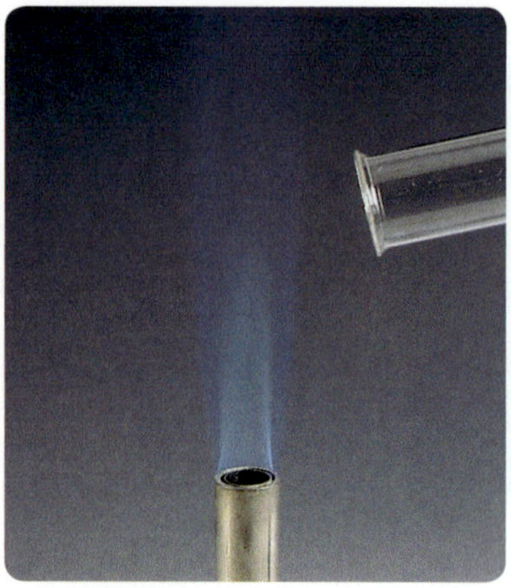

▲ 2. Knallgasprobe

1. Feuchtes Element?

Bei Wasser spricht man oft vom „feuchten Element". Kommentiere das aus der Sicht der Chemie.

Zerlegung (Analyse) des Wassers. Den Beweis, dass Wasser eine chemische Verbindung ist, hat der Chemiker Hofmann in der zweiten Hälfte des 19. Jahrhunderts mit seinem Wasserzersetzungsapparat angetreten. Das Gerät wird mit Wasser gefüllt, dem zur besseren Leitfähigkeit etwas Säure zugesetzt wurde. Wenn man das Gerät an eine Gleichspannungsquelle anschließt, kann man beobachten, dass an beiden Elektroden Gase aufsteigen. Am Minuspol kann das Gas Wasserstoff entzündet werden; am Pluspol lässt sich mit der Spanprobe Sauerstoff nachweisen. Es entsteht immer doppelt so viel Wasserstoff wie Sauerstoff.
Wasser lässt sich also in Wasserstoff und Sauerstoff zerlegen:

Wasser ⟶ Wasserstoff + Sauerstoff.

Bau des Wasser-Moleküls. Ein Wasser-Molekül besteht aus einem Sauerstoff-Atom und zwei Wasserstoff-Atomen. Die Formel des Wassers ist daher H_2O.

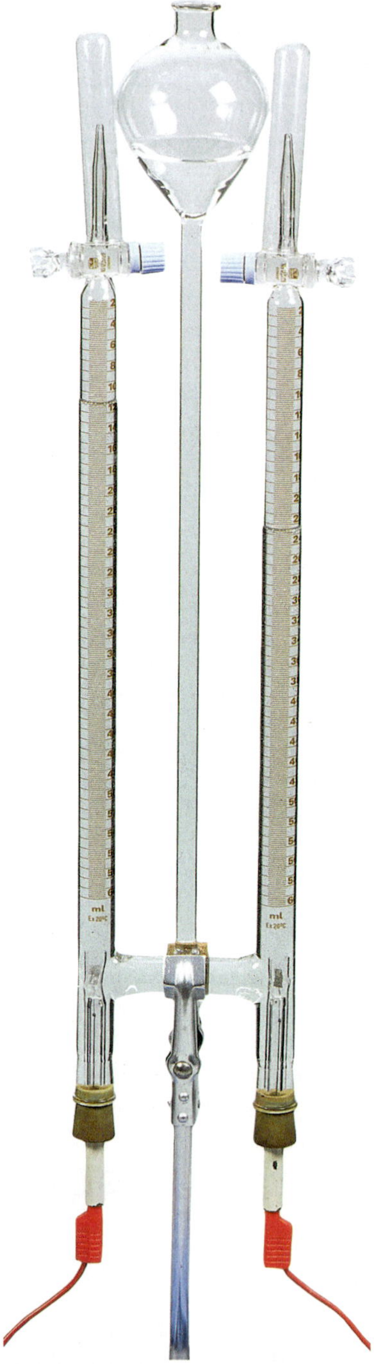

▲ 4. Hofmannscher Wasserzersetzer

Herstellung (Synthese) von Wasser. Zündet man ein Gemisch aus Wasserstoff und Sauerstoff, kommt es zu einer chemischen Reaktion: Es entsteht eine farblose Flüssigkeit, Wasser:

Wasserstoff + Sauerstoff ⟶ Wasser.

Diese Reaktion nennt man auch Knallgasreaktion, weil Sauerstoff und Wasserstoff sehr heftig, oft mit einem gut hörbaren Geräusch, miteinander reagieren.

Die **Analyse** und die **Synthese** des Wassers sind einander entgegengesetzt ablaufende Reaktionen. Bei der Analyse des Wassers wird Energie zugeführt.
Die Synthese läuft unter Energieabgabe ab.

Wasser ist eine chemische Verbindung, deren Moleküle aus Wasserstoff- und Sauerstoff-Atomen bestehen. Die Formel lautet H_2O.

2. Fragen zum Text

a) Welche Gase entstehen bei der Zerlegung von Wasser?

b) Wie nennt man den Nachweis des Sauerstoffs?

Chemische Reaktionen überall

→ **Chemische Reaktion:** Bei einer chemischen Reaktion entstehen aus vorhandenen Stoffen **neue Stoffe** mit **neuen Eigenschaften.**

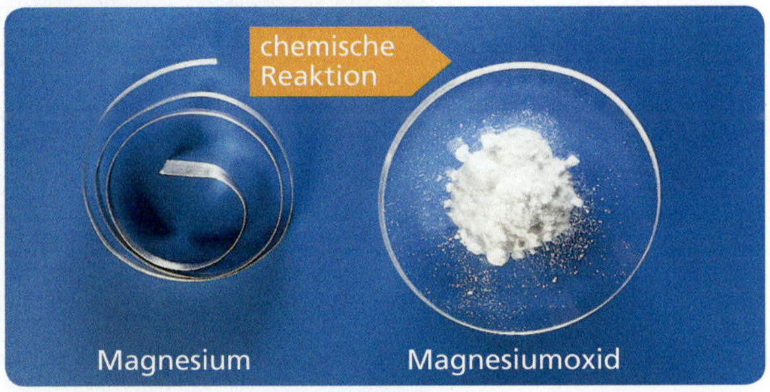

Eine **Oxidation** ist eine chemische Reaktion, bei der sich ein Stoff mit Sauerstoff zu einem **Oxid** verbindet. **Sulfide** entstehen bei Reaktionen mit Schwefel.
Beispiele:
Magnesium + Sauerstoff → Magnesiumoxid
Zink + Schwefel → Zinksulfid

→ **Energie bei chemischen Reaktionen:** Für den Start einer chemischen Reaktion benötigt man **Aktivierungsenergie.**

Bei **endotherm**en Reaktionen muss man ständig Energie zuführen, damit sie ablaufen. Bei **exotherm**en Reaktionen dagegen wird Energie in Form von Wärme oder Licht abgegeben.

→ **Energieerhaltung:** Energie wird bei chemischen Reaktionen niemals vernichtet, sondern nur in andere Energieformen umgewandelt.

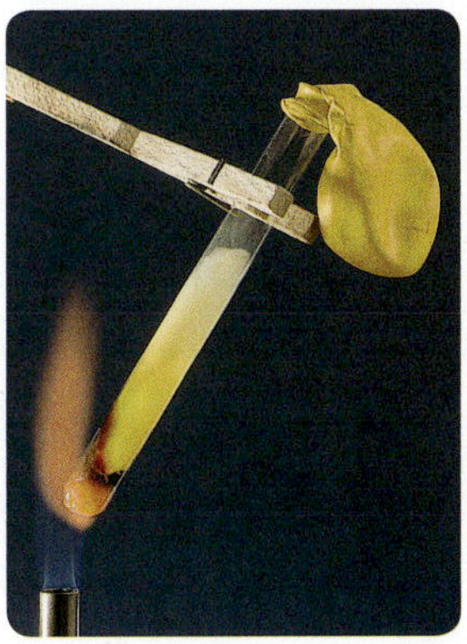

→ **Gesetz von der Erhaltung der Masse:** Bei einer chemischen Reaktion ist die Masse der Ausgangsstoffe genau so groß wie die Masse der Reaktionsprodukte.

→ **Elemente und Verbindungen:** Reinstoffe, die man chemisch nicht weiter zerlegen kann, nennt man **Elemente.** Sie sind aus einer einzigen Atomart aufgebaut.
Verbindungen sind aus Elementen aufgebaut und lassen sich wieder in diese zerlegen.

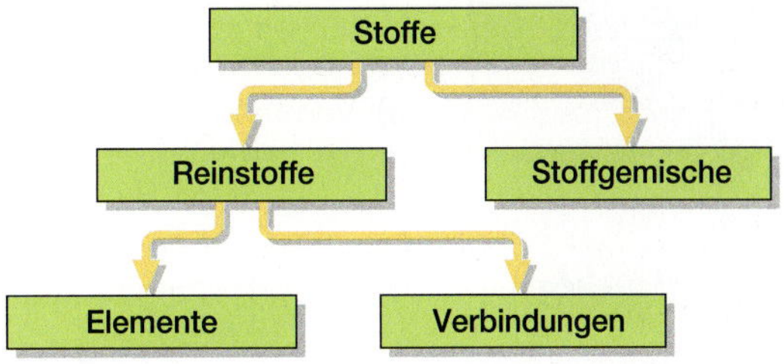

→ **Das Atommodell von Dalton:**
- Alle Stoffe sind aus Atomen aufgebaut.
- Alle Atome eines Elements haben gleiche Größe und Masse.
- Atome verschiedener Elemente unterscheiden sich in Größe und Masse.
- Bei chemischen Reaktionen werden keine Atome neu gebildet oder vernichtet. Die Atome der Ausgangsstoffe werden aber neu angeordnet und miteinander verknüpft.

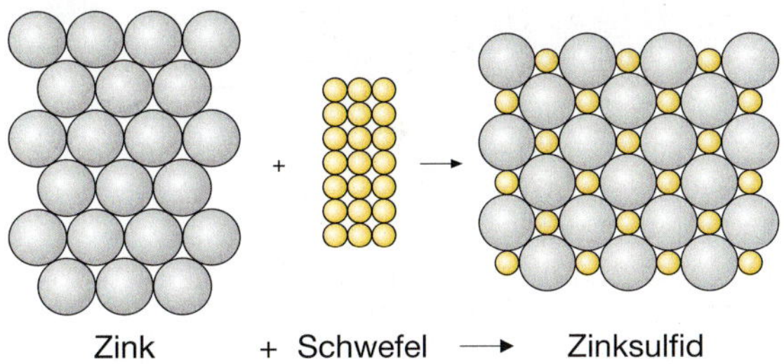

→ **Chemische Symbole: Elementsymbole** stehen für den **Stoff** oder für **ein Atom** dieses Stoffes.
Beispiele: Mg, Zn, S.
Molekülformeln geben an, welche Atome in welcher Anzahl in einem Molekül vorhanden sind.
Beispiele: H_2O, O_2, CO_2.

→ **Reaktionsgleichungen** beschreiben chemische Reaktionen in Kurzform. Beispiel:

$2\,H_2 + O_2 \rightarrow 2\,H_2O$; Energie wird frei

→ **Analyse und Synthese:** Wasser kann man in die Stoffe Wasserstoff und Sauerstoff zerlegen (Analyse). Aus Wasserstoff und Sauerstoff kann man wieder Wasser herstellen (Synthese).

Chemische Reaktionen überall

1. Auch so kann man ein Feuer entzünden

Zum Entzünden von Stahlwolle genügt es, diese zwischen die Pole einer Batterie zu halten.

a) Erkläre, warum sich Stahlwolle auch auf diese Weise entzünden lässt.

b) Verbrennt die Stahlwolle, ist das Verbrennungsprodukt schwerer. Weshalb ist das kein Widerspruch zum Gesetz von der Erhaltung der Masse?

2. Zinkpulver verbrennt

Zinkpulver ist silbergrau. In einer Brennerflamme verbrennt es hell leuchtend. Dabei entsteht ein weißer Stoff.

a) Woran erkennt man, dass eine chemische Reaktion abgelaufen ist?

b) Welcher Stoff ist entstanden? Formuliere die Wortgleichung (Reaktionsschema).

c) Erstelle eine Skizze, wie man sich nach DALTON diese chemische Reaktion vorstellen kann.

3. Nachweise

Wie kann man nachweisen, …

a) … dass bei der Zerlegung von Silberoxid Sauerstoff entsteht?

b) … dass der Mensch Kohlenstoffdioxid ausatmet?

c) … dass bei der Zerlegung von Wasser Wasserstoff entsteht?

4. Verbindung, Gemisch, Element

a) Ist Luft eine Verbindung, ein Gemisch oder ein Element? Begründe deine Antwort.

b) Nenne jeweils zwei Beispiele für eine Verbindung, ein Gemisch und ein Element.

5. Bedingungen für eine chemische Reaktion

Magnesium und Sauerstoff reagieren miteinander zu Magnesiumoxid, wenn man das Magnesiumband kurz mit dem Brenner erhitzt.

a) Wie heißt die Energie, die zum Starten der Reaktion zugeführt werden muss?

b) Überlege, wofür diese Startenergie konkret benötigt wird. Denke dabei auch daran, wie die Atome vor der Reaktion vorliegen.

6. Welches Gesetz steckt hinter diesem Versuch?

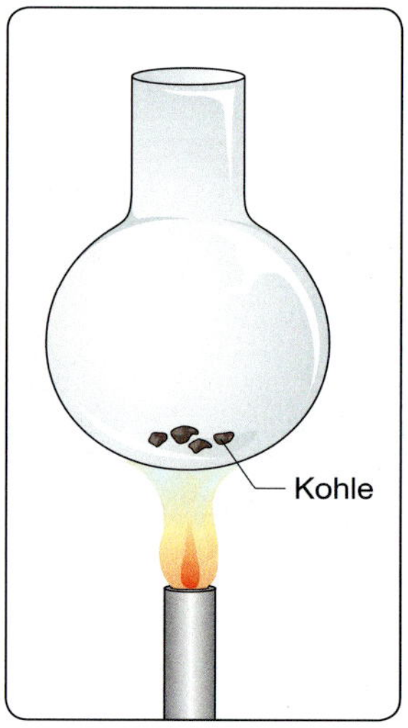

a) Was wirst du wohl beobachten können, wenn du einen Rundkolben mit einigen Krümeln Kohle stark erhitzt und dabei kräftig schwenkst?

b) Was geschieht mit der Kohle in diesem Versuch?

c) Wie wird sich die Gesamtmasse des Kolbens bei diesem Versuch verändern?

d) Was würde man mit der Waage messen, wenn der Kolben bei dem Versuch mit einem Luftballon verschlossen wäre? Begründe deine Vermutung.

e) Stell dir vor, du wärst ein Kohlenstoff-Atom der Kohle im Rundkolben. Schreibe eine kleine Geschichte darüber, wie es dir bei der Verbrennung der Kohle ergehen würde.

7. In der Sprache der Chemie

Stelle in chemischer Formelschreibweise und in Teilchendarstellung dar:

a) … ein Eisen-Atom, drei Helium-Atome, vier Sauerstoff-Moleküle, zwei Wasser-Moleküle.

b) … Schwefeldioxid (SO_2) reagiert mit Sauerstoff zu Schwefeltrioxid (SO_3).

c) … die Knallgasreaktion.

8. So kann man Wasser zerlegen

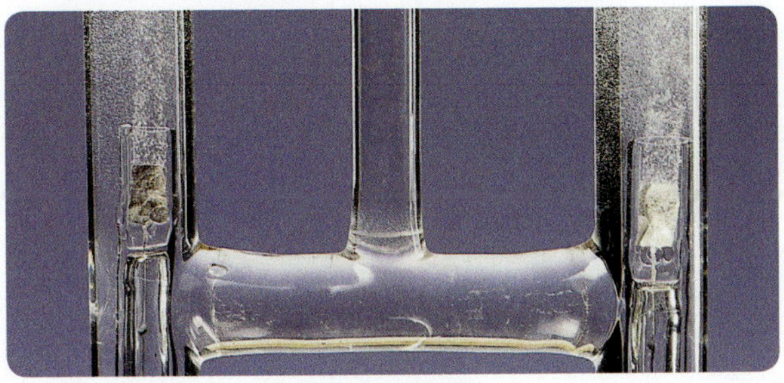

a) Beschreibe die Zerlegung von Wasser durch elektrischen Strom.
b) Wie bezeichnet man allgemein die Zerlegung einer Verbindung?
c) In der Knallgasreaktion wird aus Wasserstoff und Sauerstoff Wasser erzeugt. Wie nennt man diesen Vorgang allgemein?
d) Wie müsste das Produkt aus Wasserstoff und Sauerstoff chemisch exakt benannt werden? Schreibe die Reaktionsgleichung auf.

9. Chemische Reaktion – ja oder nein?

Hier sind Beispiele für Vorgänge, die man in einem Labor durchführen kann. Bei welchen Vorgängen kann man von einer chemischen Reaktion sprechen?
Begründe in jedem Fall deine Entscheidung.
a) Kupferpulver wird mit Schwefel vermischt.
b) Ein kleiner Industriediamant wird verbrannt.
c) Wasser verdampft.
d) Brausepulver wird in Wasser gegeben.
e) Zucker wird in Wasser gelöst.
f) Aus Kupfer und Iod entseht Kupferiodid.
g) Silberoxid wird in Sauerstoff und Silber zerlegt.

10. Namen für Stoffe

Bei der Namensgebung für chemische Verbindungen fügt man zur besseren Unterscheidung oft auch griechische Zahlwörter in die Namen ein. Beispiele: Schwefeldioxid (SO_2), Schwefeltrioxid (SO_3).

Zahl	1	2	3	4	5	6
Bezeichnung	mono	di	tri	tetra	penta	hexa

a) Benenne die folgenden Verbindungen: NO_2, NO, N_2O, P_2O_5.
b) Schreibe die Formeln für Kohlenstoffmonooxid, Kohlenstoffdioxid und für Distickstoffmonooxid auf.

11. Warum werden Silberlöffel schwarz?

Silberbesteck bekommt im Laufe der Zeit häufig einen dunklen Belag. Das passiert am schnellsten, wenn man damit Eier isst.
a) Der schwarze Belag ist Silbersulfid. Er entsteht in einer Reaktion mit Schwefel. Welcher Stoff muss in Eiern vorhanden sein?
b) Auch Silberschmuck läuft oft schwarz an. Wie kann man sich das erklären?

12. Hier irrte der Journalist

In einer alten Zeitung war zu lesen, dass es einem Alchemisten im 15. Jahrhundert gelungen war, aus Zink und Kupfer Gold herzustellen. Allerdings soll der Zauberer das Rezept mit ins Grab genommen haben.
a) Erkläre, weshalb die Meldung so nicht richtig sein kann.
b) Informiere dich über die Zusammensetzung und die Eigenschaften der Legierung Messing. Erkläre damit den Bericht in der Zeitung.

13. Definitionen, Fachwissen und mehr

a) Erläutere den Begriff Aktivierungsenergie.
b) Was entsteht bei der Verbrennung von Metallen?
c) Was ist eine Oxidation?
d) Woran kannst du den Ablauf einer chemischen Reaktion erkennen?
e) Nenne vier Nichtmetalloxide mit Formeln.
f) Beschreibe das Gesetz von der Erhaltung der Masse mit eigenen Worten.
g) Wie kann man mit dem Atommodell von DALTON das Gesetz von der Erhaltung der Masse erklären?
h) Wie unterscheiden sich Edelgase von anderen Gasen?
i) Welche Regeln hat Berzelius für die heute gebräuchliche Symbolschrift in der Chemie entwickelt?

KAPITEL

2 Die Luft, in der wir leben

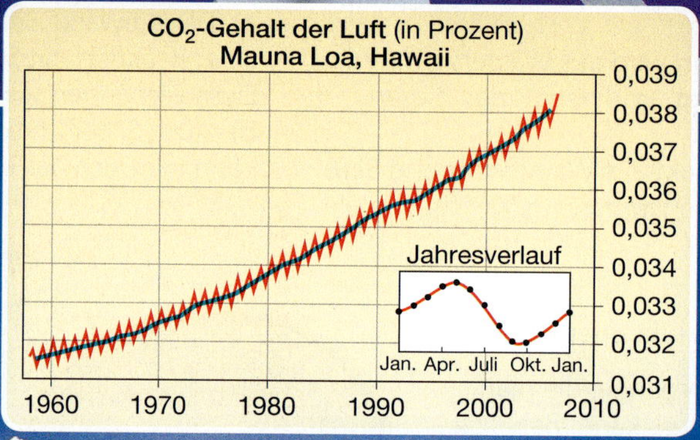

Luft enthält vor allem Stickstoff und Sauerstoff. Doch ein anderes Gas macht den Klimaforschern Sorgen: Kohlenstoffdioxid. Sein Anteil nahm in den letzten Jahrzehnten ständig zu. Es fördert den Treibhauseffekt und ist mitverantwortlich für die Erwärmung der Erde.
Kommt ein globaler Klimawandel?

Es ist schon sinnvoll, etwas mehr über die Luft zu erfahren, denn sie ist wichtig für das Leben auf der Erde.

▲ *1. Welche Vorgänge kennst du, bei denen Kohlenstoffdioxid entsteht?*

◀ *2. Diese bunten Luftballons fliegen nur, weil sie mit dem leichten Gas Helium gefüllt sind. Auch Helium ist ein natürlicher Bestandteil der Luft.*

▼ *3. Ein 20 m großer Laubbaum stellt täglich rund 8 700 Liter Sauerstoff her! Rechne einmal aus, wie viel Liter das pro Jahr sind.*

▲ *4. Ist die Kerzenflamme vor Schreck ausgegangen? Hat hier einfach jemand die Flamme ausgeblasen?*

Die Luft ist ein lebenswichtiger Stoff

1. Die Luft anhalten

a) Schätze, wie lange du es ohne Luft aushältst.
b) Halte einmal die Luft an und stoppe die Zeit.

2. Zähle deine Atemzüge

a) Setze dich auf einen Stuhl und lege eine Handfläche auf den unteren Bereich der Rippen. Jetzt kannst du die Atembewegungen spüren. Zähle die Atemzüge, die du innerhalb einer Minute machst und notiere den Wert.

b) Mache 20 Kniebeugen und zähle wieder die Atemzüge. Vergleiche mit dem Wert in a).
c) Welche Werte haben deine Mitschüler ermittelt?

3. Wie viel Luft atmest du aus?

a) Puste deine Atemluft in einen Kunststoffbeutel (z. B. Gefrierbeutel 5 l) und zwar nur so viel, wie du bei einem ruhigen Atemzug ausatmest. Schließe den Beutel durch Drehen. Die Luftmenge kannst du messen, indem du den Beutel ganz unter Wasser drückst. Das geht sehr gut mit einem durchsichtigen Eimer mit einer Literskala (Kleistereimer).
Der Anstieg des Wasserspiegels im Eimer zeigt das Volumen der ausgeatmeten Luft an.
b) Rechne aus, wie viel Luft du innerhalb einer Stunde ausatmest. Verwende dazu dein Ergebnis aus Aufgabe 2.

4. Ist der Trichter verstopft?

a) Verschließe eine Flasche mit einem durchbohrten Stopfen. Stecke einen Trichter fest in den Stopfen. Wenn du jetzt Wasser in den Trichter füllst, kann es passieren, dass das Wasser gar nicht abläuft. Wie kann man das erklären?
b) Überlege, was man tun muss, damit das Wasser doch abläuft. Probiere es selbst aus und begründe.

5. Hat Luft eine Masse?

a) Pumpe mit einer Ballpumpe einen Ball so auf, dass kein Überdruck entsteht. Schraube die Pumpe ab, lass das Füllventil aber im Ball stecken. Bestimme die Masse.
Pumpe dann den Ball so weit wie möglich auf und bestimme die Masse erneut.

b) Verbinde ein Ende eines passenden Schlauches mit dem Füllventil im Ball. Halte das andere Schlauchende in einen wassergefüllten Messzylinder, der umgekehrt in einer Wanne mit Wasser steht.
Wenn du jetzt das Ventil in den Ball drückst, strömt Luft aus dem Ball in den Messzylinder. Miss möglichst genau 1 Liter Luft ab. Wiege den Ball erneut und bestimme die Masse der ausgeströmten Luft.

▲ 1. *Beim Sport braucht man viel Luft*

▲ 3. *Die Lufthülle der Erde – aus dem Weltraum gesehen*

Benötigte Luftmenge pro Stunde (in Liter)	
Schlafen	280
Liegen	400
Stehen	450
Gehen	1 000
Radfahren	1 400
Schwimmen	2 600
Bergsteigen	3 100
Rudern	3 600

▲ 2. *Tabelle Luftbedarf*

Luft ist lebensnotwendig. Selbst beim Schlafen müssen wir atmen. Ohne Luft geht für uns nichts. Je mehr wir uns anstrengen, desto mehr Luft atmen wir ein und aus.
Auch Fische und andere Wasserlebewesen brauchen Luft zum Leben. Sie leben von der Luft, die sich im Wasser gelöst hat.

Wozu benötigen Lebewesen die Luft? Die Luft enthält das Gas **Sauerstoff.** Dieses Gas benötigen wir, um aus den Nährstoffen der Nahrung die Energie zum Leben zu gewinnen. Chemisch gesehen handelt es sich dabei um eine Oxidation – also eine chemische Reaktion mit Sauerstoff, bei der Energie frei wird.

Grüne Pflanzen haben es einfacher. Auch Pflanzen benötigen Sauerstoff zum Leben. Sie können den Sauerstoff aber selbst herstellen. Der Vorgang heißt Fotosynthese. Er kann allerdings nur bei Licht ablaufen. Im Dunkeln sind auch Pflanzen auf den Sauerstoff aus der Luft angewiesen.
Grüne Pflanzen stellen wesentlich mehr Sauerstoff her, als sie selbst verbrauchen – vor allem sind es die grünen Algen im Meer. Wir verdanken ihnen, dass wir stets ausreichend mit Sauerstoff versorgt sind.

Die Lufthülle der Erde. Auf der Erde ist die Luft für uns unsichtbar. Sie erscheint uns grenzenlos. Doch vom Weltraum aus zeigen Satellitenaufnahmen die Luft nur als hauchdünnen, blau schimmernden Gasmantel.
Mit zunehmender Höhe wird die Luft dünner, sie enthält dann immer weniger Teilchen. In einer Entfernung von 6 km enthält die Atmosphäre nur noch halb so viele Teilchen wie am Erdboden. In 100 km Höhe findet man fast keine Luftbestandteile mehr.

Luft ist ein Körper, sie benötigt Platz. Die Luft ist ein gasförmiger Körper, der einen Raum einnimmt. Deshalb ist eine „leere“ Flasche keineswegs leer. Wasser kann erst dann in eine Flasche fließen, wenn die enthaltene Luft durch eine Öffnung entweichen kann (vgl. Aufg. 4. Seite 56).

Luft hat eine Masse. Ein Ball wird schwerer, wenn man ihn aufpumpt – weil er dann mehr Luft enthält. Lässt man genau 1 l Luft aus einem Ball ausströmen, dann wird er 1,2 g leichter. Luft hat bei normalem Druck und Zimmertemperatur eine Masse von 1,2 g.

Luft ist ein farbloser, gasförmiger Körper, der einen Raum einnimmt. Ein Liter Luft hat bei Normaldruck eine Masse von 1,2 g. Der Sauerstoff der Luft ist für die meisten Lebewesen lebensnotwendig.

1. Fragen zum Text

a) Weshalb ist die Luft lebensnotwendig?

b) Viele Lebewesen können im Wasser atmen. Nenne Beispiele und begründe, warum das geht.

c) Wie viel Raum nehmen 1,2 g Luft bei Normaldruck ein?

Woraus besteht Luft?

1. Versuch mit der Kerzenflamme

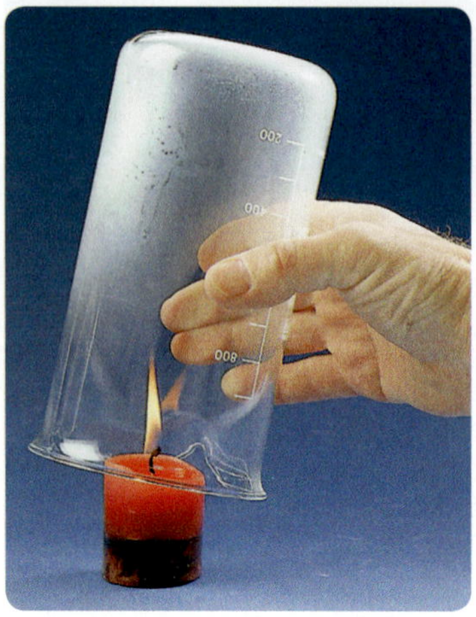

a) Zünde eine Kerze an. Stelle ein Becherglas oder ein anders Glasgefäß umgekehrt über die brennende Kerze. Beobachte, was geschieht.
b) Stelle anschließend das Glasgefäß über eine zweite brennende Kerze. Erkläre deine Beobachtungen.

2. Die Glimmspanprobe

Lass dir vom Lehrer einen Standzylinder oder ein Reagenzglas mit reinem Sauerstoff füllen. Verschließe das Gefäß mit einem Deckel.
Entzünde ein Holzstäbchen an einer Flamme; blase es nach einigen Sekunden wieder aus, sodass es noch weiter glimmt. Halte diesen Glimmspan in den Standzylinder. Beschreibe und erkläre deine Beobachtungen.

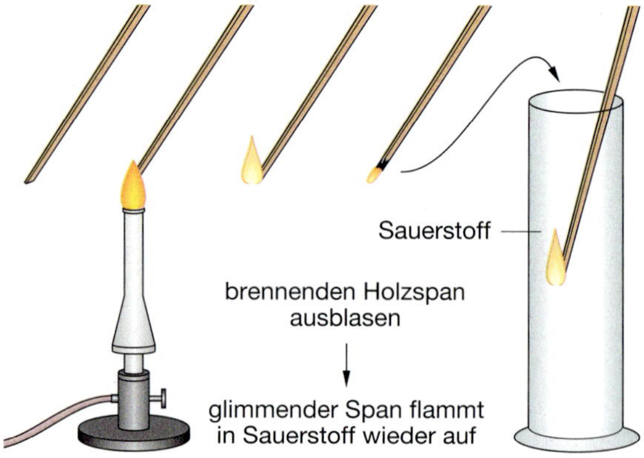

3. Ist Sauerstoff leichter oder schwerer als Luft?

a) Wie kannst du mithilfe eines Experiments feststellen, ob Sauerstoff leichter oder schwerer als Luft ist?
b) Führe den Versuch selbst durch.

4. Magnesium brennt

a) Fülle eine Wanne halb mit Wasser. Setze eine leere Schale eines Teelichtes auf die Wasseroberfläche. Gib ein Stück Magnesiumband (F) in die kleine Schale. Zünde das Magnesiumband mit der Brennerflamme an und stülpe rasch einen Standzylinder über die Teelichtschale. Was geschieht?

b) Verschließe den Standzylinder unter Wasser mit einem Glasdeckel. Drehe nun den Standzylinder um und halte einen brennenden Holzspan hinein. Erkläre deine Beobachtungen zu a) und b).

5. Der Kalkwasser-Test

a) Puste einen großen Luftballon auf. Leite deine ausgeatmete Luft vom Ballon in klares Kalkwasser. Überlege, wie du die Luft aus dem Ballon langsam ableiten kannst.
Diesen Versuch verwendet man zum Nachweis von Kohlenstoffdioxid. Was kannst du beobachten?
b) Leite nun über einen Ballon normale Luft aus der Umgebung in eine frische Kalkwasserlösung ein – also keine Ausatemluft. Vergleiche deine Beobachtung mit der aus Versuch a) und erkläre.

6. Versuch mit dem Kolbenprober

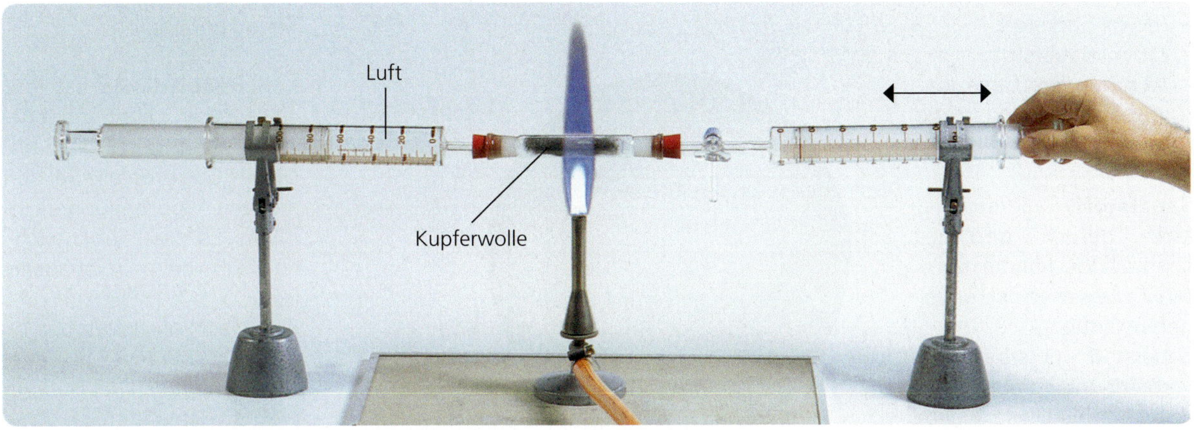

Die Apparatur wird so zusammengebaut wie in der Abbildung zu sehen. Zunächst füllt man einen Kolbenprober mit 100 ml Luft. Der andere bleibt leer. Die Kupferwolle wird mit dem Bunsenbrenner erhitzt. Nun drückt man die Luft solange über die erhitzte Kupferwolle von einem Kolbenprober in den anderen, bis das Kupfer nicht mehr hell aufglüht. Wenn das Kupfer trotz Erhitzens mit dem Brenner nicht mehr glüht, beendet man den Versuch und lässt die Apparatur abkühlen.

a) Wie hat sich die Kupferwolle bei dem Versuch verändert?

b) Vergleiche die Gasmengen in den Kolbenprobern vor und nach dem Experiment.

c) Was kann man mit diesem Versuch zeigen?

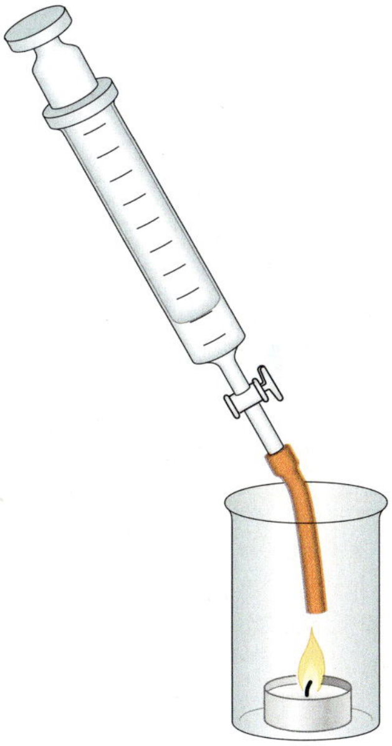

7. Das Restgas aus dem Kolbenproberversuch

a) Fülle das Restgas aus dem Kolbenproberversuch ganz langsam in ein hohes Becherglas mit brennendem Teelicht. Welche Eigenschaft des Restgases kannst du feststellen?

b) Der größte Teil des Restgases ist Stickstoff. Was könnte der Grund für diesen Namen sein?

c) Für Stickstoff gibt es keine einfache Nachweisreaktion im Schullabor. Vermute, woran das liegen könnte.

8. Verwendung von Stickstoff

Auf verpackten Lebensmitteln mit Wurst, Fleisch, Käse oder Fisch findet man manchmal den Aufdruck „unter Schutzatmosphäre verpackt". Meistens befindet sich in der Verpackung das Gas Stickstoff. Finde heraus, weshalb man das macht.

9. Nachweis für Wasserdampf

Xn B2

Erhitze Wasser in einem Gefäß mit Stopfen und gewinkeltem Glasrohr. Leite den entstehenden Wasserdampf auf weißes Kupfersulfat (Xn, B2).
Beschreibe, was mit dem weißen Kupfersulfat passiert.

Woraus besteht Luft?

Die Luft ist ein Gemisch. Ein Liter trockene Luft (1000 ml) enthält etwa:
- 780 ml Stickstoff
- 210 ml Sauerstoff
- 10 ml andere Gase, darunter 9,3 ml Edelgase und 0,4 ml Kohlenstoffdioxid.

Sauerstoff. Sauerstoff ist farb-, geruch- und geschmacklos. Für die meisten Lebewesen ist er lebenswichtig.
Sauerstoff unterhält die Verbrennung, brennt aber selbst nicht. Diese Eigenschaft nutzt man als Nachweis: Ein Holzspan, der an der Luft noch glimmt, brennt in reinem Sauerstoff mit heller Flamme. Man nennt diesen Nachweis **Glimmspanprobe.**

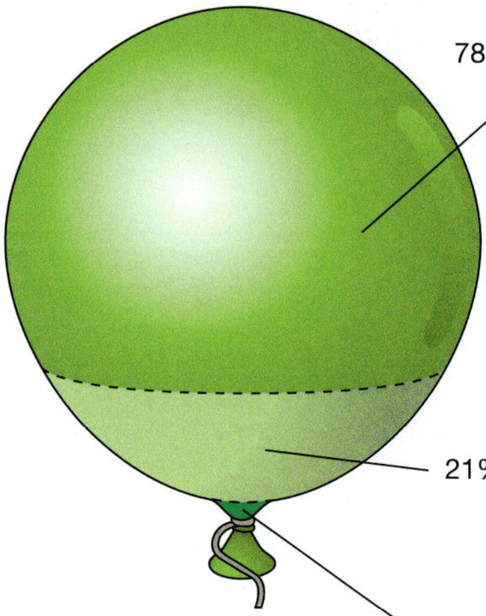

▲ *1. Zusammensetzung trockener Luft*

Stickstoff. Es ist das Gas, das beim Kolbenproberversuch (vgl. Aufg. 6, Seite 59) übrig bleibt, wenn der Sauerstoff mit der Kupferwolle reagiert hat. In reinem Stickstoff würden Lebewesen ersticken. So hat er seinen Namen bekommen. Auch Stickstoff ist farb-, geruch- und geschmacklos.
Bei normalen Bedingungen ist er sehr reaktionsträge. Es gibt daher keinen einfachen Stickstoffnachweis für das Schullabor.
Verpackte Lebensmittel werden oft unter Stickstoff gelagert; sie bleiben dadurch länger haltbar.

Edelgase. Nahezu keine chemischen Reaktionen gehen die Edelgase ein: Helium, Neon, Argon, Krypton, Xenon und Radon.

Kohlenstoffdioxid ist nur ein kleiner, aber bedeutsamer Bestandteil der Luft. Dieses Gas entsteht bei den meisten Verbrennungen im Alltag. Es spielt eine wichtige Rolle beim Treibhauseffekt.
Zum Nachweis leitet man es durch **Kalkwasser.** Es entsteht eine *milchige Trübung* (vgl. S. 61).

Weitere Stoffe. Die Lufthülle der Erde enthält immer auch Wasserdampf, bis zu 23 ml pro Liter Luft.
Staub und viele andere Gase stammen aus Verkehr, Industrie und Haushalten sowie aus natürlichen Quellen.

Luft besteht im Wesentlichen aus 78 % Stickstoff, 21 % Sauerstoff und 1 % sonstigen Gasen. Außerdem sind Wasserdampf, Staub sowie Fremdstoffe in der Luft enthalten.

1. Fragen zum Text
a) Welches ist der Hauptbestandteil der Luft?
b) Was ist eine Glimmspanprobe?
c) Wie weist man Kohlenstoffdioxid nach?
d) Wofür ist Sauerstoff besonders wichtig?

Steckbrief: Sauerstoff

Physikalische Eigenschaften: Farb-, geruch- und geschmacklos, gasförmig;

Dichte (bei 20 °C):	1,33 g je Liter
Schmelztemperatur:	−219 °C
Siedetemperatur:	−183 °C
Löslichkeit in 1 l Wasser (bei 20 °C):	31 ml

Chemische Eigenschaften: Verbindet sich mit sehr vielen Stoffen. Unterhält die Verbrennung, brennt aber selbst nicht.
Verwendung: Schweißen, Atemgeräte, Bestandteil von Raketentreibstoff.

Steckbrief: Stickstoff

Physikalische Eigenschaften: Farb-, geruch- und geschmacklos, gasförmig;

Dichte (bei 20 °C):	1,17 g je Liter
Schmelztemperatur:	−210 °C
Siedetemperatur:	−196 °C
Löslichkeit in 1 l Wasser (bei 20 °C):	16 ml

Chemische Eigenschaften: Verbindet sich schlecht mit anderen Stoffen. Lebewesen ersticken in Stickstoff.
Verwendung: Schutzgas beim Schweißen, Herstellung von Mineraldünger.

Sauerstoff in Medizin und Technik

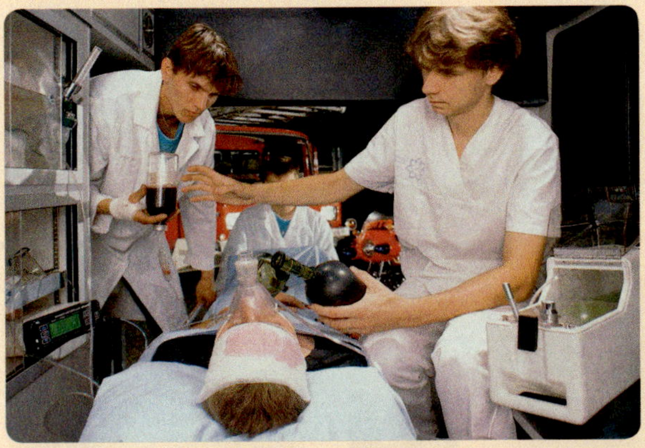

▲ *1. Der Notarzt beatmet mit Sauerstoff*

Lebenswichtiger Sauerstoff. Ohne Sauerstoffzufuhr überlebt ein Mensch gerade einmal etwa vier Minuten. Die menschlichen Körperzellen müssen also ständig mit Sauerstoff versorgt werden. Man wird müde und unkonzentriert, wenn man Zimmer nicht regelmäßig lüftet.

Bekommt man wenige Minuten lang nicht genug Sauerstoff, etwa bei einem Unfall, kann das zu bleibenden gesundheitlichen Schäden führen.
Bei einem Notarzteinsatz wird deshalb einem bewusstlosen Patienten eine Atemmaske aufgesetzt, die ihn mit dem lebensnotwendigen Sauerstoff versorgt. Die Atemluft, die man durch eine solche Atemmaske erhält, ist mit Sauerstoff angereichert. Sie sorgt dafür, dass der Patient meist schnell wieder zu Bewusstsein kommt.

Auch bei einer Operation unter Vollnarkose wird der Patient künstlich beatmet. Hier übernimmt ein Narkosegerät die Beatmung des Menschen. Messgeräte ermitteln ständig die Atemwerte des Patienten und übertragen sie an einen Computer. Der errechnet die erforderliche Zusammensetzung der Atemluft. Der Narkosearzt überwacht die Mischung von Narkose- und Atemgas. Der Sauerstoffgehalt liegt zwischen 21 % und 33 %.

2. Operation unter Narkose ▶

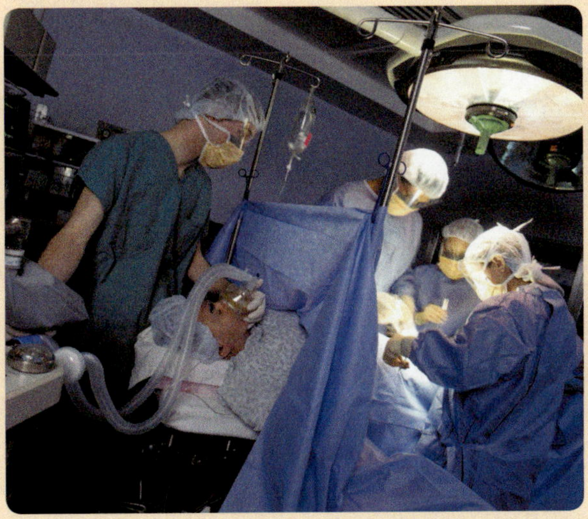

Schweißen und Schneiden mit Sauerstoff. Beim Schweißen werden Stahlteile fest miteinander verbunden. Dazu erhitzt man die Verbindungsstellen mit einem **Schweißbrenner** so stark, dass sie miteinander verschmelzen. Die Temperatur erreicht man durch Verbrennung von Schweißgasen wie Acetylen oder Wasserstoff mit reinem Sauerstoff. Geschmolzener Stahl fließt zusammen. Nach dem Abkühlen sind die Teile fest miteinander verbunden.

▲ *3. Schweißen mit Sauerstoff und Acetylen*

Soll eine Stahlplatte zerteilt werden, benutzt man einen **Schneidbrenner.** Wie beim Schweißen erhitzt man das Metall an der Trennstelle. Kurz bevor der Stahl schmilzt, wird Sauerstoff auf die Trennstelle geblasen. Der erhitzte Stahl verbrennt dort und das Stahlstück wird zerteilt.

1. Wann verwendet man Sauerstoff in der Medizin?
2. Welche Aufgaben hat reiner Sauerstoff beim Schweißen und Schneiden von Stahl?
3. Finde weitere Anwendungsbeispiele für Sauerstoff.
Recherchiere dazu in Büchern oder im Internet.
4. Idee für einen 10-Minuten-Vortrag: Wie gewinnt man in der Technik Sauerstoff?

Edelgase sind reaktionsträge

1. Kennst du die Edelgase?

a) Überlege, in welchem Zusammenhang du einige Namen der Edelgase schon einmal gehört hast.
b) Was könnte die Vorsilbe „edel" bei den Edelgasen bedeuten? Denke auch an die Edelmetalle.

Edelgase in der Luft. Auch die Edelgase Helium, Neon, Argon, Krypton, Xenon und das radioaktive Radon sind Bestandteile der Luft. Ihr Anteil beträgt allerdings insgesamt weniger als 1%. Ein Liter Luft (1000 ml) enthält nur 9,324 ml Edelgase. Davon sind 9,3 ml Argon.

▲ 1. Leuchtröhren enthalten Edelgase

Edelgase sind reaktionsträge. Argon ist griechisch und bedeutet **„träge".** Träge bedeutet hier chemisch reaktionsträge. Diese Eigenschaft haben alle Edelgase gemeinsam. Weil sie kaum Verbindungen eingehen, bezeichnet man sie auch als „edel".
Da alle Edelgase auch noch farb- und geruchlos sind, kann man sie chemisch kaum nachweisen.

Edelgase sind auch nützlich. In der Technik werden Edelgase vielfach genutzt. **Argon,** das am häufigsten vorkommt, wird beim Schweißen als Schutzgas eingesetzt. Es verhindert, dass geschmolzener Stahl an der Luft verbrennt, weil es den Sauerstoff an der Schweißstelle verdrängt. **Helium** ist viel leichter als Luft und wie alle Edelgase nicht brennbar. Man verwendet es als Füllgas für Ballons und Luftschiffe.

Argon und **Krypton** werden als Füllgas in Glühlampen eingesetzt. Dann verdampft der hell glühende Metallfaden nicht so schnell. Das blauweiße Licht moderner Autoscheinwerfer stammt meist von Blitzentladungslampen, die mit **Xenon** gefüllt sind.

Lampen mit farbiger Lichtreklame bezeichnet man auch heute oft noch als Neonröhren, weil die ersten roten Leuchtröhren mit Neon gefüllt waren. Heutzutage enthalten diese Lampen meistens ein Gemisch aus **Neon, Argon** und Quecksilberdampf. Ihre Leuchtfarbe erhalten diese Lampen durch eine Beschichtung, die innen auf das Glas aufgebracht wird, manchmal auch durch die Farbe des Glases selbst.

Die Luft enthält etwa 1% Edelgase. Sie sind sehr reaktionsträge. Deshalb eignen sich die Edelgase als Füll- und Schutzgas.

2. Fragen zum Text

a) Welche Edelgase gibt es?
b) Erläutere den Begriff Edelgas.
c) Welches ist das häufigste Edelgas in der Luft?
d) Warum ist Argon beim Schweißen so nützlich?

▲ 2. Xenonlampen leuchten heller als Halogenlampen

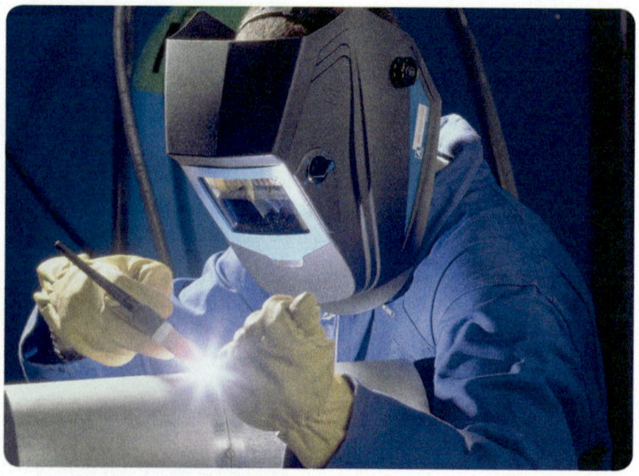
▲ 3. Argon schützt vor Oxidation

Mit Helium in die Luft

Auf Rummelplätzen und den unterschiedlichsten Festen gibt es sie fast immer: bunte **Luftballons.** Bei Kindern sind sie sehr beliebt, weil sie nicht zu Boden sinken, sondern nach oben steigen.

Diese Luftballons sind mit dem Edelgas Helium gefüllt. Es ist viel leichter als Luft. Deshalb steigen die Ballons in Luft immer auf. Das ist ein teures Vergnügen, wenn sie losgelassen werden, denn Ballons mit Heliumfüllung kosten einige Euro.

Seit vielen Jahren werden mit Helium gefüllte Gasballons in der Wetterforschung eingesetzt. Die Latexhülle solcher **Wetterballons** ist hauchdünn – sie ist nur 0,02 mm dick! Trotzdem können sie Kameras und Wettersatelliten bis in etwa 30 km Höhe tragen. Die Ballons können rund 1 kg Last pro Kubikmeter Gasfüllung tragen. Nach einem Flug von einem Tag werden die Geräte durch ein Funksignal vom Ballon gelöst. An einem Fallschirm sinken sie zur Erdoberfläche zurück.

Zeppeline, die in der Luft schweben, wecken unsere Aufmerksamkeit. Heute sind solche Luftfahrzeuge eher selten. Von den unterschiedlichsten Firmen werden die mit Helium gefüllten Luftschiffe vor allem als attraktive Werbeträger genutzt.

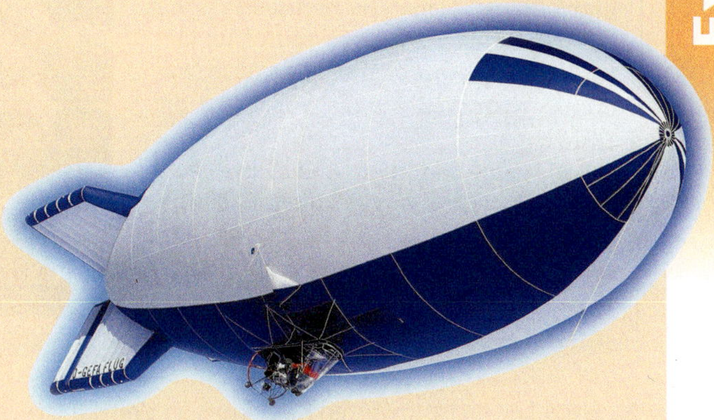

Früher gab es riesige Luftschiffe, die zur Personen- und Lastenbeförderung eingesetzt wurden. Sie waren mit dem preiswerten Gas Wasserstoff gefüllt. Der Wasserstoff ist noch leichter als Helium. Allerdings ist er brennbar. Sein Einsatz hat schon zu schweren Feuerkatastrophen geführt. Heute fahrende Luftschiffe sind aus Gründen der Sicherheit mit dem reaktionsträgen Edelgas Helium gefüllt.

1. Vergleiche die Eigenschaften der Gase Wasserstoff und Helium miteinander. Welche Eigenschaften sprechen für die Verwendung von Helium als Ballongas, welche für Wasserstoff?

2. Idee für einen 10-Minuten-Vortrag: Die Luftschiff-Katastrophe in Lakehurst 1937.

Steckbrief: Helium

Physikalische Eigenschaften: Farb- und geruchloses Gas

Dichte (bei 20 °C):	0,1785 $\frac{g}{l}$
Schmelztemperatur:	–272 °C
Siedetemperatur:	–269 °C
Löslichkeit in 1 l Wasser:	1,5 ml
Preis für 1 l:	9 €

Chemische Eigenschaften: Sehr reaktionsträges Edelgas, nicht brennbar.

Verwendung: Schutzgas, Füllgas für Ballons, Kühlmittel (als Flüssigkeit).

▲ *4. Eigenschaften von Helium*

Steckbrief: Wasserstoff

Physikalische Eigenschaften: Farb- und geruchloses Gas

Dichte (bei 20 °C):	0,0899 $\frac{g}{l}$
Schmelztemperatur:	–259 °C
Siedetemperatur:	–253 °C
Löslichkeit in 1 l Wasser:	1,6 ml
Preis für 1 l:	2 €

Chemische Eigenschaften: Verbindet sich mit vielen Stoffen; ist brennbar.

Verwendung: Rohstoff in der Chemieindustrie (z. B. Düngemittel, Benzin).

▲ *5. Eigenschaften von Wasserstoff*

Die Katastrophe am Nyos-See

Kamerun, 21. August 1986. Aus zunächst ungeklärter Ursache kam es rund um den Nyos-See zu einer rätselhaften Katastrophe. Bis in einer Entfernung von 25 km starben über Nacht fast 2000 Menschen und zahllose Tiere. Die Menschen lagen auf den Straßen, als ob sie mitten im Gespräch umgekippt wären. Das Vieh war ebenso gestorben wie die Vögel und die Insekten.
Überlebende konnten nur feststellen, dass die Menschen und Tiere offensichtlich erstickt waren. Ein Team von Wissenschaftlern aus verschiedenen Ländern begann mit der Suche nach der Ursache.

Der Nyos-See im Nordwesten Kameruns, in Westafrika, liegt im Krater eines erloschenen Vulkans. Aus der Magmakammer unterhalb des Sees entweicht immer noch Kohlenstoffdioxid. Es steigt nach oben und gelangt gelöst im kühlen Grundwasser in den See. Von dort entweicht es aber nicht, sondern es reichert sich am Grund des Sees an. Das liegt daran, dass der See rund 200 m tief ist. Unter dem großen Druck kann das kalte

▲ *2. Der Nyos-See ist ein Kratersee in Westafrika*

Wasser am Seeboden zehnmal mehr Kohlenstoffdioxid lösen als das übrige Wasser. Das kühle kohlenstoffdioxidgesättigte Wasser ist schwerer und bleibt deshalb am Grund.
In den meisten Seen wird das Wasser im Laufe des Jahres immer wieder umgewälzt, doch nicht beim Nyos-See. Hier bleibt das wärmere Wasser oben und das kühle Wasser unten. Das Kohlenstoffdioxid ist also in der Tiefe „gefangen".

Das Gas reichert sich so immer mehr an. Es ist wie eine tickende Zeitbombe, denn irgendwann kann das Wasser kein Kohlenstoffdioxid mehr aufnehmen. Dann reicht der kleinste Auslöser, etwa eine Sturmböe oder ein kleiner Erdrutsch, um schlagartig eine gewaltige Menge Gas freizusetzen. Dadurch werden die Wasserschichten verwirbelt und das kohlenstoffdioxidhaltige Wasser gelangt nach oben. Ohne den hohen Druck von 200 m Wassertiefe perlt das Gas aus und steigt nach oben. Es reißt dabei weiteres Wasser mit sich. Aus wenigen Bläschen wird so bald ein gewaltiges Schäumen. Explosionsartig schießt dann das gashaltige Wasser in Form einer Fontäne nach oben – wie bei einer Sektflasche, die man nach kräftigem Schütteln geöffnet hat. Das freigesetzte Gas entweicht. Da es anderthalbmal schwerer als Luft ist, verdrängt es die Atemluft in der Umgebung des Sees – und erstickt so alles Leben.

Die Wissenschaftler sind nach Abschluss ihrer Untersuchungen überzeugt, dass es tatsächlich das „harmlose" Gas Kohlenstoffdioxid war, das die Katastrophe verursacht hat. Das Gas, das in jedem sprudelnden Getränk enthalten ist und das wir selbst ausatmen.

1. Schütte warmes Leitungswasser in kaltes Sprudelwasser. Beobachte und erkläre, was geschieht.
2. Vergleiche die Vorgänge beim Unglück am Nyos-See mit dem Öffnen einer Sprudelflasche.
3. Das Kohlenstoffdioxid gelangt weiter in den Nyos-See. Überlege, welche Maßnahmen man ergreifen könnte, um ein weiteres Unglück zu verhindern.
4. Recherchiere im Internet, was man tatsächlich unternommen hat – und ob die Maßnahmen ausreichen.
5. Berichte deinen Klassenkameraden in einem 10-Minuten-Vortrag über die Vorgänge im Nyos-See.

Die Dunsthöhle in Bad Pyrmont

▲ 1. *An der Dunsthöhle in Bad Pyrmont*

Ein Naturphänomen. In der Stadt Bad Pyrmont am Rande des Weserberglandes kann man ein interessantes Naturphänomen besichtigen. Obwohl man streng genommen nicht viel sehen kann, denn es handelt sich dabei um das farblose Gas Kohlenstoffdioxid. Es steigt dort schon seit mindestens dreihundert Jahren aus einer Felsspalte und hat schon manche Zeitgenossen verblüfft.

Woher stammt das Gas? Kohlenstoffdioxid entsteht bei den meisten Verbrennungen und auch bei der Oxidation von Nährstoffen im menschlichen Körper. In der Gegend um Bad Pyrmont stammt das Gas aus vulkanischem Gestein in 3 000 Metern Tiefe. Durch Spalten gelangt es nach oben und löst sich im Grundwasser. Im sauren Quellwasser kommt es an die Oberfläche.
Im Sandstein unterhalb einer Grube verliert das Wasser einen Teil des gelösten Kohlenstoffdioxids. Das Gas steigt durch Risse im Sandstein nach oben und strömt aus einer Felsspalte ins Freie. Heute ist diese Stelle eingefasst und überdacht.

Wie ist die Dunsthöhle entdeckt worden? Um 1700 befand sich auf dem Gelände in Pyrmont ein Steinbruch. Dort kam es immer wieder vor, dass die Steinbrucharbeiter von einer bestimmten Tiefe an ohnmächtig geworden sind. Auch fand man dort öfter tote Tiere in der Grube. Ab 1712 untersuchte der Arzt Dr. JOHANN SEIP diese merkwürdigen Erscheinungen. Er tippte auf „Schwefeldunst", also Schwefeldämpfe. Damit lag er falsch, doch das war kein Wunder: Kohlenstoffdioxid war zu dieser Zeit noch gar nicht entdeckt. Erst 1775 erkannte man in Pyrmont, dass es sich um dieses Gas handelt.

Wirkungen des Gases. Durch Selbstversuche hatte der Arzt festgestellt, dass der „Dunst" in der Grube die Durchblutung fördert und dadurch ein Wärmegefühl erzeugt. Man hat es deshalb früher schon zu Heilzwecken eingesetzt – wie übrigens heute noch im Therapiezentrum Königin-Luise-Bad.

◀ 2. *Gleich verlöscht die Kerze*

3. Die Seifenblasen schweben ▼

Die Vorführung. In einer kurzen Vorführung an der „Dunsthöhle" bekommt man einige Eigenschaften von Kohlenstoffdioxid gezeigt: Eine Kerzenflamme erlischt, sobald sie ins unsichtbare Gas taucht. So kann man erkennen, wie hoch der Gaspegel liegt. Seifenblasen bleiben längere Zeit auf dem schwereren Gas liegen. Und wenn man sich etwas bückt und sich mit der Hand das Gas in Mund und Nase fächelt, verspürt man einen leicht sauren Geschmack.

1. Weshalb gehen Flammen im CO_2-Gas aus?
2. Wie kann man in einem Experiment zeigen, ob das Gas leichter oder schwerer ist als Luft?
3. Auch bei der Vergärung von Most zu Wein sowie in Güllegruben und Futtersilos bildet sich CO_2. Würde dort eine Atemmaske mit Filter vor CO_2 schützen?
4. Wann kann das „harmlose Sprudelgas" Kohlenstoffdioxid sogar tödlich für Menschen sein?

So erstellt man Diagramme

Bilder sind anschaulicher als Worte. Deshalb stellt man Informationen oft bildlich dar.
Besonders, wenn es um Zahlen geht, lassen sich Daten mithilfe von Diagrammen schneller und leichter erfassen.
Bevor man ein Diagramm anfertigt, muss man überlegen, welcher **Diagrammtyp** am besten zu den Informationen passt.

Säulendiagramme eigenen sich gut, um Größen miteinander zu vergleichen. So kann man zum Beispiel den Energieverbrauch in verschiedenen Ländern übersichtlich darstellen.

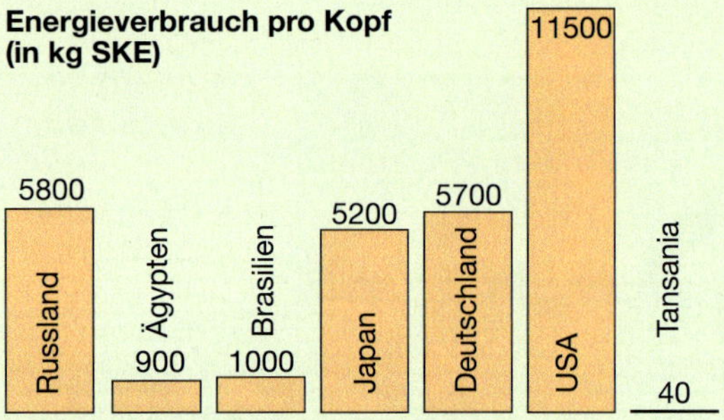

▲ *1. Säulendiagramm*

Streifendiagramme eignen sich gut zur Darstellung von Prozentsätzen. Die volle Länge des Streifens entspricht 100%. Wenn man dafür einen gut passenden Wert wählt, etwa 10 cm, dann lassen sich die Anteile leicht einzeichnen – 1 mm entspricht dann gerade 1%.

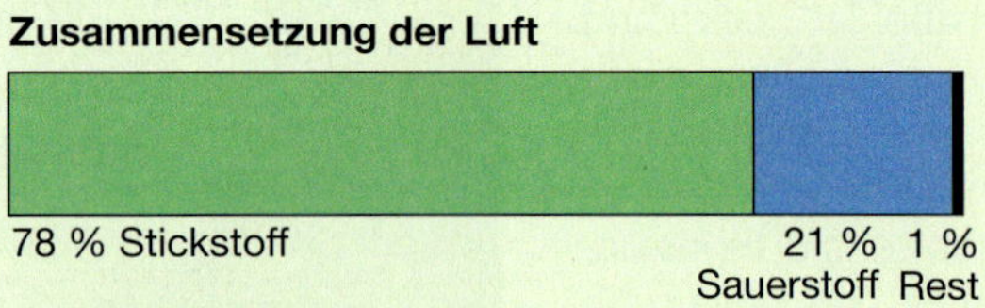

▲ *2. Streifendiagramm*

Kreisdiagramme machen unterschiedliche Prozentsätze als verschieden große „Kuchenstücke" anschaulich. Die Größe des entsprechenden Kreisausschnittes ermittelt man so:
100% Anteil entsprechen dem vollen Kreis mit 360 Grad; 1% Anteil entspricht dann 3,6 Grad. Der jeweilige Prozentsatz muss also mit 3,6 multipliziert werden, um die Winkelgröße zu erhalten.

Rechenbeispiel:
10 % entsprechen einem Winkel von 36 Grad, da 10 · 3,6 Grad = 36 Grad
15 % entsprechen einem Winkel von 54 Grad, da 15 · 3,6 Grad = 54 Grad

So lässt sich zum Beispiel gut zeigen, welche Anteile bei den Stickstoffoxiden von Autos, Kraftwerken, der Industrie oder von Haushalten stammen.

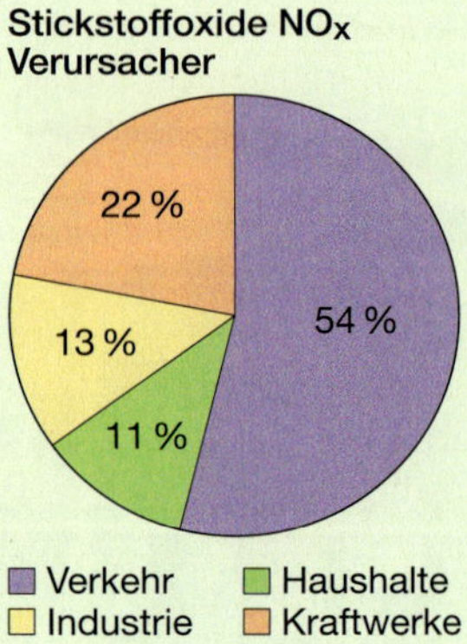

▲ *3. Kreisdiagramm*

Liniendiagramme (Kurvendiagramme) setzt man oft ein, um den zeitlichen Verlauf einer Größe zu zeigen, etwa die Zahl der zugelassenen Kraftfahrzeuge in Deutschland (PKW, LKW, Zweiräder, Sonstige).

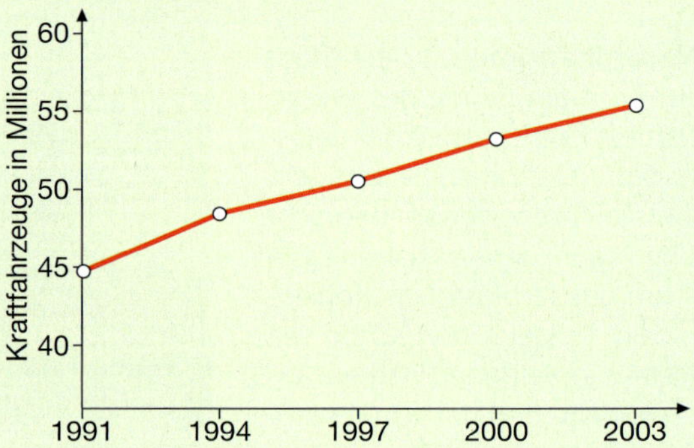

▲ *4. Liniendiagramm*

Vor allem bei etwas umfangreicheren Zahlenangaben ist es sinnvoll, vor dem Zeichnen des Diagramms eine Tabelle anzulegen. So behält man leichter die Übersicht.

Kraftfahrzeuge in Deutschland (in Millionen)					
Jahr	1991	1994	1997	2000	2003
Zahl	44,87	47,33	50,69	53,11	55,24

▲ *5. Wertetabelle*

1. Mit welchem Diagrammtyp kann man Prozentsätze gut darstellen?
2. Erläutere das Kreisdiagramm Abbildung 3.
3. Welchen Vorteil bietet ein Streifendiagramm gegenüber einem Kreisdiagramm?
4. Du sollst ein Schaubild zur Menge der Stickstoffoxide in der Luft von 1980–2005 erstellen. Welche Diagrammform bietet sich dafür an? Begründe deine Entscheidung.

Suchen und Finden im Internet

Nie zuvor war es so leicht, in kürzester Zeit über ein Thema eine Fülle an Informationen zu bekommen. Darin liegt allerdings gerade auch das Problem: Die Zahl der Trefferseiten ist oft unüberschaubar. Was tun?

→ **Zur Übersicht: Web-Katalog.** Um eine Übersicht über ein Thema zu bekommen kann man zunächst in einem Web-Katalog suchen. Hier hat man ein kleineres Angebot, das in Themen und Unterthemen geordnet ist und daher relativ übersichtlich ist. Web-Kataloge sind zum Beispiel:
www.allesklar.de
www.dino-online.de
www.web.de
www.yahoo.de

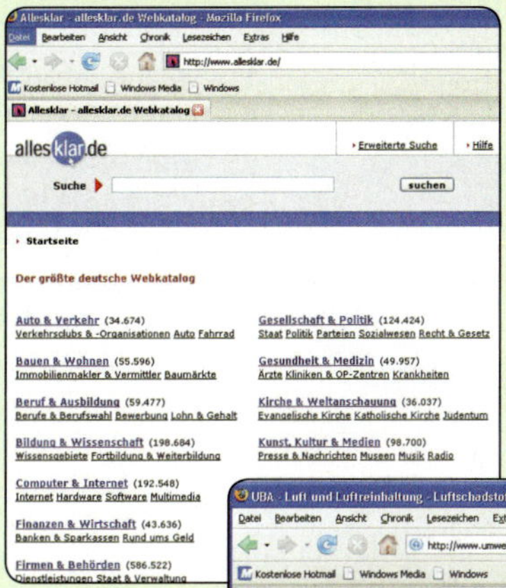

Details und speziellere Fragen lassen sich eher durch klassische Suchmaschinen aufspüren, etwa durch www.abacho.de
www.altavista.de
www.fireball.de
www.google.de
www.lycos.de

Allerdings sollte man dann die folgenden Suchtipps beachten.

→ **Suchbegriff eingrenzen.** Wer passende Treffer sucht, muss das Thema möglichst genau mit Suchbegriffen beschreiben. Am besten trägt man gleich zwei, drei oder mehr Begriffe in die Suchmaske ein; bei den meisten Suchmaschinen werden die Begriffe dann miteinander verknüpft. Das heißt, dass nur Seiten angezeigt werden, auf denen alle Begriffe gleichzeitig auftauchen. Sollten die Suchwörter nicht automatisch verknüpft werden, kann man sie mit einem Pluszeichen zusammen eintragen. Nur mit verknüpften Suchbegriffen bekommt man eine sinnvolle Zahl von Treffern. Beispiel:

- Feinstaub ergibt über 1 Million Treffer;
- Feinstaub + Luftschadstoff ergibt 51 500 Treffer;
- Feinstaub + Luftverschmutzung + Hannover führt zu etwa 680 Treffern;
- Feinstaub + Luftverschmutzung + Hannover + Umweltzone ergibt etwa 270 Treffer; bei
- Feinstaub + Luftverschmutzung + Hannover + Umweltzone + Plakette werden „nur" noch rund 160 Treffer angezeigt.

→ **Unpassende Begriffe ausschließen.** Setzt man direkt vor ein Suchwort ein Minuszeichen, werden Seiten mit diesem Begriff *nicht* angezeigt.

→ **Achtung, Werbung.** Die ersten Ergebnisse von einer Internet-Suchmaschine sind oft bezahlte Werbe-Links. Manchmal sind sie farbig unterlegt oder ganz am Rand untergebracht. Solche Werbe-Links helfen einem meistens nicht weiter bei der Suche für die Schule.

→ **Achtung, Abzocke!** Inzwischen gibt es viele Internetseiten für Referate oder Hausaufgabenhilfe, die kostenpflichtig sind. Solche Seiten sollte man gleich wieder wegklicken.

→ **Wichtige Fundstellen als Favoriten speichern.** „Gute" Internetadressen sollte man sich als Favorit („Lesezeichen") abspeichern, am besten in einem neuen Favoriten-Ordner des Browser-Programms. Dann genügen ein, zwei Klicks, um auch komplizierte Adressen blitzschnell wieder auf dem Bildschirm zu haben.

→ **Gezielt auswählen.** Nur passende Treffer sollte man anklicken und dann gegebenenfalls auch ausdrucken. Mithilfe der kurzen Auszüge auf den Ergebnislisten kann man oft schon erkennen, ob sich die jeweilige Seite wohl lohnen wird.

1. Informiere dich im Internet über die Umweltzone in Hannover. Welche Bedeutung hat die grüne Plakette?
2. Suche einige Meinungen zum Thema Umweltzone. Wie wird der Nutzen dieser Maßnahme darin beurteilt? Berücksichtige auch, von wem die Aussagen jeweils stammen.
3. Einmal im Jahr kann man einen besonders hohen Wert für Feinstaub messen, vor allem in den Städten. An welchem Tag könnte das sein?

Feinstaub: Winzig und gefährlich! Für viele Fachleute ist die Belastung durch Feinstaub heute eines der gravierendsten Umweltprobleme in Europa.
Feinstaub (PM 10) ist ein Sammelbegriff für winzigste Teilchen in der Größe bis zu 10 Mikrometern (= 10 Millionstelmeter). Es sind feinste Rußpartikel, Reifenabrieb, Schwermetalle, Salze und schädliche Kohlenstoffverbindungen.

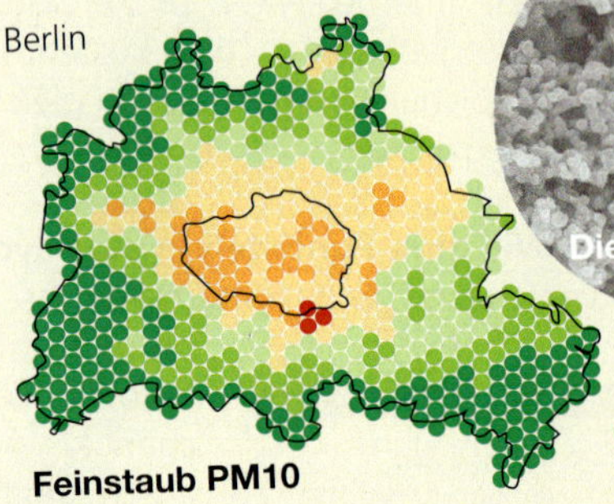

Sie stammen aus der unvollständigen Verbrennung von Brenn- und Treibstoffen, aus Produktionsprozessen, aus dem Abrieb von Reifen, Bremsen und Straßenbelägen sowie aus der Natur. Besonders aggressiv scheint Dieselruß zu sein, der auch als Krebs erregend gilt. Die Oberfläche der Rußpartikel ist sehr zerklüftet, sodass sich dort weitere Schadstoffe anlagern können.

1. Welche gesundheitlichen Folgen verursacht Feinstaub? Recherchiere im Internet und in Lexika.
2. Untersuchungen haben ergeben, dass Feinstaub umso schädlicher für Menschen ist, je kleiner die Partikel sind. Woran könnte das liegen?
3. Suche im Internet aktuelle Messwerte für Feinstaub, für Hannover sowie ganz Deutschland.
4. Wie hoch ist der aktuelle Feinstaub-Grenzwert?
5. Welche Maßnahmen würdest du vorschlagen, um die Feinstaubmenge zu verringern?

Wintersmog Luftschadstoffe vermischen sich meist mit frischer Luft aus höheren Luftschichten. Dabei werden sie verdünnt. Im Winter legt sich jedoch manchmal eine warme Luftschicht über die kalte Luft am Boden. Die Schadstoffe können dann nicht mehr entweichen und sammeln sich in Bodennähe an. Die Mischung aus Abgasen (engl. *smoke*) und feuchter Luft (engl. *fog*) nennt man *Smog*. Er belastet vor allem bei älteren Menschen Kreislauf und Atemwege.

6. Weshalb ist wohl der Wintersmog in Europa inzwischen sehr selten geworden?

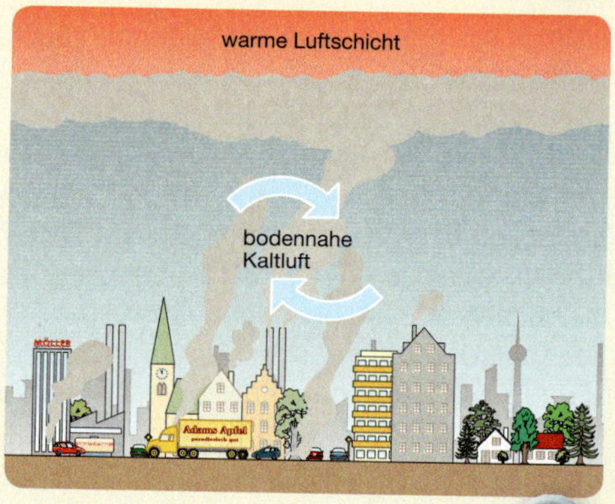

Sommersmog (photochemischer Smog) entsteht, wenn Schadstoffe in der Luft bei intensiver Sonneneinstrahlung miteinander reagieren. Es sind vor allem die Stickstoffoxide, die z. B. mit unverbranntem Benzin und Sauerstoff zu dem Gas Ozon und weiteren Schadstoffen reagieren. Ozon ist giftig und kann zu Erkrankungen der Atemwege und der Augen führen. Es greift auch die Blätter der Pflanzen an. Bei Ozonwerten über 200 Mikrogramm pro Kubikmeter Luft sollten Anstrengungen im Freien vermieden werden.

7. Lies auch den Text zum Wintersmog und beschreibe die Unterschiede zwischen Sommer- und Wintersmog.

Die Belastung der Luft

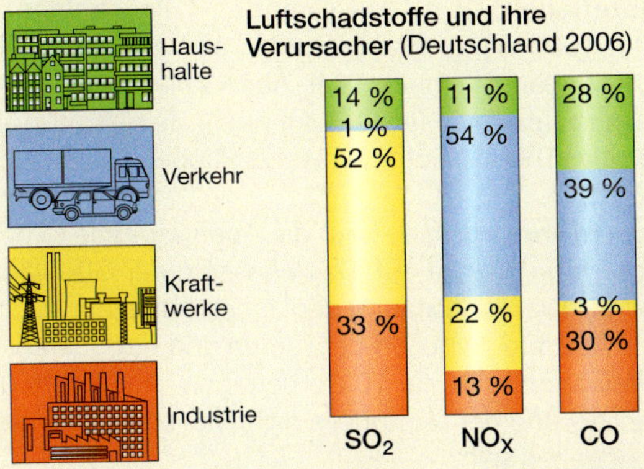

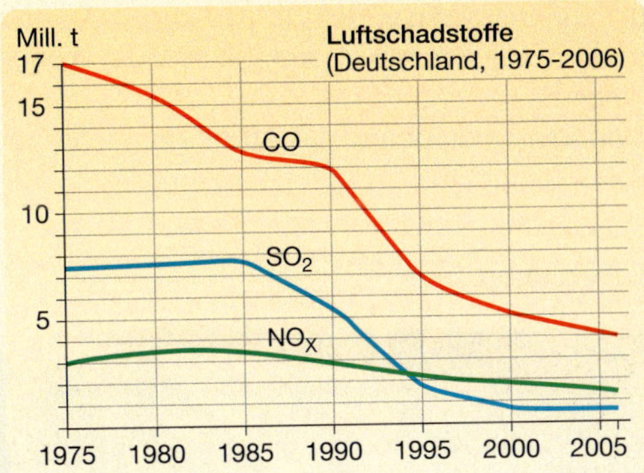

Kohle, Erdgas, Erdöl und Erdölprodukte werden verbrannt, um die Energie zu nutzen, die in diesen Stoffen enthalten ist. Als Reaktionsprodukte entstehen vor allem Kohlenstoffdioxid und Wasser.

Daneben werden noch große Mengen anderer Verbrennungsgase an die Atmosphäre abgegeben. Diese Gase verursachen die schlechte Luft in unseren Innenstädten und sind für Menschen und Umwelt schädlich.

Schwefeldioxid (SO_2) gelangt hauptsächlich mit den Abgasen aus der Verbrennung von Kohle und Öl in die Luft. Es greift direkt die Lungen an.
Stickstoffoxide (N_2O, NO, NO_2, abgekürzt: NO_X) stammen oft aus Autoabgasen. Sie reizen die Augen und lösen Kopfschmerzen und Atembeschwerden aus.
Kohlenstoffmonooxid (CO) entsteht vor allem in Benzinmotoren. Es behindert die Sauerstoffaufnahme des Blutes.

Seit 1974 hat man in Deutschland zahlreiche Gesetze zur Reinhaltung der Luft erlassen. Darin ist genau festgelegt, welche Abgasmengen abgegeben werden dürfen.

1. Nenne die wichtigsten Luftschadstoffe.
2. Wer erzeugt die meisten Stickstoffoxide und wer das meiste Schwefeldioxid?
3. Erläutere die Abbildung zur zeitlichen Entwicklung der Luftschadstoffe in Deutschland.

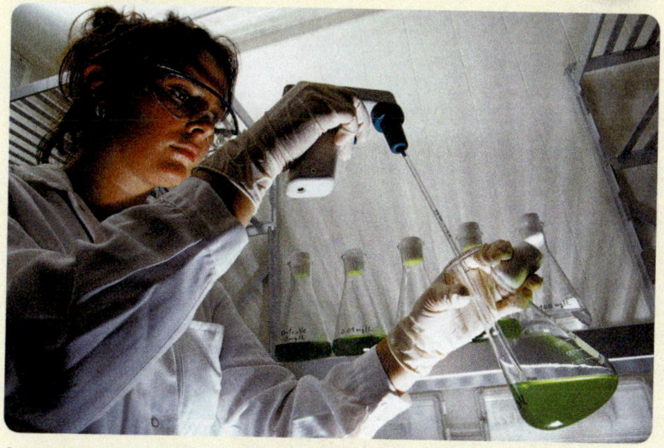

Berufe. Umweltanalysen im Labor werden oft von **Chemisch-technischen Assistenten (CTAs)** mit dem Schwerpunkt Umweltanalytik durchgeführt.
Voraussetzung für die Ausbildung zum CTA ist die mittlere Reife oder ein vergleichbarer Abschluss. Die Ausbildung findet an privaten und öffentlichen Berufsfachschulen statt und dauert im Regelfall zwei Jahre. Etwa die Hälfte des Unterrichts ist Theorie, die andere Hälfte praktischer Unterricht.
In der Umweltanalytik muss sehr konzentriert und genau gearbeitet werden, denn es geht um sehr kleine Mengen. Die Messverfahren sind oft gesetzlich vorgeschrieben, damit man die Werte überall miteinander vergleichen kann.

4. Finde heraus, welche Voraussetzungen man für die Ausbildung zum Chemikanten und zum Chemielaboranten benötigt (z.B. über die Seiten der Bundesagentur für Arbeit www.berufenet.de).

Der natürliche Treibhauseffekt

1. Autos in der Sonne

a) Bei Sonnenschein wird es in parkenden Autos oft sehr warm, viel wärmer als draußen. Woran könnte das liegen?

b) Was kann man gegen das Aufheizen in der Sonne tun?

2. Leben unter Glas

a) Warum lässt man Pflanzen in Glashäusern wachsen?

b) Welche Vorteile hat der Anbau eines Wintergartens?

c) Was muss man beachten, wenn man Gewächshäuser und Wintergärten nutzt?

3. Sonnenkollektoren

Finde heraus, wie Sonnenkollektoren (keine Solarzellen!) funktionieren, die man oft auf Hausdächern sieht.

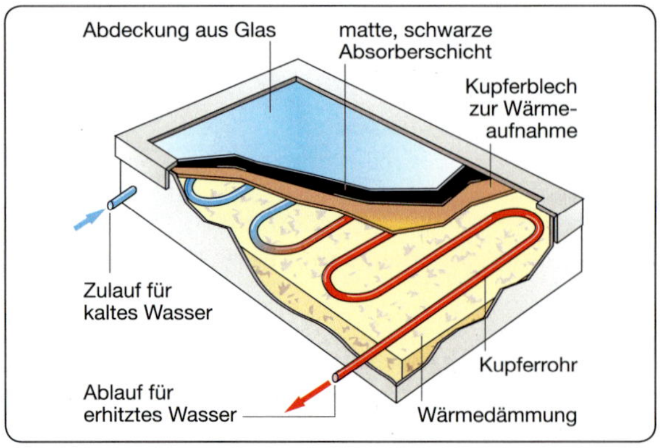

4. Modellversuch zum Treibhauseffekt

Materialien: Lichtstarke Lampe (z. B. Baustrahler 500–1000 W), großes Glasgefäß als Versuchsbehälter (z. B. Aquarium, mind. 10 l), Abdeckplatte aus Glas, flache Glaswanne (etwa 3 cm hoch), Temperaturfühler oder Thermometer, schwarze Pappe; Kohlenstoffdioxid.

Durchführung: Man baut die Apparatur wie in der Abbildung gezeigt auf. Das Wasser in der Glaswanne soll die Wärmestrahlung der Lampe abhalten.
Der Abstand zwischen der Lampe und der oberen Glaswanne sollte ca. 10 cm betragen. Außerdem darf die Leistung der Lichtquelle nicht viel schwächer als angegeben sein.
Das untere Glasgefäß ist einmal mit Luft gefüllt; später wiederholt man den Versuch mit einer Kohlenstoffdioxid-Füllung. Dabei muss man darauf achten, dass die Geräte vor dem zweiten Versuch wieder vollständig abgekühlt sind.

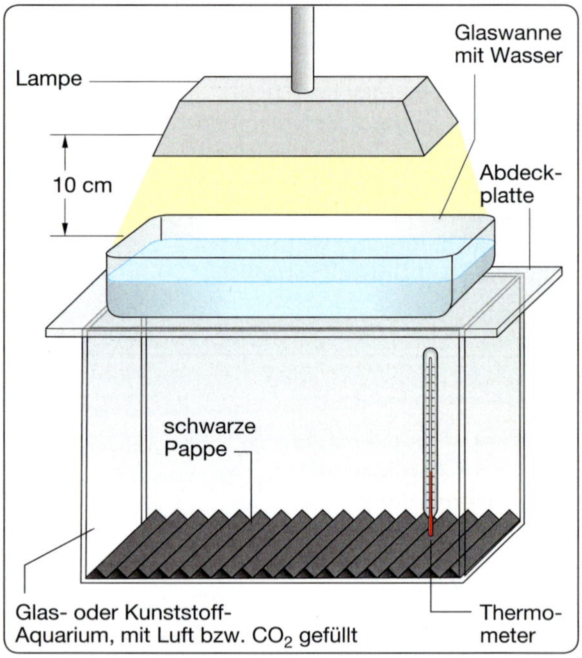

Nach dem Einschalten der Lampe wird die Temperatur im Versuchsgefäß alle zwei Minuten gemessen. Die Versuchsdauer beträgt 15–20 Minuten.

Aufgaben: a) Trage die gemessenen Temperaturen in eine Tabelle ein.

b) Beschreibe, was während des Experiments geschieht.

c) Weshalb führt man zwei Messreihen durch?

d) Versuche, das Messergebnis zu erklären.

e) Welche Fehlermöglichkeiten können bei diesem Experiment auftreten?

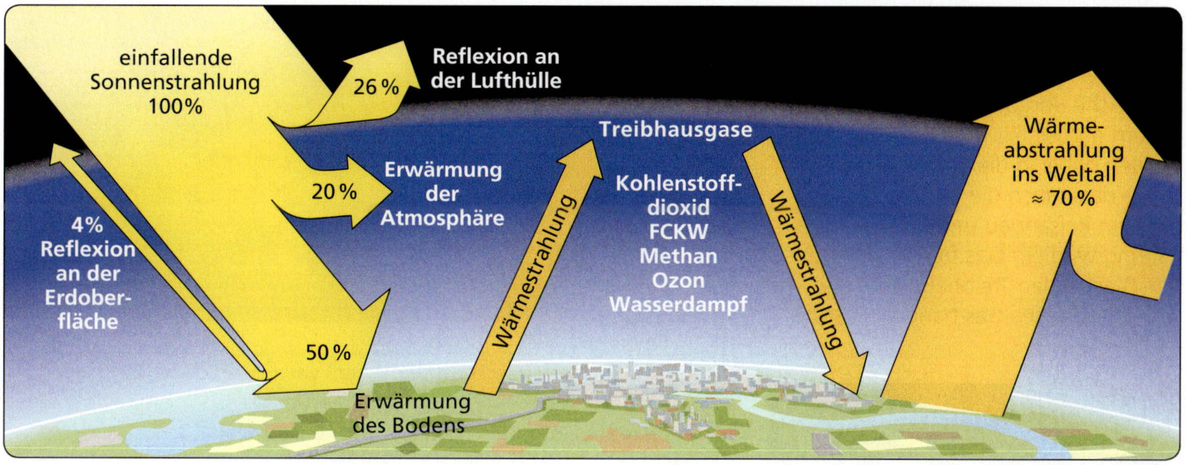

▲ *1. Der natürliche Treibhauseffekt; ohne ihn wäre es auf der Erde bitterkalt*

Im Gewächshaus. Wenn die Sonne scheint, ist es im Gewächshaus und in einem Wintergarten immer wärmer als außerhalb.

Sonnenstrahlung kann leicht durch die Glaswände eines Gewächshauses gelangen. Wenn sie innen auf Pflanzen und Erde trifft, erwärmen sich diese und strahlen selbst Wärme ab. Die Wärmestrahlung kann aber die Glaswände kaum durchdringen, das Gewächshaus erwärmt sich.

Ein Gewächshaus nennt man auch Treibhaus, weil darin Pflanzen wegen der Wärme früher austreiben und schneller wachsen. Die Wirkung des Glases in einem Gewächshaus bezeichnet man daher als **Treibhauseffekt** oder auch als **Glashauseffekt.**

Natürliche Treibhausgase und Temperaturerhöhung	
Wasserdampf (H_2O)	21 °C
Kohlenstoffdioxid (CO_2)	7 °C
Stickstoffoxide (vor allem N_2O)	1,4 °C
Ozon (O_3)	2,4 °C
Methan (CH_4)	0,8 °C
Andere (zusammen)	0,4 °C

▲ *3. Wirkung unterschiedlicher Treibhausgase (durchschnittliche Temperaturerhöhung)*

Der natürliche Treibhauseffekt. Die Lufthülle der Erde wirkt ähnlich wie ein riesiges Glasdach: Sonnenstrahlung kann leicht hindurchgelangen, Wärmestrahlung dagegen wird aufgenommen und so zum Teil zurückgehalten.
Ohne diesen **natürlichen Treibhauseffekt** wäre es auf der Erde sehr viel kälter. Die Durchschnittstemperatur läge nicht bei +15 °C sondern bei –18 °C. Bei diesen Bedingungen hätte sich Leben, so wie wir es heute kennen, nicht entwickeln können.

Treibhausgase. An der Erhöhung der Durchschnittstemperatur der Erde um rund 33 °C sind die Gase in der Luft unterschiedlich stark beteiligt. Die stärkste Wirkung hat Wasserdampf, dann folgt Kohlenstoffdioxid – und das, obwohl es nur zu 0,038 % in der Luft enthalten ist.
Diese Gase entstehen bei natürlichen Ereignissen: Wasser verdunstet, Vulkane brechen aus, Wälder geraten in Brand, abgestorbenes Material wird zersetzt.

Die Lufthülle der Erde wirkt ähnlich wie das Glas in einem Gewächshaus: Wärmestrahlung wird teilweise zurückgehalten. Erst durch diesen natürlichen Treibhauseffekt haben wir auf der Erde angenehme Durchschnittstemperaturen.

1. Fragen zum Text
a) Wie wirkt die Sonne bei einem Gewächshaus?
b) Erläutere den natürlichen Treibhauseffekt auf der Erde.
c) Welche Bedeutung hat der natürliche Treibhauseffekt für die Lebewesen auf der Erde?
d) Erkläre die Bedeutung der Pfeile in Abb. 1.
e) Welche Gase sind vor allem an der Entstehung des natürlichen Treibhauseffektes beteiligt?

Der Mensch verstärkt den Treibhauseffekt

1. Treibhausgase aus Technik und Landwirtschaft

a) Welche Vorgänge sind in den Bildern dargestellt und welche Gase werden dabei in die Luft abgegeben? Nutze dazu auch die Tabelle.
b) Beim Reisanbau und bei der Rinderhaltung wird ein Gas frei, das Wissenschaftler zu den Treibhausgasen zählen. Um welches Gas handelt es sich?

Treibhausgase	Herkunft und Anteil am zusätzlichen Treibhauseffekt	
Kohlenstoffdioxid (CO_2)	Verbrennung fossiler Brennstoffe (Kohle, Erdöl, Erdgas, Holz)	50 %
Methan (CH_4)	Sumpfgas, Reisanbau, Rinderhaltung, Mülldeponien, Öl- und Gasförderung	20 %
Stickstoffoxide (NO_X)	Verbrennungsvorgänge, aus Böden, aus Dünger	5 %
Fluorchlorkohlenwasserstoffe	Früher als Kältemittel, Lösemittel, Treibgas in Spraydosen und für Schaumstoffe	10 %
Ozon (O_3)	unter Sonneneinstrahlung aus Abgasen und Methan	15 %

2. Die Menschheit wächst

a) Beschreibe grob den Verlauf der Kurve unten.
b) Wie stark ist die Weltbevölkerung zwischen 1700 und 1800 angewachsen und wie stark zwischen 1900 und 2000?
c) Überlege, welche Gründe es für die starke Zunahme der Weltbevölkerung geben könnte.
d) Menschen brauchen Nahrung, Energie und Rohstoffe. Was bedeutet es dann, wenn die Weltbevölkerung so rasch wächst, wie zurzeit noch?
e) Was kann man den Grafiken rechts entnehmen?
f) Vergleiche den Verlauf der Kurve links mit dem der Kurven rechts. Was für einen Schluss könnte man daraus ziehen?

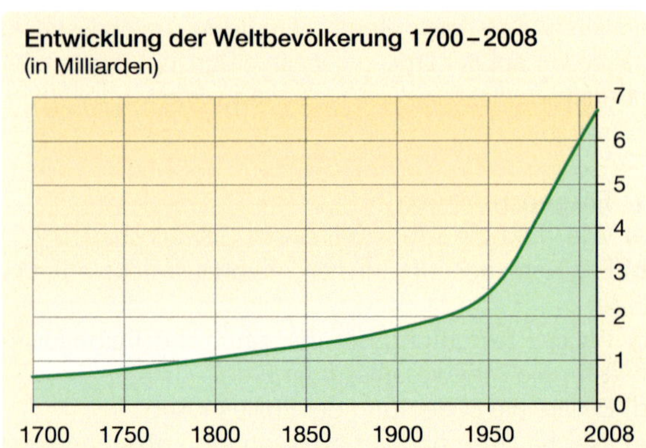

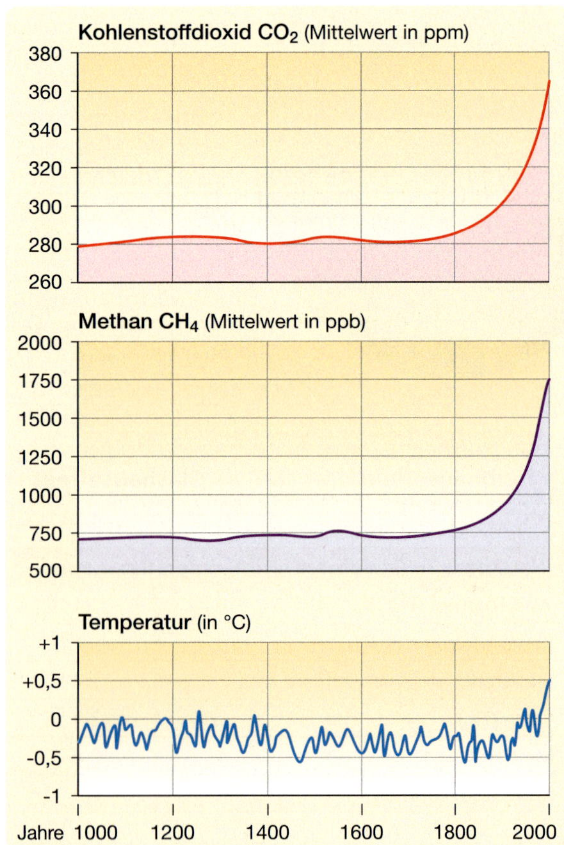

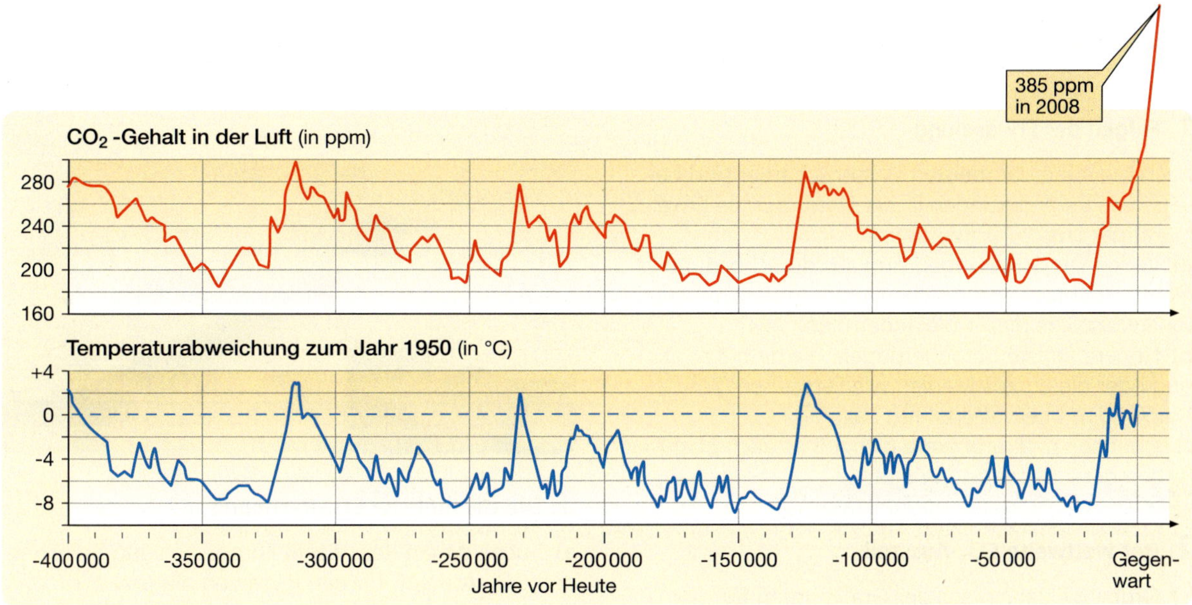

▲ *1. 400000 Jahre Klimageschiche – rekonstruiert aus der Untersuchung von Eisproben aus der Antarktis*

Die Erde erwärmt sich. Die letzten zehn Jahre des 20. Jahrhunderts waren die wärmsten des Jahrtausends. Fast jedes Jahr wird eine Rekordtemperatur gemessen. Man hat festgestellt, dass die Durchschnittstemperatur auf der Erde in den letzten 50 Jahren um durchschnittlich 0,7 °C angestiegen ist.

Zusätzliche Treibhausgase. Die Mehrheit der Klimaforscher ist davon überzeugt, dass dieser Anstieg im Wesentlichen vom Menschen verursacht worden ist – und zwar durch die große Menge an zusätzlichen Treibhausgasen. Es handelt sich vor allem um **Kohlenstoffdioxid (CO_2)** und **Methan (CH_4).** Sie gelangen aus der Verbrennung fossiler Brennstoffe und durch die extreme Nutzung der Landwirtschaft in die Luft.
Ursache für die zusätzlichen Treibhausgase sind die starke **Zunahme der Weltbevölkerung** (siehe Abb. Seite 72 unten links), die Industrialisierung und der wachsende Anspruch an einen höheren Lebensstandard. Für immer mehr Menschen werden **immer mehr Nahrungsmittel, Energie** und **Rohstoffe** benötigt.

Klimaforschung am Südpol. Aus der Untersuchung von Eisbohrkernen bei der russischen Forschungsstation Wostok in der Antarktis konnte man die Klimabedingungen der letzten 420000 Jahre rekonstruieren.
Die Grafik oben zeigt, dass die Temperaturen deutlich schwanken.
Man sieht auch sehr deutlich, dass die **Temperaturkurve parallel** zur Kurve mit dem **CO_2-Gehalt** der Luft verläuft. Ein **hoher CO_2-Gehalt** war immer verknüpft mit einer **höheren Temperatur** – und das Hunderttausende von Jahren lang. Es ist also nur logisch, das auch für die Zukunft so anzunehmen.

Die CO_2-Werte bewegten sich früher allerdings nur zwischen 180 und 300 ppm (= 0,03 %). Erst in den letzten zweihundert Jahren ist der Wert stark angestiegen, bis auf 385 ppm (0,0385 %) im Jahr 2008. Das ist der höchste Wert seit über 400000 Jahren!
Weil dieser Wert so hoch liegt und weil er so dramatisch schnell angestiegen ist, haben die Wissenschaftler Alarm geschlagen.

Die derzeitige Erderwärmung ist wahrscheinlich zu einem großen Teil auf die Zunahme von Treibhausgasen zurückzuführen, die der Mensch verursacht hat.

1. Fragen zum Text
a) Wodurch verstärkt der Mensch den natürlichen Treibhauseffekt?
b) Was ist die Ursache für den starken Anstieg der Treibhausgase?
c) Welche Erkenntnisse fanden die Klimaforscher besonders alarmierend?

▲ *2. Untersuchung von Eisbohrkernen*

Die Folgen der Erwärmung – und was man dagegen tun kann

1. Folgen der Erwärmung

Nach Meinung der meisten Wissenschaftler sind bereits viele Veränderungen in der Natur auf die Erwärmung der Erde zurückzuführen.

a) Welche Veränderungen sind aus der Abbildung rechts ersichtlich und welche Gefahren gehen möglicherweise von diesen Veränderungen aus?
b) Notiere andere Veränderungen, die dir bekannt sind oder die du aus Medien wie Fernsehen, Zeitungen und Internet erfahren hast.
c) Überlege und informiere dich, ob es auch positive Folgen der Erderwärmung gibt.

2. Der weltweite CO_2-Ausstoß

a) Ordne die Zahlen aus der Grafik unten für den CO_2-Ausstoß pro Person der Größe nach.
b) Vergleiche die Reihenfolge aus a) mit der Rangfolge der verschiedenen Nationen beim jährlichen CO_2-Ausstoß. Was fällt dabei auf?
c) China, Mexiko und Indien zählen zu den so genannten Schwellenländern. Informiere dich über diesen Begriff.
d) Welche Probleme werden auftreten, wenn sich die Schwellenländer zu Industriestaaten entwickeln?

CO_2-Ausstoß weltweit
Energiebedingte Emissionen

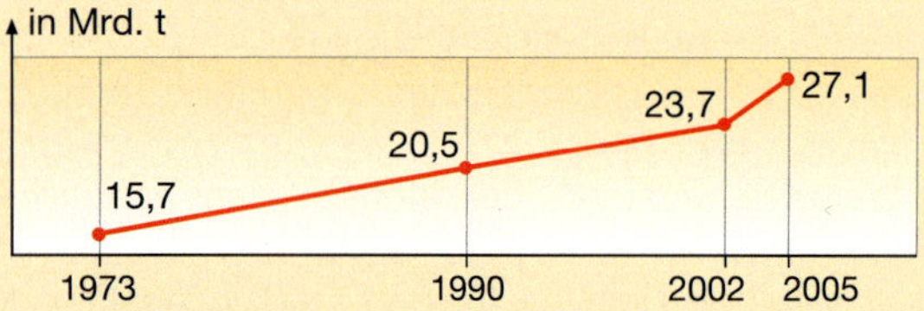

Gesamt in Mio. t (Stand: 2005)		Pro Kopf in t
USA	5817	19,6
China	5060	3,9
Russland	1544	10,8
Japan	1214	9,5
Indien	1147	1,1
Deutschland	813	9,9
Kanada	549	17,0
Großbritannien	530	8,8
Italien	454	7,8
Mexiko	389	3,7
Frankreich	388	6,2
Brasilien	330	1,8
Südafrika	330	7,0
Kenia	8,5	0,3

3. Die persönliche CO_2-Rechnung

a) Suche dir ein Reiseziel in Europa aus und berechne den CO_2-Ausstoß für den Reiseweg hin und zurück. Führe die Rechnung für verschiedene Verkehrsmittel durch. Verwende dazu die Angaben aus der Abbildung unten. Vergleiche die Ergebnisse.

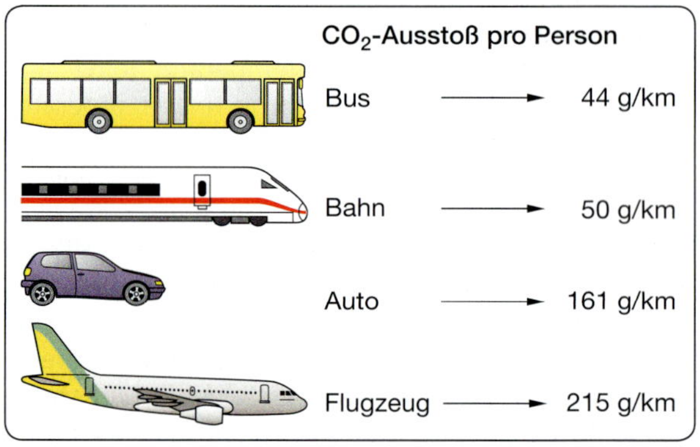

b) Im Internet gibt es Programme, um die persönliche CO_2-Menge zu berechnen. Gib dazu in eine Suchmaschine „CO_2-Rechner" oder „CO_2-Fußabdruck" ein.

4. Ein T-Shirt verursacht weltweit CO_2

Erläutere die Zusammenstellung unten.

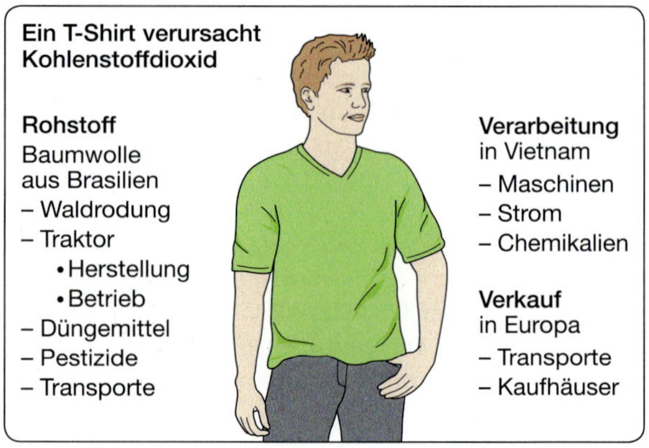

Der Klimawandel ist da. Die Alpengletscher schrumpfen immer weiter. Einige Zugvögel ziehen im Winter nicht mehr weg; manche Tier- und Pflanzenarten aus Südeuropa kann man nun auch bei uns finden.

Prognosen aus dem Computer. Die momentane Erwärmung der Erde ist messbar. Wie die langfristige Klimaentwicklung aussieht, ist allerdings nur sehr schwierig vorauszusagen. Das liegt daran, dass das Klima von sehr vielen verschiedenen Faktoren beeinflusst wird.
Für Vorhersagen werden komplexe Klimamodelle auf Hochleistungscomputern mit den verschiedensten Daten „gefüttert". Je nach Klimamodell und angenommenen Voraussetzungen bekommt man anschließend ein Ergebnis, das das Modell in die Zukunft überträgt. Ob es genau zutrifft, ist unsicher.
Folgende **Veränderungen** werden vorhergesagt:
- Das Polareis und die Gletscher schmelzen, der Meeresspiegel steigt an; Küstengebiete und einige Inseln werden überflutet.
- Extreme Wetterlagen (Stürme, Überschwemmungen, Hitzewellen) nehmen zu.
- Manche Tier- und Pflanzenarten sterben aus.
- Der Dauerfrostboden der Tundra taut auf und setzt klimaschädliches Methan frei.
- In Südeuropa wird es sehr trocken werden; die Ernteerträge werden zurückgehen.

▲ 1. *Alpengletscher 1904 und im Jahr 2005*

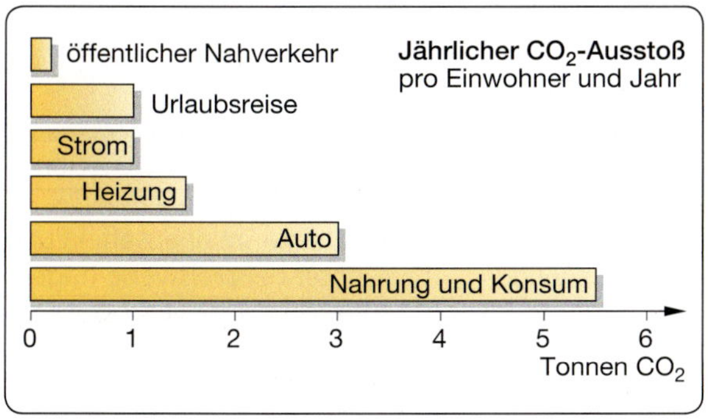

▲ 2. *CO_2-Ausstoß in Deutschland, pro Person*

Was können die Staaten tun? Es gibt auch Kritiker, die andere Ursachen für die Erwärmung der Erde verantwortlich machen. Doch die allermeisten Wissenschaftler und Umweltorganisationen raten dringend dazu, die Treibhausgasmengen zu reduzieren.

Auf der **Weltklimakonferenz** 1997 im japanischen Kyoto wurden zum ersten Mal konkrete Maßnahmen beschlossen. Die Industriestaaten verpflichteten sich, den Gesamtausstoß der Treibhausgase zu senken. Doch unterschiedliche Interessen behindern die Umsetzung der Beschlüsse.

Was kann jeder Einzelne tun? Die privaten Haushalte haben einen Anteil von 25 % am gesamten CO_2-Aufkommen. Hier kann jeder durch einen genügsameren Lebensstil dazu beitragen, CO_2 zu sparen, etwa:
- Langlebige Produkte bevorzugen;
- Lebensmittel ohne lange Transportwege kaufen;
- Energie sparen bei elektrischen Geräten, beim Heizen und durch Nutzung öffentlicher Verkehrsmittel.

Als Folge der globalen Erderwärmung kann es zu massiven Veränderungen in der Natur kommen.
Um diese Folgen abzumildern, sollten wir klimafreundlicher leben – also CO_2 einsparen.

1. Fragen zum Text
a) Welche Folgen der Erwärmung werden diskutiert?
b) Weshalb ist es schwierig, die Klimaentwicklung langfristig vorherzusagen?
c) Wie verhält man sich klimafreundlich?

2. Mindmap oder Poster zum CO_2-Sparen
Überlegt, was man im Alltag konkret tun kann, um CO_2 einzusparen. Schreibt die Vorschläge in Form einer Mindmap auf oder gestaltet ein Plakat.
Denkt dabei an die Bereiche Heizung, Strom, Verkehr, Nahrung, Konsum (Kleidung, Elektronik, ...).

So führt man eine Umfrage durch

Eine Umfrage erfordert Teamarbeit und muss sorgfältig geplant werden. Sie erfolgt in drei Phasen.

→ Phase 1: Die Vorbereitung

- Legt zunächst fest, was ihr von den Befragten wissen wollt.
- Formuliert die Fragen; es sollten nicht zu viele sein.
- Überlegt, welche Frageform ihr jeweils verwenden wollt:
    - Ja-Nein-Fagen
    - Fragen mit verschiedenen Antwortmöglichkeiten zur Auswahl
    - Fragen mit freien Antworten
- Besprecht, welchen Personenkreis ihr befragen wollt (Mitschüler, Eltern, Experten ...).
- Prüft an einigen Testkandidaten, ob die Fragen verständlich sind.
- Wann und wo soll die Umfrage stattfinden?
- Überlegt, wie die Antworten dokumentiert werden (als Tonaufnahme, als Video, als Fragebogen …).
- Verteilt die Aufgaben: Wer stellt die Fragen? Wer bedient die Technik? Wer wertet aus?

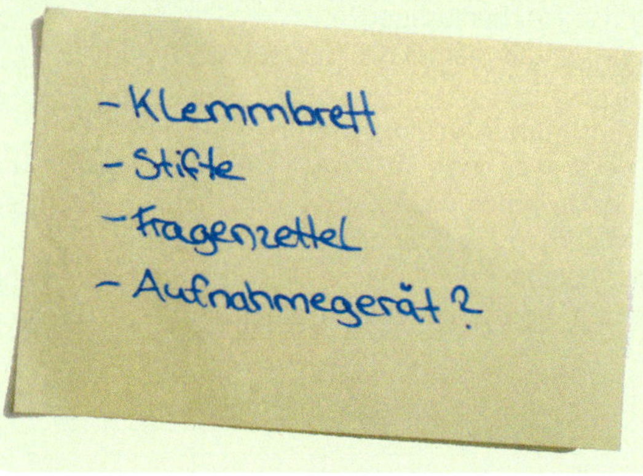

→ Phase 2: Die Durchführung der Umfrage

- Über eine Umfrage an eurer Schule müsst ihr den Schulleiter informieren.
- Begrüßt eure Gesprächspartnerin oder euren Gesprächspartner und erklärt kurz, worum es geht.
- Befragt nur Leute, die einer Befragung zugestimmt haben.
- Stellt eure Fragen; lasst den Angesprochenen Zeit zum Überlegen und lasst sie zu Ende sprechen.
- Bedankt euch bei denen, die bei eurer Aktion mitgemacht haben.

→ Phase 3: Die Auswertung

- Bei den freien Antworten ist die Auswertung schwieriger. Hier sortiert ihr die Ergebnisse nach ähnlichen Aussagen und fasst später zusammen.
- Bei den anderen Frageformen addiert man einfach die Zahl der Antworten. Die Ergebnisse können in Tabellenform oder besser noch als Schaubild präsentiert werden.
- Präsentiert eure Umfrageergebnisse an der Schule möglichst so, dass alle Schüler sie mitbekommen.

Was tust du gegen den Klimawandel?

Lea: „Ich fahre viel mit dem Fahrrad."

Kemal: „Ich nehme für Computerausdrucke meistens schon einseitig bedrucktes Papier."

Nicolas: „Ich weiß gar nicht, was ich da als einzelne Person machen soll. Da müssten doch eher die Kraftwerke und die großen Firmen etwas tun!"

Dennis: „Keine Ahnung, ist mir ziemlich egal. Wer weiß, ob das alles stimmt."

Sina: „Ich sage meinen Eltern, dass sie nicht mehr so oft mit dem Auto fahren sollen."

Claire: „Schon eine Stunde bevor ich ins Bett gehe schalte ich die Heizung herunter."

1. Wie beurteilst du diese Aussagen der Schüler?
2. Führt eine Umfrage zum Thema Treibhauseffekt und Klimawandel durch. Ihr könntet beispielsweise fragen,
- ob die Befragten dieses Problem überhaupt kennen
- ob sie es für wichtig halten
- ob sie in ihrem Verhalten im Alltag darauf Rücksicht nehmen usw.

Die Luft, in der wir leben

→ **Lufthülle:** Die Erde ist von einer dünnen Lufthülle umgeben.

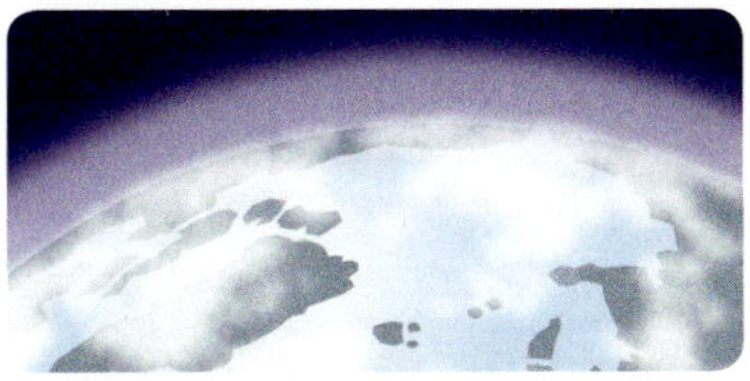

→ **Masse:** 1 Liter Luft wiegt bei 20 °C rund 1,2 g.

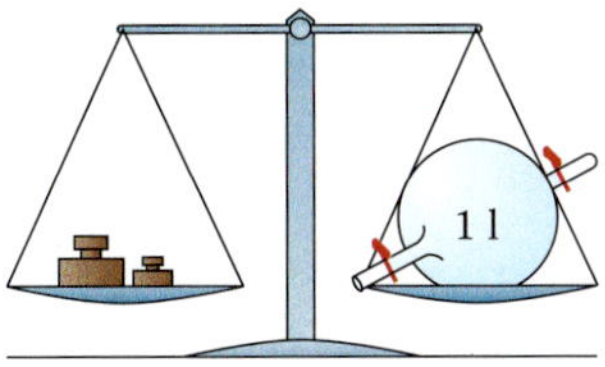

→ **Zusammensetzung trockener Luft:**

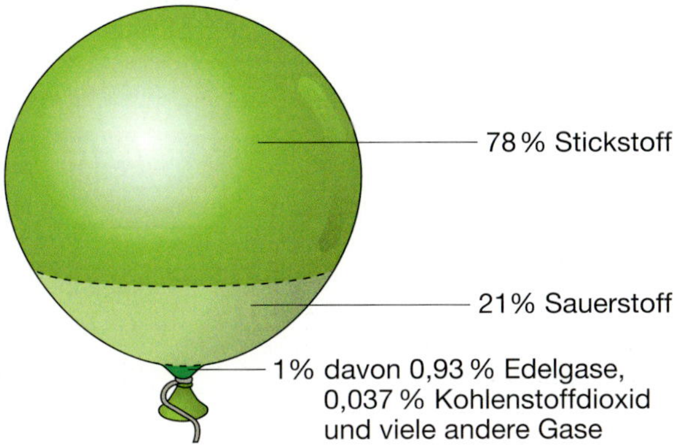

→ **Stickstoff (N_2):**
- farbloses, geruchloses Gas
- erstickt Flammen
- reaktionsträge

→ **Sauerstoff (O_2):**
- farbloses, geruchloses Gas
- wichtig für die Atmung
- reagiert mit vielen Elementen zu Oxiden
- Nachweis: Glimmspanprobe

→ **Edelgase:**
- äußerst reaktionsträge
- Verwendung als Füll- und Schutzgas

→ **Kohlenstoffdioxid (CO_2):**
- farbloses, geruchloses Gas
- schwerer als Luft
- entsteht bei Verbrennungen
- wichtig beim Treibhauseffekt
- Nachweis: Kalkwasserprobe

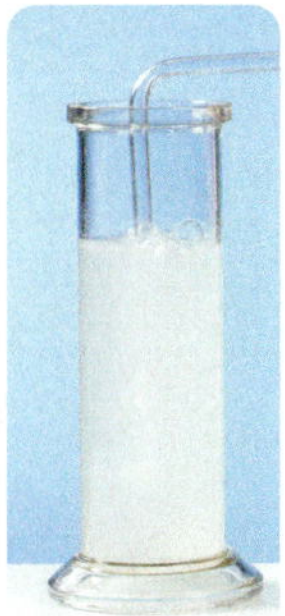

→ **Luftschadstoffe:** Sie entstehen vor allem bei der Verbrennung von Treib- und Brennstoffen. Unter Sonneneinwirkung kann daraus giftiges **Ozon** entstehen. Auch **Feinstaub** belastet den Körper.

→ **Treibhauseffekt:** Die Atmosphäre der Erde wirkt ähnlich wie die Glaswände eines Gewächshauses: Sie hält die Wärme zurück. Nur deshalb herrschen auf der Erde angenehme Temperaturen.

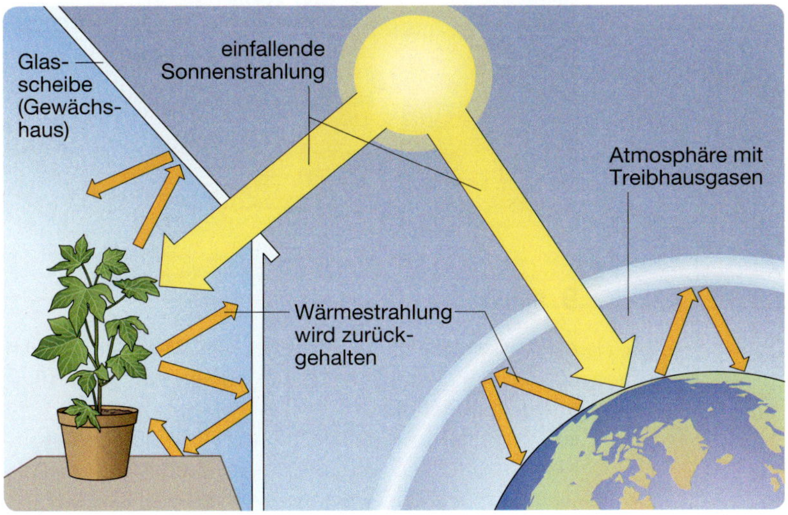

→ **Klimawandel:** In den letzten Jahrzehnten hat sich die Atmosphäre der Erde erwärmt. Ursache dafür sind vermutlich die Treibhausgase, die der Mensch in großen Mengen in die Atmosphäre bläst. Es ist vor allem Kohlenstoffdioxid aus der Verbrennung von fossilen Brennstoffen wie Kohle, Öl und Erdgas.

→ **Was tun?** Wissenschaftler raten dringend dazu, den CO_2-Ausstoß weltweit möglichst stark einzuschränken, damit die vorhergesagten Klimaänderungen nicht so stark ausfallen.

Die Luft, in der wir leben

1. Eigenschaften der Luft

Nenne drei Eigenschaften der Luft.

2. Rechnen mit Luft

a) Ein Liter Luft wiegt bei 20 °C rund 1,2 Gramm. Berechne die Masse der Luft, die sich in einem Sitzball mit 40 Liter Volumen befindet.
b) Schätze die Masse der Luft im Klassenzimmer und berechne sie anschließend. Rechne dazu zunächst die Masse von 1 m^3 Luft (= 1 000 Liter) aus.

3. Einatmungsluft und Ausatmungsluft

a) Vergleiche die Zusammensetzung von Aus- und Einatmungsluft beim Menschen.
b) Wie entstehen die Unterschiede?

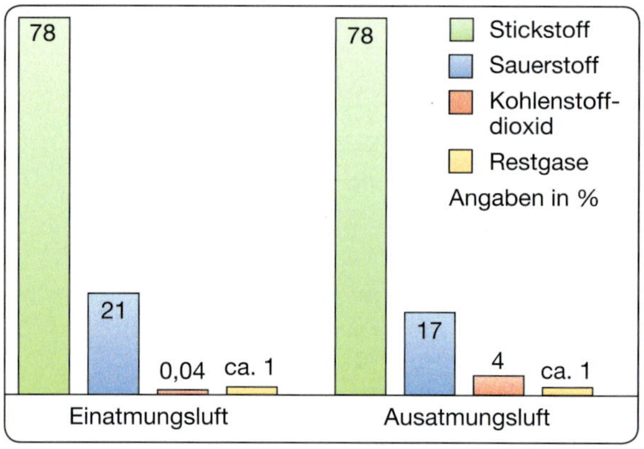

4. Schlechte Luft im Klassenzimmer

In einem Klassenzimmer wurde an einem Schultag die Menge an Kohlenstoffdioxid in der Luft gemessen.
a) Beschreibe den Kurvenverlauf.
b) Erkläre die Schwankungen im Kurvenverlauf.

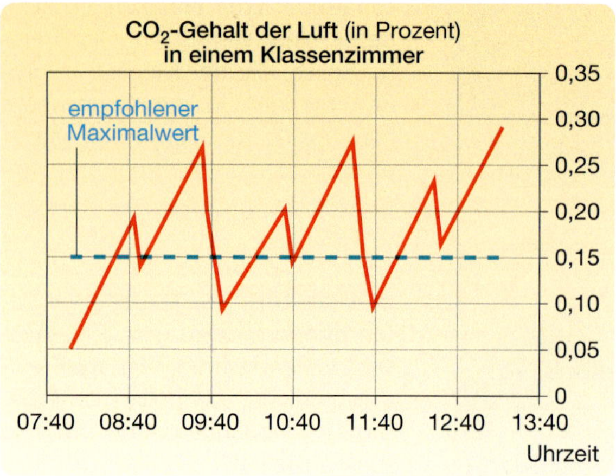

5. Kolbenproberversuch

a) Was kann man mit der abgebildeten Versuchsapparatur feststellen?
b) Wie führt man den Versuch durch?

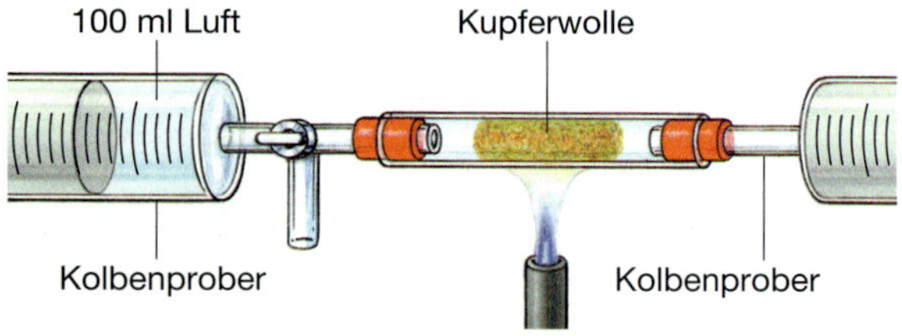

6. Wichtiges Gas für Pflanzen gesucht

Welcher Stoff wird von Mensch und Tier als Abfallstoff abgegeben, aber von Pflanzen benötigt?

7. Tüftelei: Wo ist der Sauerstoff?

Von zwei Gefäßen ist eines mit Sauerstoff gefüllt, das andere mit Kohlenstoffdioxid. Wie kannst du nachweisen, welches Gas in welchem Gefäß ist?

8. Kerzenversuch im Aquarium

Betrachte den abgebildeten Versuch. Erkläre und begründe, was deiner Meinung nach bis zum Ende des Experiments geschehen wird.

9. Füllgas für Luftballons

a) Wasserstoff ist das leichteste Gas. Weshalb werden Luftballons dennoch nicht mit Wasserstoff, sondern mit Helium gefüllt?
b) Ein Ballon wird mit Helium gefüllt, ein anderer mit Kohlenstoffdioxid. Was wird geschehen, wenn man die beiden Ballons aneinander bindet und loslässt?

10. Edelgas-Nachweis?

Weshalb gibt es für die Edelgase keine einfachen Nachweisreaktionen?

11. Gefahr durch CO_2

a) Kohlenstoffdioxid ist schwerer als Luft. Wann kann sich diese Eigenschaft als gefährlich für Mensch und Tier herausstellen?
b) Was kann man tun, um die Gefahr zu verringern?

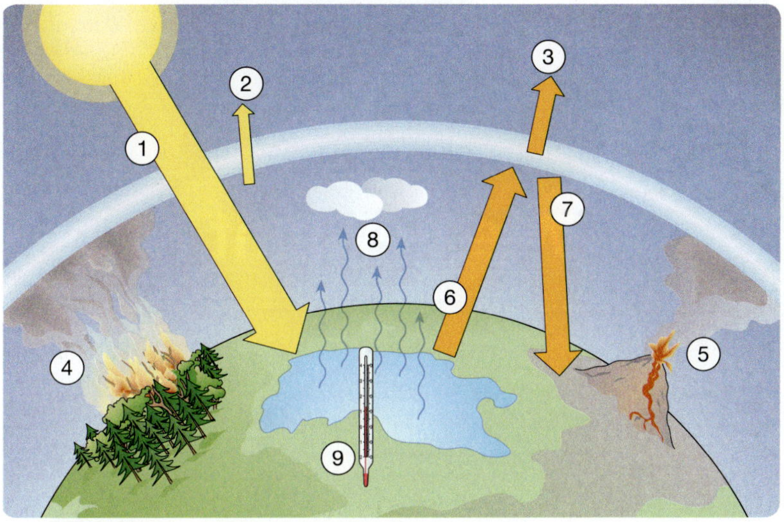

12. Golfstrom-Hypothese

Welche Folgen könnten sich ergeben, wenn der warme Golfstrom wegen des Klimawandels ausbleiben würde? Informiere dich über diese „Golfstrom-Hypothese". Berichte deinen Mitschülern in einem 10-Minuten-Vortrag davon.

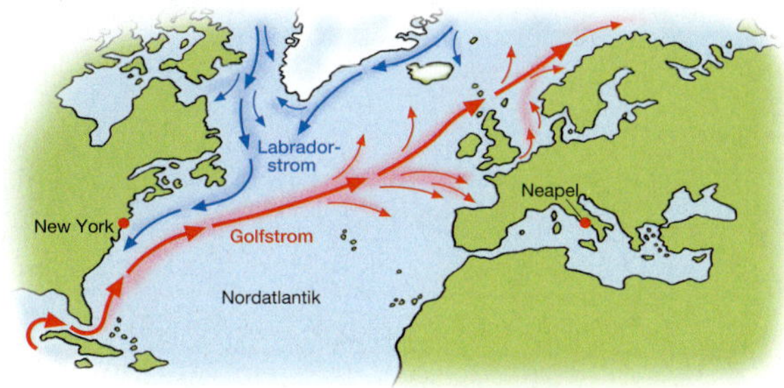

13. CO_2-Messung am Mauna Loa, Hawaii

a) Seit 1958 wird am Berg Mauna Loa die Konzentration von Kohlenstoffdioxid in der Luft genau gemessen. Beschreibe den Verlauf der Kurve.
b) Die gemessenen Werte schwanken regelmäßig im Jahresverlauf. Woran könnte das liegen?

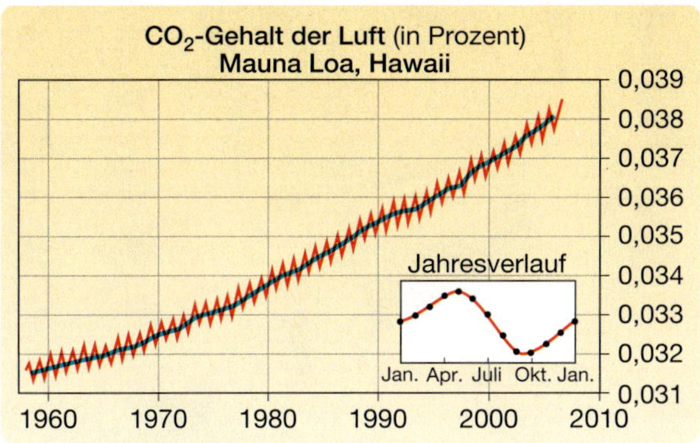

14. Arbeiten in Zweiergruppen: Grafik erläutern

Schreibt in euer Heft, welche Zahlen aus der Abbildung oben zu den folgenden Aussagen gehören:

A Nur ein Teil der Wärmestrahlung wird gleich wieder ins Weltall abgegeben.
B Die Lichtstrahlen der Sonne dringen zum Teil durch die Atmosphäre.
C Wasserdampf ist ein natürliches Treibhausgas.
D Sonnenstrahlen werden zum Teil ins Weltall zurückgeworfen (reflektiert).
E Sonnenstrahlung erwärmt die Erde; daraufhin wird Wärmestrahlung abgegeben.
F Treibhausgase „halten" die Wärmestrahlung in der Erdatmosphäre.
G Kohlenstoffdioxid ist ein natürliches Treibhausgas.
H Die Temperatur der Atmosphäre erhöht sich.

15. Treibhauseffekt, Nutzen und Gefahr

a) „Der natürliche Treibhauseffekt ist ein großer Vorteil für die Menschheit." Erkläre diese Aussage.
b) Weshalb kann es aber tatsächlich von Nachteil sein, wenn sich die Erde weiter erwärmt?

16. Maßnahmen gegen die Erwärmung

a) Nenne zehn Maßnahmen, die helfen können, den Treibhauseffekt abzumildern.
b) Umweltorganisationen raten dringend, weniger Energie aus fossilen Rohstoffen zu nutzen. Stattdessen sollen Wind-, Wasser- und Sonnenenergie gefördert werden. Welche Vorteile bringt das?
c) Kritiker der Theorie vom Klimawandel wollen abwarten, bis diese ganz sicher bewiesen ist. Welches Risiko besteht hierbei?

3 Wie gewinnt man Metalle?

1. „Vogelnest" wird das Olympiastadion in Peking genannt. Es ist 330 m lang, 220 m breit und rund 70 m hoch. Die gigantische Rahmenkonstruktion besteht aus Tausenden von Hohlkastenträgern aus Stahl, die miteinander verschweißt sind. Die längsten sind bis zu 350 Tonnen schwer. Doch trotz der beeindruckenden Größe wirken die „Stahlzweige" des Vogelnestes filigran und ästhetisch.

▲ 1. *Das Bild zeigt ein durchgeschnittenes und angeschliffenes Stück Kupfererz. Solche interessanten Stücke kann man zum Beispiel auf Mineralienbörsen sehen. Die grünen Stellen zeigen Malachit, die blauen Azurit. Es sind Kupferverbindungen, aus denen man metallisches Kupfer herstellen kann.*

Metalle sind wichtige Werkstoffe des Menschen. Kupfer, Eisen, Aluminium, Silber, Gold – viele Metalle finden in unserem täglichen Leben Verwendung. Sie werden zur Herstellung von Werkzeugen, Maschinen und Autos, aber auch für Schmuckstücke gebraucht.

Woher kommen eigentlich die Metalle?
Wie wird zum Beispiel Kupfer gewonnen, oder Eisen?

▲ 3. *Keiner möchte gerne mit rostigem Besteck essen. Deshalb nimmt man als Material nicht rostenden Edelstahl. Lies in diesem Kapitel nach, wie Edelstahl hergestellt wird.*

▲ 2. *Können Chemiker vielleicht doch Silber und Gold herstellen...? Das Rezept zur Verwandlung von Kupfermünzen findest du in diesem Kapitel.*

4. Auch wenn Rost aus der Nähe betrachtet vielleicht ganz interessant aussieht ... Rost gefährdet alle Teile aus Eisen und Stahl.
Kennst du Methoden, wie man das Rosten verhindern oder zumindest verzögern kann? ▶

Ötzi – ein Steinzeitmensch

1. Leben in der Steinzeit

a) Woher weiß man, wie Menschen in der Steinzeit gelebt haben?
b) Welchen Zeitraum ordnen wir heute der Steinzeit zu? Betrachte dazu Abbildung 1.
c) 1992 wurde die Leiche eines Steinzeitmenschen im Gletschereis der Alpen gefunden. Suche im Atlas das Ötztal, den Fundort der Leiche. In welchem Land liegt der Fundort?

2. Ötzis Ausrüstung

a) Der Steinzeitmensch wird wegen seines Fundortes auch „Ötzi" genannt.
Beschreibe anhand der Rekonstruktion die Materialien, die er für seine Bekleidung und Ausrüstung verwendet hat. Trage es in eine Tabelle in dein Heft ein.
b) Welche Materialien würdest du heute verwenden? Trage sie ebenfalls in die Tabelle ein.

	Material Ötzi	Material heute
Schuhe	Rindleder	
„Hose"	Schaffell, Fell	

c) Welche Ausrüstung würdest du heute für eine Gebirgswanderung mitnehmen?

3. Ötzis Waffen

a) Welche Waffen führte Ötzi mit sich? Aus welchen Materialien sind sie gefertigt?
b) Überlege, warum Waffen und Werkzeuge aus Feuerstein in späterer Zeit durch Waffen und Werkzeuge aus Metall ersetzt wurden.

▲ *2. So ähnlich sah Ötzi wahrscheinlich aus*

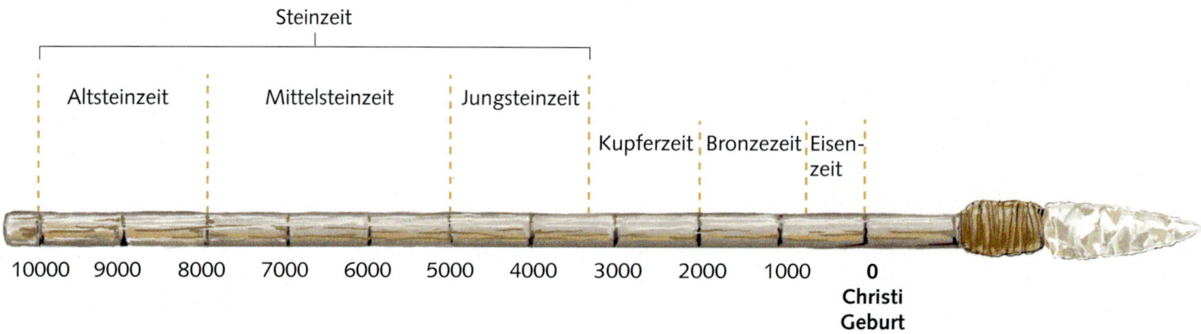

▲ *1. Wichtige Abschnitte in der Geschichte des Menschen*

So wurde Ötzi gefunden. Am 19. September 1991 entdeckte ein deutsches Ehepaar in den Ötztaler Alpen in 3200 m Höhe einen Toten. Er war durch das Abtauen des Eises zum Vorschein gekommen.
Die Polizei nahm zunächst an, dass es sich um einen verunglückten Bergsteiger handeln könnte.
Wissenschaftliche Untersuchungen ergaben jedoch, dass es sich um eine etwa 5300 Jahre alte Leiche aus der Steinzeit handelt. In Anlehnung an den Fundort wird sie Ötzi genannt. Heute befindet sie sich in einem Museum in Bozen.

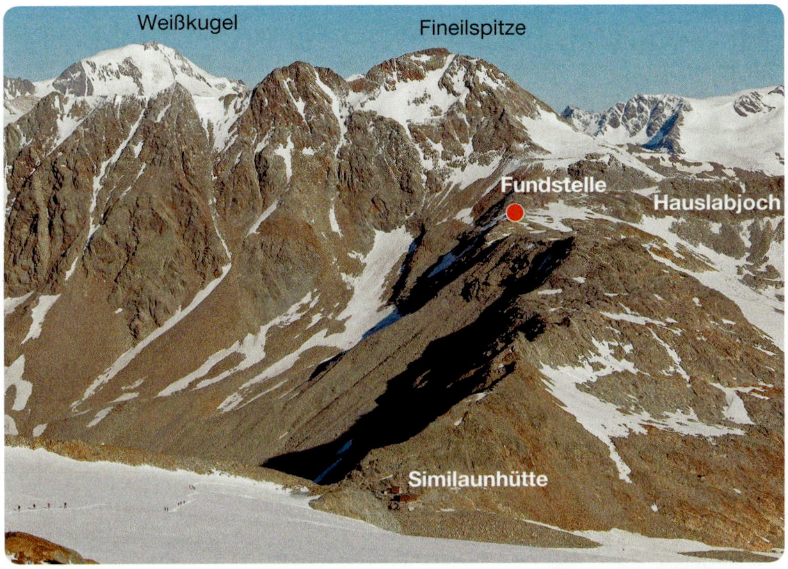

▲ 2. Fundort von Ötzi: Zwischen der Similaunhütte und dem Hauslabjoch

Wie sah Ötzi aus? Ötzi war für einen Steinzeitmenschen mit 1,60 m normal groß und wog etwa 50 kg. Er trug einen Bart und hatte sehr wahrscheinlich lange dunkelbraune Haare.

Wer war Ötzi? War Ötzi ein Hirte auf dem Weg zu seinen Tieren im Gebirge? War er vielleicht Häuptling einer Jungsteinzeitsippe? Hier kann man nur spekulieren.

Ötzis Tod. Als Ötzi starb, war er etwa 45 Jahre alt. Das war im Frühjahr oder im Frühsommer vor etwa 5300 Jahren. Aufgrund von Blutspuren wird angenommen, dass sich noch vier weitere Menschen in seiner Nähe befunden haben müssen.
Wahrscheinlich starb er an einem Pfeilschuss aus dem Hinterhalt. Der Pfeil durchschlug das linke Schulterblatt und zerstörte wichtige Blutgefäße.

Ein wertvoller Fund für die Wissenschaft! Ötzi war für viele Wissenschaftler ein äußerst wertvolles Untersuchungsobjekt. Seine Bekleidung und seine Ausrüstung (Abb. 66.2) brachten viele Erkenntnisse über das Leben in der Steinzeit.

▲ 1. Die Gletscherleiche aus der Steinzeit am Fundort

Besonders interessant war sein Beil mit einer Klinge aus Kupfer. Dieses **Kupferbeil** war die eigentliche Sensation! Es beweist, dass die Menschen im Alpenraum schon 1000 Jahre früher als bisher angenommen in der Lage waren, Kupfer zu gewinnen.

▼ 3. Das Kupferbeil der Gletscherleiche

Bisher ging die Wissenschaft nämlich davon aus, dass die Herstellung und Verarbeitung von Metall den Menschen der Steinzeit unbekannt war.
Wie ist es den Menschen der Steinzeit wohl gelungen, Kupfer herzustellen?

Der Steinzeitmensch Ötzi lebte vor etwa 5300 Jahren. Die gut erhaltene Leiche und die Ausrüstung erbrachten viele wissenschaftliche Erkenntnisse über das Leben in der Jungsteinzeit. Erstaunlich ist, dass er im Besitz eines Kupferbeils war.

1. Fragen zum Text
a) Zu welcher Zeit hat Ötzi gelebt?
b) Erkläre, warum der Fund des Kupferbeils so sensationell war.

Kupfer aus grünen Steinen

▲ 1. *Kupfererz Malachit*

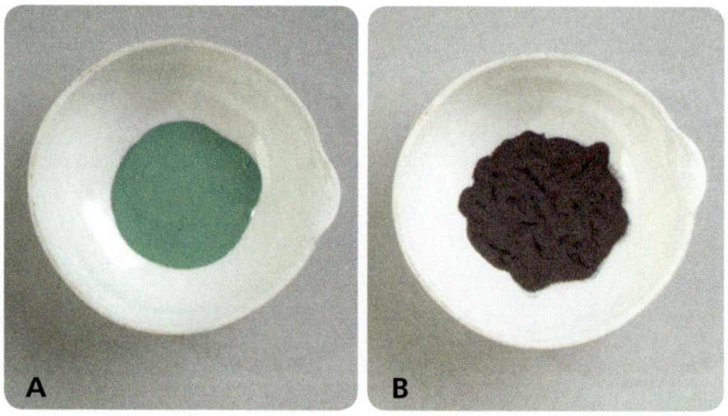

▲ 2. *Malachit vor (A) und nach dem Erhitzen (B)*

▲ 3. *Kupfer aus Malachit*

▲ 4. *Malachit*

1. Malachit wird erhitzt

Malachit ist ein dunkelgrünes Erz, das Kupferverbindungen enthält.

a) Zerkleinere einige Stücke Malachit (Xn, B2) im Mörser und gib einen Spatel davon in ein Reagenzglas. Erhitze das Malachit in der Brennerflamme.

b) Was geschieht? Kannst du metallisches Kupfer erkennen?

2. Erhitzen mit Holzkohle

a) Vermische das abgekühlte Produkt aus Versuch 1 in einem Mörser mit einem Spatel zermahlener Holzkohle. Fülle das Gemisch in ein Reagenzglas und erhitze es in der Brennerflamme. Lass das Gemisch abkühlen und schütte es dann auf ein Uhrglas.

b) Untersuche das Gemisch, am besten mit einer Lupe. Was könnte entstanden sein?

c) Die Menschen der Steinzeit verwendeten neben Holzkohle wahrscheinlich auch Holz. Du kannst den Versuch also auch mit mehreren kleinen Stückchen Holz ausprobieren. Vermische alles gut und erhitze dabei kräftig mit der rauschenden Brennerflamme.

Kupfer aus Malachit. Zunächst konnten die Menschen der Steinzeit nur das seltene metallische Kupfer verarbeiten.
Vermutlich ist die Herstellung von Kupfer aus Malachit Zufall gewesen. Die Menschen der Steinzeit verzierten ihre Tongefäße gerne mit einer Farbschicht. Die mit der Farbschicht versehenen Gefäße wurden in Töpferöfen gebrannt. Sie versuchten wahrscheinlich auch, mit dem grünen Erz Malachit eine Farbschicht zu erzeugen. Beim Brennen mit Holz oder Holzkohle stellten sie dann fest, dass keine grüne Farbschicht, sondern ein rotglänzender neuer Stoff entstanden war, das Kupfer. Das war der Beginn der Kupfergewinnung. Jetzt war es möglich, Kupfer in größeren Mengen herzustellen.

Wird Malachit stark erhitzt, zersetzt es sich und ein schwarzer Stoff entsteht, aber noch kein Kupfer. Wird dieser schwarze Stoff zusammen mit Holzkohle erhitzt, so entsteht reines Kupfer und Schlacke bleibt zurück.

Aus der Kupferverbindung Malachit lässt sich in einer chemischen Reaktion Kupfer gewinnen.

3. Fragen zum Text

a) Wie kamen die Menschen der Steinzeit an Kupfer?

b) Wie kann man aus Malachit Kupfer gewinnen?

◀ 5. *So wurde früher aus Kupfererz Kupfer gewonnen*

Kupfer aus dem Labor – durch Reduktion

▲ *1. Kupferoxid und Holzkohlepulver sind die Ausgangsstoffe*

1. Kupfer aus Kupferoxid

a) Gib einen Spatel mit trockenem, schwarzem Kupferoxid in ein Reagenzglas. Erhitze das Reagenzglas in der Brennerflamme. Verändert sich etwas?
b) Gib nun einen Spatel eines Gemisches aus Kupferoxid und Holzkohlepulver in ein Reagenzglas und erhitze es kräftig. Nimm das Reagenzglas aus der Flamme, sobald eine Reaktion eintritt.
c) Vergleiche die Versuche a und b und erkläre.

2. Die Kalkwasserprobe

a) Was für ein Ergebnis erwartest du, wenn du Versuch 1 b) wiederholst und das dabei freiwerdende Gas in Kalkwasser einleitest?
b) Wiederhole Versuch 1 b) und führe die Kalkwasserprobe durch.
c) Vergleiche das Ergebnis mit deinen Erwartungen.

Erhitzt man das dunkelgrüne Kupfererz Malachit, wird es in schwarzes Kupferoxid umgewandelt. Aus dem Kupferoxid lässt sich auch durch weiteres Erhitzen kein Kupfer gewinnen. Erst wenn das Kupferoxid mit Holzkohle vermischt wird, gelingt es, daraus elementares Kupfer zu gewinnen.

Redoxreaktion. Bei dieser Reaktion entzieht der Kohlenstoff dem Kupferoxid den Sauerstoff. Das Kupferoxid wird dadurch zu Kupfer **reduziert.** Der Kohlenstoff nimmt den Sauerstoff auf. Er wird **oxidiert.**

Diese Reaktion, bei der einem Oxid der Sauerstoff entzogen wird, heißt **Reduktion.** Die Reaktion mit Sauerstoff ist eine **Oxidation.**
Beide Reaktionen, **Red**uktion und **Ox**idation, sind stets miteinander gekoppelt. Deshalb wird diese Reaktion als **Redoxreaktion** bezeichnet.

Kohlenstoff bindet Sauerstoff stärker. Die Reaktion zwischen Kupferoxid und Kohlenstoff kann nur deshalb ablaufen, weil der Kohlenstoff den Sauerstoff stärker bindet als das Kupfer. Das Kupferoxid gibt deshalb seinen Sauerstoff ab und ermöglicht die Oxidation des Kohlenstoffs. Kupferoxid ist ein **Oxidationsmittel.** Der Kohlenstoff ist das **Reduktionsmittel,** da er dem Kupferoxid den Sauerstoff entzogen hat.

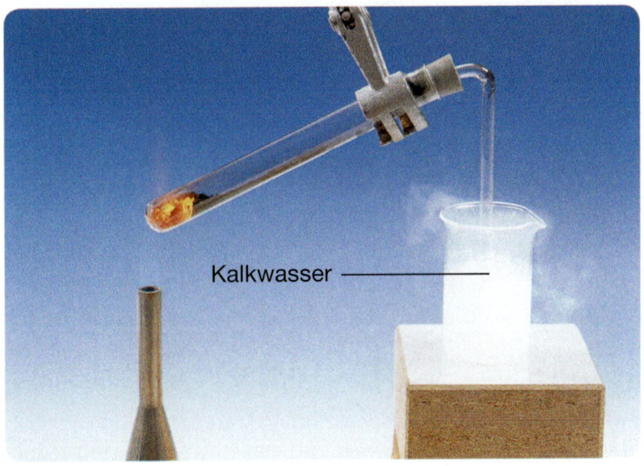

▲ *2. Die Kalkwasserprobe*

Eine chemische Reaktion, bei der einem Oxid der Sauerstoff entzogen wird, heißt Reduktion. Der Reaktionspartner wird dabei oxidiert. Bei einer Redoxreaktion laufen Reduktion und Oxidation gleichzeitig ab.

3. Fragen zum Text
a) Was ist eine Reduktion, was eine Oxidation?
b) Welcher Stoff wird bei der Reaktion zwischen Kupferoxid und Kohlenstoff oxidiert, bzw. reduziert?
c) Was ist dabei das Reduktionsmittel bzw. das Oxidationsmittel?

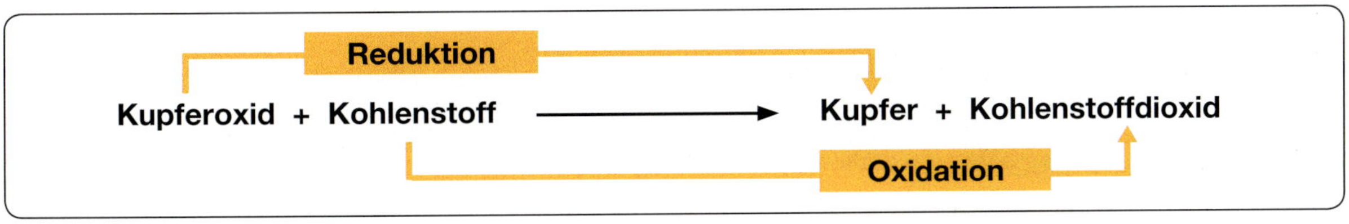

▲ *3. Redoxreaktion: Reduktion und Oxidation*

Metalle als Reduktionsmittel

▲ *1. Ausgangsstoffe*

1. Eisen und Kupferoxid

a) Gib ein Gemisch aus 2 g Eisenpulver und 3,5 g Kupferoxid in ein Reagenzglas. Befestige es leicht schräg an einem Stativ und erhitze das Gemisch. Entferne den Brenner, sobald die Reaktion beginnt.
b) Untersuche nach der Reaktion die abgekühlten Reaktionsprodukte mit der Lupe.
c) Wiederhole den Versuch, mit einem Gemisch aus Eisenoxid und Kupferpulver.
d) Schreibe die Wortgleichung auf. Zeige, welcher Stoff reduziert und welcher oxidiert wird. Gib das Reduktionsmittel und das Oxidationsmittel an.

Wer reduziert wen? Nicht nur Kohlenstoff, sondern auch Eisen kann Kupferoxid reduzieren. Andererseits kann Kupfer dem Eisenoxid nicht den Sauerstoff entziehen. Eisen hat ein *größeres Bestreben* als Kupfer, sich mit Sauerstoff zu verbinden. Eisen ist deshalb ein stärkeres Reduktionsmittel.

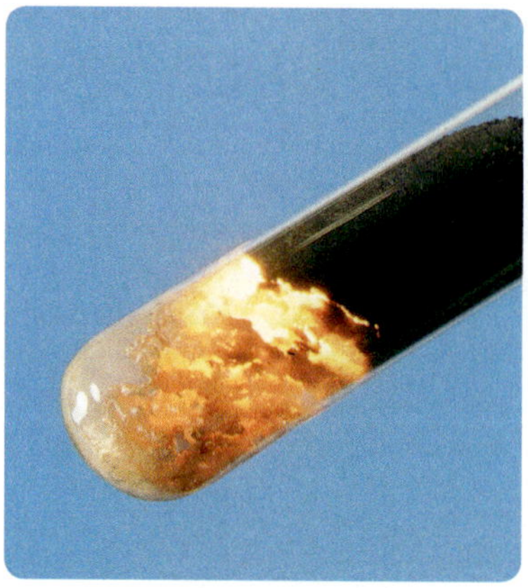

▲ *2. Eisen reagiert mit Kupferoxid*

Auch andere Metalle können Kupferoxid reduzieren. Wichtig ist nur, dass sie ein größeres Bestreben als Kupfer haben, sich mit Sauerstoff zu verbinden.

Aluminium, Magnesium oder Zink *können* Kupferoxid reduzieren. Da sie bei ihrer Oxidation viel Energie in Form von Wärme liefern, sind es starke Reduktionsmittel.

Die Edelmetalle Gold, Silber und Platin können Kupferoxid *nicht* reduzieren. Ihr Bestreben, sich mit Sauerstoff zu verbinden, ist noch schwächer als bei Kupfer.

Redoxreihe. Metalle und Kohlenstoff lassen sich nach ihrer Stärke als Reduktionsmittel ordnen. In einer Redoxreihe stehen links die stärkeren, rechts die schwächeren Reduktionsmittel (Bild 4).

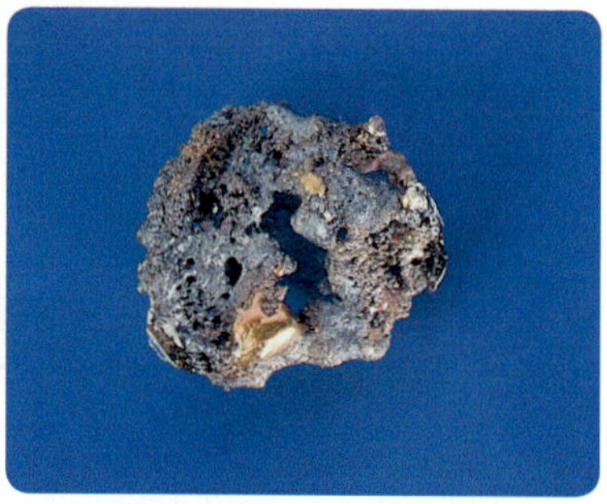

▲ *3. Endprodukt*

Metalle und Nichtmetalle lassen sich in einer Redoxreihe anordnen. Die stärksten Reduktionsmittel stehen ganz links.

2. Fragen zum Text
a) Weshalb kann Eisen dem Kupferoxid den Sauerstoff entziehen?
b) Welche Metalle können Kupferoxid reduzieren, welche nicht?
c) Warum sind Edelmetalle keine geeigneten Reduktionsmittel?

3. Reduktionsmittel gesucht
a) Mit welchen Reduktionsmitteln lässt sich Blei aus Bleioxid herstellen?
b) Begründe, warum man aus Aluminiumoxid mit Eisen kein Aluminium gewinnen kann.

4. Modell zur Redoxreaktion
Besorge dir zwei unterschiedlich starke Magnete und eine magnetisierbare Münze. Spiele die Reduktion von Kupferoxid nach. Kupferoxid wird durch den schwachen Magneten plus Münze dargestellt. Eisen wird durch den stärkeren Magneten dargestellt.

▲ *4. Redoxreihe; die reduzierende Wirkung nimmt von links nach rechts ab*

Schienenschweißen mit Thermit

Schnell muss es gehen, wenn an einer viel befahrenen Bahnstrecke ein schadhaftes Schienenstück ausgewechselt werden soll.

Vorbereitung. Zuerst wird das schadhafte Teil herausgeschnitten; dann wird das neue Schienenstück so eingepasst, dass an jeder Seite ein Spalt von etwa 2,5 cm frei bleibt. Um eine feste, auch elektrisch leitende Verbindung herzustellen, wird diese Lücke mit **flüssigem Eisen** verschweißt. Dieses Eisen wird an Ort und Stelle mithilfe einer Redoxreaktion aus **Thermit** gewonnen. Thermit ist eine Mischung aus grobkörnigem Eisenoxid und Aluminium.

Die Thermitreaktion. Zum Verschweißen wird am Schienenspalt eine Gießform angebracht, die mit einem feuerfesten Reaktionsofen verbunden ist. In dieses Gefäß wird das Thermit gegeben. Es enthält noch einige andere Metalle wie Vanadium und Mangan, damit die Schweißnaht fester wird.
Die Schienenenden werden zunächst auf 900 °C vorgewärmt. Dann wird die Mischung mit einer Art Wunderkerze entzündet. Sofort setzt eine heftige Reaktion ein, Eisen und Aluminiumoxid entstehen. Dabei werden Temperaturen bis etwa 2000 °C erreicht.
Die bei dieser Reaktion entstandene weißglühende Eisenschmelze fließt aus dem Ofen in die Gießform und füllt die Lücke zwischen den beiden Schienenstücken aus. Nach dem Abkühlen wird die Gießform zerschlagen. Die Schienenoberfläche wird glatt geschliffen. In weniger als einer halben Stunde ist die Reparatur beendet.

▲ *1. Thermitschweißen bei Eisenbahnschienen*

1. a) Erläutere die Thermitreaktion. Welcher Stoff ist reduziert, welcher oxidiert worden?
b) Welcher Stoff dient als Reduktionsmittel, welcher als Oxidationsmittel?
c) Formuliere die Reaktionsgleichung (Eisenoxid: Fe_2O_3)

Eisenoxid + Aluminium → Eisen + Aluminiumoxid

▲ *2. Thermitreaktion im Labor*

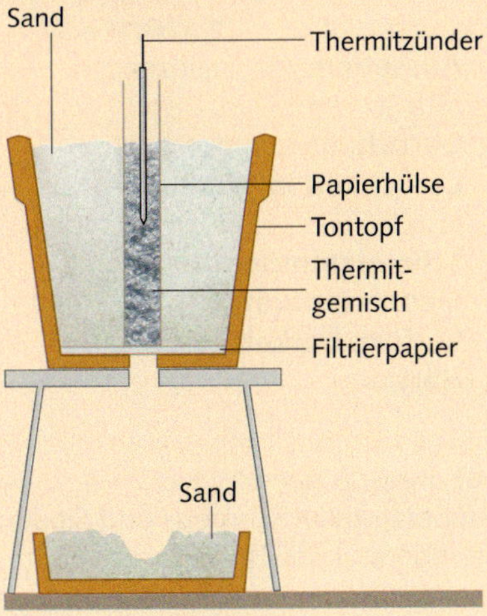

▲ *3. Reaktionsgefäß im Querschnitt*

▲ *4. Fertig geschweißte Schiene*

Kupfer – ein wichtiger Werkstoff

1. Kupfer in Alltag und Technik

Überlege, wo dir Gegenstände oder Bauteile aus Kupfer schon begegnet sind.

2. Leitet Kupfer Wärme gut oder schlecht?

Finde mithilfe eines Becherglases mit heißem Wasser heraus, ob Kupfer ein guter oder schlechter Wärmeleiter ist. Vergleiche zum Beispiel mit Holz, Kunststoff, Eisen oder Aluminium.

3. Stoffeigenschaften von Kupfer

a) Ritze Kupferblech mit einem Eisennagel, Aluminiumblech, Holzstab und Stein.
b) Vergleiche die Verformbarkeit eines Kupferdrahtes mit der von Eisendraht und Aluminiumdraht.
c) Prüfe die Magnetisierbarkeit und elektrische Leitfähigkeit von Kupfer.
d) Stelle fest, ob Kupfer brennbar ist.

4. Einen Steckbrief erstellen

a) Übertrage den Steckbrief in deine Mappe und ergänze ihn aufgrund deiner Beobachtungen aus den Versuchen 2 und 3.

Steckbrief: Kupfer

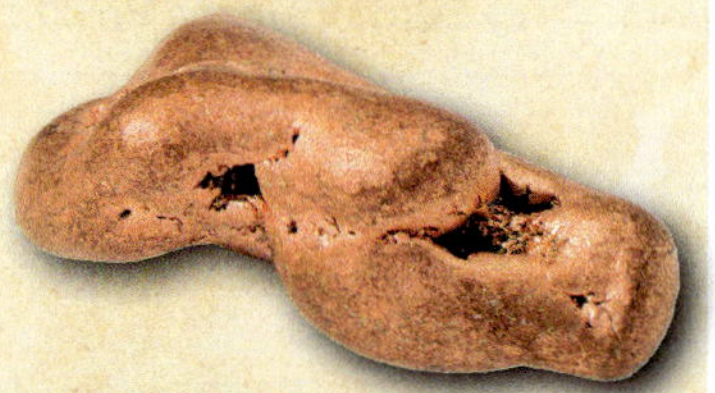

Aussehen: fest, glänzend, rötlich
Geruch: geruchlos
Löslichkeit in Wasser: nicht löslich
Schmelztemperatur:
Siedetemperatur:
Verformbarkeit:
Härte:

b) Trage in deinen Steckbrief außerdem die Schmelz- und Siedetemperatur sowie die Dichte von Kupfer ein.

5. Elektrische Leitfähigkeit

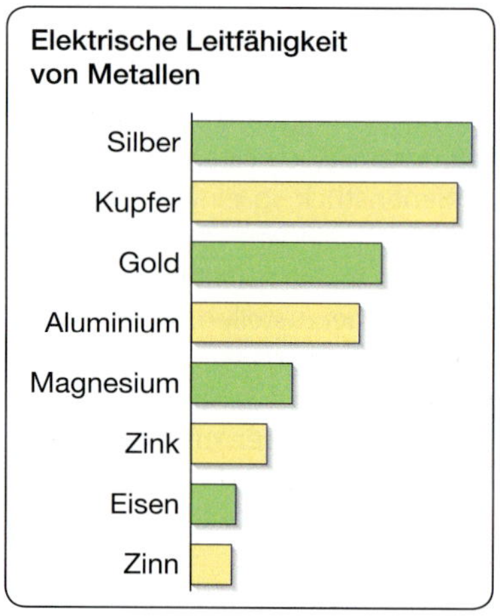

Überlege, warum Metalle wie Silber oder Eisen nicht als elektrische Leiter für Elektrokabel im Haushalt verwendet werden.

Kupfer begleitet den Menschen. Seit Jahrtausenden begleitet Kupfer die Menschen. Es ist eines der ältesten Gebrauchsmetalle. Aus Kupfer wurden Schmuck, Werkzeuge aber auch Waffen hergestellt. Als es dem Menschen gelang, Kupfer aus Kupfererz zu gewinnen, nahm die Bedeutung von Kupfer als Gebrauchsmetall noch zu.

Verwendung von Kupfer. Heute wird Kupfer aufgrund seiner sehr **guten elektrischen Leitfähigkeit** sehr vielfältig in der Elektrotechnik verwendet. Computer, Handys, Radios und Fernseher sind ohne Kupfer nicht denkbar.
Kupferkabel und Kupferdrähte werden auch für Generatoren, Transformatoren und Spulen benötigt. Hierbei ist auch noch eine besondere Eigenschaft des Kupfers wichtig: Es lässt sich problemlos zu extrem dünnen Drähten ziehen. Diese sind oft dünner als ein Haar.

Wegen seiner guten **Wärmeleitfähigkeit** bestehen Autokühler, Kälteanlagen oder Wärmetauscher in Heizkesseln und Durchlauferhitzern oft aus Kupfer. Manche Edelstahlkochtöpfe haben im Boden eine Schicht Kupfer.

Kupfer rostet nicht. Wegen seiner **Korrosionsbeständigkeit** ist es ein bewährter Werkstoff für Dacheindeckungen, Dachrinnen sowie Gas- und Wasserleitungen. Auf Kupferdächern bildet sich an der Oberfläche ein grüner, witterungsbeständiger Belag, die Patina.

Kupfer **tötet Bakterien.** Diese Eigenschaft bringt vor allem bei kupferhaltigen Geldmünzen, Türgriffen und Geländern Vorteile.

Kupfer lässt sich **gut verformen,** weil es relativ weich und dehnbar ist. Das bringt Vorteile in der Verarbeitung und in der Montage.

Durch seine ansprechende **Farbe** und weil es **feinste Formen abbilden kann,** findet Kupfer auch im Kunsthandwerk Verwendung.

Kupferlegierungen wie Messing und Bronze erweitern die Verwendungsmöglichkeiten von Kupfer.

Kupfer ist aufgrund seiner Eigenschaften ein vielseitiger Werkstoff. Er wird vor allem in der Elektro- und in der Bauindustrie verwendet.

1. Fragen zum Text

a) Welche Eigenschaft des Kupfers ist für die Elektroindustrie wichtig?

b) Welche Vorteile bieten Geldmünzen aus Kupfer?

c) Für welche Anwendungen ist die gute Wärmeleitfähigkeit wichtig?

2. Kupfer als Standardmetall?

Kupfer hat zahlreiche günstige Eigenschaften. Warum stellt man nicht auch Autokarosserien und Brücken aus diesem Metall her? Begründe deine Entscheidung. Du kannst dazu auch im Internet recherchieren.

▼ *1. Kupfer wird vielfältig eingesetzt*

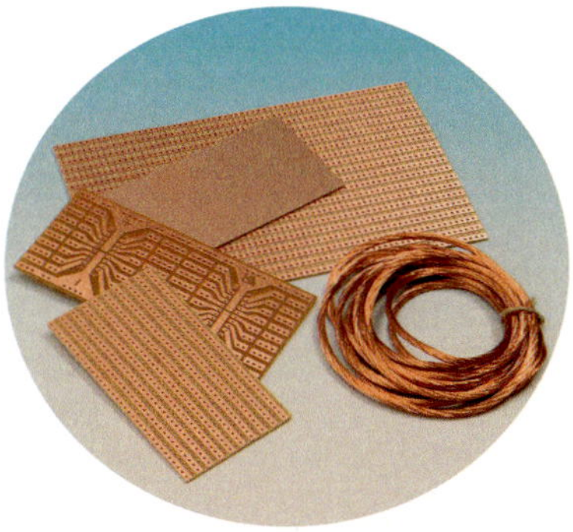

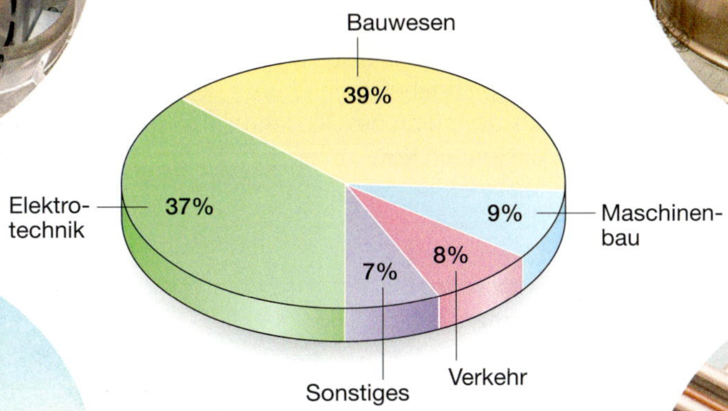

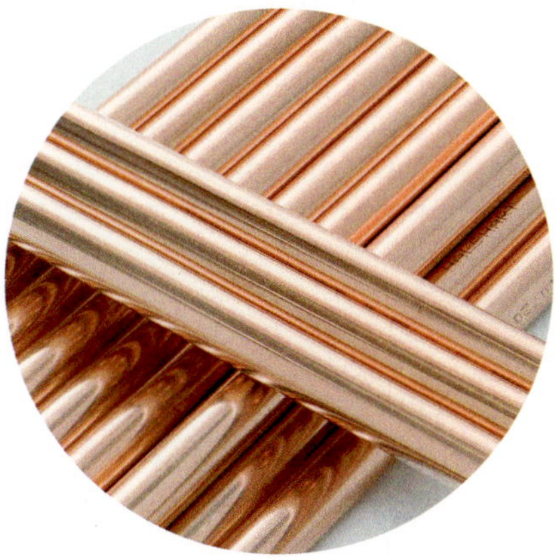

Kupfergewinnung heute

▲ 1. *Die Kupfermine von Chiquicamata in Chile, der größte Kupfertagebau der Welt*

Erzabbau. Über Jahrtausende hinweg wurde Kupfererz auf mühsame Weise in primitiven Bergwerken gewonnen. Das Erz wurde mit dem Pickel oder mit Hammer und Meißel aus dem Fels geschlagen. Auch Feuer und Sprengung durch Schießpulver wurden genutzt. Das Erz wurde zerkleinert und vom Gestein abgetrennt.
Heute ersetzen Maschinen und Sprengstoffe die Handarbeit. Das gewonnene Erz wird noch in der Kupfermine vom Gestein abgetrennt. Danach beträgt der Kupferanteil etwa 30 Prozent. Dieses Erzkonzentrat wird dann mit Schiff oder Bahn zur Kupferhütte transportiert.

Verhüttung. In der Kupferhütte wird das Kupfer mit Kohle bei 1300 °C zu Rohkupfer reduziert. Dabei wird der größte Teil der Verunreinigungen entfernt.
Das Rohkupfer enthält danach nur noch etwa 1–2 Prozent an Begleitstoffen. Auch diese müssen noch entfernt werden, denn für die Elektro- und Elektronikindustrie muss das Kupfer sehr rein sein.
Das Rohkupfer wird zu großen Platten gegossen. In einem weiteren Verarbeitungsschritt wird mithilfe des elektrischen Stromes aus dem Rohkupfer Reinstkupfer. Die im Rohkupfer vorhandenen Begleitstoffe wie Eisen, Nickel, Gold oder Platin werden dabei abgetrennt und weiter verwertet.

Umweltprobleme. Der Abbau und die Verhüttung von Kupfererz haben seit jeher die Umwelt belastet. So gab es im Mittelalter in der Umgebung von Kupferschmelzhütten Waldschäden durch die giftigen Rauchgase. Außerdem wurde der Wald zur Herstellung von Holzkohle abgeholzt.
Als zu Beginn des 20. Jahrhunderts die großen Kupferminen in den USA und Lateinamerika entstanden, wurden die riesigen Mengen Abraum zum Problem. Zusätzlich wurde zur Aufbereitung des Erzes wie auch zur Beseitigung des Abraums viel Wasser benötigt.
Vieles konnte inzwischen verbessert werden. Rauchgase werden gereinigt, das Wasser wird aufbereitet und wiederverwendet. Dennoch belastet die Kupfergewinnung die Umwelt auch heute noch.

1. Stelle mithilfe des Atlas fest, wo überall auf der Erde sich Kupferlagerstätten befinden.
2. Suche im Atlas die Standorte der Kupferverhüttung in Deutschland.

▼ 2. *Gießen von Kupferplatten*

Kupfer lässt sich wiederverwerten

> **Dreiste Kupferdiebe**
>
> **Leipzig.** Während des Umbaus in einem Mehrfamilienhaus in Leipzig entwendeten Diebe sämtliche Heizungs- und Wasserrohre aus Kupfer, insgesamt zwei Kilometer Rohre. „Die haben die Wände aufgestemmt und einfach alle Rohre aus den Wänden gerissen“, teilte ein Polizeisprecher mit. Der Schaden beträgt über 100 000 Euro.

▲ *1. Eine Zeitungsmeldung*

1. Kupfer ist begehrt

Immer wieder berichten die Medien darüber, dass der Diebstahl von Metallen zunimmt. Besonders oft haben es die Diebe auf Kupfer abgesehen. Was sind die Gründe?

Aus alt wird neu. Kupfer kann ohne Qualitätsverlust wiederverwertet werden. Etwa 60 Prozent der Kupferprodukte in Deutschland werden aus Kupferschrott hergestellt Die weltweit steigende Nachfrage nach Kupfer und anderen Rohstoffen lässt die Preise auf dem Weltmarkt steigen. Das bringt Kupferdieben einen guten Erlös.

Recycling ist nützlich. Durch das Recycling können die weltweiten Kupfervorräte geschont werden. Außerdem benötigt man für das Recycling weniger Energie und belastet die Umwelt weniger.

Kupfer und viele Begleitmetalle. Eine moderne Recyclinghütte verarbeitet heute Kupferschrott mit einem Kupfergehalt zwischen einem und 99 Prozent. Beim Recycling ist es deshalb nicht nur wichtig, das Kupfer wiederzugewinnen, sondern auch die im Schrott befindlichen anderen Metalle. Dies sind im Wesentlichen Zink, Blei, Zinn, Eisen, Nickel, Aluminium. Aus Elektronikschrott werden sogar Edelmetalle gewonnen.

In der Recyclinghütte. Der Schrott wird in einem Ofen geschmolzen. Die Begleitmetalle trennt man in mehreren Verfahrensschritten vom Kupfer ab.
Anschließend wird es, wie in der normalen Kupferhütte, mithilfe von elektrischem Strom zu Reinstkupfer verarbeitet.
In der Gießerei bekommt das Kupfer die gewünschte Form: Als Draht oder als Rundbarren wird es an die weiter verarbeitende Industrie geliefert.

Kupfer lässt sich aus Kupferschrott ohne Qualitätsverlust wiedergewinnen.
Metallrecycling spart Energie sowie Rohstoffe und belastet die Umwelt weniger.

2. Fragen zum Text

a) Warum ist Kupferschrott so ein begehrtes Handelsobjekt?
b) Warum ist das Recycling von Kupfer sinnvoll und wichtig?
c) Welche Begleitmetalle sind im Kupferschrott oft enthalten?

3. Kupferrecycling

Beschreibe mithilfe der Abbildung unten den Recycling-Kreislauf von Kupfer.

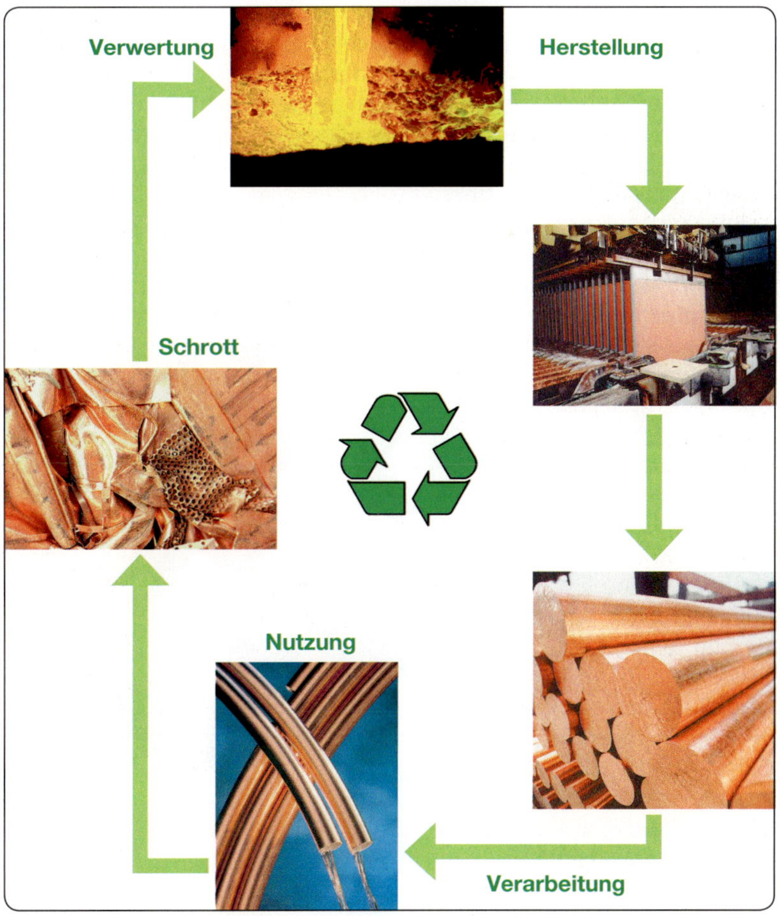

▲ *2. Recycling von Kupfer*

Exkurs

Kupferlegierungen

Reine Metalle sind für viele Verwendungszwecke wenig geeignet. Ihre Verwendungsmöglichkeiten lassen sich aber erweitern, wenn sie mit anderen Metallen zusammengeschmolzen werden. Die so entstandenen Stoffe heißen **Legierungen.** Neben der Härte ändern sich beim Legieren auch die Dichte und die Schmelztemperatur.

▲ *1. Bootsglocke aus Messing*

Messing. Messing ist eine Legierung aus **Kupfer und Zink.** Der Zinkanteil kann dabei bis zu 45 % betragen. Aufgrund ihrer Farbe kann diese Legierung leicht mit Gold verwechselt werden. Messing wird zu Blechblasinstrumenten und dekorativen Gegenständen verarbeitet. Aber auch Armaturen, Türklinken, Zahnräder für Uhren und Schiffbauteile werden aus dieser sehr beständigen Legierung hergestellt.

Bronze. Eine wichtige Entdeckung im Altertum war die Erkenntnis, dass sich aus **Kupfer und Zinn** ein neuer Werkstoff herstellen ließ, der viel härter ist als reines Kupfer. Dieser neue Werkstoff ist eine Legierung aus etwa 80 % Kupfer und 20 % Zinn. Nach dieser Legierung wurde sogar ein ganzes Zeitalter benannt, die Bronzezeit (2500–800 v. Chr.). Waffen, Schmuck, Münzen, sogar Teller und Trinkgefäße wurden aus Bronze hergestellt. Bis heute werden daraus Glocken und Skulpturen gegossen. Auch die Medaille für den dritten Platz bei Wettkämpfen besteht aus Bronze.

2. Bronzeplastik ▶

▲ *3. Instrument aus Neusilber*

Neusilber. Die Legierung aus **Kupfer, Nickel und Zink** wird als Neusilber bezeichnet. Sie sieht aus wie Silber, ist aber viel preiswerter. Wegen ihres Nickelgehaltes ist sie besonders hart und korrosionsbeständig. Neusilber lässt sich vielseitig verwenden, etwa für Essbestecke, Modeschmuck und chirurgische Instrumente.

Gold aus Kupfer?

Gib 30 ml konzentrierte Natronlauge (C; B1) und einen halben Spatel mit Zinkpulver (F) in ein Becherglas. Gib anschließend eine gereinigte und polierte Kupfermünze hinzu. Erhitze das Gemisch bis zum Sieden. Rühre dabei mit einem Glasstab ständig um. Nimm die Münze mit einer Tiegelzange heraus, sobald das Gemisch siedet. Spüle sie mit Wasser ab und trockne sie vorsichtig ab. Halte die Münze danach mit der Tiegelzange kurz in die blaue Brennerflamme. Hast du genau beobachtet? Was ist hier wohl geschehen?

1. a) Welche Stoffeigenschaften des Kupfers werden beim Legieren verändert?

b) Für welche Gegenstände wird Messing vor allem verwendet?

c) Welche Stoffeigenschaften hat Neusilber?

Edel und beständig: Gold, Silber und Platin

Gold. Ein Jahrtausende alter Goldschatz glänzt, als wäre er eben erst vergraben worden. Das Gold hat über die Jahrtausende hinweg seinen Glanz behalten. Diese Beständigkeit und der warme goldgelbe Glanz macht dieses Metall bis in unsere Zeit begehrenswert.
Gold ist das dehnbarste aller Metalle. Es lässt sich zu extrem dünnem Blattgold auswalzen. Aus 1 g Gold lässt sich ein 3 km langer Draht ziehen!
Da es sich auch im kalten Zustand durch Hämmern leicht verformen lässt, wurde es bereits im Altertum zu Schmuck verarbeitet. Schmuck aus reinem Gold ist aber zu weich für den täglichen Gebrauch. Deshalb wird es mit Silber oder Kupfer gemischt. Diese Legierungen sind härter und haben oft auch eine andere Farbe.
In der Elektronik werden hochwertige Steckverbindungen mit Gold beschichtet, um sie vor Oxidation zu schützen. In der Zahntechnik, für Münzen und als Wertanlage findet Gold ebenfalls Verwendung.

▲ *1. Vergoldete Kuppel einer Pagode in Myanmar*

Silber. Silber kommt in der Natur ebenfalls in reiner Form vor. Allerdings nicht so häufig wie Gold. Silber ist auch nicht so beständig wie Gold. Es reagiert leicht mit schwefelhaltigen Stoffen in der Luft und in Lebensmitteln zu schwarzem Silbersulfid. Schmuck und Besteck aus Silber laufen daher mit der Zeit schwarz an.
Das meiste Silber wird zur Herstellung von Schmuck, Filmen, Fotopapier und Batterien verwendet.
Silber ist auch für die Elektro- und Elektronikindustrie wichtig, denn es ist der beste elektrische Leiter. Eine wichtige Eigenschaft des Silbers ist seine keimtötende Wirkung. So wurden in der Antike Silberplättchen auf Wunden gelegt, um sie zu desinfizieren.

Platin. Platin wurde oft zusammen mit Gold gefunden. Allerdings konnte man früher mit dem Metall wenig anfangen. Deshalb wurde es als Verunreinigung des Goldes herausgelesen und verächtlich als „kleines Silber", spanisch „platina" bezeichnet.
Platin ist ein besonders widerstandfähiges Metall. Es wird zu Schalen, Tiegeln und Laborgeräten in der Chemie verarbeitet. In der Glasindustrie werden Platintiegel zur Fabrikation von Spezialgläsern benötigt. Besonders geeignet ist Platin als Katalysator. In fein verteilter Form ist es in Abgaskatalysatoren der Autos enthalten und sorgt dort für die Entgiftung der Abgase.

Edelmetalle. Silber, Gold und Platin und einige andere Metalle werden zu den Edelmetallen gezählt. Sie sind nämlich gegenüber Luft, Feuchtigkeit und vielen Chemikalien besonders beständig. Da sie sehr selten sind, sind sie auch sehr teuer.

1. a) Warum wird Gold für den täglichen Gebrauch mit anderen Metallen gemischt?
b) Weshalb läuft Silber an der Luft schwarz an?
c) Wofür verwendet man Platin heute?

Steckbrief Gold

Schmelztemperatur:	1064 °C
Dichte in g/cm³:	19,3
Weltproduktion 2007:	2600 t
Preis je kg (2008):	19 300 €

Verwendung: Schmuck, Münzen, Wertanlage, elektrische Kontakte

Steckbrief Silber

Schmelztemperatur:	962 °C
Dichte in g/cm³:	10,5
Weltproduktion 2007:	21 000 t
Preis je kg (2008):	380 €

Verwendung: Fotografie, Elektrotechnik, Schmuck, Münzen

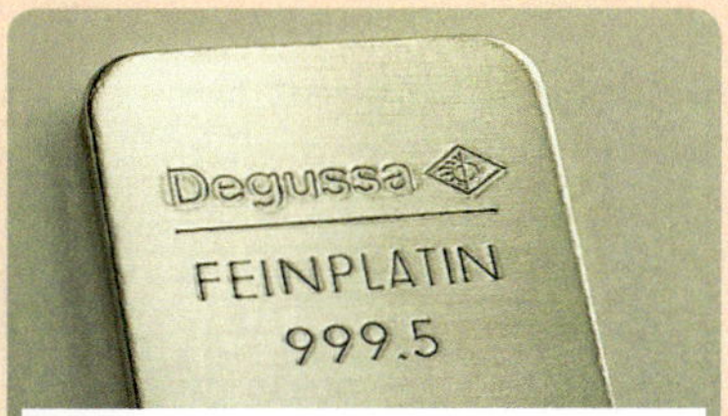

Steckbrief Platin

Schmelztemperatur:	1770 °C
Dichte in g/cm³:	21,5
Weltproduktion 2007:	220 t
Preis je kg (2008):	44 800 €

Verwendung: Katalysatoren, Laborgeräte, Schmuck

Der Preis des Goldes

Goldsuche wie vor 100 Jahren. Aus Wildwestfilmen ist das Goldwaschen aus goldhaltigen Flusssanden bekannt. Wegen seiner großen Dichte lässt sich Gold mithilfe von Wasser in einer Goldwäscherpfanne vom leichteren Sand abtrennen. Doch diese Methode macht nur noch als Urlaubsvergnügen Sinn, die Ausbeute ist viel zu gering.

▲ *1. Goldsucher in Brasilien*

Goldgewinnung mit Quecksilber. Versetzt man goldhaltigen Flusssand mit Quecksilber, lösen sich darin selbst winzige Goldteilchen. Es entsteht Goldamalgam. Wenn man es später erhitzt, verdampft das Quecksilber, Gold bleibt zurück.
Doch Quecksilberdämpfe sind extrem giftig. Daher darf das Amalgam-Verfahren nur in geschlossenen Anlagen eingesetzt werden. Die meisten Goldsucher verwenden dieses Verfahren aber ohne Schutzeinrichtungen – und vergiften damit sich und die Umwelt.

▲ *2. Gold löst sich in Quecksilber*

▲ *3. Goldnugget, 22 mm lang*

Goldgewinnung mit Cyaniden. Früher enthielten bergmännisch abgebaute Lagerstätten 10–50 g Gold pro Tonne Gestein. Diese Lagerstätten sind heute erschöpft. Man beutet jetzt auch Lagerstätten aus, die nur 0,5–3 g Gold je Tonne Gestein enthalten. Dazu wird das Gestein zermahlen und mit einer wässrigen Lösung von Natriumcyanid versetzt. Das Gold löst sich darin auf. Gibt man Zink oder Aluminium hinzu, lässt sich das Gold daraus wieder gewinnen. Die anfallenden Abraumschlämme werden in riesigen Becken gelagert.

▲ *4. Dammbruch eines Sammelbeckens*

Das Problem ist: Natriumcyanid ist hochgiftig. Bereits 0,2 g sind für einen Erwachsenen tödlich. Die Abraumschlämme enthalten neben Cyaniden auch noch giftige Schwermetalle sowie Arsen. Ein Teil des Cyanids entweicht als giftige Blausäure in die Luft. Die Becken für die Abwässer sind oft nur unzureichend gesichert. In westlichen Ländern ist die Cyanidlaugerei daher so nicht zulässig; in ärmeren Ländern wird sie aber weiter betrieben.

Eine Umweltkatastrophe hat sich in Rumänien im Februar 2000 ereignet, als 100 000 m^3 Abraumschlämme des Sammelbeckens der Goldmine in Baia Mare ausgelaufen waren. In Rumänien und Ungarn sind 200 Tonnen toter Fische aus den Flüssen geholt worden, zahlreiche Wasservögel sind verendet. Die Trinkwasserversorgung war lange Zeit beeinträchtigt. Viele Menschen in der Fischerei, der Landwirtschaft und im Tourismus haben ihre Existenzgrundlage verloren. Doch dies war leider kein Einzelfall. Überall auf der Welt ereignen sich derartige Unfälle, oft unbemerkt von der Weltöffentlichkeit.

1. Welche Maßnahmen könnte man ergreifen, um die Umweltbelastung im Goldbergbau zu verringern?

Die Dichte von Stoffen

Besteht die Kuchengabel aus dem teuren Besteck wirklich aus reinem Silber? Wenn du das herausbekommen möchtest, musst du die **Dichte** der Gabel bestimmen. Alle Stoffe haben nämlich eine unterschiedliche Dichte. Damit lassen sich Stoffe identifizieren. Die Dichte sagt aus, **welche Masse 1 Kubikzentimeter** eines Stoffes hat. So geht man vor:

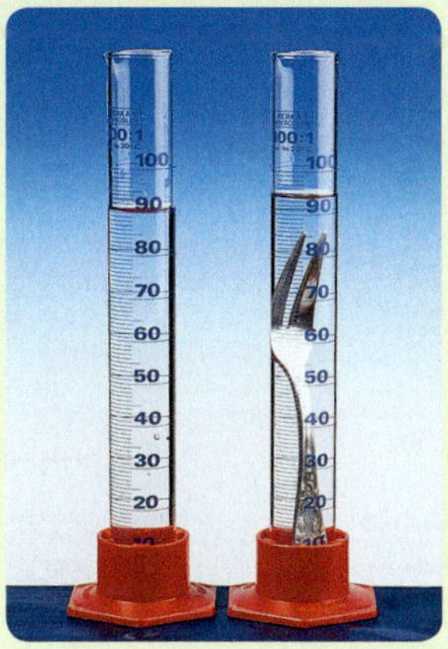

1. Bestimmung der Masse

2. Bestimmung des Volumens

Masse: 31 g

Volumen: $3{,}5\,cm^3$

3. Berechnen der Dichte

$$\text{Dichte} = \frac{\text{Masse}}{\text{Volumen}} = \frac{31\,g}{3{,}5\,cm^3} = 8{,}9\,\frac{g}{cm^3}$$

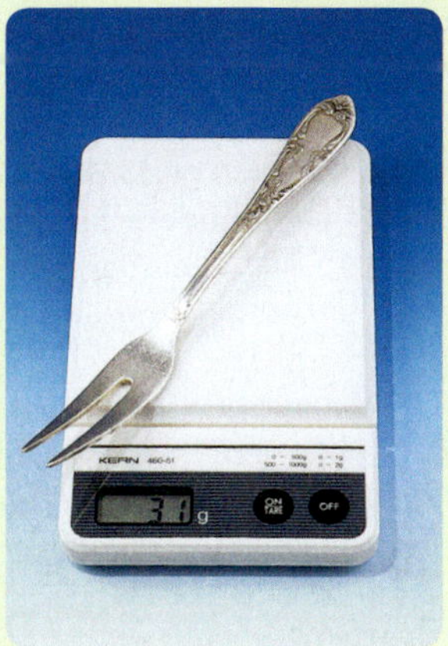

Die Dichte von Silber beträgt $10{,}5\,g/cm^3$. Die untersuchte Kuchengabel kann also nicht aus reinem Silber sein. Sie ist wahrscheinlich nur an der Oberfläche versilbert worden.

Dichtebestimmung von Flüssigkeiten. Auch Flüssigkeiten haben eine Dichte. So hat Speiseöl eine geringere Dichte als Wasser und schwimmt deshalb auf seiner Oberfläche.

Um die Dichte einer Flüssigkeit zu bestimmen, wird zunächst ein Messzylinder leer gewogen. Dann wird die Flüssigkeit in den Messzylinder gegeben und das genaue Volumen abgelesen. Anschließend wird der Messzylinder erneut gewogen.

Aus der Massendifferenz und dem Volumen lässt sich jetzt die Dichte der Flüssigkeit berechnen, am besten in der Einheit Gramm pro Milliliter; das entspricht der Angabe in Gramm pro Kubikzentimeter.

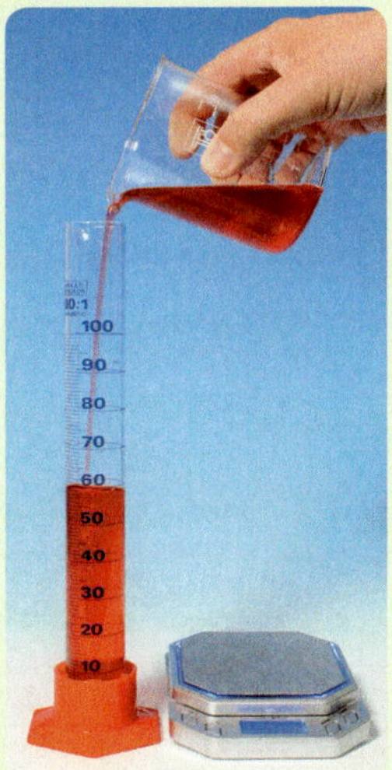

3. *Dichtebestimmung einer Flüssigkeit* ▲

Dichtebestimmung von Gasen. Mithilfe von Seifenblasen lässt sich zeigen, dass auch Gase unterschiedliche Dichten aufweisen. Luftgefüllte Seifenblasen schweben in der Luft. Seifenblasen, die mit Helium gefüllt sind, steigen nach oben.

Die Dichte eines Gases kann mit einer **Gaswägekugel** bestimmt werden. Sie wird zunächst luftleer gepumpt und genau gewogen. Anschließend werden 100 ml des Gases eingefüllt und erneut gewogen. Aus der Massendifferenz in Gramm und dem Volumen in Liter errechnet man die Dichte in der Einheit Gramm pro Liter.

1. Bestimme die Dichte von Eisen, Kupfer, Spiritus und Wasser.

2. Überlege, aus welchem Material die Kuchengabel hauptsächlich bestehen könnte.

3. Ein Metallstück hat eine Masse von 850 g und ein Volumen von $500\,cm^3$. Um welches Metall handelt es sich?

4. Welche Masse haben $200\,cm^3$ Kupfer, Platin und Aluminium?

5. Wie würden sich Seifenblasen verhalten, die

a) mit Kohlenstoffdioxid

b) mit Wasserstoff gefüllt sind?

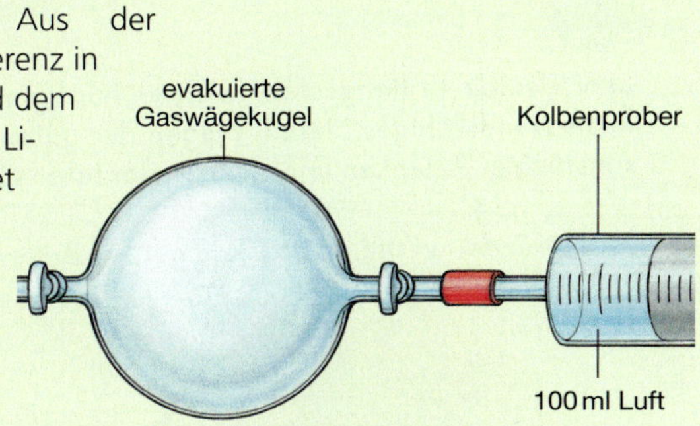

▲ 4. *Dichtebestimmung von Gasen*

Leichtmetalle und Schwermetalle

Im Alltag und in der Technik teilt man Metalle in Leichtmetalle und Schwermetalle ein. Als Grenze gilt der Wert 5 g/cm³ für die Dichte. So zählt Aluminium mit 2,7 g/cm³ zu den Leichtmetallen, Blei mit 11,3 g/cm³ dagegen zu den Schwermetallen.
Viele Schwermetalle sind schädlich für den Menschen, etwa Blei, Cadmium oder Quecksilber. Andere Schwermetalle sind in winzigen Mengen aber lebenswichtig, etwa Eisen, Chrom, Kupfer und Mangan.

1. Schlage im Anhang nach, welche Metalle als Leicht- und welche als Schwermetalle gelten: Zink, Silber, Gold, Magnesium, Titan, Natrium, Cobalt, Calcium.

Quecksilber ist das einzige Metall, das bei Zimmertemperatur flüssig ist. Es erstarrt erst bei -39 °C!
Der Umgang mit Quecksilber gefährdet die Gesundheit, denn die Dämpfe sind sehr giftig!
Quecksilber findet man heute noch in alten Thermometern sowie in ganz geringen Mengen in Energiesparlampen und Leuchtstoffröhren.

Siedetemperatur: 357 ×C
Schmelztemperatur: 39 ×C
Dichte: 13,55 g/cm³

4. Warum müssen gebrauchte Leuchtstoffröhren als Sondermüll entsorgt werden?
5. Wie schwer ist 1 Liter Quecksilber (1 000 cm³)?

Das Metall Blei wird gern zur Abdichtung von Schornsteinen und Dachfenstern verwendet. Taucher schnallen sich Bleigürtel um, weil sie sonst zu rasch auftauchen würden.

2. Überlege, welche Eigenschaften Blei haben muss.

Aluminium gehört zu den Leichtmetallen. Zusammen mit anderen Metallen lässt es sich gut zu Legierungen verarbeiten, die leicht und fest zugleich sind. Aluminium wird vor allem im Fahrzeug- und Flugzeugbau verwendet, aber auch in der Bau- und Verpackungsindustrie. Insbesondere Nahrungsmittel werden in Aluminiumfolie eingepackt, weil sie licht-, luft- und wasserdicht ist.

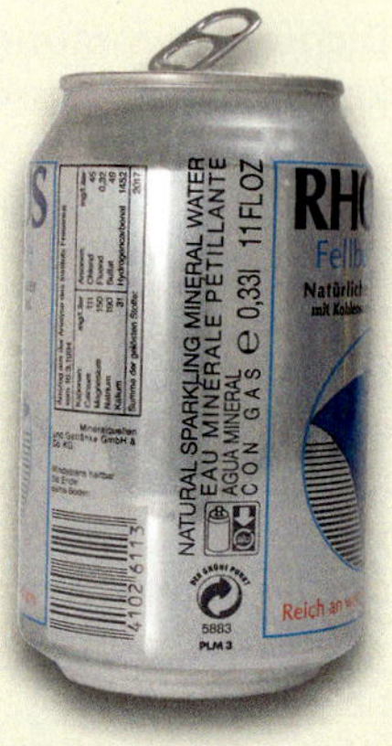

6. Welche Vorteile hat Aluminium gegenüber anderen Metallen, vor allem bei Flugzeugen und Autos?
7. Nenne mehrere Gegenstände aus Aluminium.

Sehr flexible Brillengestelle werden häufig aus dem Leichtmetall Titan hergestellt. Es ist ein sehr widerstandsfähiges Metall. Wegen der guten Körperverträglichkeit wird es auch zur Herstellung von künstlichen Gelenken und Zahnimplantaten eingesetzt.

3. Begründe, weshalb sich Titan gut für Brillengestelle eignet.

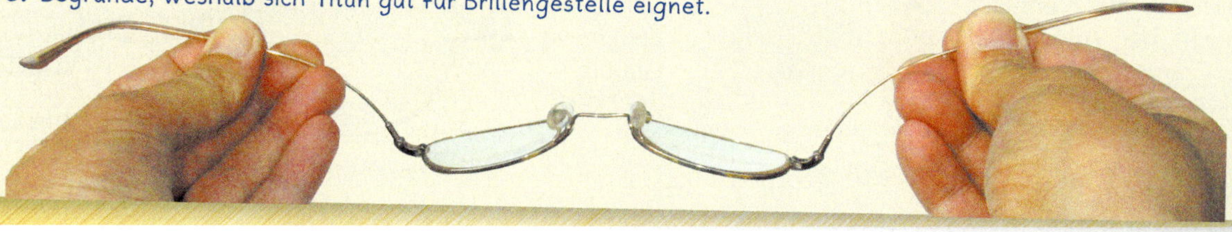

Metalle – interessant und nützlich

Über die Hälfte des in Deutschland verbrauchten Zinks wird für Oberflächenbeschichtungen verwendet. Sie sind meist nur wenige tausendstel Millimeter dick. Das Zink oxidiert zwar an der Luft, bildet dabei aber eine fest haftende, beständige Oxidschicht. Deshalb dient eine Zinkbeschichtung als Rostschutz für Eisen.

Eisenzäune, Brückengeländer und sogar Autokarosserien werden dazu in flüssiges Zink getaucht. Man nennt dieses Verfahren Feuerverzinken.

1. Weshalb schützt Zink Eisen vor Rost?
2. Welche weiteren Möglichkeiten kennst du, um Rost zu verhindern?

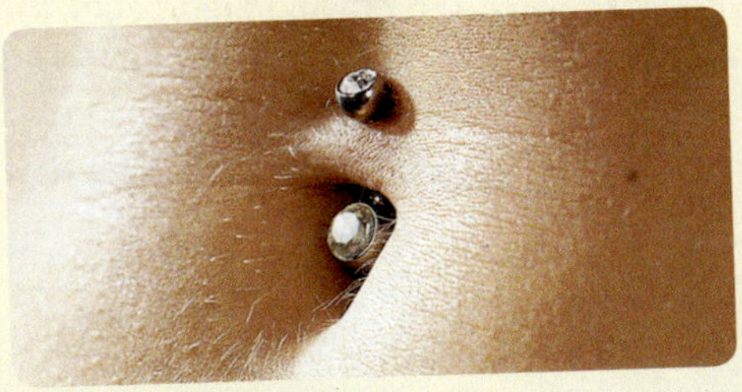

Piercing-Schmuck, aber auch Uhrengehäuse, Besteck und chirurgische Instrumente bestehen oft aus der harten, silberglänzenden Legierung Neusilber. Wer Probleme mit Nickelallergien hat, sollte dieses Material meiden.

6. Ermittle die Zusammensetzung dieser Legierung.

Die Euro- und Cent-Münzen bestehen aus verschiedenen Metallen und Metallgemischen.

3. Prüfe Cent- und Euro-Münzen mit einem Magneten. Was kannst du daraus und aus dem Aussehen über die Zusammensetzung der Münzen ableiten?
4. An welche bekannte Legierung erinnert dich die Farbe der 10-, 20- und 50-Cent-Stücke? Welche Metalle müssten dann in diesen Münzen enthalten sein?
5. Ermittle die Dichte von 10- oder 20-Cent-Münzen mit der Verdrängungs-/Überlauf-Methode (siehe Seite 95). Nimm am besten gleich mehrere und bilde den Durchschnitt. Welche Metalle haben eine ähnliche Dichte wie die untersuchten Münzen?

Zinn und viele andere Metalle lassen sich in Formen gießen. Dazu wird ein Gegenstand, etwa ein großes, tiefgefrorenes Gummibärchen, in Formsand gedrückt. Dann wird der Gegenstand entfernt. Ist die Form getrocknet, werden in einem Schmelzlöffel einige Stücke Zinn geschmolzen.
Die Schmelze wird dann direkt in die Gießform gegossen. Erst nach dem Erkalten wird der Gegenstand aus der Form genommen.

7. Überlege, weshalb Zinn für so ein Experiment sehr gut geeignet ist?

Ein Referat vorbereiten

In vier Wochen sollst du ein Referat zum Thema „Silber" halten. Hier findest du einige Hinweise, wie man an diese Aufgabe herangehen kann.

Informationen finden. Zur Vorbereitung eines Referats kannst du mehrere Informationsquellen nutzen:
- Chemiebuch
- Lexika
- CD-ROM-Lexika
- Internet
- Experimente
- Interviews usw.

Eine sehr gute Möglichkeit für die Informationsbeschaffung ist die Nutzung des Internets. Suchmaschinen unterstützen dich bei deiner **Internetrecherche.** Als **Suchbegriff** darfst du aber nicht einfach das Wort Silber eingeben, sonst bekommst du unübersichtlich viele Ergebnisse. Du solltest zwei oder drei Suchbegriffe kombinieren, etwa Silber + Eigenschaften oder Silber + Geschichte, und erst dann die Ergebnisse sichten (s. auch Methode Internetrecherche, Seite 67).

Auch **Interviews** mit Experten sind gute Möglichkeiten der Informationsbeschaffung. Du kannst einen Juwelier oder Goldschmied zum Thema Silber befragen. Beispiele für Fragen können sein:
- Warum ist Silberschmuck so beliebt?
- Seit wann wird Silber für Schmuck verwendet?
- Kommt es wie bei Nickelschmuck auch bei Silber zu Allergien?
- Wie teuer ist Silber im Vergleich zu Gold, Platin und Kupfer?

Die wichtigsten Informationen, die du in den verschiedenen Quellen gefunden hast, solltest du herausschreiben und auf einem Konzeptblatt in Form von **Stichworten** sammeln.

Informationen ordnen. Hast du die verschiedenen Informationsquellen gut genutzt, so stehen auf deinem Konzeptblatt nun viele Einzelinformationen über Silber. Diese ungeordneten Informationen musst du nun übersichtlich darstellen.

Dabei hilft dir eine **Gliederung,** so wie du sie von einem Aufsatz aus dem Deutschunterricht kennst. Hilfreich ist auch eine **Mindmap.** Mit so einer „Gedankenlandkarte" lässt sich ein Thema und seine Unterthemen knapp und übersichtlich darstellen. Dabei kommen einem oft auch noch weitere Ideen.

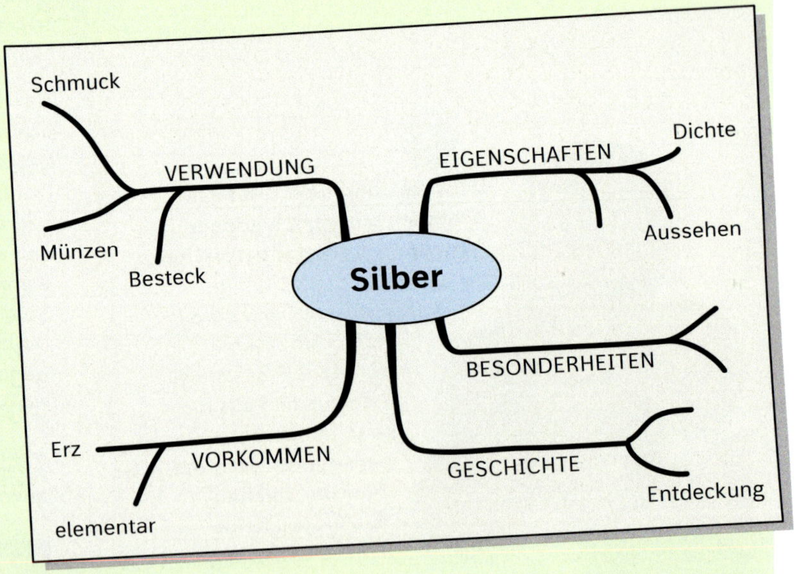

Karteikarten schreiben. Für einen geübten Redner reicht eine kurze Gliederung oder eine Mindmap über Silber aus, um einen guten Vortrag zu halten. Für dich als Schüler ist es hilfreich, wenn du dir zu den einzelnen Themenbereichen jeweils eine **Karteikarte** (beispielsweise in Postkartengröße) anlegst. Darauf notierst du stichwortartig, was zu einem Kapitel gehört.

Tipps für die Vorbereitung eines Referats:

- An übersichtliche Gliederung denken.
- Kurze schriftliche Zusammenfassung anfertigen.
- Frei sprechen üben: Vor dem Spiegel laut, deutlich, betont, nicht zu schnell und nicht zu langsam sprechen
- Materialien (Karteikarten, Gegenstände zur Veranschaulichung usw.) bereit legen.
- Sprechzeit kontrollieren und an die zur Verfügung stehende Zeit für das Referat anpassen
- Am Ende des Referats einige Minuten für Fragen der Zuhörer einplanen

Sachverhalte veranschaulichen. Hast du die Karteikarten geschrieben, so solltest du dir Möglichkeiten überlegen, wie du die Inhalte anschaulich darstellen kannst. Kannst du für das Referat Gegenstände aus Silber mitbringen oder Bilder zeigen? Willst du den Tageslichtprojektor und die Tafel einsetzen oder steht dir ein Computer mit Beamer zur Verfügung?

Zusammenfassung erstellen. Du musst dir jetzt noch überlegen, ob die Zuhörer während deines Vortrags mitschreiben sollen oder ob du nach deinem Vortrag auf einem Blatt Papier eine Zusammenfassung deines Vortrags ausgeben willst.

Diese und weitere Fragen solltest du mit deinem Lehrer im Vorfeld absprechen und ihn um Unterstützung bitten.

1. Erstelle 4 Karteikarten zum Thema „Silber“ nach dem oben abgebildeten Muster.
2. Bereite einen Vortrag zu einem Metall deiner Wahl vor.

Vom Erz zum Roheisen

1. Das Eisenzeitalter

Warum wird wohl das letzte Jahrhundert auch als Eisenzeitalter bezeichnet?

2. Partnerarbeit zur Eisengewinnung

Arbeitet in Zweiergruppen. Lest den folgenden Text zur Eisengewinnung gut durch (beachtet auch S. 101!). Einer stellt eine Frage, die der andere mithilfe des Buches beantworten soll. Dann wird gewechselt.

▲ *1. Die Eisenerze Magnetit (links) und Hämatit*

Eisenerz findet sich überall. Eisen ist in Form von Eisenerz fast überall auf der Erde zu finden, auch in Deutschland. Aber die meisten Eisenerze haben einen niedrigen Eisengehalt. Die heute für die Eisengewinnung eingesetzten Eisenerze sind eisenoxidhaltige Gesteine mit einem Eisengehalt zwischen 40 % und 70 %. Die bekanntesten Eisenerze sind Magneteisenstein (Magnetit) und Roteisenstein (Hämatit).

Eisengewinnung im Hochofen. Heute findet die Eisengewinnung im Hochofen statt. Moderne Hochöfen sind bis 50 m hoch. Die Wände bestehen aus feuerfestem Material und werden ständig mit Wasser gekühlt. Der Hochofen wird abwechselnd mit Koks und Möller gefüllt. *Koks* ist fast reiner Kohlenstoff, der aus Steinkohle gewonnen wird. Der *Möller* ist ein Gemisch aus aufbereitetem Eisenerz, Kalk und anderen Zuschlagstoffen. Der Kalk bildet mit dem Restgestein eine niedrig schmelzende Schlacke.
Im Mittelteil des Hochofens wird das Eisenoxid hauptsächlich durch Kohlenstoffmonooxid zu Roheisen reduziert:

Eisenoxid + Kohlenstoffmonooxid
⟶ Eisen + Kohlenstoffdioxid

Die nötige Reaktionswärme entsteht durch die Verbrennung des Kokses mit der eingeblasenen Heißluft zu Kohlenstoffdioxid. Das zur Reaktion notwendige Kohlenstoffmonooxid bildet sich durch die Reaktion von Kohlenstoffdioxid mit Kohlenstoff bei hohen Temperaturen.
Das flüssige Roheisen tropft durch den glühenden Koks. Dabei nimmt es Kohlenstoff auf. Es sammelt sich am Boden des Hochofens. Darüber schwimmt die leichtere Schlacke. Sie schützt das Roheisen vor Oxidation durch die eingeblasene Heißluft.

Produkte des Hochofens. Etwa alle 4 bis 6 Stunden wird das Roheisen abgestochen. Es fließt durch Sandrinnen in Transportbehälter. In diesen wird es zum Stahlwerk gefahren. Soll aus dem Roheisen Gusseisen werden, lässt man es in Sandformen abkühlen. In Gießereien werden daraus Gussteile wie Kanaldeckel gegossen. Die Hochofenschlacke wird im Straßenbau und zur Zementherstellung verwendet.

Im Hochofen wird Eisenoxid mithilfe von Koks bei hohen Temperaturen zu Roheisen reduziert. Dieses wird zu Gusseisen und Stahl verarbeitet.

3. Fragen zum Text

a) Woraus gewinnt man Eisen?
b) Wofür wird im Hochofen Kalk benötigt?
c) Welcher Stoff ist das eigentliche Reduktionsmittel im Hochofen?
d) Welche Produkte erhält man durch den Hochofenprozess?

▲ *2. Ein Hochofen ist jahrelang Tag und Nacht in Betrieb*

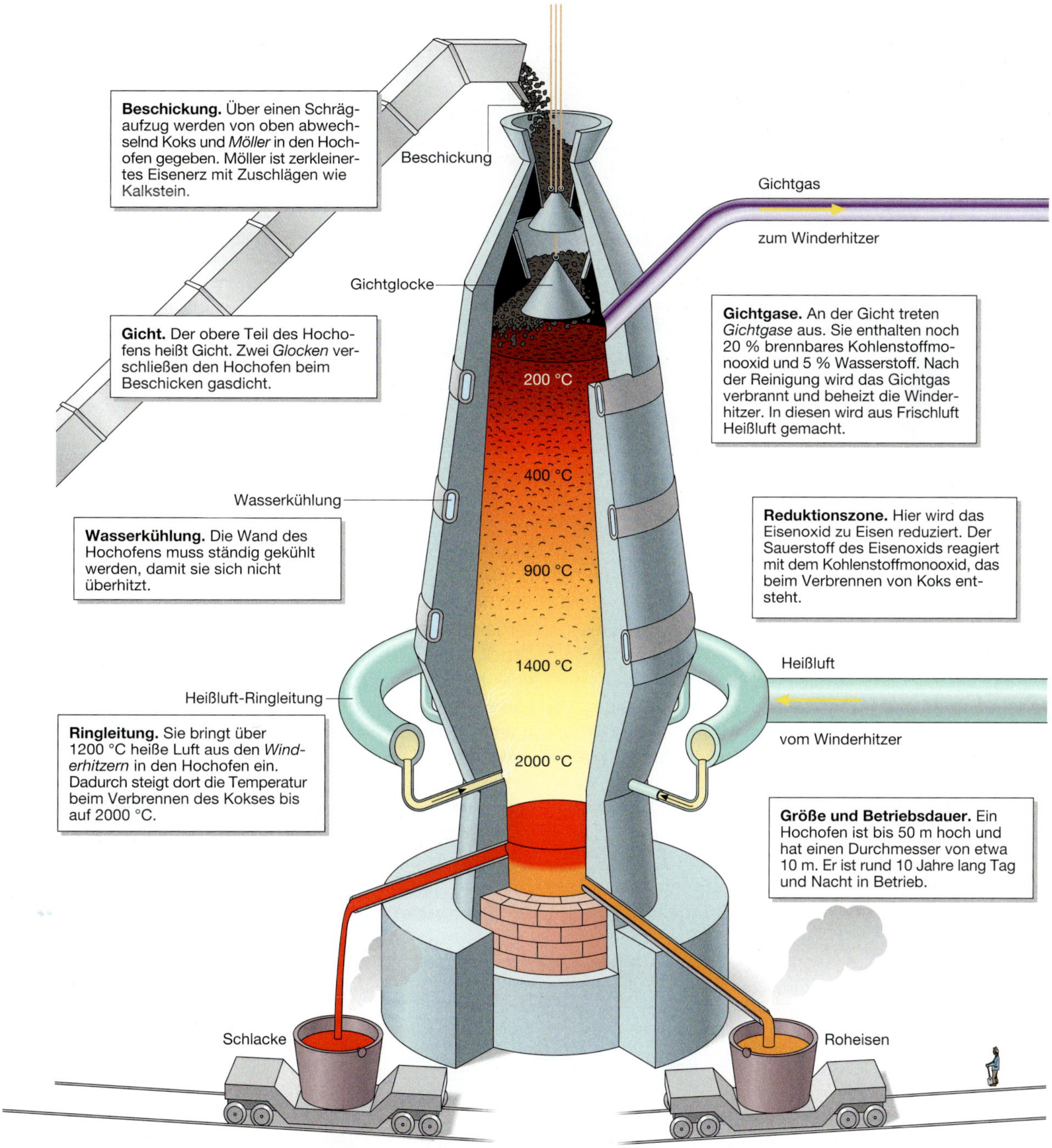

Beschickung. Über einen Schrägaufzug werden von oben abwechselnd Koks und *Möller* in den Hochofen gegeben. Möller ist zerkleinertes Eisenerz mit Zuschlägen wie Kalkstein.

Gicht. Der obere Teil des Hochofens heißt Gicht. Zwei *Glocken* verschließen den Hochofen beim Beschicken gasdicht.

Gichtgase. An der Gicht treten *Gichtgase* aus. Sie enthalten noch 20 % brennbares Kohlenstoffmonooxid und 5 % Wasserstoff. Nach der Reinigung wird das Gichtgas verbrannt und beheizt die Winderhitzer. In diesen wird aus Frischluft Heißluft gemacht.

Wasserkühlung. Die Wand des Hochofens muss ständig gekühlt werden, damit sie sich nicht überhitzt.

Reduktionszone. Hier wird das Eisenoxid zu Eisen reduziert. Der Sauerstoff des Eisenoxids reagiert mit dem Kohlenstoffmonooxid, das beim Verbrennen von Koks entsteht.

Ringleitung. Sie bringt über 1200 °C heiße Luft aus den *Winderhitzern* in den Hochofen ein. Dadurch steigt dort die Temperatur beim Verbrennen des Kokses bis auf 2000 °C.

Größe und Betriebsdauer. Ein Hochofen ist bis 50 m hoch und hat einen Durchmesser von etwa 10 m. Er ist rund 10 Jahre lang Tag und Nacht in Betrieb.

Schlacke. Die Schlacke schwimmt auf dem Roheisen und verhindert so seine Oxidation zu Eisenoxid. Die Schlacke kann beim Straßenbau verwendet werden.

Tagesproduktion eines Hochofens

Einsatz	Abgabe
15 800 t Erz	11 000 t Roheisen
2 300 t Zuschläge	3 500 t Schlacke
5 000 t Koks	23 600 t Gichtgas und Staub
15 000 t Heißwind	96 000 t erwärmtes Kühlwasser
96 000 t Kühlwasser	

Roheisenabstich. Das flüssige Roheisen ist schwerer als die anderen Stoffe. Es sinkt daher im Hochofen nach unten. Das Abstichloch für Roheisen befindet sich am tiefsten Punkt des Hochofens.

▲ *1. Eisengewinnung im Hochofen*

Aus Roheisen wird Stahl

▲ 1. Entnahme einer Roheisenprobe

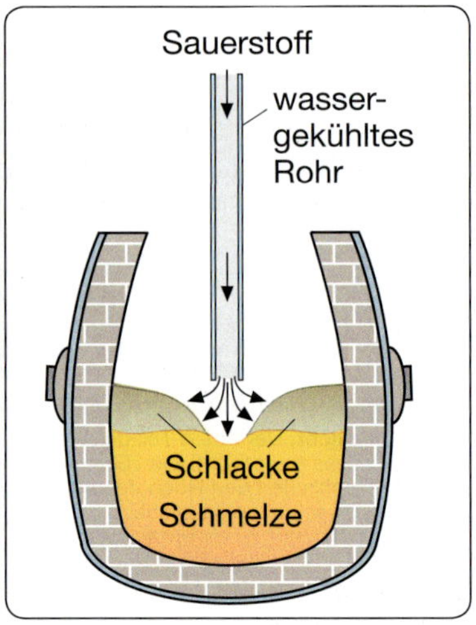

▲ 2. Befüllen eines Konverters (links) und Frischen der Eisenschmelze (rechts

1. Stahl und Eisen im Vergleich

a) Vergleiche die Verformbarkeit und Elastizität eines Stahldrahtes und eines Eisendrahtes.
b) Halte beide Drähte mit der Tiegelzange in die Brennerflamme und bringe sie zum Glühen. Vergleiche sie nach dem Abkühlen.
c) Erhitze beide Drähte noch einmal und schrecke sie sofort in kaltem Wasser ab. Prüfe erneut.
Welche Veränderungen kannst du an beiden Drähten feststellen?
d) Notiere alle Versuchsergebnisse in einer Tabelle.
e) Versuche, ein Stück Glas mit einem Eisennagel und einem Stahlnagel zu ritzen. Erkläre das Ergebnis.

Roheisen ist spröde. Das Roheisen aus dem Hochofen ist für viele Verwendungszwecke nicht geeignet. Es enthält noch zu viel Kohlenstoff und andere Fremdstoffe wie Phosphor, Schwefel und Silicium. Diese Stoffe machen das Roheisen spröde und brüchig. Es enthält auch noch zu viel Kohlenstoff und lässt sich weder schmieden noch walzen. Erst durch die Umwandlung in Stahl erhält das Eisen die gewünschten Eigenschaften wie Schmiedbarkeit und Elastizität. Dazu müssen jedoch die unerwünschten Begleitstoffe und der überschüssige Kohlenstoff entfernt werden.

▲ 3. Stahl ist elastisch

Stahlgewinnung. Das flüssige Roheisen wird in einen großen Behälter gefüllt. Dieser **Konverter** fasst bis zu 500 Tonnen Eisen. Anschließend wird durch ein wassergekühltes Rohr, die **Sauerstofflanze,** unter hohem Druck Sauerstoff auf das flüssige Eisen geblasen. Es setzt eine heftige Reaktion ein. Unter ohrenbetäubendem Lärm sprüht ein Funkenregen aus dem Konverter. Die unerwünschten Bestandteile werden fast vollständig verbrannt. Silicium, Phosphor und Mangan verbinden sich dabei mit dem zugegebenen Kalk zu Schlacke. Sie setzt sich oben auf der Schmelze ab. Kohlenstoffdioxid und Schwefeldioxid entweichen als Gase. Dieses Verfahren wird **Sauerstoff-Aufblasverfahren** genannt.

Bei der Oxidation der Begleitstoffe wird so viel Wärme frei, dass die Temperatur der Schmelze auf über 1700 °C steigt. Zur Abkühlung wird deshalb Stahlschrott zugegeben.
Nach etwa 20 Minuten ist die Oxidation der Begleitstoffe beendet. Aus dem Roheisen ist hochwertiger Stahl geworden. Der Konverterbehälter wird geschwenkt und der fertige Stahl fließt in eine Gießpfanne. Von dort wird er zur Weiterverarbeitung zum Walzwerk transportiert.

Zahlreiche Stahlsorten. Heute gibt es etwa über Tausend verschiedene Stahlsorten. Allein durch die Änderung des Kohlenstoffanteils lassen sich die Eigenschaften deutlich beeinflussen.

Unlegierter Stahl. So heißt Stahl, dem *keine Fremdmetalle* zugegeben werden.
– Stahl mit einem Kohlenstoffanteil **unter 0,25 %** ist gut verformbar. Er wird zu Drähten und dünnen Blechen verarbeitet. Daraus werden dann Nägel, Konservendosen und Autokarosserien hergestellt.
– Stahl mit einem Kohlenstoffanteil **zwischen 0,25 und 0,7 %** ist härter und wird für Eisenbahnschienen, im Maschinenbau, sowie im Stahlbau verwendet.
– Besonders gut härten lässt sich Stahl mit einem Kohlenstoffanteil **zwischen 0,7 und 1,5 %.** Er wird für Werkzeuge, chirurgische Instrumente, Rasierklingen und Stahlfedern verwendet.

Legierung	Zusätze	Eigenschaften, Verwendung
Chrom-Nickel-Stahl	18 % Chrom 8 % Nickel	sehr hart und zäh, chemikalienbeständig; Eisenbahnräder, chem. Apparate, Achsen
Chrom-Vanadium-Stahl	0,75 % Chrom 1 % Vanadium	hart, zäh; Werkzeuge wie Schraubenschlüssel
Schnellarbeitsstahl (HSS-Stahl)	6 % Wolfram 5% Molybdän 2 % Vanadium	hitzebeständig, sehr hart; Bohrer, Sägeblätter

▲ *1. Wichtige Stahllegierungen*

Legierter Stahl (Edelstahl). Diese Stahlsorten entstehen, wenn man *weitere Metalle* in die Stahlschmelze gibt. Dabei werden Nickel, Chrom, Wolfram, Molybdän und andere Metalle als Stahlveredler zugesetzt. Je nach Menge und Art der Zusätze erhält man sehr harte, chemikalienfeste oder nichtrostende Stahlsorten (Abb. 1).

Elektrostahl. Hochwertige Stahlsorten werden oft im **Elektrostahlverfahren** hergestellt. Hier lässt sich die Zusammensetzung der Schmelze besonders gut kontrollieren. Mithilfe von starkem elektrischem Strom zwischen Graphitelektroden werden Temperaturen bis zu 3000 °C erzeugt. Bei diesen hohen Temperaturen werden vorhandene Verunreinigungen oxidiert. Hierbei kann bis zu 25 % Schrott mitverwendet werden.

Walzen. Der größte Teil des Stahls wird im **Walzwerk** verarbeitet. Hier werden die glühenden Stahlblöcke auf automatischen Walzstraßen zu Trägern, Blechen, Bändern oder Drähten gewalzt.

Stahl wird im Sauerstoff-Aufblas-Verfahren aus flüssigem Roheisen gewonnen. Die unerwünschten Begleitstoffe werden dabei oxidiert oder in der Schlacke gebunden.
Im Elektroofen werden Stahlsorten mit besonderen Eigenschaften hergestellt, indem weitere Metalle zugesetzt werden.

1. Fragen zum Text
a) Erkläre den Unterschied zwischen Eisen und Stahl.
b) Was passiert beim Sauerstoff-Aufblas-Verfahren?
c) Was sind Stahlveredler?
d) Warum wird bei der Stahlgewinnung auch Schrott eingesetzt?

▲ *2. Elektroofen*

▲ *3. Stahlblöcke auf der automatischen Walzstraße*

Scharfe Messer

Die ersten scharfen Messer fertigten die Menschen der Steinzeit aus Feuerstein. Die Klingenkanten waren sehr scharf, aber auch sehr spröde. Sie wurden während des Gebrauchs schnell stumpf. Im Altertum wurden Messer aus Bronze, später aus Eisen hergestellt. Sie waren sowohl Schneidwerkzeuge als auch Waffe. Etwa 100 Jahre vor Christi Geburt wurde das Messer im alten Rom als Essgerät gebräuchlich. Im Mittelalter brachten die Gäste ihre eigenen Messer mit. Erst in der Neuzeit wurde das Messer ein Teil des Essbestecks. Die ersten industriell gefertigten Messerklingen wurden Ende des 18. Jahrhunderts gefertigt. In Solingen entwickelte sich eine eigene Messerindustrie. Messer aus Solingen sind auch heute noch in aller Welt gefragt.

▲ *1. Messer aus Feuerstein*

Industriell hergestellte Messer. Zunächst wird ein Stahlstück in eine Schmiedeform gelegt. Der Rohling für das Messer wird herausgestanzt. So entstehen exakt gleiche Messerrohlinge. Die Messerrohlinge werden auf einem Fliessband durch einen Durchlaufofen geschickt. Dort werden sie bei etwa 1100 °C erhitzt und dann im Wasserbad abgeschreckt. Jetzt sind sie gehärtet, aber sehr spröde. Deshalb erfolgt im Anschluss daran das Anlassen. Dabei wird das Messer noch einmal für kurze Zeit erhitzt. Erst dadurch bekommt die Messerklinge die notwendige Elastizität. Der Schliff der Messerklinge erfolgt durch Schleifautomaten.

▲ *2. Härten von Messern*

Messer aus Damaszener Stahl. Bereits vor über 2500 Jahren wurden Klingen aus Damaststahl hergestellt. Für ein Messer wird zunächst ein Schmiedepaket zusammengestellt, in dem mindestens zwei verschiedene Stahlsorten immer abwechselnd übereinander angeordnet sind. Das Ganze wird dann im Feuer erhitzt, durch Hammerschläge bei Schweißtemperatur (950–1050 °C) verbunden und dann in Länge ausgereckt. Dieses Paket wird dann wieder in mehrere Teile geteilt und übereinander gelegt oder gefaltet. Dieser Vorgang wiederholt sich mehrmals, wodurch die Lagenzahl des Damastes immer höher steigt. Je nach Anfangslagenzahl erreicht man mit 3–5 Durchgängen schon bis zu 300 Lagen.

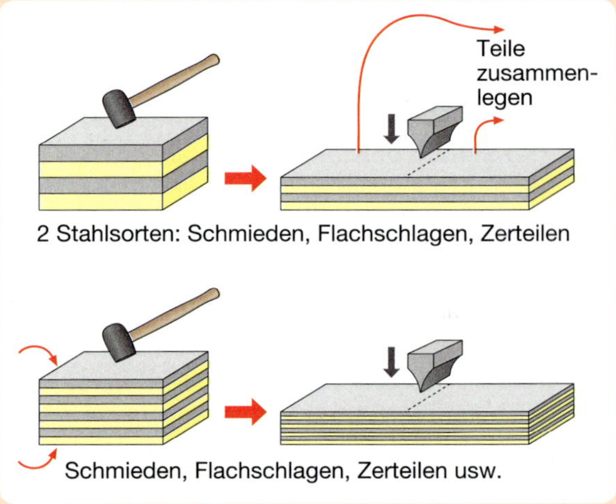

▲ *3. Durch das mehrmalige Teilen entstehen viele Lagen*

So einfach, wie es sich hier vielleicht anhört, ist die Herstellung eines Damaszener Messers allerdings nicht. Körperliche Schwerstarbeit und viel Erfahrung beim Schmieden sind notwendig. Auch die richtige Temperatur des Feuers ist wichtig. Ist sie zu niedrig, verbinden sich die Stahlpakete nicht richtig. Ist sie zu hoch, verbrennt der Stahl.
Zum Schluss wird das Messer gehärtet und die Klinge in Säure geätzt, um die Muster der verschiedenen Stahlschichten sichtbar zu machen.

▼ *4. Damaszener Messer*

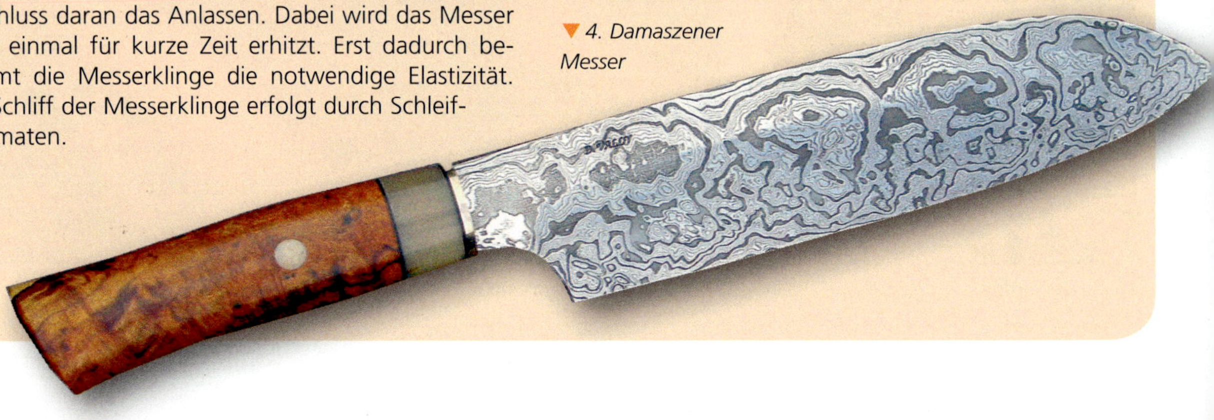

Arbeiten im Bergwerk vor 500 Jahren

▲ 1. *Der Hauer bei der Arbeit*

Michel arbeitet im Erzberg. Michel ist 12 Jahre alt und arbeitet gemeinsam mit seinem Vater im Kupferbergwerk. Er ist Lehrjunge und will später auch Bergmann werden.
„Glückauf". Mit diesem Ruf begrüßen sich die Bergleute, die vor dem Eingang zum Bergwerk stehen. Michels Vater geht zum Steiger, der die Bergleute zur Arbeit einteilt und beaufsichtigt. Der Steiger füllt eine kleine Lampe mit Rinderfett, zündet sie an und gibt sie Michels Vater. Gemeinsam mit den anderen Bergleuten fahren sie dann in das Bergwerk ein.

Am Arbeitsplatz. Als die beiden an ihrem Arbeitsplatz angekommen sind, hängt Michels Vater die Lampe auf. Viel ist bei dem schwachen Lichtschein nicht zu erkennen. Michels Vater ist Hauer. Er setzt das Eisen auf den Felsen und schlägt mit dem Schlägel auf das Eisen. Kleine Felsstücke springen ab. In den Erzbrocken ist das Kupfer enthalten. Michel sammelt sie auf und legt sie in den Förderkorb. An einer anderen Stelle werden größere Erzbrocken aus dem Felsen gesprengt. Die größten Erzbrocken werden mit schweren Hämmern zerkleinert.

Steine, die kein Kupfererz enthalten, werden aussortiert. Nur erzhaltiges Gestein wird zur Kupferhütte geschafft.

In der Kupferhütte. Hier arbeiten viele Frauen und Mädchen. Auch Michels Mutter und seine Schwester Maria arbeiten dort. Sie ist gerade 10 Jahre alt geworden. Seine anderen fünf Geschwister sind noch zu klein, um mitzuhelfen.

Das Erz wird zerkleinert. Zunächst muss das Erz zerstampft werden. Das wird mit einer Maschine gemacht. Ein Wasserrad treibt diese Maschine an. Durch die Wasserkraft werden abwechselnd schwere Stempel hochgehoben. Sie fallen auf das erzhaltige Gestein und zerkleinern es.

▲ 2. *Das Erz wird zerstampft*

Abtrennung des Gesteins. Michels Mutter arbeitet an einem Waschherd. Das ist eine 3 m lange Holzkiste, die an einer Seite offen ist. Das Gemisch aus zerkleinertem Erz und Gestein wird in den Waschherd geschüttet. Mit einer Stange, an der ein Holzbrett befestigt ist, wird es hin und her geschoben. Wasser läuft durch den Waschherd und spült das Gesteinsmehl weg. Am Boden setzen sich nach und nach die Erzteilchen ab.

Kupfergewinnung. Der feuchte Erzschlamm wird in der Sonne getrocknet. Erst dann wird er in den Ofen gefüllt. Holzkohle wird hinzugegeben. Sie wird von Köhlern gemacht. Jeden Tag bringen die Fuhrleute mehrere Wagen mit Holzkohle zur Kupferhütte.
Der Schmelzer am Ofen weiß genau, wann der Schmelzprozess beendet ist. Er öffnet mit einer Eisenstange den Ofen und das flüssige Kupfer fließt heraus.

1. Wie war die Ausrüstung der Bergleute im Bergwerk früher?
2. Womit wurden die Maschinen des Bergwerkes angetrieben?
3. Was passiert mit dem Kupfererz, bevor es im Ofen geschmolzen wird?

▲ 3. *Waschen des Erzes*

Eine Exkursion planen

Eine Exkursion in ein Museum, ein Bergwerk oder einen Betrieb der chemischen Industrie ist interessant und bringt neue Erkenntnisse mit sich. Bevor ihr mit der Klasse eine Exkursion durchführen wollt, muss zunächst einiges organisiert werden:

- Genehmigung der Schulleitung beantragen
- Informationsschreiben für die Eltern verfassen und um Zustimmung bitten
- Hin- und Rückfahrt planen und organisieren
- Zeitbedarf und Kosten für die Exkursion ermitteln
- Exkursion anmelden, falls nötig
- Themen für kleine Referate verteilen

Für eine gelungene Exkursion ist die inhaltliche Vorbereitung sehr wichtig. Hierfür ist es sinnvoll, dass sich Schülergruppen auf ein bestimmtes Thema vorbereiten und dann die Klasse beispielsweise vor Ort durch ein Kurzreferat informieren. Dabei ist eine schriftliche Zusammenfassung des Themas auf einer DIN A4-Seite sehr hilfreich.

1. Überlegt gemeinsam, ob eine Exkursion mit der Klasse passend zu einem Unterrichtsthema möglich ist. Informiert euch gut über ein geeignetes Besuchsziel, damit sich die Anreise auch lohnt.

Außerschulische Lernorte in Niedersachsen

1. Bergwerksmuseum Knesebeck, Bad Grund
2. Iberger Tropfsteinhöhle, Bad Grund
3. Grube Wennsglückter Gang, St. Andreasberg
4. Lehrbergwerk Grube Roter Bär, St. Andreasberg
5. Grube Samson, St. Andreasberg
6. Oberharzer Bergwerksmuseum, Clausthal-Zellerfeld
7. Bergbaumuseum u. Schaubergwerk Rammelsberg, Goslar
8. Historisches Silberbergwerk, Lautenthal
9. Deutsches Salzmuseum, Lüneburg
10. Archäologisches Zentrum, Hitzacker
11. Deutsches Erdölmuseum, Wietze
12. Archäologisches Museum, Bad Fallingbostel
13. Museum Burg Brome, Brome
14. Meyer-Werft-Besucherzentrum, Papenburg
15. Autostadt Wolfsburg, Wolfsburg
16. Phaeno, Wolfsburg
17. Umweltbildungszentrum Dowesee, Braunschweig
18. Trinkwasser-Erlebnispfad, Geeste-Varloh
19. Erdöl-Erdgas-Museum, Twist
20. Papierwelt, Dörpen
21. Museum für Kali- und Salzbergbau, Ronnenberg-Empelde
22. Besucherbergwerk Klosterstollen, Barsinghausen
23. Grube Feggendorfer Stollen, Lauenau
24. Schillat-Tropfsteinhöhle, Hessisch Oldendorf
25. Landesmuseum Natur und Mensch, Oldenburg
26. Phänomenta, Bremerhaven
27. Porzellanmanufaktur, Fürstenberg
28. Bergbaumuseum, Bad Salzdetfurth
29. Besucherbergwerk u. Museum „Hüttenstollen Osterwald", Salzhemmendorf

Besuch beim Rammelsberg

Geschichte des Rammelsberges. Die Geschichte des Bergbaus am Rammelsberg reicht vermutlich 3000 Jahre zurück. Bereits während der Römerzeit wurde Silbererz abgebaut. Aufgrund der reichen Silbervorkommen errichtete im 11. Jahrhundert Kaiser Heinrich II. dort eine Kaiserpfalz. So entstand Goslar, eine bedeutende Stadt im Mittelalter.
Neben Silbererz wurden im Rammelsberg noch weitere Erze gefördert. Aus diesen Erzen wurden Kupfer, Blei, Zink und ab dem 18. Jahrhundert auch Gold gewonnen. Vor allem auf dem Silber beruhte der Reichtum der Stadt Goslar.
1988 wurde das Bergwerk geschlossen, weil der Abbau der Erze nicht mehr wirtschaftlich war. Heute ist ein Teil des stillgelegten Bergwerkes zum Bergwerksmuseum ausgebaut worden. Zusammen mit der Altstadt von Goslar gehört der Rammelsberg zum UNESCO-Weltkulturerbe.

Anreise. Der Rammelsberg liegt am Südrand der Stadt Goslar. Goslar selbst liegt am Nordrand des Harzes. Wer mit der Bahn anreist, kann direkt vom Bahnhof mit dem Bus zum Bergwerk fahren.

▲ 1. Das Besucherbergwerk am Rammelsberg

Tipps und Infos. Das Bergwerksmuseum bietet unterschiedliche Führungen an. So gibt es zum Beispiel eine Führung über die geheimnisvolle Untertagewelt. Je nachdem, welche Führung ausgewählt wird, erhältst du einen ganz bestimmten Einblick in die Geschichte des Bergwerkes und die Arbeit der Bergleute unter Tage. Für eine Führung sollte man sich mindestens 2 Wochen vorher anmelden.
Aktuelle Informationen über Öffnungszeiten, Eintritt und Führungen gibt es im Internet (unter **www.rammelsberg.de**).

Neben dem Besuch des Rammelsberges lohnt sich sicherlich auch ein Besuch der Goslarer Altstadt. Auch hierfür lassen sich viele Informationen über das Internet finden.

▲ 2. Wasserrad im Bergwerk

▲ 3. Auf der Suche nach farbigen Salzen im Roeder-Stollen

Dem Rost auf der Spur

1. Rost im Alltag

Zähle mehrere Gegenstände auf, die rosten können. Aus welchem Material bestehen sie?

2. Rost näher betrachtet

Betrachte einen stark verrosteten Gegenstand, am besten mit einer Lupe.

a) Beschreibe genau, was du sehen kannst.

b) Kratze mit einem harten Gegenstand auf dem Rost. Was beobachtest du?

3. Bedingungen für das Rosten von Eisenwolle

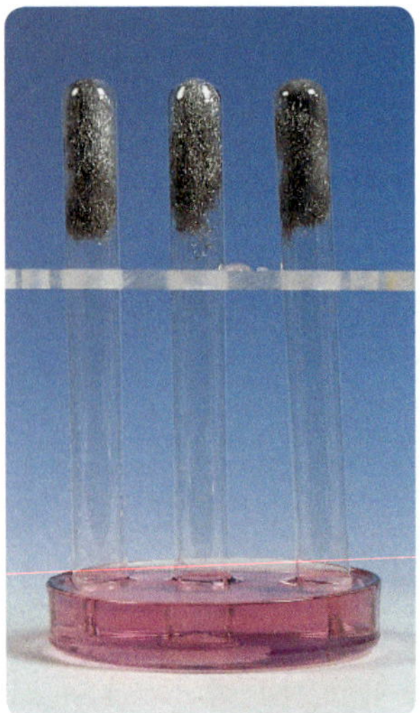

Drei gleich große Büschel Eisenwolle werden in drei Reagenzgläser gegeben (Tipp: entfettete Eisenwolle verwenden). Eine Portion Eisenwolle wird mit etwas Essig und eine mit Wasser befeuchtet. Die dritte Portion bleibt trocken. Die Reagenzgläser werden dann mit der Öffnung nach unten in einen Behälter mit (angefärbtem) Wasser gestellt.

a) Was erwartest du bei diesem Versuch? Begründe deine Vermutung.

b) Was hat sich nach etwa 30 Minuten bzw. bis zur nächsten Chemiestunde verändert? Versuche, deine Ergebnisse zu erklären.

c) Denke dir weitere Versuchsansätze aus, um vielleicht noch offene Fragen zu klären.

4. Cola-Getränk als Rostumwandler

Rostumwandler aus dem Baumarkt sollen das Rosten aufhalten. Sie enthalten meist Phosphorsäure, ebenso wie Cola-Getränke. Man kann mit ihnen die Wirkung von Rostumwandlern ausprobieren. Lege dazu einen angerosteten Gegenstand mehrere Stunden in ein Cola-Getränk.

a) Beobachte genau, was sich verändert hat.

b) Versuche mithilfe der Beobachtung zu erklären, nach welchem Prinzip Rostumwandler arbeiten.

5. Rostschäden verursachen hohe Kosten.

Rostschäden kosten die deutsche Industrie jährlich etwa 30 Mrd. Euro! So müssen Brücken, Autos und Schiffe repariert oder sogar komplett erneuert werden. Warum sind Schiffe besonders rostanfällig?

6. Rohstoff Schrott

In Deutschland fallen jährlich etwa 30 Mio. Tonnen Eisenschrott an. Schrott ist ein hochwertiger Rohstoff, der auf der ganzen Welt begehrt ist. Nenne Gründe dafür.

Der berühmte Eiffelturm in Paris ist eine der meist besuchten Touristenattraktionen der Welt – doch er hat ein Problem: Rost!
Jeden Tag nimmt ein Arbeiter den fast aussichtslosen Kampf auf, um wenigstens die gröbsten Roststellen zu behandeln. Alle sieben Jahre wird der Stahlturm komplett saniert: 25 Arbeiter verbrauchen dazu 1500 Pinsel und 50 t Farbe! Das kostet über 30 Mio. Euro!

Eisen rostet. Was geschieht eigentlich beim Rosten? Das Rosten beginnt, sobald Feuchtigkeit und Luft an blankes Eisen gelangen. Rosten ist eine **Oxidation,** die allerdings sehr langsam verläuft. Unter dem Einfluss von Sauerstoff und Wasser bildet sich in einer chemischen Reaktion **Rost,** ein wasserhaltiges Eisenoxid.
Rost bildet eine *poröse, lockere Schicht.* Sauerstoff und Wasser können deshalb weiterhin zu dem darunter liegenden Eisen gelangen. Der Rost frisst sich also immer tiefer, bis selbst dicke Eisenstücke durchgerostet sind.

Erbauer: Gustave Eiffel
Bauzeit: 1887-89
Beschäftigte: 300 Arbeiter
Material: 7000 t Stahl, 2,5 Mio. Nieten
Höhe: über 300 m

Wenn metallische Werkstoffe langsam durch Einwirkung von Stoffen aus der Umgebung zerstört werden, spricht man allgemein von **Korrosion.**

Andere Metalle. Auch andere Metalle wie Aluminium, Zink und Chrom oxidieren an der Luft. Sie bilden aber dichte Oxidschichten, die Wasser und Sauerstoff nicht hindurchlassen. Das unter dieser Schutzschicht liegende Metall wird dann nicht mehr angegriffen. Edelmetalle wie Gold oder Platin korrodieren gar nicht.

Rostschutz. Um das **Rosten zu verhindern,** müssen Sauerstoff und Wasser vom Eisen ferngehalten werden.
Dazu dienen zum Beispiel Farbanstriche oder Überzüge aus Kunststoff. Für den Unterbodenschutz bei Autos verwendet man Teerprodukte. Man kann Eisenteile auch einfetten oder mit Wachs überziehen. Sehr haltbar sind metallische Schutzüberzüge aus Zink, Nickel oder Chrom. Oft eingesetzt wird das *Feuerverzinken.* Hierbei taucht man einen Gegenstand in ein Bad mit geschmolzenem Zink.

Rohstoff Schrott. Verrostete Gegenstände soll man nicht auf den Müll werfen. Sie werden in Hochöfen und Stahlwerken wieder zu neuem Eisen verarbeitet.

Rosten ist ein chemischer Vorgang, bei dem sich Eisen unter dem Einfluss von Sauerstoff und Wasser umwandelt. Es bildet sich eine poröse Rostschicht.

1. Fragen zum Text

a) Welche Stoffe bewirken das Rosten von Eisen?

b) Wie kann man Eisen vor Rost schützen?

c) Warum sind Aluminiumfenster pflegeleicht?

2. Rostschutz am Fahrrad

Fahrräder bestehen überwiegend aus Stahl oder Aluminium. Alu-Rahmen rosten nicht, Stahlrahmen schon. Deswegen muss man sie vor Rostbildung schützen.

a) Wie wird ein Stahlrahmen bereits in der Fabrik vor Rost geschützt?

b) Was schützt vor Rost an der Fahrradkette?

c) Manche Fahrradteile werden mit einer dünnen Chromschicht überzogen. Was bringt das für Vorteile?

Langsame Verbrennungen – auch in unserem Körper

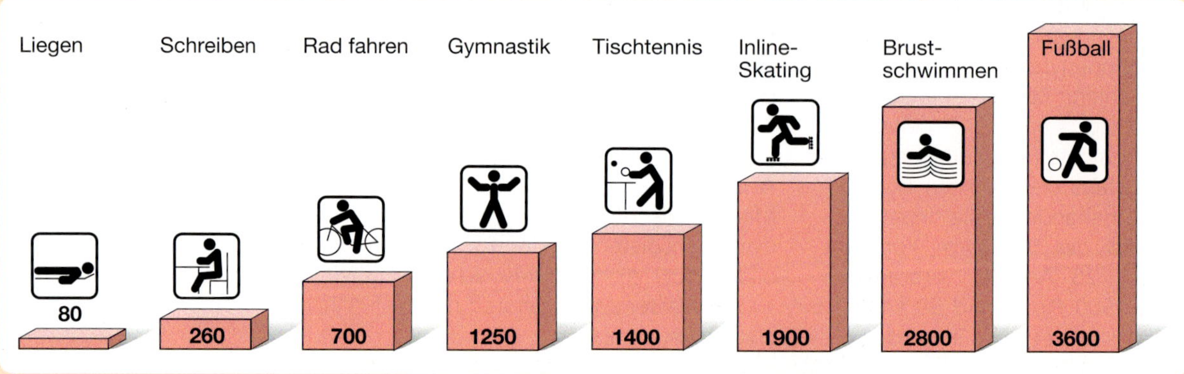

▲ *1. Energiebedarf für verschiedene Tätigkeiten (Angaben in Kilojoule pro Stunde)*

Wir brauchen Energie. Für jeden Herzschlag und für jede Bewegung unseres Körpers benötigen wir Energie. Energie in Form von Wärme brauchen wir, um unsere Körpertemperatur aufrecht zu erhalten. Bei körperlich anstrengenden Arbeiten benötigen wir mehr Energie als bei ruhigeren Tätigkeiten. Aber selbst beim Schlafen kommt man ohne sie nicht aus.

Energie aus der Nahrung. Die Quelle für die Energie sind die Nährstoffe, die in unseren Nahrungsmitteln enthalten sind. Bei der Verdauung im Körper wird die Nahrung in kleine Nahrungsbausteine zerlegt. Essen wir etwa Brot, wird die enthaltene Stärke im Körper in Traubenzucker zerlegt.
Der Traubenzucker wird dann im Körper „verbrannt", also **oxidiert.** Dabei entstehen Kohlenstoffdioxid und Wasser. Die Reaktion erfolgt aber nicht schlagartig bei hohen Temperaturen, sondern in vielen kleinen Schritten.
Damit wird die Energie, die in Kohlehydraten, Fetten und Eiweißstoffen steckt, für den Körper nutzbar gemacht.

Oxidation im Körper. Für die Oxidation der Nährstoffe benötigt man Sauerstoff. Er wird eingeatmet und in der Lunge auf die Blutkörperchen übertragen. Das Blut verteilt den Sauerstoff im ganzen Körper bis hin zu den Körperzellen.
Bei der Oxidation der Nährstoffe im Körper entsteht Kohlenstoffdioxid und Wasser. Kohlenstoffdioxid gelangt, im Blut gelöst, zur Lunge und wird dort abgegeben. Es lässt sich in der ausgeatmeten Luft mit Kalkwasser nachweisen.
Die Zellen nehmen somit Sauerstoff auf und geben Kohlenstoffdioxid ab, sie „atmen" also. Man bezeichnet die Energiegewinnung in den Zellen deshalb auch als **Zellatmung.**

1. Zähle Tätigkeiten auf, die einen hohen und einen niedrigen Energiebedarf haben.

2. Wenn man Kohlenstoffdioxid in ein Gefäß mit Kalkwasser bläst, bildet sich ein weißer Niederschlag aus Kalk (Calciumcarbonat).

a) Überprüfe deine ausgeatmete Luft auf Kohlenstoffdioxid.

b) Überlege dir einen Versuch, mit dem du nachweisen kannst, dass das Gas aus Mineralwasserflaschen Kohlenstoffdioxid enthält. Führe ihn selbst durch.

3. Welche Stoffe entstehen bei der Verbrennung von Traubenzucker?

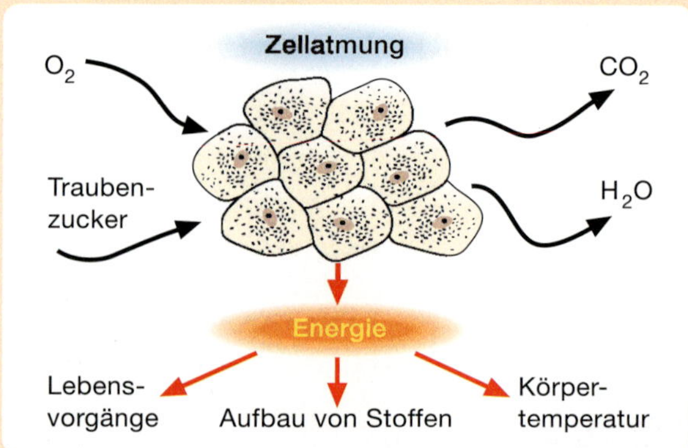

▲ *3. Durch Oxidation von Nährstoffen gewinnt unser Körper Energie*

Wie gewinnt man Metalle?

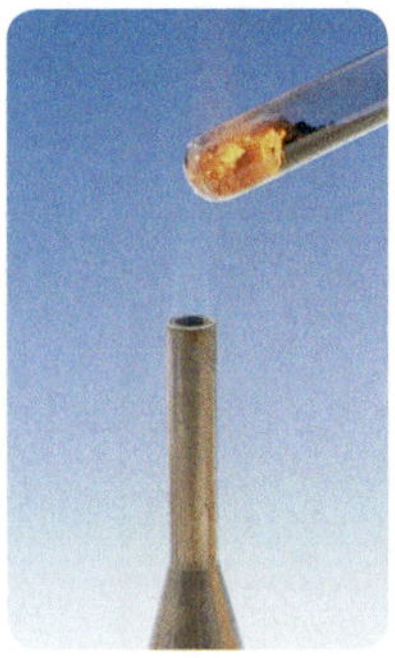

→ **Reduktion:** Das ist eine chemische Reaktion, bei der einem Oxid Sauerstoff entzogen wird. Es ist die Umkehrung einer Oxidation. Bei einer **Redoxreaktion** laufen Oxidation und Reduktion gleichzeitig ab:

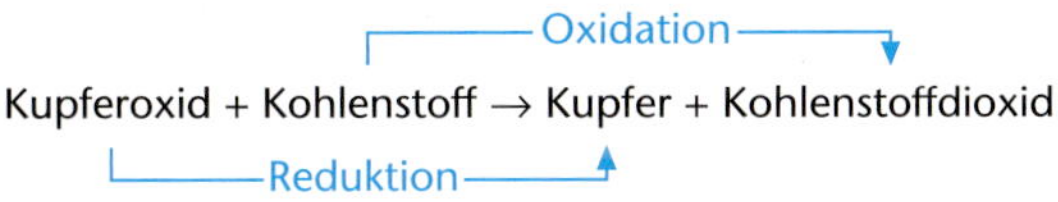

Das **Reduktionsmittel** nimmt Sauerstoff auf und wird dabei oxidiert.
Das **Oxidationsmittel** gibt Sauerstoff ab und wird dabei reduziert.

→ **Redoxreihe:** Die reduzierende Wirkung nimmt von links nach rechts ab:

Magnesium – Aluminium – Zink – Kohlenstoff – Eisen – Blei – Kupfer – Silber – Gold – Platin

→ **Metallgewinnung:** Edelmetalle kann man gediegen finden, die meisten Metalle muss man aus ihren Verbindungen gewinnen; oft sind es Metalloxide. Die Oxide werden zu Metallen reduziert.

Erze ⟶ **Metalle**

Metallverbindungen + Gestein ⟶ Metallverbindungen ⟶ Metalloxide ⟶ Metalle

→ **Metalle:** Edelmetalle sind gegenüber vielen Chemikalien beständig, selten und auch sehr teuer. Vor allem Eisen, aber auch Kupfer, Zink, Blei und viele andere Metalle verwendet man in vielfältiger Form als Gebrauchsmetalle. Rost entsteht, wenn Eisen an feuchter Luft langsam oxidiert.

→ **Eisen:** Eisenerze sind Gesteine mit einem hohen Anteil an Eisenverbindungen. Eisenerz wird im Hochofen mithilfe von Koks zu Roheisen reduziert. Das Reduktionsmittel ist Kohlenstoffmonooxid aus der Verbrennung von Koks:

Eisenoxid + Kohlenstoffmonooxid
⟶ Eisen + Kohlenstoffdioxid

→ **Stahl:** Durch Aufblasen von Sauerstoff werden aus Roheisen Kohlenstoff und andere Begleitstoffe zum großen Teil oxidiert und damit entfernt. So wird aus Eisen Stahl.

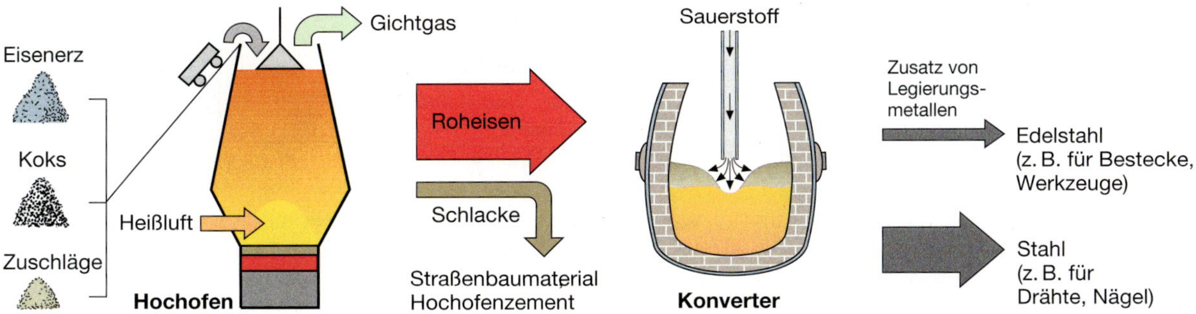

Wie gewinnt man Metalle?

1. Ötzi

a) Wie alt war die Gletschermumie Ötzi, die man im Eis der Alpen entdeckt hat?
b) Was hat die Archäologen besonders überrascht?

2. Kupfer aus Malachit

Wird Malachit erhitzt, zersetzt es sich und ein schwarzer Stoff entsteht.
a) Worum handelt es sich hierbei?
b) Beschreibe, wie man daraus Kupfer gewinnen kann.
c) Erkläre, was bei der Reaktion geschieht.

3. Die Kupferschachtel

Schneide aus Kupferfolie ein Quadrat von 10 cm Kantenlänge. Schneide es an den Ecken etwas ein und falte daraus eine flache Schachtel. Halte sie mit der Tiegelzange einige Zeit in die rauschende Brennerflamme und lass sie dann an der Luft ankühlen. Bedecke danach den Boden mit gekörnter Aktivkohle und erhitze erneut. Lass die Schachtel an der Luft abkühlen, ohne sie zu schütteln. Schütte dann die Aktivkohle aus.
Erläutere, was du im Verlauf des Versuchs an der Oberfläche der Kupferfolie beobachten konntest.

4. Redoxreaktion

Bleioxid wird zusammen mit Holzkohle erhitzt, es entsteht Blei und ein unsichtbares Gas.
a) Stelle die Wortgleichung auf.
b) Erläutere an diesem Beispiel die Begriffe Oxidation, Reduktion und Redoxreaktion.
c) Was ist in diesem Fall das Reduktionsmittel, was das Oxidationsmittel?
d) Ist es möglich, aus Bleioxid mit Kupfer Blei zu gewinnen? Begründe deine Antwort.
e) Womit lässt sich aus Zinkoxid Zink gewinnen?

5. Kochtopf mit Pfiff

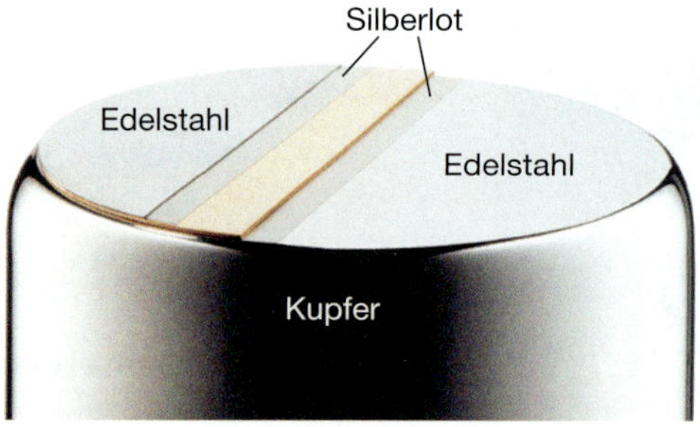

a) Kochtöpfe bestehen meist aus Edelstahl. Wie unterscheidet er sich von normalem Stahl?
b) Hochwertige Töpfe besitzen im Boden eine Kupferschicht. Was hat das für einen Vorteil?

6. Kupfer – ein begehrtes Metall

a) Welche Eigenschaften machen Kupfer zu einem so vielseitigen Werkstoff?
b) Erkläre, warum Kupfer manchmal als Deckmaterial für Dächer verwendet wird.
c) Woran könnte es liegen, dass der Kupferpreis in den letzten Jahren so gestiegen ist?

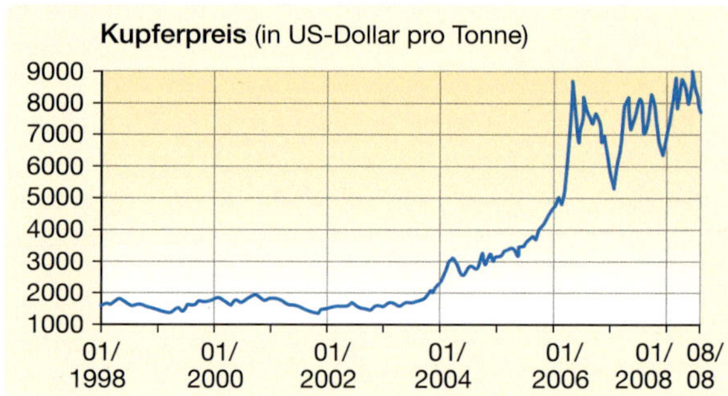

7. Eigenschaften von Metallen

a) Nenne Beispiele für edle und unedle Metalle.
b) Welche Metalle lassen sich in der Natur in reiner Form finden? Nenne zwei Beispiele.
c) Welche Metalle kommen in der Natur nur in Form von Verbindungen vor? Nenne drei Beispiele.

d) Welche Metalle sind Leichtmetalle, welche Schwermetalle: Nickel, Eisen, Wolfram, Aluminium, Titan, Kupfer, Magnesium, Silber, Calcium?
e) Welche Masse hat ein Würfel mit 10 cm Kantenlänge aus Gold und welche einer aus Aluminium?

8. Metalle gemischt

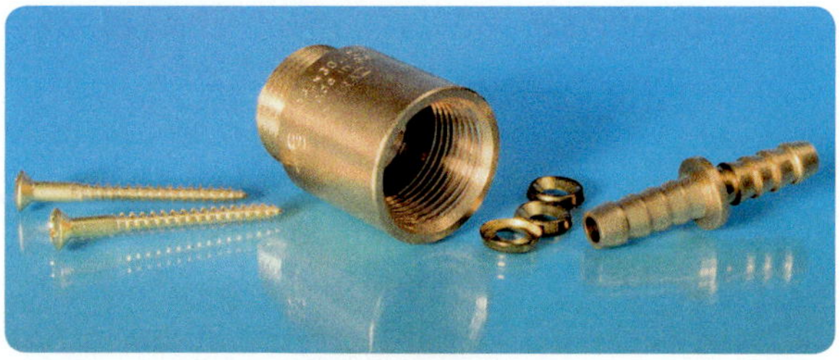

a) Reine Metalle sind für viele Verwendungszwecke wenig geeignet. Wie nennt man Stoffe, die aus zwei oder mehr Metallen zusammengeschmolzen werden?
b) Woraus werden Bronze, Messing (Abb. oben) und Neusilber hergestellt?

9. Goldlegierungen

Die eingestempelte Zahl 585 in einem goldenen Schmuckstück sagt aus, dass von 1000 Gewichtsteilen 585 Teile aus reinem Gold bestehen. Üblich sind auch Legierungen mit 333er Gold und 750er Gold. Solche Goldlegierungen haben ganz verschiedene Farben, je nachdem, welche Metalle noch enthalten sind.
Finde heraus, welche Metalle in Schmuck aus Weißgold, Gelbgold und Rotgold enthalten sind.

10. Platin

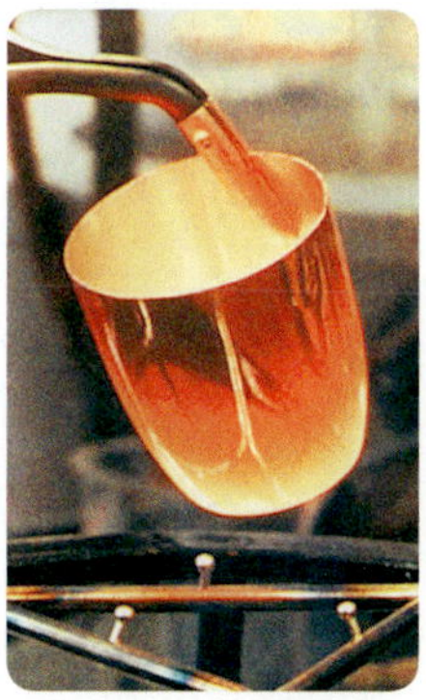

a) Platintiegel werden im Chemielabor benutzt, wenn aggressive Stoffe bei hohen Temperaturen reagieren sollen. Nenne zwei Gründe, warum Platin dafür besonders gut geeignet ist.
b) In einem Autokatalysator sind nur 2 g feinst verteilte Edelmetalle wie Platin enthalten. Warum lohnt sich dennoch das Recycling?

11. Der Hochofen

a) Wozu dient ein Hochofen?
b) Welche chemischen Vorgänge laufen darin ab?
c) Weshalb bleibt ein Hochofen jahrelang ununterbrochen im Betrieb?

12. Vom Eisen zum Stahl

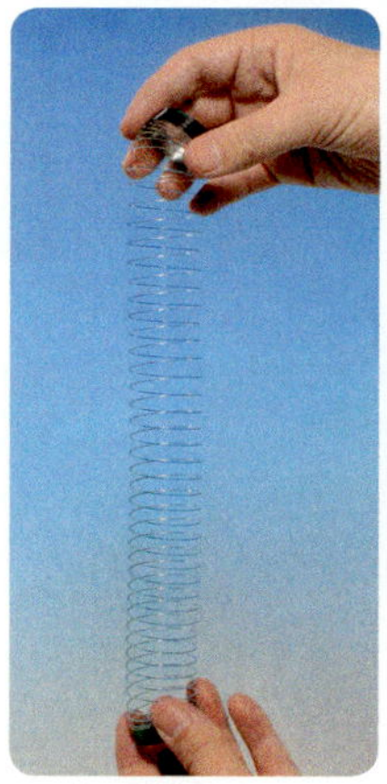

a) Roheisen ist für viele Verwendungszwecke wenig geeignet. Es muss zu Stahl veredelt werden. Welche Nachteile hat Roheisen?
b) Durch welches Verfahren wird Roheisen in Stahl umgewandelt?
c) Welche Bestandteile des Roheisens werden dabei entfernt?
d) Warum erhitzt sich die Schmelze, obwohl keine Wärme zugeführt wird?

13. Allerlei Besteck

Campingbesteck gibt es aus Kunststoff oder Aluminium. Zu Hause verwendet man heute vor allem Besteck aus Edelstahl; es gibt aber auch versilbertes Besteck. Welche Vor- und Nachteile haben die genannten Materialien?

14. Harter Stahl

a) Was geschieht im Elektroofen eines Stahlwerkes?
b) Wie stellt man sehr harten Stahl für Bohrer und Sägeblätter her?

15. Eisenwolle-Experiment

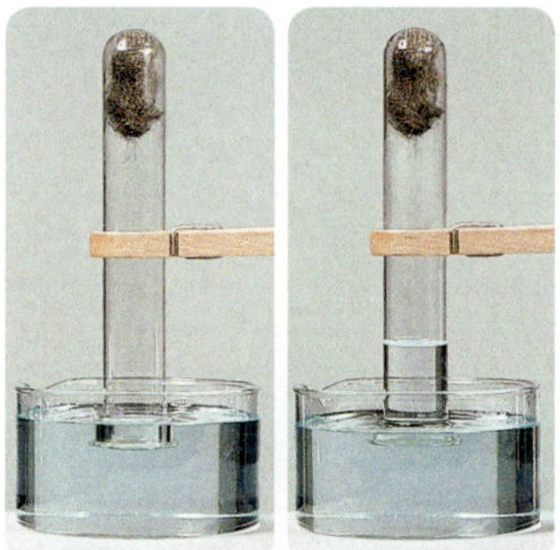

In den Reagenzgläsern befindet sich Eisenwolle. Im Behälter unten ist angefärbtes Wasser.
a) Erkläre die Veränderungen.
b) Inwiefern kann man mit diesem Versuch zeigen, dass die Luft etwa 20 % Sauerstoff enthält?

16. Rostschutz-Wettbewerb

Wer schafft es in der Klasse, das Rosten eines Eisennagels am längsten zu verhindern? Der Nagel soll in einem offenen Marmeladenglas im Wasser liegen. Denkt euch möglichst verschiedene Ansätze aus.

KAPITEL

4 Elementfamilien und Atombau

Das Atomium ist das Wahrzeichen Brüssels. Es ist das begehbare Modell eines Eisenkristalls in 165milliardenfacher Vergrößerung. Die im Durchmesser 18 m großen Kugeln stellen also Eisen-Atome dar. Der Panoramablick aus der obersten Kugel in 102 m Höhe über dem Boden soll sehr beeindruckend sein.

Die Vielfalt der Stoffe, aus denen die Erde besteht, ist überwältigend. Die Chemiker haben etwas Ordnung in das Chaos gebracht. In diesem Kapitel erfährst du,
– dass sich die Vielfalt der Stoffe auf der Erde auf weniger als 100 Elemente zurückführen lässt,
– wie sich diese Elemente ordnen lassen und
– welche Rolle der Feinbau der Materie dabei spielt.
Das Kapitel endet mit einem Blick in die faszinierende Nano-Welt der Atome.

▲ 1. Was ein wenig an eine verschimmelte Wurst erinnert, ist in Wirklichkeit … ein Metall – wenn auch kein alltägliches! Es heißt Natrium. Welche Eigenschaften dieses Stoffes kannst du schon aus dem Bild entnehmen?

▲ 2. Sehen diese beiden Stoffe dem Metall rechts oben nicht sehr ähnlich? Tatsächlich gibt es chemische Elemente, von denen man sagt, dass sie miteinander „verwandt" sind – und alle zusammen bilden dann eine „Familie"…

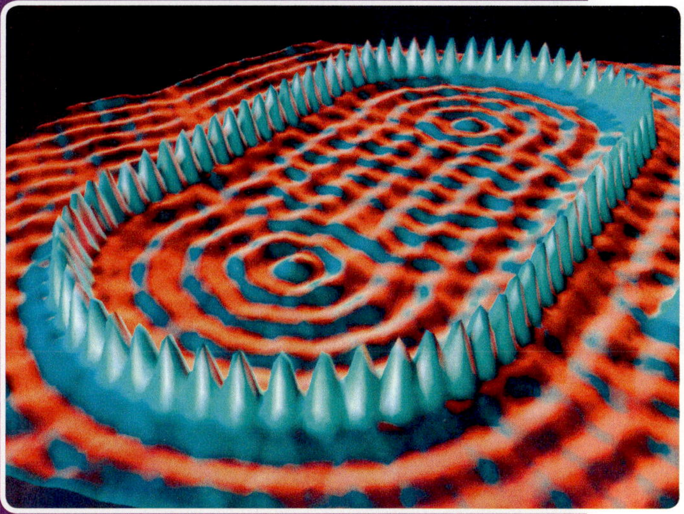

◄ 3. und ▲ 4. Kaum zu glauben: Mithilfe eines speziellen Mikroskops ist es möglich, Atome oder kleine Moleküle zu bewegen! Das „Stadion aus Atomen" besteht aus Wolfram-Atomen, die ein Wissenschaftler im Labor zu diesem Oval einzeln zusammengesetzt hat.

Natrium, Kalium & Co: Die Alkalimetalle

1. Metalle unter Öl?

Die Elemente Lithium, Natrium und Kalium werden merkwürdigerweise unter Öl oder Petroleum aufbewahrt.

a) Vermute, wozu das notwendig sein könnte.
b) Wenn man ein Stück Natrium oder Lithium aus dem Aufbewahrungsgefäß holt und mit dem Messer ein Stück abschneidet, verändert sich die Schnittfläche nach kurzer Zeit. Was kannst du aus dieser Beobachtung schließen?
c) Welche typische Eigenschaft von Metallen wird hier überprüft?

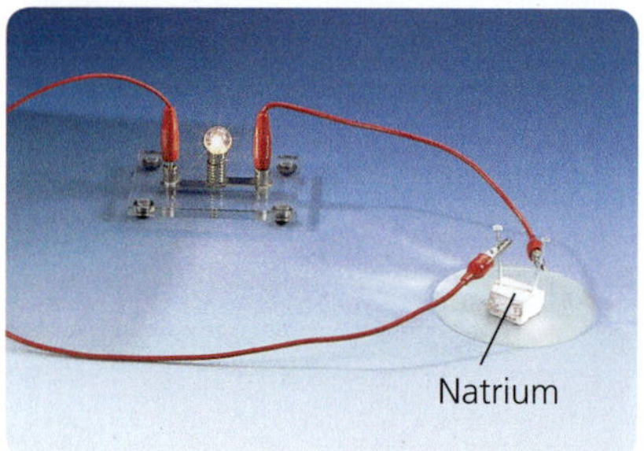

2. Lithium und Wasser

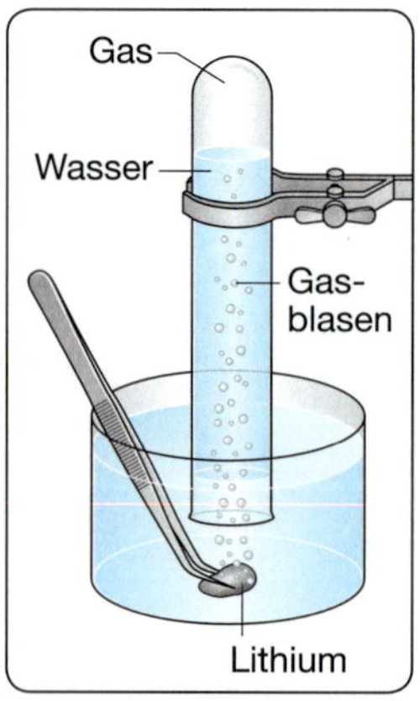

Fülle eine Glaswanne und ein Reagenzglas mit Wasser. Befestige das mit Wasser gefüllte Reagenzglas mit der Öffnung nach unten über der Glaswanne. Das Reagenzglas muss vollständig mit Wasser gefüllt sein! Halte dann mit einer Pinzette ein kleines Stück Lithium unter die Öffnung des Reagenzglases.

a) Schreibe auf, was du beobachten kannst.
b) Welches Gas ist entstanden? Stelle zunächst Vermutungen an, welche Gase überhaupt entstehen könnten. Plane dann einen Versuch, mit dem du deine Vermutung bestätigen oder widerlegen kannst.

3. Flammenfärbung der Alkalimetalle

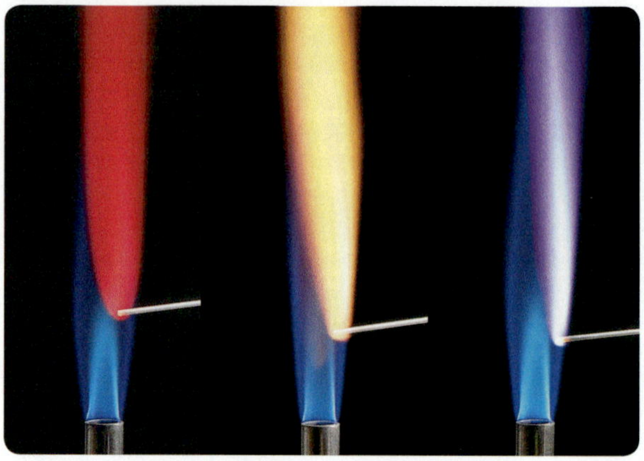

a) Gib einige Kristalle Natriumchlorid auf ein sauberes Uhrglas. Glühe ein Magnesiastäbchen in der Flamme aus und befeuchte es mit destilliertem Wasser. Nimm damit einige Körnchen Natriumchlorid auf. Halte das Stäbchen bei gedämpftem Licht in die rauschende Flamme des Gasbrenners. Beobachte die Farbe der Flamme.
b) Wiederhole den Versuch mit Lithium- und danach mit Kaliumchlorid.
Die Flammenfärbung von Kalium kann man besonders gut sehen, wenn man sie durch ein dunkelblaues Kobalt-Glas betrachtet.
c) Ordne die Fotos oben den drei verwendeten Stoffen zu.

4. Flammenfärbung: Test mit Mineralwasser

Prüfe Mineralwasser auf Natrium. Bringe dazu ein Uhrglas mit der Probe nah an die Luftansaugschlitze des Brenners. Tauche dann ein glühendes Magnesiastäbchen in das Wasser. Die Dämpfe werden in das Brennerrohr gezogen. Beobachte die Flamme.

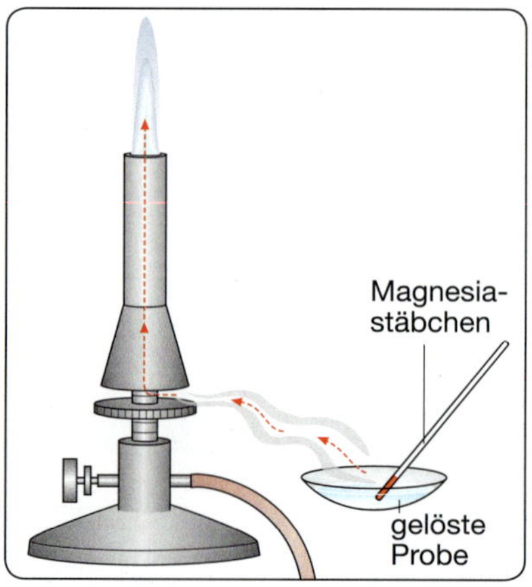

a) Vergleiche ein „streng natriumarmes" mit einem gewöhnlichen Mineralwasser.
b) Beschreibe deine Beobachtungen und erkläre den Unterschied.

▲ *1. Alkalimetalle*

Natrium hat überraschende Eigenschaften. Natrium ist ein sehr ungewöhnliches Metall: Es ist weich wie Wachs und lässt sich mit einem Messer schneiden. Die frische Schnittfläche ist silberglänzend. An der Luft wird sie aber rasch grau. Natrium reagiert nämlich mit dem Sauerstoff und der Feuchtigkeit der Luft. Um das zu verhindern, bewahrt man es unter Petroleum auf.

Weil Natrium so reaktionsfreudig ist, kommt es in der Natur nicht als Element vor, sondern nur in Verbindungen, etwa im Kochsalz. Natrium gehört zu den häufigsten Elementen, die es gibt.

Natrium und seine Verbindungen färben Gasflammen leuchtend gelb. An der Flammenfärbung kann man deshalb sofort erkennen, ob ein Gemisch Natriumverbindungen enthält.

▲ *2. Natrium reagiert mit Wasser*

Natrium reagiert mit Wasser. Gibt man ein erbsengroßes Stück Natrium auf Wasser, beginnt sofort eine lebhafte Reaktion. Das Natrium schmilzt zu einer Kugel, fährt im Zickzackkurs auf dem Wasser hin und her und verschwindet dann. Im Wasser hat sich Natronlauge gebildet, eine ätzende Flüssigkeit, die sich seifig anfühlt. Daneben ist noch Wasserstoff entstanden.
Legt man das Natrium auf feuchtes Filterpapier, ist die Reaktion so heftig, dass sich der entstehende Wasserstoff sogar entzündet.

Alkalimetalle – eine Elementfamilie. Die Metalle Lithium, Kalium, Rubidium und Caesium zeigen ähnliche Eigenschaften wie Natrium. Man fasst sie deshalb zu einer Gruppe zusammen, zur **Elementfamilie** der **Alkalimetalle.**
Alle Alkalimetalle leiten den elektrischen Strom, sind sehr reaktionsfreudig und müssen vor Luft geschützt aufbewahrt werden. Alle reagieren mit Wasser.

Bei aller Ähnlichkeit in den Eigenschaften gibt es doch deutliche Abstufungen. Die Reaktionsfreudigkeit nimmt vom Lithium zum Caesium zu. Rubidium und Caesium sind so reaktionsfähig, dass sie zur Aufbewahrung sogar in luftleere Glasampullen eingeschmolzen werden. Die Flammenfärbung ist typisch für jedes Alkalimetall: So färbt Lithium die Flamme rot, Natrium gelb und Kalium blassviolett.

Die Alkalimetalle sind sehr reaktionsfreudig. Weil sie ähnliche Eigenschaften haben, bezeichnet man sie als Elementfamilie.

1. Fragen zum Text
a) Nenne drei Eigenschaften der Alkalimetalle.
b) Was ist typisch für eine Elementfamilie?

Element	Schmelztemperatur in °C	Dichte in g/cm³	Flammenfärbung	Härte	Reaktion mit Wasser
Lithium	180	0,53	rot	nimmt ab ↓	↓ Heftigkeit nimmt zu
Natrium	98	0,97	gelb		
Kalium	64	0,86	blassviolett		
Rubidium	39	1,53	rotviolett		
Caesium	29	1,87	blassviolett		

▲ *3. Eigenschaften der Alkalimetalle*

Elemente unter der Lupe: Calcium & Co

1. Was für ein Stoff ist das?

Eine Stoffprobe wie auf dem Foto soll untersucht werden. Der Stoff ist ungiftig, man kann ihn anfassen.

a) Plane einfache Untersuchungen zu dem unbekannten Stoff.
b) Wie kann man prüfen, ob es sich um ein Metall handelt?
c) Vergleiche den Stoff mit Aluminium, besorge dazu Aluminiumfolie oder ein Aluminiumblech.
Hinweis: Ihr dürft nur die Versuche selbst durchführen, die die Lehrkraft genehmigt hat.

2. Reaktionsgleichung einer Verbrennung

Magnesium verbrennt mit sehr heller und heißer Flamme zu einem Oxid.
a) Schreibe die Wortgleichung dazu auf.
b) Wie heißt die Reaktionsgleichung?

3. Calcium untersuchen

a) Überprüfe, ob Calcium ein Metall ist.
b) Du hast sicher schon gesehen, dass Magnesium mit einer hellen Flamme brennt. Prüfe, ob Calcium ebenfalls brennt. Gib dazu eine kleine Menge Calciumspäne auf eine Ceranplatte und versuche, die Späne mit dem Gasbrenner zu entzünden. Notiere, was du beobachtest.

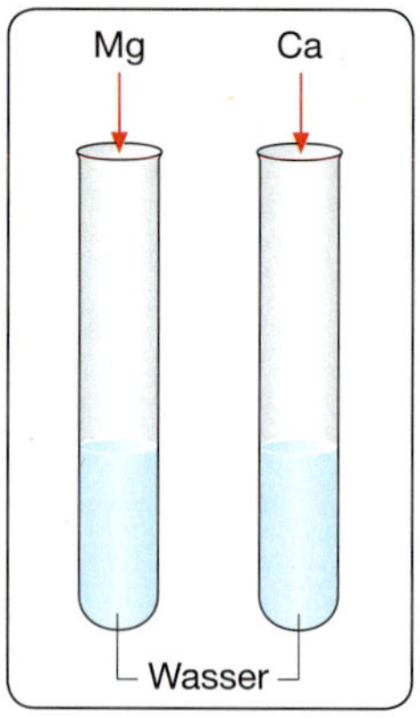

4. Reaktion mit Wasser

a) Gib einige Stückchen Magnesium und Calcium jeweils in ein Reagenzglas mit Wasser. Beobachte und notiere.
b) Welche Stoffe könnten entstanden sein?
c) Überlege: Wie werden die Reaktionen ablaufen, wenn man das Wasser erhitzt? Probiere es selbst einmal aus.

5. Flammenfärbung

a) Von der Lehrkraft erhältst du eine Probe einer Erdalkaliverbindung. Prüfe mithilfe der Flammenfärbung, ob es sich um Calciumchlorid, Strontiumchlorid oder Bariumnitrat (Xn, B2) handelt.

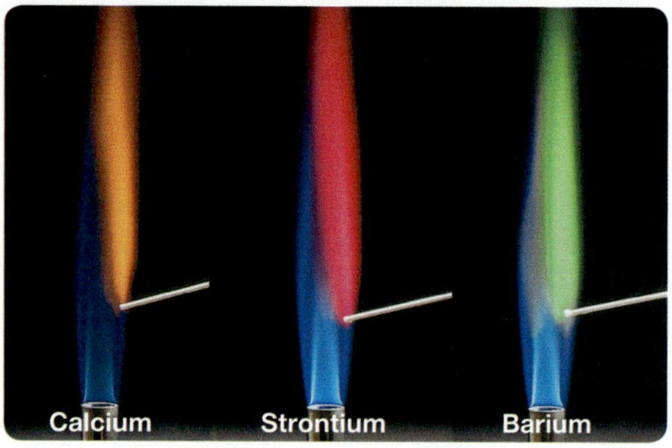

b) Was kannst du über die Flammenfärbung von Magnesiumverbindungen aussagen?

6. Recherche zu Calcium und Barium

a) Finde heraus, woher die Namen Calcium und Barium stammen. Schlage dazu in einem Lexikon nach oder suche im Internet.
b) Im Drogeriemärkten oder Apotheken gibt es Calciumtabletten. Was spricht dagegen, dass darin metallisches Calcium enthalten ist?
c) Erkunde, was tatsächlich in Calciumpräparaten enthalten ist und wofür sie empfohlen werden.

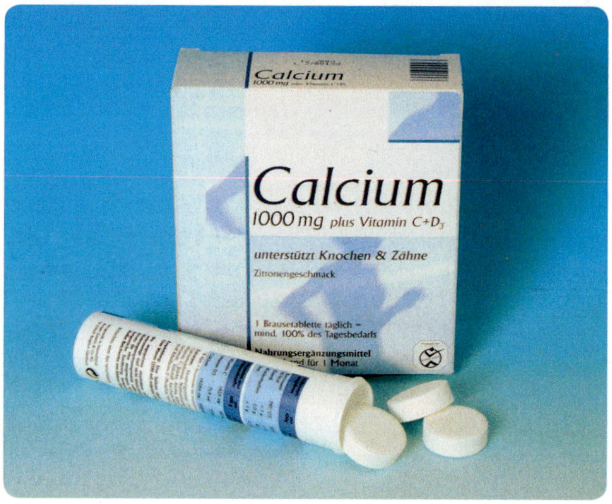

▲ *1. Erdalkalimetalle*

Die Elementfamilie der Erdalkalimetalle. Die Elemente Beryllium, Magnesium, Calcium, Strontium und Barium gehören zur Elementfamilie der **Erdalkalimetalle.** Die farbigen Leuchteffekte bei einem Feuerwerk verdanken wir zu einem guten Teil den Verbindungen dieser Elemente. Magnesium ergibt gleißend weißes Licht, Calcium und Strontium erzeugen rotes, Barium grünes Licht.
Der Name Erdalkalimetall weist darauf hin, dass viele Verbindungen dieser Elemente am Aufbau der Erdrinde beteiligt sind. Die Erdalkalimetalle haben ähnliche Eigenschaften wie die Alkalimetalle, allerdings sind sie weniger reaktionsfreudig.

◀ *2. Leuchtende Farben durch Erdalkalimetalle*

Calcium. Calcium ist das dritthäufigste Element auf der Erde. Es ist im Kalk am Aufbau vieler Gebirge beteiligt. Marmor und Gips sind ebenfalls Calciumverbindungen. Auch für den Aufbau unserer Knochen ist Calcium lebensnotwendig.
Calcium ist ein silberglänzendes Leichtmetall, das an der Luft allmählich mit Sauerstoff und der Luftfeuchtigkeit reagiert. Beim Erhitzen verbrennt es mit roter Flamme zu Calciumoxid.

Magnesium. Beim Bau von Flugzeugen und Autoteilen wird Magnesium oft als Bestandteil von Legierungen verwendet. Das spart Gewicht, denn auch Magnesium zählt zu den Leichtmetallen. Aber auch manche Alltagsgegenstände wie Bleistiftspitzer werden aus diesem Metall hergestellt.
Der Körper eines Erwachsenen enthält übrigens etwa 20 g Magnesiumverbindungen und rund 1000 g Calciumverbindungen. Magnesiummangel kann beim Menschen zu Muskelkrämpfen führen.
Auf reinem Magnesium bildet sich an der Luft eine dünne Schicht Magnesiumoxid. Sie ist undurchlässig und schützt das Metall vor weiterer Oxidation.

◀ *3. Kalkgestein*

Strontium und **Barium** sind so reaktionsfähig, dass sie unter Paraffinöl aufbewahrt werden.

Die Erdalkalimetalle bilden eine Elementfamilie. Sie haben ähnliche Eigenschaften wie die Alkalimetalle, sind allerdings nicht so reaktionsfreudig.

1. Fragen zum Text
a) Welches Erdalkalimetall ist in Kalk und Gips enthalten?
b) Wozu wird Magnesium verwendet?
c) Welches Erdalkalimetall ist am reaktionsfreudigsten?

Element	Schmelztemperatur in °C	Dichte in g/cm^3	Flammenfärbung	Reaktion mit Wasser
Beryllium	1280	1,84	keine	keine
Magnesium	650	1,74	keine	↓
Calcium	888	1,65	ziegelrot	
Strontium	770	2,6	karminrot	wird
Barium	714	3,5	blassgrün	heftiger

▲ *4. Eigenschaften der Erdalkalimetalle*

Chlor & Co: Die Halogene

1. Chlor im Schwimmbad

Manche Schwimmbadbesucher klagen nach dem Baden über gerötete oder brennende Augen. Meistens liegt es daran, dass dem Schwimmbadwasser Chlor oder Chlorverbindungen zugesetzt werden. Auch der typische „Hallenbadgeruch" wird davon verursacht.

a) Warum wird Schwimmbadwasser gechlort?
b) Was könnte geschehen, wenn man das Wasser nicht auf diese Weise behandeln würde?

2. Nachweis von Chlor

a) Mit Kaliumiodidstärkepapier kann man prüfen, ob eine Lösung Chlor enthält oder freisetzt. Bei Anwesenheit von Chlor verfärbt sich das Papier blau. Prüfe mit diesem Papier Leitungswasser sowie verschiedene Reinigungsmittel wie Sanitärreiniger, Bleichmittel und Putzmittel gegen Schimmel.

b) Prüfe die Angaben auf der Verpackung der Reinigungsmittel. Sind Hinweise auf Chlor oder Chlorverbindungen zu finden?
c) Schlage in der Stoffliste im Anhang des Buches nach, mit welchen Gefahrstoffsymbolen das Element Chlor gekennzeichnet wird.
Was bedeuten diese Symbole?

3. Farbige Blüten in Chlor

Das Foto zeigt, was geschieht, wenn man farbige Blüten in ein Gefäß mit Chlor gibt. Man kann auch Textilreste oder bunte Papierschnipsel verwenden.

a) Welche Eigenschaft des Chlors wird damit gezeigt?
b) In welchen Fällen kann diese Eigenschaft sinnvoll genutzt werden?

4. Recherche im Internet: Chlorbleiche

Ein ganz weißes Produkt erhält man bei der Herstellung von Papier nur, wenn man den leicht gelblichen Brei aus Holzfasern bleicht. Früher wurde dazu Chlor verwendet.
Finde heraus, weshalb man heute chlorfrei gebleichtes Papier bevorzugt.

5. Chlor als Kriegswaffe

Der massive Einsatz chemischer Kampfstoffe begann am 22. April 1915 im Ersten Weltkrieg. Damals wurde bei Ypern in Belgien Chlorgas eingesetzt. Es gab ca. 5000 Tote und 10000 Verletzte. Diese und andere verheerende Folgen des Einsatzes von Giftgasen im Ersten Weltkrieg führten im Jahr 1925 zur Entstehung des Genfer Protokolls. Es ächtete den Gebrauch von chemischen und biologischen Kampfstoffen international.
Informiere dich über das Genfer Protokoll.

6. Stärkenachweis mit Iod

Mit einer wässrigen Lösung von Iod und Kaliumiodid kann man den Nährstoff Stärke in Nahrungsmitteln nachweisen. Die Lösung wird dann blauviolett.

Gib einige Tropfen des Nachweismittels auf verschiedene Nahrungsmittelproben. Erstelle eine Liste, welche Proben Stärke enthalten.

7. Iod wird erwärmt

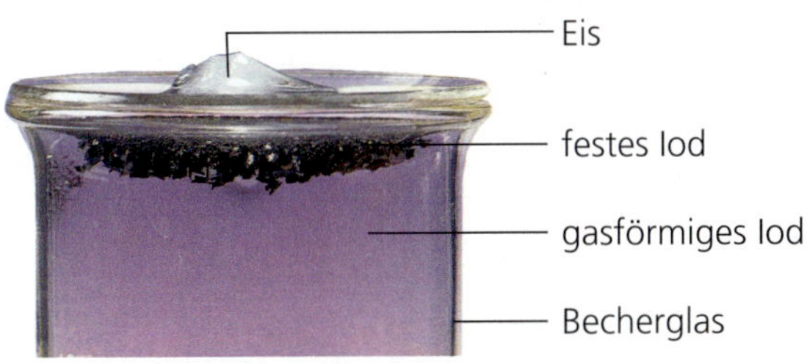

Betrachte das Foto. Erläutere mit Fachbegriffen, was bei diesem Experiment vor sich geht.

8. Experiment: Iod und Eisenwolle

Gib in einen Erlenmeyerkolben ein Körnchen Iod (Xn, N) und erwärme den Kolben leicht, bis sich violette Dämpfe bilden. Nimm etwas Eisenwolle, erhitze sie kurz mit einem Brenner und gib sie noch heiß in den Kolben.

a) Wieso verschwindet die violette Färbung?

b) Welche chemische Reaktion könnte stattgefunden haben?

9. Nachweis der Halogene

Mit der BEILSTEINPROBE weist man halogenhaltige Verbindungen nach. Man erhitzt die Probe auf einem Kupferdraht in der Brennerflamme. Die grüne Flammenfärbung zeigt Halogene an.
Lass dir Salzproben geben und prüfe unter dem Abzug, ob halogenhaltige Salze vorliegen.

Chlor, ein sehr giftiges Element. Chlor ist ein gelbgrünes, stechend riechendes Gas. Es ist 2,5 mal schwerer als Luft und in Wasser nur wenig löslich.

Chlor ist sehr giftig. Selbst in großer Verdünnung wirkt es stark hustenreizend. Ein Anteil von etwa 1 % Chlor in der Atemluft ist für Menschen bereits tödlich. Chlor verätzt die Atemwege und zerstört die Lungenbläschen. Deshalb sind beim Umgang mit Chlor besondere Schutzmaßnahmen erforderlich. Die große Giftigkeit von Chlor wird aber auch genutzt, etwa zur Desinfektion von Schwimmbadwasser. Schon 0,3 mg Chlor in einem Liter Wasser töten Krankheitserreger zuverlässig ab. Der typische „Hallenbadgeruch" wird von Chlor verursacht.

▲ *4. Chlorflaschen in einem Schwimmbad*

Chlor ist ein sehr reaktionsfähiges Element. Schon bei Zimmertemperatur reagiert es mit den meisten Stoffen. Viele Farbstoffe in Blüten oder Textilien werden von Chlor zerstört.

Chlor in der chemischen Industrie. Chlor ist ein wichtiger Rohstoff. Weltweit werden mehr als 50 Millionen Tonnen Chlor pro Jahr hergestellt. Etwa die Hälfte wird für die verschiedensten chemischen Synthesen verwendet. Die andere Hälfte verarbeitet man zu chlorhaltigen Stoffen, etwa zum Kunststoff PVC, zu Lösemitteln, Medikamenten und Pflanzenschutzmitteln.

Die Elementfamilie der Halogene. Die Elemente Fluor, Brom und Iod sind mit Chlor chemisch verwandt. Sie bilden zusammen die **Elementfamilie der Halogene.** Da es sehr reaktionsfähige Elemente sind, findet man sie in der Natur nur in Verbindungen.
Wie schon bei den Alkali- und Erdalkalimetallen gibt es auch in dieser Elementfamilie Abstufungen bei den Eigenschaften. Fluor ist das reaktionsfähigste, Iod das reaktionsträgste Halogen. Auch die Giftigkeit nimmt in dieser Reihenfolge ab.
Bei Zimmertemperatur sind Fluor und Chlor Gase. Brom ist eine leicht verdampfende Flüssigkeit, Iod ist ein Feststoff. Alle Halogene liegen als zweiatomige Teilchen vor, bestehen also aus F_2-, Cl_2-, Br_2- oder I_2-Molekülen.

Chlor & Co: Die Halogene

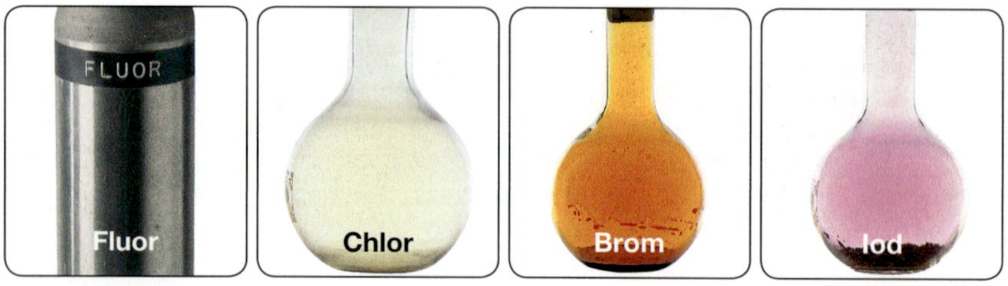

1. Halogene sind sehr reaktionsfähige Nichtmetalle; Fluor und Chlor sind Gase, Brom ist flüssig, Iod ist fest

Halogene reagieren mit Wasserstoff. Halogene gehen im Gegensatz zu den Alkalimetallen nur schwer Verbindungen mit Sauerstoff ein. Dagegen reagieren sie leicht mit Wasserstoff zu Halogenwasserstoffen. Die wässrigen Lösungen dieser Verbindungen sind Säuren. Die bekannteste ist die Salzsäure (Chlorwasserstoffsäure, HCl).

2. Die Halogene Chlor (links), Brom (Mitte) und Iod (rechts) reagieren unterschiedlich heftig mit Natrium

Halogene reagieren mit Metallen. Halogene können sehr heftig mit Metallen reagieren, etwa mit Eisen oder mit Natrium. So entstehen Salze, die Fluoride, Chloride, Bromide und Iodide. Auch hierbei stellt man deutliche Unterschiede in der Reaktionsfähigkeit der Halogene fest (Abb. 2). Fluor reagiert am heftigsten, Iod am schwächsten.

Verbindungen aus Metallen und Halogenen sind in ihren Eigenschaften dem Kochsalz sehr ähnlich. Man zählt sie daher zur zur Stoffklasse der Salze. Halogen heißt Salzbildner.

Die Halogene Fluor, Chlor, Brom und Iod sind sehr reaktionsfreudige, giftige Nichtmetalle. Von Fluor zu Iod nehmen die Reaktionsfähigkeit und die Giftigkeit ab. Sie reagieren leicht mit Metallen und mit Wasserstoff.

1. Fragen zum Text
a) Nenne vier Eigenschaften des Elements Chlor.
b) Wofür wird Chlor verwendet?
c) In welchen Aggregatzuständen liegen die Halogene bei Zimmertemperatur vor?
d) Was entsteht aus Halogenen und Metallen?
e) Welches Halogen ist am reaktionsfähigsten?

2. Fluor in Zahnpasta
Auf Verpackungen von Zahnpasta findet man manchmal den Hinweis „mit Fluor". Erkläre, warum das nicht sein kann.

3. Recherche zu Desinfektionsmitteln
In Apotheken bekommt man Desinfektionsmittel für Wunden. Finde heraus, welches Halogen sie oft enthalten.

4. Recherche zu den Elementnamen
a) Finde heraus, woher die Namen der Halogene kommen und was sie bedeuten.
b) Zwei Halogene hat man zuerst in Algen gefunden. Welche sind es und wann sind sie entdeckt worden?

Element	Schmelztemperatur in °C	Siedetemperatur in °C	Farbe (als Gas)	Reaktionsfreudigkeit
Fluor	–220	–188	hellgelb	↓ nimmt ab
Chlor	–101	–34	gelbgrün	
Brom	–7	59	rotbraun	
Iod	114	185	violett	

3. Eigenschaften der Halogene

Helium & Co: Die Edelgase

▲ 1. *Edelgase werden durch eine elektrische Spannung zum Leuchten angeregt: Helium, Neon, Argon, Krypton, Xenon*

1. Edelgase leuchten

Edelgase werden auch in Leuchtröhren verwendet. Stelle in einer Tabelle Namen, chemische Symbole und Leuchtfarben der Edelgase zusammen.

2. Vorkommen der Edelgase

a) Informiere dich im Kapitel 2 in diesem Buch, wo die Edelgase in der Natur vorkommen.
b) Lies dort nach, wofür Helium, Argon und Krypton eingesetzt werden.

Die Entdeckung der Edelgase. Die Edelgase sind alle recht spät entdeckt worden, im Zeitraum von 1894 bis 1905. Damals fiel dem englischen Forscher RAYLEIGH bei der Untersuchung des Stickstoffs der Luft auf, dass der aus der Luft isolierte Stickstoff schwerer war als theoretisch berechnet. Er schloss daraus, dass darin noch ein weiteres, schweres und reaktionsträges Gas enthalten sein musste. Er nannte es **Argon,** was altgriechisch so viel wie *„das träge Element"* bedeutet. Fast zur gleichen Zeit entdeckte sein Landsmann RAMSAY ebenfalls ein träges Gas, das er nach dem Vorkommen in der Sonne **Helium** nannte (nach *helios* für Sonne).
Da nun schon zwei Edelgase mit sehr ähnlichen Eigenschaften gefunden waren, sagte RAMSAY die Existenz eines weiteren Gases voraus. Er nannte es **Neon** (von *neos* „das Neue").

▲ 2. *Helium als Kühlmittel für Kernspintomographen*

Dann wurden noch zwei Edelgase entdeckt, die man gar nicht erwartet hatte. Sie wurden **Krypton** (von. *kryptos* „das Verborgene") und **Xenon** (von *xenos* „das Fremde") genannt.
Als letztes wurde das radioaktive **Radon** entdeckt. Der Name soll zeigen, dass das Element radioaktive Strahlung abgibt.

Damit war eine neue Elementfamilie, die **Elementfamilie der Edelgase,** entdeckt worden. „Edel" nennt man diese Gase, weil sie äußerst reaktionsträge sind. Sie gehen, bis auf ganz wenige Ausnahmen, keine Verbindungen mit anderen Elementen ein. Die kleinsten Teilchen aller Edelgase sind einzelne Atome.

Die Edelgase sind äußerst reaktionsträge und bilden keine chemischen Verbindungen. Sie kommen nur als einzelne Atome vor.

3. Fragen zum Text

a) Was ist an den Edelgasen „edel"?
b) Warum sind die Edelgase spät entdeckt worden?
c) Der absolute Nullpunkt der Temperaturskala liegt bei –273,15 °C. Welches flüssige Edelgas kommt diesem Punkt am nächsten?

4. Gasförmige Elemente

Edelgase kommen nur als einzelne Atome vor. Vergleiche, wie es bei anderen gasförmigen Elementen ist.

Element	Schmelztemperatur in °C	Siedetemperatur in °C	Dichte in g/l
Helium	–272,2	–268,9	0,18
Neon	–248,7	–246,1	0,84
Argon	–189,4	–185,9	1,66
Krypton	–156,6	–152,3	3,48
Xenon	–111,9	–107	4,49
Radon	– 71	– 61,8	9,23

▲ 3. *Eigenschaften der Edelgase im Überblick*

Spiele im Chemieunterricht

Durch das Anfertigen eines Lernspiels kannst du den Lernstoff nicht nur sinnvoll wiederholen; beim Spielen mit deinen Klassenkameraden wirst du den anderen garantiert eine Nasenlänge voraus sein – und es macht auch noch Spaß. Den anstehenden Chemietest meisterst du dann mit links.
Zunächst solltest du dir allerdings überlegen, welche Art von Spiel sich für den Lernstoff anbietet:

- Brettspiel
- Quartett
- Fragen erraten
- Memory
- Wer wird Professor der Chemie?
- Tabu-Spiel

Brettspiel. Neben einem einfachen Spielbrett braucht man mindestens einen Würfel und pro Mitspieler eine Spielfigur. Hast du dir einmal ein Spielbrett nach deinen Vorstellungen erstellt, kannst du dieses immer wieder benutzen. Je nach chemischem Fachgebiet musst du dann nur die Fragen austauschen bzw. ergänzen.
Wenn ein Test über Alkalimetalle ansteht, könnten die Fragekarten so aussehen:

Dieses Alkalimetall hat eine violette Flammenfärbung ...

Im Alphabet kommt dieses Mitglied als Erster ...

Richtig oder falsch? Alkalimetalle sind sehr weich.

Liste alle Mitglieder nach ihrer Härte auf. Beginne mit dem Weichsten ...

Quartett. Ein Quartett eignet sich immer dann, wenn du die Eigenschaften vieler Elemente kennen musst. So bilden beispielsweise vier Elemente der Alkalimetalle ein Quartett, ebenso vier der Erdalkalimetalle, der Halogene, der Edelgase usw.

Fragen erraten. Formuliere Fragen und Antworten zu verschiedenen Überbegriffen und ordne sie in einer Tabelle an. Verdecke die Antworten mit Punktwerten, die bei richtiger Antwort gesammelt werden. Wer nun die richtige Frage zu deiner Antwort formuliert, erhält die entsprechende Punktzahl.

Elementfamilien	Flammenfärbung	Eigenschaften	Interessantes	Verbindungen
Lithium Natrium Kalium Rubidium Caesium	25	25	25	25
50	50	Schmelztemperatur: 29 °C	50	
100	gelb	100	100	Kalk
200	200	200	Sechsthäufigstes Element der Erdrinde	200

Welche Alkalimetalle gibt es?

Wann schmilzt Caesium?

Woraus bestehen die Ablagerungen in Wasserboilern?

Welche Flammenfärbung hat Natrium?

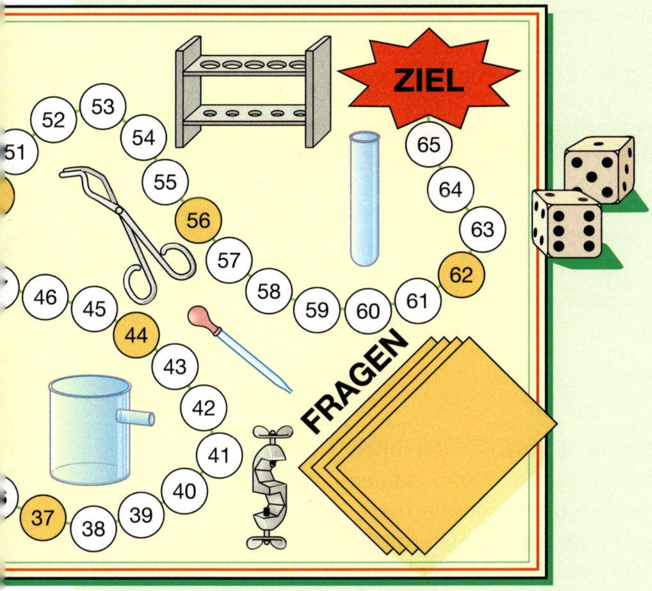

Tabu-Spiel. Nur wer sich schon richtig gut in seinem Fachgebiet auskennt, kann hier punkten. Kleine Teams versuchen chemische Fachbegriffe zu erraten, die ein Mitspieler ihrer Mannschaft mit Worten umschreibt oder pantomimisch darstellt. Jeder erratene Begriff ist ein Punkt wert und wird der Mannschaft gut geschrieben. Achtung: Bestimmte Tabu-Wörter dürfen beim Beschreiben nicht benutzt werden. Dass dies sehr wichtige Begriffe sind, macht den Reiz des Spiels aus.

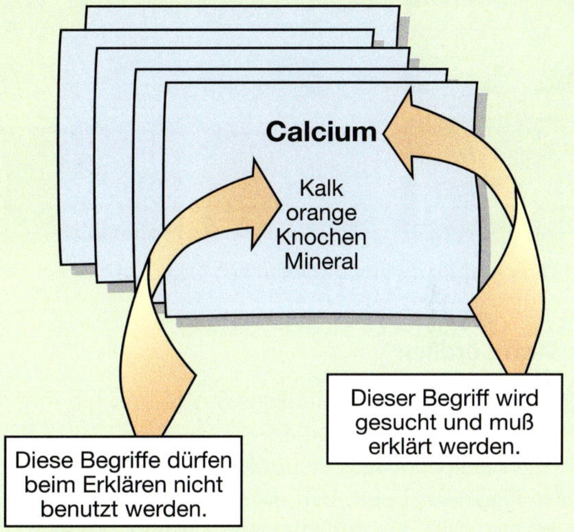

Memory. Ein Memory kannst du zu fast jedem Themengebiet erstellen. Ein Pärchen könnte beispielsweise die Flammenfärbung und der dazugehörige Name des Elements sein.

Wer wird Professor der Chemie? Überlege dir Fragen, die zunehmend schwieriger werden und teste einen zufällig ermittelten Spieler. Statt der üblichen Geldpreise erspielen sich deine Mitschüler allerdings „akademische Grade", wie den *Chemischen Assistenten,* den *Laboranten,* den *Chemiker,* den *Doktor* der *Chemie* und den *Professor* der *Chemie.* Vielleicht darf der Sieger ja deinem Lehrer bei einem schwierigen Experiment assistieren oder bekommt eine gute Note vermerkt …

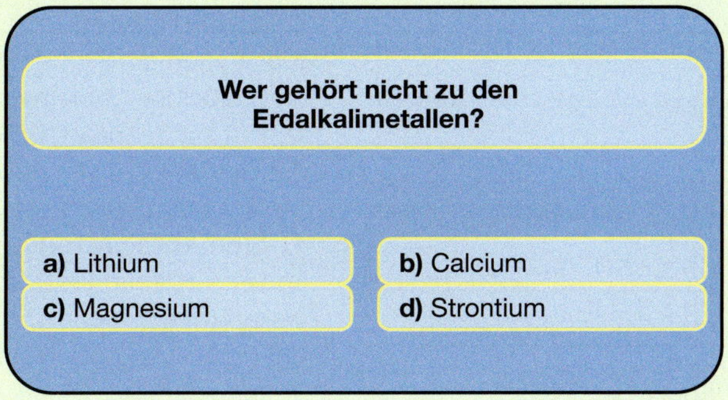

Probier es doch mal aus …

1. Wähle eine der folgenden Aufgaben aus und fertige mit Hilfe dieses Buches ein vollständiges Spiel (Karten, Spielfiguren, Gewinn …) zum Thema „Elementfamilien" an.

2. Überlege dir weitere Fragen für das Brettspiel und spiele es mit mehreren Mitschülern.

3. Erstelle ein Quartett mit mindestens vier Elementfamilien.

4. Überlege dir Fragen und Antworten für ein komplettes Jeopardy-Spiel.

5. Fertige ein mindestens 20-teiliges Memory.

6. Überlege dir 10 Fragen, um den „Professor der Chemie" zu ermitteln (nach je zwei richtigen Antworten wird „befördert").

7. Fertige 10 „Tabu"-Karten und teste deine Schlagfertigkeit.

Ordnung in der Welt der Stoffe

▲ 1. *Erkennst du die zwölf chemischen Elemente?*

1. Stoffe ordnen

a) Nenne zehn unterschiedliche Stoffe und gib ihre wichtigsten Eigenschaften an.
b) Nach welchen Gesichtspunkten kannst du die Stoffe Kochsalz, Eisen, Luft, Messing, Zucker, Schwefel, Honig, Kalk, Kupfer, Stickstoff ordnen? Erstelle eine Tabelle.
c) Ordne die Stoffe in Aufgabe b) den Begriffen Element, Stoffgemisch, Verbindung zu.

Ordnungsvorstellungen in der Chemie. Chemiker versuchen seit über 200 Jahren, der stofflichen Welt eine Ordnung zu geben. Solche Ordnungsprinzipien hast du schon kennen gelernt: Man kann die Stoffe zum Beispiel unterteilen in *Metalle* und *Nichtmetalle:*

Metalle	Nichtmetalle
Eisen	Chlor
Kupfer	Sauerstoff
Silber	Schwefel

Eine weitere Unterscheidung ist die zwischen *Elementen* und *Verbindungen.*

Elemente	Verbindungen
Wasserstoff	Wasser
Sauerstoff	Kohlenstoffdioxid
Zink	Zinkoxid

Zur Einteilung der Elemente, von denen heute über Hundert bekannt sind, bietet sich auch der *Aggregatzustand* bei Raumtemperatur an.

gasförmig	flüssig	fest
Sauerstoff	Brom	Eisen
Stickstoff	Quecksilber	Schwefel
Chlor		Aluminium
Helium		Iod
usw.		usw.

Manche Elemente verbinden sich leicht mit Sauerstoff, andere dagegen reagieren kaum. Das ist bei den Metallen gut zu beobachten. Man kann sie also auch nach ihrer Reaktionsfreudigkeit gegenüber Sauerstoff ordnen.

Reaktionsfreudigkeit gegenüber Sauerstoff nimmt ab →				
Zink	Eisen	Kupfer	Silber	Gold

Je nach Wahl des Ordnungsprinzips bekommt man unterschiedliche Informationen geliefert.

Die Vielfalt der Stoffe kann man nach verschiedenen Gesichtspunkten ordnen. Alle diese Ordnungsprinzipien erfassen aber nur einen kleinen Teil der Eigenschaften der chemischen Elemente.

2. Fragen zum Text
a) Welches Ordnungsprinzip bietet sich an, um Eisen und Schwefel einzuordnen?
b) Unter welchen Oberbegriffen lassen sich Eis, Wasser und Wasserdampf ordnen?
c) Im Text sind Stoffe nach verschiedenen Ordnungsprinzipien geordnet. Nenne vier Ordnungsprinzipien.

3. Ähnlichkeiten und Unterschiede
Was haben die Elemente Calcium, Kalium, Magnesium und Natrium gemeinsam, was unterscheidet sie? Du kannst zur Beantwortung der Frage auf den Seiten über die Elementfamilien nachschlagen.

4. Elemente „raten"
Im Setzkasten in Abb. 1 sind zwölf chemische Elemente versammelt. Dabei sind unter anderem die Elemente Iod und Sauerstoff. Versuche, alle Elemente herauszufinden.

MENDELEJEW entdeckt das Periodensystem

Im Jahre 1869 veröffentlichte der russische Chemiker MENDELEJEW seinen Bericht „Über die Beziehungen der Eigenschaften zu den Atomgewichten der Elemente." Unter diesem etwas umständlichen Namen verbarg sich der Entwurf des wichtigsten Ordnungssystems der Chemie. Wir bezeichnen es heute als das **Periodensystem der Elemente (PSE).**

▲ *1. MENDELEJEW (links) und MEYER*

Wie viele Chemiker seiner Zeit hatte MENDELEJEW lange nach einem Ordnungssystem für die mittlerweile 63 damals bekannten Elemente gesucht. Das war nicht einfach. Wichtige Elemente fehlten noch, so auch die ganze Gruppe der Edelgase.

Ein Kartenspiel bringt die Lösung. MENDELEJEW legte zur Entspannung gern Patiencen. Dabei werden die vorher verdeckten Karten nach bestimmten Regeln in der Reihenfolge ihrer Werte aneinandergelegt. MENDELEJEW übertrug nun dieses Kartenspiel auf die chemischen Elemente. Er beschriftete zunächst Karten mit den Namen und den chemischen Eigenschaften der Elemente. Dann ordnete er die Karten nach steigender Atommasse untereinander an. Nun standen die verwandten Elemente in einer Reihe nebeneinander. Damit hatte MENDELEJEW ein sinnvolles Ordnungssystem gefunden.

Ueber die Beziehungen der Eigenschaften zu den Atomgewichten der Elemente

von

D. Mendelejeff.

Zeitschrift für Chemie 12. Jhrg. (Neue Folge, V. Bd.) (1869), S. 405 u. 406.

H = 1			Cu = 63,4	Ag = 108	Hg = 200
	Be = 9,4	Mg = 24	Zn = 65,2	Cd = 112	
	B = 11	Al = 27,4	? = 68	Ur = 116	Au = 197 ?
	C = 12	Si = 28	? = 70	Sn = 118	
	N = 14	P = 31	As = 75	Sb = 122	Bi = 210
	O = 16	S = 32	Se = 79,4	Te = 128?	
	F = 19	Cl = 35,5	Br = 80	J = 127	
Li = 7	Na = 23	K = 39	Rb = 85,4	Cs = 133	Tl = 204
		Ca = 40	Sr = 87,6	Ba = 137	Pb = 207

▲ *2. Ausschnitt aus MENDELEJEWS erstem Periodensystem von 1869; Perioden sind hier senkrecht angeordnet*

Schon vorher hatte der deutsche Chemieprofessor LOTHAR MEYER auf andere Weise das Periodensystem gefunden und bereits in seinen Vorlesungen verwendet. Er veröffentlichte es aber erst einige Zeit später als MENDELEJEW.

MENDELEJEW war von der Richtigkeit seines Systems fest überzeugt. Er ließ Plätze für Elemente frei, die seiner Meinung nach erst noch entdeckt werden müssten. So war auch neben dem Element Silicium eine Lücke geblieben. Hier sollte ein Element stehen, das er vorläufig Eka-Silicium nannte und dessen Eigenschaften er genau beschrieb. Ein Element mit diesen Eigenschaften wurde 15 Jahre später von dem Chemiker WINKLER tatsächlich gefunden. Es wurde Germanium genannt. Das war eine eindrucksvolle Bestätigung für MENDELEJEWS Periodensystem.

Eigenschaften	vorhergesagt	gefunden
Atommasse	70 u	72,6 u
Dichte in g/cm^3	5,5	5,3
Oxidformel	EsO_2	GeO_2
Chloridformel	$EsCl_4$	$GeCl_4$
Siedetemperatur des Chlorids	60–90 °C	86 °C

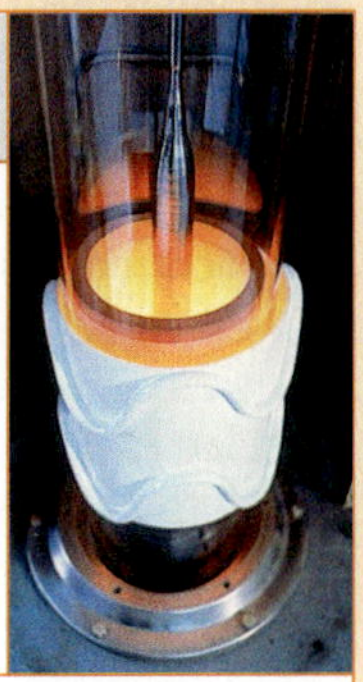

Das Halbmetall Germanium ist ein wichtiger Grundstoff für die Herstellung elektronischer Bauteile.

1. Man kann die Elemente auch nach ihrer Farbe anordnen. Warum ergibt sich daraus kein sinnvolles Ordnungssystem?
2. Welche Hauptgruppen hatte MENDELEJEW bereits richtig in sein System eingeordnet?
3. MENDELEJEW behauptete von dem Element Eka-Aluminium, seine Atommasse betrage 68 u und seine Schmelztemperatur sei so niedrig, dass es in der Hand schmelze. Stelle fest, um welches Element es sich handelt und ob MENDELEJEWS Angaben zutreffend waren.
4. Erstelle eine kurze Biografie über MEYER oder MENDELEJEW (Lexikon, Internet).

Elemente geordnet: Das Periodensystem

1. Ordnen nach Atommassen

Suche die 20 Elemente mit den niedrigsten Atommassen aus der Tabelle im Anhang des Buches heraus. Ordne sie nach ihrer Atommasse.

2. Ordnen nach Metall oder Nichtmetall

Ordne die 20 leichtesten Elemente in einer Tabelle in Metalle und Nichtmetalle. Bei einigen Elementen wirst du unsicher sein, ob sie zu den Metallen oder Nichtmetallen gehören. Füge für diese Elemente die Spalte Halbmetalle in die Tabelle ein.

3. Ordnen nach Verwandtschaften (Elementfamilien)

Stelle die Elemente aus den vier bekannten Elementfamilien zusammen.

4. Ordnen der Metalle nach den Formeln der Oxide

Die Formeln mancher Metalloxide weisen Ähnlichkeiten in der chemischen Formel auf. So haben das Aluminiumoxid und das Boroxid eine ähnliche Formel: Al_2O_3 und B_2O_3.
Ordne die Metalle nach der Ähnlichkeit ihrer Oxidformeln. Verwende dazu die Tabelle rechts oben.

5. Elementkarten

Mach es wie MENDELEJEW und spiele mit den Elementen Karten.
a) Lege dazu für die 20 leichtesten Elemente Karten an. Sie sollen das Elementsymbol und den Namen enthalten. Außerdem den Hinweis, ob es sich um ein Metall, ein Nichtmetall oder ein Halbmetall handelt und zusätzlich die Formel der Sauerstoff- und Wasserstoffverbindung. Hinweise dazu gibt die nebenstehende Tabelle. Verwandte Elemente solltest du mit einer einheitlichen Farbe versehen.

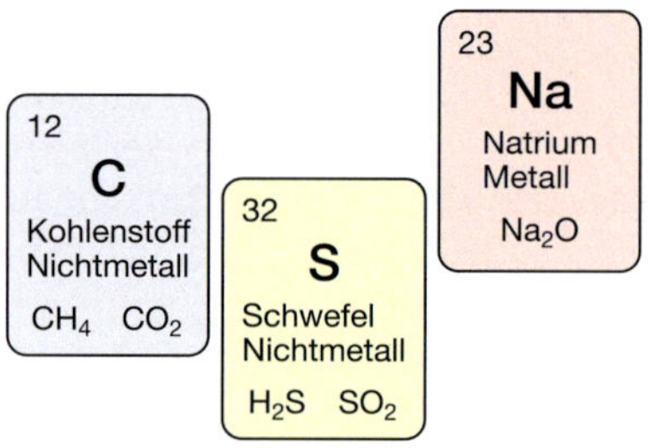

b) Ordnen der Elementkarten

Beispiel:

	Atommasse steigt →			usw.
Verwandte Elemente ↕	H			
	Li			C
	Na			Si

Ordne die Elementkarten in einer Reihe nach steigender Atommasse. Sobald ein Element auftaucht, für das bereits ein verwandtes Element in der Reihe liegt, unterbrichst du die Reihe und beginnst eine zweite Reihe. Verwandte Elemente sollen dabei übereinander in einer Spalte stehen. Besondere Schwierigkeiten wird dir die Einordnung des Wasserstoffs bereiten.
Als leichtestes Element beginnt mit ihm die erste Zeile. Er kommt also über dem Lithium zu stehen. Eine Erklärung dafür liefert erst der Bau der Atome.

Element	Formel der Wasserstoffverbindung	Formel der Sauerstoffverbindung
Aluminium	–	Al_2O_3
Argon	–	–
Beryllium	–	BeO;
Bor	–	B_2O_3
Calcium	–	CaO
Chlor	HCl	–
Fluor	HF	–
Helium	–	–
Kalium	–	K_2O
Kohlenstoff	CH_4	CO_2
Lithium	–	Li_2O
Magnesium	–	MgO
Natrium	–	Na_2O
Neon	–	–
Phosphor	PH_3	P_2O_5
Sauerstoff	H_2O	–
Schwefel	H_2S	SO_3
Silicium	SiH_4	SiO_2
Stickstoff	NH_3	N_2O_5
Wasserstoff	–	H_2O

Periodensystem. Im Periodensystem sind alle Elemente systematisch zusammengestellt. „Periode" kommt aus dem Griechischen und bedeutet soviel wie *etwas, das regelmäßig wiederkehrt.*

Perioden. So nennt man die waagerechten Zeilen. Dort kehren bestimmte Eigenschaften der Elemente in bestimmter Reihenfolge, also *periodisch* wieder. Die erste Periode hat nur zwei Elemente, den Wasserstoff (H) und das Helium (He). Die zweite Periode beginnt mit Lithium (Li), einem Alkalimetall. Die dritte Periode beginnt mit einem weiteren Alkalimetall, dem Natrium (Na). Rechts von Lithium steht das Beryllium, ein Erdalkalimetall. Rechts von Natrium das Erdalkalimetall Magnesium.
Die Perioden werden mit den Edelgasen wie Helium (He) oder Neon (Ne) abgeschlossen. Links von den Edelgasen stehen die Elemente, die Salze bilden können, die Halogene (Salzbildner).

Gruppen. So heißen die senkrechten Spalten des Periodensystems. In ihnen findet man chemisch verwandte Elemente. Es gibt insgesamt **8 Hauptgruppen.** In den Hauptgruppen des Periodensystems stehen links die Metalle und rechts die Nichtmetalle. Dazwischen, etwa diagonal angeordnet, stehen Elemente, die teils metallische und teils nichtmetallische Eigenschaften haben. Sie werden deshalb als Halbmetalle bezeichnet. Ein Beispiel ist das Silicium (Si).

Im Periodensystem sind alle Elemente tabellarisch angeordnet. Chemisch verwandte Elemente stehen in Gruppen untereinander. Die waagrechten Reihen heißen Perioden.

1. Fragen zum Text
a) Welche Elemente bilden die 2. Hauptgruppe?
b) Nenne alle Elemente der 3. Periode.
c) In welcher Periode steht das Element Blei?

2. Verwandtschaften im Periodensystem
a) Welche Elemente sind nach ihrer Stellung im Periodensystem mit Phosphor verwandt?
b) Kohlenstoff bildet mit Sauerstoff ein Oxid mit der Formel CO_2. Welche Formel besitzt das Oxid des Germaniums (Ge)?
c) Welche Formel müsste die Wasserstoffverbindung des Arsens (As) besitzen?
d) Welche Elemente sind mit Kohlenstoff verwandt?

Perioden: Elemente von links nach rechts, z.B. die 3. Periode

Perioden	Gruppen I	II	III	IV	V	VI	VII	VIII
1	**H** Wasserstoff							**He** Helium
2	Li	Be	B	**C** Kohlenstoff	**N** Stickstoff	**O** Sauerstoff	F	**Ne** Neon
3	Na	Mg	**Al** Aluminium	**Si** Silicium	P	**S** Schwefel	Cl	**Ar** Argon
4	K	Ca	Ga	Ge	As	Se	Br	**Kr** Krypton
5	Rb	Sr	In	Sn	Sb	Te	I	**Xe** Xenon
6	Cs	Ba	Tl	Pb	Bi	Po	At	**Rn** Radon

Kohlenstoff, ein Element mit vielen Gesichtern

1. Nachweis von Kohlenstoff

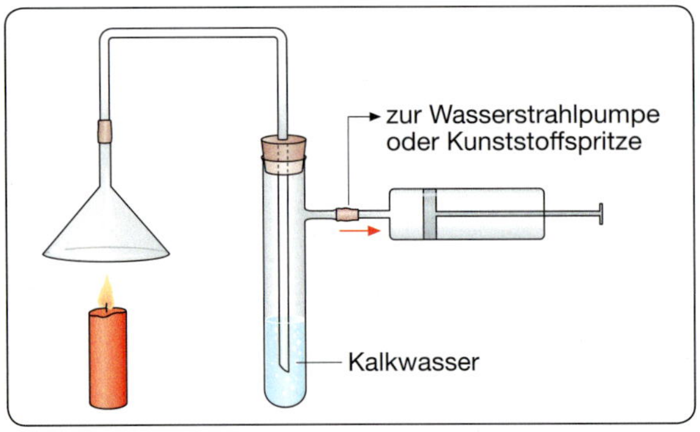

Verbrennt man Kohlenstoff oder kohlenstoffhaltige Verbindungen, so entsteht vor allem gasförmiges Kohlenstoffdioxid. Leitet man dieses Gas in Kalkwasser, bildet sich unlösliches Calciumcarbonat, die Lösung trübt sich.

a) Weise mit diesem Versuch in verschiedenen Stoffen Kohlenstoff nach. Fertige über die Versuche ein Protokoll an.

b) Bei welchen Kohlenstoffverbindungen kann dieser Nachweis nicht gelingen?

Kohlenstoff, ein Element mit vielen Gesichtern. Zucker, Fleisch, Holz und Kalkstein, alle diese Stoffe enthalten ein gemeinsames Element, den Kohlenstoff. Für das Leben auf der Erde ist der Kohlenstoff von fundamentaler Bedeutung. Ohne ihn gäbe es wahrscheinlich kein Leben.
Wichtig für uns ist er vor allem in chemisch gebundener Form in Kohle, Erdöl und Erdgas – alle diese fossilen Energieträger basieren auf Kohlenstoff.

Das Element **Kohlenstoff** (Elementsymbol C) ist ein mattschwarzes Nichtmetall. Es begegnet uns im Alltag als Grillkohle oder als Ruß in der Kerzenflamme. Grillkohle wird durch Erhitzen von Holz unter Luftabschluss hergestellt.

▲ *2. Grillkohle besteht vor allem aus Kohlenstoff*

Graphit. In der Natur kommt reiner, elementarer Kohlenstoff als **Graphit** vor, ein grauschwarzes Mineral. Graphit ist so weich, dass er als Schmiermittel verwendet wird. Mit Ton gemischt und gebrannt dient er als Bleistift zum Schreiben. Bleistifte enthalten also gar kein Blei und müssten eigentlich Graphitstifte heißen.

▲ *3. Graphitpulver wird als Schmiermittel verwendet*

In Form von Graphit wird das Element Kohlenstoff in der Technik vielfältig genutzt. Graphit ist widerstandsfähig gegenüber allen Chemikalien und ein guter elektrischer Leiter. Schleifkontakte für Elektromotoren und Elektroden für Batterien werden deshalb meist aus Graphit hergestellt. Auch die *Aktivkohle* für Filteranlagen besteht aus winzigen Graphitkristallen, ebenso wie der Ruß.
Ruß ist ein wichtiger Rohstoff zur Herstellung von Autoreifen und Druckerschwärze.
Kohlefasern, mit deren Hilfe hochfeste Verbundwerkstoffe für Sportgeräte oder Flugzeuge hergestellt werden, sind ebenfalls aus Graphitkristallen aufgebaut.

Diamanten. Kennzeichnend für den teuersten Edelstein sind die starke Lichtbrechung und der besonders schöne Glanz. Diese Eigenschaften kommen erst durch das Schleifen voll zur Geltung. Ein speziell geschliffener Diamant heißt Brillant.

Diamant ist der härteste Stoff, den man in der Natur finden kann. Diamanten werden deshalb vielfältig zum Bohren und Schleifen eingesetzt – sei es bei Erdölbohrungen, beim Schneiden von Glas oder beim Bohren in Beton.

4. Geschliffener Diamant (Brillant) ▲

Eigenschaften	Graphit	Diamant
Aufbau aus Kohlenstoff-Atomen	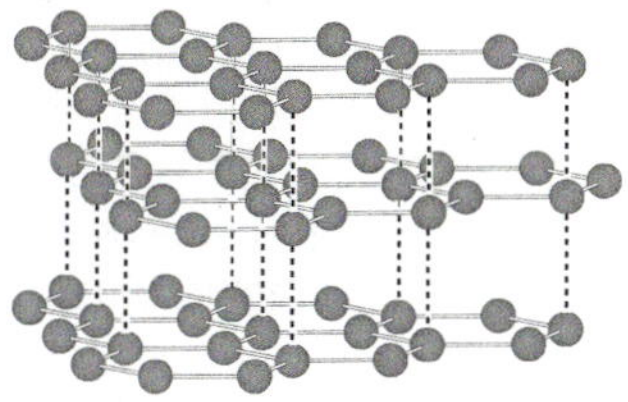	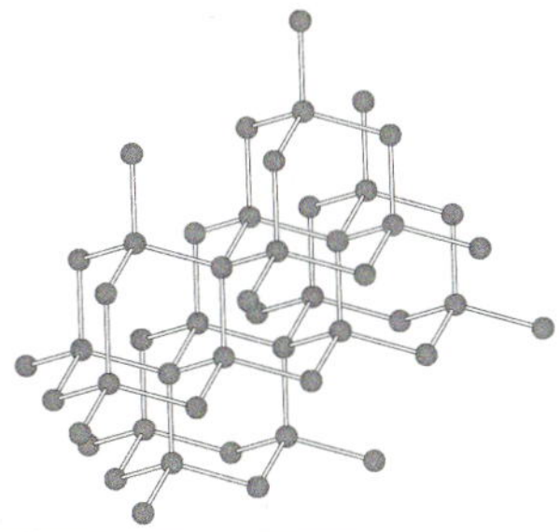
Aussehen	undurchsichtig, grauschwarz glänzend, fühlt sich fettig an	durchsichtig, stark lichtbrechend
elektrische Leitfähigkeit	gut	nicht leitend
Härte	sehr weich (Härte 1)	sehr hart (Härte 10)
Dichte	2,25 g/cm³	3,51 g/cm³
chemisches Verhalten	widerstandsfähig gegen alle Chemikalien, verbrennt an der Luft bei 3500 °C	widerstandsfähig gegen alle Chemikalien, verbrennt an der Luft bei 3000 °C

▲ *1. Graphit und Diamant im Vergleich*

Diamant und Graphit – ein Element in verschiedenen Formen. Und was haben nun Diamanten mit dem weichen Graphit zu tun?
Es ist zwar kaum zu glauben, aber erstaunlicherweise bestehen Diamanten ebenso wie der Graphit aus reinem Kohlenstoff! Beide sind also aus **Kohlenstoff-Atomen** aufgebaut.
Das lässt sich leicht nachweisen. Verbrennt man Graphit oder Diamant, entsteht als einziges Verbrennungsprodukt immer nur Kohlenstoffdioxid. Es lässt sich durch Kalkwasser nachweisen.

In der Fachsprache werden verschiedene Erscheinungsformen eines Stoffes auch als Modifikationen bezeichnet. Diamant und Graphit sind also **Modifikationen** des Elements Kohlenstoff. Der Unterschied: Die Kohlenstoff-Atome in diesen unterschiedlichen Formen sind unterschiedlich miteinander verknüpft.

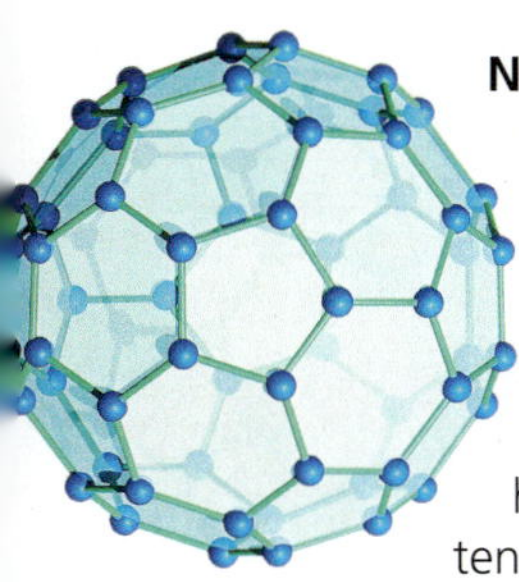

Neue Modifikationen: Fullerene und Nanoröhren. In den letzen Jahren haben Chemiker weitere Modifikationen des Kohlenstoffs erzeugt. Äußerlich sind es unscheinbare Stoffe. Sie offenbaren ihre Unterschiede und Besonderheiten erst auf der Ebene der kleinsten Teilchen.

▲ *2. Computermodell eines Fulleren-Moleküls*

So bestehen die **Fullerene** aus Kohlenstoff-Atomen, die an die Form eines Fußballs erinnern. Sie haben ihren Namen von dem Architekten FULLER, der ähnlich aussehende Gebäude konstruiert hat.
Bei einer anderen Modifikation des Kohlenstoffs bilden die Kohlenstoff-Atome winzige Röhren, sie heißen **Nanoröhren.**

3. Nanoröhre aus Kohlenstoff-Atomen im Computermodell ▶

In der Natur kommt Kohlenstoff in vielen Verbindungen vor. Graphit und Diamant sind Modifikationen des Kohlenstoffs. Auch Fullerene und Nanoröhren bestehen aus Kohlenstoff-Atomen, die jeweils unterschiedlich miteinander verknüpft sind.

1. Fragen zum Text

a) In welchen Formen kommt Kohlenstoff vor?
b) Nenne einige Einsatzmöglichkeiten für Graphit und Diamant.
c) Woraus bestehen die kleinsten Teilchen der Fullerene und der Nanoröhren?

Der lange Weg in die Innenwelt der Atome

1. Atommodell von Dalton

Kennst du noch die Aussagen zum Atommodell von Dalton? Schreibe sie auf. Schlage im Buch nach, wenn du es nicht mehr weißt.

Daltons Atommodell. Der Begriff „Atom" wurde von den alten Griechen geprägt und bedeutet „unteilbar". Als *unteilbare feste Kugeln* sah auch John Dalton um 1800 die Atome noch an. Dieses Kugelmodell ist auch heute noch von Nutzen. Erst die Entdeckung der Elektrizität und der Radioaktivität erschütterten diese Vorstellung vom unteilbaren Teilchen. Irgendwie musste das Atom aus noch kleineren Teilchen aufgebaut sein. Aber wie, und aus welchen Teilchen?

Es dauerte über ein Jahrhundert, bis Physiker Antworten auf diese Fragen fanden. Ihre Antworten kleideten sie in **Modelle,** die beschrieben, wie man sich das Atom vorstellen könnte.

Das Atommodell von Thomson. Das erste Modell, das ein Atom nicht als massives und unteilbares Teilchen zeigte, stammte von Thomson. Er verglich um 1900 das Atom mit einem Rosinenkuchen, wobei der Teig eine *elektrisch positiv geladene Masse* darstellt, in dem negativ geladene Elektronen stecken. Beide Ladungen gleichen sich aus, so dass das Atom nach außen hin neutral ist.

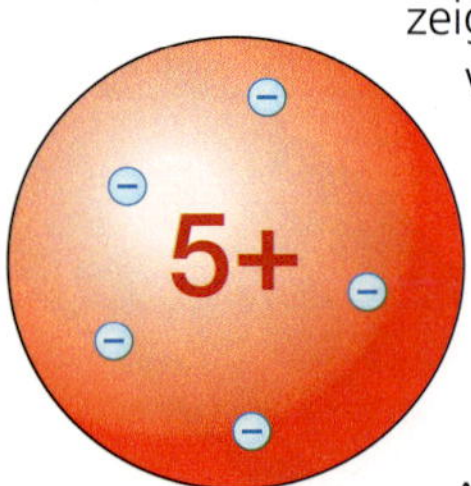

Das Kern-Hülle-Modell von Rutherford. Im Jahr 1911 hatte Ernest Rutherford nach langwierigen Experimenten herausgefunden, dass das Atom völlig anders aussieht, als man sich das bis dahin vorgestellt hatte.
Danach besteht ein Atom aus einem winzigen, positiv geladenen, sehr schweren *Atomkern,* viel, viel leerem Raum und einer negativ geladenen, fast masselosen *Elektronenhülle.* Damit hatte er das Kern-Hülle-Modell vom Atom beschrieben.

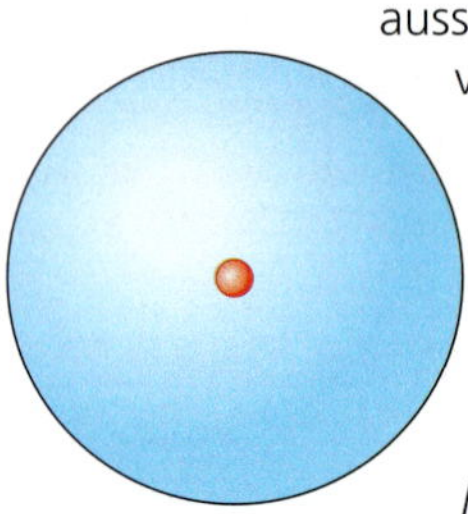

Das Atommodell von Bohr. Niels Bohr beschrieb dann 1913 den Aufbau der Elektronenhülle und prägte das „Planetenmodell" der Atome. Nach Bohr entwarfen weitere Physiker und Chemiker immer kompliziertere Atommodelle; eine Entwicklung, die bis heute nicht abgeschlossen ist.

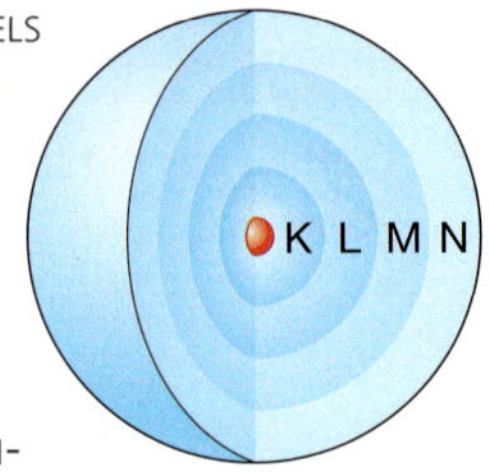

Das leere Atom. Mit den modernen Atommodellen ist das Atom leider nicht anschaulicher geworden. Atome sind sehr klein. Der Durchmesser eines Kohlenstoff-Atoms beträgt etwa 0,1 nm (Nanometer, der milliardste Teil eines Meters). Der Atomkern ist aber ungefähr noch 100 000mal kleiner. Die Atomhülle ist also nahezu leer. Hätte der Atomkern die Größe eines Kirschkerns, so wäre das ganze Atom so groß wie der Kölner Dom!

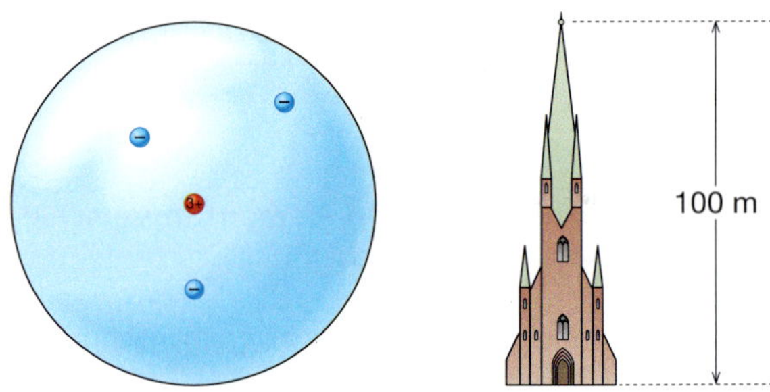

▲ *5. Hätte der Atomkern die Größe eines Kirschkerns, wäre das ganze Atom so groß wie der Kölner Dom*

Je nach dem Kenntnisstand, den die Wissenschaft vom Atom erreicht hatte, wurden zunehmend komplizierte Atommodelle entwickelt.

2. Fragen zum Text

a) Was unterscheidet die Atommodelle von Rutherford und Dalton?

b) Schreibe den Durchmesser eines Kohlenstoff-Atoms auf.

c) Wie groß ist dazu im Vergleich der Atomkern?

Wie schwer sind Atome?

1. Mit der Waage zählen

Münzgeld gibt es bei der Sparkasse abgepackt in Rollen. Ob eine Rolle die vorgeschriebene Anzahl enthält, zum Beispiel fünfzig 10 Cent-Münzen, wird mit einer Waage überprüft. Erkläre das.

So einfach wie Münzen lassen sich Atome leider nicht abwiegen und zählen, denn sie sind sehr, sehr leicht. Die Masse eines Kohlenstoff-Atoms beträgt nur 0,000 000 000 000 000 000 000 0199 g.

Mit solchen Zahlen zu rechnen ist sehr unpraktisch. Es ist so, als wolle man die Masse von Vogeleiern in Tonnen angeben. Das Ei eines Kolibris würde man dann mit 0,000 000 200 t angeben. Wenn man es immer nur mit Vogeleiern zu tun hätte, wäre es sicher praktischer, eine neue Masseneinheit für Vogeleier einzuführen. Wir würden sie dann 1 VE nennen, eine Vogeleier-Einheit. In dieser Einheit hätte dann ein typisches Hühnerei die Masse von 250 VE, da es 250 mal so schwer ist wie ein Kolibri-Ei. Das Ei einer Wachtel hätte die Masse von 50 VE.

Die Atommasseneinheit u. Ähnliches hat man bei der Masse von Atomen gemacht. Um deren Masse einfacher angeben und vergleichen zu können, wurde die **Atommasseneinheit u** (von mass **u**nit) eingeführt.
Es gilt:

$$1\ \text{g} = 602\,200\,000\,000\,000\,000\,000\,000\ \text{u} \approx 6 \cdot 10^{23}\ \text{u}$$

$$1\ \text{u} = \frac{1}{602\,200\,000\,000\,000\,000\,000\,000}\ \text{g} \approx 1{,}66 \cdot 10^{-24}\ \text{g}$$

1 u ist die Masse des zwölften Teils eines C-Atoms oder, vereinfacht: 1 u entspricht etwa der Masse des leichtesten Atoms, des Wasserstoff-Atoms.

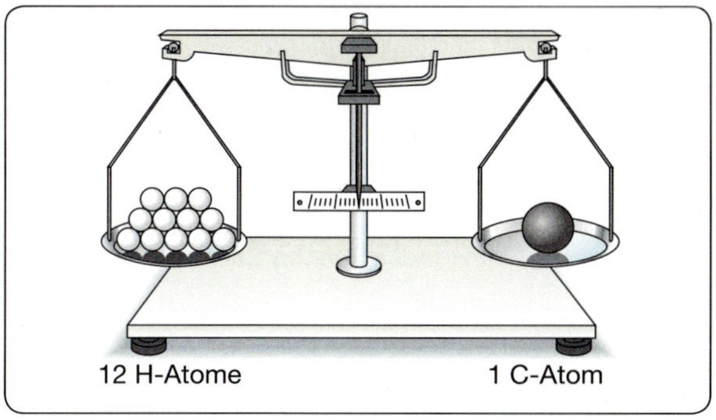

▲ *1. Atommassen lassen sich vergleichen*

Die unhandlichen Zahlen braucht man sich nicht zu merken. Es genügt, dass man mithilfe dieser Masseneinheit die Massen der verschiedenen Atome vergleichen kann. So ist ein Kohlenstoff-Atom 12-mal, ein Schwefel-Atom 32-mal und ein Uran-Atom 238-mal schwerer als das Wasserstoff-Atom.
Um zu wägbaren Mengen zu kommen, benötigt man natürlich sehr viele Atome. So ergeben erst 602 200 000 000 000 000 000 000 = $6{,}022 \cdot 10^{23}$ Wasserstoff-Atome 1 g Wasserstoff!

Diese Zahl ist unvorstellbar groß. Könnte eine Maschine in einer Sekunde 1 Million Wasserstoff-Atome zählen, würde sie für diese Menge 20 Milliarden Jahre brauchen – länger als das Weltall existiert …

Element	Atommasse (gerundeter Wert)	in u (genauer Wert)
Wasserstoff	1	1,00794
Kohlenstoff	12	12,001
Stickstoff	14	14,00674
Sauerstoff	16	15,9994
Schwefel	32	32,066
Eisen	56	55,847
Gold	197	196,9665

▲ *2. Atommassen verschiedener Elemente*

Die Masse der Atome wird in u (mass unit) angegeben. Diese Einheit entspricht dem zwölften Teil eines Kohlenstoff-Atoms. Mit dieser Einheit lassen sich die Massen der verschiedenen Atome vergleichen.

2. Fragen zum Text

a) Weshalb wurde die Atommasseneinheit u eingeführt?
b) Wie viele Kohlenstoff-Atome und wie viele Sauerstoff-Atome muss man auf die beiden Seiten einer Waagschale legen, damit diese im Gleichgewicht ist?
c) Vergleiche die Atommassen von Sauerstoff und Schwefel. Was fällt dir dabei auf?

3. Rechnen mit Atommodellen

a) Ein Gramm Wasserstoff enthält $6 \cdot 10^{23}$ Atome. Ein Atom soll durch eine Kugel mit einem Durchmesser von 1 cm dargestellt werden. Wie lang würde die Strecke werden, wenn du $6 \cdot 10^{23}$ Kugeln aneinanderreihst?
b) Wie schwer würde diese Anzahl an Kugeln sein, wenn eine Kugel 8 g wiegt?

Der Atomkern

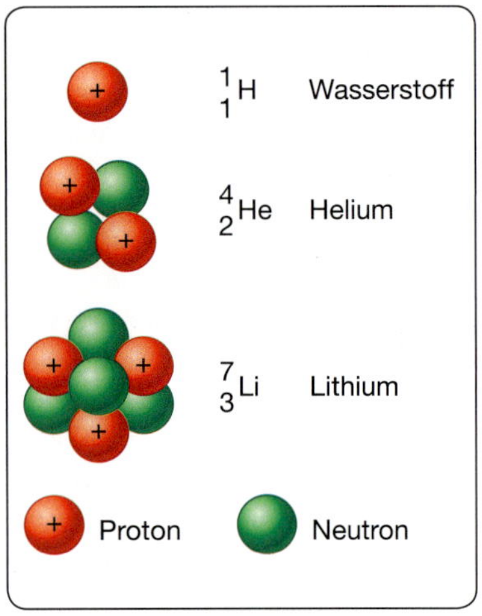

▲ *1. Bau einiger Atomkerne*

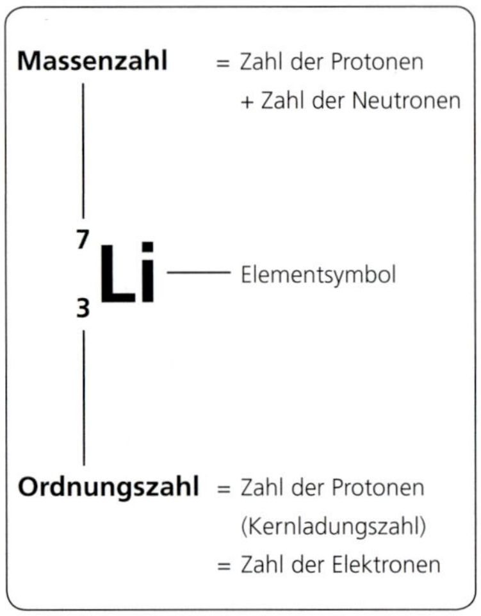

▲ *2. Symbolschreibweise*

Elementarteilchen	Symbol	Masse in u	Ladung
Elektron	e^-	0,00055	negative Elementarladung
Proton	p	1,00728	positive Elementarladung
Neutron	n	1,00867	elektrisch neutral

▲ *3. Elementarteilchen*

1. Bau der Atomkerne

a) Welche Kenntnisse über den Atomkern kann man den bisherigen Atommodellen entnehmen? Lies nach auf S. 132.
b) Finde mithilfe des nachfolgenden Textes heraus, wie sich Elektronen, Protonen, Neutronen und Nukleonen unterscheiden.

Drei wichtige Elementarteilchen. Grundlage aller heutigen Atommodelle sind die drei Elementarteilchen, **Protonen, Neutronen** und **Elektronen.**

Protonen sind elektrisch positiv geladene Teilchen; sie besitzen die Masse 1 u. **Neutronen** besitzen die gleiche Masse, haben aber *keine* elektrische Ladung. Der Atomkern, der sich im Zentrum des Atoms befindet, besteht aus diesen Protonen und Neutronen. Sie heißen deshalb auch **Nukleonen** (von lat. *nucleus,* = Kern). Die **Elektronen** sind negativ geladene Teilchen und haben fast keine Masse.

Das Wasserstoff-Atom. Es ist das einfachste Atom. Sein Kern besteht aus einem einzigen Proton, ein Elektron bildet die Hülle. Seine Masse beträgt 1 u. Das gesamte Wasserstoff-Atom ist nach außen hin elektrisch neutral, denn die positive Ladung des Protons ist genau so groß wie die negative Ladung des Elektrons.

Neutronen stabilisieren Atome. Die Kerne aller anderen Atome enthalten neben den Protonen zusätzlich noch Neutronen. Diese sind für die Stabilität der Atomkerne unerlässlich. Das Helium-Atom hat 2 Protonen und 2 Neutronen im Kern, seine Masse beträgt 4u. Der Lithium-Atomkern besteht aus 3 Protonen und 4 Neutronen. Von Element zu Element kommen also jeweils ein Proton und ein oder mehrere Neutronen im Atomkern hinzu.

Die Protonenzahl bestimmt das Element. Die Anzahl der Protonen im Kern wird auch **Kernladungszahl** oder **Ordnungszahl** genannt. Sie legt eindeutig fest, zu welchem Element ein bestimmtes Atom gehört. So ist ein Atom mit 6 Protonen im Kern immer ein Kohlenstoff-Atom. Ein Atom mit der Kernladungszahl 12 ist immer ein Magnesium-Atom. Zugleich kann man an der Kernladungszahl die *Zahl der Elektronen* in der Hülle ablesen, denn insgesamt muss ein Atom elektrisch neutral sein.

Massenzahl. Die Masse des Atoms setzt sich aus der Masse der Kernbausteine zusammen und wird **Massenzahl** genannt. Das Kohlenstoff-Atom mit 6 Protonen und 6 Neutronen hat die Massenzahl 6 u + 6 u = 12 u. Die Masse der Elektronen in der Hülle ist so gering, dass man sie vernachlässigen kann.

Isotope: gleich und doch verschieden. Die Masse der Protonen und Neutronen beträgt jeweils 1 u. Deshalb müssten alle Elemente eigentlich ganzzahlige Massenzahlen haben. Doch ein Blick in die Atommassentabelle zeigt für die meisten Elemente erhebliche Abweichungen.
Beim Chlor steht beispielsweise die Massenzahl 35,5 u. Halbe Kernbausteine gibt es aber nicht. Messungen zeigten, dass das Element Chlor zu 75 % aus Atomen der Masse 35 u (Chlor 35) und zu 25 % aus Atomen der Masse 37 u (Chlor 37) besteht. Die Massenzahl 35,5 ist also nicht die Masse eines einzelnen Chlor-Atoms, sondern der *Durchschnittswert* für *alle* Chlor-Atome.

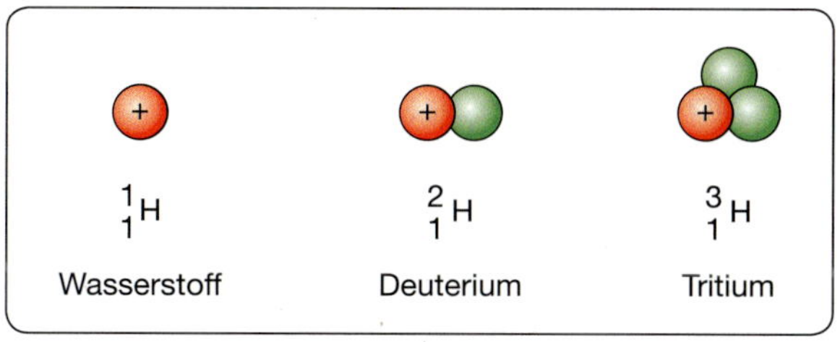

▲ 1. *Die Isotope des Wasserstoffs*

Solche Atome eines Elements, die sich bei gleicher Protonenzahl nur in der Neutronenzahl unterscheiden, heißen **Isotope.** Fast alle Elemente in der Natur sind Isotopengemische. Die drei Isotope des Wasserstoffs werden sogar mit eigenen Namen unterschieden.

Atomkerne bestehen aus Protonen und Neutronen. Die Zahl der Protonen bestimmt eindeutig, um welches Element es sich handelt. Sie gibt zugleich die Anzahl der Elektronen in der Atomhülle an.
Isotope sind Atome eines Elements, die sich nur in der Neutronenzahl unterscheiden.

1. Fragen zum Text

a) Nenne die Atombausteine, die im Atomkern zu finden sind und gib deren Masse und Ladung an.
b) Welcher Atombaustein bestimmt die Art des Elements?
c) Warum sind Atome elektrisch neutral, obwohl sie geladene Teilchen enthalten?
d) Was sind Isotope?
e) Wodurch unterscheiden sich die Isotope eines Elements voneinander?

2. Elementarteilchen-Quiz

a) Wie kann man die Anzahl der Neutronen in einem Element berechnen?
b) Aus welchen Elementarteilchen sind jeweils die Chlor-Isotope Chlor 35 und Chlor 37 aufgebaut?
c) Wie sind die Kerne der folgenden Atome aufgebaut?

$^{34}_{16}S$ $^{235}_{92}U$ $^{133}_{55}Cs$ $^{14}_{7}N$

d) Welche Elemente verbergen sich hinter dem „X"? Wie sind die Atomkerne zusammengesetzt?

$^{14}_{7}X$ $^{40}_{20}X$ $^{107}_{47}X$ $^{27}_{13}X$

Exkurs

Mit der Isotopen-Analyse gegen Lebensmittelfälscher

Deutschland importiert Lebensmittel aus über 80 Ländern. Wie kann man nun feststellen, ob etwa eine Lieferung Rindfleisch tatsächlich aus Argentinien stammt? Denn Etiketten und Lieferpapiere lassen sich nun mal leicht fälschen ...
Untersuchungslabors können mithilfe der **Isotopen-Analyse** inzwischen sehr sicher nachweisen, wo Lebensmittel erzeugt worden sind. Wie geht das?
Von vielen chemischen Elementen gibt es stabile Isotope. Diese Isotope haben verschiedene Massen. Sauerstoff-Atome können die Massen 16, 17 oder 18 u haben. Die Isotope werden in Verbindungen eingebaut, etwa in Wasser-Moleküle. Daher gibt es dann auch Wasser-Moleküle, die unterschiedliche Massen haben. Die leichteren Wasser-Moleküle $H_2{}^{16}O$ verdunsten rascher als die schwereren Moleküle $H_2{}^{18}O$. Beim Abregnen ist es umgekehrt, hier regnen die schwereren Moleküle eher ab. Wegen der westlichen Hauptwindrichtung kommt es dann, dass etwa der Regen in Niedersachsen mehr schwere Moleküle enthält als der Regen über Bayern.

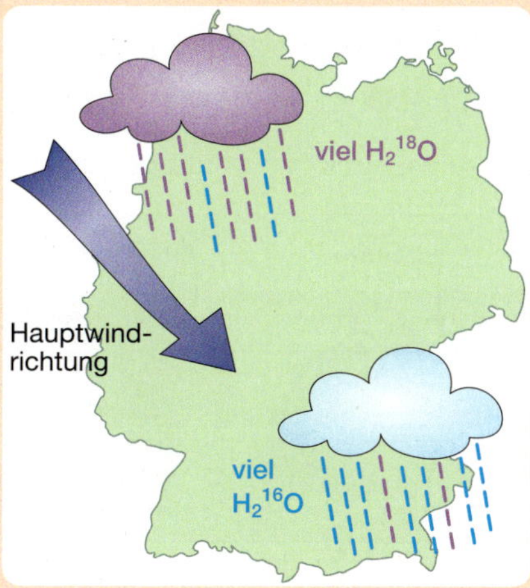

▲ 2. *Isotope verraten die Herkunft*

Jede Region bekommt so ihr typisches Muster an Isotopen. Es ist wie ein Fingerabdruck der Natur. Pflanzen und Tiere nehmen Wasser und Nährstoffe aus ihrer Umgebung auf und zeigen deshalb in ihrem Gewebe dasselbe Isotopenmuster.
Durch Vergleich mit Originalproben lassen sich die Lebensmittel dann verschiedenen Regionen zuordnen.

3. Wie könnte man mit dieser Methode nachweisen, ob Wein bei der Herstellung künstlich gezuckert worden ist?

Die Elektronenhülle des Atoms

1. Elektronen – genau abgezählt ...

a) Ein Kohlenstoff-Atom besitzt 6 Protonen im Kern. Wie viele Elektronen müssen in der Hülle sein?
b) Wie viele Elektronen kommen jeweils in einem Stickstoff-, Sauerstoff- und Fluor-Atom vor?

Das Kern-Hülle-Modell von Rutherford sagt nichts darüber aus, wie die Elektronen in der Atomhülle verteilt sind. Dazu veröffentlichte der dänische Physiker Niels Bohr im Jahr 1913 eine Theorie. Er wollte die chemischen Eigenschaften der Elemente aus dem Aufbau der Elektronenhüllen ihrer Atome erklären. Bohrs Theorie bildete die Grundlage für das **Schalenmodell der Elektronenhülle.**

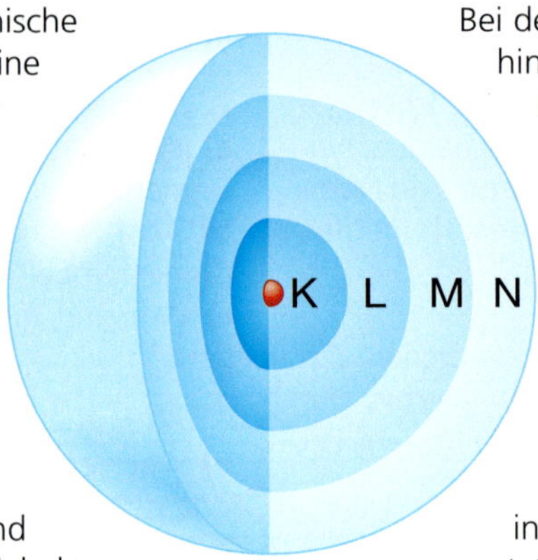

Nach diesem Modell sind die Elektronen nicht beliebig in der Atomhülle verteilt, sondern sie bewegen sich in bestimmten Räumen. Diese sind ähnlich wie die Schalen in einer Zwiebel um den Atomkern angeordnet. In diesen **Elektronenschalen** bewegen sich die Elektronen mit hoher Geschwindigkeit um den Kern.

Die Schalen werden von innen nach außen mit den Buchstaben **K, L, M, N ...** gekennzeichnet. Jede Schale kann nur eine begrenzte Zahl von Elektronen aufnehmen: die K-Schale zwei, die L-Schale acht und die M-Schale achtzehn. Ist die M-Schale oder eine höhere Schale aber Außenschale, kann sie maximal **acht** Elektronen aufnehmen. Die Elektronen, die sich in der **Außenschale** befinden, heißen **Außenelektronen.**

Die Anzahl der Elektronen in der Atomhülle wird durch die jeweilige Protonenzahl im Atomkern festgelegt. Das einzige Elektron des Wasserstoff-Atoms ($^{1}_{1}H$) befindet sich in der innersten Schale, der K-Schale. Beim Helium-Atom ($^{4}_{2}He$) befinden sich zwei Elektronen in der *K-Schale*. Sie ist damit voll besetzt. Das Lithium-Atom ($^{7}_{3}Li$) hat zwei Elektronen in der K-Schale, das dritte gehört schon zur *L-Schale*.

Bei den folgenden Atomen wird das jeweils hinzukommende Elektron ebenfalls in die L-Schale eingebaut, bis sie mit acht Elektronen voll besetzt ist. Das ist beim Neon-Atom ($^{20}_{10}Ne$) der Fall.

Von den insgesamt elf Elektronen des Natrium-Atoms ($^{23}_{11}Na$) befinden sich zwei in der K-Schale, acht in der L-Schale und ein Elektron als Außenelektron in der M-Schale.
Die Schalen werden also immer von innen nach außen mit Elektronen besetzt.

Elektronenhüllen und chemische Eigenschaften. Vergleicht man den Bau der Elektronenhüllen bei chemisch verwandten Elementen, so fällt auf, dass sie in der Besetzung ihrer Außenschalen übereinstimmen.

So besitzen die Atome der Alkalimetalle (z. B. Lithium und Natrium) alle *ein* Außenelektron. Die Atome der Halogene (z. B. Fluor und Chlor) besitzen jeweils *sieben* Außenelektronen. Alle Edelgas-Atome besitzen *maximal gefüllte* Außenschalen. Das sind keine zufälligen Übereinstimmungen.

▲ 2. *Darstellung einiger Elemente mit Elektronenschalen*

Die Edelgasschale. Auch bei den chemisch reaktionsträgen Edelgasen wird deutlich, dass die chemischen Eigenschaften der Stoffe von der Besetzung der Außenschalen ihrer Atome abhängen.

Beim Helium-Atom ist die K-Schale mit zwei Elektronen bereits voll besetzt. Alle anderen Edelgas-Atome haben acht Elektronen in der Außenschale, eine **Achterschale.** Es ist jeweils die höchstmögliche Elektronenzahl in einer Außenschale. Atome mit so einer voll besetzten Außenschale sind besonders reaktionsträge. Eine solche Elektronenverteilung wird auch **Edelgaskonfiguration** genannt.

Nach dem Schalenmodell bewegen sich die Elektronen in bestimmten, schalenförmigen Räumen in der Atomhülle. Die Anzahl der Außenelektronen bestimmt das chemische Verhalten der Elemente.

1. Fragen zum Text

a) Welche unterschiedlichen Aussagen machen die Atommodelle von RUTHERFORD und von BOHR über die Atomhülle?

b) Welche gemeinsamen Eigenschaften haben alle Edelgase?

c) Welche gemeinsamen Eigenschaften haben alle Edelgas-Atome?

2. Außenelektronen in Punkt-Schreibweise

In der Punktschreibweise lassen sich die für die chemischen Eigenschaften der Elemente wichtigen Außenelektronen übersichtlich darstellen:

H· He: Li· Be· ·B· ·C· ·N: ·O: :F: :Ne:

Stelle die Elektronenanordnung der äußeren Schalen für Na, Mg, Al, Si, P, S, Cl, Ar in der „Punkt-Schreibweise" dar.

Licht verrät den Bau der Elektronenhülle

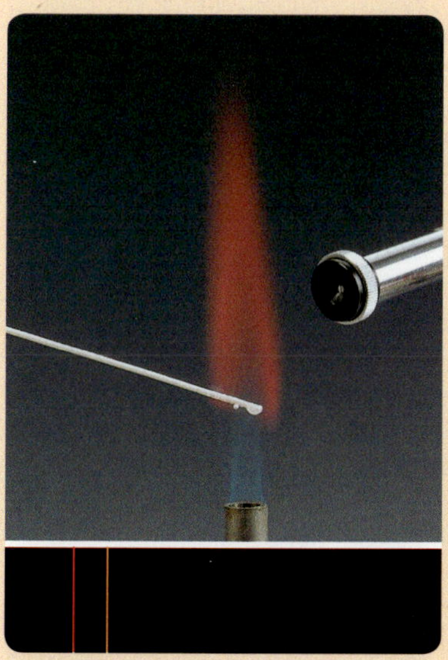

▲ *1. Mit einem angefeuchteten Magnesiastäbchen nimmt man wenige Kristalle des Salzes Lithiumchlorid auf. Das Magnesiastäbchen hält man in die Brennerflamme. Daraufhin färbt sich die Flamme rot. Wenn man sie durch ein Spektroskop betrachtet, erkennt man Spektrallinien.*

Bringt man ein Salzkörnchen Lithiumchlorid in die Brennerflamme, entsteht dabei immer rotes Licht. Wie kommt dies wohl zustande? Um dies zu untersuchen, wird die Flamme auch durch ein Spektroskop betrachtet. In einem Spektroskop wird das Licht zerlegt, es zeigen sich farbige Linien. Man nennt sie Spektrallinien.

Jedes chemische Element ist an seinem typischen Muster solcher Spektrallinien zu erkennen. Beim Lithium fallen eine deutliche rote und eine etwas schwächere orange Linie auf.

Aus solchen Beobachtungen, vor allem am Element Wasserstoff, schloss Bohr, dass in den Elektronenhüllen eine strenge Ordnung herrscht. Die Elektronen können sich nur auf bestimmten Bahnen ohne Energieverlust bewegen.

Durch Energiezufuhr kann ein Elektron auf eine energiereichere Bahn gehoben werden. Nach kurzer Zeit fällt es auf die alte Bahn zurück. Die zuvor aufgenommene Energie wird dabei als Licht einer ganz bestimmten Farbe wieder abgegeben. Es erscheint als Spektrallinie. Aus diesen Spektrallinien lässt sich der Bau der Elektronenhüllen berechnen.

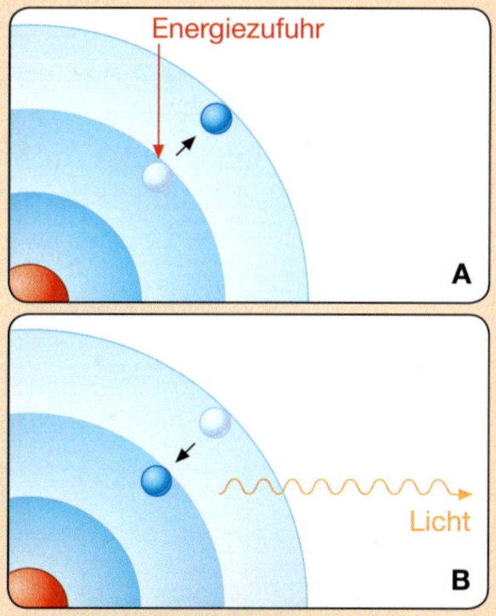

▲ *2. Energieaufnahme (A) und Energieabgabe (B)*

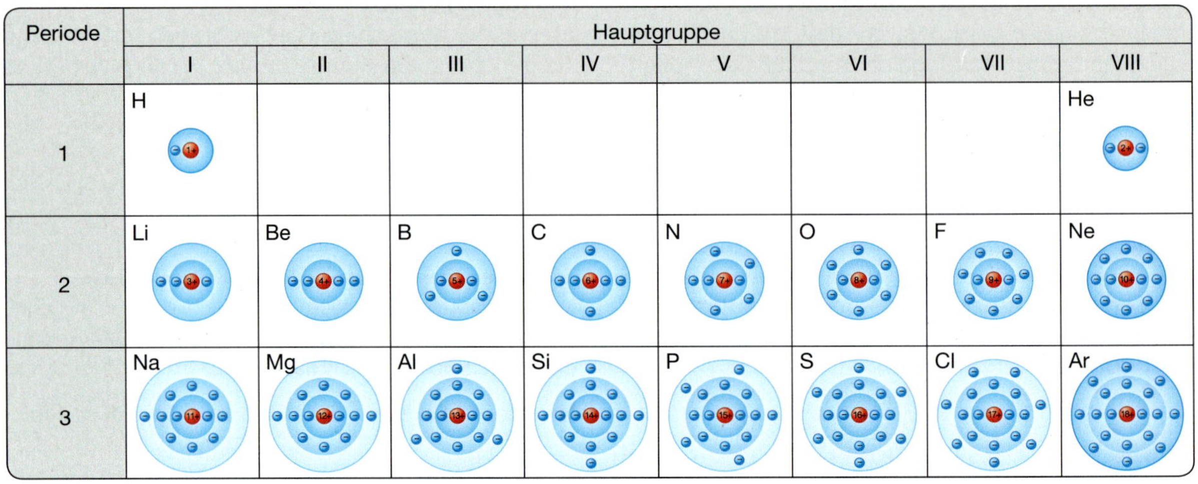

▲ *1. Die ersten drei Perioden aus dem Periodensystem*

1. Anordnung der Elektronen in der Atomhülle

a) Übertrage das verkürzte Periodensystem (Hauptgruppensystem) in dein Heft und kennzeichne alle Außenelektronen durch Punkte, die um das Elementsymbol geschrieben werden.
b) Warum gibt es in der 1. Periode nur zwei, in der 2. Periode dagegen acht Elemente?
c) Zeichne die Schalenmodelle für die Atome mit den Ordnungszahlen 4, 7, 16, 18, 19.
d) Im abgebildeten Periodensystem sind die Metalle braun, die Nichtmetalle gelb unterlegt. Wie unterscheiden sich die Atome der Metalle und der Nichtmetalle bezüglich der Anzahl ihrer Außenelektronen?

Perioden	Gruppen I	II	III	IV	V	VI	VII	VIII
1	$_{1}$H							$_{2}$He
2	$_{3}$Li	$_{4}$Be	$_{5}$B	$_{6}$C	$_{7}$N	$_{8}$O	$_{9}$F	$_{10}$Ne
3	$_{11}$Na	$_{12}$Mg	$_{13}$Al	$_{14}$Si	$_{15}$P	$_{16}$S	$_{17}$Cl	$_{18}$Ar
4	$_{19}$K	$_{20}$Ca	$_{31}$Ga	$_{32}$Ge	$_{33}$As	$_{34}$Se	$_{35}$Br	$_{36}$Kr
5	$_{37}$Rb	$_{38}$Sr	$_{49}$In	$_{50}$Sn	$_{51}$Sb	$_{52}$Te	$_{53}$I	$_{54}$Xe
6	$_{55}$Cs	$_{56}$Ba	$_{81}$Tl	$_{82}$Pb	$_{83}$Bi	$_{84}$Po	$_{85}$At	$_{86}$Rn

▲ *2. Verkürztes Periodensystem*

Elektronenhülle und Periodensystem. Im Jahr 1869 hatten die Chemiker MENDELEJEW und MEYER noch ohne Kenntnis vom Atombau ein Ordnungssystem für die damals bekannten Elemente gefunden. Sie ordneten die Elemente in diesem Periodensystem in der Reihenfolge ihrer Atommassen und nach den chemischen Verwandtschaften.

BOHR dagegen konnte das Periodensystem erklären. Nach seiner Theorie hängt die Anordnung der Elemente im Periodensystem von der **Anzahl der Elektronen** und vom **Bau der Elektronenhüllen** ab. Weil die Anzahl der Elektronen in der Hülle von der Anzahl der Protonen im Kern bestimmt wird, wird die Protonenzahl auch **Ordnungszahl** genannt. Die Elemente sind also nach **steigender Protonenzahl** im Periodensystem angeordnet.

Perioden. Alle Elemente, deren Atome gleich viele Elektronenschalen besitzen, stehen in einer Reihe nebeneinander, der **Periode.** Auf ein Alkalimetall folgt ein Erdalkalimetall, auf ein Halogen ein Edelgas. Die *Periodennummer* gibt die Anzahl der Schalen an.

Gruppen. Die Elemente mit gleicher Zahl an Außenelektronen stehen in einer **Gruppe** untereinander. Die Gruppennummer gibt, außer bei Helium, die Anzahl der Außenelektronen an. Die gleiche Anzahl von Außenelektronen ist die Ursache für die chemische Verwandtschaft innerhalb einer Gruppe.

Regeln zum Periodensystem. Zusammenfassend kann man für die Elemente der Hauptgruppen sagen:
- Nummer der Hauptgruppe = Anzahl der Außenelektronen
- Nummer der Periode = Anzahl der Elektronenschalen
- Es wird jeweils die äußerste Elektronenschale aufgefüllt.

Damit kann man jetzt auch das bisher „heimatlose" Element Wasserstoff in das PSE einordnen: Es besitzt ein Elektron in der ersten Schale, es gehört deshalb in die erste Hauptgruppe.

Im Periodensystem sind die Elemente nach steigender Protonenzahl in Perioden und Gruppen angeordnet.

1. Fragen zum Text

a) Warum nennt man die Protonenzahl eines Elements auch Ordnungszahl?
b) Was haben alle Atome der II. Hauptgruppe des Periodensystems gemeinsam?
c) Was haben alle Atome der 3. Periode gemeinsam?
d) Welche Anzahl an Elektronen kann die M-Schale maximal aufnehmen?
e) Nenne alle Elemente, deren Atome voll besetzte Außenschalen haben. Welche chemischen Eigenschaften haben diese Elemente?

2. Atombau und Periodensystem

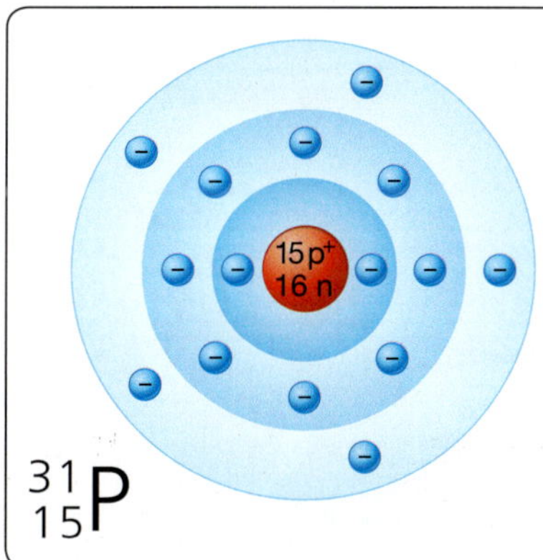

a) Zeige am Beispiel des Phosphor-Atoms, wie sich aus der Stellung eines Elements im Periodensystem der Aufbau seiner Atomhülle ableiten lässt.
b) Zeichne das Schalenmodell für das Element Nr. 20, Calcium. Erläutere daran dessen Stellung im Periodensystem.
c) Nach welchen Gesichtspunkten sind die Elemente in einer Periode angeordnet?
d) Wo findet man im Periodensystem chemisch verwandte Elemente und was haben diese gemeinsam?

Exkurs

Nebengruppenelemente im Periodensystem

In den Hauptgruppen des Periodensystems sind wichtige Metalle wie Eisen, Kupfer oder Gold nicht zu finden. Sie sind in den **Nebengruppen** eingeordnet. Dort stehen Elemente, bei denen die jeweils vorletzte oder sogar drittletzte Schale noch nicht vollständig gefüllt ist, obwohl die jeweilige Außenschale bereits ein bis zwei Elektronen enthält.

Bei gleicher Besetzung der Außenschalen beeinflussen unterschiedliche Elektronenzahlen innerer Schalen die chemischen Eigenschaften nur gering. Deshalb unterscheiden sich die Nebengruppenelemente einer Periode weniger voneinander als aufeinanderfolgende Hauptgruppenelemente. Es sind alles Metalle.

3. Zeichne die Schalenmodelle für das Eisen-, das Cobalt- und das Nickel-Atom und nenne die Unterschiede.

Nebengruppenelemente									
$_{21}Sc$ Scandium	$_{22}Ti$ Titan	$_{23}V$ Vanadium	$_{24}Cr$ Chrom	$_{25}Mn$ Mangan	$_{26}Fe$ Eisen	$_{27}Co$ Cobalt	$_{28}Ni$ Nickel	$_{29}Cu$ Kupfer	$_{30}Zn$ Zink
$_{39}Y$ Yttrium	$_{40}Zr$ Zirkonium	$_{41}Nb$ Niob	$_{42}Mo$ Molybdän	$_{43}Tc$ Technetium	$_{44}Ru$ Ruthenium	$_{45}Rh$ Rhodium	$_{46}Pd$ Palladium	$_{47}Ag$ Silber	$_{48}Cd$ Cadmium
$_{57}La$ Lanthan	$_{72}Hf$ Hafnium	$_{73}Ta$ Tantal	$_{74}W$ Wolfram	$_{75}Re$ Rhenium	$_{76}Os$ Osmium	$_{77}Ir$ Iridium	$_{78}Pt$ Platin	$_{79}Au$ Gold	$_{80}Hg$ Quecksilber

Besetzung der Schalen	Fe	Co	Ni
K-Schale	2	2	2
L-Schale	8	8	8
M-Schale	14	15	16
N-Schale	2	2	2

RUTHERFORD schießt auf Atome

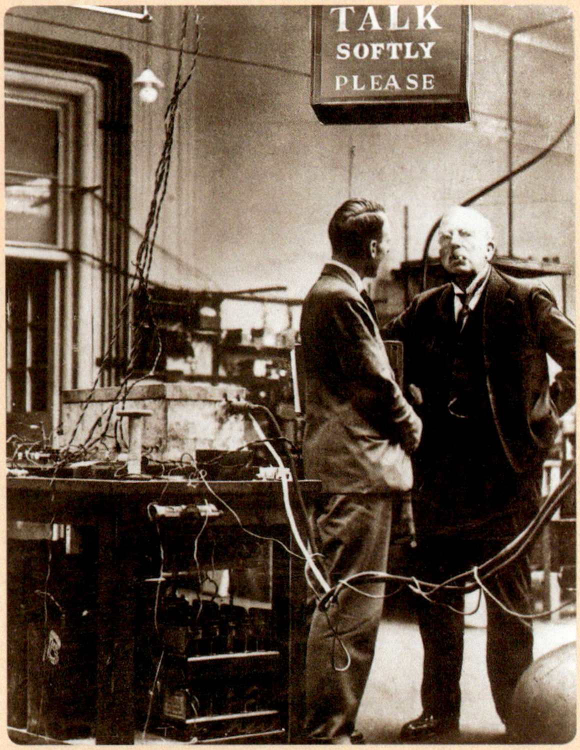

▲ *1. RUTHERFORD sprach immer sehr laut. Seine Mitarbeiter schalteten deshalb ein Warnschild ein, wenn sie mit empfindlichen Messgeräten arbeiteten*

Gegen Ende des 19. Jahrhunderts sahen die meisten Naturwissenschaftlicher in den Atomen die unteilbaren Bausteine der Materie. Um die elektrischen Eigenschaften der Stoffe und die chemischen Bindungskräfte erklären zu können, wollten sie herausfinden, wo im Atom die positiven und die negativen Ladungen sitzen. Sie suchten nach einer Möglichkeit, um in das Innere der Atome „hineinsehen" zu können.

Die Entdeckung der Radioaktivität. Im Jahre 1896 hatte BEQUEREL in Paris beim Experimentieren mit Uranverbindungen ein Stück Uranerz auf eine lichtdicht verpackte Fotoplatte gelegt. Beim Entwickeln der Platte entdeckte er, dass die Fotoschicht dort, wo das Erz gelegen hatte, kräftig geschwärzt war. Vom Uran gingen also energiereiche Strahlen aus, die die Verpackung der Fotoplatte durchdringen konnten. Sie wurden später als radioaktive Strahlen bezeichnet.

Es gibt drei Arten dieser Strahlen. Die Alpha-Strahlen bestehen aus zweifach positiv geladenen Teilchen, auch α-Teilchen genannt. Beta-Strahlen bestehen aus Elektronen. Die Gamma-Strahlen sind elektromagnetische Wellen, ähnlich den Röntgenstrahlen.

RUTHERFORDS Streuversuche. RUTHERFORD wollte mithilfe der radioaktiven Strahlen die innere Struktur von Atomen untersuchen. Er ließ deshalb in seinem Labor in Manchester hauchdünne Folien aus Blattgold mit energiereichen α-Teilchen beschießen. RUTHERFORD wusste, dass die α-Teilchen mit ihrer hohen Geschwindigkeit von 15 000 $\frac{km}{s}$ die etwa 1000 Atomschichten der Goldfolie leicht durchdringen konnten. Er wollte untersuchen, ob sie beim Durchgang durch die Goldfolie etwas abgelenkt würden.

Die α-Teilchen konnten mithilfe eines Zinksulfid-Schirms beobachtet werden. Beim Auftreffen auf die Zinksulfidschicht erzeugen sie einen winzigen Lichtblitz, den man mit einer Lupe erkennen kann. Mit diesem Verfahren konnte man zum ersten Mal einzelne atomare Teilchen indirekt beobachten und abzählen.

Bis zum Juni 1909 hatten RUTHERFORDS Mitarbeiter GEIGER und MARSDEN in zweijähriger Arbeit mehr als 100 000 Lichtblitze gezählt. Dabei hatten sie entdeckt, dass

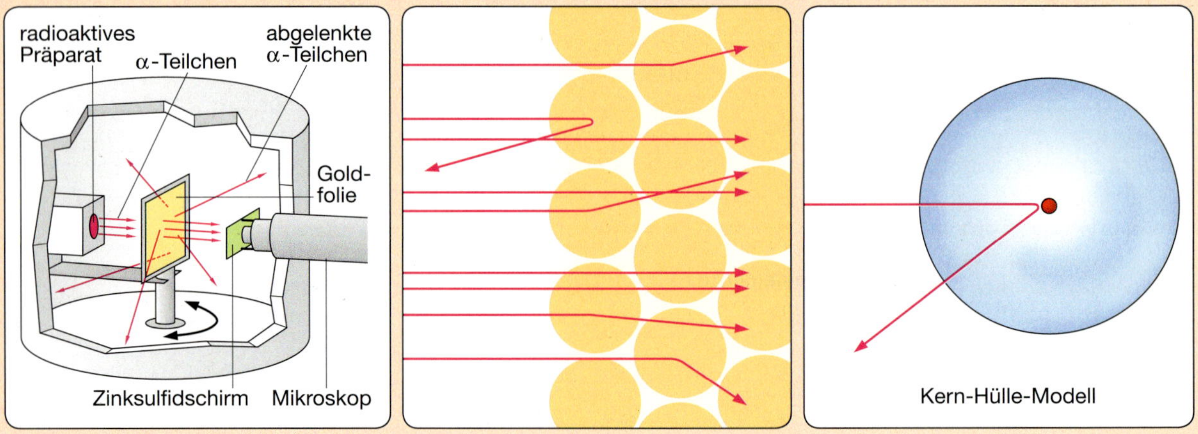

▲ *2. Die Streuversuche von RUTHERFORD führten … … zum Kern-Hülle-Modell*

manche α-Teilchen sehr stark abgelenkt wurden. Einige wurden sogar in die Ausgangsrichtung zurückgeworfen, so als wären sie auf ein festes Hindernis geprallt.

Diese Versuchsergebnisse waren so unerwartet, dass RUTHERFORD meinte: „Es ist, als würde man mit einer Kanonenkugel auf ein Taschentuch schießen und die Kugel würde in die Ausgangsrichtung zurückfliegen."
Um das zu erklären, musste er erst ein völlig neues Atommodell entwickeln, das er im März 1911 vorstellte, das Kern-Hülle-Modell.

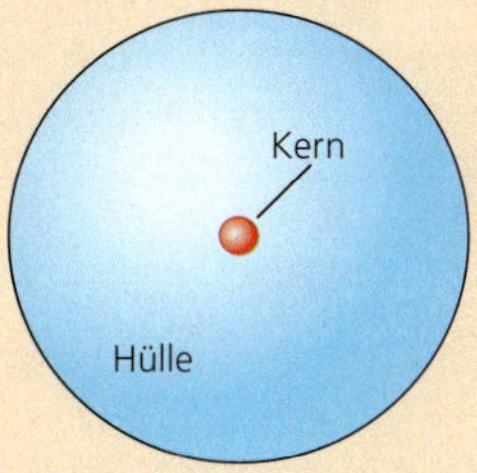

RUTHERFORDS Kern-Hülle-Modell. Im Zentrum jedes Atoms befindet sich ein winziger, positiv geladener, schwerer Kern. Er enthält über 99,9 % der Masse des Atoms, ist aber noch 10 000-mal kleiner als das ganze Atom. Das hatte RUTHERFORD aus der geringen Zahl der stark abgelenkten α-Teilchen und auch deren Ablenkungswinkeln berechnen können. Die meisten α-Teilchen waren ungehindert durch die Atome geflogen. Daraus schloss RUTHERFORD, dass der Atomkern von einer nahezu leeren Hülle umgeben ist. Sie wird aus den negativ geladenen, fast masselosen Elektronen gebildet.

Ein Atom ist insgesamt elektrisch neutral, da sich die positiven Ladungen des Kerns und die negativen Ladungen der Hülle ausgleichen.

Nach dem Kern-Hülle-Modell bestehen Atome also aus einem winzigen Atomkern und der Atomhülle. Der Kern ist positiv geladen und enthält fast die gesamte Masse des Atoms. Die Elektronen bilden die Atomhülle.

1. Woraus konnte RUTHERFORD schließen, dass Atomkerne positiv geladen und sehr schwer sein müssen?
2. Wie groß wäre ein Atom mit einem Atomkern von der Größe eines Stecknadelkopfes (d = 2 mm)?
3. Nenne die wesentlichen Unterschiede zwischen den Atommodellen von DALTON und von RUTHERFORD.

MARIE CURIE und die Entdeckung des Radiums

Im Herbst des Jahres 1891 kommt die junge Polin MARYA SKLODOWSKA nach Paris, um dort Physik und Chemie zu studieren. Sie macht glänzende Examen in Physik und Mathematik.
1895 heiratet sie den Physiker PIERRE CURIE und forscht von da an zusammen mit ihm.

▲ 2. *MARIE CURIE, zweifache Nobelpreisträgerin*

Im Herbst 1897 bringt sie Ihre Tochter, Irene, zur Welt. MARIE CURIE schließt mit ihrer Doktorarbeit an Forschungen auf dem Gebiet der strahlenden Substanzen an. Sie liest Becquerels Bericht über die Strahlung von Uransalzen und findet hier das Arbeitsgebiet für ihr ganzes Leben.
Sie schlägt den Namen Radioaktivität für diese Erscheinung vor. Bald entdeckt sie zwei weitere radioaktive Elemente, die sie Polonium und Radium (lat. Das Strahlende) nennt. Sie beschließt, diese Elemente in wägbaren Mengen rein darzustellen, um die Atommassen und die chemischen Eigenschaften zu bestimmen. Zusammen mit ihrem Mann arbeitete sie an diesem Vorhaben in einem als Labor eingerichteten, zugigen Schuppen. Sie musste erst chemische Trennverfahren entwickeln, um dann in vier Jahre langer, mühseliger Arbeit aus einer Tonne Uranerz 0,1 g Radium zu gewinnen.

MARIE CURIE gehört zu den wenigen großen Wissenschaftlerinnen, die sich in den Naturwissenschaften einen bleibenden Namen gemacht haben. 1903 erhielt sie zusammen mit ihrem Mann den Nobelpreis für Physik für ihre Arbeiten zur Radioaktivität. 1911 erhielt sie den Nobelpreis für Chemie für die Reindarstellung des Radiums. Sie starb mit 67 Jahren an den Folgen radioaktiver Strahlung im Jahr 1934.

Blick in die Nanowelt der Atome

1. Kleine Dinge sehen

Welche Möglichkeiten kennst du, um kleine und sehr kleine Dinge für unser Auge sichtbar zu machen?

2. Nanometer

a) Zeichne mit dem Lineal eine Strecke von 1 cm, dann eine Strecke von 1 mm. Schätze ab, wie eng zwei Punkte stehen können, damit du sie noch voneinander unterscheiden kannst.
b) 1 Nanometer ist der milliardste Teil eines Meters. Welchem Bruchteil eines Millimeters entspricht das?

▲ *1. Blick in das Herzstück eines Rastertunnelmikroskops; die zentrale Einheit ist federnd aufgehängt*

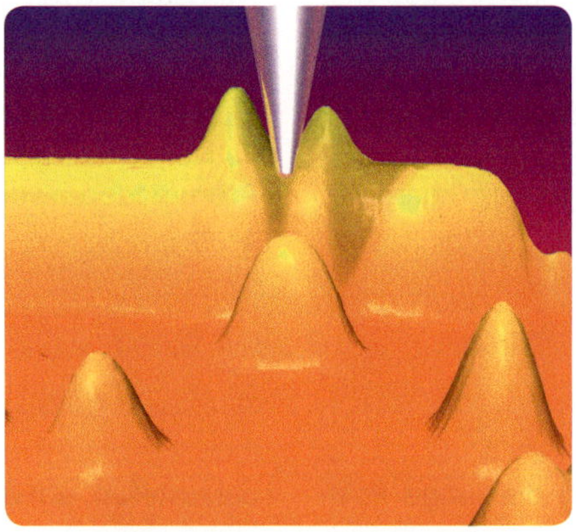

▲ *2. RTM-Bild: Cobalt-Atome auf Kupfer*

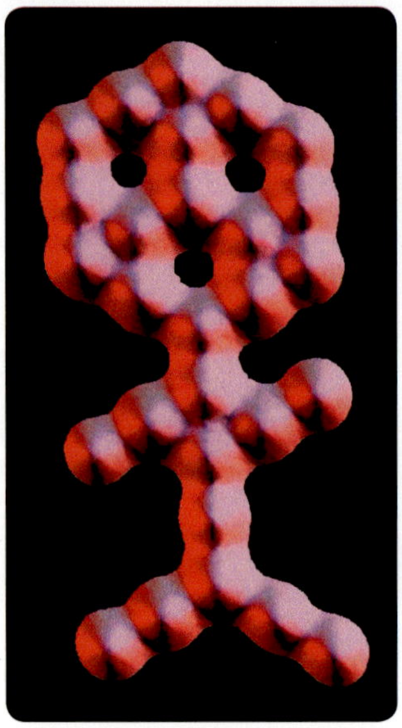

▲ *3. Das CO-Männchen*

Kann man Atome sehen? Wenn man ständig von Atomen und Molekülen spricht, verspürt man den Wunsch, sie auch einmal sehen zu können. Doch kann man Atome überhaupt sehen?
Kleine Details im Millimeterbereich können wir mit der Lupe vergrößert betrachten. Zellen von Pflanzen oder Tieren kann man im Lichtmikroskop untersuchen. Für die winzigen Bakterien und Viren braucht man ein Elektronenmikroskop. Hier erscheint das Bild schon nicht mehr direkt in unserem Auge, sondern zunächst auf einem Bildschirm.
Einfach gebaute Moleküle sind mit einer Größe von rund einem Nanometer aber selbst für ein Elektronenmikroskop zu klein; Atome sind mit etwa 0,1–0,4 Nanometern noch kleiner!
Ein Nanometer (1 nm) ist übrigens ein milliardstel Meter oder auch ein millionstel Millimeter.

Eine geniale Erfindung: das Rastertunnelmikroskop. Die Physiker Binnig und Rohrer erhielten 1986 den Physik-Nobelpreis für die Entwicklung und den Bau des Rastertunnelmikroskops (RTM).

Mit diesem Mikroskop ist es heute möglich, bis auf die Ebene der Atome und Moleküle vorzudringen. So konnte man damit erstmals den kugelförmigen Bau der Fullerene „sichtbar" machen.

Atome „fühlen". Die Bildentstehung beim RTM ist vergleichbar mir der Erzeugung von Ultraschallbildern, wie sie der Computer zum Beispiel von einem Baby im Mutterleib erzeugt.
Ein Rastertunnelmikroskop ist also kein Fotoapparat, sondern eine Art Messgerät mit angeschlossenem Computer.
Mit einer sehr feinen Spitze wird die Oberfläche einer Probe abgetastet. Aus den daraus erhaltenen elektrischen Signalen berechnet ein Computer Bilder. Da man diese auch noch bunt einfärben kann, kommt man zu oft sehr eindrucksvollen Ergebnissen. Atome kann man also nicht echt sehen, aber „fühlen" und mithilfe des Computers sichtbar machen.

Atome bewegen. Mit einem abgewandeltem Rastertunnelmikroskop kann man noch tiefer in die Welt der Atome eingreifen: Mit der feinen Spitze kann man nicht nur Oberflächen abtasten, sondern sogar Atome oder kleine Moleküle aufnehmen und an anderer Stelle wieder absetzen, wie mit einem Kran. So ist auch das originelle Bild des „CO-Männchens" entstanden. Das Männchen besteht aus 28 Molekülen des Stoffes Kohlenstoffmonooxid. Ein Wissenschaftler hat sie auf einer Platinoberfläche in Form eines Männchens angeordnet. Auch das Bild vom „Atomstadion" auf Seite 99 ist so entstanden. Es ist schon sehr beeindruckend, wie weit man heutzutage in die Welt der kleinen Teilchen vordringen kann.

Nanotechnologie. Erst die Entwicklung der Rastertunnelmikroskope hat es ermöglicht, Strukturen im Nanobereich darzustellen und zu erforschen. Die Vorsilbe Nano kommt übrigens aus dem Griechischen und bedeutet „Zwerg".

Im „Reich der Zwerge" herrschen ganz eigene Gesetze. Ganz gewöhnliche Materialien wie der Kohlenstoff zeigen plötzlich neue Eigenschaften, wenn sie auf die Größe von Atomen reduziert sind. Viele Nanomaterialien zeigen beispielsweise eine verbesserte elektrische Leitfähigkeit, extreme Härte oder unerwartete chemische Reaktivität. Und das, obwohl die Winzlinge chemisch identisch sind. Der einzige Unterschied ist die Größe.

Die Nanotechnik bringt Erkenntnisse aus allen Naturwissenschaften zusammen. Wissenschaftler planen, Materialien und molekulare Maschinen nachzubauen, wie es die Natur selbst tut, Atom für Atom.
Inzwischen gilt die Nanotechnologie als die Zukunftstechnologie schlechthin.

Mithilfe der Rastertunnelmikroskopie kann man Atome und Moleküle auf Oberflächen abtasten und sichtbar machen.
Die Nanotechnologie ist die Forschung und Technologieentwicklung auf der atomaren Ebene in einer Größenordnung von einem bis einhundert Nanometern.

1. Fragen zum Text

a) Wie groß ist 1 nm und was bedeutet der Name „Nano"?

b) Welche Erfindung hat es ermöglicht, Strukturen im Nanobereich sichtbar zu machen?

c) Beschreibe kurz, wie RTM-Bilder entstehen.

2. Recherche und Bilder-Ausstellung

Im Internet findet man inzwischen aus der ganzen Welt zahlreiche Bilder, aufgenommen von Rastertunnelmikroskopen. Druckt die schönsten davon aus (Quelle und Motiv angeben) und macht eine Ausstellung von der faszinierenden Bilderwelt der Atome.

Exkurs

So arbeitet ein Rastertunnelmikroskop

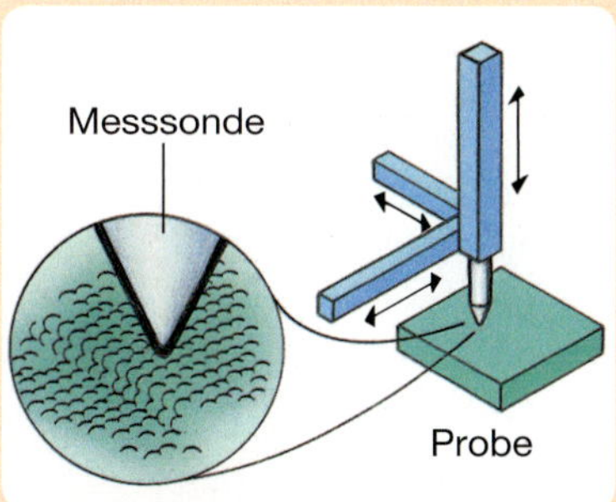

▲ 1. *Eine Probe wird zeilenweise abgetastet*

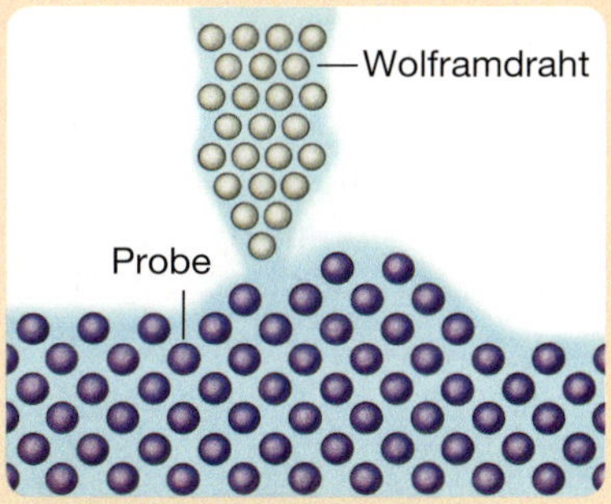

▲ 2. *Der Wolframdraht dient als Messsonde*

Das Wichtigste an einem Rastertunnelmikroskop ist die Messsonde. Man verwendet oft einen Draht aus dem Metall Wolfram mit einer extrem feinen Spitze. Sie wird bis auf etwa 0,000 001 mm (= 1 nm) an die Metalloberfläche herangeführt.

Wird an den Draht eine positive Spannung angelegt, fließen Elektronen von der Metalloberfläche ab, ohne dass die Spitze Kontakt hat. Die Stärke dieses Elektronenstroms hängt vom Abstand zur Probe ab.

Die Probe wird nun zeilenweise abgetastet. Die Wolframspitze wird dabei so gesteuert, dass sie stets den gleichen Abstand zu den Oberflächen-Atomen einhält.
Aus den Steuerungssignalen wird das Profil der Metalloberfläche berechnet und zu einem etwa einhundertmillionenfach vergrößerten Bild verarbeitet.

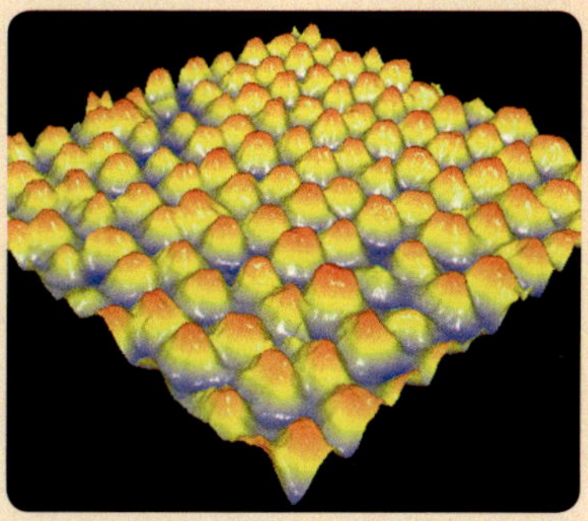

Der Lotuseffekt

Kennst du Kapuzinerkresse? Diese Pflanze wird wegen der orangeroten Blüten gerne in Gärten gesät. An dieser Art hat man eher zufällig entdeckt, warum deren Blätter kaum schmutzig werden. Wasser perlt darauf immer rasch ab und nimmt dabei Schmutzteilchen mit. Vielleicht kannst du es einmal ausprobieren (Abb. 1)?

▲ *1. Kapuzinerkresse*

Lotuseffekt. Bekannt ist diese wasserabweisende Wirkung von Blättern unter dem Namen **Lotuseffekt.** Bei der Lotusblume (Abb. 2 und 3), einem Seerosengewächs, ist dieser Effekt nämlich besonders stark ausgeprägt.
Die Lotusblume stammt aus Asien und gilt dort heute noch als heilige Pflanze. Das liegt wohl auch daran, dass die Wasserpflanze stets sauber aussieht, obwohl sie mitten in schlammigen Tümpeln wächst. Diese Eigenschaft hat Menschen schon lange sehr beeindruckt.

Der „Trick" der Lotusblume. Worin liegt nun das Geheimnis für die wasserabweisende Wirkung? Herausgefunden hat man dies erst, als man die Oberfläche der Blätter mit modernen Elektronenmikroskopen genau untersuchen konnte.
Man könnte zunächst vermuten, dass die Oberflächen bei Kapuzinerkresse und Lotusblume besonders glatt sind – und das Wasser deshalb so leicht abperlt. Doch tatsächlich ist es genau umgekehrt.
Die oberste Zellschicht besitzt in gewissen Abständen kleine Erhebungen. Außerdem befindet sich noch eine dünne Schicht feinster Wachskristalle in Nanometergröße auf der Oberfläche. Wachs ist extrem wasserabweisend (hydrophob). Diese spezielle Oberfläche ist für den Lotuseffekt verantwortlich.

◀ *2. Blüte und ...*
▼ *3. ... Blatt der Lotusblume*

Wassertropfen und Schmutz bleiben deshalb so schlecht darauf haften, weil es nur winzige Flächen sind, an denen sie überhaupt mit der Oberfläche in Kontakt kommen. Außerdem ist der Wachsüberzug ja besonders wasserabweisend. Beides führt zu dem verblüffenden selbstreinigenden Effekt.

Anwendungen. Seit einigen Jahren versucht man nun, den Lotuseffekt technisch nutzbar zu machen. Die Abbildungen unten zeigen einen Textilstoff, der mit einer künstlichen Beschichtung überzogen worden ist. Nach dem Muster der Lotusblume wird auch hier verhindert, dass Wasser und Schmutz ausreichenden Kontakt mit dem Stoff bekommen.

1. Informiere dich näher über den Lotuseffekt. Stelle daraus Material für einen kurzen Vortrag (10 Minuten) zusammen.

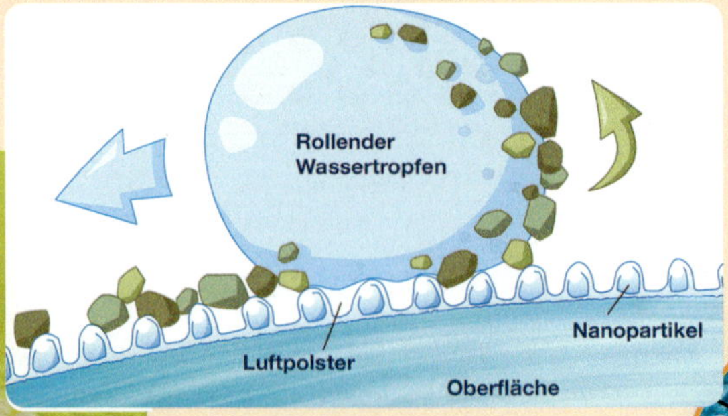

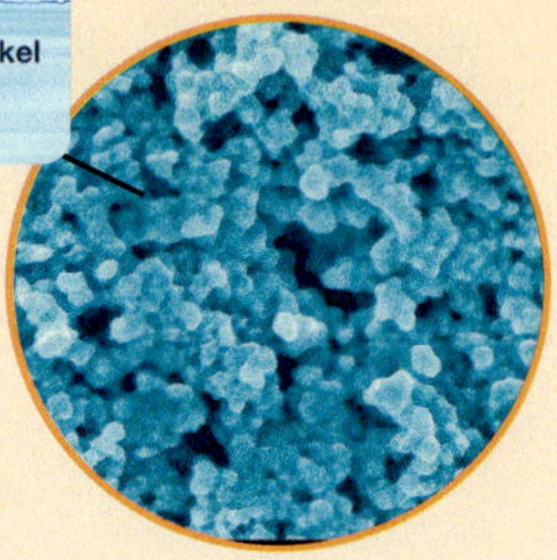

◀▲ *4. Textilgewebe mit Lotuseffekt. Die Nanoteilchen halten Wasser und Schmutz auf Abstand* ▶

Die Wunderwelt der Nano-Materialien

Nano-Materialien sind nahezu überall in Technik und Industrie von Bedeutung. Von der Bauindustrie über Lacke und Farben, den Autobau, der Elektronik, Luft- und Raumfahrt bis zur Medizintechnik. Einige Produkte gibt es schon, die meisten sind noch im Forschungslabor.

Fassadenfarbe (Abb. 1) mit selbstreinigender Wirkung war das erste Produkt, das den Lotuseffekt der Natur nachahmt. Auch Dachziegel und Textilstoffe können inzwischen so behandelt werden, dass sie schmutz- und wasserabweisend werden.

Diese **Farbpigmente (Abb. 2)** bestehen aus Aluminiumplättchen, die mit einer nur wenige Nanometer dünnen Eisenoxidschicht überzogen sind. Die hauchdünnen Eisenoxidfilme reflektieren das Licht besonders gut und sorgen für kräftige Farben zum Beispiel in Autolacken.

In **Sonnenschutzmitteln** mit hohem Lichtschutzfaktor befinden sich oft 200 nm kleine Partikel aus Zinkoxid **(Abb. 3)** oder Titandioxid. Sie reflektieren das Sonnenlicht und verhindern so einen Sonnenbrand. Nur weil die Teilchen sehr klein sind, bleiben die sonst weiß aussehenden Stoffe für das Auge unsichtbar und die Creme durchsichtig.

Minibrennstoffzellen sollen Batterien und Akkus in Zukunft ersetzen. Probleme macht noch die Speicherung des Brennstoffes Wasserstoff. Ein mögliches Speichermedium für Wasserstoff sind hoch poröse **Nanowürfel (Abb. 4)** mit großer Oberfläche, hergestellt aus einer Zink-Kohlenstoff-Verbindung.

Schaumstoffe (Abb. 5) mit Poren im Nanometerbereich sollen eine 50% bessere Wärmedämmung haben als herkömmliche Schaumstoffe.

Nano-Eisenoxidpartikel dienen als Waffe gegen Krebs. Der Tumor nimmt die Eisenpartikel auf, weil sie an der Oberfläche mit Zuckermolekülen beschichtet sind. So reichern sie sich im Krebsgewebe an. Durch starke magnetische Wechselfelder werden die Eisenteilchen in starke Schwingungen versetzt und erhitzen so das Gewebe. Bei über 70 °C sterben die Tumorzellen ab.

Nanoröhrchen aus Kohlenstoff sind ein Schwerpunkt der Nano-Forschung. Allein für diese Gruppe denkt man an Dutzende von Anwendungsmöglichkeiten, von Computerchips und Leuchtdioden bis hin zum Flugzeugbau …

Risiken der Nanotechnologie. Teilchen im Nanomaßstab stehen im Verdacht, sich im Körper anzureichern und dort möglicherweise Schäden zu verursachen. Das gilt vor allem für Stoffe, die der Körper nicht abbauen kann. So befürchtet man bei Nanoröhrchen aus Kohlenstoff, dass sie, eingeatmet in der Lunge, ähnlich wirken könnten wie die krebsauslösenden Asbestfasern. Auch die feinen Rußteilchen in Abgasen, der so genannte Feinstaub, zählt von der Größe her zu den Nanoteilchen.

1. Recherchiere im Internet nach Forschungsprojekten im Bereich der Nanoröhrchen (engl.: nanotubes).

2. Finde heraus, wie die Risiken durch Nanoröhrchen aktuell beurteilt werden.

Elementfamilien und Atombau

→ Elementfamilien: Elemente mit ähnlichen Eigenschaften kann man zu Elementfamilien zusammenfassen.

→ Alkalimetalle: Dazu gehören Lithium, Natrium, Kalium, Rubidium und Caesium.
- Metallische Eigenschaften (Glanz, Leitfähigkeit)
- sehr weich, äußerst reaktionsfähig
- Heftigkeit der Reaktion nimmt von Lithium zu Kalium zu.
- charakteristische Flammenfärbung

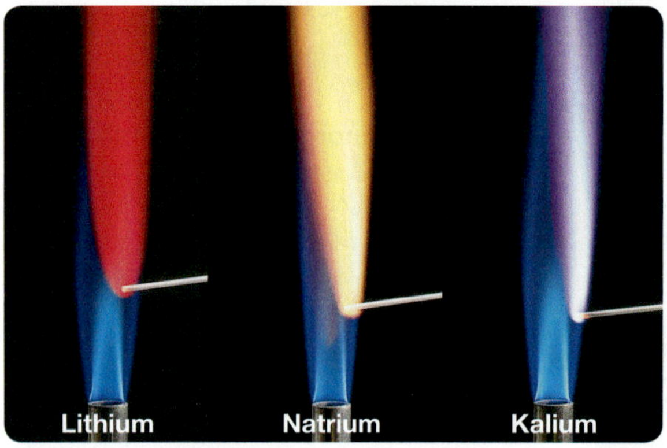

→ Erdalkalimetalle: Beryllium, Magnesium, Calcium, Strontium, Barium.
- Ähnliche Eigenschaften wie die Alkalimetalle
- aber härter, nicht so reaktionsfreudig
- charakteristische Flammenfärbung bei Calcium, Strontium und Barium; Magnesium verbrennt leuchtend weiß

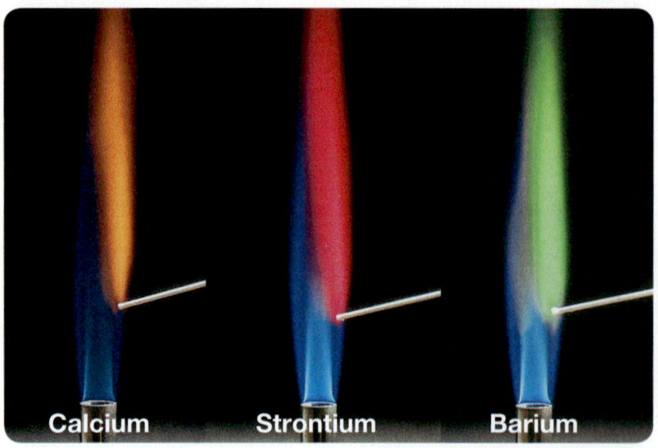

→ Halogene: Fluor, Chlor, Brom und Iod.
- Sehr reaktionsfreudige Nichtmetalle
- bilden zweiatomige Moleküle (F_2, Cl_2, Br_2, I_2)
- Reaktionsfreudigkeit nimmt von Fluor zu Iod hin ab
- alle Halogene sind giftig
- mit Metallen reagieren Halogene zu Salzen

→ Edelgase: Helium, Neon, Argon, Krypton, Xenon, und Radon.
- kommen als einzelne Atome (atomar) vor
- sind äußerst reaktionsträge
- werden oft als Schutzgas verwendet

→ Periodensystem: Im Periodensystem sind alle Elemente in Gruppen und Perioden angeordnet.
- Senkrechte Spalten im Periodensystem heißen **Gruppen.** Hier stehen chemisch verwandte Elemente untereinander.
- Waagerechte Zeilen heißen **Perioden.**
- **Metalle** stehen im Periodensystem links und in den Nebengruppen.
- **Nichtmetalle** stehen rechts und oben.
- **Halbmetalle** findet man zwischen Metallen und Nichtmetallen.

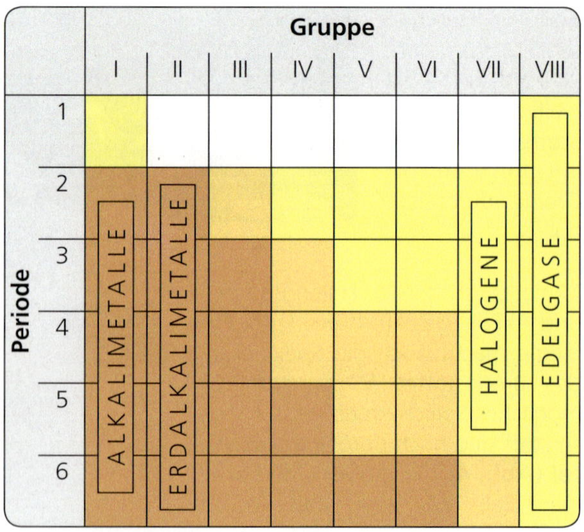

→ **Atome:** Alle Elemente sind aus Atomen aufgebaut.

→ **Atommodelle:** Das Wissen über die Atome wird in Modellen dargestellt. Diese Beschreibungen der Atome haben sich im Laufe der Geschichte immer wieder verändert und verfeinert.

DALTON Kugelmodell | THOMSON „Rosinenkuchen-Modell“ | RUTHERFORD Kern-Hülle-Modell | BOHR Schalenmodell

→ **Atomkern:** positiv geladen; besteht aus **Protonen** (positiv geladen) und **Neutronen** (elektrisch neutral). Die Zahl der Protonen bestimmt, um welches Element es sich handelt.

→ **Atomhülle:** negativ geladen; wird von Elektronen gebildet, die sich in schalenförmigen Räumen um den Atomkern bewegen. Die Schalen werden von innen nach außen als K-, L-, M- usw. Schale bezeichnet.

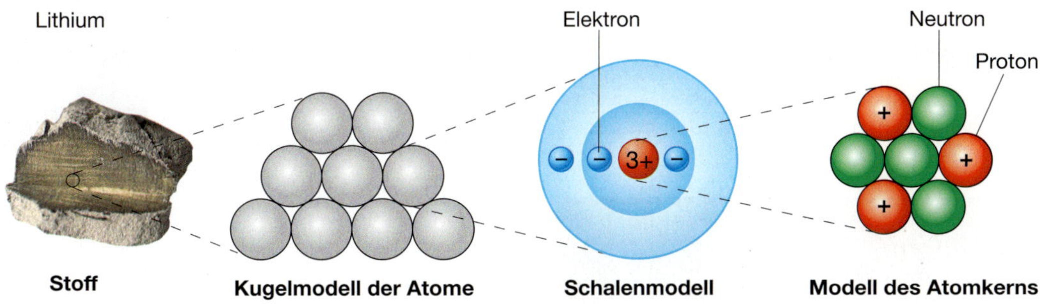

7 ——— **Massenzahl** = Zahl der Protonen + Zahl der Neutronen

Li

3 ——— **Kernladungszahl (Ordnungszahl)** = Zahl der Protonen = Zahl der Elektronen

→ **Isotope:** Atome eines Elements, die sich nur in der Neutronenzahl unterscheiden. Sie haben unterschiedliche Massen, aber gleiche chemische Eigenschaften.

→ **Atombau und Periodensystem:** Im Periodensystem sind die Elemente nach steigender Protonenzahl und nach dem Bau ihrer Atomhüllen angeordnet. Die Elektronen der jeweils äußeren Schale bestimmen die chemischen Eigenschaften der Elemente.

Elemente mit gleicher Anzahl an Außenelektronen, hier: II (zwei)

Perioden	Gruppen I	II	III	IV	V	VI	VII	VIII
1	$_{1}$H							$_{2}$He
2	$_{3}$Li	$_{4}$Be	$_{5}$B	$_{6}$C	$_{7}$N	$_{8}$O	$_{9}$F	$_{10}$Ne
3	$_{11}$Na	$_{12}$Mg	$_{13}$Al	$_{14}$Si	$_{15}$P	$_{16}$S	$_{17}$Cl	$_{18}$Ar
4	$_{19}$K	$_{20}$Ca	$_{31}$Ga	$_{32}$Ge	$_{33}$As	$_{34}$Se	$_{35}$Br	$_{36}$Kr
5	$_{37}$Rb	$_{38}$Sr	$_{49}$In	$_{50}$Sn	$_{51}$Sb	$_{52}$Te	$_{53}$I	$_{54}$Xe
6	$_{55}$Cs	$_{56}$Ba	$_{81}$Tl	$_{82}$Pb	$_{83}$Bi	$_{84}$Po	$_{85}$At	$_{86}$Rn

Elemente mit gleicher Anzahl an Elektronenschalen, hier: 3

Ordnungszahl

Elementfamilien und Atombau

1. Alkalimetalle

a) Nenne alle Alkalimetalle.
b) Warum kommen Alkalimetalle in der Natur nicht als Elemente vor?
c) Vergleiche die Alkalimetalle untereinander. Wie unterscheiden sie sich in der Reaktionsfähigkeit und in der Härte?

2. Merkwürdige Aufbewahrung

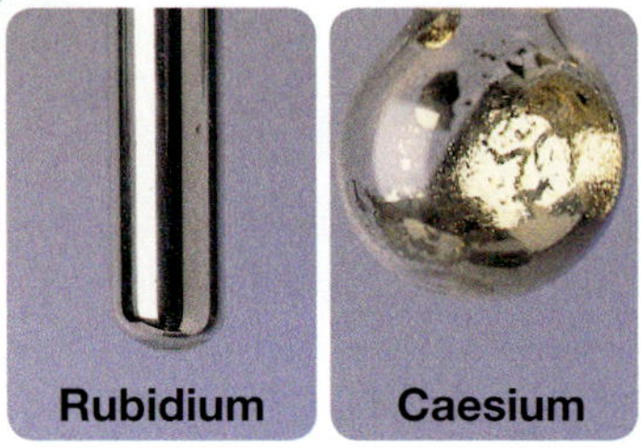

Die Elemente Rubidium und Caesium werden zur Aufbewahrung in luftleere Glasampullen eingeschmolzen.
Stelle Vermutungen an, weshalb das notwendig ist.

3. Welcher Stoff ist es?

Lithiumchlorid und Kaliumchlorid sehen sehr ähnlich aus. Durch welches Experiment könnte man sie unterscheiden?

4. Natrium auf Filterpapier

Gibt man Natrium auf trockenes Papier, verliert es bald den Metallglanz.
Gibt man ein Stück Natrium auf ein feuchtes Blatt Papier, schmilzt es nach kurzer Zeit. Es bildet sich eine glänzende Kugel. Man sieht eine leuchtende gelbe Flamme.
Gibt man es in eine Schale mit Wasser, so schmilzt auch hier das Natrium, aber es bilden sich meist keine Flammen.
Erkläre die Ergebnisse dieser drei Versuche.
Tipp: Gehe folgenden Fragen nach: Welche Schmelztemperatur hat Natrium? Was kann hier mit einer Flamme brennen?

5. Erdalkalimetalle

a) Wie heißen die Erdalkalimetalle?
b) Nenne einige Verbindungen der Erdalkalimetalle, denen wir im Alltag begegnen können.
c) Welches Erdalkalimetall reagiert am leichtesten mit Wasser?
d) Formuliere die Wortgleichung für die Verbrennung (Oxidation) eines Erdalkalimetalls.
e) Stelle die Reaktionsgleichung aus d) in Formelschreibweise auf.

6. Flammenfärbung

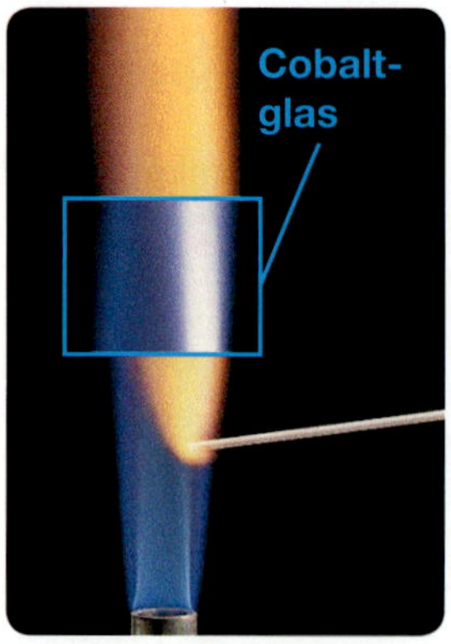

Bei der Untersuchung einer unbekannten Substanz erhält man eine gelbe Flammenfärbung. Durch ein blaues Cobaltglas betrachtet, kann man aber eine blassviolette Flamme sehen. Erkläre diese Beobachtungen.

7. Magnesium in Wasser

Schmirgle ein Stück Magnesiumband blank und gib es in ein Reagenzglas mit heißem Wasser.
a) Was kannst du an den Rändern des Magnesiumbandes beobachten?
b) Worum kann es sich dabei handeln? Begründe deine Vermutung.
c) Wie kannst du feststellen, was für ein Stoff tatsächlich entstanden ist?

8. Halogene

a) Wie ändern sich die Aggregatzustände in der Elementfamilie der Halogene?
b) Mit welchem Halogen lässt es sich am ungefährlichsten experimentieren?
c) Wie lässt sich die Gefährlichkeit der Halogene chemisch erklären?
d) Leitungswasser wird manchmal gechlort. Warum macht man das?
e) Finde durch eine Recherche heraus, ob es auch Alternativen zum Chloren von Trinkwasser gibt.

9. Elementfamilien

a) Nenne die typischste Eigenschaft der Edelgase.
b) Suche Argumente dafür, dass man Elemente zu Elementfamilien zusammenfasst.
c) Erkläre mithilfe des Atombaus, warum Fluor, Chlor, Brom und Iod eine Elementfamilie bilden.

10. Perioden und Gruppen

a) Wie unterscheiden sich die Elemente innerhalb einer Gruppe?
b) Was haben Elemente innerhalb einer Periode im Periodensystem gemeinsam?

11. Periodensystem

a) Nenne die Elemente der 4. Hauptgruppe und der 3. Periode des Periodensystems.
b) Auf welcher Seite im Periodensystem findet man die Nichtmetalle und wo stehen die Edelgase?

12. Wer oder wie bin ich?

a) Ein Element steht in der 7. Hauptgruppe in der 4. Periode. Wie heißt es?
b) Ein Element in der 5. Periode reagiert ähnlich wie das Element Chlor. Wie heißt es?

c) Ein Metall X steht in der 1. Hauptgruppe über dem Element Y. Welches Element reagiert heftiger mit Wasser?
d) Wo steht dieses Element (Foto) im Periodensystem?
e) Ein Element steht in der 2. Periode und der IV. Gruppe des Periodensystems. Was lässt sich daraus über den Bau der Elektronenhüllen seiner Atome aussagen?

13. Größenverhältnisse

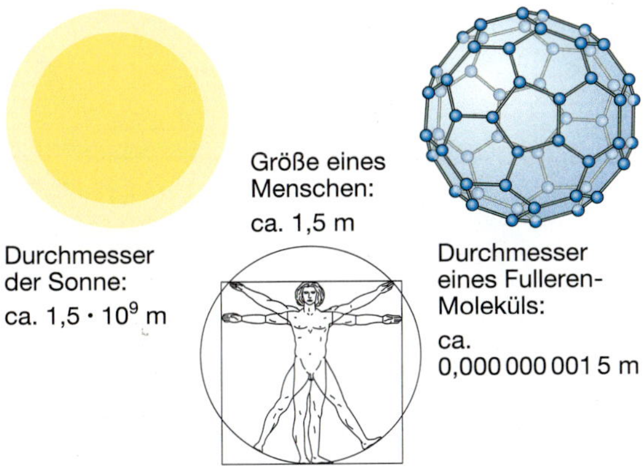

Vergleiche diese Größenordnungen miteinander: Mensch, Sonne, Fulleren.
a) Wie viel mal größer ist die Sonne als ein Mensch?
b) Wie viel mal größer ist ein Mensch als ein Fulleren-Molekül?
c) Wie groß ist ein Nanometer?

14. Atombau

a) Erläutere den Aufbau eines Magnesium-Atoms.
b) Warum sind Atome elektrisch neutral, obwohl sie geladene Teilchen enthalten?
c) Wie hängt der Bau der Atome mit der Anordnung der Elemente im Periodensystem zusammen?

15. Atombau und Periodensystem

a) Nenne alle Elemente, deren Atome voll besetzte Außenschalen haben. Welche Eigenschaften haben diese Elemente?
b) Was bedeuten die Zahlen in dem Symbol ${}^{35}_{17}Cl$ und was sagen sie über den Aufbau des Atoms aus?
c) Die im Periodensystem aufeinanderfolgenden Elemente Argon, Kalium und Calcium haben nahezu die gleichen Atommassen. Erkläre, warum diese Elemente dennoch so unterschiedliche chemische Eigenschaften besitzen.
d) Vergleiche die Atommassen von Cobalt und Nickel im Periodensystem. Gib eine Erklärung dafür, warum Cobalt trotz der kleineren Ordnungszahl die größere Atommasse hat.
e) Um welche Atome handelt es sich jeweils?

${}^{31}_{15}?$ ${}^{52}_{24}?$ ${}^{195}_{78}?$ ${}^{197}_{79}?$ ${}^{201}_{80}?$ ${}^{...}_{88}?$ ${}^{59}_{...}?$

16. Isotope

a) Erläutere den Begriff Isotop. Gib Beispiele an.
b) Woran liegt es, dass man Isotope eines Elements nicht mit chemischen Methoden voneinander trennen kann?

17. Modellversuch

In Massenspektrographen kann man elektrisch geladene Atome nach Ihrer Masse trennen. Beschreibe den abgebildeten Modellversuch. Wo landen die leichtesten, wo die schwersten „Atome"?

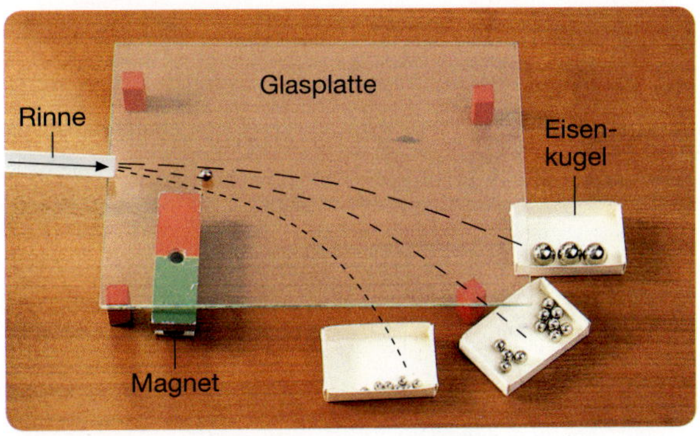

5 Salze sind unentbehrlich

In der Naica-Höhle in Mexico hat man die wohl größten Kristalle der Welt entdeckt. Was man als Mineraliensammler in der Größe von Millimetern oder Zentimetern kennt, hat hier riesige Ausmaße: Gipskristalle von bis zu zwölf Metern Länge! ▼

Salze sind lebenswichtig für Pflanzen, Tiere und Menschen. Jede lebende Zelle braucht sie. Wir brauchen sie auch für den Aufbau der Knochen, für die roten Blutkörperchen, die Muskeln, die Nerven und so weiter…

Das bekannteste Salz, das Kochsalz, spielt nicht nur im Haushalt eine große Rolle. Es wird vor allem in der chemischen Industrie als Rohstoff genutzt.

Auffällig ist, dass man viele Salze in regelmäßig aussehenden Formen finden kann, als Salzkristalle. Das lässt schon ahnen, dass die Salze auch im Innern regelmäßig aufgebaut sind.

▲ 3. Pflanzen nehmen mit den Wurzeln nicht nur Wasser auf, sondern auch im Wasser gelöste Salze. Wenn der Boden zu wenig davon enthält, muss man sie durch Düngung zuführen. In diesem Bergwerk werden Kaliumsalze für Düngemittel abgebaut.

▲ 1. Versuche selbst, Kochsalzkristalle zu „züchten": Gib etwa 20 g Kochsalz in 50 ml Wasser und rühre gut um. Gib etwas von der überstehenden Lösung in einen flachen Teller oder in eine Petrischale. Stelle sie für mehrere Tage an einen warmen Ort.

2. Die Kreidefelsen auf Rügen bestehen weitgehend aus sehr feinen Kalkteilchen. Es sind Ablagerungen aus den Überresten von kalkbildenden Algen und anderen Kleinstlebewesen im Meer. Kalk ist chemisch Calciumcarbonat. Auch Kalk gehört zu den Salzen. ▼

Kochsalz im Alltag

1. Mind-Map zum Thema Salz

Was fällt euch im Zusammenhang mit Salz an Stichwörtern ein? Erstellt dazu in kleinen Gruppen eine Mind-Map.
Was interessiert euch am Thema Salze besonders?

2. Verschiedene Bezeichnungen für Salz

Im Handel findet man Bezeichnungen wie Steinsalz, Meersalz oder Siedesalz. Sie beziehen sich auf die Gewinnungsmethoden des Salzes. Versuche diese Begriffe zu erläutern.

3. Gradierwerke

Bei der Gewinnung von Siedesalz ließ man früher das salzhaltige Wasser vor dem Eindampfen über dicht gepacktes Reisig rieseln. Dabei verdunstete ein Teil des Wassers. Diese Anlagen heißen Gradierwerke. Heute betreibt man sie in Kurorten nur noch zur Linderung von Atemwegserkrankungen.
Welchen Nutzen boten diese Gradierwerke damals bei der Salzgewinnung?

4. Salz und Lebensmittel

a) Verteile gleiche Mengen Quark auf Schälchen und behandle den Quark mit unterschiedlichen Mengen Kochsalz. Das Salz kannst du entweder über den Quark streuen, oder unter den Quark mischen. Lass die Proben einige Tage stehen. Fotografiere und protokolliere das Aussehen des Quarks. Fasse das Ergebnis in einem Untersuchungsbericht zusammen.
b) Informiere dich, wie luftgetrockneter Schinken hergestellt wird.

5. „Sodium Chloride" im Shampoo

Auf vielen Etiketten von Shampoos oder Duschmitteln findest du einen Inhaltsstoff, der das Produkt dickflüssig macht. Er trägt die englische Bezeichnung „Sodium Chloride". Finde heraus, was man darunter versteht.

6. Salz: Gut gegen Glätte, schädlich für Pflanzen?

Untersuche die Wirkung von Salz auf Pflanzen. Stelle dazu eine 10 %ige, eine 5 %ige, eine 2 %ige und eine 0,5 %ige Kochsalzlösung her.
Gib Filterpapier in 5 Petrischalen und verteile darauf gleichmäßig einige Kressesamen. Tränke die Filterpapiere mit den verschiedenen Salzlösungen. Eine Schale wird zur Kontrolle mit Leitungswasser gegossen. Stelle die Schalen an einen hellen, warmen Ort, befeuchte sie täglich und beobachte. Trage die Ergebnisse übersichtlich in eine Tabelle ein. Deute dein Versuchsergebnis.

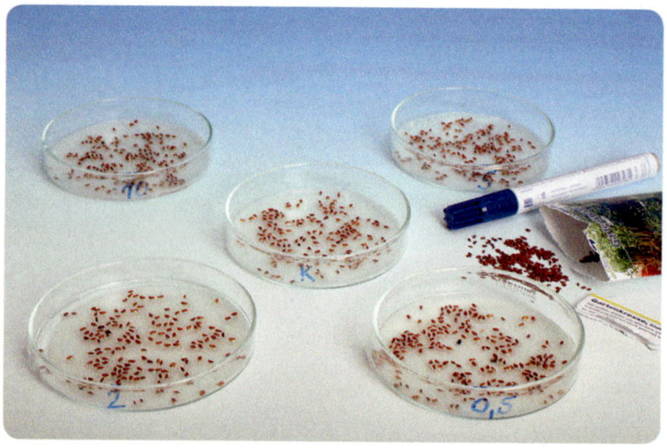

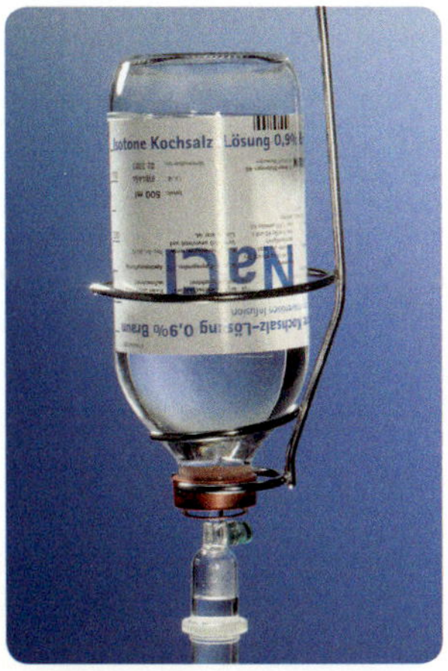

▲ 1. *Physiologische Kochsalzlösung*

Salz ist lebensnotwendig. Schweiß ist salzig, auch unsere Tränen schmecken salzig. Täglich scheidet unser Körper Salz aus, über die Nieren – aber auch über die Haut. Deshalb müssen wir immer wieder Salz zu uns nehmen. Dies gilt besonders nach einem Flüssigkeitsverlust durch Schwitzen oder Durchfall. Patienten bekommen nach einer Operation Infusionen mit einer 0,9%igen Kochsalzlösung. Sie heißt **physiologische Kochsalzlösung,** weil sie der Salzkonzentration unserer Zellen entspricht.
Zu viel Salz kann aber **schädlich** sein. Manche Menschen bekommen einen zu hohen Blutdruck davon.

Salz als Konservierungsmittel. Mit Salz lassen sich Nahrungsmittel haltbar machen. Bakterien werden aber nicht abgetötet. Salz bindet Wasser und entzieht damit den Bakterien die Lebensgrundlage. Sie können sich dann nicht weiter vermehren.
Aus diesem Grund konnte man früher mit Salz viel Geld verdienen. Bevor es elektrischen Strom und Kühlschränke gab, war das Salzen nämlich die wichtigste Methode zur **Lebensmittelkonservierung** – vor allem für Fleisch und Fisch. Salz war sehr wichtig, knapp und deshalb auch sehr teuer; man hat es daher auch als **weißes Gold** bezeichnet.

Salz hat verschiedene Namen. Wird Salz zum Kochen verwendet, spricht man von **Koch- oder Speisesalz.** Verwendet man Salz, um den Wasserenthärter in der Spülmaschine aufzufrischen, so spricht man von **Regeneriersalz.** Gegen Glätte im Winter setzt man **Streusalz** ein. Chemisch handelt es sich jedes Mal um denselben Stoff; um **Natriumchlorid** (engl.: Sodium Chloride). Es gibt aber noch viele andere Salze.

Drei Methoden zur Salzgewinnung. Festes Salz kann man aus Meerwasser gewinnen, es wird dann als **Meersalz** gehandelt. Fördert man das feste Salz aus Bergwerken, nennt man es **Steinsalz.**
Um Salz aus salzhaltigen Quellen zu gewinnen, dampft man die Salzlösung, die Sole, ein. Zurück bleibt das **Siedesalz.**

▲ 2. *Im Salzbergwerk*

Kochsalz ist in der richtigen Menge ein unentbehrliches Lebensmittel. Es war früher das wichtigste Konservierungsmittel für Fleisch und Fisch. Kochsalz ist chemisch Natriumchlorid.

1. Fragen zum Text

a) Weshalb müssen wir täglich immer wieder Salz zu uns nehmen?
b) Was ist eine physiologische Kochsalzlösung?
c) Nach welchen Methoden gewinnt man Kochsalz?
d) Wie wirkt Kochsalz beim Konservieren?

▲ 3. *Konservierung durch Kochsalz*

Salz für die chemische Industrie

1. Wie viel Salz wofür?

Der größte Teil des weltweit gewonnenen Kochsalzes wird nicht im Haushalt genutzt. Rechne aus, wie viel Tonnen Salz für die einzelnen Sparten verwendet werden, wenn die Weltproduktion bei 218 Millionen Tonnen liegt.

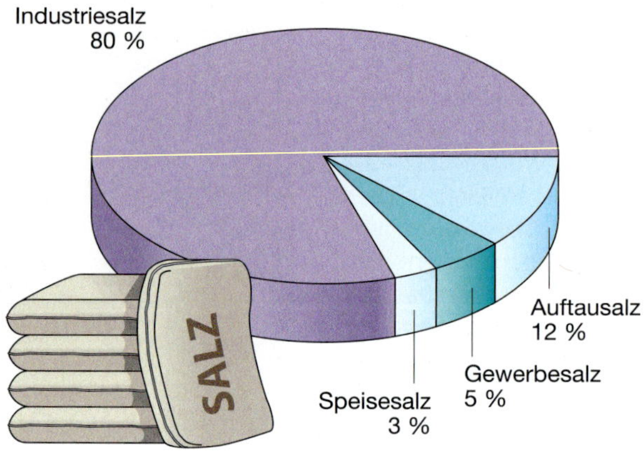

▲ *1. Verwendung von Kochsalz*

Salz ist ein wichtiger Rohstoff für die chemische Industrie. In einer **Soda-Fabrik** stellt man aus Kochsalz Soda (Natriumcarbonat) oder Natron (Natriumhydrogencarbonat) her, wichtige Produkte für viele Stoffe des Alltags. Natron ist übrigens der Hauptbestandteil von Backpulver.

Bei der **Elektrolyse** zerlegt man Salz mithilfe des elektrischen Stroms in seine Bestandteile. Man erhält daraus Natronlauge und Chlor, zwei Ausgangsprodukte für weitere Synthesen sowie Wasserstoff.

Die Sache hat aber einen Haken: Man kann immer nur beide Stoffe gleichzeitig herstellen. Benötigt man viel Natronlauge, dann fällt automatisch auch viel Chlor an. In die Umwelt kann man das giftige Chlor aber nicht entlassen – und Abfälle versucht man zu vermeiden.

So wird die Zerlegung des Kochsalzes in Natronlauge und Chlor stets kombiniert mit der Herstellung von Produkten, die Chlor als Rohstoff benötigen. Dazu zählen etwa der Kunststoff PVC (Polyvinylchlorid), chlorhaltige Lösemittel oder die FCKWs (**F**luor**c**hlor**k**ohlen**w**asserstoffe). FCKWs hatte man früher viele Jahre zum Beispiel als Kühlmittel eingesetzt.

Durch diese Verbundwirtschaft versucht man Zwischenprodukte bestmöglich zu nutzen und Abfälle zu vermeiden.

Kochsalz ist der Rohstoff für viele Produkte des Alltags. Bei der Elektrolyse gewinnt man aus Kochsalz zunächst Natronlauge und Chlor.

2. Fragen zum Text

a) Welche Zwischenprodukte werden aus Kochsalz gewonnen? Betrachte dazu auch die Abbildung.
b) Warum ist es nicht möglich, aus Kochsalz ausschließlich Natronlauge zu gewinnen?
c) Was versteht man unter Verbundwirtschaft?

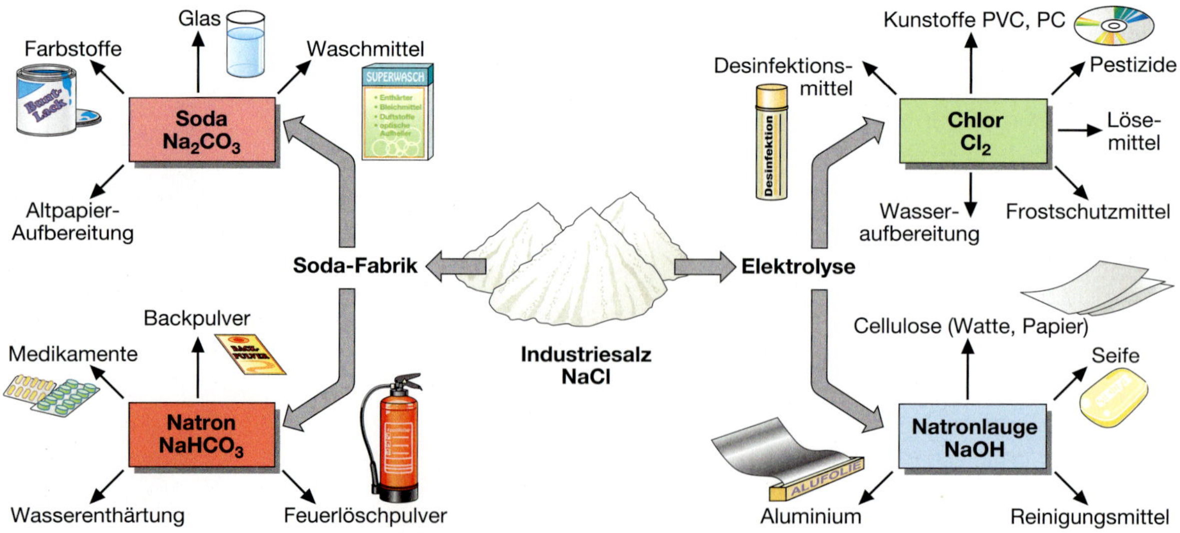

▲ *2. Mithilfe von Kochsalz lassen sich viele Produkte herstellen*

Im Salzmuseum Lüneburg

▲ *1. Ausstellungsraum*

Salzsieden im Mittelalter. Zwischen 1276 und 1800 gab es in Lüneburg 54 Siedehütten mit je vier Siedepfannen aus Blei von jeweils 1 m² Fläche. Die Siedehütten waren aus Holz gebaut und tief in die Erde eingegraben, um die Wärme besser auszunutzen. Die Öfen waren aus Lehm. Sie hielten die Hitze nur etwa vier Wochen aus und mussten dann mitsamt den Bleipfannen erneuert werden. Man konnte mit diesen Anlagen rund 20000 Tonnen Salz im Jahr produzieren und damit halb Europa versorgen.

▲ *3. So wurde das Salz transportiert*

Wer sich für das Thema Salz interessiert und in der Gegend wohnt, sollte sich das **Deutsche Salzmuseum** in Lüneburg anschauen.
Unter **www.salzmuseum.de** kann man sich schon im Voraus über Öffnungszeiten und Eintrittspreise informieren. Schulklassen können nur mit einer angemeldeten Führung durch das Museum gehen.

Lüneburg und seine Saline. Bereits in einer alten Urkunde aus dem Jahr 956 wird die Saline in Lüneburg erwähnt. Eine Saline ist eine Anlage, in der Salz gewonnen wird. Da Salz damals sehr wertvoll gewesen ist, hat es der Stadt Macht und Reichtum gebracht.
Die Saline hat rund 1000 Jahre lang das Leben in Lüneburg und Umgebung mitbestimmt; 1980 ist das Salzwerk geschlossen worden. In der ehemaligen Saline befindet sich heute das Deutsche Salzmuseum.

Wie wurde das Salz gewonnen? In Lüneburg wurde das Salz nicht mühsam aus einem Bergwerk untertage geholt. Das Grundwasser hat das Salz schon im Boden gelöst. Das Salzwasser, die Sole, hat man dann aus Brunnenschächten an die Oberfläche befördert. Um das Salz zu gewinnen, hat man das Wasser in offenen Siedepfannen in den Siedehütten verdampft.

▲ *2. Demonstration des historischen Salzsiedens*

Harte Arbeitsbedingungen. Im Mittelalter war die Saline mit etwa 300 Beschäftigten ein echter Großbetrieb. Der Betrieb wurde fast das ganze Jahr über Tag und Nacht aufrechterhalten.
Zwei Personen, die „Söder" (Sieder) waren in jeder Siedehütte für das eigentliche Salzsieden zuständig. Ein weiterer musste sich um das Brennholz und den Abtransport des Salzes kümmern. Jeweils zwei Frauen brachten die Asche weg. Auch Kinder mussten mithelfen.
In der Siedehütte war es stets sehr heiß und feucht. Ständig brannte das Feuer; die Abgase zogen nicht durch einen Kamin, sondern direkt durch die Siedehütte. Kein Wunder, dass die Menschen dabei nicht besonders alt geworden sind.

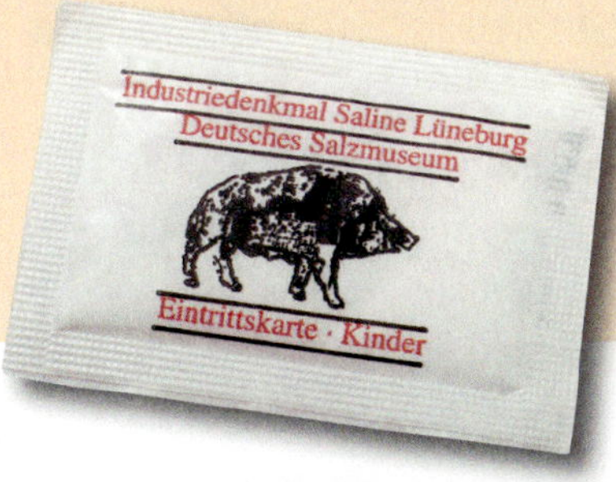

1. Bildet Gruppen, die sich im Museum um bestimmte Themen kümmern. In der Schule soll dazu eine Zusammenfassung präsentiert werden.

2. Beantwortet folgende Fragen:
a) Woher stammte der Brennstoff für den Betrieb der Siedeöfen?
b) Wie wurde das Solewasser aus den Brunnen geholt?
c) Wo steht das Gradierwerk in Lüneburg – und welche Funktion hatte es früher?
d) Weshalb ist Salz im Mittelalter so wertvoll gewesen?
e) Was erzählt die Sage über die Lüneburger Salzsau?
f) Was hat die Entstehung der Lüneburger Heide mit dem Salzsieden zu tun?

Salz und Elektrizität

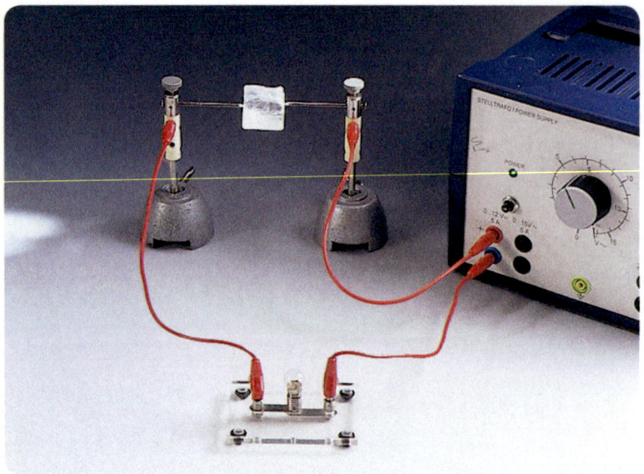

1. Leiten Salze den elektrischen Strom?

Baue einen Stromkreis zur Prüfung der elektrischen Leitfähigkeit auf.

a) Prüfe, ob festes Kochsalz den elektrischen Strom leitet. Prüfe auch andere, kristalline Stoffe wie Zucker, Kaliumchlorid, Zinkiodid u. ä. Notiere die Ergebnisse.

b) Prüfe die Leitfähigkeit von destilliertem Wasser.

c) Löse je eine Spatelspitze der Stoffe aus a) in etwas destilliertem Wasser und prüfe ebenfalls die Leitfähigkeit.

d) Stelle die Versuchsergebnisse in einer Tabelle übersichtlich zusammen.

2. Elektrolyse einer Salzlösung

Gib eine etwa 10 %ige Kupfersulfatlösung in ein Becherglas. Setze zwei Kohlestäbe (Graphit) als Elektroden ein und schalte eine Glühlampe in den Stromkreis.

Stelle die Spannung so ein, dass die Lampe leuchtet. Beobachte und notiere, was an den Elektroden passiert.

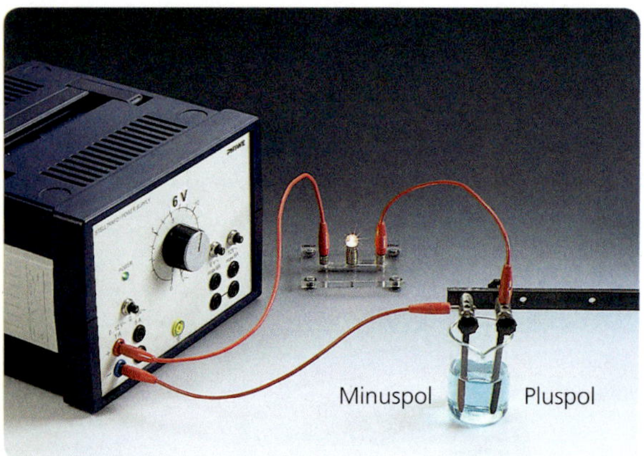

▲ *3. Aus einer Krankenkassenzeitschrift*

Elektrolyte, was sind das? Unser Körper braucht nicht nur Kochsalz, sondern noch viele andere Salze (Mineralstoffe). Er kann diese Stoffe nicht selbst herstellen. Sie müssen daher mit der Nahrung aufgenommen werden.

Solche in Wasser gelösten Salze nennt man **Elektrolyte.** Wenn man eine Spannung an solche Lösungen anlegt, leiten sie den elektrischen Strom.

Wie können Elektrolyte den elektrischen Strom leiten? Bei Metallen ist die Sache klar: Hier bewegen sich freie Elektronen. Alle Metalle und auch Kohlestäbe enthalten solche freien Elektronen und transportieren die Elektrizität.

Aber weder die festen Salze noch reines Wasser leiten den elektrischen Strom. Die geprüften Stoffe enthalten keine freien Elektronen und sind deshalb Nichtleiter.

Erstaunlicherweise leiten aber *Salzlösungen* den Strom. Wenn aber Salze keine frei beweglichen Elektronen haben wie die Metalle, wie kann dann in Lösungen Elektrizität transportiert werden?

Salze bestehen aus geladenen Teilchen. Die Leitfähigkeit von Salzlösungen beruht auf dem besonderen Aufbau der Salze. Salze bestehen aus positiv und negativ geladenen Teilchen. Diese Teilchen werden **Ionen** (griechisch: *Wandernde*) genannt. In einem Salzkristall sind diese Ionen an feste Plätze gebunden. Deshalb sind *Salzkristalle Nichtleiter.* In *Lösungen* und *Schmelzen* von Salzen sind die Ionen dagegen *beweglich* und *können elektrische Ladung transportieren.*

▲ *1. Elektroden in Nahaufnahme*

Ionen und Atome. Wird an einen Elektrolyten eine Gleichspannung angelegt, werden die **negativ geladenen Ionen** vom Pluspol angezogen, von der Anode. Darum werden sie **Anionen** genannt.
An der Anode geben sie die überschüssigen Elektronen ab. Beim Kupferchlorid sind das die Chlorid-Ionen (Cl^-). Jedes Chlorid-Ion gibt ein Elektron ab und wird zum Chlor-Atom. Deshalb entsteht an der Anode gasförmiges Chlor (Cl_2):

$$2Cl^- \rightarrow Cl_2 + 2\ e^-$$

Die **positiv geladenen Ionen** „wandern" zum Minuspol, zur Kathode. Sie heißen daher **Kationen.** Dort nehmen sie die fehlenden Elektronen auf.
Jedes Kupfer-Ion (Cu^{2+}). nimmt zwei Elektronen auf und wird zum Kupfer-Atom. Deshalb überzieht sich die Kathode mit metallischem Kupfer (Cu):

$$Cu^{2+} + 2e^- \rightarrow Cu$$

Anders als in einem metallischen Leiter laufen beim Stromdurchgang durch einen Elektrolyten **chemische Reaktionen** ab. Dabei wird das Salz Kupferchlorid in die Elemente Kupfer und Chlor zerlegt. Dieser Vorgang heißt Elektrolyse.

Salze bestehen aus elektrisch geladenen Teilchen, den Ionen. Es sind die negativ geladene Anionen und positiv geladene Kationen.
In Salzschmelzen und Salzlösungen sind diese Ionen frei beweglich. Deshalb leiten sie den elektrischen Strom. Es findet eine chemische Reaktion statt, bei der die Ionen zu ungeladenen Atomen reagieren.

1. Fragen zum Text

a) Was bedeutet die Aussage: In einem Metalldraht fließt elektrischer Strom?
b) Begründe, warum es sich bei einer Elektrolyse um eine chemische Reaktion handelt.
c) Warum wandern Kupfer-Ionen zum Minuspol, Chlorid-Ionen zum Pluspol?

2. Elektrolyse von Zinkiodid Xi B2

Baue eine Apparatur zur Elektrolyse einer Zinkiodid-Lösung auf. Verwende Kohle-Elektroden und eine Gleichspannungsquelle.
a) Elektrolysiere 3-5 Minuten lang bei einer Spannung von 4-6 Volt.
b) Beschreibe die Vorgänge an den Elektroden.
c) Gib einige Tropfen der braunen Lösung, die an der Anode entstanden ist, in Stärkelösung. Stärke ergibt mit Iod eine dunkelblaue Lösung.
d) Deute dein Versuchsergebnis.

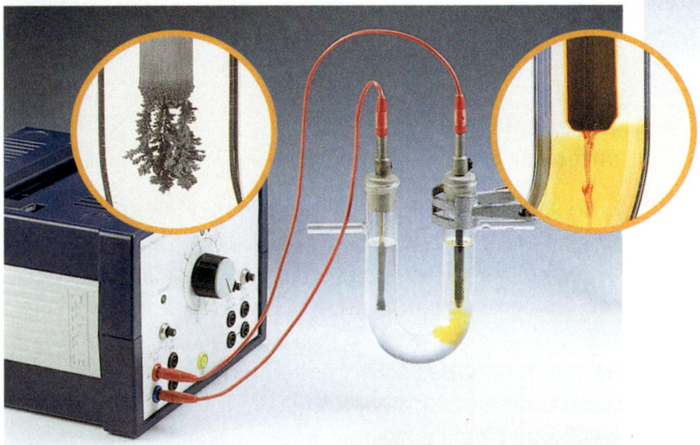

3. Ionenwanderung Xn O N B2

Fülle eine Schale 1–2 mm hoch mit einer gesättigten Kaliumnitratlösung. Zwei Kohle-Elektroden werden an den Rändern der Schale in die Lösung getaucht und mit einer Gleichspannungsquelle verbunden. In die Mitte der Schale werden einige Körnchen farbiger Salze gegeben.
Die Ionenwanderung kann bei einer Spannung von 20–24 Volt beobachtet werden.
Farbige Salze:

Eisen(III)-chlorid (Xn)	Fe^{3+} (gelb)	Cl^- (farblos)
Kaliumpermanganat (Xn, O, N):		
	K^+ (farblos)	MnO_4^- (violett)
Kupfersulfat (Xn, N)	Cu^{2+} (blau)	SO_4^{2-} (farblos)

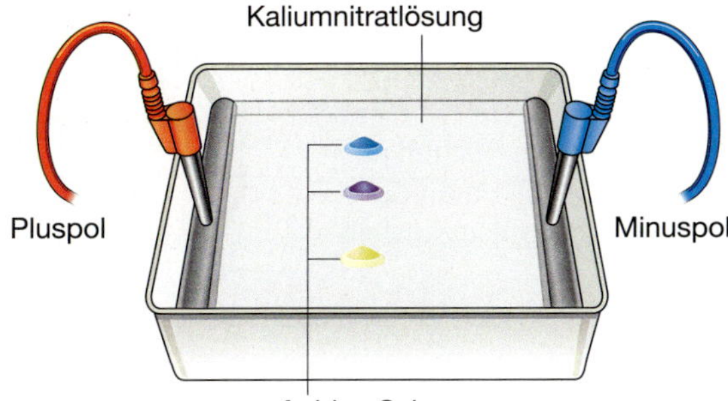

Ionenbindung: Ordnung in Kristallen

1. Züchten von Kochsalzkristallen

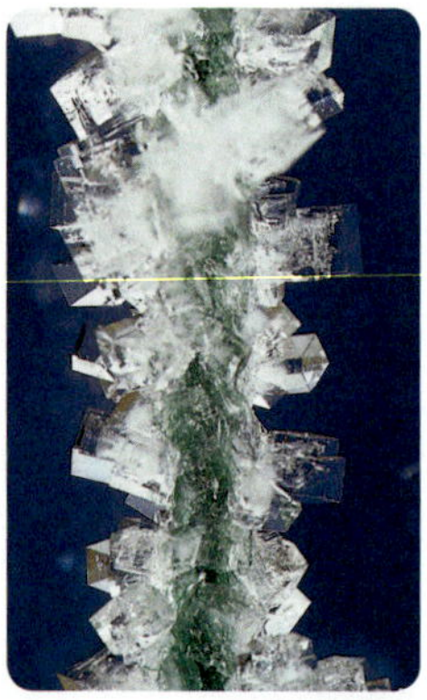

Gib gesättigte Kochsalzlösung (35 g Salz auf 100 ml Wasser) in ein kleines Becherglas. Befestige einen Wollfaden an einem Stab. Lege den Stab über das Becherglas und tauche den Wollfaden in die Lösung. Beobachte über einige Tage die Kristallbildung und zeichne einige Kristalle.

2. Kristallwachstum unter der Lupe

Löse je einen Spatel Kochsalz, Alaun, Kaliumnitrat, Kupfersulfat (Xn, N, B2) und gelbes Blutlaugensalz unter leichtem Erwärmen in je 5 ml destilliertem Wasser. Gieße einige Tropfen der Salzlösungen in Uhrgläser.

a) Beobachte das Auskristallisieren der Salze. Betrachte die entstandenen Kristalle mit einer Lupe.

b) Beschreibe die Kristallformen.

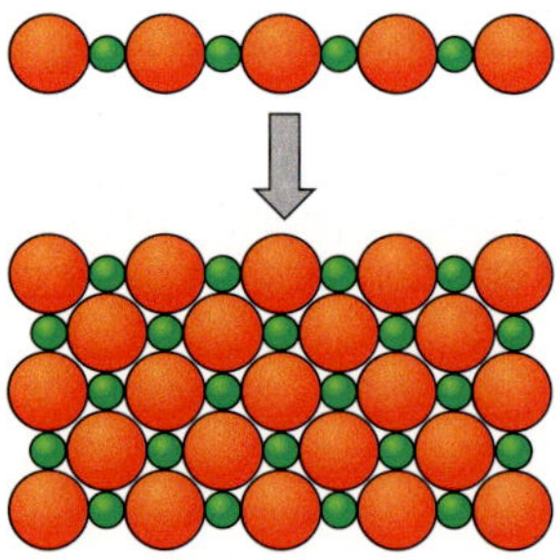

3. Räumliches Modell eines Kochsalzkristalls

Baue ein Modell eines Kochsalzkristalls, zum Beispiel mit verschiedenfarbig angemalten Kugeln aus Watte (Größenverhältnis etwa 1:2).

Ordne dazu die verschiedenfarbigen Kugeln abwechselnd in einer Reihe an und fixiere sie mit etwas Klebstoff.

Mehrere solcher Reihen bilden dann eine Fläche, wobei sich die Farben (Ladungen) auch hier abwechseln.

Werden mehrere Flächen aufgeschichtet, erhält man das Modell eines Kochsalzkristalls.

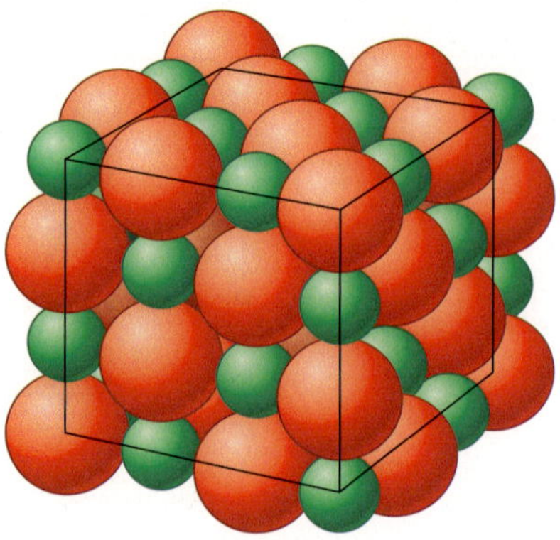

◀ *3. Modell: Kochsalzkristall*

Kristallbildung. Betrachtet man grobes Kochsalz mit einer Lupe, so erkennt man regelmäßig geformte Kristalle. Mit einem Mikroskop kann man auch in fein pulverisiertem Salz noch winzige Kristalle entdecken. Auch das leistungsfähigste Mikroskop, das Rasterkraftmikroskop, zeigt, dass Salze sehr regelmäßig aufgebaut sind.

▲ *4. Salzoberfläche im Rastertunnelmikroskop*

Wie kommt dieser regelmäßige Aufbau zustande? Der Grund dafür ist die Zusammensetzung des Kochsalzes. Kochsalz besteht aus regelmäßig angeordneten positiv und negativ geladenen Ionen. Die Na^+-Ionen und die Cl^--Ionen sind hierbei immer abwechselnd angeordnet. So entsteht ein regelmäßig aufgebauter Ionenverband; man nennt es **Ionengitter** oder **Kristallgitter.**

Auch andere Ionen bilden Kristalle. Im goldglänzenden „Katzengold", dem Pyrit (Eisensulfid, Abb. 5), ordnen sich Eisen-Ionen und Sulfid-Ionen ebenfalls regelmäßig an.

▲ *5. Pyrit-Kristalle*

Ionenbindung. Wegen der nach allen Seiten wirkenden starken elektrischen Kräfte ziehen sich die unterschiedlich geladenen Ionen gegenseitig an. Es entsteht eine feste chemische Bindung. Sie heißt **Ionenbindung.**

▲ 1. Calcit (Calciumcarbonat)

Eigenschaften von Salzen. Alle Stoffe, die in dieser Art aus Ionen aufgebaut sind, gehören zur Stoffgruppe der Salze und besitzen gemeinsame Eigenschaften:

- Salze sind hart und spröde.
- Salze haben in der Regel hohe Schmelztemperaturen.
- Salzkristalle haben charakteristische Kristallformen.
- Schmelzen und Lösungen leiten den elektrischen Strom.

Salze sind aus Ionen aufgebaut, die sich in einer regelmäßigen räumlichen Struktur anordnen, dem Kristallgitter. Die Ionen werden durch starke elektrische Anziehungskräfte zusammengehalten. Diese Bindungsart heißt Ionenbindung.

1. Fragen zum Text

a) Wie kommt es, dass die Kristalle eines Salzes alle sehr ähnlich aussehen?

b) Was versteht man unter einem Kristallgitter?

c) Warum haben Salze in der Regel hohe Schmelztemperaturen?

d) Erkläre den Begriff Ionenbindung.

Kristalle sammeln

Hast du auch schon einmal glitzernde Kristalle gefunden, vielleicht in einem ehemaligen Bergwerk? Auch kleine Kristalle zeigen unter einer Lupe ihre ganze Schönheit. Viele Kristalle sind übrigens aus Ionen aufgebaut.
In Büchern zur Mineralienkunde findest du viele Hinweise zum Sammeln, Katalogisieren und Aufbewahren. Auf Mineralienbörsen kannst du viele schöne Kristalle bewundern und dir vielleicht Anregungen für ein neues Hobby holen.

▲ 2. Gips (Calciumsulfat)

▲ 3. Argentit (Silbersulfid)

▲ 4. Flussspat (Calciumfluorid)

▲ 5. Gips-Sandrose (Calciumsulfat und Sand)

Ionenbildung: Aus Atomen werden Ionen

1. Chlor und Natrium im Pizzateig?

In einem Fernsehinterview erklärte ein Pizzabäcker dem Reporter, dass man Kochsalz erst ganz am Ende in den Teig geben dürfe. Auf die Frage nach dem „Warum" meinte der Pizzabäcker, dass Kochsalz giftiges Chlor enthalte und dies die Hefe abtöten würde.

a) Was meinst du zu der Aussage des Pizzabäckers?

b) Welche Eigenschaften besitzen die einzelnen Elemente Natrium und Chlor?

c) Vergleiche diese mit den Eigenschaften des Kochsalzes.

d) Welchem Irrtum unterliegt der Pizzabäcker?

Kochsalz, also Natriumchlorid, gewinnt man in Bergwerken, aus salzhaltigen Quellen oder aus Meerwasser. Doch im Chemielabor kann man es auch direkt aus den Elementen Natrium und Chlor herstellen.

Natriumchlorid aus dem Labor. Leitet man Chlorgas auf geschmolzenes Natrium, kommt es unter grellgelbem Leuchten zu einer lebhaften chemischen Reaktion. Am Ende bleibt ein weißer Belag aus Natriumchlorid zurück:

Natrium + Chlor ⟶ Natriumchlorid; exotherm

Damit ist aus der Reaktion zwischen dem ätzenden, leicht entzündlichen Metall Natrium und dem giftigen Gas Chlor eine harmlose **Ionenverbindung** entstanden: Natriumchlorid.
Das entstandene Salz ist ein **völlig neuer Stoff;** er hat ganz **andere Eigenschaften** als die Ausgangsstoffe.

Natrium und Chlor. Natrium und Chlor stammen beide aus sehr reaktionsfreudigen Elementfamilien. **Natrium** hat seinen Platz im Periodensystem der Elemente in der 1. Hauptgruppe, bei den Alkalimetallen. Demzufolge besitzen Natrium-Atome jeweils ein Außenelektron.
Chlor steht in der 7. Hauptgruppe des Periodensystems bei den ebenfalls sehr reaktionsfähigen Halogenen. Chlor-Atome besitzen je 7 Außenelektronen.

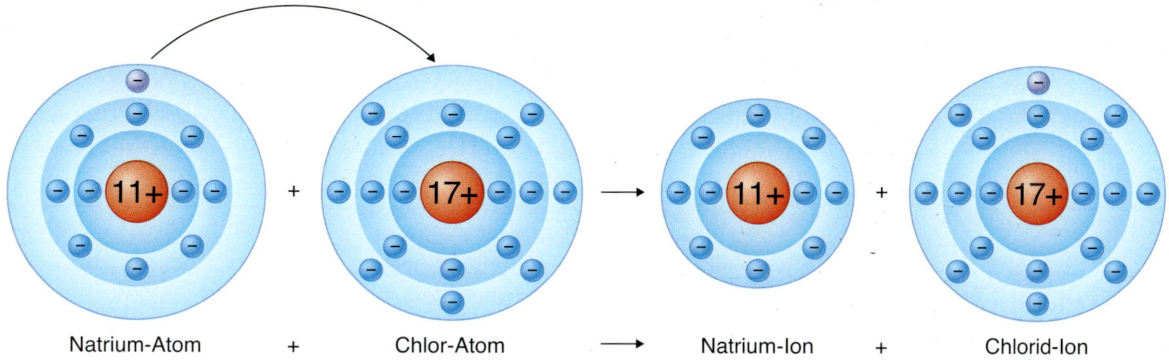

▲ *1. Aus Atomen entstehen Ionen – durch Elektronenübertragung*

Aus Atomen werden Ionen. Was geschieht nun bei der Reaktion zum Natriumchlorid auf der atomaren Ebene? Die Natrium-Atome geben ihr Außenelektron ab und die Chlor-Atome nehmen es in ihre Außenschale auf. So entstehen aus Natrium-Atomen die **Natrium-Ionen** und aus den Chlor-Atomen die **Chlorid-Ionen.**

Natrium-Ion. Ein Natrium-Ion besitzt 11 (positiv geladene) Protonen im Kern und nur noch 10 (negativ geladene) Elektronen. Damit ist ein elektrisch geladenes Teilchen entstanden, ein Ion. Man kennzeichnet es mit einem Ladungssymbol
Na: Natrium-Atom; **Na^+:** Natrium-Ion

Chlorid-Ion. Chlorid-Ionen besitzen 17 Protonen, aber 18 Elektronen. Hier ist ein negativ geladenes Teilchen entstanden. Negativ geladene Ionen werden zur Unterscheidung mit der Endung *–id* versehen
Cl: Chlor-Atom; ***Cl^-:*** Chlor*id*-Ion

Alle Atome streben die Elektronenverteilung der Edelgase an. Das Na^+-Ion besitzt mit 10 Elektronen gleich viele Elektronen wie das Edelgas Neon. Das Cl^--Ion besitzt mit 18 Elektronen die gleiche Elektronenverteilung wie das Edelgas Argon.

Wenn man weitere chemische Reaktionen betrachtet, stellt man fest: Es werden jeweils so viele Elektronen übertragen, dass beide Partner die **Elektronenverteilung des nächststehenden Edelgases** bekommen **(Edelgasregel).**

Die Edelgase besitzen (bis auf Helium) stets acht Außenelektronen. Wenn Ionen die Elektronenverteilung eines Edelgases haben, befinden sich also fast immer acht *Elektronen auf der Außenschale.* Dieses Bestreben, acht (*lateinisch:* octo) Elektronen auf der Außenschale zu haben, bezeichnet man auch als **Oktettregel.**

Metalle reagieren mit Nichtmetallen. Außer Natrium bilden auch andere Metalle mit Nichtmetallen Salze. Dabei gilt die Regel:
- **Metalle geben** immer **Elektronen ab** und werden zu **positiv** geladenen Kationen.
- **Nichtmetalle nehmen Elektronen auf** und werden zu **negativ** geladenen Anionen.

Benennung und Formeln von Salzen. Salze aus zwei verschiedenen Elementen benennt man so:
Name des Kations + Name des Anions + -id

Beispiele: Natriumchlorid, Kaliumbromid, Silberiodid, Zinksulfid, Magnesiumoxid

Eine Ionenverbindung muss insgesamt gleich viele positive wie negative Ladungen enthalten. Das Salz Calciumchlorid ist aus Ca^{2+}- und Cl^--Ionen aufgebaut. Da doppelt so viele Chlorid-Ionen wie Calcium-Ionen vorhanden sein müssen, heißt die Formel $CaCl_2$.

Bei der Ionenbildung werden Elektronen von Metall- auf Nichtmetall-Atome übertragen. Es entstehen Ionen mit der Elektronenverteilung des nächstgelegenen Edelgases (Edelgasregel).
Kationen und Anionen bilden Salze.

1. Fragen zum Text
a) Vergleiche einige Eigenschaften der Stoffe Natrium, Chlor und Natriumchlorid.
b) Was geschieht bei der Reaktion zwischen den Natrium- und den Chlor-Atomen? Welche Teilchen liegen am Ende der Reaktion vor ?
c) Welche Elektronenverteilung besitzen die Ionen?
d) Die Verbindung Natriumchlorid ist ein lebenswichtiger Nahrungsbestandteil, doch die Elemente Natrium und Chlor sind giftige Stoffe. Erkläre diesen scheinbaren Widerspruch.
e) Erläutere kurz die Edelgasregel.

2. Magnesium in der Sprudeltablette?

In Drogeriemärkten und Apotheken bekommt man Tabletten oder Pulver zur Nahrungsergänzung mit der Aufschrift „Magnesium, 350 mg" oder ähnlich. Sie werden vor allem für Sportler empfohlen. Bei Magnesiummangel können Wadenkrämpfe entstehen.

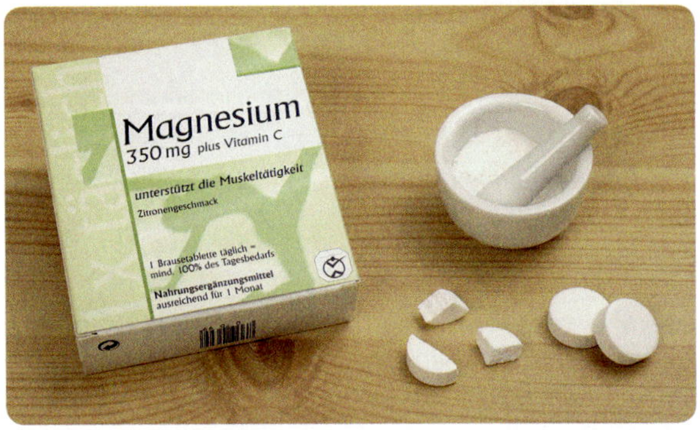

Untersucht man solche Tabletten, kann man aber kein Metall oder Metallpulver finden. Das ist vielleicht auch gut so, denn immerhin kann Magnesium an der Luft mit einer sehr heißen Flamme zu Magnesiumoxid verbrennen…

a) Finde heraus, was tatsächlich in solchen „Magnesium"-Präparaten enthalten ist.

b) Wie unterscheidet sich der Inhaltsstoff solcher Tabletten vom reinen Element Magnesium – chemisch betrachtet?

c) Wie sollte man sich ernähren, damit kein „Magnesium-Mangel" auftritt?

3. Ionenbildung

In der folgenden Tabelle ist die Bildung von Ionen für Atome aus verschiedenen Gruppen des Periodensystems dargestellt.

Ionenbildung	Ladungszahl des Ions	Hauptgruppe im PSE
Metalle:		
$Li \rightarrow Li^{+} + 1\ e^{-}$	+1	I
$Ca \rightarrow Ca^{2+} + 2\ e^{-}$	+2	II
$Al \rightarrow Al^{3+} + 3\ e^{-}$	+3	III
Nichtmetalle:		
$Br + 1\ e^{-} \rightarrow Br^{-}$	−1	VII
$O + 2\ e^{-} \rightarrow O^{2-}$	−2	VI
$N + 3\ e^{-} \rightarrow N^{3-}$	−3	V

Fertige mithilfe des Periodensystems eine solche Tabelle für die nachfolgenden Elemente an: Kalium, Barium, Fluor, Schwefel, Iod, Argon.

4. Auch Nebengruppenelemente bilden Ionen

Die Elemente der Nebengruppen des Periodensystems sind Metalle. Auch sie können Elektronen abgeben, um positiv geladene Ionen zu bilden. Es können unterschiedlich viele Elektronen sein, wie die Beispiele in der Tabelle zeigen.

Metall	Symbol	Elektronenabgabe
Eisen	Fe	2 oder 3
Kobalt	Co	2 oder 3
Nickel	Ni	2
Kupfer	Cu	1 oder 2
Silber	Ag	1
Zink	Zn	2
Gold	Au	3

a) Welche Ionen können die in der Tabelle genannten Elemente bilden?

b) Formuliere die Reaktion von Eisen mit Chlor, wenn Eisen drei Elektronen abgibt. Wie lautet die Reaktionsgleichung?

c) Welche Ionen bilden sich, wenn Silber mit Schwefel reagiert? Formuliere mit Name und Formel.

5. Reaktionen und Ionen

a) Welche Ionen bilden sich, wenn die folgenden Elemente miteinander reagieren?
- Magnesium mit Sauerstoff
- Aluminium mit Sauerstoff
- Lithium mit Iod
- Kalium mit Schwefel

b) Schreibe auch die Formeln der entstehenden Salze auf. Denke daran, dass die Ladungen ausgeglichen sein müssen.

6. Modelle entschlüsseln

Die folgende Darstellung zeigt symbolisch verschiedene Teilchen. Um welche Teilchen handelt es sich?

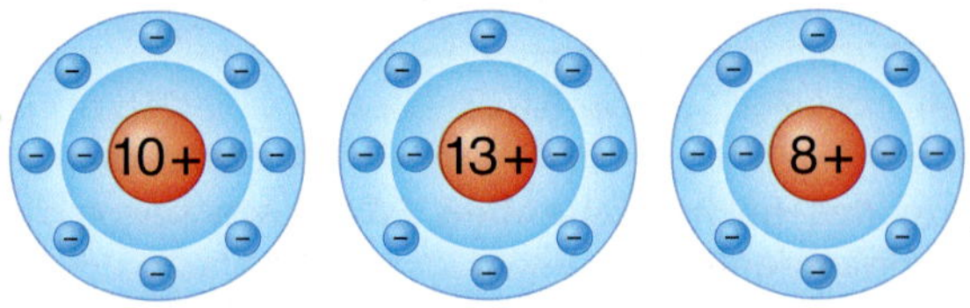

7. Elektronen aufnehmen oder abgeben?

Warum kann man bei den Elementen der vierten Hauptgruppe ins Grübeln kommen, wenn man die Bildung eines Ions formulieren will? Welche möglichen Ionen könnte etwa das Silizium bilden?

8. Lehrerversuch: Kochsalz mit Spritze und Reagenzglas

Aus elementarem Natrium und Chlor kann man Kochsalz herstellen. Mithilfe von preiswerten Einwegspritzen kann man kleine Mengen sicher zur Reaktion bringen.

Materialien: 2 Spritzen mit aufgesetzter Nadel, 2 Reagenzgläser, Brenner; Kaliumpermanganat (Xn, O, N), konzentrierte Salzsäure (C), linsengroße Natriumstücke (C, F).

Durchführung:

a) Chlorgasentwicklung: In ein Reagenzglas gibt man eine Spatelspitze Kaliumpermanganat und spannt es in ein Stativ ein. Unter dem Abzug gibt man mit einer 2 ml-Spritze konzentrierte Salzsäure so lange tropfenweise zu, bis das senkrecht eingespannte Reagenzglas sich mit Chlorgas gefüllt hat. Mit der anderen Spritze wird das Chlor entnommen.

b) Kochsalzsynthese: Ein gut entrindetes und gesäubertes Stück Natrium (maximal in Streichholzkopfgröße) wird in ein schräg eingespanntes Reagenzglas gegeben. Darin wird es vorsichtig erhitzt, bis es schmilzt. Dann wird etwa 5 ml Chlor mithilfe der Spritze durch die aufgesetzte Nadel auf das geschmolzene Natrium geleitet.

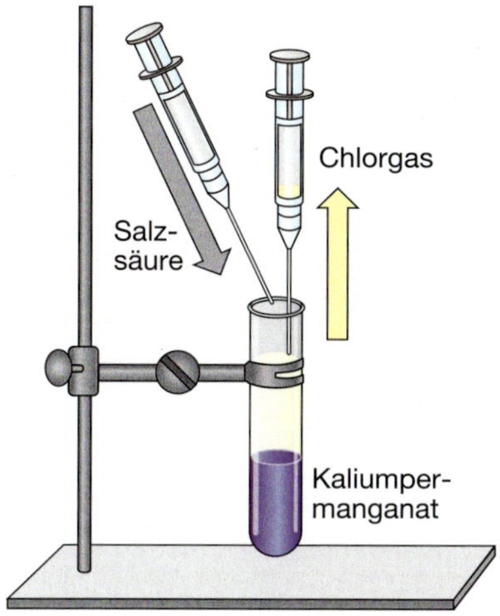

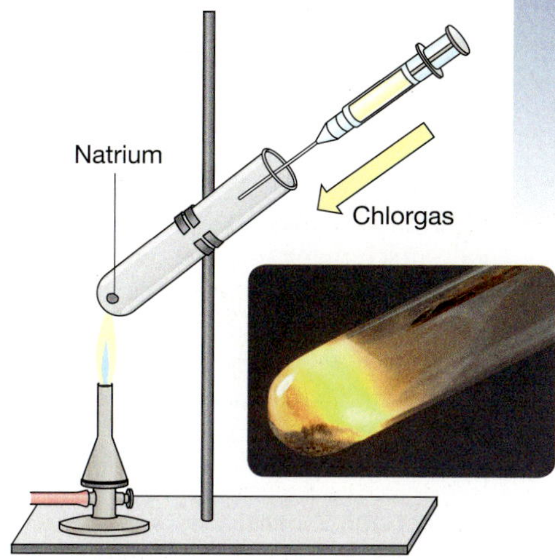

Kristallbildung, energetisch betrachtet

Für die Reaktion zwischen Natrium und Chlor muss zunächst Energie zugeführt werden, um aus dem metallischen Natrium Atome freizusetzen. Das Natrium muss dazu erhitzt werden, es schmilzt und verdampft.

Bei weiterer Energiezufuhr wird den Natrium-Atomen jeweils ein Elektron entrissen. Auch hierfür benötigt man Energie, die Ionisierungsenergie. Das Ergebnis sind Natrium-Ionen.

Das gasförmige Chlor besteht aus zweiatomigen Cl_2-Molekülen. Sie müssen zunächst durch Energiezufuhr in Atome zerlegt werden.

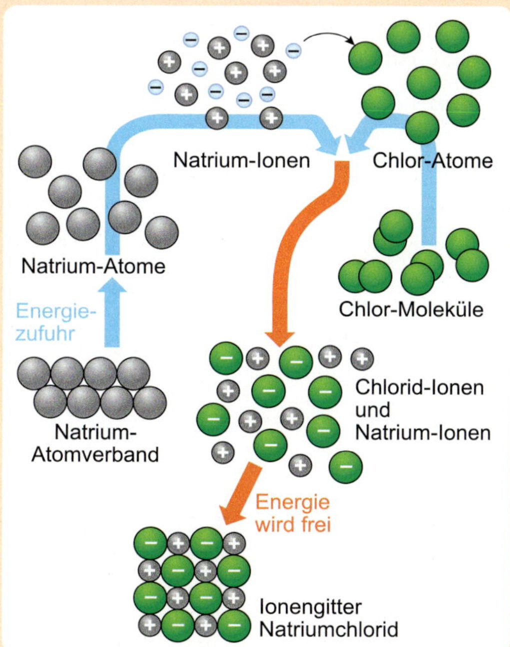

Anschließend nehmen sie die Elektronen auf, die den Natrium-Atomen entrissen worden sind. Dabei bilden sich Chlorid-Ionen – und Energie wird frei.

Die Natrium- und Chlorid-Ionen bilden beim Abkühlen ein Kristallgitter. Dabei wird so viel Gitterenergie frei, dass die Reaktion insgesamt exotherm verläuft.

1. Schreibe auf, welche Vorgänge bei der Reaktion zwischen Natrium und Chlor Energie benötigen und bei welchen Energie frei wird.

2. Weshalb verläuft die Reaktion insgesamt exotherm?

Ionen im Trinkwasser

1. Trinkwasseranalyse

Die abgebildete Trinkwasseranalyse enthält Mengenangaben über zahlreiche Ionen.

a) Finde Gründe, warum keine Salze, sondern nur Ionen angegeben werden.

b) Lies die Namen der verschiedenen Ionen aufmerksam durch. Fällt dir an der Schreibweise und an der Namensgebung etwas auf? Welche Ionen „tanzen" aus der Reihe?

c) Die Trinkwasseranalyse enthält wesentlich mehr Angaben über Ionen als das Etikett einer Mineralwasserflasche. Warum ist das so? Sind im Mineralwasser weniger Ionen enthalten? Frage beim örtlichen Wasserversorger nach.

Trinkwasseranalyse Braunschweig, 2008 (Angaben in mg pro Liter)		
Kationen		**Mittelwert**
Calcium	Ca^{2+}	19,3
Magnesium	Mg^{2+}	2,7
Natrium	Na^{+}	7,1
Kalium	K^{+}	0,7
Eisen	Fe^{2+}	0,02
Mangan	Mn^{2+}	0,01
Aluminium	Al^{3+}	21,5
Blei	Pb^{2+}	< 1
Kupfer	Cu^{2+}	1,3
Nickel	Ni^{2+}	0,5
Zink	Zn^{2+}	13,8
Ammonium	NH_4^{+}	0,02
Anionen		
Fluorid	F^{-}	0,06
Chlorid	Cl^{-}	9,7
Nitrit	NO_2^{-}	0,01
Nitrat	NO_3^{-}	5,3
Phosphat	PO_4^{3-}	< 0,1
Silikat	SiO_4^{4-}	6,1

d) Fasse die Ergebnisse in einem aussagekräftigen Satz zusammen.

e) Prüfe die Leitfähigkeiten von Trinkwasser und von verschiedenen Mineralwässern. Vergleiche die Messwerte. Achte dabei auf die Angaben auf den Etiketten.

i) Fasse zusammen: Was kann man mit der Messung der Leitfähigkeit prüfen?

2. Test auf Mineralwasser

a) Vor dir stehen zwei Gläser. In einem befindet sich reines Wasser, im anderen Mineralwasser. Wie kannst du herausfinden, in welchem Glas sich das Mineralwasser befindet?

b) Vergleiche über die Etiketten verschiedene Mineralwässer auf ihre Zusammensetzung. Erläutere, wie es zu den Unterschieden kommen kann.

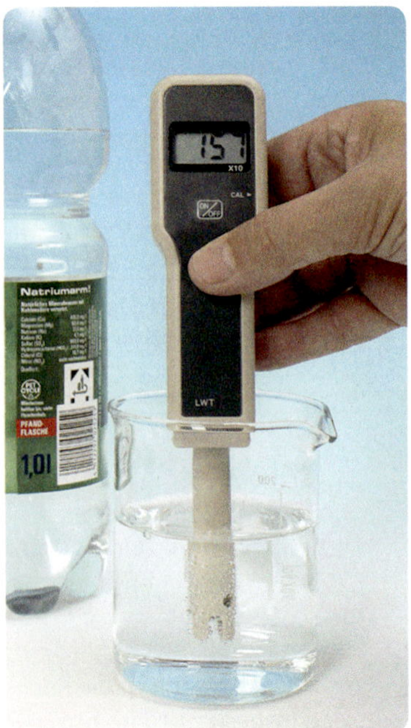

3. Leitfähigkeitsmessung

a) Prüfe die Leitfähigkeit von destilliertem Wasser, am besten mit einem Leitfähigkeits-Messgerät.

b) Löse im destillierten Wasser einige Körnchen Kochsalz und prüfe die Leitfähigkeit erneut.

c) Erhöhe die Kochsalzmenge schrittweise und notiere die Messwerte.

4. Salze in der Petrischale

Xi

a) In eine Petrischale mit etwas Wasser und einem Filterpapier wird an den einen Rand eine Messerspitze Natriumcarbonat (Xi) und an den anderen Rand etwas Calciumchlorid (Xi) gegeben. Die Petrischale darf nun nicht mehr berührt und erschüttert werden. Beobachte die Schale und schreibe deine Beobachtung auf.

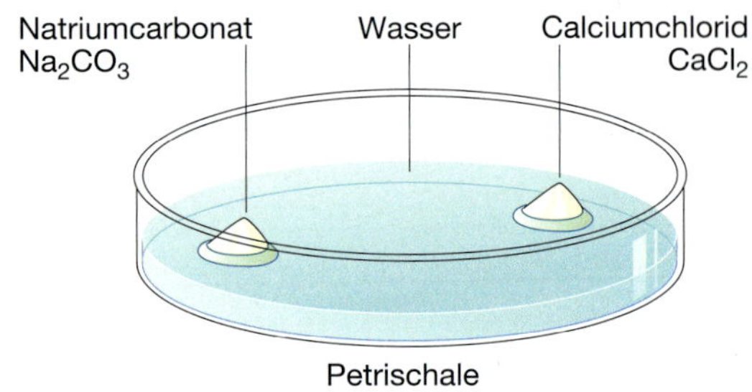

b) Erkläre deine Beobachtungen. Beantworte dazu die folgenden Leitfragen:
- Aus welchen Ionen besteht Natriumcarbonat?
- Aus welchen Ionen besteht Calciumchlorid?
- Kombiniere: Wenn die Ionen frei beweglich sind, zu welchen zwei neuen Salzen können sie sich zusammensetzen?
- Die Bildung eines dieser Salze konntest du in der Petrischale beobachten. Stelle Vermutungen an, welches Salz es sein könnte und mache Aussagen über die Löslichkeit dieses Salzes.

5. Ionen für den Körper

Finde heraus, welche Mengen an Calcium-, Magnesium- und Eisen-Ionen der menschliche Körper täglich etwa benötigt – und wofür.

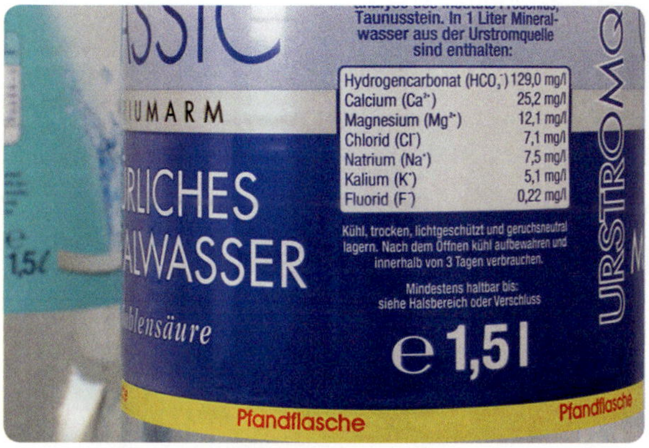

▲ *1. Etikett eines Mineralwassers*

Das Etikett einer Mineralwasserflasche zeigt, dass darin zahlreiche Ionen gelöst enthalten sind. Das gilt übrigens auch für das Trinkwasser aus der Leitung. Wie gelangen diese Ionen überhaupt ins Wasser?

Ionen – aus dem Boden ins Wasser. Regenwasser durchläuft beim Versickern verschiedene Boden- und Gesteinsschichten. Dabei lösen sich die unterschiedlichsten Salze und damit auch Ionen im Wasser.
Untersucht man dieses Wasser, so kann die Analyse nur Informationen über die Menge der einzelnen Kationen und Anionen liefern, nicht aber über die Menge der einzelnen Salze, die gelöst wurden. Denn wenn die Salze einmal gelöst sind, vermischen sich sämtliche Anionen und Kationen in der Lösung.

Von den Ionen zum Salz. Von Salzen spricht man erst, wenn Ionen sich zu einem Feststoff verbunden haben. Dies geschieht, wenn das Lösemittel Wasser verdunstet oder die Lösung eingedampft wird. Salze bilden sich aber auch, wenn gelöste Ionen zu einem **schwer löslichen Salz** reagieren (vgl. Aufgabe 4, Seite 164). Wenn sich etwa gelöste Calcium-Ionen (Ca^{2+}) und Carbonat-Ionen (CO_3^{2-}) vermischen, kann das schwer lösliche Salz Calciumcarbonat ($CaCO_3$, Kalk) ausfallen.

Die elektrische Leitfähigkeit. Wasser mit gelösten Salzen leitet den elektrischen Strom. Da die meisten Ionen in etwa den gleichen Beitrag zur Leitfähigkeit liefern, ist die Angabe der Leitfähigkeit ein guter Hinweis auf die Menge an gelösten Ionen. Man kann vereinfacht sagen: **Je mehr Ionen** ein Wasser enthält, **desto höher** ist die **Leitfähigkeit.**

Mineralwässer unterscheiden sich. Vielfach wird angenommen, dass alle Mineralwässer viele Mineralstoffe enthalten. Demnach müssten sie auch eine hohe Leitfähigkeit haben. Das ist nicht immer der Fall. Es gibt Mineralwässer mit einer hohen, andere mit einer sehr niedrigen Leitfähigkeit. Mineralwasser im Sinne des Gesetzes ist ein Wasser aus einem vor Verunreinigung geschützten Vorkommen. Trinkwasser wird aus Grundwasser und Oberflächenwasser (Seen, Flüssen) gewonnen. Dabei durchläuft es verschiedene Reinigungsschritte und wird sehr streng kontrolliert. Die umfangreiche Trinkwasseranalyse weist auf solche strengen Kontrollen hin.

Durch versickerndes Regenwasser lösen sich Salze aus dem Boden und gelangen ins Grundwasser. Die gelösten Salze bilden frei bewegliche Ionen. Je mehr Ionen im Wasser sind, desto höher ist die elektrische Leitfähigkeit.

1. Fragen zum Text
a) Wie kommen die Ionen ins Trinkwasser?
b) Warum wird auf einem Mineralwasseretikett nicht der Gehalt an Kochsalz (Natriumchlorid) aufgeführt?
c) Wie lässt sich ungefähr bestimmen, ob ein Wasser viel oder wenig gelöste Salze enthält?

2. Gips im Reagenzglas?
Fülle zwei Reagenzgläser ca. 2 cm hoch mit Wasser. Gib in das erste Glas eine Spatelspitze Natriumsulfat und in das zweite etwas Calciumchlorid (Xi). Gieße nun den Inhalt beider Gläser zusammen.
Finde eine Erklärung für dein Versuchsergebnis.

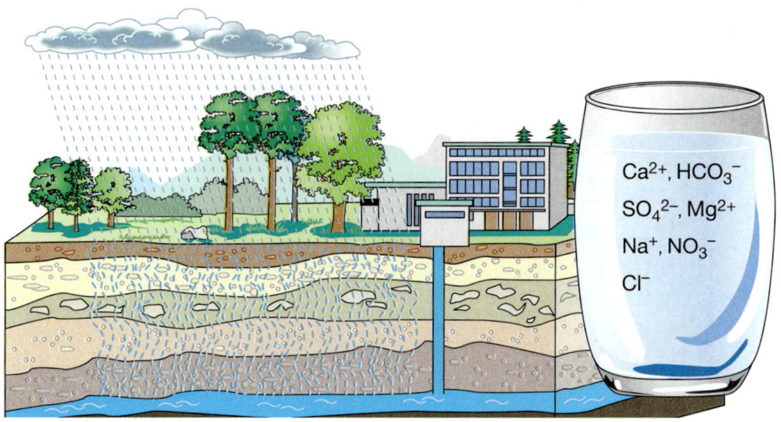

▲ *2. Beim Versickern von Wasser lösen sich verschiedenste Salze*

Rollenspiel

Viele Themen kann man kontrovers diskutieren. Solche Themen sind z. B.

- Was ist gesünder, Margarine oder Butter?
- Wie viel Promille Alkohol sollte die Straßenverkehrsordnung zulassen?
- Was ist besser in der Landwirtschaft, Mineraldünger oder biologischer Dünger?

Mit solchen Fragen kann man sich in einem **Rollenspiel** auseinandersetzen. Dabei werden die verschiedenen Standpunkte von sogenannten Experten vertreten. Die differenzierte Darstellung unterschiedlicher Standpunkte animiert die Teilnehmer und die Zuschauer zu einer bewussten Auseinandersetzung mit dem Thema. Das kann zu einem bewussteren Umgang und sogar zu einem veränderten Verhalten anleiten.

1. Vorbereitung des Rollenspiels
Zunächst werden Gruppen gebildet, die verschiedene Unterthemen bearbeiten. Es wird diskutiert und entschieden, welche Rollen dargestellt werden sollen. Die Ergebnisse werden in Rollenkarten festgehalten. Einer aus der Gruppe wird als Darsteller bestimmt.
Es wird ein Moderator gewählt, der neutral ist und der sich wie ein Journalist mit Fragen an die Rollenvertreter vorbereitet.
Eine Jury aus drei Personen wird gebildet. Es werden Gesichtspunkte und maximale Punktzahl für die Bewertung der Rollen festgelegt.

2. Durchführung
In einem Halbkreis an Tischen sitzen die Rollenvertreter mit Namensschildern (Fantasienamen und Rolle). In der Mitte sitzt der Moderator. Er stellt Fragen und sorgt dafür, dass alle Rollenvertreter zu Wort kommen. Er leitet die Diskussion unter den Rollenvertretern. Er legt Sprechzeiten für die einzelnen fest und achtet darauf, dass die Zeit für das Rollenspiel nicht überschritten wird.

3. Auswertung
a) Befragung der Rollenspieler durch die Jury
– Wie hat sich der Spieler in seiner Rolle gefühlt?
– Konnte er die Sache wirksam vertreten?
– Was hat dem Spieler gut gefallen?
b) Befragung der Zuhörer durch die Jury
– Welche Argumente waren überzeugend?
– Wie gut haben die Spieler ihre Rolle ausgefüllt?
c) Alle Rollen werden bewertet nach Sachargumenten und schauspielerischer Leistung. Jedes Jury-Mitglied hat Punkte zu vergeben, die sich zu einem Gesamturteil addieren.

Anregung zu einem Rollenspiel:
Was soll man trinken, um sich ausreichend mit Mineralstoffen zu versorgen – Trinkwasser oder Mineralwasser?

Bei diesem Rollenspiel sollte das auf den vorhergehenden Seiten des Chemiebuchs erworbene Wissen angewendet werden, aber auch durch Nachschlagewerke und Internetrecherche ergänzt werden.

Rollenkarten. Es sollten zu folgenden Rollen Rollenkarten von den Arbeitsgruppen erstellt werden:

1. Moderator: Stellt Fragen zum Thema an die verschiedenen Experten; er macht die Diskussionsleitung; er hält sich mit seiner eigenen Meinung aus der Diskussion heraus.

2. Arzt: Er erklärt, welche Mineralstoffe der Mensch zum Leben nötig hat und in welchen Mengen. Sachlich beschreibt er, wozu die Mineralstoffe wichtig sind.

3. Lebensmittelchemiker: Er gibt an, welche Mineralstoffe in den verschiedenen Nahrungsmitteln enthalten sind, qualitativ und quantitativ.

4. Vertreter des Mineralwasserverbands: Er lobt das Mineralwasser seines Hauses und zeigt auf, welche Mineralstoffe darin enthalten sind.

5. Vertreter des Trinkwasserverbands: Widerspricht gern dem Vertreter des Mineralwasserverbands, indem er nüchtern aufzeigt, welche Stoffe im Trinkwasser enthalten sind. Er hebt hervor, dass Trinkwasser streng und häufig kontrolliert wird.

6. Vertreter der Milchwirtschaft: Lobt die Milch als beste Versorgungsquelle mit Calcium. Dazu zeigt er auf, welche Mineralstoffe in der Milch enthalten sind. Er macht darauf aufmerksam, dass die Mineralstoffe aus Milch besser vom Körper aufgenommen werden als aus Wasser.

7. Leistungssportlerin: Sie berichtet von Erfahrungen mit isotonischen Getränken.

8. Mutter: Berichtet über Erfahrungen mit ihrem Kind. Was ist, wenn es sich am liebsten nur von Schokolade und Limonade ernähren möchte. Sie stellt die Frage, wie man eine gesunde Ernährung bei Kindern durchsetzen kann.

Auch Pflanzen brauchen Salze

1. Kaliberg

Sind dir schon einmal solche grauen oder weißen Hügel in der Landschaft aufgefallen? Recherchiere, was es mit diesen „Kalibergen" auf sich hat – und woraus sie vor allem bestehen.

2. Salze für Pflanzen

Pflanzen benötigen für ihr Wachstum auch Mineralstoffe, also Salze. Bekommt die Pflanze nicht genügend Mineralstoffe, treten Mangelerscheinungen auf. Besonders wichtig für Pflanzen sind Kaliumsalze („Kali"). Recherchiere, welche Mangelerscheinungen Pflanzen bei Kaliummangel zeigen.

3. Entstehung der Salzlagerstätten

Die Salze, die heute in den Salzbergwerken abgebaut werden, entstanden vor vielen Millionen Jahren durch das Eintrocknen großer Meere. Wenn man den Salzgehalt von Meerwasser berücksichtigt, ergibt eine Rechnung: Damit eine Salzschicht von etwa 1 m Höhe entsteht, muss ein etwa 70 m tiefes Meer vollständig verdunsten.

a) Wie tief müsste theoretisch ein Meer gewesen sein, damit eine Salzlagerstätte von 500 m Mächtigkeit entstehen konnte?

b) Wie könnte sich eine so dicke Salzschicht gebildet haben, da es natürlich nie so tiefe Meere gegeben hat?

4. Wie konnten sich verschiedene Salzschichten bilden?

a) In einem Salzbergwerk findet man deutlich getrennte Schichten verschiedener Salze. Die wichtigsten sind Kalisalze (vor allem Kaliumchlorid), Gips (Calciumsulfat), Kalk (Calciumcarbonat) und Steinsalz (Natriumchlorid).
Wie konnte es dazu kommen, dass diese Salze sich beim Verdunsten des Wassers nicht als Gemisch abgelagert haben, sondern getrennt in Schichten? Betrachte dazu die folgende Information:

Salz	Kalk ($CaCO_3$)	Gips ($CaSO_4$)	Steinsalz (NaCl)	Kaliumchlorid (KCl)
Löslichkeit (in g/100ml Wasser bei 20 °C)	0,0015	0,2	ca. 35	

b) In welcher Reihenfolge haben sich die Salze abgelagert? Verwende zur Beantwortung die Tabelle oben.

5. Mineralsalzdünger

Justus LIEBIG, der Begründer der Mineraldüngung, meinte vor 150 Jahren: „Es muss dem Felde an Bodenbestandteilen wieder erstattet werden, was der Landwirt demselben in der Ernte genommen hat. Wird dieses Gesetz missachtet, indem man den Boden aus kurzfristigem Profitdenken heraus ausbeutet, so ist Unfruchtbarkeit des Bodens die langfristige Folge."

a) Erläutere LIEBIGS Aussage.

b) Wie könnte man dem Boden die „Bestandteile wieder erstatten"?

Was braucht eine Pflanze? Alle Pflanzen benötigen zum Wachsen Licht und Wärme, Kohlenstoffdioxid aus der Luft sowie Wasser und Mineralsalze aus dem Boden. Wenn einer dieser Wachstumsfaktoren fehlt, dann zeigen die Pflanzen Mangelerscheinungen oder gehen sogar ein.

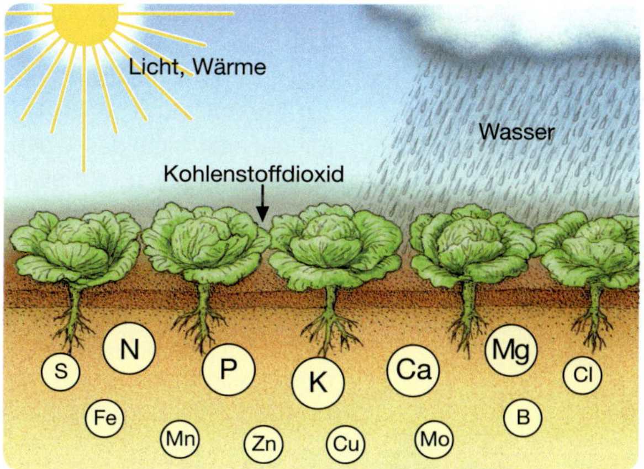

▲ *1. Lebenswichtige Stoffe für Pflanzen*

Die Mineralstoffe werden von den Pflanzen aus dem Boden aufgenommen. Es sind Salze, die hauptsächlich Stickstoff, Phosphor, Kalium, Calcium und Magnesium enthalten.

Düngung. In der Landwirtschaft werden dem Boden mit jeder Ernte Mineralsalze entzogen. Sie müssen durch Düngung wieder ersetzt werden. Dabei ist es wichtig, dass den Pflanzen die Mineralsalze in einem ausgewogenen Verhältnis zur Verfügung stehen.

Wo kommt der Dünger her? Organischer Dünger stammt aus der Landwirtschaft, etwa Mist, Gülle oder Jauche. Handelsdünger („Kunstdünger") wird industriell hergestellt. Grundlage dafür sind Salze und Gesteine aus natürlichen Lagerstätten, etwa Kaliumsalze, Kalk und Phosphate.

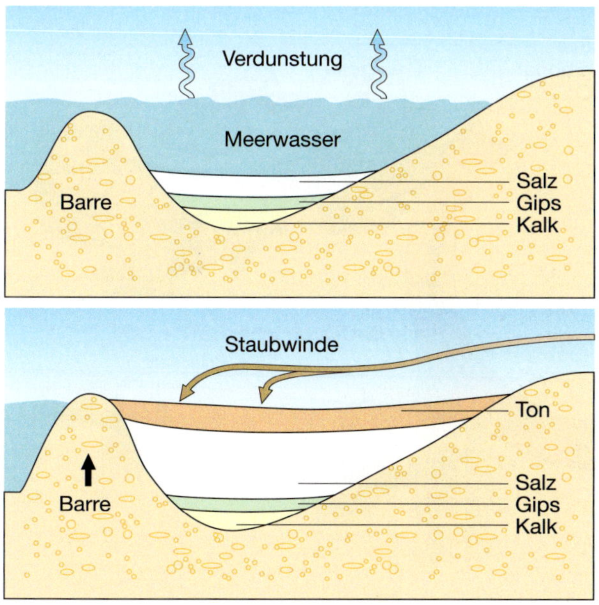

Kaliumsalze – oft spricht man auch nur von „Kali" – gehören zu den *wichtigsten Mineralstoffen der Pflanzen.* Man gewinnt sie meistens in unterirdischen Bergwerken. Salzlagerstätten gibt es im nördlichen und mittleren Teil Deutschlands.

Wie bilden sich Salzlagerstätten? Vor etwa 250 Mill. Jahren waren große Teile des heutigen Norddeutschlands von einem Binnenmeer bedeckt. Da der Wasserzufluss unterbrochen war, trocknete das Meer langsam ein. Die gelösten Salze schieden sich in der Reihenfolge ihrer Löslichkeit ab. Zuerst der schwer lösliche Kalk, dann der Gips, gefolgt von Natrium- und Kaliumsalzen. Durch Erdverschiebungen kam immer wieder frisches Meerwasser in den Binnensee. Es lagerten sich erneut die Salze in Schichten ab, sodass wir heute die Salze in verschiedenen Schichten unter der Erde finden.

Kali-Abraumhalden. In den Kalibergwerken werden vor allem die wertvollen Kaliumsalze Sylvin (KCl) und Carnallit ($KMgCl_3$) als Düngemittel abgebaut. Die nicht benötigten Salze, vor allem Steinsalz ($NaCl$), Gips ($CaSO_4$) und Kalk ($CaCO_3$), kommen auf Abraumhalden. Man sieht sie oft noch an den Stellen, an denen früher Kalibergbau betrieben worden ist.

Die Pflanze braucht zum Wachstum auch Salze. In der Landwirtschaft muss man sie durch Düngung immer wieder zuführen.
Die für Pflanzen wichtigen Kaliumsalze baut man vor allem unterirdisch in Salzbergwerken ab.
Salzlagerstätten sind entstanden durch das wiederholte Eintrocknen großer Binnenmeere.

1. Fragen zum Text

a) Was brauchen Pflanzen zum Leben?

b) Welche chemischen Elemente in Form von Salzen sind für Pflanzen besonders wichtig?

c) Woher stammen die Kaliumsalze für die Düngemittel?

d) Warum scheiden sich Kalk und Gips zuerst ab, wenn Meerwasser eintrocknet?

◀ *2. So könnten Salzlagerstätten entstanden sein*

Kalk – ein Salz als Baustoff

1. Salzsäure-Test auf Kalk

Kalkstein kann man von anderen Gesteinen wie Granit oder Basalt leicht unterscheiden, indem man verdünnte Salzsäure aufträufelt. Schäumend entweicht dann Kohlenstoffdioxid („Kohlensäuregas"). Prüfe verschiedene Gesteine, ob sie Kalk enthalten.

2. Gebrannter Kalk

Kalk wird bei etwa 1000 °C gebrannt. Dabei entweicht Kohlenstoffdioxid. Übrig bleibt gebrannter Kalk (C, B1). Wie wird gebrannter Kalk mit Salzsäure reagieren? Entweicht hier auch Kohlenstoffdioxid? Überprüfe deine Vermutung anhand eines Experiments.

3. Kalk löschen

a) Gib etwas gebrannten Kalk, Calciumoxid (C, B1) in eine Porzellanschale. Füge tropfenweise Wasser hinzu und beobachte (Temperatur!). Prüfe mit Indikatorpapier und erkläre die Farbreaktion.
b) Filtriere etwas von dem gelöschten Kalk in ein Reagenzglas. Leite Kohlenstoffdioxid-Gas in die Lösung ein. Beobachte und beschreibe.

Kalkstein. Ausgangsstoff für Kalkmörtel ist Kalkstein. Kalkstein besteht überwiegend aus Calciumcarbonat ($CaCO_3$). Zerkleinerter Kalkstein wird in Drehrohröfen auf etwa 1000 °C erhitzt. Bei dieser hohen Temperatur zersetzt sich das Calciumcarbonat. Es entweicht Kohlenstoffdioxid und es entsteht Calciumoxid (CaO), **Branntkalk.**

Löschkalk. Nach dem Erkalten wird der Branntkalk mit Wasser versetzt. Man spricht vom „Löschen" des Kalks. Bei dieser Reaktion wird Wärme frei. Dabei verbindet sich Calciumoxid mit Wasser zu Calciumhydroxid ($Ca(OH)_2$), dem Löschkalk.

Kalkmörtel. Am Bau wird der Löschkalk mit Sand und Wasser zu einem steifen Brei angerührt und in dünnen Schichten als Verputz auf die Wände aufgetragen. An der Luft wird der Mörtel langsam fest, er bindet ab. Dabei reagiert der Löschkalk mit dem Kohlenstoffdioxid aus der Luft und wird wieder zu **Calciumcarbonat** und Wasser. Das Verfestigen des Kalkmörtels ist ein Vorgang, der sich über Jahre hinweg fortsetzen kann. Weil Kalkmörtel nur an der Luft, nicht jedoch unter Wasser fest wird, bezeichnet man ihn auch als Luftmörtel.

Technischer Kalkkreislauf. Im ausgehärteten Mörtel findet man wieder das Calciumcarbonat, wie im Ausgangsstoff, dem Kalkstein. Den Weg vom Kalkstein bis zum verfestigten Kalkmörtel bezeichnet man daher als den **technischen Kreislauf des Kalks.**

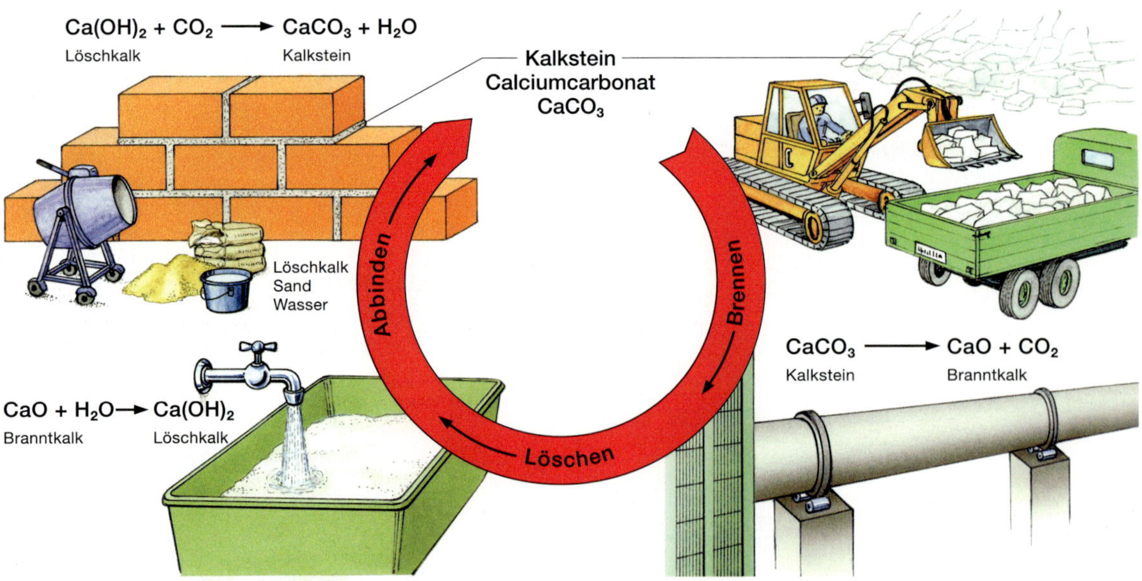

▲ 2. *Technischer Kreislauf des Kalks*

Kalkmörtel wird aus Kalkstein durch Brennen, Löschen und Vermischen mit Sand hergestellt. Kalkmörtel erhärtet an der Luft, indem er mit Kohlenstoffdioxid zu Kalkstein reagiert. Kalkstein und ausgehärteter Mörtel sind chemisch gleich, sie bestehen aus Calciumcarbonat.

1. Fragen zum Text

a) Woraus besteht Kalkmörtel?

b) Formuliere als Reaktionsgleichungen das Brennen, Löschen und Abbinden.

c) Weshalb spricht man von einem technischen Kreislauf des Kalks?

2. Marmor erhitzen

Marmor ist eine besondere Form von Kalkstein.

Halte mit der Tiegelzange ein Stück Marmor in die rauschende Flamme eines Brenners. Lass den gebrannten Marmor (Xi, B1) auskühlen. Prüfe den gebrannten sowie nicht gebrannten Marmor mit angefeuchtetem Indikatorpapier. Beschreibe und erkläre deine Beobachtungen.

Zement gibt es schon lange

▲ 2. Pantheon in Rom

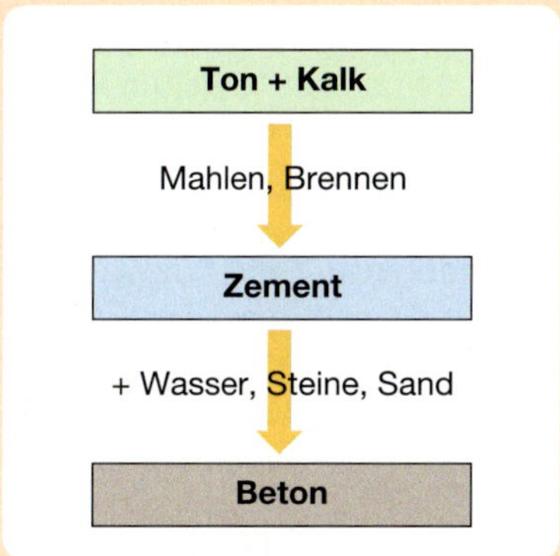

▲ 3. Herstellung von Beton

Zement ist keine Erfindung der Neuzeit. Das in Rom um 120 n. Chr. erbaute Pantheon besitzt eine Kuppel, die mit einem Durchmesser von 43 Metern den Innenraum überspannt. Mit Naturstein war ein solches Bauwerk nicht zu verwirklichen. Die Römer wählten daher einen Baustoff, den sie aus gebranntem Kalk, gemahlenen Ziegelsteinen und Vulkanasche herstellten. Dieser Baustoff ähnelt stark unserem heutigen **Zement.**

Zement und Beton. Rohstoffe für die Herstellung von Zement sind auch heute noch vor allem *Kalkstein* und *Ton.* Diese Rohstoffe werden fein gemahlen und dann in einem Drehrohrofen bei 1500 °C gebrannt. Es entweichen Wasser und Kohlenstoffdioxid.

Zurück bleibt ein verbackener Rest, der Zementklinker. Der Klinker wird nach dem Erkalten fein gemahlen. Das graue Pulver kommt als **Zement** in den Handel. **Zementmörtel** enthält als Zuschlag nur Sand und wird zum Mauern verwendet. **Beton** ist eine Mischung aus Zement, Sand und Kies.

Arbeitet man Stäbe oder Netze aus Stahl ein, erhält man **Stahlbeton.** Erst damit lassen sich die atemberaubend hohen Gebäude unserer Zeit bauen.

Verarbeitung. Anders als Kalkmörtel benötigt Beton zum Festwerden kein Kohlenstoffdioxid aus der Luft, sondern lediglich Wasser. Er wird sogar unter Wasser steinhart. Man kann deshalb auch unter Wasser betonieren.

Beim Abbinden finden verschiedene chemische Veränderungen statt. Die enthaltenen Oxide reagieren miteinander sowie mit dem Wasser und bilden neue chemische Verbindungen. Bereits wenige Minuten nach dem Anrühren mit Wasser beginnen nadelförmige Kristalle zu wachsen, die miteinander verfilzen. Nach einigen Stunden wird der Beton zunehmend fester. Bis zur vollständigen Aushärtung rechnet man mit etwa 28 Tagen.

1. Aus welchen Rohstoffen stellt man Zement her?

2. Was geschieht beim Abbinden von Beton?

3. Unter welchen Bedingungen härtet Beton aus?

Gips – ein vielseitiger Baustoff

▲ *1. Gips ist ein Stoff, der vielseitig verwendet wird*

1. Verwendung von Gips

a) Wozu wird Gips eingesetzt? Betrachte dazu die Abbildungen.
b) Hast du schon einmal Gips angerührt? Falls ja: Woran merkt man, dass das Gipspulver mit dem Wasser reagiert?

2. Experimente mit Gips

a) Gib etwas Wasser in einen Plastikbecher und streue so lange Gipspulver unter Rühren in das Wasser, bis sich eine glatte Paste bildet. Gieße den angerührten Gips in eine Streichholzschachtel. Beobachte und messe die Zeit, bis der Gips hart wird.
b) Ist der Gips hart geworden, wird er in einem Mörser zerkleinert. Rühre nun einen Teil davon wieder in etwas Wasser und prüfe, ob die Mischung noch mal hart wird.
c) Fülle den Rest des zerkleinerten Gipses in ein vorher gewogenes Reagenzglas und wiege erneut. Erhitze ein paar Minuten über einer Brennerflamme und wiege dann abermals. Berechne, um wie viel Prozent das Gewicht abgenommen hat.
d) Streue den erhitzten Gips erneut in etwas Wasser und prüfe, ob die Mischung nun hart wird.

Gewinnung. Gips wird in Steinbrüchen abgebaut. Daneben wird auch Gips verwendet, der bei der Entschwefelung von Rauchgasen in Kraftwerken anfällt. Gips ist chemisch betrachtet **Calciumsulfat,** $CaSO_4$. Er ist aus Ca^{2+}- und SO_4^{2-}-Ionen aufgebaut.

Brennen von Gips. Gipskristalle enthalten einen Anteil an chemisch gebundenem Wasser (Kristallwasser). Die vollständige Formel von ausgehärtetem Gips lautet daher $CaSO_4 \cdot 2\ H_2O$.
Beim Brennen wird Gips auf 130 °C erhitzt. Dabei entweicht ein Teil des Kristallwassers, die Kristalle zerfallen. Das Produkt wird zu Pulver gemahlen und kommt als Stuckgips in den Handel.

▲ *2. Wird Gipspulver in Wasser eingerührt, bilden sich Gipskristalle, die miteinander verfilzen. Dadurch wird der Gips hart*

Härten von Gips. Gibt man zu gebranntem Gips Wasser, wird er warm. Es bilden sich wieder die ursprünglichen Kristalle und der Gips wird hart. Da er bei diesem Vorgang Wasser aufnimmt, dehnt sich der Gips beim Aushärten etwas aus. Deshalb eignet sich Gips hervorragend, um Abdrücke abzunehmen.

Verwendung. Gips ist nicht wasserfest. Man verwendet Stuckgips deshalb nur im Innenausbau etwa für Gipskartonplatten, zum Verfüllen von Löchern in Wänden und zur Herstellung von Verzierungen (Stuck). Weiter nutzt man ihn für Verbände nach Knochenbrüchen sowie für Gipsabdrücke an Tatorten.

Gips ist wasserhaltiges Calciumsulfat. Beim Brennen von Gips wird ein Teil des Kristallwassers entfernt. Der gebrannte Gips nimmt beim Abbinden wieder Wasser auf und wird fest.

3. Fragen zum Text
a) Gips stammt heute nicht nur aus Steinbrüchen. Wo wird Gips noch gewonnen?
b) Was geschieht beim Erhitzen, was beim Abbinden von Gips?
c) Warum verwendet man Gips meistens nur im Innenausbau?

Salze sind unentbehrlich

→ **Kochsalz** (Natriumchlorid, NaCl) ist eines unter vielen Salzen. Es kann aus Meerwasser, salzhaltigen Quellen und in Bergwerken gewonnen werden.
- Alle Körperflüssigkeiten enthalten Kochsalz (physiologische Kochsalzlösung).
- Es wird zum Würzen und Konservieren verwendet.
- Im Straßenverkehr dient es als Streusalz.
- 80 % werden von der chemischen Industrie als Rohstoff verwendet.

→ **Ionen:** Salze bestehen aus elektrisch geladenen Teilchen, den Ionen: **positiv** geladenen **Kationen** und **negativ** geladenen **Anionen.**

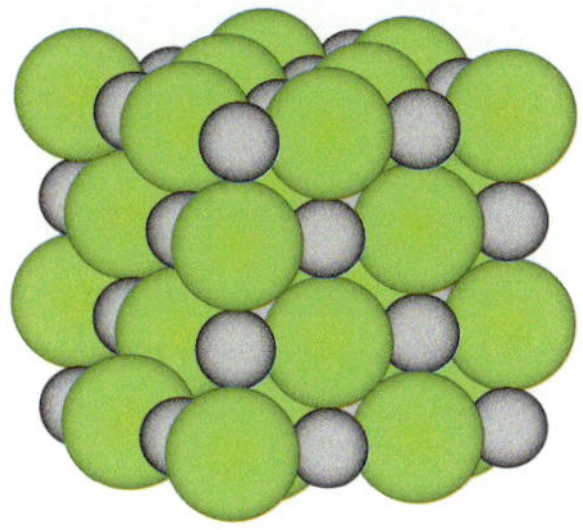

→ **Kristalle:** Anionen und Kationen ordnen sich regelmäßig zu einer räumlichen Struktur in einem Salzkristall an. Die starken elektrischen Kräfte halten die Ionen zusammen. Man bezeichnet diesen Zusammenhalt als **Ionenbindung.**

→ **Bildung von Ionen:** Ionen entstehen aus Atomen durch Abgabe und Aufnahme von Elektronen:
- Metall-Atome geben Elektronen ab und werden zu positiv geladenen Ionen, z. B. Na^+
- Nichtmetall-Atome nehmen Elektronen auf und werden zu negativ geladenen Ionen, z. B. Cl^-

→ **Edelgaszustand:** Bei der Bildung von Ionen erreichen beide Partner die Elektronenverteilung eines Edelgas-Atoms.

→ **Eigenschaften der Salze:** oft gut wasserlöslich, hart und spröde; hohe Schmelz- und Siedetemperaturen. Lösungen und Schmelzen leiten den elektrischen Strom.

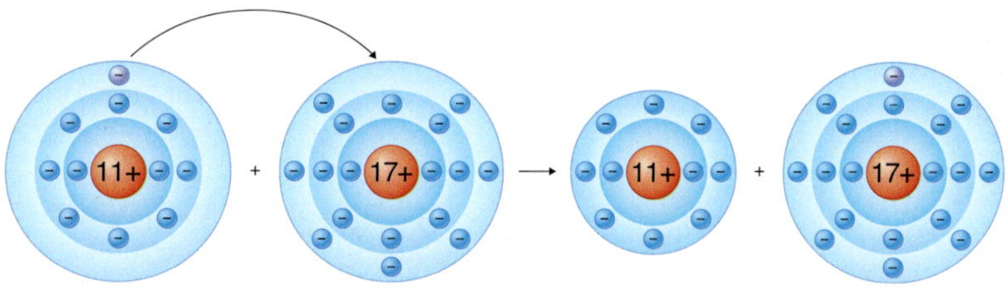

Natrium-Atom + Chlor-Atom → Natrium-Ion + Chlorid-Ion

→ **Salze im Boden und im Wasser:** Wasser löst Ionen aus den Gesteinen. Je mehr Ionen gelöst sind, desto höher ist die elektrische Leitfähigkeit des Wassers.

→ **Düngemittel:** Pflanzen brauchen zum Wachsen auch Salze. Sehr wichtig für Pflanzen ist Kaliumdünger („Kali“). Er wird aus Salzlagerstätten gewonnen.

→ **Kalk und Gips** sind aus Ionen aufgebaut. Sie werden als Baustoffe verwendet.

Kalk, Calciumcarbonat:
Ca^{2+} CO_3^{2-}

Gips, Calciumsulfat:
Ca^{2+} SO_4^{2-}

Kalkmörtel härtet unter Aufnahme von Kohlenstoffdioxid aus der Luft. Gebrannter Gips nimmt beim Abbinden Wasser auf und wird dabei fest.

Salze sind unentbehrlich

1. Kochsalz

a) Kochsalz wird im Alltag vielseitig verwendet. Gib drei Beispiele für die Verwendung von Kochsalz an.
b) Es gibt drei verschiedene Möglichkeiten, Salz zu gewinnen. Erläutere die Methoden kurz.
c) Welchen Vorteil bringt die Salzgewinnung in den Ländern am Mittelmeer?
d) Weshalb gibt es an den Küsten von Nord- und Ostsee keine Salzgewinnungsanlagen?

2. „Tod nach Salz-Pudding"

Aus einer Pressemeldung:

> Ein vierjähriges Kind macht sich unerlaubt einen Pudding. Dabei nimmt es versehentlich Salz statt Zucker und will den Pudding daher gar nicht essen. Doch zur Strafe zwingt die Mutter das Kind, den stark versalzenen Pudding aufzuessen. 34 Stunden später stirbt das Kind an den Folgen der Salzvergiftung.

Was zeigt uns diese wahre Begebenheit?

3. Eigenschaften von Salzen

Steckbrief: Kochsalz

Schmelztemp.: 801 °C
Siedetemp.: 1465 °C

a) Nenne einige Eigenschaften, die typisch für Salze sind.
b) Wie lässt sich erklären, dass Salze in der Regel hohe Schmelz- und Siedetemperaturen haben?
c) Weshalb leiten Salzlösungen den elektrischen Strom, feste Kristalle dagegen nicht?

4. Salz als Rohstoff

a) Wofür wird das meiste Kochsalz verwendet?
b) Nenne einige Stoffe, für deren Herstellung man Kochsalz als Rohstoff nutzt.
c) Zur Herstellung von Aluminium benötigt man Natronlauge. Welcher Stoff fällt außerdem noch an, wenn man Natronlauge aus Kochsalz herstellt?
d) Welches Problem ergibt sich bei der Nutzung von Kochsalz in der Industrie? Bedenke, dass viele chlorhaltige Stoffe für die Natur schädlich sind.

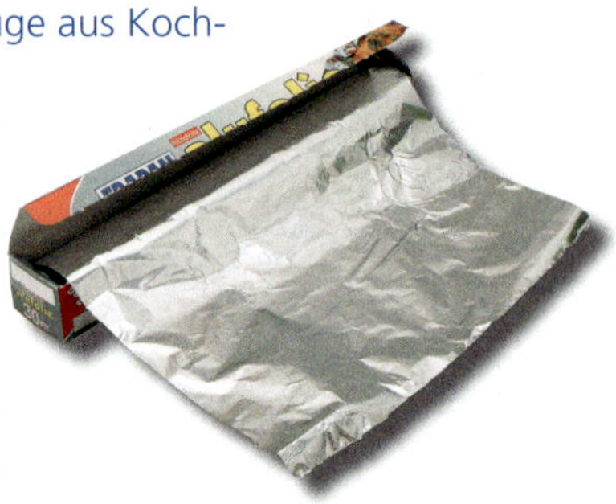

5. Elektrolyse

a) Zeichne den Versuchsaufbau der Elektrolyse von Kupferchlorid in dein Heft (mit U-Rohr). Beschrifte alle abgeschiedenen und alle in Lösung befindlichen Teilchen.
b) Erläutere anhand der Zeichnung, was bei der Elektrolyse abläuft.
c) Inwiefern handelt es sich bei der Elektrolyse um eine chemische Reaktion?
d) Handelt es sich um eine exotherme oder eine endotherme Reaktion?

6. Ionen und Kristalle

Erläutere bzw. erkläre folgende Sachverhalte:
a) Bei der Elektrolyse von Zinkiodid scheiden sich an den Elektroden Zink und Iod ab (Zeichnung).
b) Kristalle sind aus Ionen aufgebaut. Erkläre anhand einer Zeichnung.
c) Aus Metallen bilden sich immer positive Kationen.
d) Warum gibt es kein Na^--Ion?
e) Was sind dies für Teilchen?

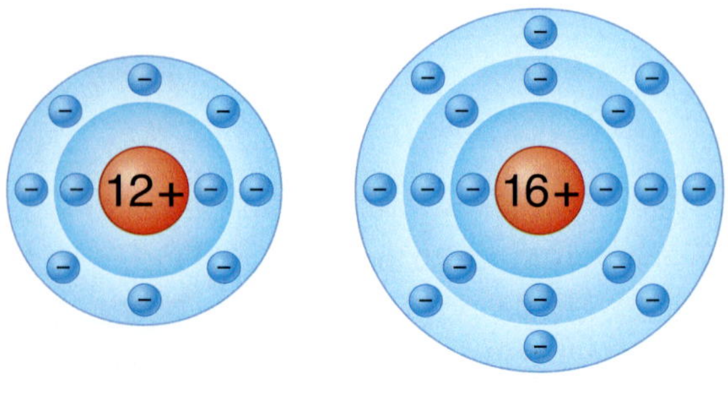

7. Aus Atomen werden Salze

In der Abbildung wird die Bildung von Kochsalz als Comic dargestellt.

a) Stelle den Vorgang mithilfe von Atommodellen dar.

b) Zeige, wie sich aus den entsprechenden Atomen die Salze Lithiumfluorid, Calciumoxid, Aluminiumsulfid und Kaliumbromid bilden.

8. Fluor in der Zahncreme?

a) Das Element Fluor ist ein äußerst reaktionsfähiger, ätzender und sehr giftiger Stoff. Die Werbeaussage: „Diese Zahncreme enthält Fluor zur Härtung des Zahnschmelzes" kann daher nicht richtig sein. Finde heraus, in welcher Form Fluor in Zahncreme enthalten ist.

b) Wie unterscheidet sich Fluor vom tatsächlich verwendeten Stoff, chemisch gesehen?

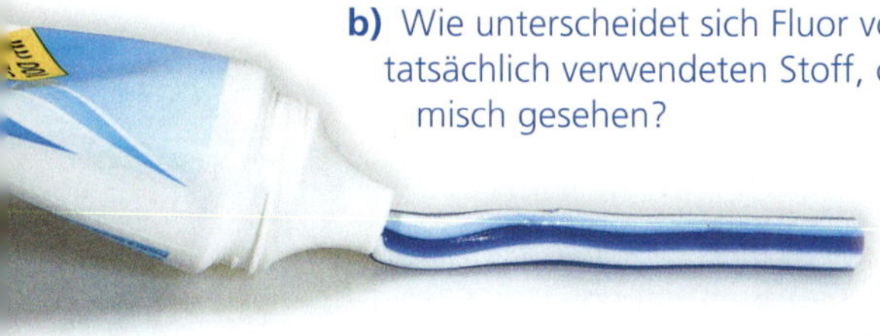

9. Ernährung

In Biologie und Medizin spricht man statt von Salzen meist von Mineralstoffen und Spurenelementen, die der Körper benötigt.
Finde für beide Gruppen je zwei Beispiele. Gib auch an, in welchen Lebensmitteln sie vorkommen und wofür der Körper sie benötigt.

10. Wasser und Gestein

In einem Tropftrichter befindet sich zerkleinerter Granit, in einem anderen befindet sich Gipsgestein. Über das Gestein läuft destilliertes Wasser.
Wie kann man feststellen, bei welchem Gestein die meisten Ionen ins Wasser übergegangen sind?

11. Woher stammt das Mineralwasser?

a) Vergleiche die beiden Mineralwasser-Analysen. Welches Wasser wird „salziger" schmecken?

b) Welches Wasser könnte durch Gipsgestein gelaufen sein? Begründe deine Antwort.

c) Welche Salze können sich beim Eindampfen dieser Mineralwässer bilden?

Inhaltsstoffe	Probe 1	Probe 2
Gelöste Stoffe	109 $\frac{mg}{l}$	2767 $\frac{mg}{l}$
Calcium-Ionen (Ca^{2+})	9,9 $\frac{mg}{l}$	100 $\frac{mg}{l}$
Natrium-Ionen (Na^{+})	9,4 $\frac{mg}{l}$	410 $\frac{mg}{l}$
Chlorid-Ionen (Cl^{-})	8,4 $\frac{mg}{l}$	100 $\frac{mg}{l}$
Sulfat-Ionen (SO_4^{2-})	6,9 $\frac{mg}{l}$	80 $\frac{mg}{l}$

12. Düngemittel

Pflanzen nützt es nichts, wenn einige Salze im Überschuss vorhanden sind, andere dagegen fehlen. Der Stoff, an dem es am stärksten mangelt, begrenzt das Wachstum der Pflanzen.
Diese Erkenntnis bezeichnet man nach LIEBIG als das „Gesetz vom Wachstumsminimum".

Das Fass in der Abbildung zeigt für ein konkretes Beispiel die Wachstumsbegrenzung durch die einzelnen Mineralstoffe.
Könnte man hier durch Düngen mit mehr Kalium einen höheren Ertrag erzielen? Begründe deine Antwort.

KAPITEL 6

Chemie und Elektrizität

Batterien und Akkus versorgen Handys, Laptops, Mobiltelefone, Herzschrittmacher und Hörgeräte mit elektrischer Energie. In Zukunft sollen sie Pkws antreiben und elektrische Energie aus Sonne und Wind speichern.

▲ 1. *So kannst du selbst eine Batterie bauen. Eine Zitrone, ein Blechstreifen aus Kupfer und einer aus Zink – fertig.*

Batterien liefern nur für eine bestimmte Zeit Strom, Akkus können wieder aufgeladen werden.
Wie sind sie aufgebaut?
Woraus entsteht die elektrische Energie?
Was geschieht beim Laden eines Akkus?
Wohin mit unbrauchbar gewordenen Batterien und Akkus?

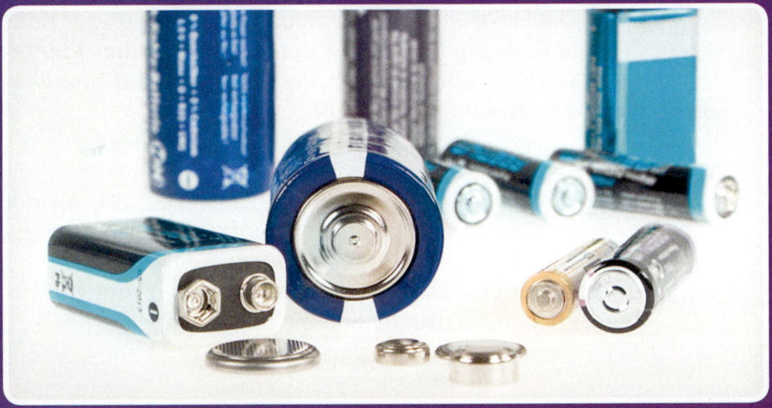

◀ 2. *Wer die Wahl hat, hat die Qual. Das Angebot an Batterien und Akkus ist riesengroß. Welche Batterie für welchen Zweck, wann ist ein Akku sinnvoller?*

3. *Zukunft der Luftfahrt? Der Brennstoffzellen-Motorsegler mit Wasserstoff an Bord als Treibstoff für die Brennstoffzelle. Sie erzeugt den elektrischen Strom für den Elektromotor.* ▶

Die Chemie steckt voller Spannung …

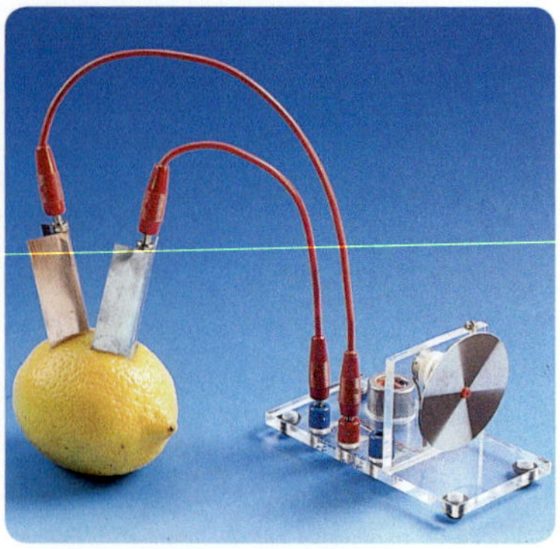

1. Strom aus der Zitrone

Stecke in eine Zitrone eine Kupferelektrode und eine Zinkelektrode. Achte darauf, dass sich die beiden Elektroden nicht berühren.

a) Verbinde die beiden Elektroden zuerst mit einem Spannungsmesser, dann mit einem Kleinmotor.
b) Welches Metall bildet den Minuspol, welches den Pluspol?

2. Einfache elektrochemische Zellen

Tauche eine Zinkelektrode und eine Kupferelektrode nacheinander in destilliertes Wasser, in eine Kochsalz-Lösung und in verdünnte Schwefelsäure.
Prüfe jeweils, ob eine Spannung messbar ist.

3. Zink-Kohle-Zelle

Xn B2

a) Fülle in den einen Schenkel eines U-Rohres mit Fritte Zinksulfat-Lösung, in den anderen Schenkel Kupfersulfat-Lösung. Tauche in die Zinksulfat-Lösung eine Zinkelektrode, in die Kupfersulfat-Lösung eine Kohleelektrode. Verbinde die Elektroden mit einem kleinen Elektromotor.
b) Miss die Spannung und stelle fest, welche Elektrode den Minuspol und welche den Pluspol bildet.
c) Welche Veränderung kannst du nach einiger Zeit an der Kohleelektrode beobachten?

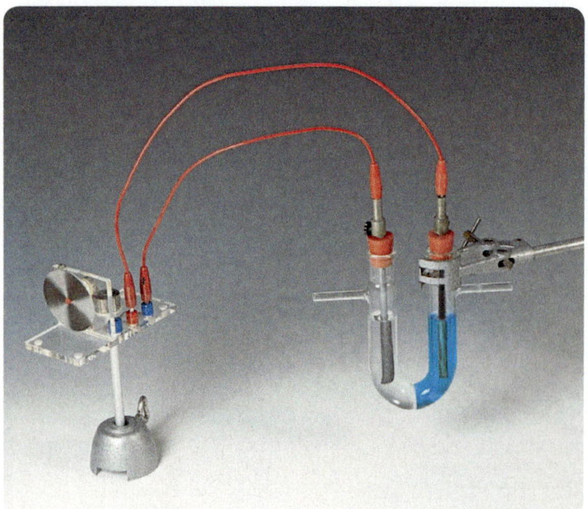

Strom aus der Zitrone. Werden ein **Kupferblech** und ein **Zinkblech** in eine Zitrone gesteckt, kann man zwischen den beiden Elektroden eine Spannung von ungefähr 1 V messen. Das Zinkblech bildet den Minuspol, das Kupferblech den Pluspol der Spannungsquelle. Wird zwischen den Polen eine leitende Verbindung hergestellt, fließt ein Strom.

Die Zink-Kohle-Zelle. Eine Zinkelektrode taucht in eine Zinksulfat-Lösung, eine Kohleelektrode in eine Kupfersulfat-Lösung.
Damit sich die Lösungen nicht vermischen, sind sie durch eine poröse Wand (Fritte) voneinander getrennt. Die Zink-Kohle-Zelle liefert eine Spannung von 1,5 V.
Die Zinkelektrode bildet den Minuspol. Zink-Atome geben Elektronen ab und gehen als Ionen in Lösung:

$$Zn \longrightarrow Zn^{2+} + 2\ e^-$$

Die Elektronen fließen über das Lämpchen zur Kohleelektrode (Pluspol). Kupfer-Ionen aus der Kupfersulfat-Lösung nehmen die Elektronen auf und werden zu Kupfer-Atomen:

$$Cu^{2+} + 2\ e^- \longrightarrow Cu$$

Die Zinkelektrode löst sich allmählich auf, an der Kohleelektrode lagert sich Kupfer ab. Zum Ladungsausgleich wandern Ionen durch die Fritte.
Durch eine chemische Reaktion wird chemische Energie in elektrische Energie umgewandelt.

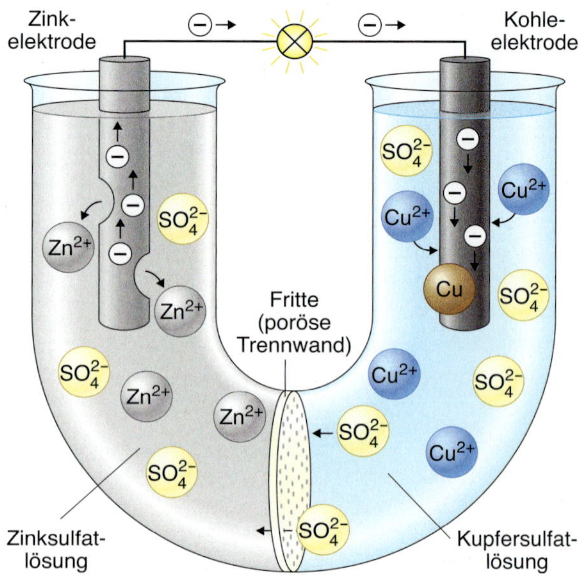

▲ *3. Vorgänge in einer galvanischen Zelle*

Galvanische Zellen. Zwei unterschiedliche Elektroden, die in eine leitfähige Lösung, den Elektrolyt, eintauchen, bilden eine galvanische Zelle. Galvanische Zellen dienen als Gleichspannungsquellen. Dabei werden an der einen Elektrode Elektronen abgegeben und an der anderen aufgenommen. Die Elektronen wandern dabei durch einen äußeren Leiter.

Eine galvanische Zelle ist eine elektrische Spannungsquelle. Durch chemische Reaktionen an den Elektroden wird chemische Energie in elektrische Energie umgewandelt.

1. Fragen zum Text

a) Beschreibe den Aufbau einer galvanischen Zelle.

b) Begründe, warum die Zitronenbatterie eine galvanische Zelle ist.

c) Beschreibe die chemischen Reaktionen in einer Zink-Kohle-Zelle. Schreibe die entsprechenden Gleichungen auf.

d) In einer galvanischen Zelle wird chemische Energie in elektrische Energie umgewandelt. Erläutere.

e) Warum kann eine galvanische Zelle nicht beliebig lange elektrische Energie zur Verfügung stellen?

Exkurs

GALVANI und VOLTA

Luigi GALVANI (1737–1798) war Arzt und Naturforscher an der Universität von Bologna. Er untersuchte das Zusammenspiel von Nerven und Muskeln an toten Tieren. Im Jahr **1786** machte er eine interessante Entdeckung, als er mit präparierten Froschschenkeln experimentierte.

Als GALVANI die freigelegten Nerven der Schenkel zufällig mit einem Messer berührte, zuckten sie als wären sie lebendig. Dies geschah jedoch nur, wenn gleichzeitig ein Funke mit einer in der Nähe stehenden Elektrisiermaschine erzeugt wurde. Er schloss daraus, dass für die Bewegung der Muskeln eine **„tierische Elektrizität"** verantwortlich sei.

In weiteren Versuchen spießte er präparierte Froschschenkel an Messinghaken auf, die er an das Eisengitter seines Balkons hängte. Sobald ein Schenkel das Eisengitter berührte, zuckte er ebenfalls.

Der italienische Physiker Alessandro VOLTA (1745–1827) hörte von Galvanis Beobachtungen. Er setzte die Experimente Galvanis fort und fand heraus, dass ein elektrischer Strom erzeugt werden kann, wenn zwei unterschiedliche Metalle in eine leitende Flüssigkeit getaucht wurden. Aufgrund dieser Erkenntnis gelang es ihm, die erste leistungsfähige Spannungsquelle zu konstruieren.

In der sogenannten **Voltasäule** befanden sich abwechselnd übereinander gestapelte Zink- und Silberplatten. Zwischen jedem Plattenpaar lag ein mit verdünnter Schwefelsäure getränkter Filz. Die damit erzeugte Spannung betrug etwa 100 V. Bis zur Mitte des 19. Jahrhunderts war dies die wichtigste Stromquelle – die erste nutzbare **„Batterie"**.

Für diese bahnbrechende Erfindung wurde die Einheit der elektrischen Spannung „Volt" nach ihm benannt.

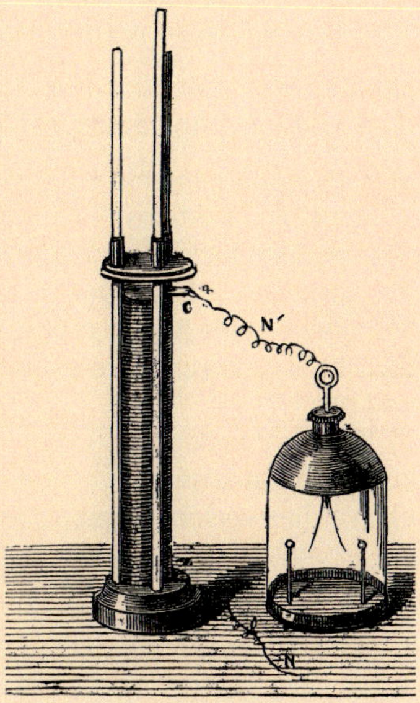

Redoxreaktionen – Austausch von Elektronen

1. Oxidation und Reduktion

a) Was versteht man unter einer Oxidation? Erläutere an einem Beispiel.
b) Wie nennt man eine Reaktion, bei der einem Oxid der Sauerstoff entzogen wird?
c) Wie heißt eine Reaktion, bei der Oxidation und Reduktion gleichzeitig ablaufen?

▲ *1. Reaktion von Magnesium mit Sauerstoff und mit Chlor*

2. Oxidation ohne Sauerstoff?

a) Beschreibe anhand der Abbildungen die Reaktionen von Magnesium mit Sauerstoff und mit Chlor. Was fällt dir auf?
b) Beschreibe und nenne die Reaktionsprodukte, schreibe die Reaktionsgleichungen auf.

3. Reduktion ohne Sauerstoff?

a) Kupferoxid kann mit Eisen reduziert werden. Schreibe die Reaktionsgleichung auf. Welcher Stoff wird oxidiert, welcher reduziert?
b) Tauche einen Eisennagel in Kupfersulfat-Lösung. Beschreibe deine Beobachtungen und deute sie.
c) Gibt es Gemeinsamkeiten bei den Reaktionen a) und b)?
d) Wiederhole den Versuch b) mit einem Kupferblech in Silbernitrat-Lösung.
e) Welches Versuchsergebnis erwartest du, wenn ein Silberblech in eine Kupfersulfat-Lösung getaucht wird?

Oxidation ist Elektronenabgabe. Magnesium verbrennt in reinem Sauerstoff mit greller Flamme. Dabei entsteht **Magnesiumoxid** als weißes Pulver. Das Magnesium wird oxidiert.
Hält man brennendes Magnesium in einen mit Chlor gefüllten Standzylinder, macht man eine ähnliche Beobachtung. Das Magnesium brennt mit greller Flamme im Chlor weiter. Es entsteht der weiße Feststoff **Magnesiumchlorid.**
Beide Reaktionen verlaufen ähnlich. Obwohl bei der Reaktion von Magnesium mit Chlor kein Sauerstoff beteiligt ist, wird diese Reaktion ebenfalls als Oxidation bezeichnet.
Betrachtet man die Reaktionen von Magnesium mit Sauerstoff und Chlor auf der Teilchenebene, werden die Gemeinsamkeiten beider Reaktionen besonders deutlich.
In beiden Fällen geben die Magnesium-Atome ihre Außenelektronen ab. Sie erreichen damit den Edelgaszustand. Es entstehen zweifach positiv geladene Magnesium-Ionen.

Elektronenabgabe: $Mg \longrightarrow Mg^{2+} + 2\,e^-$

Auch andere Metalle geben sowohl bei der Reaktion mit Sauerstoff als auch mit anderen Reaktionspartnern Elektronen ab. Damit alle Reaktionen, die nach diesem Prinzip ablaufen, auf die gleiche Weise beschrieben werden können, hat man den Begriff der Oxidation erweitert.

Die Abgabe von Elektronen heißt Oxidation.

Reduktion ist Elektronenaufnahme. Die von den Magnesium-Atomen abgegebenen Elektronen werden von Sauerstoff- oder Chlor-Atomen aufgenommen. Sie erreichen dadurch ebenfalls den Edelgaszustand. Es entstehen Sauerstoff- und Chlorid-Ionen.

Elektronenaufnahme:

$O + 2\,e^- \longrightarrow O^{2-}$ $\qquad$ $Cl_2 + 2\,e^- \longrightarrow 2\,Cl^-$

Die Aufnahme von Elektronen heißt Reduktion.

Redoxreaktion bedeutet Austausch von Elektronen. Da ein Teilchen nur dann Elektronen abgeben kann, wenn gleichzeitig ein anderes Teilchen diese Elektronen aufnimmt, müssen Oxidation und Reduktion stets gemeinsam ablaufen. Die Reaktion heißt deshalb Redoxreaktion.

Oxidation (Elektronenabgabe)

$$Mg + O \longrightarrow Mg^{2+} + O^{2-} \longrightarrow MgO$$

Reduktion (Elektronenaufnahme)

Oxidation (Elektronenabgabe)

$$Mg + Cl_2 \longrightarrow Mg^{2+} + 2\,Cl^{-} \longrightarrow MgCl_2$$

Reduktion (Elektronenaufnahme)

▲ *1. Reaktion von Magnesium mit Sauerstoff und Chlor*

Redoxreaktionen zwischen unedlen und edlen Metallen. Taucht ein Eisennagel in eine Kupfersulfat-Lösung, überzieht er sich mit einer dünnen Kupferschicht. Die vorher dunkelblaue Kupfersulfat-Lösung nimmt eine grünlich-gelbe Farbe an.
Eisen ist unedler als Kupfer, Eisen-Atome geben Elektronen ab und werden zu Eisen-Ionen. Kupfer ist edler als Eisen. Die Kupfer-Ionen in der Kupfersulfat-Lösung nehmen die Elektronen auf und werden zu Kupfer-Atomen.

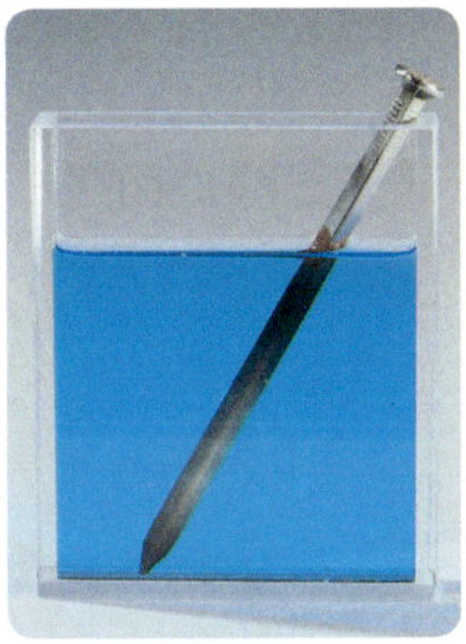

▲ *2. Eisennagel in Kupfersulfat-Lösung*

Oxidation: $Fe \longrightarrow Fe^{2+} + 2\,e^{-}$
Reduktion: $Cu^{2+} + 2\,e^{-} \longrightarrow Cu$
Redoxreaktion: $Fe + Cu^{2+} \longrightarrow Fe^{2+} + Cu$

3. Kupferblech in Silbernitrat-Lösung ▼

Eine ähnliche Reaktion findet zwischen einem Kupferblech in einer Silbernitrat-Lösung statt. Auf dem Kupferblech bildet sich eine graue Schicht von feinverteiltem Silber.

Kupfer ist unedler als Silber, deshalb geben die Kupfer-Atome Elektronen an die Silber-Ionen ab.

Redoxreaktion: $Cu + 2\,Ag^{+} \longrightarrow Cu^{2+} + 2\,Ag$

Redoxreaktionen in galvanischen Zellen. Die Höhe der Spannung in galvanischen Zellen hängt von der Wahl der beiden Metall-Elektroden ab. So kann zwischen Elektroden aus Zink und Kupfer eine Spannung von 1,1 V, zwischen Zink und Silber eine Spannung von 1,6 V gemessen werden.
Das unedlere Metall Zink bildet jeweils den Minuspol. Es gibt leichter Elektronen ab als die edleren Metalle Kupfer und Silber. Je edler das mit Zink kombinierte Metall ist, desto größer ist die entstehende Spannung.

Die Spannungsreihe der Metalle. Ordnet man die Metalle nach ihrem Bestreben Elektronen abzugeben, erhält man die **Spannungsreihe** der Metalle.
Je weiter links ein Metall in dieser Reihe steht, desto unedler ist es und desto größer ist sein Bestreben, Elektronen abzugeben.

Eine Redoxreaktion ist eine chemische Reaktion, bei der Elektronen von einem Reaktionspartner auf einen anderen übertragen werden.

1. Fragen zum Text
a) Wie heißt der Vorgang, bei dem aus Kupfer-Ionen Kupfer-Atome werden?
b) Wie heißt der Vorgang, bei dem aus Eisen-Atomen Eisen-Ionen entstehen?
c) Schreibe die Reaktion von Magnesium mit Chlor als Redoxreaktion.
d) Nenne drei Metall-Ionen, die von Eisen reduziert werden können.

2. Elektrolyse von Kupferchlorid
Welche Ionen werden bei der Elektrolyse von Kupferchlorid reduziert, welche werden oxidiert?

4. Spannungsreihe der Metalle ▼

unedel														edel
Li	**K**	**Ca**	**Na**	**Mg**	**Al**	**Zn**	**Fe**	**Ni**	**Pb**	**Cu**	**Ag**	**Hg**	**Pt**	**Au**

Batterien – Strom für unterwegs

▲ *1. Unterschiedliche Batterie-Typen*

1. Unterschiedliche Batterien

a) Welche Batterie-Typen kennst du? Wodurch unterscheiden sie sich und wo werden sie jeweils eingesetzt?
b) Was verraten dir die Aufschriften über Größe, Spannung, Bauform?
c) Was musst du beim Kauf von Batterien beachten?

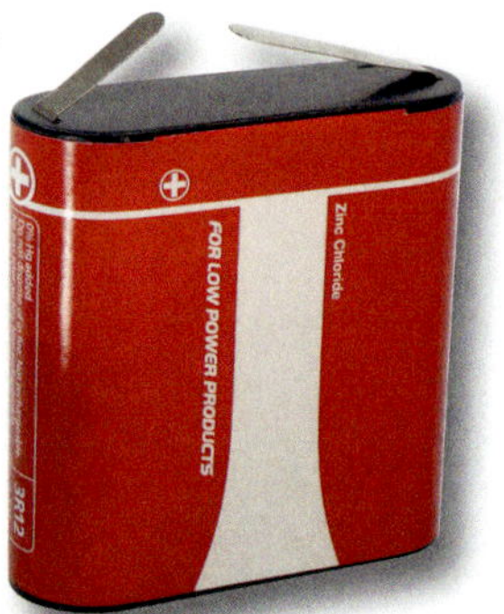

2. Eine Batterie von innen betrachtet

a) Entferne von einer 4,5 Volt-Flachbatterie das Gehäuse. Beschreibe, was du siehst.
b) Miss die Spannung, die eine Zelle liefert. Wo befinden sich Plus- und Minuspol?
c) Lehrerversuch: Eine Zelle wird aufgesägt. Beschreibe das Innere der Zelle.
d) Von einer „leeren" 4,5 Volt-Flachbatterie wird das Gehäuse entfernt.
Beschreibe und erkläre das Aussehen der Zellen.

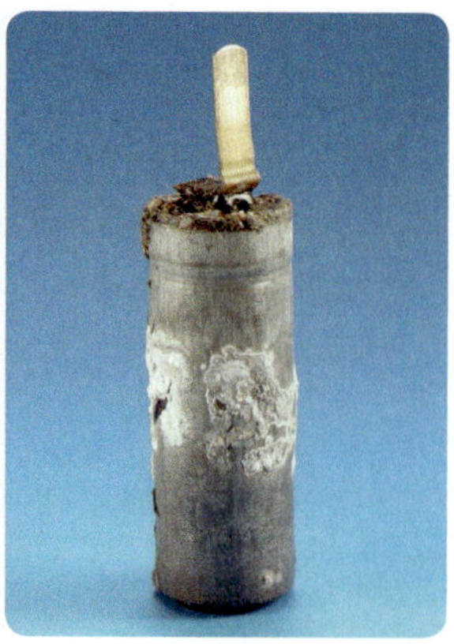

Batterien gibt es in verschiedenen Bauformen. Sie funktionieren fast alle nach dem gleichen Grundprinzip. Sie enthalten eine oder mehrere hintereinandergeschaltete **galvanische Zellen.**
Beim Entladen läuft eine Redoxreaktion ab, Elektronen werden von einem Reaktionspartner auf einen anderen übertragen. Dabei wird chemische Energie in elektrische Energie umgewandelt.

Die Zink-Silberoxid-Batterie – Energie auf kleinstem Raum. Dieser Batterie-Typ wird meist als Miniaturbatterie für Uhren und Hörgeräte gebaut, als sogenannte Knopfzelle. Silberoxid bildet die positive, Zinkpulver die negative Elektrode. Als Elektrolyt dient Kalilauge. Batterien dieser Art benötigen teure Rohstoffe.

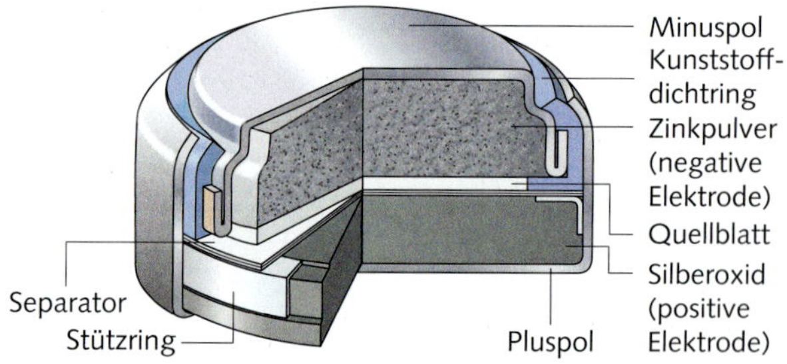

Elektrochemische Vorgänge. Zink-Atome geben Elektronen ab. Es entstehen Zink-Ionen, die in Lösung gehen. Die Elektronen fließen vom Zink über den Verbraucher zum Silberoxid. Silber-Ionen nehmen die Elektronen auf. Es entsteht metallisches Silber. Diese Reaktion ist nur so lange möglich, bis ein Reaktionspartner verbraucht ist.

Oxidation:	$Zn \longrightarrow Zn^{2+} + 2\,e^-$
Reduktion:	$2\,Ag^+ + 2\,e^- \longrightarrow 2\,Ag$
Gesamtreaktion:	$Zn + 2\,Ag^+ \longrightarrow Zn^{2+} + 2\,Ag$

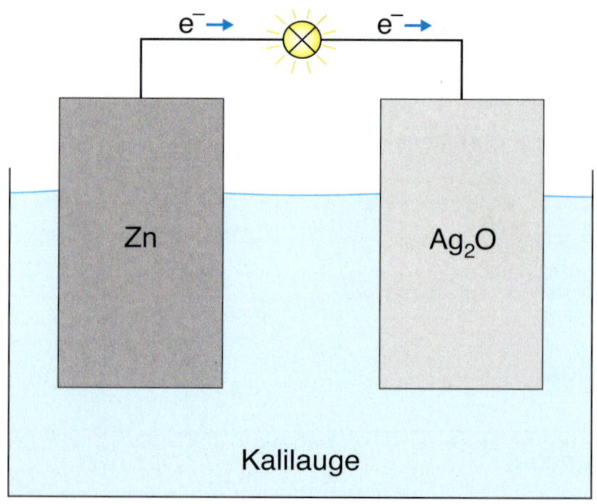

▲ *5. Vorgänge in der Zink-Silberoxid-Zelle*

Die Alkali-Mangan-Batterie – vielseitig verwendbar. Diesen Batterie-Typ gibt es in allen Größen von der Knopfzelle bis zu mehreren Kilogramm schweren Industriebatterien. Der Minuspol besteht aus Zinkpulver, der Pluspol ist ein Gemisch aus Mangandioxid und Ruß. Als Elektrolyt dient Kalilauge. Die Batteriehülle aus Stahl verhindert ein Auslaufen der Batterie.

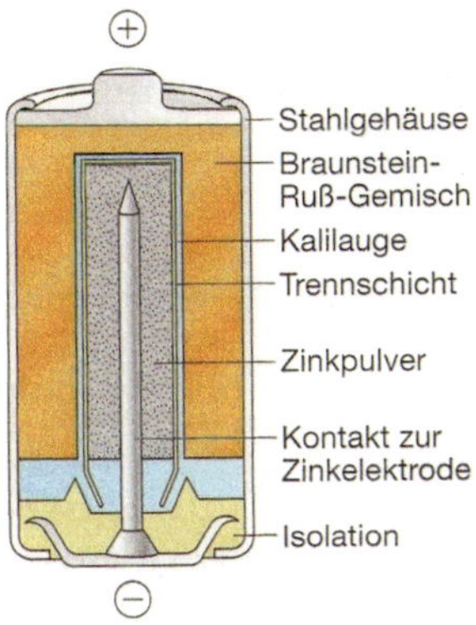

▲ *1. Alkali-Mangan-Batterie*

Elektrochemische Vorgänge. Zwischen Zink und Mangandioxid findet eine Redoxreaktion statt. Die Zink-Atome geben Elektronen ab. Die Elektronen wandern zum Mangandioxid und werden von Mn^{4+}-Ionen aufgenommen.

Redoxreaktion: $Zn + 2\ Mn^{4+} \longrightarrow Zn^{2+} + 2\ Mn^{3+}$

Zink-Kohle-Batterie – der preiswerte Klassiker. Die 4,5 Volt Flachbatterie enthält drei hintereinander geschaltete Zink-Kohle-Zellen. Die elektrochemischen Vorgänge in einer Zink-Kohle-Zelle entsprechen denen in einer Alkali-Mangan-Batterie. Eine Zelle liefert eine Spannung von 1,5 V.

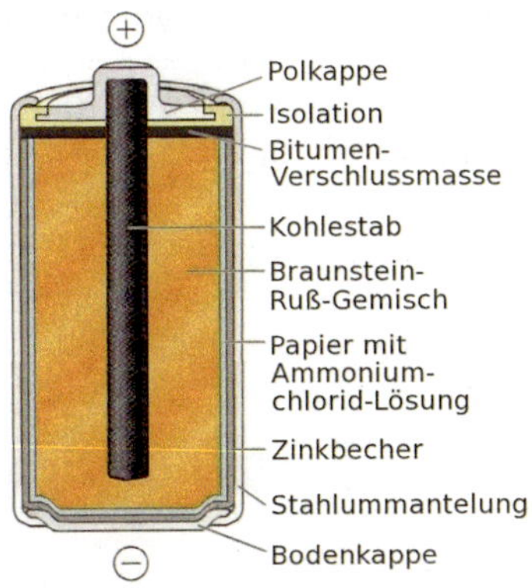

▲ *2. Zink-Kohle-Batterie*

Den Minuspol bildet ein Metallbecher aus Zink. Er ist mit einer Mischung aus Ruß, Mangandioxid (Pluspol) und einer eingedickten Ammoniumchlorid-Lösung (Elektrolyt) gefüllt. In der Mitte steckt ein Kohlestab, der den Kontakt zwischen Stromkreis und Pluspol herstellt. Da sich der Zinkbecher mit der Entladung auflöst, kann die Batterie auslaufen und das elektrische Gerät zerstören.

Die Lithium-Batterie – leistungsstark und langlebig. Diese Batterie liefert eine Spannung von 3 V. Lithium-Batterien haben eine lange Lebensdauer; sie werden daher in Herzschrittmachern, Datenspeichern, Fotoapparaten oder Armbanduhren eingesetzt.
Ihre Elektroden bestehen aus Lithium (Minuspol) und aus Manganoxid (Pluspol). Da Lithium mit Wasser reagiert, müssen organische Lösemittel als Elektrolyt verwendet werden.
Mittlerweile gibt es die Lithium-Flachzelle, die 0,4 mm dünn und biegsam ist. Sie passt perfekt in scheckkartengroße Smartcards – Karten mit batteriebetriebenen Mikrochips – die als Türöffner in Hotels oder als Bustickets zum Einsatz kommen.

Batterien sind elektrochemische Stromquellen. Die kleinste Einheit ist eine galvanische Zelle. In ihr wird chemische Energie in elektrische Energie umgewandelt.

1. Fragen zum Text
a) Beschreibe den Aufbau einer Zink-Kohle-Batterie.
b) Welche chemischen Reaktionen laufen in einer Zink-Silberoxid Batterie ab? Beschreibe mit eigenen Worten und formuliere die Symbolgleichungen.

2. Alkali-Mangan- oder Lithium-Batterie?
Wodurch unterscheiden sie sich?

3. Lithium ist gefährlich
Beschädigte Lithium-Batterien dürfen nicht mehr verwendet werden. Finde eine Begründung dafür.

Batterie-Typ	Zink-Kohle	Alkali-Mangan	Silberoxid	Lithium-Mangandioxid
Spannung	1,5 V	1,5 V	1,55 V	3 V
Besondere Merkmale	für geringe Beanspruchung	für Dauernutzung bei hoher Stromanforderung geeignet	Knopfzelle mit langer Lebensdauer	lange Zeit konstant hohe Spannung, Betriebsdauer über 10 Jahre
Anwendungen	Spielzeug, Taschenlampen	MP3-Player, Fotoapparate, Wanduhren	Hörgeräte, Fotoapparate, Armbanduhren	Herzschrittmacher Armbanduhren

Akkumulatoren

1. Akkumulatoren – besondere Batterien

a) Der Strom in deinem Handy wird nicht von einer Batterie, sondern von einem Akkumulator (Akku) geliefert.
Welche besonderen Eigenschaften hat ein Akku im Vergleich zur Batterie?
b) Nenne weitere elektrische Geräte, die durch Akkus mit elektrischer Energie versorgt werden.
c) Die Innenbeleuchtung eines Autos blieb zwei Tage lang unbemerkt an. Warum konnte das Auto danach nicht mehr gestartet werden?
Wie kann diese Panne wieder behoben werden?

Akkumulatoren sind Batterien, die wieder aufgeladen werden können. Ihr Einsatz reicht über die elektrische Zahnbürste, Handy und Laptop bis hin zu Elektroauto und Elektrowerkzeug.
Sie sind im Prinzip wie Batterien aufgebaut. Die elektrische Energie entsteht durch Redoxreaktionen aus chemischer Energie. Beim Aufladen wird dieser Vorgang rückgängig gemacht. Elektrische Energie wird wieder in chemische Energie umgewandelt. Akkus können deshalb viel länger verwendet werden als Batterien.

Groß, schwer und zuverlässig – die „Autobatterie“. Eine schon seit über hundert Jahren genutzte, wiederaufladbare Batterie ist der **Blei-Akkumulator,** bekannt als Autobatterie.
Der Blei-Akku besteht aus einem Kunststoff-Behälter mit mehreren Kammern. Jede Kammer ist eine galvanische Zelle, die 2 V Gleichspannung liefert. Eine Kammer enthält mehrere flache Gitterplatten, die abwechselnd mit **Blei** (Pb) und braunem **Bleidioxid** (PbO_2) beschichtet sind. Die mit Blei beschichteten Gitter bilden den **Minuspol,** die Bleidioxidgitter den **Pluspol.** Die Platten tauchen in 34 %ige Schwefelsäure.

▼ *1. Aufbau eines Bleiakkumulators („Autobatterie“)*

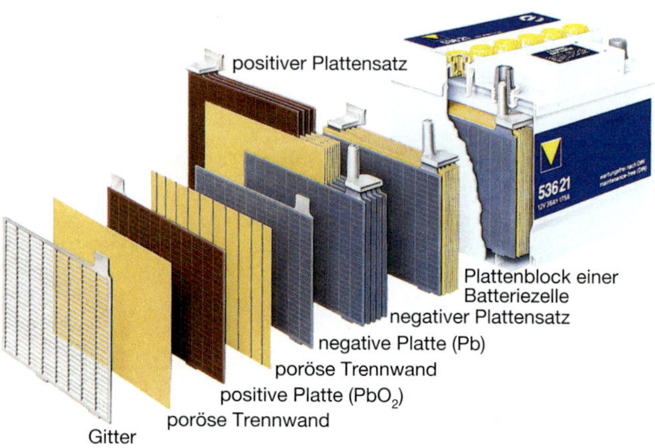

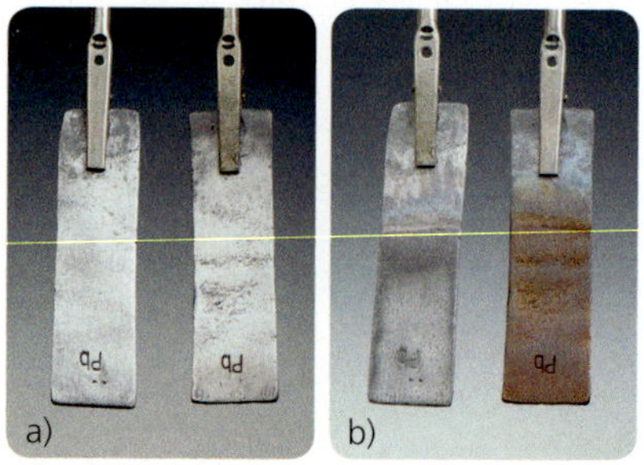

◀ *2. Bleielektroden a) vor und b) nach dem Aufladen*

Elektrochemische Vorgänge. Beim Starten des Autos benötigt der Anlasser (Elektromotor M) elektrische Energie. Der Akkumulator **entlädt** sich. Die gespeicherte chemische Energie im Akkumulator wird dabei in elektrische Energie umgewandelt.

Entladevorgang

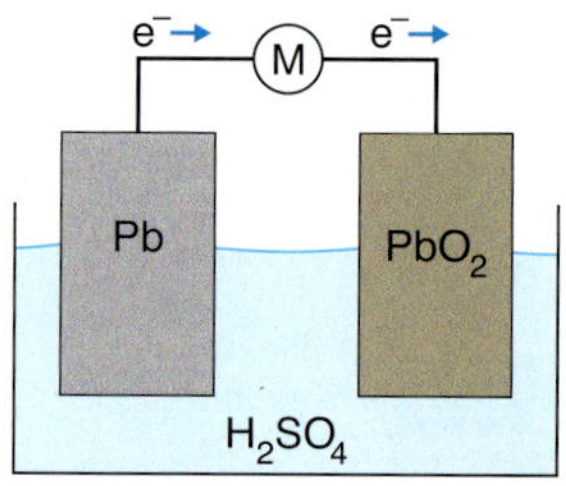

Minus-Pol:
$Pb \longrightarrow Pb^{2+} + 2\,e^-$

Plus-Pol:
$Pb^{4+} + 2\,e^- \longrightarrow Pb^{2+}$

Am **Minuspol** geben Blei-Atome Elektronen ab und werden zu zweifach positiv geladenen Blei-Ionen.
Am **Pluspol** entstehen durch Elektronenaufnahme ebenfalls zweifach positiv geladene Blei-Ionen. An beiden Polen bildet sich dabei durch Reaktion mit der Schwefelsäure schwerlösliches Bleisulfat ($PbSO_4$).

Während der Fahrt mit dem Auto wird der Akkumulator über die Lichtmaschine (Generator G) wieder **aufgeladen.**
Die Vorgänge laufen nun in umgekehrter Richtung ab, Dabei entsteht am Pluspol wieder Bleidioxid, am Minuspol entsteht Blei.

Ladevorgang

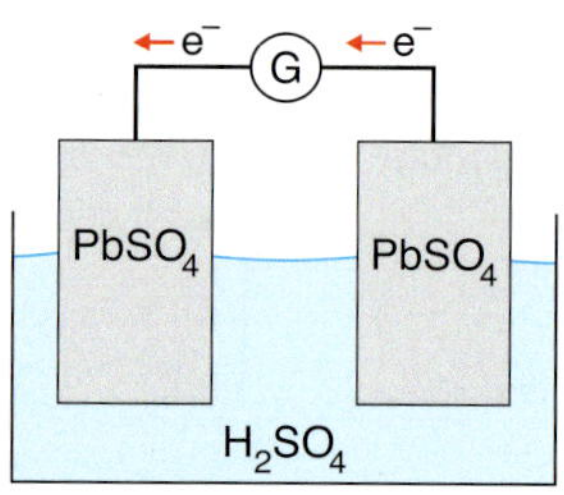

Minus-Pol:
$Pb^{2+} + 2\,e^- \longrightarrow Pb$

Plus-Pol:
$Pb^{2+} \longrightarrow Pb^{4+} + 2\,e^-$

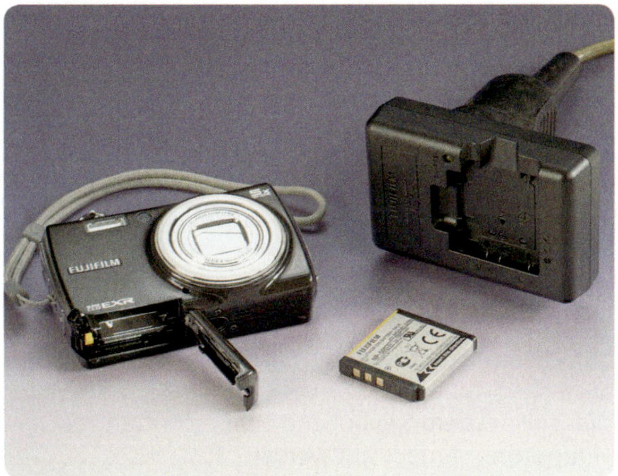

▲ *1. Digitalkamera mit Lithium-Akku und Ladegerät*

Bis in die 1990er Jahre war der **Nickel-Cadmium-Akku** der meist verwendete Akku. Herstellung und Verkauf wurden aber wegen des darin enthaltenen giftigen Schwermetalls Cadmium verboten.

Langlebig und umweltfreundlich – der NiMH-Akku. Eine umweltfreundliche Weiterentwicklung des Nickel-Cadmium-Akkus ist der Nickelmetallhydrid-Akku (NiMH-Akku). Er liefert eine Spannung von 1,2 V pro Zelle und ist geeignet für Geräte mit hohem Strombedarf wie Camcorder, elektrische Zahnbürsten, schnurlose Telefone, Elektrowerkzeuge.

Im geladenen Zustand besteht die negative Elektrode aus einer wasserstoffspeichernden **Metall-Legierung** (MH), die positive Elektrode aus **Nickelhydroxid.** Der Elektrolyt ist **Kalilauge.**

Stark und leicht – der Lithium-Ionen-Akku. Für kleine und leichte Handys und Notebooks mit hohem Energiebedarf ist der Lithium-Ionen-Akku die ideale Stromquelle. Eine Zelle liefert eine Spannung von 3,6 V. Auch für Elektroroller, Fahrräder mit zusätzlichem Elektromotor und für das Elektroauto ist dieser Hochleistungs-Akku geeignet.

Wie der Name sagt, enthält dieser Akku kein metallisches Lithium, sondern **Lithium-Ionen.**
Beim **Entladen** wandern sie aus der negativen Elektrode durch den Elektrolyten in die positive Elektrode, beim **Laden** nehmen sie den umgekehrten Weg. Sie nehmen nicht an den in der Zelle ablaufenden Redoxreaktionen teil, sondern „pendeln" lediglich zwischen den beiden Elektroden hin und her.

Bei einem Akkumulator kann die chemische Reaktion, die beim Entladen abläuft, durch Zufuhr elektrischer Energie rückgängig gemacht werden.

1. Fragen zum Text

a) Wodurch unterscheiden sich Batterien und Akkumulatoren?
b) Beim Laden und Entladen eines Blei-Akkumulators laufen Redoxreaktionen ab. Beschreibe mit eigenen Worten und formuliere die Symbolgleichungen.
c) Für den Betrieb eines Handys reicht eine Lithium-Ionen-Akku-Zelle. Wie viele Zellen eines Nickel-Metallhydrid-Akkus werden für das gleiche Handy benötigt?

▼ *2. Einblicke in die elektrochemischen Vorgänge in modernen Akkus*

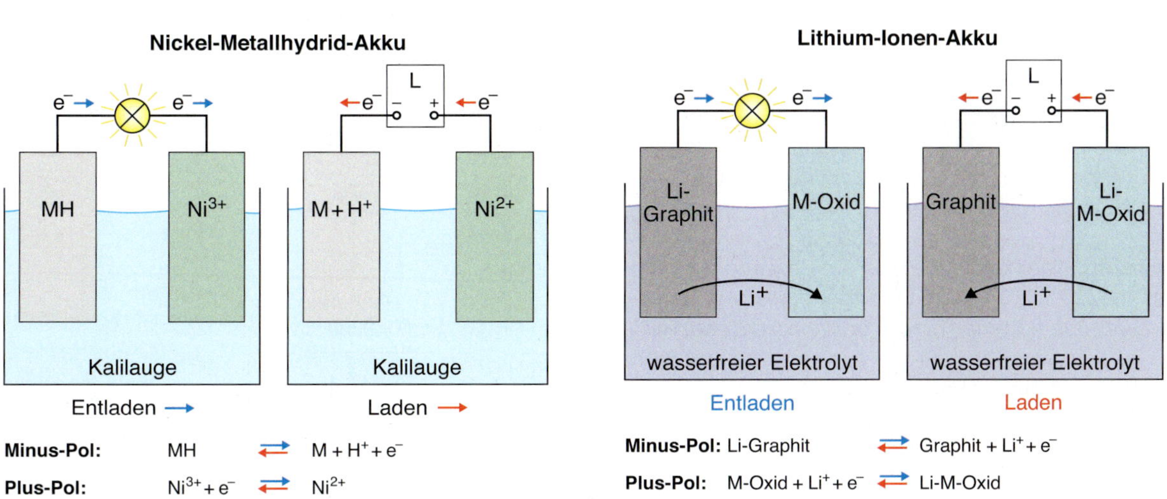

Alte Batterien und Akkus – aus Abfall wird Rohstoff

Gebrauchte Batterien und Akkus enthalten wertvolle Rohstoffe. Im Jahr 2008 wurden in Deutschland fast 1,5 Milliarden Batterien und Akkus verkauft. Darin sind etwa 180 000 t **Blei,** 4000 t **Zink,** 600 t **Nickel,** 615 t **Cadmium,** 5,5 t **Quecksilber** und 5 t **Silber** enthalten.

Damit diese wertvollen Rohstoffe nicht verschwendet werden und die zum Teil giftigen Stoffe nicht in die Umwelt gelangen, dürfen Batterien und Akkus nicht über den Hausmüll entsorgt werden.

Rückgabe- und Rücknahmepflicht. Noch immer werden zu viele gebrauchte Batterien und Akkus in Schubladen aufbewahrt, dabei kennt sie mittlerweile jeder: Die grüne Box. Zudem ist seit 1998 jeder Nutzer gesetzlich verpflichtet, seine gebrauchten Batterien und Akkus entweder dem Handel oder einem öffentlichen Entsorger zurückzugeben. In allen Verkaufsstellen gilt die Rücknahmepflicht – unabhängig von einem Kauf.

Recycling. Nach der Rückgabe – das waren zum Beispiel 14 200 t im Jahr 2008 (ohne Auto-Batterien) – werden die Batterien und Akkus zunächst **sortiert.** Fast 80 % davon waren Alkali-Mangan- und Zink-Kohle-Batterien. Durch unterschiedliche Trennverfahren werden Rohstoffe wie Stahl, Mangan, Zink und Nickel zurückgewonnen und können **wiederverwertet** werden.

1. Viele Batterien sind mit einem durchgestrichenen Mülleimer gekennzeichnet. Manchmal steht darunter auch das Symbol Pb, Cd oder Hg.
Was soll mit dem Symbol und der Beschriftung für den Verbraucher verdeutlicht werden?

2. Neue Batterien dürfen nur noch einen geringen, gesetzlich begrenzten Höchstanteil an Quecksilber und Cadmium enthalten. Wie erklärst du dir diese Vorschrift?

3. Warum wurden Gesetze zur Rückgabe und Rücknahme von Batterien und Akkus erlassen?

4. Wo könnte deiner Meinung nach auf den Einsatz von Batterien und Akkus verzichtet werden?

5. Beschreibe das Verfahrensprinzip (s. Bild unten) zum Recycling von Zink-Kohle- und Alkali-Mangan-Zellen. Welche Stoffe werden zurückgewonnen?

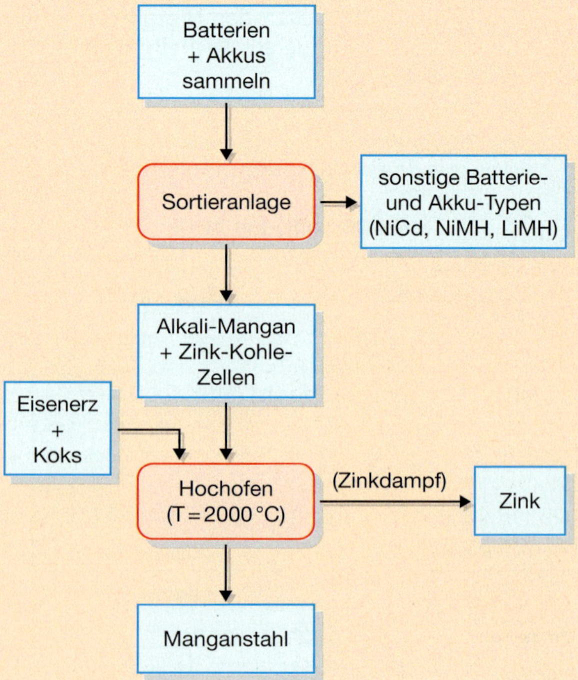

Lithium – ein Metall macht Karriere

▲ *1. Salar de Atacama, Chile*

Gewinnung. Zum größten Teil wird Lithium gegenwärtig aus der Sole des Salar de Atacama in Chile gewonnen. In dem dort herrschenden trockenen, sonnigen Klima verdampft das salzhaltige Wasser in großen Becken. Je nach Löslichkeit setzen sich nacheinander die darin enthaltenen Salze ab. Das leicht lösliche **Lithiumchlorid** bleibt in Lösung. Durch Zugabe von Soda (Na_2CO_3) wird daraus das schwerlösliche **Lithiumcarbonat** ausgefällt.
Lithiumcarbonat ist der Ausgangsstoff für die Herstellung der meisten anderen Lithiumverbindungen und des Elements Lithium.
Die Weltproduktion von Lithiumcarbonat betrug 90 000 t im Jahre 2009. Sie wird im Laufe der nächsten Jahre aufgrund des Bedarfs für Batterien und Akkus weiter steigen.

Nach weiteren nutzbaren Lithiumlagerstätten wird weltweit intensiv gesucht.

Das Auto von morgen fährt elektrisch.
Die Vision für das Auto von morgen ist verlockend. Kein Kohlenstoffdioxid aus dem Auspuff, kein Motorenlärm in den Städten, Schonung der Erdölreserven.
Die Energiespeicher für die Elektromotoren dieser Autos werden vorwiegend Lithium-Ionen-Akkus sein.
Aufgeladen werden sie über Nacht an der Steckdose.

▲ *2. Das schnellste Elektroauto der Welt: Tesla Roadster*

Tesla Roadster
Technische Daten:

Geschwindigkeit: 210 km/h
Akku: 6 831 Li-Ionen-Zellen
Ladezeit: 3,5 h
Maximale Reichweite: 400 km

Lithium-Ionen-Akkus werden in fast allen Bereichen eingesetzt, in denen Energiespeicher benötigt werden. Sie versorgen schon heute Millionen von Mobiltelefonen, Laptops, elektrische Fahrzeuge und Elektrowerkzeuge. Die Nachfrage nach dem Rohstoff Lithium steigt.

Vorkommen. Lithium kommt in der Natur nur in Verbindungen vor. Lithiumsalze, insbesondere das Lithiumchlorid, kommen verbreitet in Salzseen vor. Der größte **Salzsee** der Welt ist der in 3 650 m Höhe gelegene **Salar de Uyuni** in Bolivien. Man geht davon aus, dass bis zu 5,4 Millionen Tonnen Lithium daraus gewonnen werden können.
In der Atacama-Wüste in Chile liegt das zweitgrößte Reservoir an Lithiumsalzen, der Salzsee **Salar de Atacama.** In beiden Seen zusammen sollen schätzungsweise 70 % des gesamten Lithiums der Erde liegen.

1. Suche im Atlas die Lage der Salzseen in Südamerika. Informiere dich über das dort herrschende Klima.

2. Schreibe die Reaktionsgleichung für die Herstellung von Lithiumcarbonat aus Lithiumchlorid.

3. In Lithium-Batterien wird reines Lithium eingesetzt. Es wird durch Elektrolyse aus geschmolzenem Lithiumchlorid gewonnen.
a) Welche Ionen enthält das Lithiumchlorid?
b) Schreibe die Reaktionsgleichungen für die Vorgänge an den Elektroden.

▲ *3. Lithium*

4. Warum darf das Innere von lithiumhaltigen Batterien auf keinen Fall mit Wasser in Berührung kommen?

5. Erstelle einen Steckbrief für Lithium.

Die Brennstoffzelle

1. Eine einfache Brennstoffzelle

Gib in ein U-Rohr eine 10 %ige Kalilauge (C, B1). Tauche in beide Schenkel eine Kohleelektrode und verbinde sie mit einem Stromversorgungsgerät. Lege für 4 Minuten eine Gleichspannung von 5 V an. Verbinde danach beide Elektroden mit einem Spannungsmessgerät.
Notiere deine Beobachtungen.

2. Die Brennstoffzelle im Modell

a) Baue die Modellzelle nach Vorschrift auf.
Zerlege dann mithilfe der Apparatur das Wasser in seine Bestandteile.
b) Verbinde jetzt die Gasspeicher mit der Brennstoffzelle und miss die Spannung.
c) Schließe einen Kleinmotor an die Brennstoffzelle an.
d) Notiere zu allen Versuchen deine Beobachtungen.

Brennstoffzellen sind nicht neu. Vor über 150 Jahren entwickelte Sir William Grove (1811–1896) die erste Brennstoffzelle. Aber erst mit der bemannten Raumfahrt begann der Siegeszug der modernen Brennstoffzelle. Ohne sie wäre der Flug zum Mond nicht möglich gewesen. Alle Apollo-Raumfahrzeuge wurden mit Strom aus Brennstoffzellen versorgt. Die dazu notwendigen Gase Wasserstoff und Sauerstoff wurden in flüssiger Form in Tanks mitgenommen. Das Endprodukt der Reaktion diente den Astronauten als Trinkwasser.
Heute werden Brennstoffzellen vielseitig eingesetzt. Sie treiben Autos und U-Boote an, können Notebooks und Handys mit Strom und Häuser mit Strom und Wärme versorgen.

Nur Wasserstoff und Sauerstoff sind notwendig. In einer Brennstoffzelle reagieren Wasserstoff und Sauerstoff zu Wasser. Die Reaktion läuft aber nicht wie bei einer Knallgasreaktion explosionsartig, sondern gemäßigt ab. Dabei wird chemische Energie in elektrische Energie und Wärme umgewandelt.

Brennstoffzellen haben Vorteile. Brennstoffzellen arbeiten leise und sind umweltfreundlich. Im Unterschied zu Wärmekraftwerken beträgt der Wirkungsgrad 80 Prozent. Während bei Akkus und Batterien die verfügbare elektrische Energie begrenzt ist, steht sie in Brennstoffzellen solange zu Verfügung, wie die Ausgangsstoffe kontinuierlich nachgeliefert werden. Als Ausgangsstoffe können nicht nur Wasserstoff, sondern auch Erdgas, oder Methanol genutzt werden. Es gibt unterschiedliche Typen von Brennstoffzellen, eine davon ist die **P**olymer-**E**xchange-**M**embran Brennstoffzelle (PEM). Sie besteht aus einem geschlossenen Behälter mit zwei Kohlenstoffelektroden, in die feinst verteiltes Platin als Katalysator eingelagert ist. Die Elektroden sind voneinander durch eine dünne Kunststoffmembran getrennt.

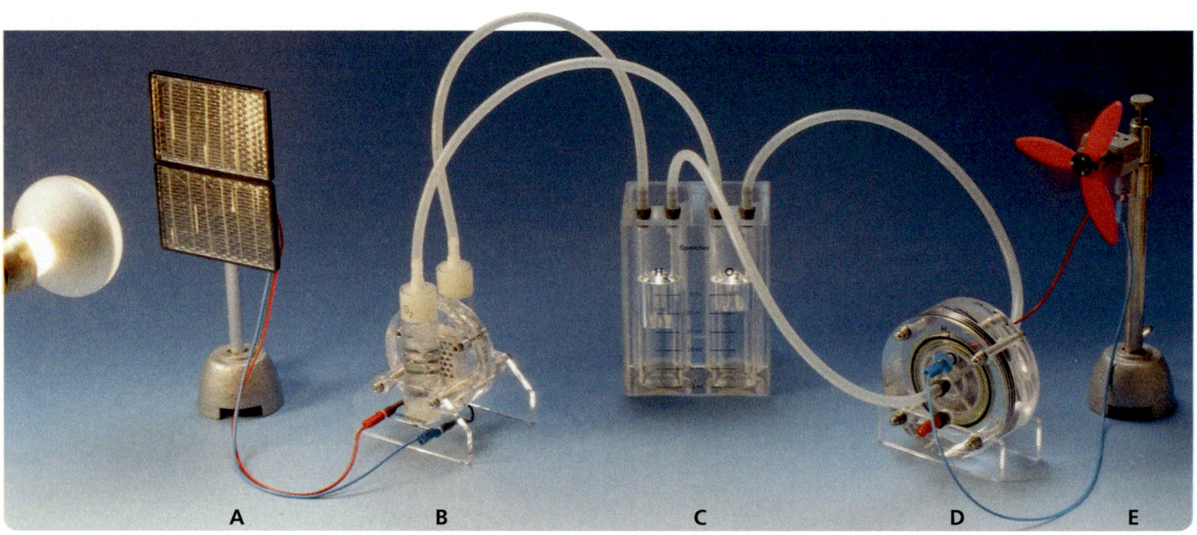

▲ *1. Energie aus Wasserstoff. A Solarzelle, B Elektrolyseur, C Gasspeicher, D Brennstoffzelle, E Kleinmotor*

Gezähmtes Knallgas. In einer Brennstoffzelle reagieren Wasserstoff und Sauerstoff zu Wasser. Die beiden Gase können Vorratsflaschen entnommen werden oder direkt durch Elektrolyse gewonnen werden.
Der Wasserstoff wird zu einer der beiden Elektroden der Zelle geleitet. Mithilfe des Katalysators werden Wasserstoff-Moleküle in Wasserstoff-Atome gespalten. Sie geben ihr Elektron ab und werden zu Wasserstoff-Ionen (Protonen):

① $2\,H_2 \longrightarrow 4\,H^+ + 4\,e^-$

An der Wasserstoffelektrode herrscht Elektronenüberschuss. Sie bildet den Minuspol der Brennstoffzelle.
Die Elektronen aus den Wasserstoff-Molekülen fließen durch den äußeren Leiter zur Sauerstoffelektrode, dem Pluspol der Brennstoffzelle. Dort werden die Sauerstoff-Moleküle durch die Einwirkung des Katalysators ebenfalls in Atome gespalten. Sie nehmen die Elektronen auf. Es entstehen negativ geladene Sauerstoff-Ionen:

② $O_2 + 4\,e^- \longrightarrow 2\,O^{2-}$

Die Protonen (H^+) werden durch die für Protonen durchlässige Kunststoffmembran zum Pluspol geleitet und verbinden sich dort mit den Sauerstoff-Ionen (O^{2-}) zu Wasser. Er wird als Wasserdampf nach außen abgeführt.

③ $4\,H^+ + 2\,O^{2-} \longrightarrow 2\,H_2O$

In der Brennstoffzelle läuft folgende Gesamtreaktion ab:

$$2\,H_2 + O_2 \longrightarrow 2\,H_2O \text{ ; Energie wird frei}$$

Eine solche Brennstoffzelle liefert eine Spannung von etwa 1,2 Volt.

In einer Brennstoffzelle reagiert Wasserstoff mit Sauerstoff zu Wasser. Dabei werden elektrische Energie und Wärme frei.

1. Fragen zum Text
a) Beschreibe den Aufbau einer Brennstoffzelle.
b) Welche Teilchen wandern durch die Membran?
c) Welche Vorteile hat die Brennstoffzelle gegenüber Batterien und Akkus?

2. Verschiedene Energieumwandlungen
Welche Arten von Energieumwandlung finden von der Lampe bis zum Kleinmotor statt? (s. Bild 1 auf der gegenüberliegenden Seite).

3. Methanol als Brennstoff für die Brennstoffzelle
a) Überlege dir, wie man Methanol zum Betrieb von Brennstoffzellen einsetzen kann.
b) Welchen Vorteil hat die Verwendung von Methanol als Brennstoff?

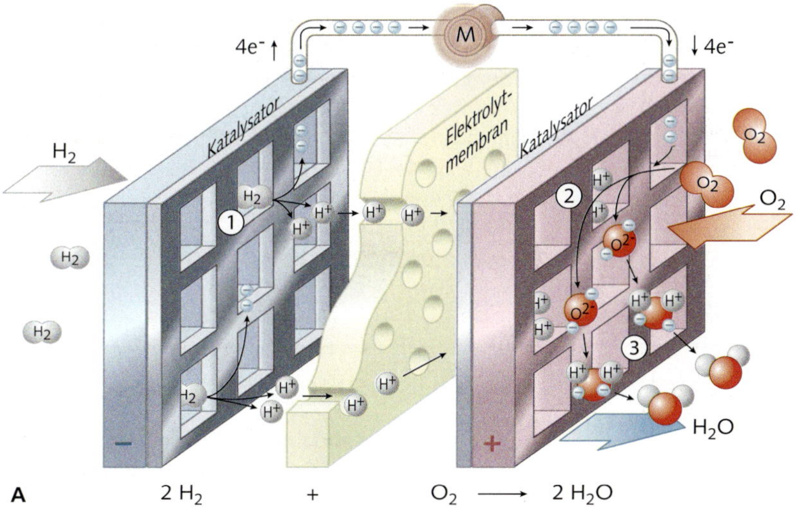

▲ *1. Brennstoffzelle. A Funktionsweise, B Aufbau*

Viel Strom für Aluminium

1. Vielseitiges Aluminium

a) Nenne Gegenstände, die aus Aluminium hergestellt sind.
b) Nenne Nahrungsmittel, die in Verpackungen aus Aluminium aufbewahrt werden.

Aluminium überall vorhanden. In der Natur ist Aluminium in fast allen Gesteinen in Form von Aluminiumverbindungen enthalten. Auch die wertvollen Edelsteine Rubin, Saphir und Smaragd enthalten Aluminium.

▲ *2. Aluminium wird aus Bauxit hergestellt.*

Aluminium, spät entdeckt. Obwohl Aluminium, das dritthäufigste Element in der Erdkruste ist, wurde es erst 1825 entdeckt. Aluminium ist deshalb so spät entdeckt worden, weil es als sehr unedles Metall nur schwer aus seinen Verbindungen gewonnen werden kann. Erst seit etwa 100 Jahren beherrscht man die Technik es durch Elektrolyse herzustellen.

Aluminiumgewinnung. Ausgangsstoff ist das Erz Bauxit. Es besteht vor allem aus Aluminiumoxid sowie Eisen- und Siliciumverbindungen. Diese werden abgetrennt und das reine Aluminiumoxid wird anschließend durch **Schmelzflusselektrolyse** (Bild 1) in seine Bestandteile zerlegt. Da reines Aluminiumoxid erst bei 2045 °C schmilzt, wird es mit dem Mineral Kryolith (Na_3AlF_6) gemischt. Dadurch sinkt die Schmelztemperatur auf etwa 950 °C ab. Die während der Elektrolyse frei werdenden hochgiftigen Fluorverbindungen werden durch aufwändige Filteranlagen entfernt. Bei der Elektrolyse werden die Aluminium-Ionen vom Minuspol angezogen und dort entladen. Das flüssige Aluminium sammelt sich am Boden der heißen Wanne, wird abgesaugt und zu Barren gegossen. Am Pluspol bildet sich Sauerstoff, der mit dem Graphit zu Kohlenstoffdioxid reagiert. Die Schmelzflusselektrolyse ist sehr energieaufwändig. Für 1 Tonne reines Aluminium werden 15 000 kWh benötigt.

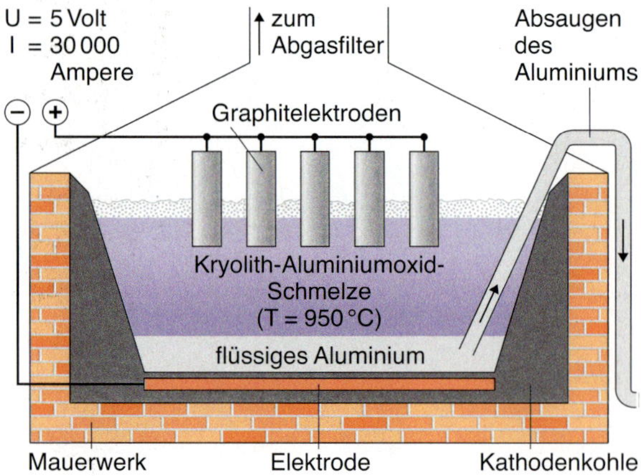

▲ *1. Schmelzflusselektrolyse*

Eigenschaften. Aluminium gehört zu den Leichtmetallen und ist sehr gut verformbar. Es ist ein sehr guter Leiter für Wärme und Strom. Zusammen mit anderen Metallen bildet es Legierungen, die fest und zugleich leicht sind. Eine hauchdünne Oxidschicht auf der Oberfläche schützt es vor Korrosion. Diese Oxidschicht ist der Grund für das besondere Verhalten von Aluminium beim Schmelzen. Wird ein Streifen Aluminium erhitzt, bildet sich ein Tropfen, der von einer Oxidhaut zusammengehalten wird. Erst wenn man mit einer Nadel in den Tropfen sticht, fließt flüssiges Aluminium heraus.

Aluminiumrecycling. Ein großer Teil des Aluminiums wird heute bereits aus Aluminiumschrott gewonnen. Im Vergleich zur Neuproduktion werden dabei bis zu 95 % der Energiekosten eingespart.

Aluminium kommt auf der Erde nicht gediegen vor. Es wird durch Schmelzflusselektrolyse aus Aluminiumoxid gewonnen.

2. Fragen zum Text
a) Warum wird kein reines Aluminiumoxid elektrolysiert?
b) Welche Nachteile hat die Aluminiumgewinnung durch die Schmelzflusselektrolyse?

3. Aluminiumherstellung und Energiebedarf
2004 wurden weltweit 30,2 Mio t Aluminium aus Bauxit hergestellt. Berechne den Bedarf an elektrischer Energie.

Die Metallbindung

1. Eigenschaften von Metallen

Nenne gemeinsame Eigenschaften von Metallen.

▲ *1. Silberkristall*

Eigenschaften der Metalle. Metalle sind ähnlich wie Salze **kristalline Feststoffe.** Sie unterscheiden sich in ihren Eigenschaften aber deutlich von den Salzen. Metalle lassen sich gut verformen und sind gute elektrische Leiter. Diese typischen Eigenschaften lassen sich durch ihren inneren Aufbau erklären.

Die Metallbindung. Alle Metall-Atome können ihre wenigen Außenelektronen leicht abgegeben. Die entstandenen positiv geladenen Metall-Ionen werden auch als **Atomrümpfe** bezeichnet. Sie bilden ein regelmäßiges **Metallgitter.**

▲ *2. Metalle sind verformbar*

Am Beispiel von Aluminium lässt sich beschreiben, wie der innere Aufbau von Metallen aussieht. Aluminium besteht aus dicht gepackten Aluminium-Ionen (Al^{3+}). Sie sind entstanden, weil alle Aluminium-Atome ihre drei Außenelektronen abgegeben haben. Die Aluminium-Ionen haben so die gleiche stabile Außenschale wie die Atome des Edelgases Neon.

Die abgegebenen Außenelektronen werden, anders als bei den Salzen, nicht von Partneratomen aufgenommen. Sie bewegen sich frei zwischen den Aluminium-Ionen umher und bilden eine Art Gas aus Elektronen. Ähnlich wie ein zäher Klebstoff halten die freien Elektronen die positiv geladenen Aluminium-Ionen zusammen. Diese Art der Bindung wird **Metallbindung** genannt.

Der Unterschied zu den Salzen. Im Vergleich zu Salzen enthalten Metalle freie Elektronen. Diese beweglichen Ladungsträger sind die Ursache für die gute Leitfähigkeit der Metalle.
Die Verformbarkeit der Metalle beruht darauf, dass die Schichten der Metall-Ionen aneinander vorbeigleiten können. Da sie auch in der neuen Lage von freien Elektronen umgeben sind, werden sie auch nach der Verformung ebenso fest zusammengehalten wie vorher.

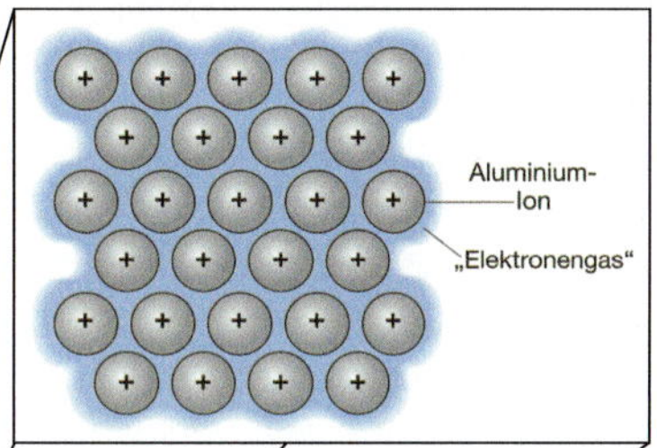

◀ *3. Metallbindung*

In Metallen sind positiv geladene Metall-Ionen regelmäßig angeordnet. Sie werden von freibeweglichen Elektronen zusammengehalten. Diese Art der Bindung heißt Metallbindung.

2. Fragen zum Text

a) Beschreibe den inneren Aufbau von Metallen.
b) Was ist eine Metallbindung?
c) Warum sind Metalle gute elektrische Leiter?

3. Metalle sind verformbar.
Erkläre mithilfe von Bild 3 warum Metalle verformbar sind, Salze dagegen nicht.

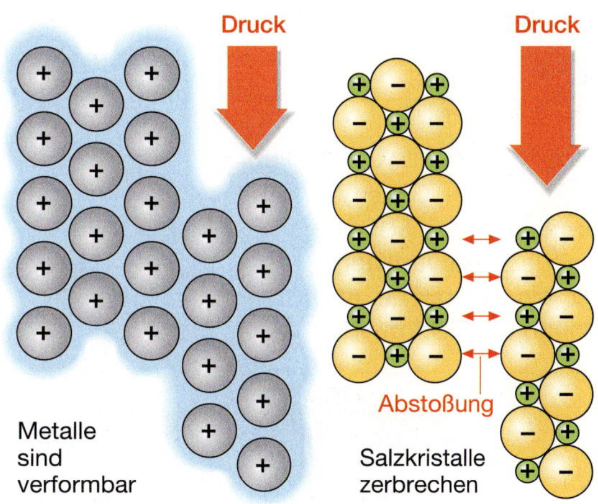

▲ *4. Metalle und Salze unterscheiden sich*

Galvanisieren

1. Edle Oberflächen

Warum ist Modeschmuck häufig vergoldet oder versilbert?

2. Verkupfern eines Schlüssels

a) Stelle in einem 250 ml Becherglas eine Lösung aus 200 ml Wasser, 2 g Kupfersulfat (Xn, N; B2), 20 g Kaliumnatriumtartrat und 2 g Natriumhydroxid (C) her.
b) Reinige den Schlüssel gründlich und entfette ihn in Spiritus.
c) Verbinde den Schlüssel als Minuspol mit einer Gleichstromquelle (3 V) und tauche ihn in die Lösung (Bild 2). Der Pluspol in der Lösung besteht aus einem Stück Kupferblech.
d) Schalte die Stromquelle ein und beobachte die Vorgänge an den Elektroden. Beende den Versuch, sobald sich eine dünne Kupferschicht gebildet hat.

Schutz durch Galvanisieren. Zum Schutz, aber auch zur Verschönerung sind viele Gegenstände mit einer dünnen Metallschicht überzogen. So werden Steckverbindungen hochwertiger Elektronikgeräte häufig vergoldet, Modeschmuck wird versilbert und die Armaturen in Bad und Küche glänzen nur deshalb, weil sie mit einer dünnen Schicht des Metalls Chrom überzogen sind. Die Eisenrohlinge aus denen die 1, 2, und 5 Cent Münzen geprägt werden sind von einer Kupferschicht überzogen. Eine schützende Metallschicht findet sich aber auch auf Radkappen, Brillengestellen und Schrauben.

Das Verfahren, Gegenstände mit einer metallischen Schicht zu versehen, heißt **Galvanisieren.** Es ist die technische Anwendung der Elektrolyse.

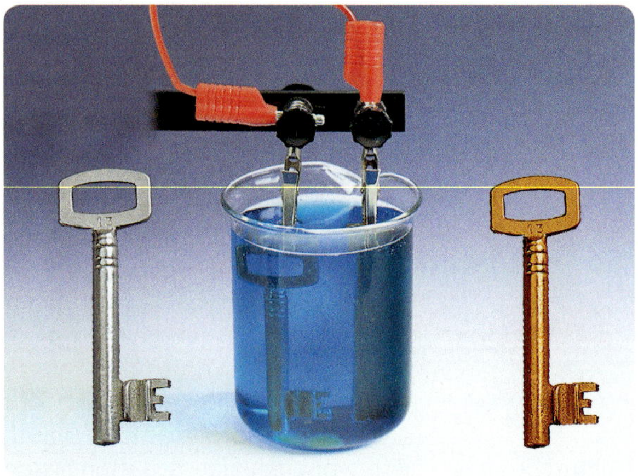

▲ 1. *Verkupfern eines Schlüssels*

Eine Schutzschicht durch Elektrolyse. Ob ein Gegenstand verkupfert, verchromt oder versilbert werden soll, das Verfahren bleibt im Prinzip immer gleich. Es entspricht der Elektrolyse.
Zum Verkupfern wird der Gegenstand als Minuspol in eine Kupfersulfatlösung getaucht. Ein Kupferstab bildet den Pluspol. Beim Galvanisieren löst sich das Kupfer auf, es entstehen Kupfer-Ionen. Sie bilden auf der Oberfläche des Gegenstandes den gewünschten Metallüberzug.

Das Galvanisieren ist ein technisches Verfahren, um Gegenstände auf elektrolytischem Weg mit einer Metallschicht zu überziehen.

1. Fragen zum Text
a) Welchen Pol bildet der Gegenstand, der galvanisiert werden soll?
b) Was passiert nach längerer Zeit mit dem Kupferblech am Pluspol?

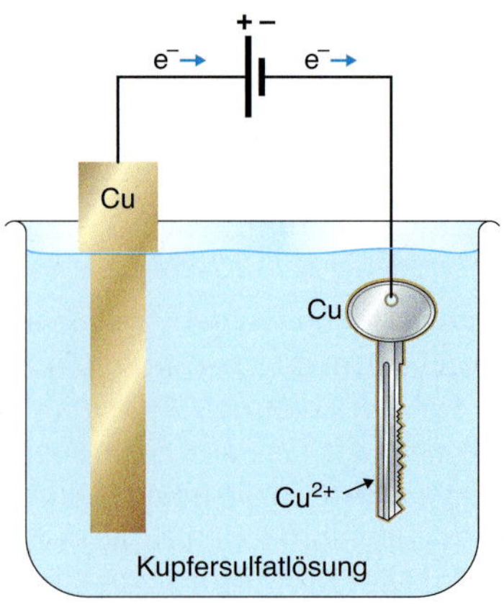

◀ 2. *Vorgänge bei der Verkupferung*

Galvanisieren

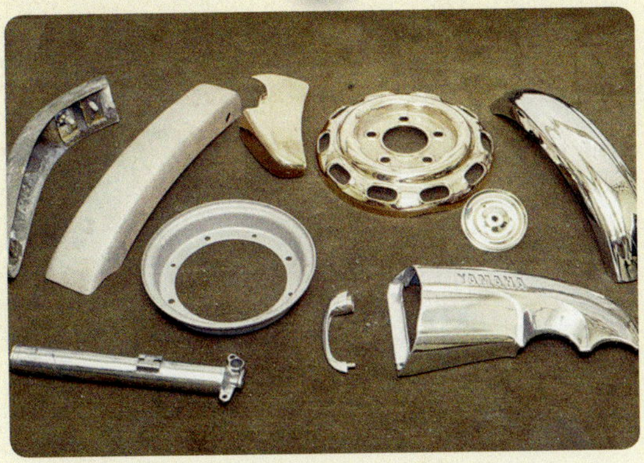

Alte Teile wie neu. Teile eines alten, wenig gepflegten Fahrzeuges sind oft unansehnlich geworden oder verrostet. Trotzdem können sie durch Galvanisieren wieder wie neu werden. Zunächst wird der Gegenstand entrostet und gründlich gereinigt. Zuerst wird er verkupfert und dann vernickelt, da Chrom nicht direkt auf der Kupferschicht haftet. Danach wird die Chromschicht aufgetragen. Abschließend wird der Gegenstand noch poliert.

1. Warum wird der Gegenstand vernickelt?

Es ist nicht alles Metall, was glänzt. Im Sanitärbereich und bei Haushaltsgeräten werden häufig Kunststoffe verwendet. Oft sind sie mit einer dünnen Metallschicht überzogen und lassen sich auf den ersten Blick nicht von metallischen Gegenständen unterscheiden.
Die glänzende Metallschicht wird durch Galvanisieren aufgebracht. Dazu muss vorher die Kunststoffoberfläche durch spezielle Verfahren elektrisch leitfähig gemacht werden. Dann wird in mehreren Schritten das Metall galvanisch auf der Oberfläche abgeschieden.

2. Überlege, warum Gegenstände aus Kunststoff hergestellt und metallisiert werden.

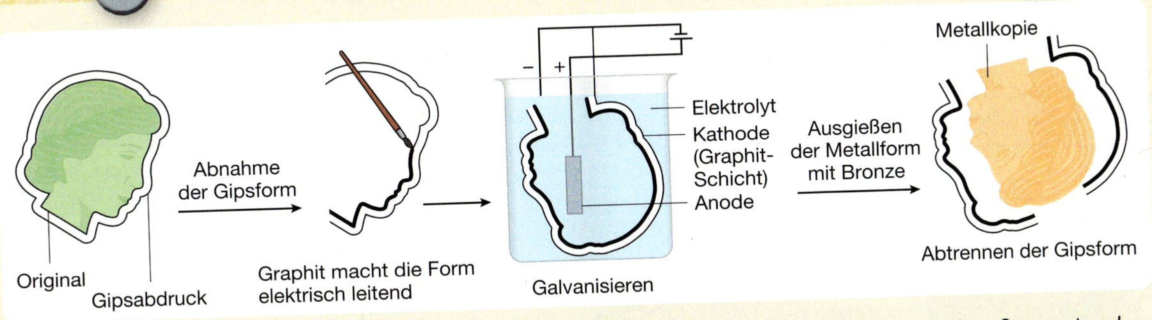

Galvanoplastik. Die naturgetreue Kopie einer Skulptur oder eines anderen dreidimensionalen Gegenstandes lässt sich durch die Galvanoplastik herstellen. Von dem Original wird zunächst aus Gips ein Negativ-Abdruck, Matrize genannt, angefertigt. Durch Auftragen von Graphit wird das Innere der Form elektrisch leitend gemacht. Anschließend wird der Abdruck in ein Galvanisierbad getaucht, wo er mit einem Metallüberzug versehen wird. Es entsteht eine Metallform, die ausgegossen wird. Nach dem Entfernen der galvanisierten Gipsvorlage liegt eine exakte Kopie des Originals vor.

3. Warum muss das Innere der Form elektrisch leitend sein?

Korrosion und Korrosionsschutz

1. Metalle verändern sich

Wie verändern sich Eisen, Kupfer, Zink und Silber, wenn sie längere Zeit feuchter Luft ausgesetzt sind?

2. Eisen muss geschützt werden

Nimm drei neue Eisennägel, stecke einen Nagel durch ein dünnes Zinkblech und den zweiten Nagel durch ein dünnes Kupferblech. Lege alle drei Nägel in eine Petrischale. Übergieße sie mit einer verdünnten Kochsalz-Lösung, in der etwas gelbes Blutlaugensalz gelöst wurde.
Was kannst du nach einiger Zeit beobachten? Erkläre deine Beobachtungen.
Hinweis: Gelbes Blutlaugensalz bildet mit Eisen-Ionen einen blauen Niederschlag.

Unedle Metalle korrodieren. Unedle Metalle oxidieren langsam an feuchter Luft. Am bekanntesten ist das Rosten von Eisen. Dieser Vorgang wird als **Korrosion** bezeichnet (lat.: corrodere; zernagen). Es ist also wichtig Metalle zu schützen. Das ist durch Lackieren oder durch eine Schutzschicht aus korrosionsbeständigeren Metallen wie Kupfer oder Zink möglich. Aber nicht jeder metallische Korrosionsschutz ist gleich gut geeignet. Das liegt an den elektrochemischen Eigenschaften der Metalle.
Wird die metallische Schutzschicht beschädigt und kommt noch Wasser oder eine Salzlösung als Elektrolyt hinzu, bildet sich ein galvanisches Element. Das unedlere Metall bildet den Minuspol, das edlere den Pluspol. Das unedlere Metall gibt Elektronen ab, Metall-Ionen entstehen und gehen in Lösung. Das Metall löst sich auf. Das edlere Metall wird dadurch geschützt. Es bleibt erhalten. Ein solches galvanisches Element, bei dem sich zwei Metalle berühren, heißt **Lokalelement.**

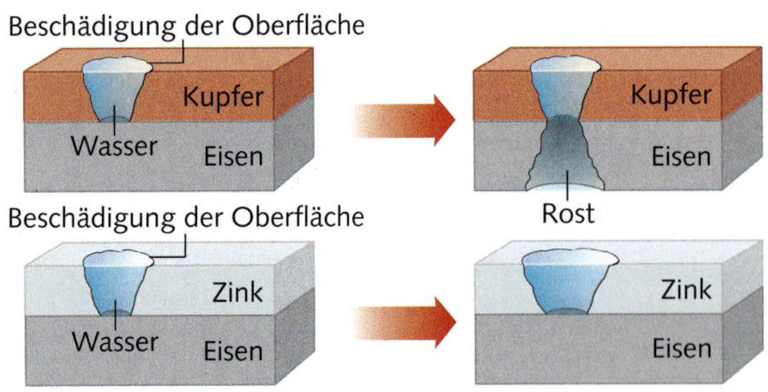

▲ *1. Metallkorrosion durch Lokalelemente*

▲ *2. Korrosionsschutz durch Opferanode*

Schützt jedes Lokalelement? Verzinktes Eisen ist gut vor Korrosion geschützt, denn Zink ist das unedlere Metall. Wird die Zinkschicht beschädigt, so bildet es den Minuspol. Zink-Atome geben Elektronen ab und Zink-Ionen gehen in Lösung. Die Zinkschicht löst sich auf. Das edlere Eisen bildet den Pluspol. Die Eisen-Atome können deshalb keine Elektronen abgeben. Das Eisen bleibt solange erhalten, bis alles Zink in Lösung gegangen ist. Ist dagegen das Eisen mit einer Schutzschicht aus Kupfer versehen, ist es genau umgekehrt. Das unedlere Eisen bildet jetzt den Minuspol. Die Eisen-Atome geben Elektronen ab und Eisen-Ionen gehen in Lösung. Das Eisen löst sich auf.

Das Prinzip des Korrosionsschutzes durch ein unedleres Metall macht man sich bei Schiffen zunutze. Neben einer dicken Farbschicht wird der Schiffsrumpf aus Eisen durch Blöcke aus Magnesium oder Zink (Bild 2) geschützt. Auch in Warmwasserspeichern befinden sich Magnesiumstäbe als Korrosionsschutz. Da sie sich mit der Zeit auflösen, werden sie als **Opferanoden** bezeichnet.

Die Zerstörung von Metallen durch feuchte Luft oder aggressive Stoffe wird als Korrosion bezeichnet. Unterschiedliche Metalle und ein Elektrolyt bilden ein Lokalelement.

3. Fragen zum Text
a) Nenne verschiedene Möglichkeiten, Eisen vor Korrosion zu schützen.
b) Was ist ein Lokalelement?
c) Was passiert, wenn die Zinkschicht auf einem Eisenblech beschädigt wird?

4. Alte Wasserleitungen
In manchen Gebäuden gibt es noch Wasserleitungen aus Eisen. Warum darf daran keine Leitung aus Kupfer angeschlossen werden?

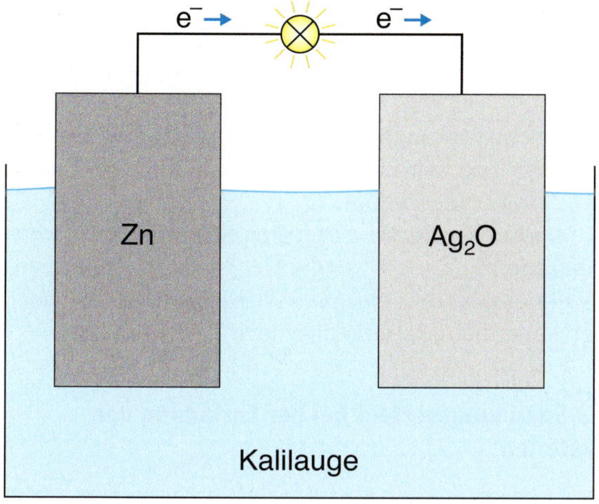

→ Galvanische Zellen: Eine galvanische Zelle ist eine elektrische **Spannungsquelle.** Sie besteht aus zwei unterschiedlichen Metallen als Elektroden und einer leitfähigen Lösung als **Elektrolyt.**
Das unedlere Metall gibt Elektronen ab und bildet den **Minuspol.** Das edlere Metall nimmt die Elektronen auf und bildet den **Pluspol.**

→ Redoxreaktionen: Reaktionen, bei denen Elektronen von einem Reaktionspartner auf einen anderen übertragen werden heißen Redoxreaktionen. Die Elektronenabgabe bezeichnet man als **Oxidation,** die Elektronenaufnahme als **Reduktion.**
Reaktion von Magnesium und Chlor:
Magnesium wird oxidiert: $Mg \longrightarrow Mg^{2+} + 2\,e^-$
Chlor wird reduziert: $2\,Cl + 2\,e^- \longrightarrow 2\,Cl^-$

→ Batterien: Batterien sind **galvanische Zellen.** Sie bestehen meistens aus einem Metall (Minuspol), einem Metall-Oxid (Pluspol) und einem Elektrolyten. Durch **Redoxreaktionen** zwischen den beiden Polen entsteht eine Spannung. Chemische Energie wird in elektrische Energie umgewandelt.

→ Akkus: Akkus sind wiederaufladbare Batterien. Die chemischen Vorgänge, die beim Entladen ablaufen, werden durch Zufuhr elektrischer Energie wieder rückgängig gemacht.

→ Entsorgung von Batterien und Akkus: Batterien und Akkus enthalten wertvolle, zum Teil auch umweltgefährdende Stoffe. Sie müssen an den Verkaufsstellen zurückgegeben werden, damit sie anschließend recycelt werden können.

→ Brennstoffzellen: In Brennstoffzellen reagieren Wasserstoff und Sauerstoff an Katalysatoren unter Abgabe von elektrischer Energie zu Wasser.

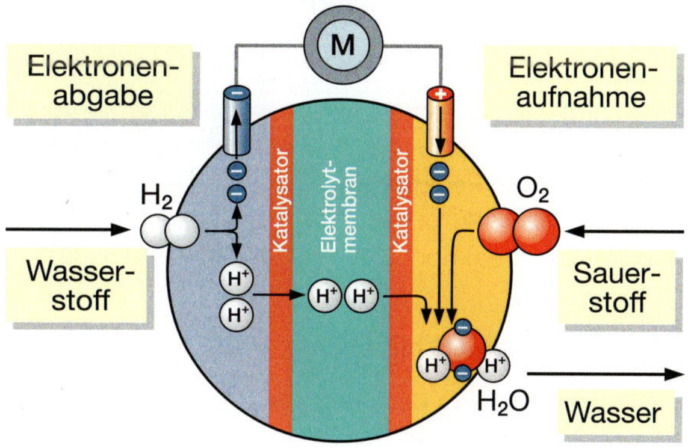

$H_2 + O \longrightarrow H_2O$ + Energie

→ Aluminium: Der Rohstoff für Aluminium ist Bauxit. Aus dem Bauxit wird Aluminiumoxid gewonnen. Durch Schmelzflusselektrolyse wird aus dem Aluminiumoxid Aluminium hergestellt. Dazu ist viel elektrische Energie notwendig.
Aluminium ist ein vielseitig verwendbares Leichtmetall. Eine hauchdünne Oxidschicht schützt es vor Korrosion. Seine Legierungen sind leicht und sehr fest.

→ Metallbindung: Metall-Atome können ihre Außenelektronen leicht abgeben. Es entstehen positive geladene Metall-Ionen. Die freien Außenelektronen halten, ähnlich wie ein Klebstoff, die Metall-Ionen zusammen.

→ Galvanisieren: Beim Galvanisieren wird durch Elektrolyse eine dünne schützende Metallschicht auf einen Gegenstand aufgebracht.

→ Korrosion: Korrosion nennt man die Zerstörung von Metallen durch Luft und aggressive Stoffe.

→ Korrosionsschutz: Metalle können durch Lackieren mit Farbe, Beschichten mit Kunststoff oder dünne Metallüberzüge vor Korrosion geschützt werden. Einige Metalle wie Aluminium, Zink und Chrom bilden an der Oberfläche fest haftende Oxidschichten und sind dadurch vor weiterer Korrosion geschützt.

→ Lokalelement: Eine galvanische Zelle, bei der sich die beiden Metalle direkt berühren, heißt Lokalelement. Bei der elektrochemischen Reaktion löst sich das unedlere Metall auf. Das edlere Metall wird ist so lange vor Korrosion geschützt.

Chemie und Elektrizität

1. Kupfer aus einer Kupfersalzlösung

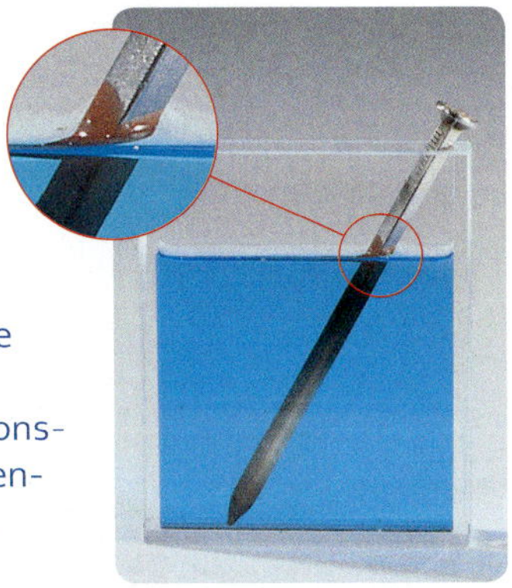

Ein Eisennagel wird in eine Kupfersulfat-Lösung getaucht.

a) Welche Teilchen werden oxidiert, welche reduziert?

b) Schreibe die Reaktionsgleichung als Elektronenübertragungsreaktion.

2. Natrium reagiert mit Chlor

Die Herstellung von Kochsalz aus Natrium und Chlor ist eine Redoxreaktion.

a) Welches Element wird oxidiert, welches reduziert?

b) Formuliere die Reaktionsgleichungen für die Elektronenabgabe und die Elektronenaufnahme.

3. Oxidation und Reduktion

a) Welche der beiden Reaktionsgleichungen beschreibt die Oxidation, welche die Reduktion?

$Mg \longrightarrow Mg^{2+} + 2\,e^-$ $\qquad$ $Zn^{2+} + 2\,e^- \longrightarrow Zn$

b) Welche Metall-Ionen können mit Magnesium entladen werden?

c) Welche Metall-Ionen können nicht mit Kupfer entladen werden?

4. Glänzendes Silberbesteck ohne Putzen

Silberbestecke laufen mit der Zeit an. Es bildet sich eine schwarze Schicht aus einer Silberverbindung. Der Silberglanz kann wieder hergestellt werden, wenn man die Bestecke auf ein Stück Aluminium-Folie in eine konzentrierte Kochsalzlösung legt.

Erkläre diesen Vorgang mit der Stellung der Metalle in der Spannungsreihe.

5. Zitronenbatterie

Stecke in eine Zitrone zuerst eine Zink- und eine Kupferelektrode, dann eine Zink- und eine Silberelektrode. Verbinde die Elektroden jeweils mit einem Spannungsmesser.

a) Deute die Messwerte.

b) Warum bildet in beiden Fällen die Zinkelektrode den Minuspol?

6. Batterien und Akkus

a) Wo werden Batterien und Akkus vor allem eingesetzt?

b) Welche elektrochemischen Reaktionen laufen in einer Batterie beim Entladen ab? Erläutere am Beispiel der Zink-Kohle-Batterie.

c) Wodurch unterscheiden sich Batterien und Akkumulatoren?

d) Erkläre, warum ein Akku wieder aufgeladen werden kann, eine Batterie aber nicht.

7. Spannungsverlauf bei der Entladung von Batterien

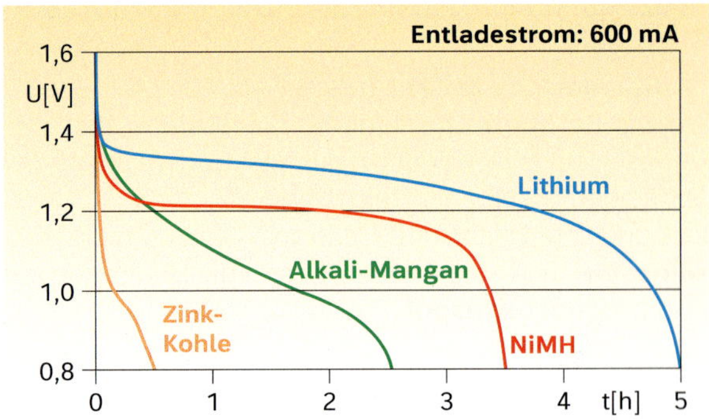

Entladungskurven zeigen, wie und wie schnell die Spannung einer Batterie beim Entladen nachlässt.

a) Welche Informationen kann man den abgebildeten Entladungskurven entnehmen?

b) Welcher Batterietyp ist für Elektrogeräte, die wie Uhren oder Messgeräte gleichbleibende Spannungen benötigen, geeignet?

8. Lithium-Batterien und -Akkus sind empfindlich

a) Warum kann Feuchtigkeit bei einer beschädigten Lithium-Batterie zum Problem werden?

b) Welche Folgen kann eine Überhitzung eines Lithium-Ionen-Akkus z. B. durch zu schnelles Aufladen haben?

9. Brennstoffzellen

a) Wie arbeitet eine Brennstoffzelle?

b) Brennstoffzellen sind umweltfreundlich. Erkläre.

c) Beschreibe mit einer Reaktionsgleichung, was in der Brennstoffzelle
– an der Wasserstoffelektrode,
– an der Sauerstoffelektrode geschieht.
d) In der Raumfahrt werden Brennstoffzellen zur Stromversorgung eingesetzt. Nenne ihre Vorteile.

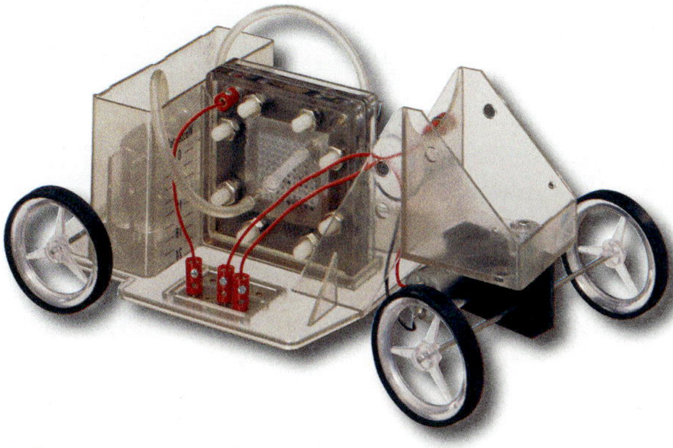

10. Aluminiumherstellung

a) Nenne den Rohstoff, aus dem Aluminium gewonnen wird.
b) Beschreibe die Schmelzflusselektrolyse von Aluminiumoxid.
c) Warum wird der Schmelze Kryolith zugesetzt?
d) Obwohl Aluminium kein seltenes Element ist, wird es recycelt. Erkläre, warum das Recycling von Aluminium sinnvoll ist.

11. Metallbindung

a) Erkläre die Metallbindung.
b) Was ist ein Atomrumpf?
c) Metallbleche für die Autoindustrie lassen sich in jede beliebige Form pressen, ohne zu zerbrechen. Erkläre, warum dies möglich ist.
d) Warum lassen sich feste Salze im Gegensatz zu Metallen nicht verformen?

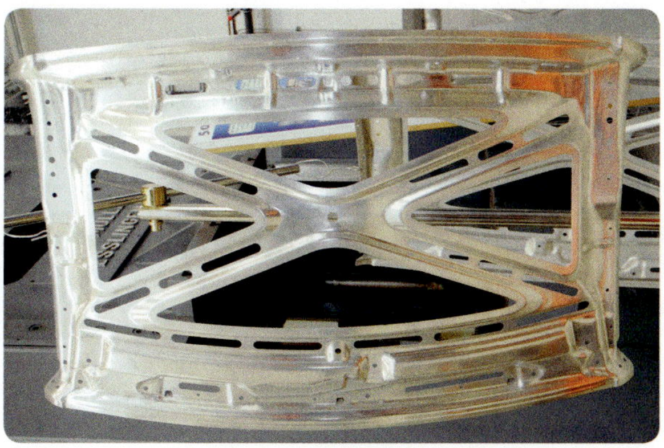

12. Galvanisieren

a) Warum werden Gegenstände galvanisiert?
b) Welches chemische Verfahren wird beim Galvanisieren angewendet?

13. Korrosion – Korrosionsschutz

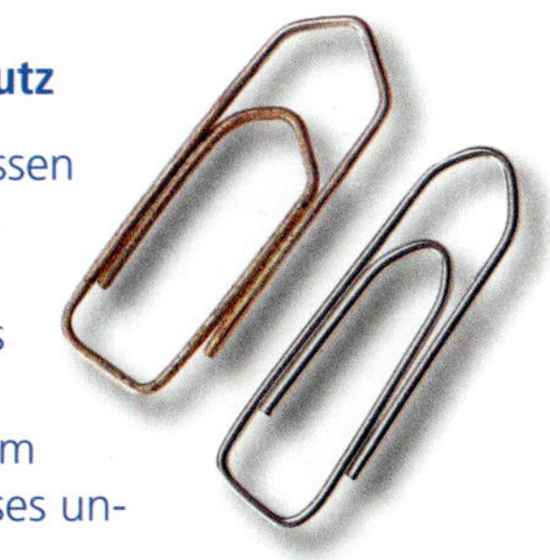

a) Mithilfe welcher Verfahren lassen sich Metalle vor Korrosion schützen?
b) Büro- oder Heftklammern aus verkupfertem Eisendraht rosten schneller als solche aus verzinktem Eisen. Gib eine Erklärung für dieses unterschiedliche Verhalten.
c) Wie schützt sich Aluminium vor Korrosion?

14. Lokalelemente

a) Warum müssen die Opferanoden in Warmwasserspeichern von Zeit zu Zeit erneuert werden?
b) Welches der Metalle Gold, Kupfer, Magnesium ist als Opferanode geeignet, um Eisen vor Korrosion zu schützen? Begründe deine Antwort.
c) Zeichne ein Lokalelement aus Kupfer (oben) und Magnesium (unten). Erkläre, was passiert, wenn die Kupferschicht beschädigt wird.

7 Moleküle näher betrachtet

Dieses Land ist eigentlich kein Land: Die Arktis. Sie ist eine schwimmende Eismasse und bedeckt das Nordpolarmeer. Doch dieser Lebensraum wäre ohne die besonderen Eigenschaften von Wasser nicht vorhanden.
Die meisten Stoffe ziehen sich zusammen, je kälter sie werden. Gefrierendes Wasser dagegen verhält sich anders, es dehnt sich aus. Deshalb schwimmt Eis auf Wasser und der Eisbär hat (s)ein Zuhause.

Wie kommen eigentlich die verschiedenen Eigenschaften der Stoffe zustande? Warum löst sich Salz in Wasser? Weshalb ist Diamant so hart und Graphit so weich? Wieso ist Methan ein Gas?
Für die Eigenschaften eines Stoffes sind nicht nur die Atomsorten verantwortlich. Auch die Art der Bindung zwischen den Atomen spielt eine große Rolle. In Molekülen zum Beispiel entsteht eine Bindung auf andere Weise als zwischen Ionen. Mithilfe der chemischen Bindung lassen sich auch die sonderbaren Eigenschaften von Wasser und dem Element Kohlenstoff erklären.

▲ *1. Schon in der Antike liebten die Menschen Speiseeis, das mit Honig und Fruchtsäften verfeinert wurde. Da es noch keine Eismaschinen gab, nutzten sie zur Herstellung eine Kältemischung aus Eis und Salz.*

◀ *2. Viele Stoffeigenschaften lassen sich erklären, wenn man weiß, wie die Atome des Stoffes miteinander verknüpft sind.*

▲ *3. Kaum zu glauben: Mit dem gleichen Element kann man auf Papier schreiben und Löcher in hartes Gestein bohren.*

Wasser ist nicht ganz normal

1. Der schwache Stein

Betrachte die Gesteine auf den Fotos. Stelle Vermutungen auf, was geschehen sein könnte.

2. Wasser mit Kraft

Fülle eine kleine Glasflasche randvoll mit Wasser, eine andere randvoll mit Speiseöl. Verschließe beide Flaschen fest und lege sie in einer Schale in das Gefrierfach. Schau am nächsten Tag nach der Flasche. Was kannst du beobachten?

3. Überwintern im Teich

Obwohl viele Teiche und Seen im Winter zufrieren, überstehen die dort lebenden Fische die kalte Jahreszeit. Diskutiere mit deinen Mitschülern, warum das so ist.

4. Fett schwimmt oben?

Was passiert, wenn ein Würfel festes Fett in bereits geschmolzenes Fett fällt? Was passiert, wenn ein Eiswürfel in ein Glas mit flüssigem Wasser fällt?

5. Das Wasser und seine Haut

a) Wie viel Wasser passt in ein Glas, bevor es überläuft? Teste es! Fülle ein Glas randvoll mit Wasser. Gib nun mit der Pipette weitere Wassertropfen hinzu. Schau genau hin. Was kannst du beobachten?
b) Wiederhole das Experiment mit Salatöl. Was fällt dir auf?
c) Lasse eine Büroklammer in ein Glas mit Wasser fallen. Lege eine zweite Büroklammer vorsichtig auf die Wasseroberfläche. Was beobachtest du?

6. Ein Wassertropfen als tödliche Falle

Manche Ameisen sind so klein und leicht, dass sie wie ein Wasserläufer über eine Wasseroberfläche laufen können. Ein einzelner Wassertropfen allerdings kann für sie zur tödlichen Falle werden. Denn sitzt die Ameise in so einem Tropfen, kann sie sich nicht mehr befreien. Erkläre!

7. Es löst sich, es löst sich nicht, es löst sich …

a) Versuche, unterschiedliche Salze in Wasser zu lösen. Liste auf, welche lösen sich gut, welche eher schlecht – und welche Stoffe sich gar nicht lösen?
b) Ändert sich die Löslichkeit, wenn du die Temperatur des Wassers veränderst?

8. Wasser und seine Bestandteile

Vergleiche die Eigenschaften von Wasser mit den Eigenschaften der Elemente, aus denen Wasser besteht.

▲ 1. *Kerzen lassen sich durch Kerzenziehen herstellen. Dazu wird die Kerze immer wieder in flüssiges Wachs getaucht*

Eis schwimmt. Gibt man ein Stück festes Wachs in flüssiges Wachs, geht es unter. Auch ein festes Stück Fett sinkt, wenn man es in flüssiges Fett gibt. Wachs und Fett ziehen sich wie die meisten Stoffe zusammen, je weiter man sie abkühlt. Ihre Dichte nimmt zu. Im festen Zustand erreichen sie dann ihre größte Dichte. Daher sinken feste Stoffe in ihrer Schmelze.

Wasser verhält sich anders. Eiswürfel schwimmen genauso auf Wasser wie Eisberge oder die gesamte Eislandschaft des Nordpols. Wasser hat seine größte Dichte bei einer Temperatur von 4 °C. Wird das Wasser kälter, dehnt es sich wieder aus. Dieses Verhalten nennt man die **Dichteanomalie des Wassers.**

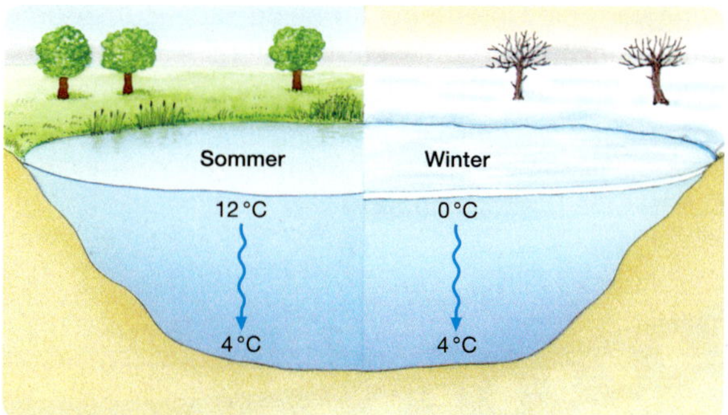

▲ 2. *Ein See friert nur an der Oberfläche zu.*

Starkes Eis und schwache Steine. Wenn flüssiges Wasser bei 0 °C fest wird, benötigt es mehr Platz als zuvor. Auf eine Auswirkung dieser Eigenschaft treffen wir jedes Jahr im Frühjahr. Viele neue Schlaglöcher zieren den Asphalt unserer Straßen. Sie entstehen, wenn Wasser durch Risse in die Fahrbahnoberfläche sickert und dort gefriert. Das Wasser dehnt sich aus, vergrößert die Risse und sprengt so den Straßenbelag.

Als hätte Wasser eine Haut. Beobachtet man einen Wasserläufer auf der Wasseroberfläche eines Sees, scheint es, als würde das Insekt auf einer durchsichtigen, elastischen Folie laufen. Auch eine Büroklammer oder eine Reißzwecke lassen sich so auf die Wasseroberfläche legen, dass sie nicht untergehen. Es ist allerdings keine „Wasserhaut", die ihnen hilft, sondern die große **Oberflächenspannung** des Wassers. Sie entsteht, weil sich die Wassermoleküle gegenseitig stark anziehen. Nur die äußeren Moleküle werden dabei nach innen gezogen.

3. Die Oberflächenspannung des Wassers ist so groß, dass Insekten über das Wasser laufen können. ▶

4. Auf die Wasser-Moleküle an der Oberfläche wirkt eine Kraft, die sie nach innen zieht. An den Molekülen innerhalb der Flüssigkeit heben sich die Kräfte auf ▶

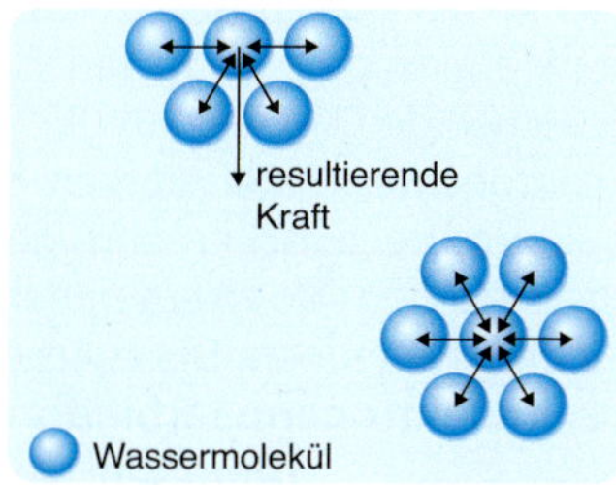

Einiges löst sich, anderes nicht. Wasser ist ein gutes Lösemittel. Bei Zimmertemperatur lösen sich in einem Liter Wasser etwa 350 Gramm Kochsalz, ein ganzer Liter Kohlenstoffdioxid-Gas oder sogar zwei Kilogramm Zucker. Kalk dagegen löst sich kaum.

Doch warum ist das so? Ein Wasser-Molekül besteht aus zwei Wasserstoff-Atomen und einem Sauerstoff-Atom. Die Verbindung aus diesen beiden Elementen, das Wasser, hat aber völlig andere Eigenschaften als die Elemente Wasserstoff und Sauerstoff selbst. Die außergewöhnlichen Eigenschaften von Wasser lassen sich aber nicht mit den Eigenschaften der Bestandteile des Wasser-Moleküls erklären. Der Schlüssel liegt in den besonderen Eigenschaften der Wasser-Moleküle selbst.

Die Dichteanomalie, seine große Oberflächenspannung und die gute Lösefähigkeit sind besondere Eigenschaften des Stoffes Wasser.

1. Fragen zum Text

a) Was ist die Dichteanomalie des Wassers?

b) Warum sieht es so aus, als hätte Wasser eine Haut?

Eins, zwei oder drei: Die Elektronenpaarbindung

1. Träge oder reaktiv...

a) Zeichne ein Sauerstoff- und ein Neon-Atom im Schalenmodell. Worin liegt der Unterschied zwischen den beiden Atomen?
b) Neon ist wie alle anderen Edelgase sehr reaktionsträge, Sauerstoff dagegen geht viele Bindungen ein. Warum ist das so?

2. Ketten, Fesseln oder doch ganz anders?

Diskutiert zusammen: Wie könnte so eine Bindung zwischen zwei Atomen aussehen? Was könnte die beiden Atome zusammenhalten?

Wenn sich Elektronenpaare finden. In einem Molekül sind Atome miteinander verbunden. Aber wie sieht so eine Bindung aus? Das einfachste aller Moleküle ist das Wasserstoff-Molekül (H_2). Es besteht aus zwei Wasserstoff-Atomen. Die beiden Elektronen dieser Atome werden von den positiv geladenen Atomkernen gleich stark angezogen. Sie halten sich deshalb überwiegend zwischen den Kernen auf und bilden ein gemeinsames Elektronenpaar. Die starken elektrostatischen Anziehungskräfte zwischen dem gemeinsamen Elektronenpaar und den Atomkernen halten die Atome im Molekül fest zusammen. Diese Art der chemischen Bindung heißt **Elektronenpaarbindung** oder auch **Atombindung.** In dem Wasserstoff-Molekül verfügt auf diese Weise jedes der Wasserstoff-Atome über zwei Außenelektronen. Das entspricht der stabilen Außenhülle des Edelgases Helium.

Voll besetzt – die Oktettregel. Die chemische Bindung wird vor allem durch die Außenelektronen bestimmt. Diese bilden eine stabile Außenschale, sobald die Schale wie bei den reaktionsträgen Edelgas-Atomen voll besetzt ist. Im Molekül erreichen die beteiligten Atome diesen Zustand, wenn sie ihre Außenelektronen gemeinsam nutzen. Im Molekül bilden die Elektronen dann eine gemeinsame Elektronenhülle. Es werden so viele gemeinsame Elektronenpaare gebildet, bis jedes Atom eine **Edelgaskonfiguration** erreicht und ebenso viele Außenelektronen erhält wie ein Edelgas-Atom. Weil das bei den meisten Atomen acht Elektronen sind, spricht man auch von der **Oktettregel** (von lateinisch „octo": acht). Das Wasserstoff-Molekül macht eine Ausnahme. Es erreicht mit zwei Elektronen die Edelgaskonfiguration von Helium.

Einfach- oder Mehrfach-Bindungen. Im Wasserstoff-Molekül werden die Atome durch ein gemeinsames Elektronenpaar verbunden. Neben diesen Einfachbindungen können sich aber auch mehrere Elektronenpaare zwischen zwei Atomen finden. Im Sauerstoff-Molekül (O_2) bilden sich zwei gemeinsame Elektronenpaare zwischen den beiden Atomen aus. Durch diese Doppelbindung wird die Oktettregel für beide Sauerstoff-Atome erfüllt. Stickstoff-Atome besitzen fünf Außenelektronen. Im Stickstoff-Molekül (N_2) müssen sich deshalb sogar drei gemeinsame Elektronenpaare bilden, damit die Stickstoff-Atome ihre Edelgaskonfiguration erreichen. Das ist eine Dreifachbindung.

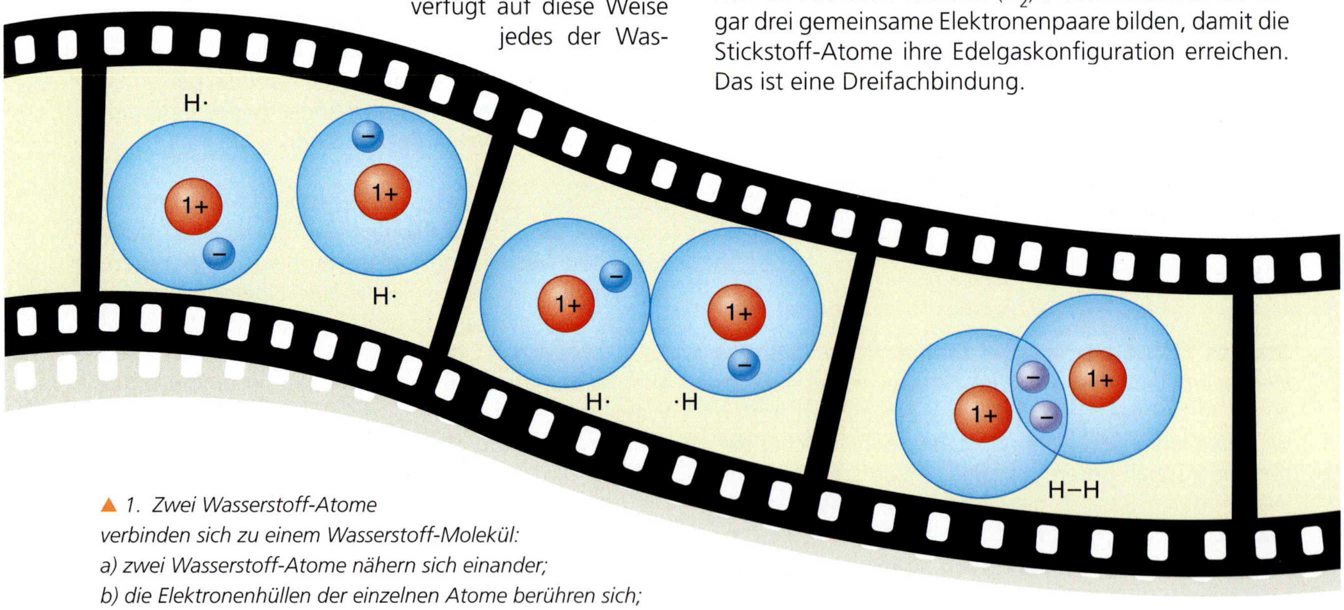

▲ *1. Zwei Wasserstoff-Atome verbinden sich zu einem Wasserstoff-Molekül:*
a) zwei Wasserstoff-Atome nähern sich einander;
b) die Elektronenhüllen der einzelnen Atome berühren sich;
c) die Elektronenhüllen durchdringen sich, beide Atome benutzen die Elektronen gemeinsam. Es ist eine Bindung zwischen den beiden Wasserstoff-Atomen entstanden.

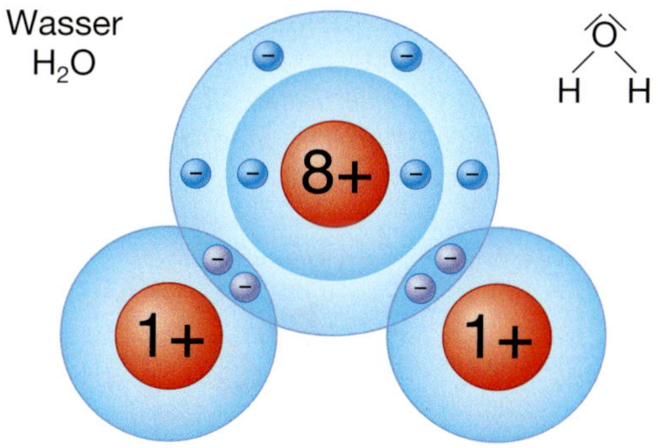

Bindungen im Wasser-Molekül. Ein Wasser-Molekül besteht aus einem Sauerstoff-Atom und zwei Wasserstoff-Atomen. Das Sauerstoff-Atom besitzt sechs Außenelektronen. Im Wasser-Molekül bildet es mit jedem der beiden Wasserstoff-Atome eine eigene Elektronenpaarbindung mit jeweils einem gemeinsamen Elektronenpaar aus. Das Wasser-Molekül besitzt also zwei Einfachbindungen.

In einem Molekül werden Atome durch gemeinsame Elektronenpaare miteinander verbunden. Diese Bindung heißt Elektronenpaarbindung oder Atombindung. Es werden so viele gemeinsame Elektronenpaare gebildet, bis jedes Atom die Edelgaskonfiguration erreicht.

1. Fragen zum Text
a) Durch welche Kräfte werden die Atome in den Molekülen zusammengehalten?
b) Erläutere die Oktettregel.
c) Warum kann das Wasserstoff-Atom nur eine Elektronenpaarbindung bilden?

Exkurs

Die Lewis-Schreibweise

Für die chemische Bindung sind hauptsächlich die Außenelektronen von Bedeutung. In der Punktschreibweise vernachlässigt man daher die inneren Schalen und ordnet die Außenelektronen als Punkte um die Elementsymbole herum an.

H· ·Ċ· :Ṅ· :Ȯ· :F: :Ne:

Elektronenpaare werden dabei als Striche dargestellt:

|Ṅ· |Ȯ· |F̄· |N̄e|

Schreibt man auf diese Weise die Struktur eines Moleküls auf, kann man die bindenden Elektronen von denen unterscheiden, die nicht an der Bindung beteiligt sind. Die bindenden Elektronen schreibt man zwischen die Elementsymbole der beteiligten Atome.

H – H ⟨O = O⟩ |N ≡ N|

Sie werden beiden Bindungspartnern zugerechnet. Die freien oder nicht bindenden Elektronen schreibt man außen um das jeweilige Symbol oder sie werden in der vereinfachten Form einfach weggelassen:

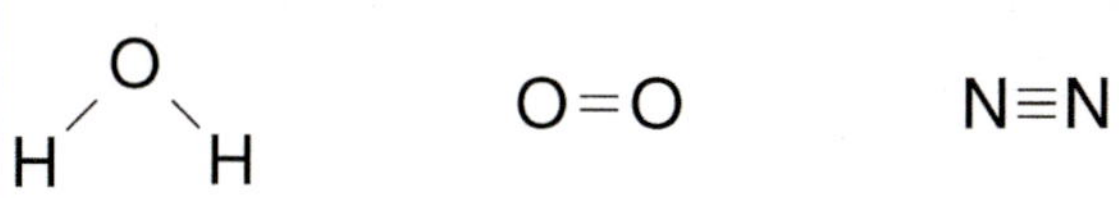

Diese **Lewis-Formeln** wurden von dem amerikanischen Chemiker GILBERT NEWTON LEWIS entwickelt. Mit ihnen lässt sich leicht überprüfen, ob die Oktettregel erfüllt wird.

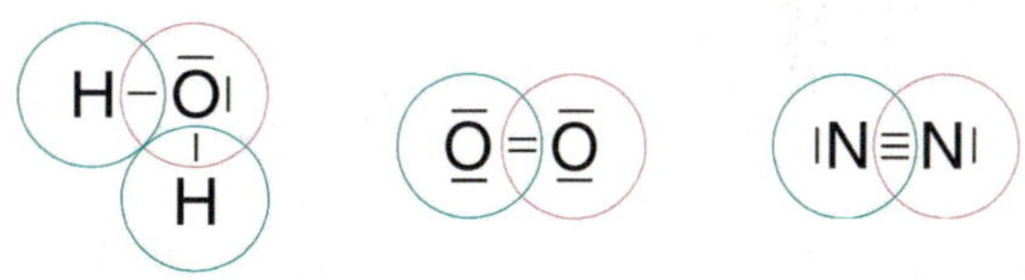

Die Kreise verdeutlichen, dass jedem Atom acht Elektronen (ein Elektronen-Oktett) zugeordnet sind. Die gemeinsamen Elektronen liegen im Überlappungsbereich der Kreisflächen.

2. Lewis-Formeln
a) Stelle die Lewis-Formeln für die folgenden Moleküle auf: Ammoniak, Methan, Chlorwasserstoff.
b) Kennzeichne die Elektronen, die jedem Atom zugeordnet sind.

H_2O, ein polares Molekül

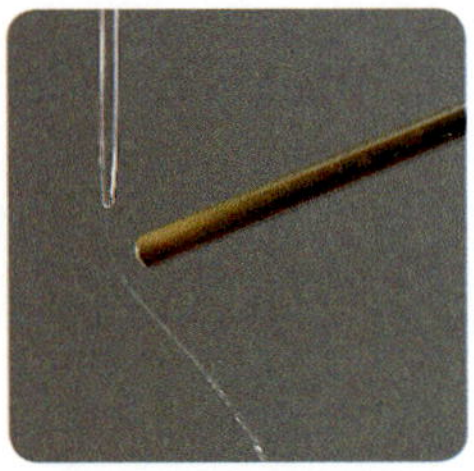

▲ *1. Gekrümmter Wasserstrahl*

1. Der biegsame Wasserstrahl

a) Drehe den Wasserhahn gerade soweit auf, dass ein dünner Wasserstrahl fließt. Reibe dann einen Plastikstab (zum Beispiel einen Kochlöffel, ein Lineal aus Kunststoff) oder einen aufgeblasenen Luftballon an einem Wollpullover. Halte den Plastikstab bzw. den Ballon an den Wasserstrahl, ohne ihn zu berühren. Was beobachtest du?

b) Wiederhole den Versuch mit Petroleum.

Fülle dazu Petroleum (Xn, N, B3) in eine Bürette. Öffne die Bürette gerade so, dass das Petroleum in einem dünnen Strahl heraus fließt. Was passiert?

c) Vergleiche deine Beobachtungen und finde eine mögliche Erklärung.

Wenn Protonen tauziehen. Im Wasserstoff-Molekül (H_2) werden die negativ geladenen Elektronen von den positiv geladenen Atomkernen gleich stark angezogen. Die elektrischen Ladungen sind symmetrisch verteilt und es bilden sich keine nach außen wirkenden elektrischen Pole. Diese Verbindung ist unpolar – wie alle Moleküle, die aus zwei gleichen Atomen bestehen:

H – H

Bei Molekülen aus unterschiedlichen Atomen sind die Ladungen oft ungleichmäßig verteilt. So ist es auch im Wasser-Molekül: Die acht Protonen des Sauerstoff-Atoms ziehen die gemeinsamen Bindungselektronen etwas stärker an als das eine Proton in den Wasserstoff-Atomen. Deshalb entsteht am Sauerstoff-Atom ein geringer Überschuss an negativer Ladung und dadurch ein schwacher Minus-Pol (δ–). An jedem der beiden Wasserstoff-Atome bildet sich durch den Mangel an negativer Ladung ein schwacher Plus-Pol (δ+). Diese Erscheinung nennt man Polarisierung. Solche Moleküle mit positivem und negativem Pol heißen auch **Dipol-Moleküle.** Nähert man den Dipol-Molekülen des Wassers einen elektrisch geladenen Stab, werden diese wie in Abbildung 1 angezogen.

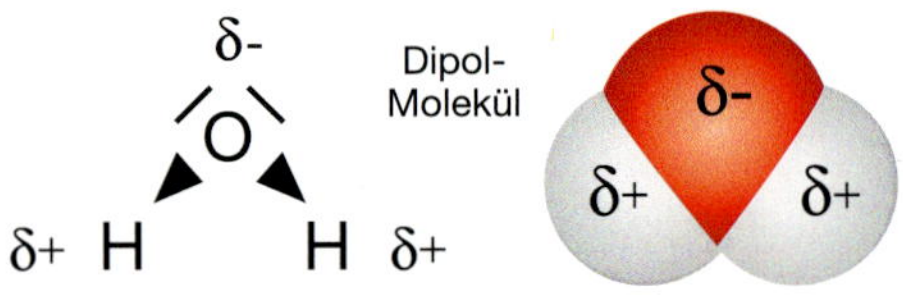

▲ *2. Wasser-Moleküle sind elektrische Dipole. Das erklärt, warum ein elektrisch geladener Plastikstab einen Wasserstrahl ablenken kann.*

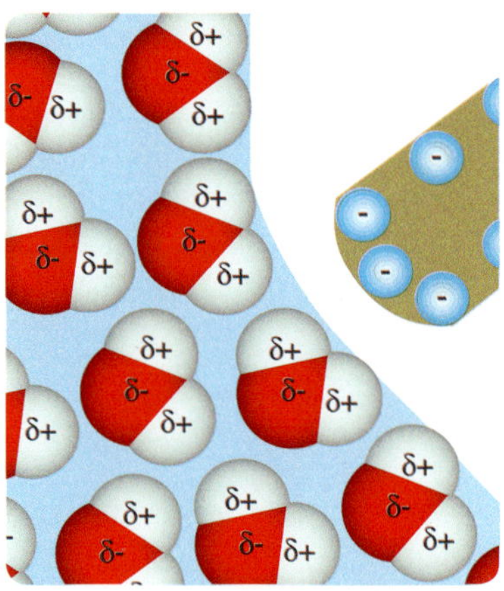

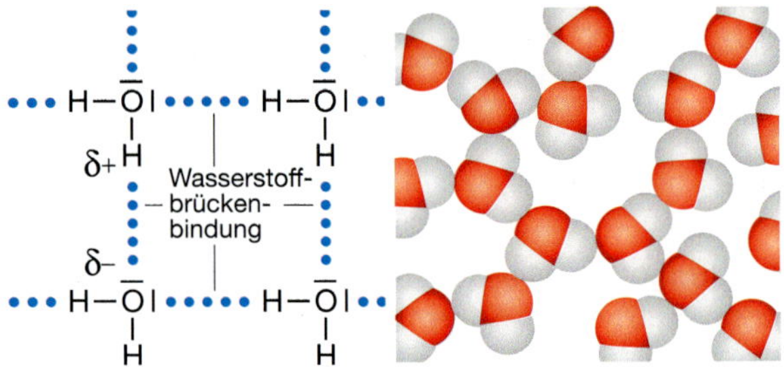

▲ *3. Wasser-Moleküle schließen sich über Wasserstoffbrückenbindungen zu großen Molekülverbänden zusammen*

Wasserstoffbrückenbindungen. Zwischen benachbarten Wasser-Molekülen wirken starke Anziehungskräfte. Die negativ geladenen Sauerstoff-Atome ziehen benachbarte, positiv geladene Wasserstoff-Atome an. Die Wasser-Moleküle richten sich aneinander aus und schließen sich so zu großen Molekülgruppen zusammen. Dabei lagern sich an jedes Sauerstoff-Atom eines Wasser-Moleküls jeweils zwei Wasserstoff-Atome anderer Wasser-Moleküle an. Diese starken Anziehungskräfte zwischen den Molekülen heißen Wasserstoffbrückenbindungen. Sie sind die Ursache für die ungewöhnlichen Eigenschaften des Wassers wie zum Beispiel die hohe Oberflächenspannung.

Warum Wasser erst bei 100 °C siedet. Andere Stoffe mit ähnlich großen Molekülen wie Wasser, z. B. Methan oder Ammoniak, sieden bereits bei etwa –80 °C. Wasser aber hat aufgrund seiner Wasserstoffbrückenbindungen eine sehr viel höhere Siedetemperatur. Es ist nämlich viel Energie notwendig, diese Bindungen zu überwinden. Das hat weitreichende Folgen: Ohne Wasserstoffbrückenbindungen gäbe es auf der Erde kein flüssiges Wasser, Leben hätte sich nicht entwickeln können.

Warum Eis auf Wasser schwimmt. Wenn Wasser gefriert, lagern sich die Wasser-Moleküle über Wasserstoffbrückenbindungen zu einem Eisgitter mit sechseckiger Struk-

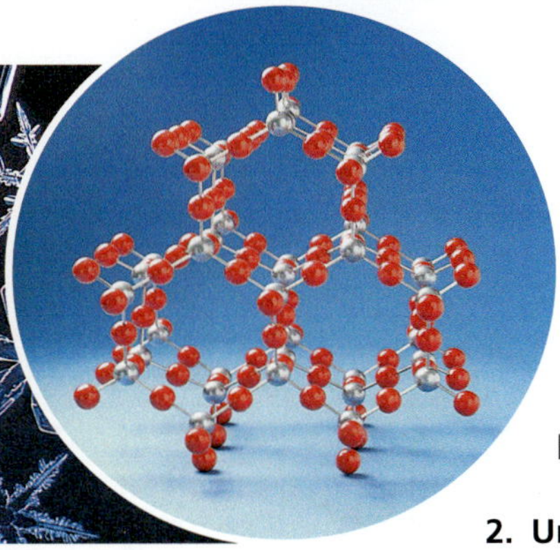

▲ *1. Schneekristalle* *2. Modell eines Eiskristallgitters* ▲

tur zusammen. Da es sehr weiträumig aufgebaut ist und viele Hohlräume besitzt, nimmt es ein um 10 Prozent größeres Volumen ein als flüssiges Wasser. Deshalb dehnt Wasser sich beim Gefrieren aus und kann auf dem flüssigen Wasser schwimmen.

Wasser-Moleküle sind Dipol-Moleküle mit negativen und positiven Polen. Sie bilden Wasserstoffbrückenbindungen aus, die Ursache für viele Eigenschaften des Wassers sind.

1. Fragen zum Text

a) Was ist ein Dipol-Molekül?

b) Wie heißen die starken Anziehungskräfte zwischen Wasser-Molekülen?

c) Wie kommen diese Anziehungskräfte zustande?

2. Ungewöhnliches Wasser

Erläutere an einem Beispiel, weshalb die Wasserstoffbrückenbindungen die Ursache für die ungewöhnlichen Eigenschaften des Wassers sind.

3. Anziehend oder abstoßend?

In Abbildung 2 auf der vorhergehenden Seite ist der Plastikstab negativ geladen. Was passiert, wenn du einen positiv geladenen Plastikstab an den Wasserstrahl hältst? Begründe deine Vermutung.

Dipol oder Ionenverbindung?

In einem Molekül ziehen manche Atome die gemeinsamen Bindungselektronen stärker an als andere. Diese unterschiedliche Anziehungskraft nennt man **Elektronegativität** (abgekürzt EN). Je stärker ein Atom das gemeinsame Elektronenpaar anzieht, desto größer ist sein EN-Wert. Die Halogene Fluor und Chlor, aber auch Sauerstoff und Stickstoff sind Elemente mit einer hohen Elektronegativität. Alkalimetalle wie Natrium oder Kalium haben eher geringe EN-Werte.

I	II	III	IV	V	VI	VII	VIII
H 2,1							He –
Li 1,0	Be 1,5	B 2,0	C 2,5	N 3,0	O 3,5	F 4,0	Ne –
Na 0,9	Mg 1,2	Al 1,5	Si 1,8	P 2,1	S 2,5	Cl 3,0	Ar –
K 0,8	Ca 1,0	Ga 1,6	Ge 1,8	As 2,0	Se 2,4	Br 2,8	Kr –

▲ *3. Elektronegativitätswerte einiger Elemente*

Je größer die Differenz der Elektronegativität zwischen zwei Elementen ist, desto polarer ist das betreffende Molekül. Ist die Differenz der Elektronegativität größer als 1,7, bilden die Elemente in der Regel Ionenverbindungen. Ist die EN-Differenz kleiner als 0,5, sind die Verbindungen in der Regel unpolar.

Chlorwasserstoff besteht aus den Elementen Chlor und Wasserstoff. Chlor hat den EN-Wert 3,0, Wasserstoff 2,1. Die Differenz beträgt 0,9. Chlorwasserstoff-Moleküle sind also Dipol-Moleküle.

Natriumchlorid besteht aus den Elementen Natrium und Chlor. Natrium besitzt den EN-Wert 0,9, Chlor 3,0. Die Differenz der EN-Werte beträgt 2,1. Natriumchlorid ist daher eine Ionenverbindung.

4. Dipol-Molekül oder Ionenverbindung? Bestimme die folgenden Verbindungen: Methan, Schwefelwasserstoff, Calciumchlorid, Ammoniak, Kochsalz, Magnesiumoxid, Wasser.

5. Warum haben Edelgase keinen EN-Wert?

Wasser ist die Lösung!

1. Salz verschwindet

a) Gib 30 g Kochsalz in ein Becherglas mit 100 ml Wasser und rühre langsam um. Beschreibe deine Beobachtungen so genau wie möglich und finde eine Erklärung.

b) Tropfe einige Milliliter der klaren Lösung auf ein Uhrglas und lasse das Wasser verdunsten. Beobachte genau und erkläre, was passiert.

▲ *1. Salz löst sich in Wasser schnell auf*

Gibt man beim Nudelkochen Salz in das Wasser, sind die Salzkristalle bereits nach kurzer Zeit nicht mehr zu sehen. Gibt man Salz dagegen in einen Topf mit Öl, kann man rühren und erwärmen, soviel man will – das Salz bleibt als Bodensatz ungelöst. Warum löst sich Salz in Wasser auf, in Öl aber nicht? Auch hier spielen die Dipol-Eigenschaften der Wasser-Moleküle wieder die Hauptrolle.

So lösen sich Salze. Kochsalz ist eine Ionenverbindung aus Natrium-Ionen und Chlorid-Ionen. Gibt man einen Kochsalzkristall in Wasser, werden die polaren Wasser-Moleküle von den Ionen des Salzkristalls angezogen und lagern sich an dessen Oberfläche an. An den positiv geladenen Natrium-Ionen lagern sich die Wasser-Moleküle mit ihren negativ geladenen Seiten an. An den negativ geladenen Chlorid-Ionen lagern sich die Wasser-Moleküle mit ihren positiv geladenen Seiten an. An den Ecken und Kanten beginnend, werden die Ionen so nach und nach herausgelöst. Dabei umhüllen die Wasser-Moleküle jedes Ion und bilden eine **Hydrathülle.** In der Lösung werden die Ionen durch die Hydrathüllen voneinander abgeschirmt. Sie können sich deshalb nicht mehr gegenseitig anziehen und verteilen sich gleichmäßig in der Lösung.

Der Ablösungsvorgang geht solange weiter, bis der Kristall entweder vollständig abgebaut ist oder die Löslichkeitsgrenze des Salzes erreicht ist.

In der Reaktionsgleichung wird durch das Symbol (aq) auf die Hydrathülle hingewiesen:

$$NaCl + H_2O \longrightarrow Na^+ (aq) + Cl^- (aq) + H_2O$$

Für solche Lösevorgänge sind die Dipol-Eigenschaften der Wasser-Moleküle entscheidend. Deshalb wird Wasser als **polares Lösemittel** bezeichnet. Öl dagegen ist unpolar. Öl-Moleküle werden von den Ionen des Salzkristalls nicht angezogen und können sie daher auch nicht voneinander trennen.

Nicht alle Salze lösen sich gleich gut. Einige Salze lösen sich besser, andere schlechter in Wasser. Ihre Löslichkeit ist von der Anziehungskraft zwischen den Ionen des Salzes und den Dipol-Molekülen des Wassers abhängig. Je stärker diese Kraft gegenüber den Anziehungskräften zwischen den Ionen des Salzkristalls ist, desto besser löst sich das Salz im Wasser.

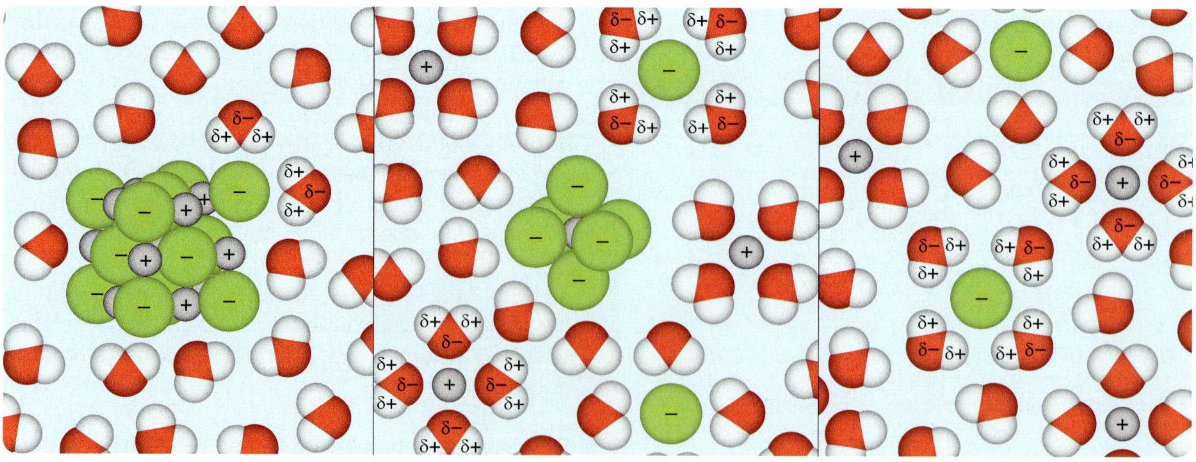

▲ *2. Lösevorgang eines Salzes in Wasser: Die Ionen werden aus dem Gitterverband „herausgezogen" und von Wasser-Molekülen umgeben.*

▲ *1. Salze lösen sich unterschiedlich gut*

Wasser ist ein polares Lösemittel, das andere polare Stoffe lösen kann. Die Wasser-Moleküle umhüllen die gelösten Ionen und bilden eine Hydrathülle.

1. Fragen zum Text

a) Warum ist Wasser ein polares Lösemittel?
b) Beschreibe den Lösevorgang eines Salzes in Wasser.
c) Was ist eine Hydrathülle?
d) Warum löst sich Salz nicht in Öl?
e) Woran liegt es, dass manche Salze leicht löslich und manche Salze schwerlöslich sind?

Exkurs

Lösungen – kalt oder warm

2. Das Lösen von Salzen

Befülle ein Becherglas (50 ml) mit Wasser und miss die Temperatur des Wassers. Gib dann zwei gehäufte Teelöffel Natriumchlorid (Kochsalz) hinzu, rühre um und miss die Temperatur erneut. Wiederhole das Experiment mit Natriumsulfat. Vergleiche deine Beobachtungen.

3. Die Salz-Angel

a) Gib einen Eiswürfel in ein Glas mit Wasser. Was passiert, wenn du einen Wollfaden auf den Eiswürfel legst, mit Salz bestreust und an dem Faden ziehst? Probiere es aus!
b) Beschreibe deine Beobachtungen so genau wie möglich und erkläre sie.

4. Omas Schokoeis

Das erste Speiseeis gab es bereits in der Antike – ganz ohne Gefrierschrank und Tiefkühltruhe! Teste es selbst: Schlage 2 Eigelb mit 50 g Zucker und 50 g Kakaopulver schaumig. In einer Edelstahlschüssel schlägst du 200 ml Sahne steif und rührst die Schokoladenmischung unter. Fülle nun eine große Salatschüssel mit zerstoßenem Eis und vermische es mit viel Kochsalz (350 g Kochsalz pro 1 kg Eis). Drücke die Schüssel mit der Schoko-Sahne-Mischung in diese Kältemischung und rühre so lange, bis die Schokomasse gefroren ist. Guten Appetit!

Lösungswärme. Löst man Salze in Wasser, ändert sich die Temperatur. Je nach Salz wird das Wasser mal kälter, mal wärmer. Woher kommt das? Wenn Wasser-Moleküle Ionen aus dem Kristallgitter herauslösen, wird für das Aufbrechen des Kristallgitters Energie benötigt. Gleichzeitig wird aber auch Energie frei, sobald die Wasser-Moleküle eine Hydrathülle um die Ionen herum bilden. Die Summe dieser beiden Energien nennt man Lösungswärme.

Lösungswärme =
Gitterenergie – Hydratisierungsenergie

Die Lösungswärme kann je nach Salz positiv oder negativ sein. Ist die Gitterenergie größer als die Hydratisierungsenergie, ist die Lösungswärme negativ. Die notwendige Energie wird der Umgebung entzogen und das Wasser kühlt sich ab. Ist die Gitterenergie kleiner als die Hydratisierungsenergie, wird die überschüssige Energie an die Umgebung abgegeben und das Wasser erwärmt sich.

Kältemischungen. Bei Natriumchlorid ist die Lösungswärme negativ. Die Lösung kühlt sich also ab. Der kühlende Effekt verstärkt sich noch, wenn man das Salz nicht in Wasser, sondern in Eis löst. Da Salzlösungen einen niedrigeren Gefrierpunkt als Wasser haben, schmilzt das Eis.

Kohlenstoff – ein besonderer Bindungspartner

▲ 1. *Kohlenstoff – ein scheinbar unscheinbares Element*

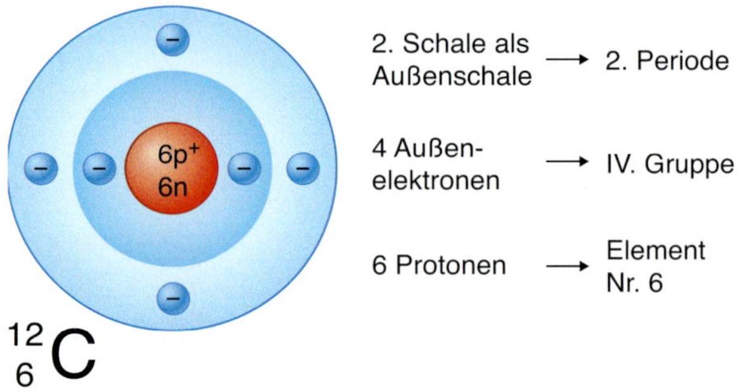

▲ 2. *So ist das Kohlenstoff-Atom aufgebaut*

1. Kohlenstoff im PSE

a) Finde das Element Kohlenstoff im Periodensystem der Elemente und beschreibe seinen Aufbau.
b) Überlege, welche Folgen der Aufbau der Kohlenstoff-Atome für ihre Bindungsfähigkeit haben kann.

2. Kohlenstoff-Nachweis

Wie lässt sich nachweisen, dass in einer Verbindung Kohlenstoff enthalten ist?

Kohlenstoff – ein Element, viele Bindungsmöglichkeiten. Wenn Kohle verbrennt, entsteht Kohlenstoffdioxid. Doch CO_2 ist nicht die einzige Verbindung, die das Element Kohlenstoff eingehen kann. Kohlenstoff hat vier Außenelektronen, die je nach Bindungspartner Einfach- oder auch Mehrfachbindungen ausbilden. Außerdem können Kohlenstoff-Atome starke, stabile Elektronenpaarbindungen miteinander eingehen. Wie kein anderes Element bildet es lange, verzweigte Ketten und Ringe.

Kleine Unterschiede mit großer Wirkung. Graphit und Diamant sind Stoffe, wie sie unterschiedlicher nicht sein könnten. Der eine Stoff grau, sehr weich, der andere Stoff stark lichtbrechend, durchsichtig und sehr hart. Dennoch bestehen beide aus ein und demselben Element: Kohlenstoff. Der Unterschied besteht allein in der Art und Weise, wie die einzelnen Kohlenstoff-Atome miteinander verbunden sind.

In einem **Diamanten** ist jedes der Kohlenstoff-Atome über eine Elektronenpaarbindung mit vier weiteren Kohlenstoff-Atomen verknüpft. Alle Außenelektronen sind an der Bindung beteiligt und bilden dadurch eine überaus stabile Verbindung. Deshalb ist Diamant extrem hart und hat eine sehr hohe Schmelztemperatur, die nur von sehr wenigen Verbindungen übertroffen wird. Da alle Elektronen fest in die Bindung einbezogen sind, kann Diamant keine Elektronen weiterleiten. Diamant ist ein Nichtleiter.

In **Graphit** dagegen bilden die Kohlenstoff-Atome ebene Schichten aus Sechsecken in der Art einer Bienenwabe. Die Schichten liegen übereinander. Sie sind nicht fest miteinander verbunden und können leicht gegeneinander verschoben werden. Deshalb ist Graphit weich und fühlt sich schmierig an. Innerhalb einer Schicht ist jedes Kohlenstoff-Atom mit nur drei weiteren Kohlenstoff-Atomen über eine Elektronenpaarbindung verknüpft. Das vierte Außenelektron ist zwischen den Schichten frei beweglich – Graphit ist daher ein elektrischer Leiter.

Von Fußbällen und Miniröhren. Neben den Kohlenstoff-Modifikationen Diamant und Graphit wurden in den letzten Jahren immer weitere bekannt. Der Molekülaufbau der Fullerene erinnert an die Form eines Fußballs.

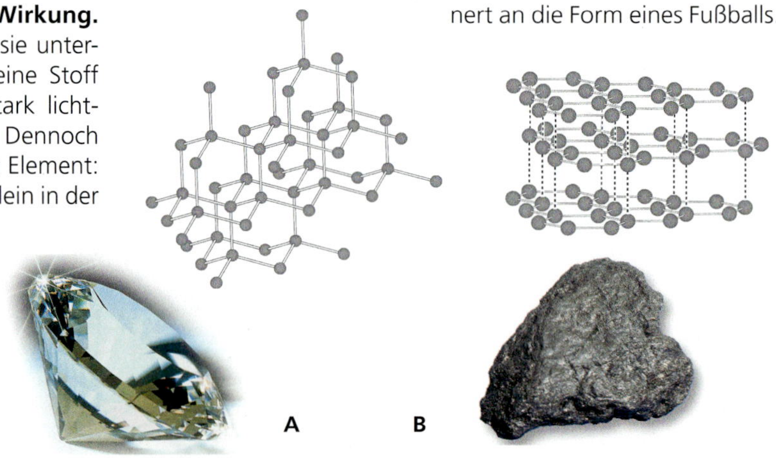

▲ 3. *Die Kohlenstoffmodifikationen Diamant (A) und Graphit (B) – die Art der Elektronenpaarbindung macht den Unterschied*

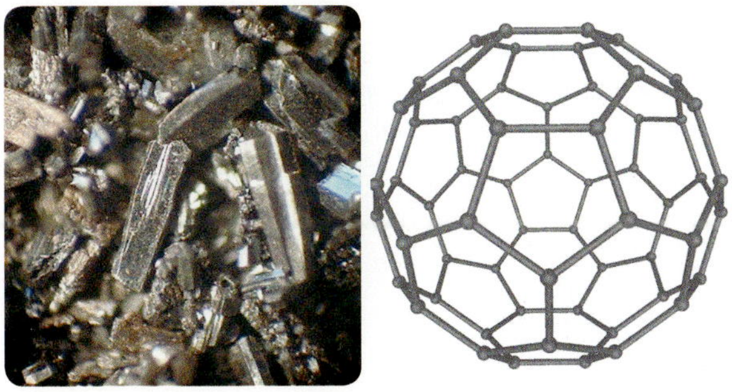

▲ *1. Fulleren-Kristalle und Computermodell eines Fulleren-Moleküls*

Wie im Graphit-Molekül ist jedes Kohlenstoff-Atom mit drei weiteren Kohlenstoff-Atomen verbunden. Das vierte Außenelektron ist frei beweglich. Trotzdem leiten Fullerene den elektrischen Strom nicht. Anders als bei Graphit bildet das Molekül eine Kugel. Innerhalb dieses Kugelmoleküls können sich die Elektronen zwar frei bewegen, zwischen den Molekülen findet aber keine Übertragung statt.

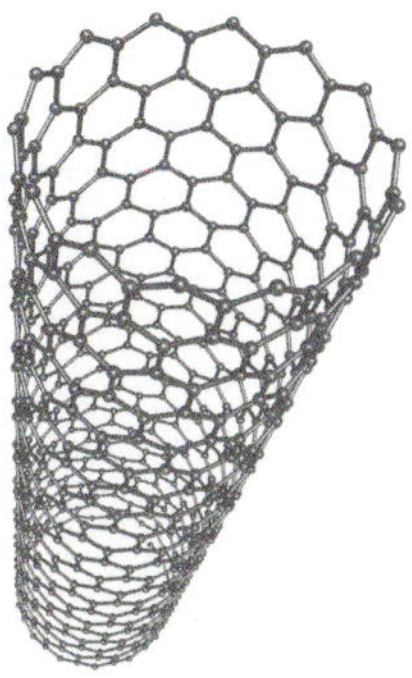

▲ *2. Nanoröhre aus Kohlenstoff-Atomen*

Auch in **Nanoröhren** sind Kohlenstoff-Atome in Sechsecken verknüpft. Sie bilden dabei eine lange Röhre. Durch die stabilen Elektronenpaarbindungen sind Nanoröhren zugfester als Stahlfasern. Reißfeste T-Shirts und Kletterseile sind allerdings noch Zukunftsmusik. Denn bisher fehlt eine Methode, die nur ein Tausendstel Millimeter langen Röhren fest miteinander zu verbinden.

Graphen (das „e" spricht man lang) ist eine weitere neu entdeckte Kohlenstoff-Modifikation. Es besteht aus nur einer einzigen Lage Graphit und kann elektrischen Strom genauso gut leiten. Das ist nicht nur für die Computerindustrie spannend. Durchsichtige Elektroden aus Graphen könnten zum Beispiel Solarzellen effizienter machen.

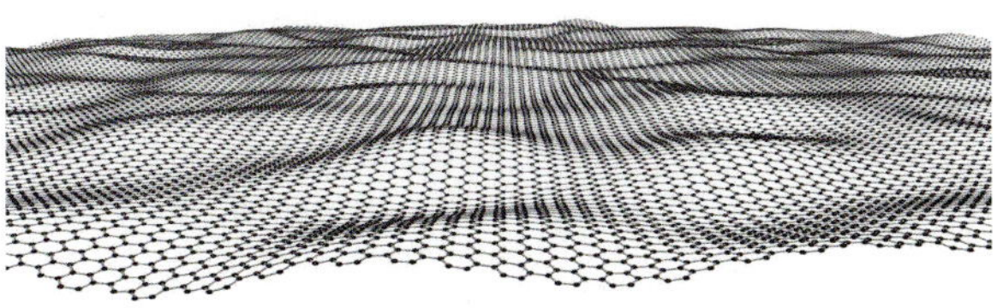

▲ *3. Die Struktur von Graphen im Computermodell*

Kohlenstoff, das Element des Lebens. Kohlenstoff ist das Element mit der größten Vielfalt an chemischen Verbindungen. In Kombination mit Wasserstoff, Sauerstoff und Stickstoff sind mehr als 12 Millionen Verbindungen bekannt. Menschen, Tiere, Pflanzen – das gesamte Leben unserer Erde ist aus solchen organischen Verbindungen aufgebaut. Um zu verstehen, was Kohlenstoff so einzigartig macht, müssen wir einen Blick in das Periodensystem der Elemente werfen.

Kohlenwasserstoffe. Der häufigste Bindungspartner von Kohlenstoff-Atomen ist Wasserstoff. Beide Atomkerne ziehen ihre Bindungselektronen etwa gleich stark an. Die elektrischen Ladungen sind symmetrisch verteilt. Es bilden sich keine nach außen wirkenden elektrischen Pole. Kohlenwasserstoffverbindungen sind daher häufig unpolar und mischen sich nicht mit Wasser.

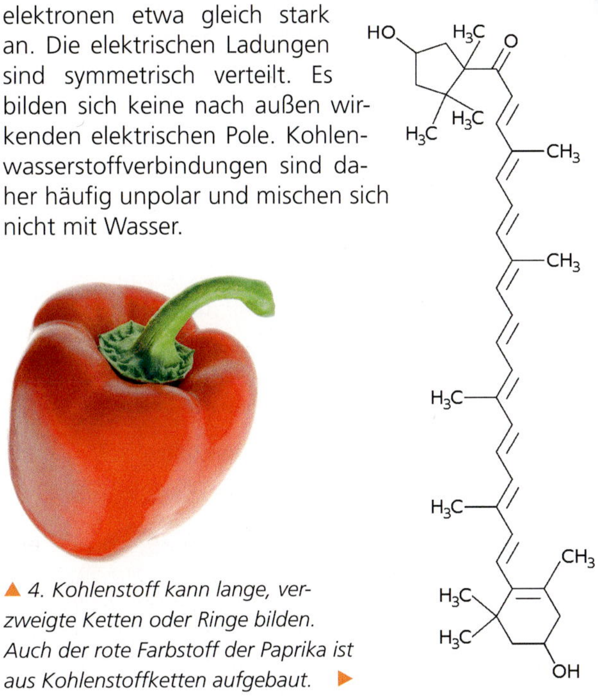

▲ *4. Kohlenstoff kann lange, verzweigte Ketten oder Ringe bilden. Auch der rote Farbstoff der Paprika ist aus Kohlenstoffketten aufgebaut.* ▶

Kohlenstoff-Atome können stabile Bindungen untereinander eingehen und bilden lange Ketten und Ringe. Aus diesem Grund gibt es zahlreiche Modifikationen, in denen Kohlenstoff-Atome jeweils unterschiedlich miteinander verknüpft sind.

1. Fragen zum Text

a) Welches Element ist in jeder organischen Verbindung enthalten?

b) Warum kann Kohlenstoff so viele Verbindungen eingehen?

c) Nenne die dir bekannten Modifikationen des Kohlenstoffs.

d) Beschreibe die wesentlichen Unterschiede im Aufbau von Graphit und Diamant.

Bindungen im Vergleich

Wenn Magnesium und Sauerstoff zu Magnesiumoxid reagieren, wird die Metallbindung des Magnesiums und die Elektronenpaarbindung der Sauerstoff-Moleküle zu einer Ionenbindung umgebaut.

1. Eine enge Bindung
In Verbindungen können die Atome auf drei verschiedene Arten miteinander verbunden sein. Benenne und erläutere die verschiedenen Bindungstypen.

Bindungsart	Ionenbindung	Metallbindung	Elektronenpaarbindung
Beispiel	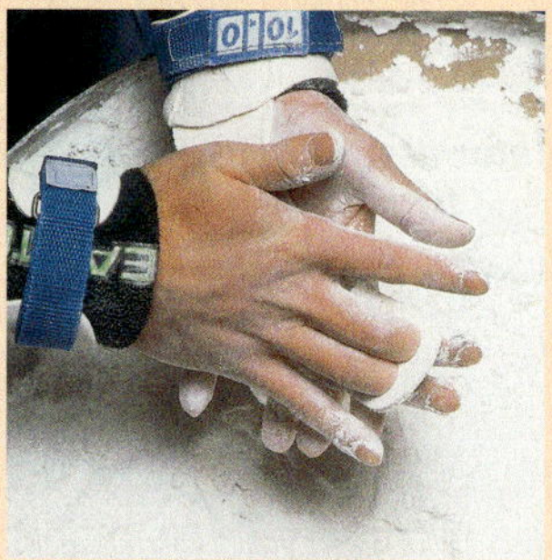 Magnesiumoxid MgO	 Magnesium Mg	 Sauerstoff O_2
Kleinste Teilchen	positiv und negativ geladene Ionen; Mg^{2+} und O^{2-}	positiv geladene Metall-Ionen und frei bewegliche Elektronen	Moleküle (O_2)
Bindung, durch …	Anziehung der entgegengesetzt geladenen Ionen	Anziehung zwischen Metall-Ionen und Elekronen	Anziehung zwischen gemeinsamen Elektronenpaaren und Atomkernen
Bindungsstruktur	Ionengitter 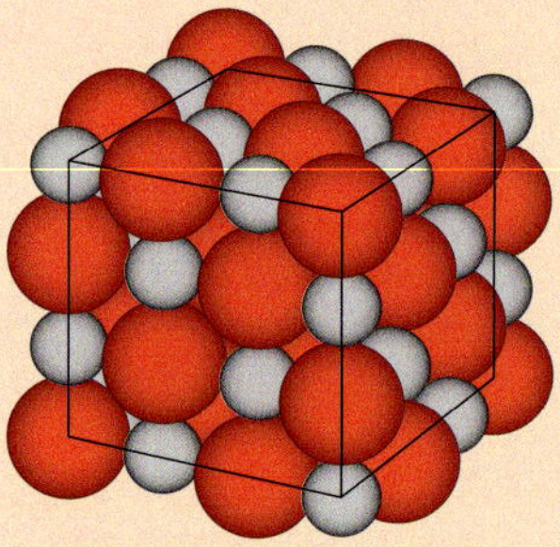	Metallgitter 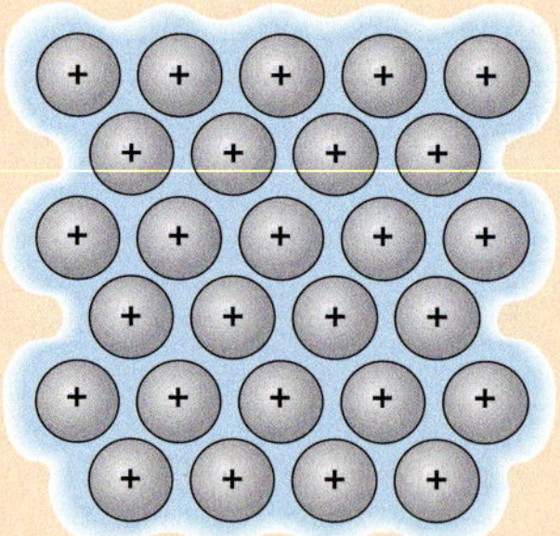	Moleküle 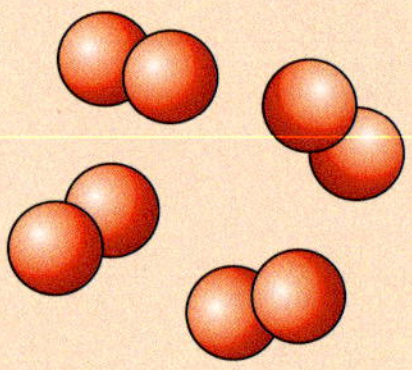
Eigenschaften	– oft gut wasserlöslich – hart und spröde – Feste Salzkristalle sind Nichtleiter – Lösungen und Schmelzen sind elektrisch leitend – hohe Schmelz- und Siedetemperaturen Magnesiumoxid: Schmelztemperatur: 2852 °C Siedetemperatur: ~3600 °C	– unlöslich in Wasser – gut verformbar – sehr gute elektrische Leiter – gute Wärmeleiter – hohe Schmelz- und Siedetemperaturen bei fast allen Metallen Magnesium: Schmelztemperatur: 650 °C Siedetemperatur: 1090 °C	– oft schlecht wasserlöslich – bei Raumtemperatur oft Gase oder Flüssigkeiten, seltener Feststoffe – elektrisch nicht leitend – oft niedrige Schmelz- und Siedetemperaturen Sauerstoff: Schmelztemperatur: –218 °C Siedetemperatur: –183 °C

▲ *2. Die drei Bindungsarten im Überblick*

Moleküle näher betrachtet

→ **Chemische Bindung:** Einzelne Atome können sich über Elektronenpaarbindungen, Ionenbindungen oder Metallbindungen zu größeren Verbänden verbinden.

→ **Die Elektronenpaarbindung** beruht auf der Anziehung zwischen gemeinsamen Elektronenpaaren und Atomkernen.

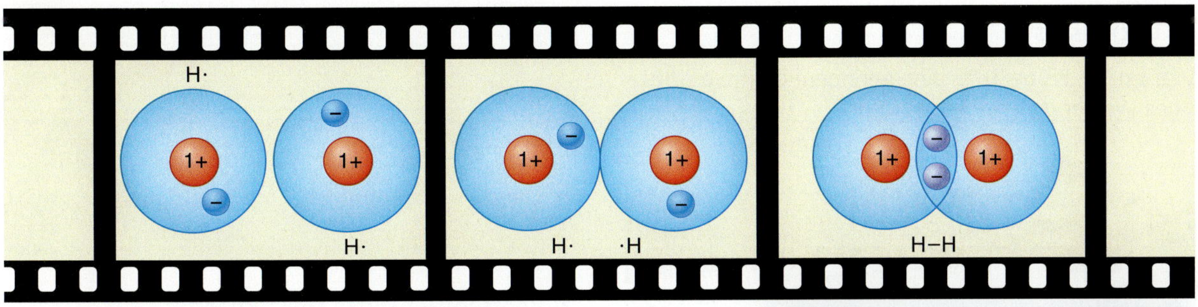

→ **Wasser** besitzt viele außergewöhnliche Eigenschaften:
– Wasser hat seine höchste Dichte bei 4 °C (Dichteanomalie).
– Festes Wasser (Eis) hat eine geringere Dichte als flüssiges Wasser.
– Wasser hat eine große Oberflächenspannung.
– Viele Stoffe lösen sich in Wasser.

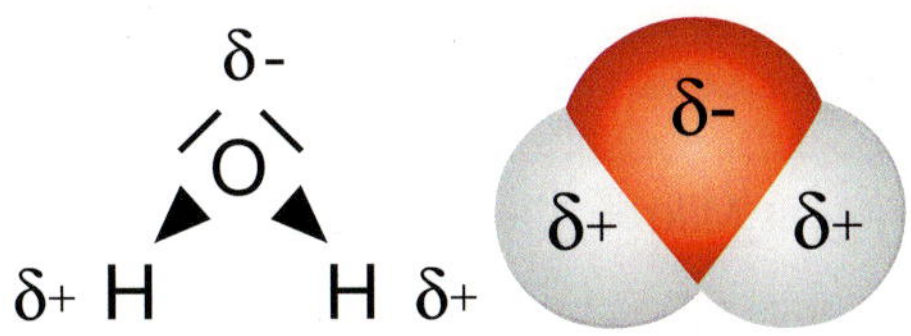

→ **Dipol-Moleküle:** In einem Molekül ziehen manche Atome die gemeinsamen Bindungselektronen stärker an als andere. Es entstehen Dipol-Moleküle mit negativen (δ–) und positiven Polen (δ+).

→ **Wasserstoffbrückenbindung:** Wasser-Moleküle bilden aufgrund ihrer Dipole Wasserstoffbrückenbindungen aus, die Ursache für viele Eigenschaften des Wassers sind.

→ **Wasser ist ein polares Lösemittel,** das andere polare Stoffe lösen kann. Die Wasser-Moleküle umhüllen die gelösten Ionen und bilden eine Hydrathülle.

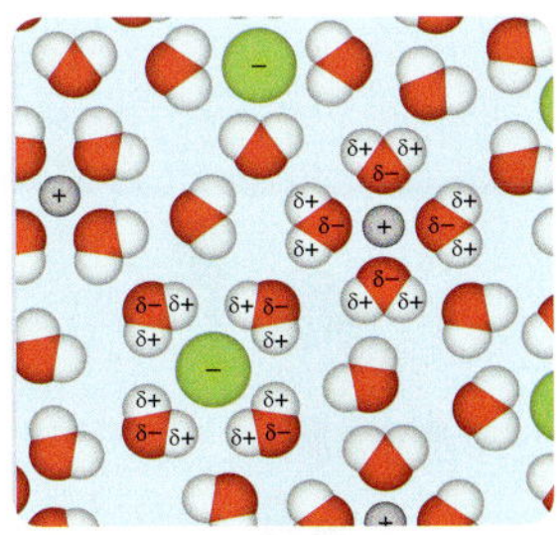

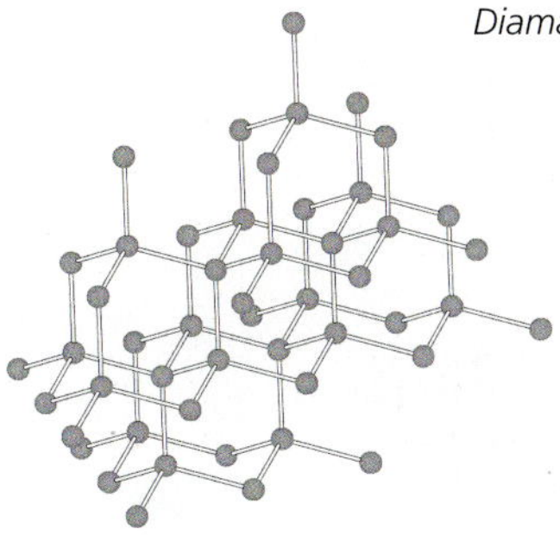
Diamant

→ Kohlenstoff kann stabile Bindungen mit sich selbst eingehen und bildet lange Ketten und Ringe. Aus diesem Grund gibt es zahlreiche Modifikationen, in denen Kohlenstoff-Atome jeweils unterschiedlich miteinander verknüpft sind.

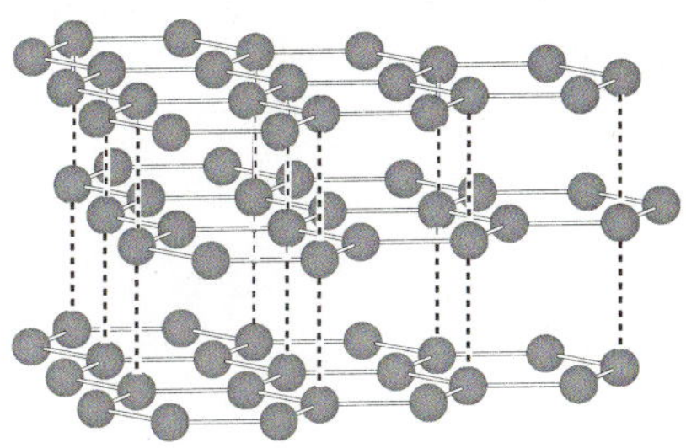
Graphit

Moleküle näher betrachtet

1. Eigenschaften von Wasser

a) Nenne drei außergewöhnliche Eigenschaften von Wasser.
b) Erkläre sie mithilfe des Molekülaufbaus.

2. Leichtes Eis

Warum hat Eis bei 0 °C eine geringere Dichte als flüssiges Wasser gleicher Temperatur?

3. Schlaglöcher

Vor allem nach harten Wintern zieren sie die Straßen und erschweren Auto oder Radfahrern die Fahrt: Schlaglöcher. Erläutere, wie sie entstehen.

4. Fische im Winter

Die Dichteanomalie des Wassers hilft Fischen in ihrem See zu überwintern, ohne einzufrieren. Erläutere diese Aussage!

5. Bootsantrieb durch Geisterhand

Schneide aus dünner Pappe die Form eines kleinen Bootes aus. Lege es vorsichtig auf die Wasseroberfläche eines mit Wasser gefüllten Tellers. Benetze deine Fingerkuppe mit etwas Spülmittel und berühre damit direkt hinter dem Boot die Wasseroberfläche. Erkläre deine Beobachtung.

6. Kochendes Wasser

Beim Sieden einer Flüssigkeit müssen die Anziehungskräfte zwischen den Molekülen überwunden werden. Wie lässt sich die vergleichsweise hohe Siedetemperatur des Wassers erklären?

7. Wasser in der Mikrowelle

In der Mikrowelle werden die Dipole des Wassers zum Schwingen angeregt und erwärmen so die Mahlzeit. Einige Speisen lassen sich schnell erhitzen, andere benötigen mehr Zeit. Erläutere, woran das liegen könnte.

8. Salz im Winter

Auf Autobahnen und auf manchen Gehwegen wird im Winter Salz gestreut. Erkläre, was das Salz bewirkt, und beschreibe die Vorgänge möglichst genau.

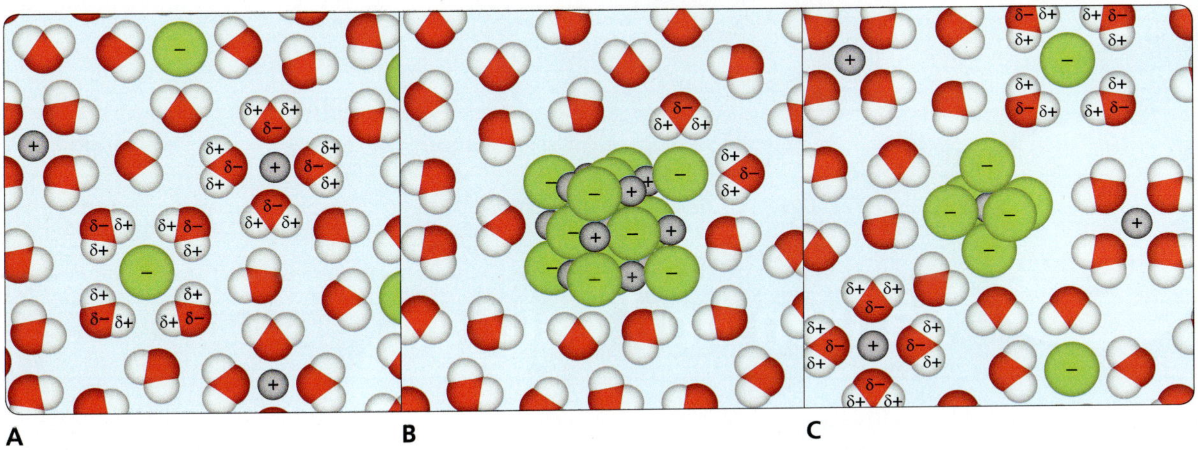

9. Eine Hülle aus Wasser-Molekülen

a) Bringe die 3 Abbildungen zum Löseprozess eines Salzes in Wasser in die richtige Reihenfolge.
b) Beschreibe den Lösungsprozess von Salz in Wasser am Beispiel von Kaliumchlorid.
c) Zeichne ein Kalium-Ion und ein Chlorid-Ion mit der jeweiligen Hydrathülle. Trage alle Ladungen ein.

10. Kerzenwachs und Kochsalz

Vergleiche die Eigenschaften von Kochsalz und Kerzenwachs. Kerzenwachs besteht aus Molekülen, Kochsalz ist eine Ionenverbindung. Wie unterscheiden sie sich in ihrer Härte, Verformbarkeit, Schmelztemperatur, Löslichkeit und Leitfähigkeit?

11. Zucker oder Salz

Zucker bildet regelmäßige Kristalle und löst sich in Wasser. Mit welchem Experiment kannst du nachweisen, dass Zucker kein Salz, also keine Ionenverbindung ist?

12. Lewis-Formel

a) Stelle die Lewis-Formeln für die folgenden Moleküle auf: Ammoniak, Chlor, Methan, Schwefeldioxid.
b) Kennzeichne die Elektronen, die jedem Atom zugeordnet sind.

13. Elektrische Leitfähigkeit

Wie wird elektrische Ladung in einem Metalldraht und wie in einer Salzlösung transportiert? Beschreibe den Unterschied.

14. Chemische Bindungen

a) Atome können sich auf drei verschiedene Arten zu Verbindungen zusammenschließen. Nenne die drei möglichen Bindungsarten.
b) Liste ihre Eigenschaften tabellarisch auf.
c) Welcher Bindungstyp hält die Atome der folgenden Stoffe zusammen: Diamant, Magnesiumchlorid, Sauerstoff, Eisen, Natriumhydroxid, Kohlenstoffdioxid, Aluminium.

15. Kohlenstoff-Modifikationen

a) Erkläre die Eigenschaften der verschiedenen Kohlenstoff-Modifikationen anhand des Molekülaufbaus.
b) Fullerene, Nanoröhren und Graphen sind relativ neue Kohlenstoffverbindungen, von denen sich Wissenschaftler technisch sehr viel versprechen. Recherchiere den aktuellen Stand der Forschung und finde heraus, welche Anwendungen heute schon möglich sind.

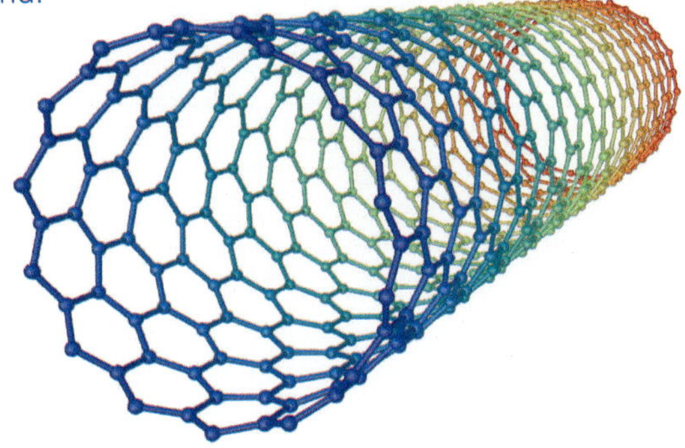

8 Säuren und Laugen

▼ 1. *Citronensäure sorgt für den frischen Geschmack von Orangen und Zitronen und ist zum Verzehr geeignet …*

1 … andere Säuren dagegen sind so gefährlich, dass sie nur unter Einhaltung von Sicherheitsbestimmungen transportiert und verwendet werden dürfen. ▶

Säuren und Laugen begegnen uns im Alltag an vielen Stellen. Manche Säuren kommen in Lebensmitteln vor, andere werden in technischen Geräten z. B. in Autobatterien verwendet.
Laugen werden im Haushalt oft zum Waschen und Reinigen benutzt.
Den richtigen Umgang mit diesen Stoffen zu lernen ist wichtig, denn konzentrierte Säuren oder Laugen können schwere Verätzungen hervorrufen.
Du erfährst, welche Eigenschaften Säuren und Laugen haben und wie man sie gefahrlos unterscheiden kann.

2. Für die Stärke einer Säure oder Lauge ist die Menge von ganz bestimmten Ionen ein wichigter Faktor. Die Menge der Ionen kann mit einem pH-Messgerät oder mit Indikatorpapier gemessen werden. ▼

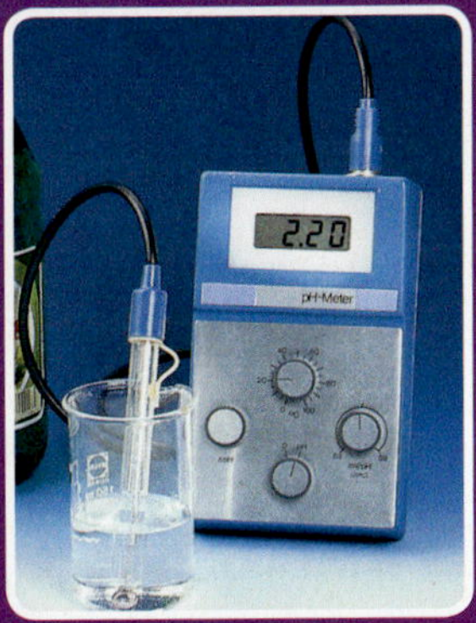

3. Hättest du gedacht, dass für die Farbe und den besonderen Geschmack von Laugengebäck und für die Reinigungswirkung von Backofenspray der gleiche Stoff verantwortlich ist, nämlich Natronlauge? Beim Umgang mit aggressiven Reinigungsmitteln sollte man aber auf jeden Fall Gummihandschuhe tragen! ▼

Säuren und Laugen im Alltag

1. Säuren im Alltag

a) Wo begegnen euch im Alltag Säuren oder Laugen?
b) Nenne weitere Säuren, die du kennst.

2. Säuren in Lebensmitteln

a) Nenne Lebensmittel, die sauer schmecken.
b) Finde heraus, welche Säuren den Nahrungsmitteln im Bild oben den besonderen Geschmack geben.
c) Untersuche Etiketten von Nahrungsmitteln wie Getränken und Fertigprodukten und stelle die enthaltenen Säuren in einer Liste zusammen.
d) Warum werden diese Säuren eingesetzt?

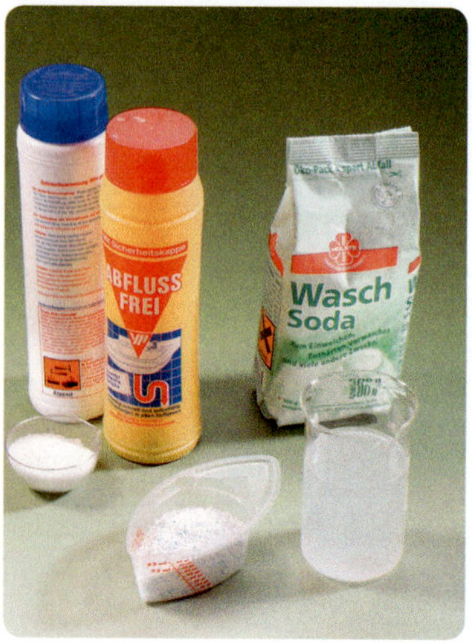

3. Entkalken von Kaffeemaschinen

a) Womit werden Kaffeemaschinen entkalkt?
b) Aus welchem Grund sollte dies regelmäßig geschehen?

4. Fühlprobe

Verreibe zwischen deinen Fingern Wasser, Waschpulverlösung und Essig. Wie fühlt sich deine Haut danach jeweils an?

5. Laugen im Alltag

a) Zähle dir bekannte Laugen auf. Was weißt du über ihre Verwendung?
b) Laugen werden im Haushalt oft zum Putzen und Reinigen verwendet. Stelle eine Liste der Reinigungsmittel eures Haushaltes zusammen und finde heraus, welche Stoffe ihnen gemeinsam sind.
c) „Aggressive" Reinigungsmittel sind oft mit Gefahrensymbolen versehen. Stelle zusammen, was du im Umgang mit diesen Mitteln beachten musst.

6. Reinigung von Mehrwegflaschen

Überlege dir, warum Mehrwegflaschen aus Glas mit heißer Lauge gereinigt werden.

Säuren verändern Geschmack und Farbe. Ein Glas Limonade mit Zitronensaft schmeckt erfrischend. Colagetränke enthalten Phosphorsäure als Säuerungsmittel. Mit Essigsäure werden Salatsaucen zubereitet. Die Milchsäure sorgt für den säuerlichen Geschmack von Joghurt, Kefir und Buttermilch. Kohlensäure macht aus einem Glas Leitungswasser ein prickelndes Getränk. Schwarzer Tee verfärbt sich heller, wenn Zitronensaft hinzugefügt wird.

▲ 1. *Sauer eingelegtes Gemüse*

▲ 2. *Cola-Getränke enthalten Säuren*

Säuren als Konservierungsmittel
Vielen Lebensmitteln werden Säuren zugesetzt, um sie haltbarer zu machen, so werden zum Beispiel Gurken in Essig eingelegt. Gemüsekonserven und Wurstwaren wird Ascorbinsäure (Vitamin C) zugesetzt. Die Säure verhindert, dass Mikroorganismen die Lebensmittel verderben.

Säuren im Körper. Auch im menschlichen Körper wirken Säuren. Die Magensäure ist eine verdünnte Salzsäure, die Eiweiß in der Nahrung gerinnen lässt, damit es leichter von Enzymen verdaut werden kann. Auch zum Abtöten von Krankheitserregern, die mit der Nahrung aufgenommen werden, dient die Magensäure.
Beim Sodbrennen steigt die Magensäure in die Speiseröhre auf und ist dabei zu spüren. Bei häufigem Sodbrennen können schmerzhafte Verätzungen der Speiseröhrenschleimhaut entstehen.

Laugen lösen fetthaltige Verschmutzungen. Laugen werden im Haushalt häufig beim Putzen und Reinigen verwendet. Sie lösen fetthaltige Verschmutzungen, indem sie Fett und andere organische Schmutzteilchen teilweise zersetzen. Sie lassen sich dadurch leichter entfernen. Diese Eigenschaft wird bei Seife, Waschpulver, Backofenspray und Abflussreiniger genutzt.

Der Umgang mit Säuren und Laugen ist gefährlich. Sobald Säuren und Laugen stärker konzentriert sind, als sie in Nahrungsmitteln vorkommen, können sie den menschlichen Körper schon beim Hautkontakt schwer schädigen. Daher ist stets Vorsicht beim Umgang damit geboten. Gefahrenhinweise und -symbole auf den Behältern sollen schützen. Sie weisen auf besondere Vorsicht hin.
Säuren oder Laugen dürfen **niemals** in Trinkgefäße abgefüllt werden, dies kann zu schrecklichen Unfällen führen!

Im Alltag und Haushalt verbessern Säuren den Geschmack und die Haltbarkeit von Lebensmitteln. Laugen helfen bei der Reinigung.

1. Fragen zum Text
a) Erstelle eine Tabelle für Säuren in Lebensmitteln. Nenne auch jeweils das Nahrungsmittel.
b) Beschreibe, zu welchen Zwecken Säuren und Laugen verwendet werden und nenne jeweils ein Beispiel.

2. Sicherer Umgang
Worauf musst du im Chemieunterricht besonders achten, wenn du mit Säuren oder Laugen experimentierst?

Xi- reizend
Xn - gesundheitsschädlich

C - ätzend

▲ 3. *Gefahrensymbole*

Säuren und Laugen nachweisen

1. Rotkohlsaft selber herstellen

Koche kleingeschnittene Rotkohlblätter in 200 ml Wasser, bis die Lösung eine tieflila Farbe hat. Filtriere den Saft in eine gut verschließbare Flasche. Der Saft ist im Kühlschrank zwei Wochen haltbar.

▲ 1. *Herstellung von Rotkohlsaft*

2. Säuren und Laugen mit Rotkohlsaft nachweisen

C B1

Fülle in je ein Reagenzglas je 3 ml Essig, verdünnte Salzsäure (C, B1), Haushaltsnatron, Wasser und verdünnte Natronlauge (C, B1). Füge jeweils 1 ml des Rotkohlsaftes hinzu. Protokolliere das Ergebnis.

3. Rotkohlsaft in verschiedenen Farben

Ordne den Bereichen Säure-neutral-Lauge die Farben des Rotkohlsaftes in der Abbildung 2 zu.

Rotkohl oder Blaukraut?
Rotkohl wird regional verschieden zubereitet: In Nord- und Mitteldeutschland fügt man beim Kochen Essig zu, damit er schön rot wird. Die gleiche Kohlsorte wird in Süddeutschland Blaukraut genannt, man gibt Natron in den Kohl, damit er eine blaue Farbe bekommt. Rotkohl gehört also zu den Stoffen, die beim Hinzufügen von Säuren oder Laugen ihre Farbe ändern. Rotkohlsaft zeigt durch Farbveränderung sogar die Stärke der sauren oder alkalischen Lösung an.

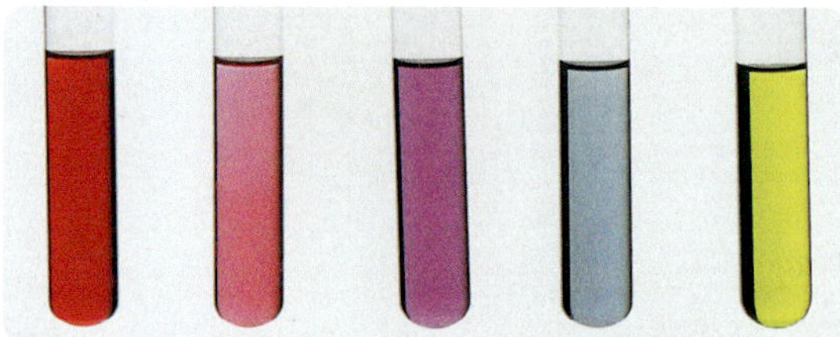

▲ 2. *Rotkohlsaft als Indikator in den Bereichen sauer – neutral – alkalisch*

Indikatoren zeigen Säuren und Laugen an
Stoffe, die durch Farbveränderung Säuren oder Laugen anzeigen, werden Indikatoren (lat. indicare „anzeigen") genannt.
Es gibt noch weitere pflanzliche Indikatorfarbstoffe, wie Tee-, Kurkuma- und Lackmusextrakte. Im chemischen Labor sind Phenolphthalein, Bromthymolblau und Methylrot in Gebrauch. Beim Universalindikator lässt sich mit einer Farbskala feststellen, wie stark sauer oder alkalisch eine Lösung ist.
Der Universalindikator verfärbt sich meist rot, wenn eine saure Lösung vorliegt, bei einer alkalischen Lösung zeigt er eine blaue Färbung an. Der Indikator zeigt in Wasser und anderen neutralen Lösungen eine grüne Farbe. Universalindikatoren gibt es in flüssiger Form oder als Papierstreifen.

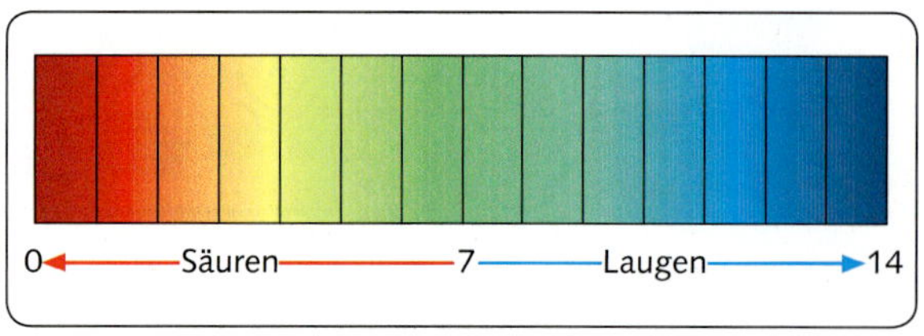

▲ 3. *Universalindikator zum Messen des pH-Wertes*

Indikatoren sind Stoffe, die durch einen Farbwechsel anzeigen, ob eine saure oder eine alkalische Lösung vorliegt.

1. Fragen zum Text
a) Zähle verschiedene Indikatoren auf.
b) Nenne die Farben, die der Universalindikator beim Kontakt mit sauren, alkalischen und neutralen Flüssigkeiten zeigt.

2. Indikatoren in verschiedener Form
Welche Vor- und Nachteile bieten Papierstreifenindikatoren gegenüber flüssigen Indikatoren?

3. Rotkohlsaft als Indikator
Welchen Vorteil hat die Verwendung von Universalindikator gegenüber dem Rotkohlsaft oder dem schwarzen Tee?

Lernstationen zum Thema Säuren

Station 1: Säuren, Laugen und neutrale Stoffe mithilfe von Indikatoren unterscheiden

Materialien: Reagenzglasständer mit Reagenzgläsern, Spatel;
Eine Auswahl folgender Stoffe: Salzsäure (Xi, 1 % – 5 %), Schwefelsäure (Xi, 1 % – 5 %), Mineralwasser, Essig, verschiedene Haushaltsreiniger, Natronlauge (Xi, 1 %), Kalkwasser (Xi), destilliertes Wasser, Zitronensaft, Apfelsaft, Citronensäure, Salzwasser, Leitungswasser.
Indikatoren: Rotkohlsaft, Universalindikator-Lösung und andere Indikatoren wie Lackmuslösung, Phenolphthaleinlösung, Bromthymolblau.

Durchführung: Gib von jeder Flüssigkeit eine kleine Menge in ein Reagenzglas; löse feste Stoffe in etwas destilliertem Wasser.

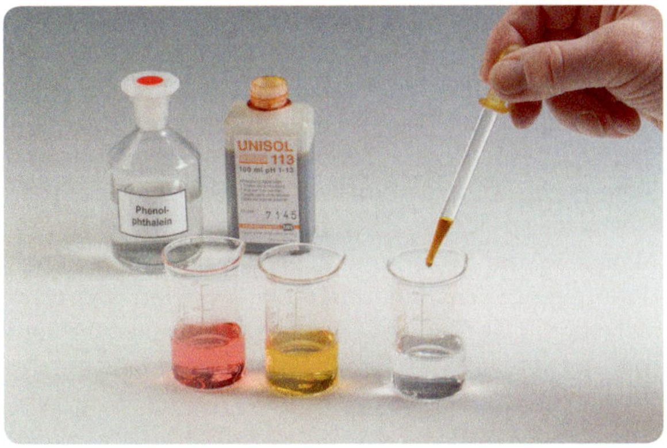

Füge nun zu jeder Stoffprobe einige Milliliter Rotkohlsaft bzw. einige Tropfen Universalindikator-Lösung hinzu und schüttle kurz.
Wiederhole den Versuch mit anderen Indikatoren wie Lackmuslösung, Phenolphthaleinlösung und Bromthymolblau.

Aufgaben:
1. Halte die Versuchsergebnisse in einer Tabelle nach folgendem Muster fest:

Stoffprobe	Farbe der Lösung nach Zugabe von		
	Rotkohlsaft	Universal-indikator	...
Salzsäure			
Schwefelsäure			
Mineralwasser			
Essig			
...			

2. Welche der untersuchten Stoffe würdest du aufgrund der Verfärbung des Indikators den Säuren, den Laugen und den neutralen Stoffen zuordnen?

Station 2: Reaktionen von Säuren mit Metallen

Materialien: Reagenzglasgestell mit 9 Reagenzgläsern, Spatel; verdünnte Salzsäure (Xi, 5 %); verdünnte Schwefelsäure (Xi 5 %), Speiseessig, Essigessenz (Xi), Magnesiumpulver (F), Kupferpulver, Zinkpulver (F)

Durchführung: Gib in drei Reagenzgläser etwas Salzsäure, in weitere drei Reagenzgläser etwas Schwefelsäure, Essig bzw. Essigessenz. Gib nun zu den Säuren jeweils etwas Magnesium-, Kupfer- und Zinkpulver.

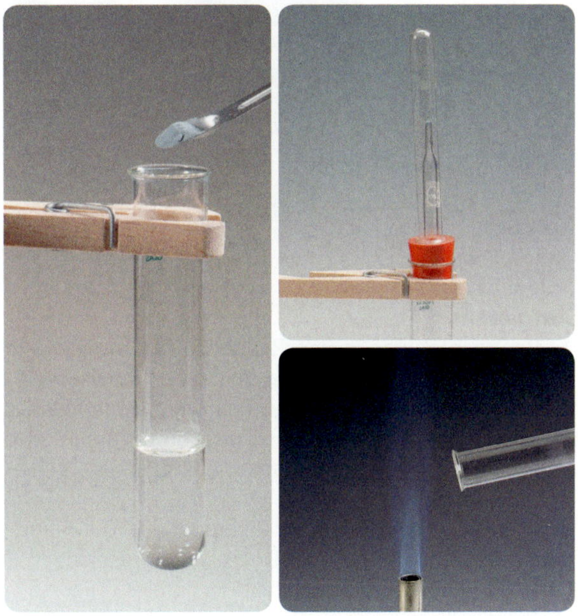

Halte nach Zugabe der Metalle jeweils ein kleines leeres Reagenzglas etwa 1 Minute über die Öffnung der Reagenzgläser und prüfe dann mit der Knallgasprobe, ob es sich bei dem aufgefangenen Gas um Wasserstoff handelt.

Aufgaben:
1. Beobachte, was bei den Versuchen geschieht und halte deine Beobachtungen in einer Tabelle fest.
2. Im Baumarkt erhält man Salzsäure in Kunststoffbehältern, nie in Metallgefäßen. Wie erklärst du dir das?
3. Was erwartest du, wenn du Edelmetalle wie Silber, Gold und Platin in verdünnte Säuren gibst? Begründe deine Entscheidung und überprüfe sie im Experiment.

Station 3: Wie verhalten sich Säuren gegenüber Kalk?

Materialien: leere Schneckenhäuser, kleine Kalkstein- oder Marmorstücke, Eierschalen, Reagenzglasgestell mit Reagenzgläsern.
Salzsäure (Xi, 2 %); Schwefelsäure (Xi, 2 %), Speiseessig oder Essigessenz (C)

Durchführung: Gib in drei Reagenzgläser einige Mililiter verdünnte Salzsäure. In je drei weitere Reagenzgläser gib verdünnte Schwefelsäure, Essig oder verdünnte Essigessenz. Füge dann kleine Stücke eines leeren Schneckenhauses, Eierschalenstücke sowie ein kleines Stück Kalkstein oder Marmor hinzu.

Aufgaben:

1. Beobachte, was in den Reagenzgläsern geschieht und halte deine Beobachtungen in einer Tabelle fest.

2. Was vermutest du über die Zusammensetzung eines „Kalkreinigers"? Überprüfe deine Vermutungen und informiere dich über die Zusammensetzung verschiedener Kalkreiniger.

3. Überprüfe verschiedene Gesteine wie Buntsandstein, Kalksandstein, Granit, Gneis sowie Muschelschalen, Tafelkreide und Gips mit einigen Tropfen Salzsäure. Protokolliere deine Beobachtungen.

Station 4: Leitfähigkeit von Säuren und Laugen

Materialien: Stromquelle (Wechselstrom), Leitfähigkeitsprüfer, kleine Bechergläser (100 ml), Glühlampe (auf Brett), Verbindungskabel, 6 Bechergläser (50 ml), Brenner, Küchenpapierrolle;
verd. Salzsäure (2 %), verd. Schwefelsäure (2 %), verd. Natronlauge (Xi, 0,5 %), Kalkwasser, Essig, destilliertes Wasser.

Durchführung: Baue eine Prüfstrecke zur elektrischen Leitfähigkeitsprüfung auf und prüfe die Leitfähigkeit von verd. Salzsäure, verd. Schwefelsäure, Leitungswasser, destilliertem Wasser und Essig; gib dazu jeweils etwa 5 ml in ein Becherglas.
Hinweis: Reinige nach jedem Versuch die Elektroden mit etwas destilliertem Wasser und trockne sie mit einem Papiertuch ab.

Aufgaben:

1. Halte die Versuchsbeobachtungen in geeigneter Weise fest. Wie lassen sie sich erklären?

Station 5: Elektrolyse von Schwefelsäure

Materialien: U-Rohr mit seitlichem Ansatz, Gasableitungsrohr, Reagenzglas (mit Wasser gefüllt), Becherglas mit Wasser, Kohleelektroden mit passenden Gummistopfen, Gleichspannungsquelle, Verbindungskabel; verdünnte Schwefelsäure (Xi, 10 %)

Durchführung: Baue eine Versuchsapparatur nach Abbildung 2 auf. Gib so viel verdünnte Schwefelsäure in das U-Rohr, dass die Elektroden mindestens 3 cm in die Säure eintauchen. Achte darauf, dass die Elektrode an der das Gas aufgefangen wird mit dem Minus-Pol der Spannungsquelle verbunden ist. Lege dann eine Gleichspannung von 10 Volt an und elektrolysiere solange, bis das Reagenzglas weitestgehend mit Gas gefüllt ist. Prüfe das entstehende Gas mit der Knallgasprobe.

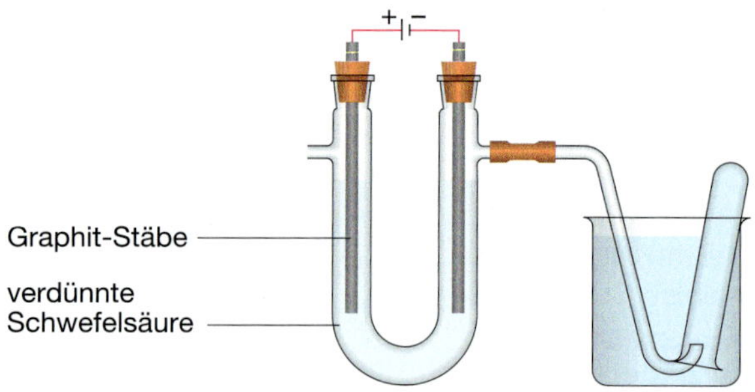

Aufgaben:

1. Was kannst du beobachten?

2. Welches Gas entsteht bei der Elektrolyse von Schwefelsäure am Minus-Pol (Kathode)?

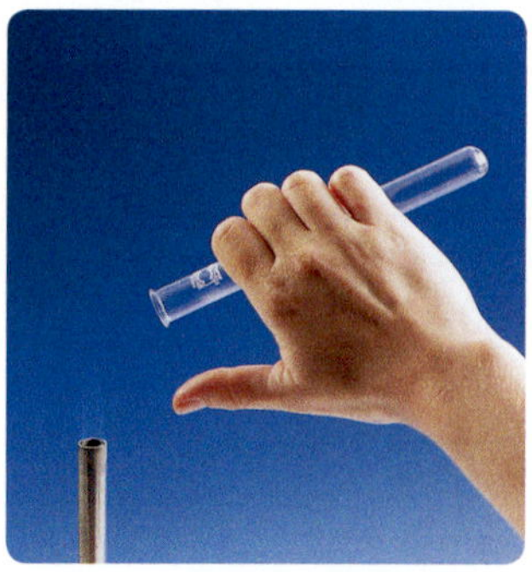

Säuren haben etwas gemeinsam

Säuren wirken ätzend. Viele Säuren greifen die Haut an. Konzentrierte Säuren können die Haut sogar zerstören. Achte daher im Umgang mit Säuren genau auf die Sicherheitsbestimmungen.

Säuren reagieren mit unedlen Metallen. Gibt man ein Stückchen Magnesiumband in etwas Salzsäurelösung, so kann man rasch eine Gasentwicklung beobachten (s. Abb. 1). Mit der Knallgasprobe lässt sich Wasserstoff nachweisen.

Salzsäure	+	Magnesium	→	Magnesiumchlorid	+	Wasserstoff
2 HCl	+	Mg	→	$MgCl_2$	+	H_2

Die Säure hat mit dem Metall Magnesium ein Salz gebildet. Dieses kann man nachweisen, indem man etwas von der Lösung nach Beendigung der Reaktion in einer Glasschale erwärmt und das Wasser verdampft. Es bildet sich ein weißer, kristalliner Rückstand.

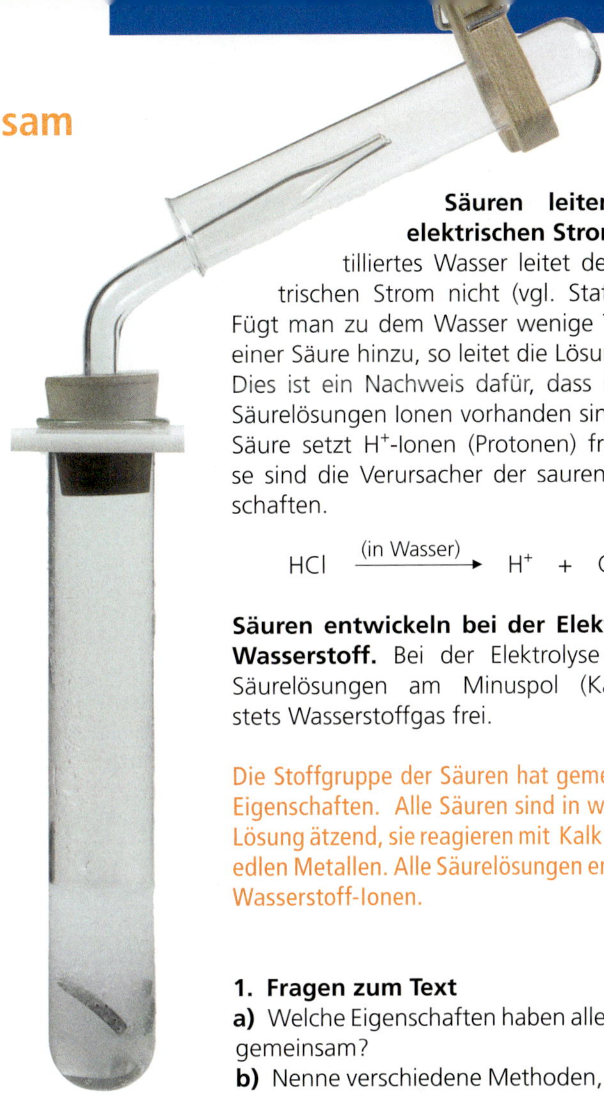

▲ 1. Magnesium in Salzsäure

▲ 2. Erst nach dem Eindampfen erkennt man zuvor gelöste Salze

Säuren reagieren mit Kalk unter Bildung von Kohlenstoffdioxid. Wird ein Stückchen Kalk mit verdünnter Salzsäure oder Schwefelsäure versetzt, so ist sofort eine Bläschenbildung zu beobachten: Es entsteht ein Gas. Mit der Kalkwasserprobe kann man Kohlenstoffdioxid nachweisen.

Säuren verändern die Farbe von Indikatoren. Säuren lassen sich durch Farbumschläge von Indikatoren nachweisen.

Säuren leiten den elektrischen Strom. Destilliertes Wasser leitet den elektrischen Strom nicht (vgl. Station 3). Fügt man zu dem Wasser wenige Tropfen einer Säure hinzu, so leitet die Lösung.
Dies ist ein Nachweis dafür, dass in allen Säurelösungen Ionen vorhanden sind. Jede Säure setzt H^+-Ionen (Protonen) frei. Diese sind die Verursacher der sauren Eigenschaften.

$$HCl \xrightarrow{\text{(in Wasser)}} H^+ + Cl^-$$

Säuren entwickeln bei der Elektrolyse Wasserstoff. Bei der Elektrolyse setzen Säurelösungen am Minuspol (Kathode) stets Wasserstoffgas frei.

Die Stoffgruppe der Säuren hat gemeinsame Eigenschaften. Alle Säuren sind in wässriger Lösung ätzend, sie reagieren mit Kalk und unedlen Metallen. Alle Säurelösungen enthalten Wasserstoff-Ionen.

1. Fragen zum Text

a) Welche Eigenschaften haben alle Säuren gemeinsam?

b) Nenne verschiedene Methoden, mit denen man nachweisen kann, dass eine Flüssigkeit eine Säure ist.

c) Mit welchem Versuch kann man nachweisen, dass Säuren geladene Teilchen enthalten?

2. Metalle und Säuren

a) Wie werden Platinen geätzt? Welche Eigenschaft der Säuren wird dabei genutzt?

b) Finde heraus, was „Königswasser" ist und wozu es verwendet wird.

▲ 3. Beim Ätzen von Platinen werden an bestimmten Stellen Kupferflächen entfernt, die Leiterbahnen bleiben stehen

Mit Säure Metallschilder ätzen

▲ *1. Herstellen eines Namenschildes durch Hochätzung*

Die ätzende Wirkung von Säure auf Metall wird in der Kunst und Technik vielfältig eingesetzt. Beim Hochätzen werden die Bereiche, die von der Säure nicht entfernt werden sollen, abgedeckt. Im anschließenden Säurebad werden alle anderen Stellen von der Säure geätzt, die markierten Bereiche bleiben „hoch" stehen.

Versuch: Hochätzen eines Namenschildes Xi C B1

Schreibe auf ein Kupferblech mit einem wasserfesten Filzstift oder Lackstift deinen Namen. Lege das Blech für etwa 30 Minuten in 20 %ige Salzsäure. Nimm es dann mit einer Tiegelzange aus dem Säurebad und spüle es mit Wasser gut ab. Entferne die restliche Filzstiftfarbe mit einem Wattebausch und etwas Spiritus oder Aceton.

Der erste Wasserstoffballon

Zwei Monate, nachdem die Gebrüder Montgolfier den ersten Heißluftballon aufsteigen ließen, versuchte der französische Physiker Jacques Charles einen Ballon mit Wasserstoff zu füllen und zum Fliegen zu bringen. Für die gasdichte Ballonhülle bestrich er Seidenstoff mit einer Gummilösung. Aus einer einfachen Leinwandhülle, wie bei Montgolfiers Ballon, würde der Wasserstoff schnell entweichen.

Um die benötigten 30 m³ Wasserstoff für die Füllung des Ballons zu erzeugen, brachte Charles 250 kg Schwefelsäure und 500 kg Eisenspäne zur Reaktion! Vier Tage und Nächte musste die Reaktion am Laufen gehalten werden. Es gilt heute als ein Wunder, dass das Unternehmen nicht in einer Katastrophe endete, denn der Platz wurde nachts von Hunderten von Fackeln beleuchtet. Am 27. August 1783 stieg der Ballon auf und blieb 45 Minuten in der Luft.

Nur vier Monate nach diesem ersten Erfolg hatte Charles einen größeren Ballon konstruiert, der zwei Passagiere tragen konnte. Damit war er der erste Mensch, der mit einem mit Wasserstoff gefüllten Ballon aufstieg.

Nach der Brandkatastrophe des wasserstoffgefüllten Luftschiffes Hindenburg 1937 über Lakehurst (USA) wurde Wasserstoff durch das nichtbrennbare Helium als Füllgas ersetzt. Nur unbemannte Ballons, wie Wetterballons, werden manchmal noch mit Wasserstoff befüllt, da dieser billiger und tragfähiger ist.

Säureteilchen zerfallen in wässriger Lösung

Wird eine Säure in Wasser gelöst, zerfallen ihre Moleküle immer in negativ geladene Säurerest-Ionen und positiv geladene Wasserstoff-Ionen (Protonen). Diese Protonen verbinden sich mit den Wasser-Molekülen zu **Oxonium-Ionen (H_3O^+-Ionen).** Die Eigenschaften einer Säure sind auf diese Oxonium-Ionen zurückzuführen. (Zur einfacheren Beschreibung wird in diesem Buch aber nur der Begriff H^+-Ion verwendet.)

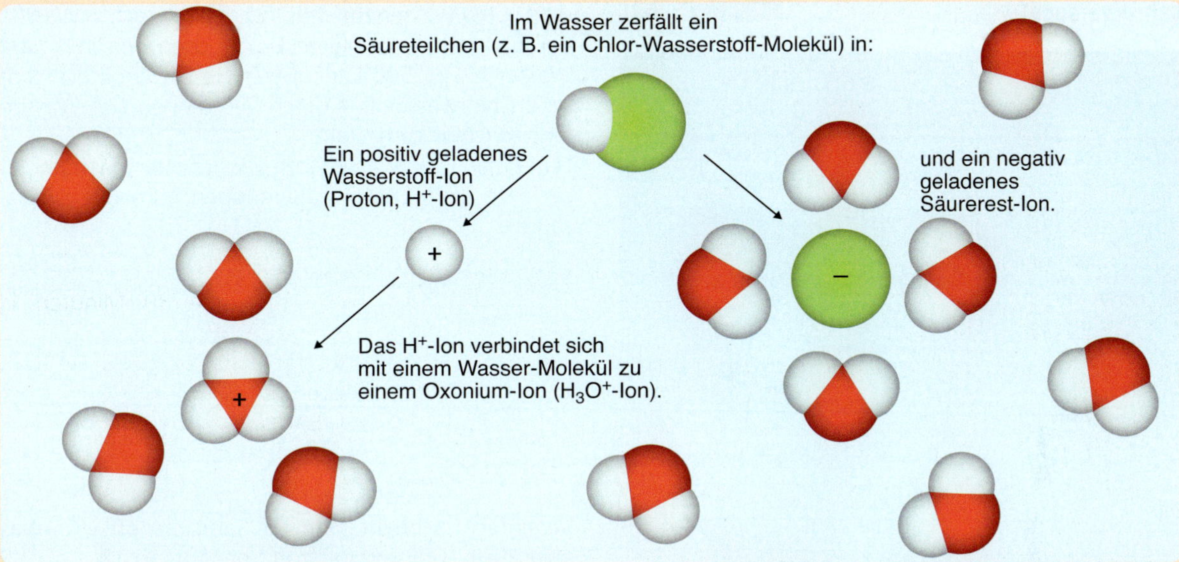

Starke und schwache Säuren

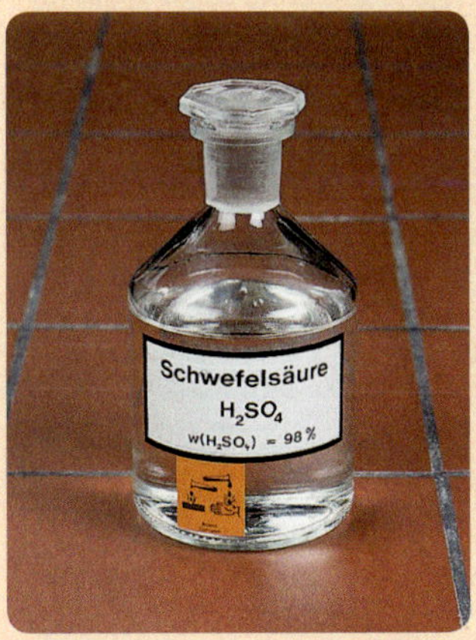

Für die sauren Eigenschaften einer Säure sind die H^+-Ionen verantwortlich.
Bei starken Säuren wie Salzsäure oder Schwefelsäure zerfallen in wässriger Lösung fast alle Säure-Moleküle in positiv geladene H^+-Ionen und negativ geladene Säurerest-Ionen.
Bei schwachen Säuren, wie Essigsäure oder Citronensäure, wird nur ein kleiner Teil von H^+-Ionen frei, da nur wenige Säure-Moleküle zerfallen.

1. Beschreibe, wie sich die Lösungen einer starken und einer schwachen Säure gleicher Konzentration (gleiche Anzahl von Säure-Molekülen) unterscheiden.

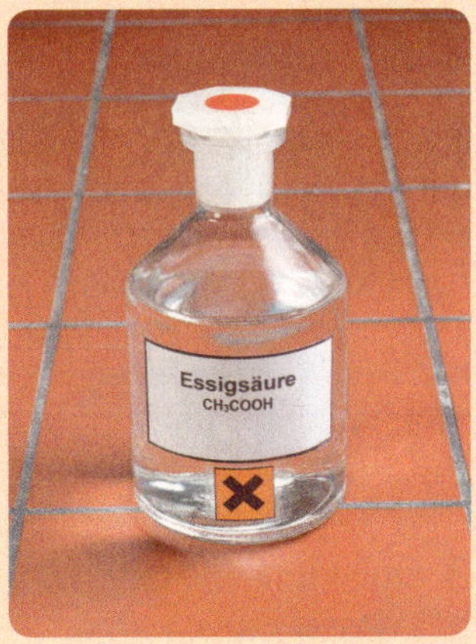

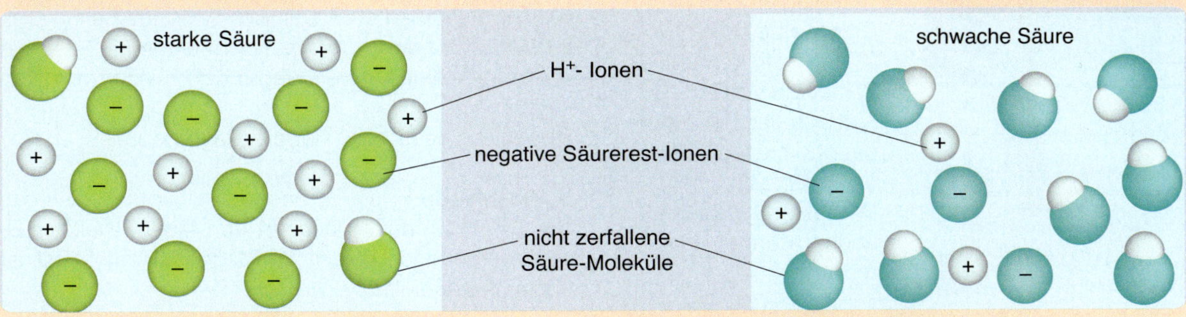

Salzsäure – die bekannteste Säure

1. Der Name „Salzsäure"

Überlege, woher der Name **„Salz*säure*"** stammt.

2. Herstellung von Salzsäure (Lehrerversuch)

Xi C B1

▲ *1. Herstellung von Salzsäure im Laborversuch*

Um Salzsäure im Labor zu gewinnen, lässt man in einem Gasentwickler konzentrierte Schwefelsäure (C) auf Natriumchlorid (Kochsalz) tropfen. Bei der Reaktion der Schwefelsäure mit Natriumchlorid entsteht ein farbloses Gas, das sich in Wasser gut löst. Zugesetzter Universalindikator verfärbt sich, wie in der obenstehenden Abbildung zu sehen ist.
Welche Schlussfolgerungen ziehst du aus den Versuchsbeobachtungen?

3. Reaktion von Chlorwasserstoff mit Wasser

C B1

Hält man einen mit Chlorwasserstoff-Gas (C, B1) gefüllten Standzylinder in Wasser, so füllt sich der Standzylinder und die Indikatorfarbe ändert sich.
Wie lassen sich diese Beobachtungen erklären?

Herstellung von Salzsäure. Der Name „Salzsäure" („Säure aus Salz") geht auf eine alte Herstellungsmethode zurück: Bei der Reaktion von Koch***salz*** mit Schwefel***säure*** entsteht farbloses, stechend riechendes *Chlorwasserstoff-Gas,* das mit Wasser zu Salzsäure reagiert. Chlorwasserstoff-Gas löst sich sehr gut in Wasser: Bei 20 °C und normalem Druck lösen sich in 1 Liter Wasser bis zu 500 Liter dieses Gases! Großtechnisch wird Chlorwasserstoff durch Verbrennen von Wasserstoff in Chlor hergestellt.
Leitet man Chlorwasserstoff-Gas auf oder in Wasser, so zerfallen die HCl-Moleküle in Ionen. Es entsteht Salzsäure:

Chlorwasserstoff-Molekül $\xrightarrow{\text{in Wasser}}$ Wasserstoff-Ion (Proton) + Chlorid-Ion (Säurerest-Ion)

$$\underset{\text{Chlorwasserstoff (gasförmig)}}{\text{H-Cl}} \xrightarrow{\text{in Wasser}} \underbrace{H^+ + Cl^-}_{\textbf{Salzsäure}}$$

Vereinfacht schreibt man für Salzsäure oft HCl, was aber auch „Chlorwasserstoff" bedeuten kann.
Konzentrierte Salzsäure ist maximal 37 %ig. Beim Erwärmen von Salzsäure entweicht Chlorwasserstoff-Gas und Wasser bleibt zurück.

Bedeutung von Salzsäure. Salzsäure wird beispielsweise zum Aufbereiten von Erzen sowie beim Bohren nach Erdöl und Erdgas insbesondere in kalkhaltigen Gesteinsschichten verwendet. Auch zum Nachweis von Kalk in Gesteinen und Böden sowie zum Entfernen störender Oxidschichten von Metalloberflächen wird Salzsäure verwendet.
In unserem Magensaft ist eine ca. 0,3 %ige Salzsäure enthalten.

Salzsäure entsteht durch die Reaktion von Chlorwasserstoff-Gas mit Wasser.

4. Fragen zum Text

a) Wie stellt man großtechnisch Salzsäure her?
b) Warum ist die Formel HCl nicht eindeutig?
c) Nenne einige Verwendungsmöglichkeiten von Salzsäure?
d) Welche Bedeutung hat die Magensäure?

5. Recherche

Die Eiweißverdauung beginnt im Magen. Welches Eiweiß verdauende Enzym im Magen ist auf Salzsäure angewiesen?

Schwefelsäure – eine technisch wichtige Säure

1. Schwefel verbrennt (Lehrerversuch)

In einen Standzylinder werden etwas Wasser und einige Tropfen Universalindikatorlösung gegeben. Unter dem Abzug wird eine kleine Portion Schwefel in einem Verbrennungslöffel entzündet und der brennende Schwefel in den Standzylinder gehalten. Das Gefäß wird mit einer Glasplatte abgedeckt. Was ist zu beobachten und wie lassen sich die Beobachtungen erklären?

2. Reaktion von Schwefelsäure mit Zucker (Lehrerversuch)

Ein hohes Becherglas (100 ml) wird etwa zur Hälfte mit Haushaltszucker (Kristallzucker) gefüllt. Anschließend wird so viel konzentrierte Schwefelsäure zugegeben, bis der Zucker mit Schwefelsäure „durchfeuchtet" ist.
Beschreibe Versuchsverlauf und Versuchsergebnis.

3. Schwefelsäure ist wasseranziehend (Lehrerversuch)

Gibt man konzentrierte Schwefelsäure in eine Porzellanschale und stellt diese auf eine Waage, so zeigt sich schon bald eine Gewichtsveränderung.
Wie ist dies zu erklären?

Schweflige Säure und Schwefelsäure. Ausgangsstoff für die Herstellung von Schwefelsäure ist heute meistens **Schwefel,** den man elementar in der Natur findet oder bei der Reinigung und Verarbeitung von ***Erdgas*** und ***Erdöl*** gewonnen wird. Der Schwefel wird mithilfe von Katalysatoren stufenweise oxidiert. Zunächst wird Schwefel zu Schwefeldioxid oxidiert. Das Gas Schwefeldioxid reagiert mit Wasser zu Schwefliger Säure. Mit Schwefeldioxid kann Trockenobst haltbar gemacht werden. Auf der Verpackung steht dann der Hinweis „geschwefelt".

$$SO_2 + H_2O \longrightarrow \mathbf{H_2SO_3}$$

Schweflige Säure

Schwefeldioxid kann katalytisch zu **Schwefeltrioxid-**Gas weiter oxidiert werden.

$$2\,SO_2 + O_2 \longrightarrow \mathbf{2\,SO_3}$$

Schwefeltrioxid

Dieses reagiert mit Wasser zu **Schwefelsäure.**

$$SO_3 + H_2O \longrightarrow \mathbf{H_2SO_4}$$

Schwefelsäure

Eigenschaften von Schwefelsäure. Beim Umgang mit konzentrierter Schwefelsäure ist *größte Vorsicht* geboten. *Organische Stoffe* wie Zucker, Baumwolle und Holz werden von Schwefelsäure unter Entzug von Wasser zersetzt. Bei der Reaktion von Zucker und Schwefelsäure entsteht Wasserdampf, der den zersetzten Zucker aufbläht. Zurück bleibt eine schwarze, kohlenstoffhaltige Masse. Schwefelsäure ist stark *hygroskopisch,* das heißt sie zieht Wasser aus der Umgebung stark an. Sie wird deshalb zur Trocknung von Gasen verwendet.

Bedeutung von Schwefelsäure. Schwefelsäure benötigt man beispielsweise zur Herstellung von Düngemitteln, Waschmitteln, Farbstoffen und Medikamenten, zur Reinigung von Stoffen (z. B. Altöl und bestimmten Gasen) sowie als *Batteriesäure.*

Schwefelsäure ist eine der wichtigsten Grundchemikalien der chemischen Industrie. Die konzentrierte Säure ist sehr reaktionsfähig und zersetzt organische Stoffe infolge ihrer stark Wasser entziehenden Wirkung.

4. Fragen zum Text

a) Erläutere, wie man Schwefelsäure herstellt.

b) Warum ist beim Umgang mit konzentrierter Schwefelsäure größte Vorsicht geboten?

Sprudel selbst herstellen

Die im Handel erhältlichen Sprudelbereiter funktionieren alle nach dem gleichen Prinzip:
Aus einer Stahlpatrone wird per Knopfdruck das Gas **Kohlenstoffdioxid** in eine Flasche mit kaltem Trinkwasser geleitet. Das eingeleitete Gas macht das Leitungswasser leicht sauer und zu einem sprudelnden *Erfrischungsgetränk*.

Dabei passiert in der Trinkflasche folgendes: Das Kohlenstoffdioxid aus der Patrone steht unter hohem Druck und wird in das Wasser gepresst. Je kälter das Wasser ist, desto mehr Kohlenstoffdioxid löst sich. Ein geringer Teil des gelösten Gases reagiert mit Wasser zu Kohlensäure (H_2CO_3).

$$CO_2 + H_2O \longrightarrow \mathbf{H_2CO_3}$$
Kohlensäure

Die Kohlensäure ist für den säuerlichen Geschmack von Erfrischungsgetränken verantwortlich.
Beim Öffnen einer Sprudelflasche entweicht ein Teil des gelösten Kohlenstoffdioxids in kleinen Bläschen. Außerdem zerfällt ein Teil der Kohlensäure in die Ausgangsstoffe. Kohlensäure ist eine **unbeständige Säure.**

1. Erkläre, wie die Kohlensäure in den Sprudel kommt.

2. Warum sollte man möglichst kaltes Wasser zum „Aufsprudeln" verwenden?

Saurer Regen schädigt Bauwerke, Gesteine und Pflanzen

Regen, Schnee und Eis sind von Natur aus leicht sauer, weil das Kohlenstoffdioxid der Luft mit Wasser in der Atmosphäre zu Kohlensäure reagiert.

$$CO_2 + H_2O \longrightarrow \mathbf{H_2CO_3}$$
Kohlensäure

Durch Auto-, Heizungs- und Kraftwerksabgase wie Stickstoffoxide (NO, NO_2, N_2O) und Schwefeldioxid und deren Reaktion mit dem Wasser in der Luft entstehen Säuren: Einige dieser Säuren sind Salpetrige Säure (HNO_2), Salpetersäure (HNO_3), Schweflige Säure (H_2SO_3) und Schwefelsäure (H_2SO_4).
Diese Säuren sind auch Bestandteile des **„sauren Regens".**
Der saure Regen greift Brücken, Hausfassaden und Steinfiguren an. So wird kalkhaltiges Mauerwerk durch Schwefelsäure brüchig. Schwefelsäure reagiert mit Kalk zu Gips (Calciumsulfat, $CaSO_4$) und Kohlenstoffdioxid. Gips hat ein größeres Volumen als Kalk und nimmt leicht Wasser auf. Dadurch werden Kalksandstein oder Buntsandstein, die beide Kalk enthalten, allmählich porös und zerfallen schließlich. Der saure Regen schädigt auch unsere Wälder, weshalb man von Waldsterben spricht. Jeder dritte Baum gilt heute als geschädigt.

▲ *2. ...um das Jahr 1900*

▲ *3. ...um das Jahr 2010*

Durch die Entschwefelung von Kraftwerken, Treibstoffen und die Einführung moderner **Abgaskatalysatoren** konnte die Menge an Luftschadstoffen in den vergangenen Jahrzehnten deutlich gesenkt werden.

1. Warum ist Regenwasser von Natur aus sauer?
2. Wie entsteht der vom Menschen verursachte „saure Regen"?
3. Erkläre, wie Kalk- oder Buntsandstein durch Schwefelsäure zerstört wird.
4. Was kannst du tun, um sauren Regen zu vermindern?

So entstehen Säuren

Anorganische Säuren entstehen auf zwei verschiedenen Wegen.

Ist der Stoff, aus dem man eine Säure gewinnen will, ein **Nichtmetall,** so muss dieses zuerst oxidiert werden.

Oxidation

Es entsteht ein **Nichtmetalloxid**

Ist der Stoff, aus dem man eine Säure gewinnen will, ein **Halogen,** so muss dieses zuerst mit Wasserstoff reagieren

Reaktion mit Wasserstoff

Es entsteht ein **Halogenwasserstoff**

Einleiten in Wasser

Durch die Reaktion des Nichtmetalloxides/des Halogenwasserstoffs mit dem Wasser entsteht eine Säure.

Nichtmetall/ Halogen	Name des Nichtmetalloxides	Formel	Säure	Formel	Säurerest-Ion	Formel
Fluor	–	–	Flusssäure	HF	Fluorid-Ion	F^-
Chlor	–	–	Salzsäure	HCl	Chlorid-Ion	Cl^-
Schwefel	Schwefeldioxid	SO_2	Schweflige Säure	H_2SO_3	Sulfit-Ion	SO_3^{2-}
Schwefel	Schwefeltrioxid	SO_3	Schwefelsäure	H_2SO_4	Sulfat-Ion	SO_4^{2-}
Stickstoff	Stickstoffdioxid	NO_2	Salpetersäure	HNO_3	Nitrat-Ion	NO_3^-
Kohlenstoff	Kohlenstoffdioxid	CO_2	Kohlensäure	H_2CO_3	Carbonat-Ion	CO_3^{2-}
Phosphor	Phosphoroxid	P_4O_{10}	Phosphorsäure	H_3PO_4	Phosphat-Ion	PO_4^{3-}

Erstellen einer Facharbeit

Mit dem Erstellen einer Facharbeit im Unterricht zeigst du, dass du eigenständig über einen längeren Zeitraum ein Thema strukturieren und aufbereiten kannst, sodass eine Informationsquelle für dich und andere entsteht.

> Vorwort
> Begründung der Themenwahl
>
> Meine Facharbeit habe ich über die vielfältige Bedeutung der Milchsäure geschrieben. Ich finde es interessant, an welchen Stellen im Alltag uns die Milchsäure begegnet. Auf das Thema bin ich aufmerksam geworden, als ich mir den Aufdruck eines Joghurtbechers näher angesehen habe: „... enthält rechtsdrehende Milchsäure ..." Dies fand ich rätselhaft und interessant. Als ich dann meine Materialsammlung zum Thema Milchsäure begann, merkte ich, wie umfangreich das Thema ist und an wie vielen Stellen die Milchsäure eine wichtige Rolle spielt.

1. Eingrenzen des Themas oder der Problemstellung
Überlege dir genau, welche Problemstellung schwerpunktmäßig darin behandelt werden soll.
Stelle deine Themenauswahl für den Leser in einem kurzen Vorwort dar.

2. Gliedern des Themas
Erstelle eine erste Gliederung: Welche Unterpunkte soll dein Thema haben? Welche Kapitel und Stichworte? Die erste Gliederung wird sich sicher im Laufe der Arbeit noch verändern, aber du weißt dann schon genauer, auf welche Punkte du bei der Recherche achten musst. Zum Finden und Gliedern der Unterpunkte kann eine Mindmap hilfreich sein.

3. Recherchieren
Sicher ist heute das Internet ganz oben auf der Liste der Informationsquellen. Du solltest Informationen aus dem Internet aber möglichst mit anderen Webseiten oder mit einem Lexikon abgleichen, denn nicht alle Webseiten sind von Experten geschrieben.
Kopiere dir am besten gleich die Internetadressen der Webseiten mit auf die Seite, denn im Anhang musst du ohnehin alle Titel und Quellen angeben, die du benutzt hast.

4. Zusammenstellen der Informationen
Nun kannst du aus den gesammelten Informationen deine eigenen Texte schreiben. Achte darauf, Zitate zu kennzeichnen.

5. Gestalten der Facharbeit
Deine Facharbeit soll ansprechend aussehen – dazu gehören auf jeden Fall Seitenzahlen, passende Bilder und Grafiken. Bilder brauchen eine Bildunterschrift, Grafiken eine kleine Erklärung, was sie zeigen. Gliedere deinen Text übersichtlich in Absätze und Zwischenüberschriften.

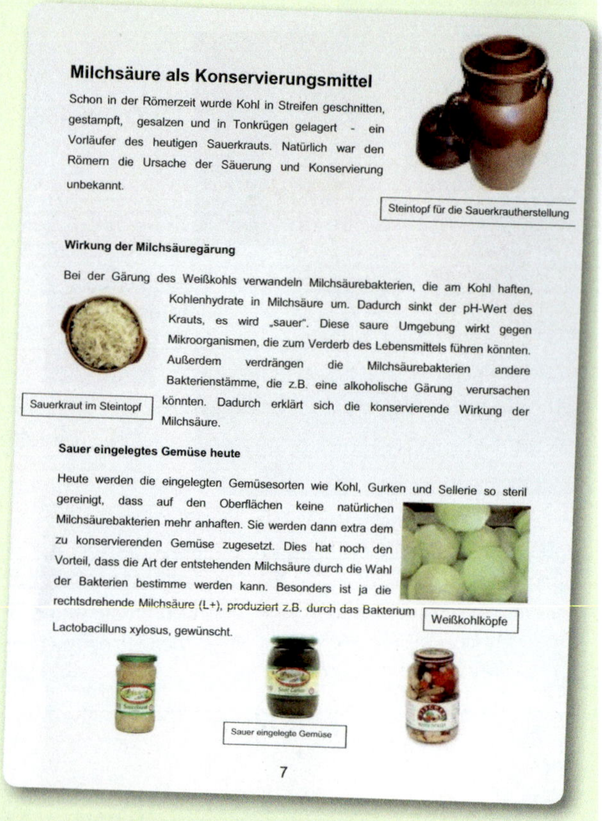
Milchsäure als Konservierungsmittel

Schon in der Römerzeit wurde Kohl in Streifen geschnitten, gestampft, gesalzen und in Tonkrügen gelagert – ein Vorläufer des heutigen Sauerkrauts. Natürlich war den Römern die Ursache der Säuerung und Konservierung unbekannt.

Steintopf für die Sauerkrautherstellung

Wirkung der Milchsäuregärung

Bei der Gärung des Weißkohls verwandeln Milchsäurebakterien, die am Kohl haften, Kohlenhydrate in Milchsäure um. Dadurch sinkt der pH-Wert des Krauts, es wird „sauer". Diese saure Umgebung wirkt gegen Mikroorganismen, die zum Verderb des Lebensmittels führen könnten. Außerdem verdrängen die Milchsäurebakterien andere Bakterienstämme, die z.B. eine alkoholische Gärung verursachen könnten. Dadurch erklärt sich die konservierende Wirkung der Milchsäure.

Sauerkraut im Steintopf

Sauer eingelegtes Gemüse heute

Heute werden die eingelegten Gemüsesorten wie Kohl, Gurken und Sellerie so steril gereinigt, dass auf den Oberflächen keine natürlichen Milchsäurebakterien mehr anhaften. Sie werden dann extra dem zu konservierenden Gemüse zugesetzt. Dies hat noch den Vorteil, dass die Art der entstehenden Milchsäure durch die Wahl der Bakterien bestimme werden kann. Besonders ist ja die rechtsdrehende Milchsäure (L+), produziert z.B. durch das Bakterium Lactobacilluns xylosus, gewünscht.

Weißkohlköpfe

Sauer eingelegte Gemüse

7

6. Überarbeiten der Gliederung
Wenn du mit dem Gestalten fertig bist, weißt du jetzt genau, welche Kapitel und Unterpunkte dein Thema enthält. Du kannst jetzt ein Inhaltsverzeichnis mit allen Punkten und Seitenzahlen erstellen. Vergiss nicht, am Ende eine Seite mit den Angaben aller Quellen, die du benutzt hast, hinzuzufügen.

7. Finde eine ansprechende äußere Form
Deine Facharbeit präsentiert deine gründliche Beschäftigung mit dem Thema – das soll man auf den ersten Blick sehen. Besorge dir eine Bewerbungsmappe und entwerfe ein schönes Titelblatt, auf dem du das Thema und dich als Autor nennst.

Laugen im Alltag

1. Abflussreiniger unter der Lupe (Lehrerversuch)

Ein Spatellöffel eines festen Abflussreinigers wird auf ein Filterpapier gegeben und auf seine Zusammensetzung untersucht. Zum Trennen der Bestandteile nutzt man eine Pinzette und vermeidet jeden Hautkontakt.

a) Welche Bestandteile sind zu erkennen?

b) Die Vermutungen werden durch einfache Versuche wie das Verhalten gegenüber Indikatoren sowie Messung der elektrischen Leitfähigkeit überprüft.

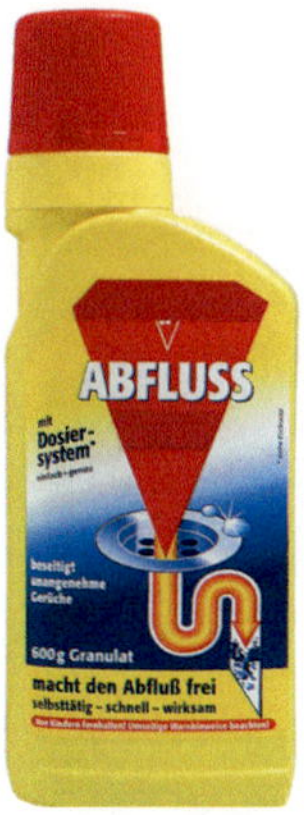

2. Abflussreiniger zersetzen viele organische Stoffe (Lehrerversuch)

In 3 Reagenzgläser wird jeweils etwas Abflussreiniger gegeben und etwas kaltes Wasser hinzugefügt. Anschließend werden Haare, Baumwollstreifen, Wollfäden und andere organische Stoffe in den Abflussreiniger gehängt. Beschreibe den Versuchsverlauf und erkläre die Versuchsergebnisse.

3. Backofensprays richtig anwenden

Viele der im Haushalt verwendeten Backofensprays (Xi, C) sind sehr aggressiv.

a) Überprüfe sie mit Universalindikator und deute die Beobachtung.

b) Worauf ist zu achten, wenn man solche Mittel im Haushalt anwendet?

Viele Abflussreiniger enthalten Hydroxide und Aluminium. Chemische Abflussreiniger gibt es als *Granulat* und als *Flüssigkeit.* Sie beseitigen Rohrverstopfungen, die durch organische Stoffe wie Haare, Seifenreste, Handcremes oder Speisereste verursacht werden. Meist enthalten derartige Reiniger als Hauptbestandteile **Hydroxide** sowie **Aluminium.**

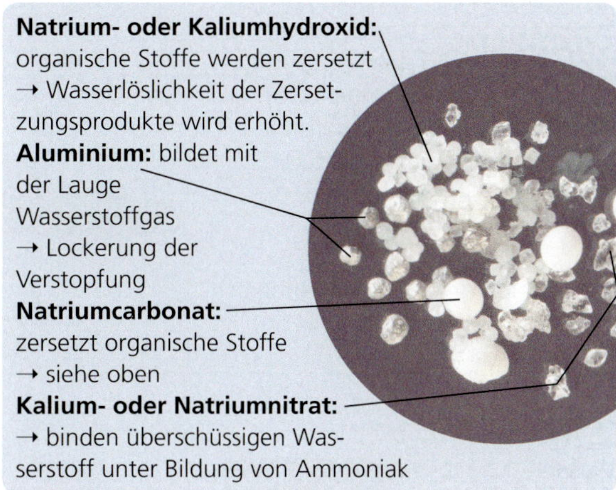

▲ *3. Bestandteile und Wirkungen eines chemischen Abflussreinigers (Auswahl)*

Aluminium reagiert mit alkalischen Lösungen unter Freisetzung von *Wasserstoff,* der mit Luftsauerstoff ein hochexplosives Knallgasgemisch bilden kann. Der überschüssige Wasserstoff wird durch Natrium- oder Kaliumnitrat gebunden. Dabei entsteht unangenehm riechendes *Ammoniak.* Man sollte deshalb bei der Anwendung von chemischen Abflussreinigern auf gute Belüftung achten. Die auf der Packung vorhandenen *Warnhinweise* müssen unbedingt beachtet werden, um Gesundheitsschäden zu vermeiden.
Ähnlich wie Rohr- und Abflussreiniger wirken *Backofensprays.*

Chemische Abflussreiniger zersetzen organische Stoffe und machen sie wasserlöslich.

1. Fragen zum Text

a) Beschreibe die Wirkung von Abflussreinigern.

b) Was ist im Umgang mit chemischen Abflussreinigern zu beachten? Vergleiche die Warnhinweise auf der Packung mit der üblichen Anwendung der Reiniger im Haushalt. Ist der Umgang angemessen?

c) Vergleiche die Wirkung von chemischen Rohrreinigern mit der Wirkung von mechanisch wirkenden Rohrreinigern wie Saugglocke, Reinigungsspirale oder Wasserdruckstrahl. Stelle Vor- und Nachteile gegenüber.

Entstehung und Eigenschaften von Laugen

1. Lithium in Wasser

Fülle ein Becherglas (500 ml) fast bis zum Rand mit Wasser. Gib etwas Universalindikator- oder Phenolphthalein-Lösung hinzu und rühre um. Befestige darüber ein kleines wassergefülltes Reagenzglas, das mit der Öffnung nach unten ins Wasser eintaucht.

a) Halte nun mit einer Pinzette ein erbsengroßes Stück sorgfältig entrindetes Lithium unter das mit Wasser gefüllte Reagenzglas wie in der nebenstehenden Abbildung.

b) Schreibe deine Beobachtungen in geeigneter Weise auf und erkläre.

2. Natrium in Wasser (Lehrerversuch)

Ein erbsengroßes Stück sorgfältig entrindetes Natrium wird in eine Glasschale mit Wasser gegeben. Dem Wasser wurden einige Tropfen Spülmittel und etwas Universalindikator- oder Phenolphthalein-Lösung zugesetzt.

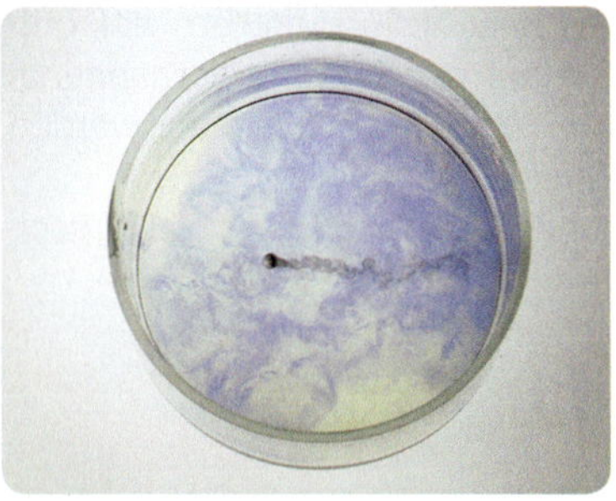

▲ *1. Natrium in Wasser*

a) Beobachte und erkläre, warum aus dem Natriumstück eine Kugel wird, die auf dem Wasser hin- und herrollt und schließlich verschwindet.

b) Welche Stoffe könnten bei dieser Reaktion entstanden sein?

c) Vergleiche die Beobachtungen von Versuch 1 und 2.

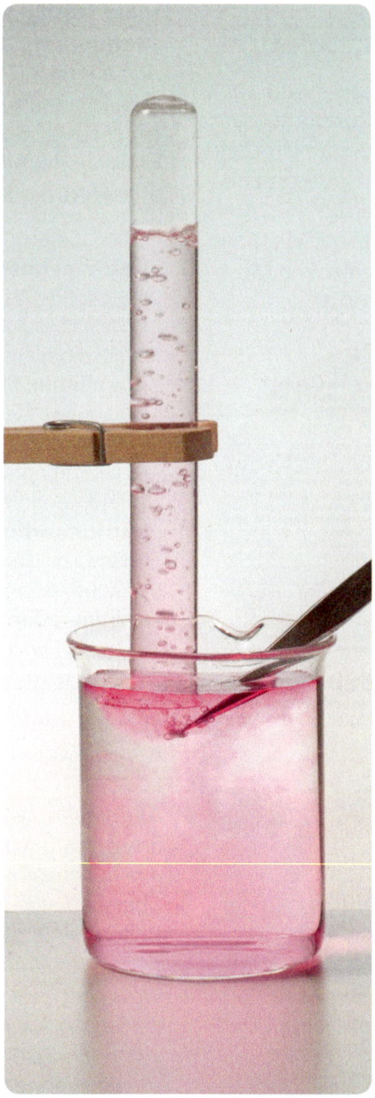

▲ *2. Lithium in Wasser*

3. Calcium und Magnesium in Wasser

Fülle zwei Reagenzgläser etwa zur Hälfte mit Wasser und gib einige Tropfen Phenolphthalein- oder Universalindikator-Lösung hinzu. Gib dann ins Wasser des einen Reagenzglases eine Spatelspitze Calciumpulver oder einige Calciumspäne, in das andere etwas Magnesiumpulver oder Magnesiumspäne und beobachte.
Notiere deine Beobachtungen und deute sie.

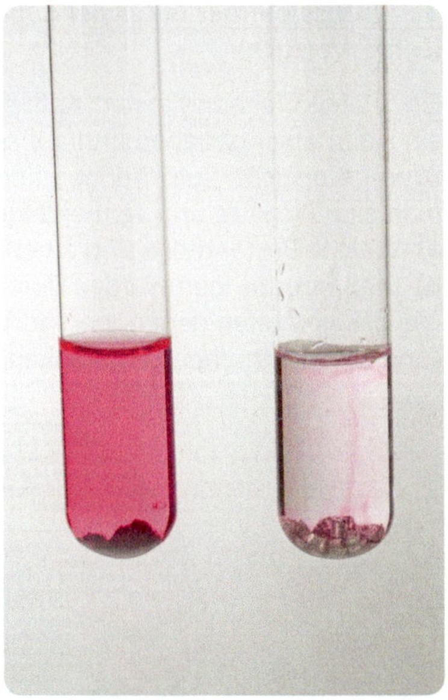

▲ *3. Calcium und Magnesium in Wasser*

4. Turner schützen ihre Hände

Vor einer Übung an Barren, Ringen oder Reck reiben Turner ihre Hände mit weißem Pulver ein.

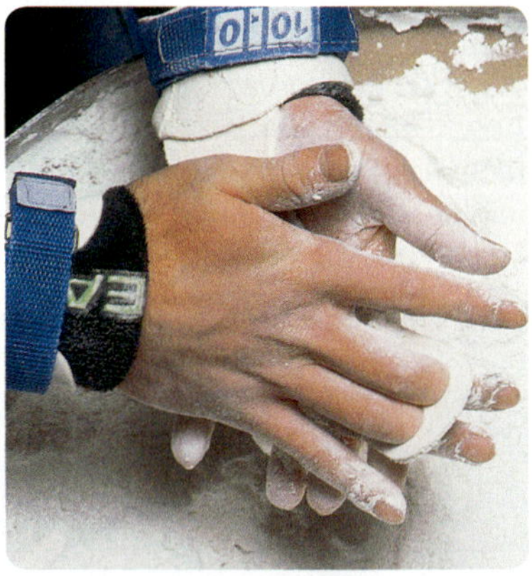

▲ *4. Turner pudert sich die Hände*

a) Prüfe das weiße Pulver aus eurer Sporthalle mit Universalindikator. Was folgerst du aus dem Ergebnis?

b) Welche Bedeutung könnte das „Einpudern der Hände" beim Turnen haben? Denke dabei auch an das Versuchsergebnis bei der Prüfung mit Universal-Indikator.

▲ *1. Alkalimetalle*

Alkalimetalle und Erdalkalimetalle reagieren mit Wasser. Gibt man Lithium in Wasser, so löst sich das Alkalimetall auf und es entsteht **Lithiumlauge.** Sie leitet den elektrischen Strom, da die Ionen in der Lauge frei beweglich sind.

Bei der stark exothermen Reaktion von Lithium mit Wasser entsteht Wasserstoff, den man mit der Knallgasprobe nachweist.

Ähnlich wie Lithium reagieren auch die anderen **Alkalimetalle** Natrium, Kalium, Rubidium und Caesium mit Wasser, wobei die Reaktionsheftigkeit vom Lithium über Kalium zum Caesium deutlich zunimmt.

Vereinfacht lassen sich die Beobachtungen wie folgt am Beispiel Lithium erklären:

$$2\,Li + 2\,H_2O \longrightarrow \underbrace{2\,\mathbf{Li^+} + \mathbf{2\,OH^-}}_{\text{Lithiumlauge}} + H_2$$

Auch **Erdalkalimetalle** wie Magnesium und Calcium reagieren mit Wasser in einer exothermen Reaktion zu Laugen, wobei ebenfalls Wasserstoff frei gesetzt wird. Die Reaktion ist jedoch weniger heftig als bei den Alkalimetallen.

$$Ca + 2\,H_2O \longrightarrow \underbrace{\mathbf{Ca^{2+}} + \mathbf{2\,OH^-}}_{\text{Calciumlauge}} + H_2$$

Die Hydroxid-Ionen (OH^-) sind für das chemische Verhalten der Laugen wie die Verfärbung von Indikatoren verantwortlich. Lösungen wie Natronlauge und Calciumlauge, die Hydroxid-Ionen enthalten, bezeichnet man als **alkalische Lösungen.**

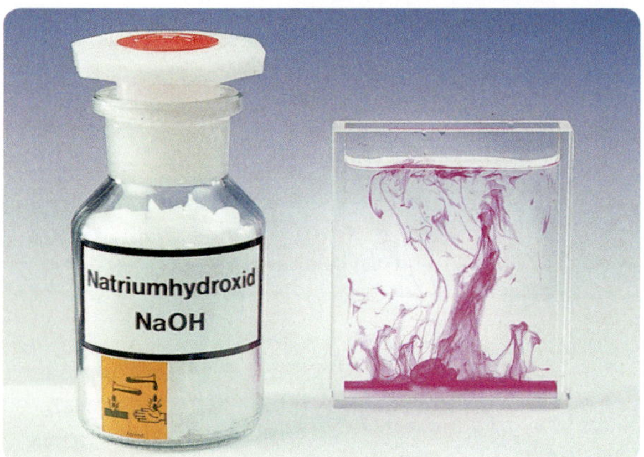

▲ *2. Natriumhydroxid reagiert alkalisch.*
Eine Phenolphthalein-Lösung wird dadurch rot.

Hydroxide und Laugen. Festes Natriumhydroxid leitet den elektrischen Strom nicht, wohl aber geschmolzenes oder in Wasser gelöstes Natriumhydroxid. Dies ist ein Hinweis darauf, dass bereits im festen Natriumhydroxid-Ionen vorhanden sind, die sich aber erst in der Natriumhydroxid-Schmelze bzw. in der Natronlauge frei bewegen können. Natriumhydroxid ist wie andere Hydroxide aus positiv geladenen *Metall-Ionen* und negativ geladenen *Hydroxid-Ionen* aufgebaut.

Vereinfacht lässt sich das Entstehen von Natronlauge durch Auflösen von Natriumhydroxid in Wasser wie folgt erklären:

$$Na^+\,OH^- \xrightarrow{\text{in Wasser}} \mathbf{Na^+} + \mathbf{OH^-}$$

Natriumhydroxid (fest)	**Natronlauge**
Na^+- und OH^--Ionen sind im Kristallgitter fest gebunden	Na^+- und OH^--Ionen in wässr. Lösung frei beweglich

Wird Natronlauge erhitzt, so verdampft das Wasser und festes **Natriumhydroxid** bleibt zurück.

Alkalimetalle und Erdalkalimetalle reagieren mit Wasser zu Laugen und Wasserstoff. Hydroxide sind fest und lösen sich gut in Wasser. Dabei entstehen Laugen.

1. Fragen zum Text

a) Beschreibe, wie man Natronlauge und Calciumlauge herstellen kann. Formuliere die entsprechenden Reaktionsgleichungen.

b) Hydroxide leiten den elektrischen Strom nicht, wohl aber Laugen. Wie ist das zu erklären?

c) Was sind alkalische Lösungen?

d) Erkläre, weshalb die Alkalimetalle Lithium, Natrium und Kalium in Paraffinöl aufbewahrt werden.

e) Die Alkalimetalle Rubidium und Caesium werden in zugeschmolzenen Glasampullen aufbewahrt. Stelle Überlegungen an, warum diese spezielle Form der Aufbewahrung für diese beiden Alkalimetalle notwendig ist.

Anwendung von alkalischen Stoffen

Früher wurden Ställe von Zeit zu Zeit mit **„Kalkmilch"** weiß gestrichen. Dadurch wurden die Ställe hell und zugleich desinfiziert. Die Kalkmilch stellte man durch Auflösen von Calciumhydroxid ($Ca(OH)_2$) in Wasser her.

1. Was erwartest du, wenn du feuchtes Indikatorpapier auf eine frisch mit Kalkmilch gestrichene Wand hältst?

„Giftgasalarm in Auggen bei Basel: Nach dem Austritt von zehn Kilogramm Ammoniak aus der Klimaanlage einer Firma in Auggen am 24. September 2008 wurden acht Menschen ins Krankenhaus gebracht. Die Feuerwehr ging gegen das ätzende Atemgift mit Wasser vor."

Ammoniak ist ein stechend riechendes Gas, das sehr gut wasserlöslich ist: In 1 Liter Wasser lösen sich 1200 Liter Ammoniak. Ammoniak (NH_3) wird in der Industrie zur Herstellung von Düngemitteln sowie als Kältemittel in Kühlanlagen verwendet. Ammoniakwasser, oft auch Salmiak genannt, ist eine 25 %ige Lösung von Ammoniak in Wasser. Es ist ein altes Hausmittel zur desinfizierenden Reinigung von Oberflächen im Haushalt.

2. Weshalb ging die Feuerwehr in Auggen mit Wasser gegen ausgetretenes Ammoniak vor?

Die Hefe-Teiglinge von **Laugengebäck** werden vor dem Backen mit 3–4 %iger Natronlauge („Brezellauge") besprüht. Damit wird die typische braun-glänzende Oberfläche und der besondere Geschmack von Laugengebäck erzielt. Beim Backen reagiert die Lauge mit frei werdendem Kohlenstoffdioxid zu Natriumcarbonat, Natriumhydrogencarbonat und Wasser und wird so chemisch gebunden.

3. Prüfe verschiedene Laugengebäcksorten (z. B. Laugenbrötchen und Salzstangen) mit einem Indikator. Wie erklärst du dir das Ergebnis?

Hirschhornsalz stellte man früher aus Hirschgeweihen her. Es ist ein weißes, leicht stechend riechendes Backtreibmittel, das hauptsächlich aus Ammoniumhydrogencarbonat (NH_4HCO_3) besteht.

4. Was erwartest du, wenn du Hirschhornsalz erhitzt und über die Dämpfe einen feuchten Universalindikator-Streifen hältst? Überprüfe deine Hypothese durch ein Experiment.

Hydroxide und Laugen im Überblick

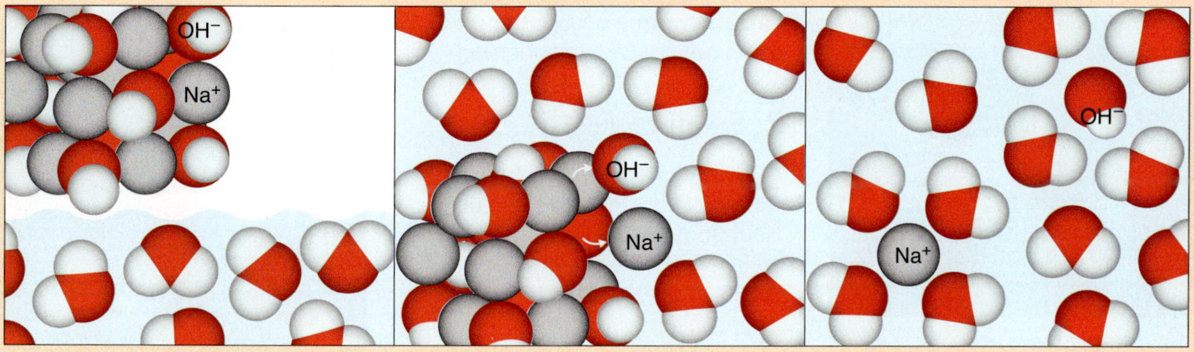

▲ *1. Modell: Auflösen von Natriumhydroxid (NaOH) in Wasser*

Alkalimetalle und Erdalkalimetalle sowie deren Oxide reagieren mit Wasser zu **Hydroxiden.** Lösen sich diese Hydroxide in Wasser, so entstehen **Laugen.**

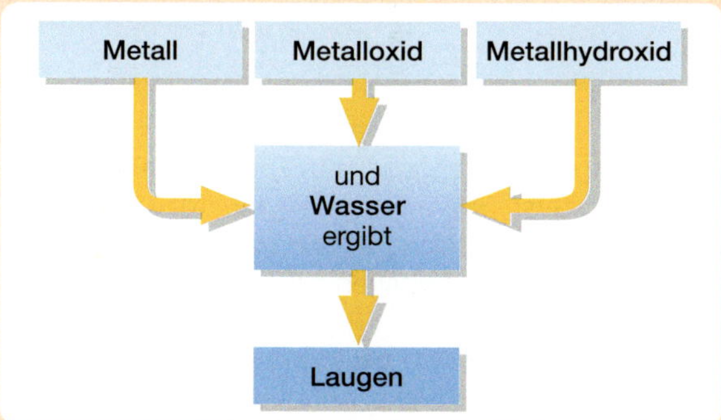

Stoff	Formel	wässrige Lösung	Ionen
Lithiumhydroxid	$LiOH$	Lithiumlauge	Li^+, OH^-
Natriumhydroxid (Ätznatron)	$NaOH$	Natronlauge (Natriumlauge)	Na^+, OH^-
Kaliumhydroxid (Ätzkali)	KOH	Kalilauge (Kaliumlauge)	K^+, OH^-
Calciumhydroxid	$Ca(OH)_2$	Kalkwasser (Calciumlauge)	Ca^{2+}, 2 OH^-
Magnesiumhydroxid	$Mg(OH)_2$	Magnesiumlauge	Mg^{2+}, 2 OH^-
Bariumhydroxid	$Ba(OH)_2$	Barytwasser (Bariumlauge)	Ba^{2+}, 2 OH^-

Lauge oder Base?

Gibt es einen Unterschied zwischen einer Lauge und einer Base?

Als **Laugen** oder **alkalische Lösungen** bezeichnen wir alle Stoffe, die den *Universalindikator blau* färben, den *elektrischen Strom gut leiten* und die sich *seifig* anfühlen. Die ähnlichen Eigenschaften solcher Lösungen werden durch die **Hydroxid-Ionen** (OH^--Ionen) verursacht, die darin enthalten sind.

Das Gas Ammoniak (NH_3) löst sich sehr gut in Wasser. Ein großer Teil des Gases reagiert mit Wasser und es entsteht Ammoniakwasser, eine Lauge:

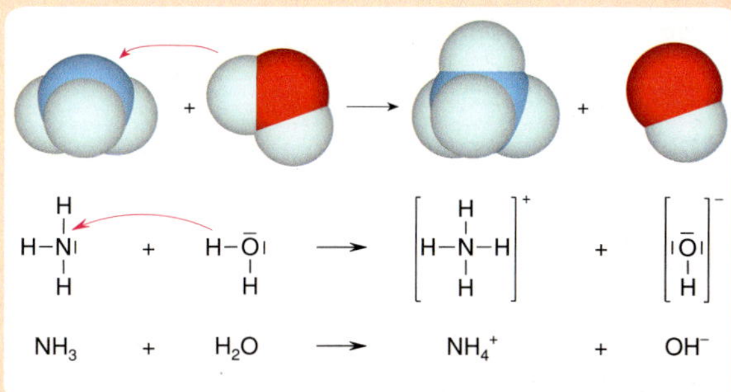

Das Ammoniak-Molekül nimmt also ein H^+-Ion (Proton) vom Wassermolekül auf (s. roter Pfeil in der Formel rechts). Solche Stoffe, die wie Ammoniak H^+-Ionen aufnehmen, bezeichnet man als **Basen.**

Auch das OH^--Ion ist eine Base, denn es kann ein H^+-Ion aufnehmen. Dabei entsteht ein Wasser-Molekül:

$$O{-}H^- + H^+ \longrightarrow H{-}O{-}H$$

Mit dem Begriff **Base** bezeichnet man alle Stoffe, die H^+-Ionen aufnehmen können.

Mit dem Begriff **Lauge** bezeichnet man wässrige Lösungen, die OH^--Ionen enthalten und deshalb ähnliche chemische Eigenschaften haben.

Auf den pH-Wert kommt es an

▲ 1. *Eine gute Seife reinigt nicht nur*

1. Farbveränderung beim Indikator

Fülle 100 ml kohlensäurehaltiges Mineralwasser in ein Becherglas und gib einige Tropfen Universalindikator und Siedesteinchen hinzu. Erwärme das Wasser und achte auf die Farbveränderung.

2. Der pH-Wert der Haut

Auf vielen Kosmetika findest du den Hinweis: Dem pH-Wert der Haut angepasst. Finde heraus, welchen pH-Wert die Haut hat. Welchen pH-Wert haben Seifen?

3. Pflanzen und der pH-Wert

Nicht alle Pflanzen wachsen gut auf allen Böden! Informiere dich, wie man den pH-Wert verschiedener Böden bestimmen kann. Finde heraus, welche Pflanzen welche Ansprüche an den pH-Wert des Bodens stellen.

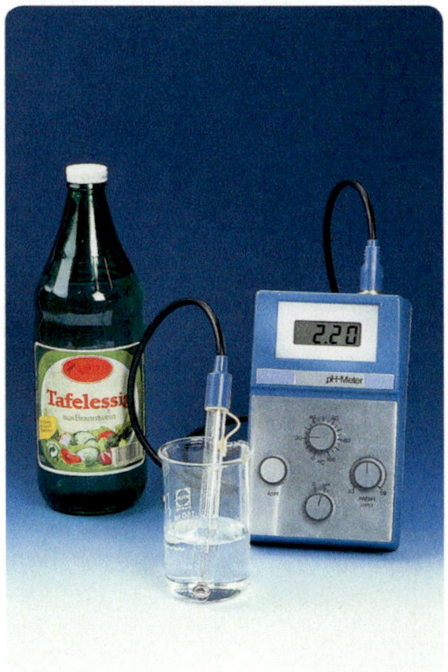

▲ 3. *Arbeiten mit einem pH-Meter*

Der pH-Wert im Alltag. Nicht nur im Chemieunterricht begegnen wir dem pH-Wert. Aquarienbesitzer wissen, dass der richtige pH-Wert wichtig ist, damit die Fische gedeihen. Viele Kosmetikprodukte sind auf den pH-Wert der Haut abgestimmt, um sie zu schützen. Industriebetriebe müssen den pH-Wert kontrollieren, bevor sie Abwässer in Flüsse ableiten. Im menschlichen Körper spielen die richtigen pH-Werte ebenfalls eine Rolle: Der Magensaft muss stets sauer, der Darmsaft alkalisch sein, damit die Aufnahme von Nährstoffen optimal gelingen kann.

Universalindikator und pH-Wert. Die Farben des Universalindikators geben den pH-Wert an. Zu jedem Universalindikator gehört eine Farbskala (ähnlich wie die Abbildung unten). Damit kann an der angezeigten Farbe jeweils der pH-Wert abgelesen werden. Genauere Werte erhält man mit einem elektronischen pH-Meter.

Der pH-Wert als Maß für die Stärke einer Säure oder Lauge. Mit dem pH-Wert kann man angeben, wie stark sauer oder alkalisch eine Lösung ist. Neutrale Lösungen haben einen pH-Wert von 7.

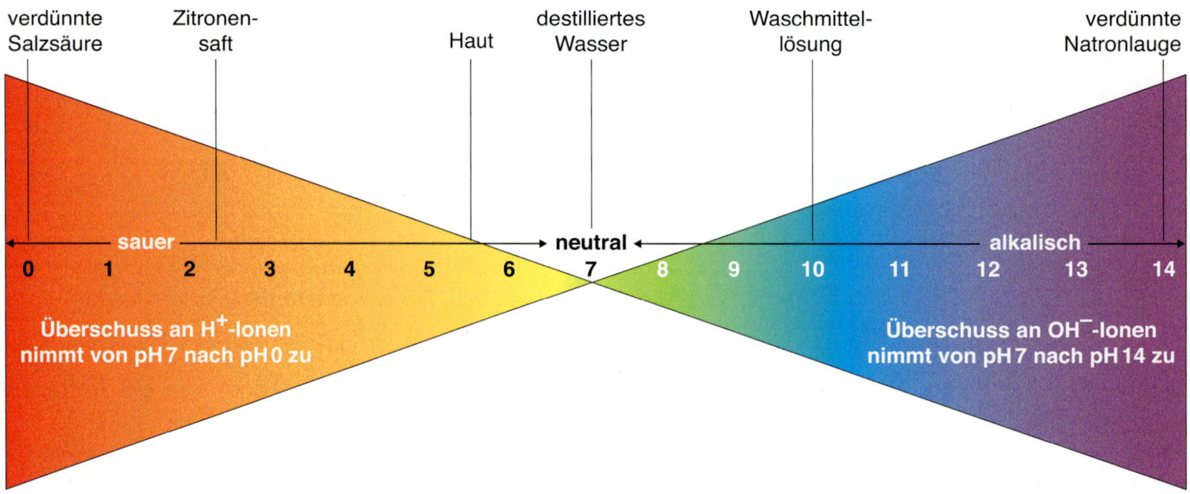

▲ 2. *pH-Wert-Skala mit Beispielen von sauren, neutralen und alkalischen Stoffen*

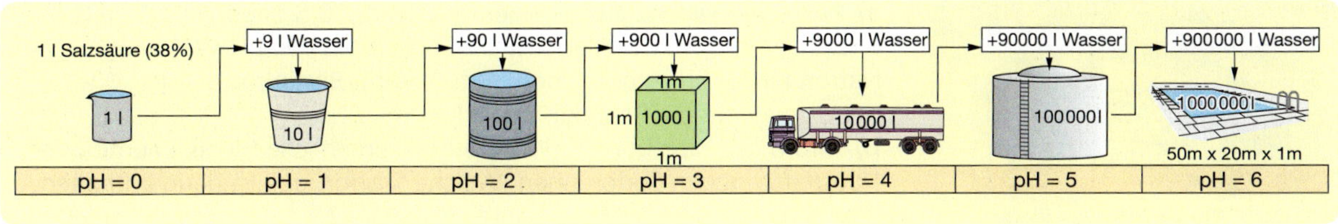

▲ *1. Der pH-Wert ändert sich bei der Verdünnung*

Die Skala des pH-Wertes umfasst Werte von 0–14. Säuren haben einen pH-Wert kleiner als 7. Je kleiner die Zahl ist, desto stärker ist die Säure. Laugen haben einen pH-Wert, der größer ist als 7.

Je größer die Zahl ist, desto stärker alkalisch ist die Lösung. Der pH-Wert von sieben zeigt den neutralen Zustand an. Solch eine Lösung hat weder saure noch alkalische Eigenschaften. Destilliertes Wasser hat diesen Wert.

Die pH-Werte sind der Anzahl der H^+-Ionen zugeordnet. Eine Lösung mit einem pH-Wert 2 enthält zehnmal soviel H^+-Ionen wie die gleiche Menge einer Lösung mit dem pH-Wert 3. Umgekehrt bedeutet das, wenn man eine Säurelösung mit einem pH-Wert 2 auf den pH-Wert 3 verdünnen will, man auf die 10fache Menge an Wasser auffüllen (Bild 4).
Auch bei alkalischen Lösungen gilt der Faktor 10: Wenn man eine Lauge mit dem pH-Wert 12 um eine Stufe (auf den pH-Wert 11) senken möchte, muss auf die zehnfache Menge Wasser aufgefüllt werden.

Die Verursacher der sauren Eigenschaften sind die H^+-Ionen. Je stärker verdünnt eine Säure ist, desto weniger H^+-Ionen befinden sich in einer bestimmten Menge der Säure. Bei den Laugen sind die OH^--Ionen für die alkalischen Eigenschaften verantwortlich. Auch ihre Konzentration sinkt, je weiter die Lauge verdünnt wird.

Der pH-Wert gibt an, wie stark sauer oder alkalisch eine Lösung ist. Saure Lösungen haben einen pH-Wert kleiner als 7, alkalische Lösungen haben einen pH-Wert, der größer als 7 ist. Stoffe mit dem pH-Wert 7 reagieren neutral.

1. Fragen zum Text

a) Was bedeutet der pH-Wert?
b) Welche Ionen, die den pH-Wert beeinflussen, kommen in sauren oder alkalischen Lösungen vor?
c) Begründe, ob folgende Aussage richtig oder falsch ist: „Eine Flüssigkeit mit dem pH-Wert 3 enthält doppelt so viele H^+-Ionen wie eine mit dem pH-Wert 4."

2. Die pH-Wert-Skala
a) Zeichne die pH-Skala von der gegenüberliegenden Seite ab. Trage dann wie in den Beispielen folgende Stoffe mit ihrem pH-Werten ein:

Stoff	pH-Wert	Stoff	pH-Wert
Apfelsaft	3,5	Meerwasser	8
Kaffee	5	Kalkwasser	11
Blut	7,3–7,5	saure Milch	4,4
Seifenlösung	9	Magensaft	2
Milch	6,4–6,8	Speiseessig	2,5
dest. Wasser	7	Batteriesäure	1

b) Treffe Aussagen über die Konzentration der Ionen in fünf ausgewählten Beispielen: „Die gleiche Menge Kaffee enthält 100 mal mehr H^+-Ionen als Wasser..."

3. Verdünnen im Labor
Ein Laborant soll eine Salzsäure auf den pH-Wert 4 verdünnen. Er hat 100 ml Salzsäure mit dem Wert pH 3. Was muss er tun? Wieviele Liter ergeben sich? Wie kann er eine Salzsäure mit dem pH-Wert 5 herstellen?

4. pH-Wert-Bestimmung
Bestimme den pH-Wert von aufgelöstem Waschpulver, WC-Reiniger (Xi), einem aufgelösten Geschirrspültab (Xi), Seifenwasser, Orangensaft, ...

Gegensätze heben sich auf: Die Neutralisation

▲ *1. Geschirrspültabs und Klarspüler*

1. Chemie in der Spülmaschine

Gib ein Geschirrspültab (Xi) in ein Glas mit Wasser und miss den pH-Wert. Wiederhole den Versuch mit einem Teelöffel des Klarspülers, der nach dem Reinigungsvorgang zugefügt wird. Beschreibe, was du festgestellt hast.

2. Versuch zur Neutralisation

a) Versetze etwas Salzsäure (C) in einem Erlenmeyerkolben mit 5–10 Tropfen Universalindikator. Füge nun in kleinen Mengen Natronlauge (C) hinzu. Beobachte die Färbung des Indikators. Kontrolliere mit einem Thermometer während des Versuches, ob du eine Temperaturveränderung der Lösung feststellen kannst.
b) Sobald sich die Lösung zu verfärben beginnt, gib nur noch tropfenweise Lauge hinzu, bis die Lösung eine grüne Farbe angenommen hat. Fülle eine Probe davon in eine Glasschale und stelle sie an einen warmen Ort. Betrachte die Reste nach dem Verdunsten des Wassers mit einer Lupe.

3. Medikamente gegen Sodbrennen

Sodbrennen entsteht, wenn Magensäure die Speiseröhre hochsteigt und diese leicht verätzt.

a) Fülle ein Reagenzglas zu einem Viertel mit 0,5 %iger Salzsäure (C; entspricht in etwa der Magensäure). Bestimme den pH-Wert. Füge etwas Natron hinzu, bis es nicht mehr aufschäumt. Bestimme den pH-Wert erneut, nachdem die Reaktion abgeklungen ist.
b) Informiere dich über in der Apotheke erhältliche Medikamente oder Hausmittel gegen Sodbrennen. Welche Stoffgruppe ist darin enthalten? Wie wirkt sie mit der Magensäure zusammen?

Die Neutralisation genauer betrachtet:
Die Teilchen, die die Säureeigenschaften verursachen, sind H^+-Ionen.
Alle Laugen dagegen enthalten OH^--Ionen. Diese Ionen sind also entgegengesetzt geladen.
Wenn nun Lauge und Säure zusammengegeben werden, reagieren die H^+- und OH^--Ionen miteinander zu neutralen Wasser-Molekülen. Die sauren und alkalischen Eigenschaften sind verschwunden. Die eigentliche Neutralisationsreaktion findet also nur zwischen den OH^- und H^+-Ionen statt:

$$H^+ + OH^- \longrightarrow H_2O \text{ ; Energie wird frei}$$

Neutralisationsreaktionen sind exotherm, die Temperatur der Lösung erhöht sich dabei.

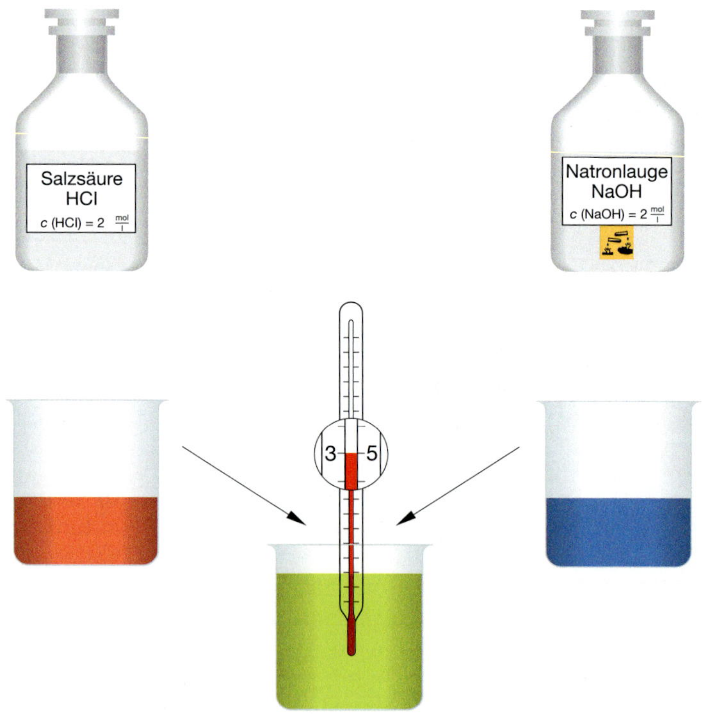

$$H^+ + Cl^- + Na^+ + OH^- \longrightarrow Na^+ + Cl^- + H_2O\text{; Energie wird frei}$$

▲ *2. Neutralisation von Salzsäure und Natronlauge*

Bei der Neutralisation entstehen Salze
Die beiden anderen in der Lösung enthaltenen Ionen sind ebenfalls entgegengesetzt geladen: Das Metall-Ion der Lauge ist positiv geladen, das Säurerest-Ion ist negativ geladen. Wird das Wasser verdampft, so bildet sich aus diesen Ionen ein kristalliner Rückstand, ein Salz.

Wenn Salzsäure mit Natronlauge neutralisiert wird, entsteht das Salz Natriumchlorid:

Salzsäure + Natronlauge → Natriumchlorid + Wasser

$$HCl + NaOH \longrightarrow NaCl + H_2O$$

Als allgemeine Gleichung einer Neutralisationsreaktion gilt:

Säure + Lauge ⟶ Salz + Wasser; Energie wird frei

Reaktionen zwischen Säuren und Laugen werden Neutralisationen genannt. Die H^+-Ionen der Säure und die OH^--Ionen der Lauge reagieren zu Wassermolekülen. Dabei wird Wärme frei.

1. Fragen zum Text

a) Was ist eine Neutralisation?

b) Welche Teilchen reagieren miteinander?

c) Notiere die allgemeine Reaktionsgleichung einer Neutralisation.

2. Neutralisation auf der Teilchenebene
Die Abbildung unten zeigt die Teilchen, die bei der Neutralisation von Salzsäure durch Natronlauge beteiligt sind. Beschreibe den Vorgang so genau wie möglich. Benenne die Ausgangsteilchen und die Produkte.

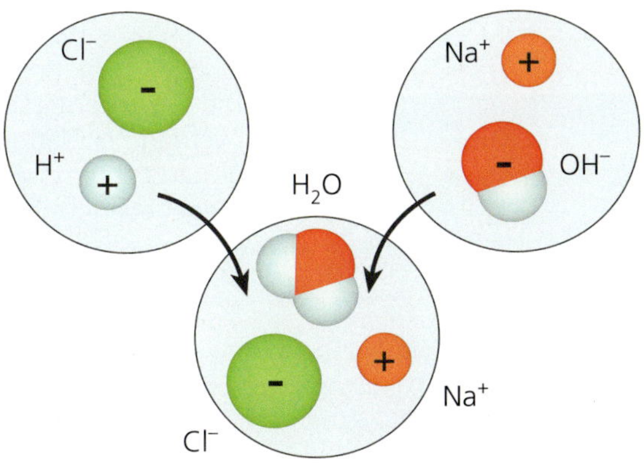

▲ *1. Teilchen, die bei der Neutralisation reagieren*

3. Neutralisation von Abwässern

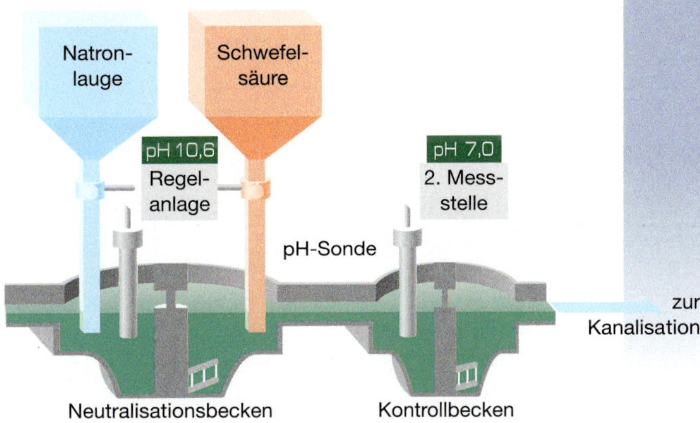

Saure oder alkalische Abwässer z. B. aus Industriebetrieben und Chemiefabriken müssen neutralisiert werden, bevor sie in die Kanalisation eingeleitet werden. Dies ist unbedingt notwendig, damit die Bakterien in der biologischen Stufe der Kläranlage nicht geschädigt werden. Erkläre anhand der Abbildung, wie eine Neutralisationsanlage funktioniert.

4. Neutralisation von sauren Böden
Saurer Regen gilt als Hauptverursacher des Waldsterbens.
Auf dem Bild siehst du einen Hubschrauber, der den Waldboden mit Calciumcarbonat bestreut. Damit soll der Waldboden, auf den saurer Regen fällt, neutralisiert werden.
Saurer Regen enthält Salpetersäure und Schwefelsäure. Stelle die Wort- und Reaktionsgleichungen für die Reaktionen dieser Säuren mit Calciumcarbonat auf.

5. Salzbildung durch Neutralisation
Stelle die Wort- und Reaktionsgleichungen für folgende Neutralisationsreaktionen auf:

a) Salzsäure und Kalilauge

b) Schwefelsäure und Natronlauge

c) Kohlensäure und Calciumlauge

Das Mol – Chemiker zählen mit der Waage

Mit der Waage zählen? Bei einer Neutralisationsreaktion sollen zwei Reaktionspartner so miteinander reagieren, dass am Ende nichts übrig bleibt. Entsprechend der Reaktionsgleichung:

$$H^+ + OH^- \longrightarrow H_2O$$

müssen die Mengen an Säure und Lauge so bemessen sein, dass gleich viele H^+- und OH^--Ionen vorhanden sind. Wie lässt sich das erreichen? Natürlich nicht durch Abzählen der Teilchen.

Man geht vor wie beim „Abzählen" von Kleinteilen. So werden beim Verpacken kleiner Schrauben in Schachteln zu 50 oder 100 Stück die Schrauben nicht gezählt, sondern es wird gewogen. Dazu muss nur die Masse einer einzelnen Schraube bekannt sein.

Auf ähnliche Weise lassen sich Atome „zählen", denn die Atommassen aller Elemente sind bekannt. Sie werden in der Atommasseneinheit **u** gemessen und stehen in Atommassentabellen oder auf Chemikalienetiketten. Weil die Atome aber so leicht sind, benötigt man sehr viele davon, um zu wägbaren Mengen in Gramm zu kommen. Der Umrechnungsfaktor ist $6 \cdot 10^{23}$.

$$6 \cdot 10^{23}\ u = 1\ g$$

Danach haben zum Beispiel $6 \cdot 10^{23}$ Sauerstoff-Atome die Masse 16 g, denn ein Sauerstoff-Atom hat die Masse 16 u.
Hat man 23 g Natrium (Atommasse 23 u) abgewogen, dann hat man zugleich $6 \cdot 10^{23}$ Natrium-Atome „abgezählt"!

Das gilt natürlich auch für Verbindungen. 40 g NaOH (Atommassen: Na: 23 u, O: 16 u, H: 1 u) sind $6 \cdot 10^{23}$ NaOH-Teilchen, und 36,5 g HCl (Atommassen: H: 1 u, Cl: 35,5 u) sind $6 \cdot 10^{23}$ HCl-Teilchen.
In 40 g NaOH und 36,5 g HCl stecken also gleich viele OH^-- und H^+-Ionen, so wie es eine Neutralisation erfordert.

Element	Masse von einem Atom	Masse von $6 \cdot 10^{23}$ (= 1 mol) Atomen
Wasserstoff	1,0 u	1,0 g
Sauerstoff	16,0 u	16,0 g
Natrium	23,0 u	23,0 g
Chlor	35,5 u	35,5 g

▲ 1. *Massen einiger Elemente*

▲ 2. *Verschiedene Stoffe – aber immer genau 1 Mol*

Das Mol. Die Zahl $6 \cdot 10^{23}$ ist das wichtigste Zählmaß des Chemikers. Sie wird zu einer Zähleinheit mit dem Namen **1 Mol** zusammengefasst. $6 \cdot 10^{23}$ H_2O-Moleküle sind also **1 mol** H_2O-Moleküle.

Das Mol ist die Einheit für die **Stoffmenge *n*** und gibt die Anzahl der Teilchen in einer bestimmten Stoffportion an. Diese Teilchen können Atome, Moleküle oder Ionen sein. Man muss natürlich angeben, welche Teilchenart gezählt werden soll. In 2 g Wasserstoff sind 1 mol H_2-Moleküle, aber 2 mol H-Atome enthalten.

Die molare Masse. In der Chemie wird statt der Masse von 1 mol Teilchen die **molare Masse** mit dem Symbol ***M*** und der Einheit $\frac{g}{mol}$ angegeben: $M(H_2O) = 18\ \frac{g}{mol}$.

Das Molvolumen. Während 1 mol Teilchen fester oder flüssiger Stoffe meist unterschiedliche Volumen einnehmen, ist das bei Gasen anders. Die Stoffmenge $n = 1$ mol nimmt bei allen Gasen bei gleichem Druck und gleicher Temperatur das gleiche Volumen ein. Dieses **Molvolumen** beträgt bei Raumtemperatur (20 °C) und normalem Luftdruck etwa 24 l.

1. Wie viel mol H_2O-Moleküle sind enthalten in
a) 9 g **b)** 54 g **c)** 1000 g Wasser?

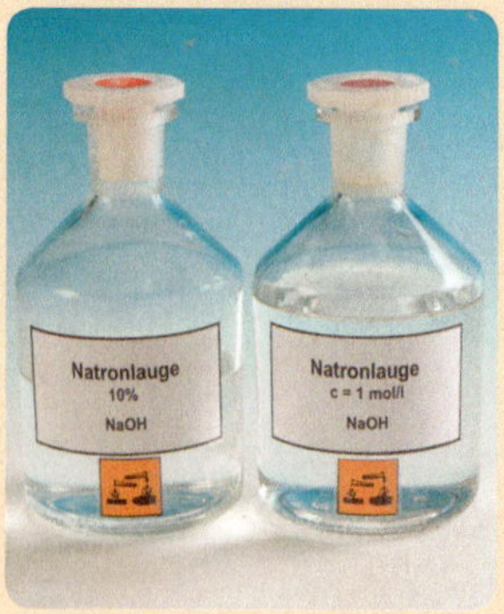

2. Die Konzentration von verdünnter Natronlauge kann unterschiedlich angegeben werden. Was bedeuten diese Angaben jeweils?

Die Maßanalyse

Die Konzentration einer Säure oder Lauge lässt sich durch Neutralisation bestimmen.
Um zum Beispiel die Konzentration einer Schwefelsäure-Lösung zu bestimmen, gibt man zur Säure so viel Lauge genau bekannter Konzentration, bis ein Indikator eine neutrale Lösung anzeigt. Dann konnten die H^+-Ionen aus der Säure mit genauso vielen OH^--Ionen aus der Lauge reagieren. Aus dem Verbrauch an Lauge lässt sich die Konzentration der Säure berechnen.
Dieses Analyseverfahren heißt **Maßanalyse.**

Maßlösung. Die Konzentration *c* (engl. *concentration*) einer Lösung hängt von der gelösten Stoffmenge *n* ab. Sie wird in mol pro Liter ($\frac{mol}{l}$) angegeben. Um eine 1 molare Natronlauge herzustellen, müssen genau 40 g (1 mol) Natriumhydroxid in 1 l Wasser gelöst werden. Eine solche Lösung heißt **Maßlösung.**

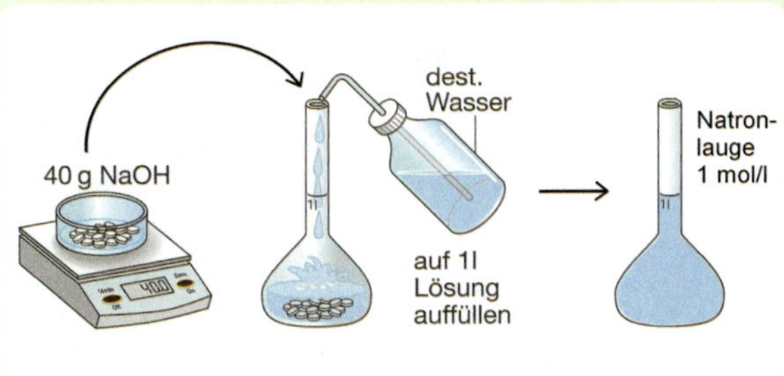

▲ *1. Herstellung einer Maßlösung für die Titration*

Beispiele für 1 molare Maßlösungen:

Maßlösung	Herstellung	enthaltene Ionen
Natronlauge $c = 1\ \frac{mol}{l}$	40 g NaOH in 1 l Lösung	1 mol Na^+ u. 1 mol OH^-
Kalilauge $c = 1\ \frac{mol}{l}$	56 g KOH in 1 l Lösung	1 mol K^+ u. 1 mol OH^-
Salzsäure $c = 1\ \frac{mol}{l}$	36,5 g HCl in 1 l Lösung	1 mol H^+ u. 1 mol Cl^-
Schwefelsäure $c = 1\ \frac{mol}{l}$	98 g H_2SO_4 in 1 l Lösung	2 mol H^+ u. 1 mol SO_4^{2-}

Bei der Neutralisation gilt folgende Beziehung (Konz. bedeutet Konzentration):

$$\text{Konz.}_{\text{Säure}} \cdot \text{Volumen}_{\text{Säure}} = \text{Konz.}_{\text{Lauge}} \cdot \text{Volumen}_{\text{Lauge}}$$
$$c_{\text{Säure}} \cdot V_{\text{Säure}} = c_{\text{Lauge}} \cdot V_{\text{Lauge}}$$

Kennt man drei Werte aus dieser Gleichung, so lässt sich der vierte Wert leicht berechnen.

Rechenbeispiel: Gesucht ist die Konzentration einer verdünnten Salpetersäure. Bei der Neutralisation von 50 ml dieser Salpetersäure wurden 35 ml Natronlauge ($c = 0{,}1\ \frac{mol}{l}$) verbraucht. Die Konzentration der Salpetersäure lässt sich wie folgt berechnen:

$$c_{\text{Salpetersäure}} \cdot V_{\text{Salpetersäure}} = c_{\text{Natronlauge}} \cdot V_{\text{Natronlauge}}$$

$$c_{\text{Salpetersäure}} = \frac{c_{\text{Natronlauge}} \cdot V_{\text{Natronlauge}}}{V_{\text{Salpetersäure}}}$$

$$c_{\text{Salpetersäure}} \cdot 50\ \text{ml} = 0{,}1\ \frac{\text{mol}}{\text{l}} \cdot 35\ \text{ml}$$

$$c_{\text{Salpetersäure}} = \frac{0{,}1\ \frac{\text{mol}}{\text{l}} \cdot 35\ \text{ml}}{50\ \text{ml}} = 0{,}07\ \frac{\text{mol}}{\text{l}}$$

Die Konzentration der Salpetersäure beträgt demnach $0{,}07\ \frac{mol}{l}$.

Beispiel einer Maßanalyse: Gib in einen Erlenmeyerkolben (200 ml, weit) genau 10 ml verdünnte Natronlauge (Konzentration ungefähr $0{,}1\ \frac{mol}{l}$). Füge destilliertes Wasser und so viel Universalindikator hinzu, dass die Lösung deutlich gefärbt ist. Fülle dann 0,1 molare Salzsäure als Maßlösung in eine Bürette. Notiere das Volumen. Lasse nun unter ständigem Umschwenken Salzsäure in die Natronlauge fließen.
Sobald die Lösung im Becherglas gelblich wird, gib nur noch tropfenweise Salzsäure zu. Beende die Säurezugabe, sobald die Lösung im Becherglas dauerhaft grün ist.

Lies jetzt die verbrauchte Menge an 0,1 molarer Salzsäure an der Skala auf der Bürette ab. Berechne damit die Konzentration der Lauge.

▲ *2. Schülerin bei der Titration*

Die **Maßanalyse** ist eine chemische Untersuchungsmethode. Dabei wird mittels einer Maßlösung die Konzentration einer anderen Lösung unbekannter Konzentration bestimmt.

So entstehen Salze

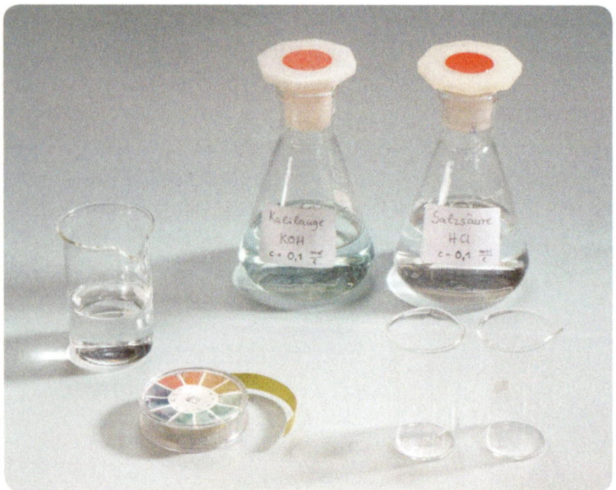

▲ *1. pH-Wert-Messung einer Mischung aus Lauge und Säure*

1. Säuren und Laugen reagieren zu Salzen

a) Gib genau 25 ml einer 0,1 molaren Salzsäure ($c = 0{,}1\ \frac{mol}{l}$; C) und genau 25 ml einer 0,1 molaren Kalilauge ($c = 0{,}1\ \frac{mol}{l}$; C) in ein Becherglas (100 ml) und rühre kurz um. Welchen pH-Wert der Lösung erwartest du? Prüfe nun den pH-Wert der Lösung mit Hilfe von Universalindikatorpapier oder eines pH-Messgerätes. Stimmen subjektive Erwartung und objektive Messung überein? Erkläre.
b) Dampfe wenige Milliliter der Lösung vorsichtig im Reagenzglas ein. Was siehst du?
c) Erkläre deine Beobachtungen mit einer Gleichung.

2. Säuren reagieren mit Metallen zu Salzen

a) Fülle zwei Reagenzgläser zu etwa $\frac{1}{4}$ mit 2 %iger Salzsäure (C), füge dann in das erste Reagenzglas einige Körnchen Calcium (F), in das zweite Reagenzglas einige Körnchen Magnesium (F) oder etwas Magnesiumband. Verschließe die Reagenzgläser wie in Abbildung 2. Fange das entstehende Gas auf und überprüfe es mit der Knallgasprobe.
b) Was kannst du beobachten?
c) Wiederhole den Versuch mit Aluminium- (F), Zink- (F) und Eisenpulver und formuliere die Gemeinsamkeiten der fünf Teilversuche.

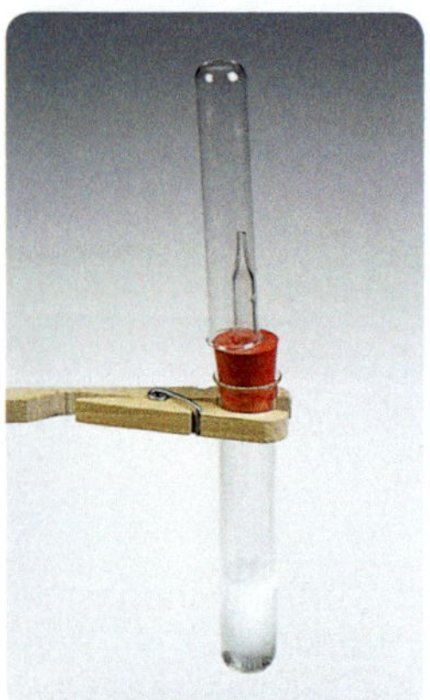

▲ *2. Metall und Säure*

3. Säuren reagieren mit Metalloxiden zu Salzen

▲ *3. Metalloxid und Säure*

a) Gib in ein Reagenzglas eine Spatelspitze Magnesiumoxid (MgO), füge dann einige Milliliter verdünnte (ca. 2 %ige) Schwefelsäure (C, B1) sowie einige Tropfen Universalindikator hinzu. Rühre mittels Glasstab kurz um und beobachte die Veränderungen im Reagenzglas.
b) Dampfe einen Milliliter der Lösung ein. Was stellst du fest?
c) Wiederhole den Versuch mit Calciumoxid und Salzsäure. Vergleiche deine Beobachtungen und berichte.

4. Zwei Salze reagieren miteinander

a) Fülle eine Petrischale etwa zur Hälfte mit warmem destilliertem Wasser. Gib eine Spatelspitze Eisen(III)-chlorid (Xn) am Rand der Petrischale ins Wasser.
Gib nun genau gegenüber, ebenfalls am Rand der Petrischale, eine Spatelspitze Ammoniumthiocyanat (Xn) ins Wasser.
Was kannst du nach einigen Minuten beobachten? Hast du eine Erklärung?
b) Wiederhole den Versuch mit den Salzen Kupfer(II)-chlorid (Xn, N) und Ammoniumthiocyanat (Xn) sowie Kupfer(II)-chlorid (Xn, N) und gelbem Blutlaugensalz (Xn). Notiere deine Beobachtungen. (*Hinweis:* Nicht umrühren oder schütteln!)

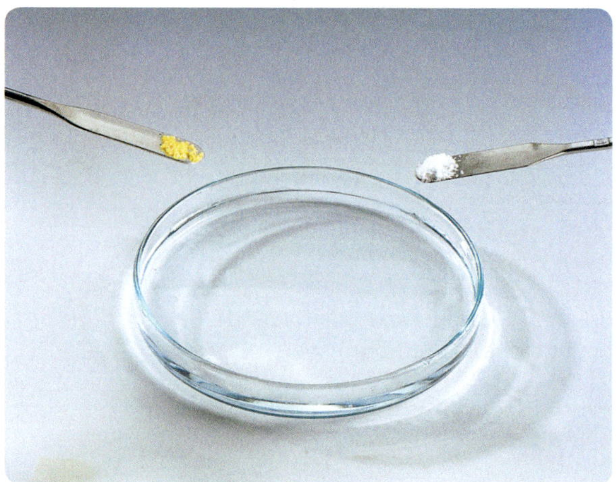

▲ *4. Zwei Salzlösungen mischen sich*

▲ *1. Salze aus Reaktionen von: A Säure und Lauge; B Metall und Säure; C Salz 1 und Salz 2; D Metall und Nichtmetall*

Es gibt mehrere Möglichkeiten, Salze herzustellen:

A Säure + Lauge → Salz + Wasser. Bei allen Neutralisationsreaktionen entstehen Salze und Wasser.
Beispiel: Neutralisiert man Schwefelsäure mit Bariumlauge, fällt weißes Bariumsulfat aus:

$$H_2SO_4 + Ba(OH)_2 \longrightarrow \underset{\text{Bariumsulfat}}{\mathbf{BaSO_4}} + 2\,H_2O$$

B Metall + Säure → Salz + Wasserstoff. Reagiert ein *unedles* Metall mit einer Säure, so entsteht ein Salz und Wasserstoff.
Beispiel: Magnesium reagiert mit Schwefelsäure:

$$Mg + H_2SO_4 \longrightarrow \underset{\text{Magnesiumsulfat}}{\mathbf{MgSO_4}} + H_2$$

C Salz 1 + Salz 2 → Salz 3 + Salz 4. Reagieren zwei Salze miteinander, so entstehen zwei andere Salze.
Beispiel: Kaliumiodid reagiert mit Bleinitrat:

$$\underset{\text{Kaliumiodid}}{\mathbf{2\,KI}} + \underset{\text{Bleinitrat}}{\mathbf{Pb(NO_3)_2}} \longrightarrow \underset{\text{Bleiiodid}}{\mathbf{PbI_2}} + \underset{\text{Kaliumnitrat}}{\mathbf{2\,KNO_3}}$$

D Metall + Nichtmetall → Salz. Metalle und Nichtmetalle reagieren miteinander zu Salzen.
Beispiel: Natrium reagiert mit Chlor:

$$2\,Na + Cl_2 \longrightarrow \underset{\text{Natriumchlorid}}{\mathbf{2\,NaCl}}$$

E Metalloxid + Säure → Salz + Wasser. Reagiert ein *Metalloxid* mit einer Säure, so entstehen ein Salz und Wasser. *Beispiel:* Kupferoxid reagiert mit Schwefelsäure:

$$CuO + H_2SO_4 \longrightarrow \underset{\text{Kupfersulfat}}{\mathbf{CuSO_4}} + H_2O$$

Benennung von Salzen. Lithiumchlorid, Eisensulfat, Kaliumnitrat, Calciumcarbonat und Kupfersulfid sind Namen für Salze. Der erste Teil des Namens ist jeweils der des Metalls, der zweite Teil ist der des *Säurerests.*

Salze können auf ganz unterschiedliche Weise entstehen. Der Name des Salzes wird aus dem Namen des Metalls und des Säurerestes gebildet.

Name der Säure	Formel	Säurerest	Name des Säurerestes
Flusssäure	HF	F^-	Fluorid
Salzsäure	HCl	Cl^-	Chlorid
Schweflige Säure	H_2SO_3	SO_3^{2-}	Sulfit
Schwefelsäure	H_2SO_4	SO_4^{2-}	Sulfat
Salpetersäure	HNO_3	NO_3^-	Nitrat
Kohlensäure	H_2CO_3	CO_3^{2-}	Carbonat
Phosphorsäure	H_3PO_4	PO_4^{3-}	Phosphat
Schwefelwasserstoffsäure	H_2S	S^{2-}	Sulfid

▲ *2. Säuren und ihre Säurereste (Auswahl)*

1. Fragen zum Text

a) Begründe, weshalb NaCl, $CaCO_3$, K_3PO_4, KNO_3 und $MgSO_4$ zur Stoffgruppe der Salze zählen.
b) Notiere vier unterschiedliche Möglichkeiten mit den zugehörigen Reaktionsgleichungen, wie man das Salz Kaliumchlorid (KCl) herstellen kann.

2. Bittersalz herstellen

Bittersalz (Magnesiumsulfat, $MgSO_4$) ist ein weißes Salz, das man zum Düngen verwendet. Wie könnte man es herstellen?

Wie entstehen Tropfsteinhöhlen?

Tropfsteinhöhlen gibt es nur in Kalkstein. Auf der Schwäbischen Alb gibt es viele eindrucksvolle Kalksteinhöhlen wie die Bärenhöhle (Schwäbische Alb) mit ihren vielfältig geformten Stalakmiten und Stalaktiten. Auch im Harz und im Sauerland sowie in Ländern wie Ungarn, Türkei, Frankreich und den USA findet man zum Teil mehrere Kilometer lange Tropfsteinhöhlen. Solche Höhlen findet man nur in Gebieten, in denen der Untergrund aus Kalkstein (Calciumcarbonat) besteht. Wie lässt sich die Höhlenbildung erklären?

Regenwasser höhlt den Kalkstein aus. Regenwasser ist von Natur aus leicht sauer, weil ein Teil des Kohlenstoffdioxids der Luft mit Wasser zu Kohlensäure reagiert. Nicht alles Regenwasser fließt oberirdisch ab. Es dringt auch in feine Risse in den Boden ein. Das mit Kohlensäure angereicherte Sickerwasser nimmt weiteres Kohlenstoffdioxid aus der Bodenluft auf. Sickert dieses Wasser durch kalkhaltige Bodenschichten, löst es neben anderen Salzen auch den in Wasser schwer löslichen Kalkstein (Calciumcarbonat; $CaCO_3$) auf. In einer exothermen Reaktion entsteht aus dem Calciumcarbonat das gut wasserlösliche Calciumhydrogencarbonat („löslicher Kalk"; $Ca(HCO_3)_2$):

$$\text{Calciumcarbonat} + \text{Kohlensäure} \xrightarrow{\text{in Wasser}} \text{Calciumhydrogencarbonat}$$

$$CaCO_3 + H_2CO_3 \xrightarrow{\text{in Wasser}} Ca(HCO_3)_2\text{ ; exotherm}$$

Dieses Salz wird vom unterirdisch abfließenden Sickerwasser weg transportiert. So entstehen über Jahrtausende die **Kalksteinhöhlen.**

1. Stalaktiten (von oben) und Stalagmiten (von unten) in einer Tropfsteinhöhle ▼

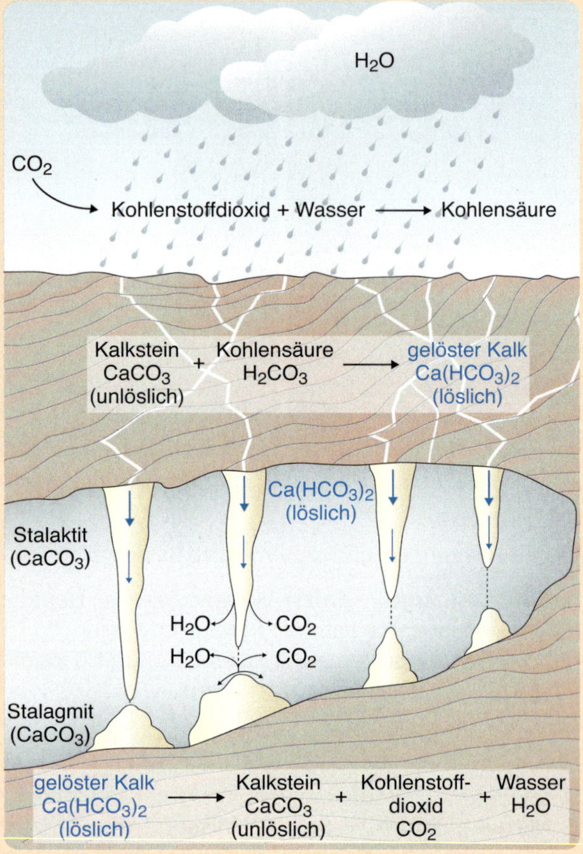

▲ *2. Modell zur Entstehung von Tropfsteinen*

Entstehung von Tropfsteinen. Tropfsteine entstehen dann, wenn kleine Mengen von Sickerwasser, in dem Calciumhydrogencarbonat gelöst ist, von oben in eine Höhle eindringen. Wenn diese Lösung von der Decke tropft, verdunstet ein Teil des Wassers; zudem wird Kohlenstoffdioxid frei. Das zurück bleibende Calciumcarbonat setzt sich an der Höhlendecke als *Stalaktiten* und am Höhlenboden als *Stalagmiten* ab:

$$Ca(HCO_3)_2 \longrightarrow CaCO_3 + H_2O + CO_2\text{; endotherm}$$

Bei der Kalksteinhöhlenbildung löst sich Calciumcarbonat also auf, bei der Tropfsteinbildung bildet es sich wieder zurück, weshalb man vom „natürlichen Kalkkreislauf" oder „Kalkkreislauf in der Natur" spricht.

1. Weshalb ist Regenwasser stets leicht sauer?

2. Erkläre am Beispiel der Entstehung von Tropfsteinhöhlen und Tropfsteinen den Kalkkreislauf in der Natur.

Säuren und Laugen

→ Säuren
- schmecken sauer
- verändern die Farbe von Indikatoren
- reagieren mit Kalk
- reagieren mit unedlen Metallen
- leiten den elektrischen Strom
- haben pH-Werte kleiner als 7
- saure Lösungen enthalten stets H^+-Ionen

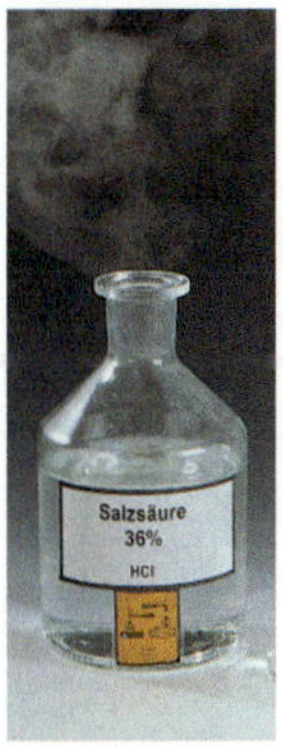

→ Salzsäure (HCl) entsteht, wenn sich Chlorwasserstoffgas in Wasser löst:

$$\underset{\text{Chlorwasserstoff}}{HCl} \xrightarrow{\text{in Wasser}} \underset{\text{Salzsäure}}{H^+ + Cl^-}$$

Sowohl Chlorwasserstoff als auch Salzsäure kürzt man mit **HCl** ab.

→ Im sauren Regen sind Säuren wie Schweflige Säure (H_2SO_3), Schwefelsäure (H_2SO_4) und Salpetersäure (HNO_3) enthalten. Sie sind Mitverursacher des Waldsterbens und umweltbedingter Gebäudeschäden.

→ Laugen
- fühlen sich seifig an
- verändern die Farbe von Indikatoren
- leiten den elektrischen Strom
- haben pH-Werte größer als 7
- alkalische (basische) Lösungen enthalten stets OH^--Ionen

Natronlauge entsteht, wenn man Natriumhydroxid in Wasser löst.

$$\underset{\text{Natriumhydroxid}}{NaOH} \xrightarrow{\text{in Wasser}} \underset{\text{Natronlauge}}{Na^+ + OH^-}$$

Sowohl Natriumhydroxid (fest) als auch Natronlauge (flüssig) werden mit **NaOH** abgekürzt.

→ Die pH-Skala reicht von 0 bis 14. Der pH-Wert gibt die Stärke einer sauren oder alkalischen Lösung an. Mit speziellen Farbstoffmischungen wie dem Universalindikator werden die verschiedenen pH-Werte durch unterschiedliche Farben angezeigt.

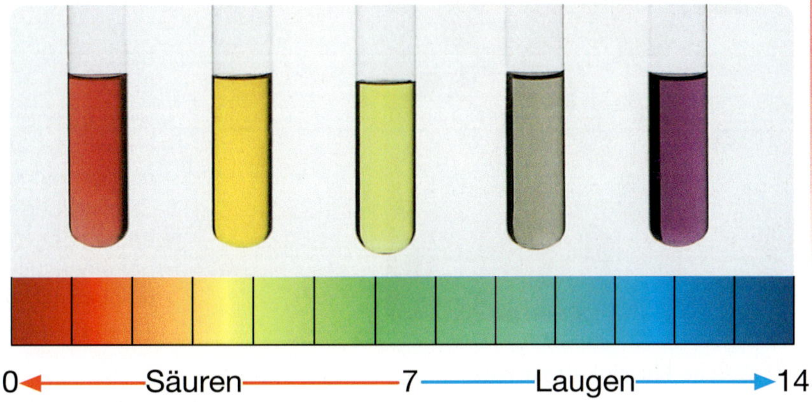

→ Bei jeder **Neutralisation** verbinden sich die H^+-Ionen aus der Säure mit den OH^--Ionen aus der Lauge in einer exothermen Reaktion zu Wasser.
Beispiel:

$$\underset{\text{Salzsäure}}{\mathbf{H^+} + Cl^-} + \underset{\text{Natronlauge}}{Na^+ + \mathbf{OH^-}} \longrightarrow \underset{\text{Natriumchlorid}}{Na^+ + Cl^-} + \underset{\text{Wasser}}{\mathbf{H_2O}}; \quad \text{exotherm}$$

Neben den Wasser-Molekülen entsteht bei der Neutralisation auch immer ein Salz.

→ Salze sind Ionenverbindungen und bei Zimmertemperatur fest; sie bestehen aus positiv geladenen Metall-Ionen und negativ geladenen Säurerest-Ionen.

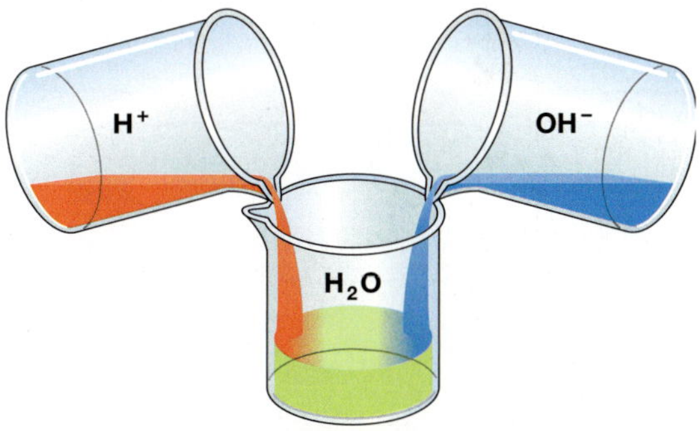

→ Der Name des Salzes wird aus dem Namen des Metalls und des Säurerestes gebildet.

Name der Salze	Säure-Rest	Name der Säure
Chloride	Cl^-	Salzsäure
Sulfite	SO_3^{2-}	Schweflige Säure
Sulfate	SO_4^{2-}	Schwefelsäure
Nitrate	NO_3^-	Salpetersäure
Carbonate	CO_3^{2-}	Kohlensäure
Phosphate	PO_4^{3-}	Phosphorsäure

Säuren und Laugen

1. Umgang mit Säuren und Laugen

Nenne Regeln für den sicheren Umgang mit Säuren und Laugen.

2. Welche Flüssigkeit ist wo?

Vor dir stehen vier Bechergläser mit Flüssigkeiten. Wie könntest du mit möglichst wenigen Versuchen herausfinden, welche der Flüssigkeiten Wasser, Salzsäure, Salzwasser und Natronlauge ist?

3. Arbeitsplatte aus Marmor

Ein guter Küchenberater empfiehlt: „Die Arbeitsplatte in einer Küche sollten Sie nicht aus Marmor wählen – so schön etwa Carrara-Marmor auch aussieht, weil... Ich empfehle Ihnen statt dessen eine Arbeitsplatte aus Granit, Holz, Kunststoff oder eine mit Fliesen." Weshalb rät der Küchenberater von Marmor ab?

4. Wasserstoff im Labor

In einem Labor wird dringend etwas Wasserstoff benötigt, die Wasserstoffflasche ist aber leer. Welche beiden Stoffe aus der folgenden Stoffauswahl würdest du verwenden, um möglichst einfach und schnell Wasserstoff zu gewinnen? Begründe deine Entscheidung. Stoffauswahl: Kupfer, Magnesium, Natriumchlorid, Salzsäure, Schwefelsäure, Natronlauge, Zink.

5. Eigenschaften von Schwefelsäure und Kalilauge

Entscheide, welche der folgenden Aussagen auf
a) 50 %-ige Schwefelsäure und welche auf
b) 50 %-ige Kalilauge zutreffen:

- leitet den elektrischen Strom
- färbt Universalindikator blau
- pH-Wert > 7
- wirkt ätzend
- enthält OH^--Ionen
- reagiert mit Kalk unter Freisetzung von CO_2
- enthält SO_4^{2-}-Ionen
- hat einen pH-Wert < 7
- reagiert mit Mg unter Freisetzung von H_2

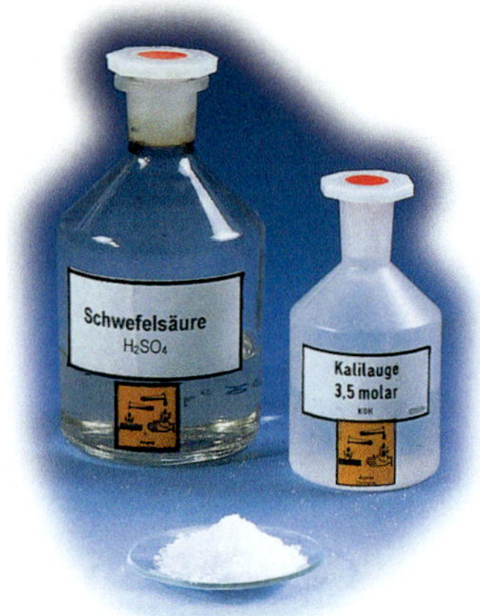

6. Säuren und Laugen

Stelle gemeinsame und unterschiedliche Eigenschaften von Säuren und Laugen in einer Tabelle zusammen.

7. Was gehört zusammen?

Welche drei Aussagen A1–A3 gehören jeweils zusammen? Ordne sie einander zu.

A1	A2	A3
Salzsäure	pH > 7	färbt den Universalindikator rot
Kalilauge	pH = 7	pH > 7
dest. Wasser	H_2SO_4	färbt Phenolphthaleinlösung rot
Schwefelsäure	pH < 7	riecht stechend unangenehm
Natronlauge	KOH	leitet elektrischen Strom nicht

8. Der Universalindikator

Welche Farben nimmt der Universalindikator bei sauren, neutralen und alkalischen Lösungen an?

9. Neutralisieren

Plane einen Versuch, mit dem du experimentell schnell zeigen kannst, dass man Salzsäure nicht mit Zucker neutralisieren kann.

10. Formeln richtig zusammensetzen

Die „Formelbruchstücke“ von folgenden Säuren, Laugen und Salzen sind durcheinander geraten: Schweflige Säure, Schwefelsäure, Salzsäure, Kohlensäure, Salpetersäure, Natronlauge, Kalilauge, Calciumlauge, Bariumlauge, Calciumcarbonat, Magnesiumsulfat, Natriumchlorid, Kupfersulfat, Kaliumnitrat

a) Setze je zwei Formelbruchstücke zu den oben genannten Stoffen zusammmen:

CO_3	OH	SO_3	Cl	$(OH)_2$	H_2	Cl
Ca	Na	H	Mg	OH	NO_3	Cu
H_2	Ba	Ca	$(OH)_2$	SO_4	Na	H_2
SO_4	K	SO_4	CO_3	NO_3	K	H

b) Übertrage die Ergebnisse in dein Heft in eine Tabelle nach folgendem Muster:

Name des Stoffes	Formel	Stoffgruppe		
		Säure	Lauge	Salz
Schweflige Säure	H_2SO_3	X		

11. Kohlenstoffdioxid oder Kohlensäure...?

In der Umgangssprache werden Kohlenstoffdioxid und Kohlensäure oft synonym verwendet. Erkläre die Unterschiede zwischen den beiden Stoffen.

12. Natriumchlorid

Nenne mindestens vier Möglichkeiten zur Herstellung von Natriumchlorid. Formuliere die zugehörigen Reaktionsgleichungen und benenne die Stoffe.

13. Säuren reagieren

Formuliere die Wort- und Reaktionsgleichungen zur Reaktion von Salzsäure und Schwefelsäure mit Kalk und Magnesium. Wie kann man die entstehenden Gase nachweisen?

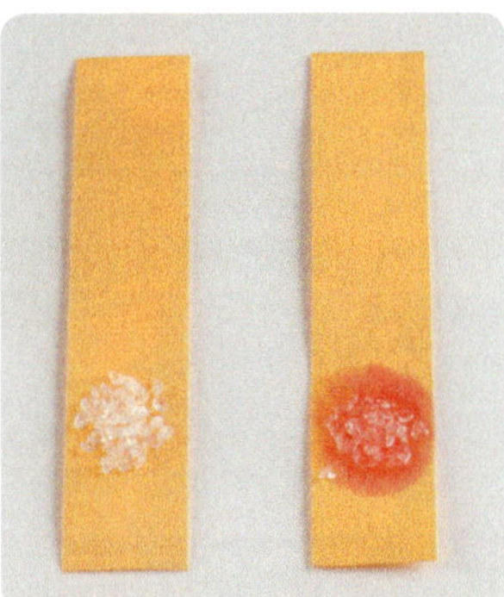

14. Citronensäure

Erkläre die Beobachtungen: Wenn du einige Citronensäurekristalle auf Indikatorpapier gibst, verändert sich die Farbe nicht. Fügt man wenige Tropfen Wasser hinzu, wird eine Säure angezeigt.

15. Indikatoren

a) Zähle verschiedene Indikatoren für Säuren und Laugen auf.

b) Gib an, welche Farben sie beim Kontakt mit sauren oder alkalischen Lösungen annehmen.

c) Beschreibe, auf welche Teilchen die Indikatoren reagieren.

16. Eierschale

Legt man ein Ei in Essigessenz (25 %; C), bilden sich nach kurzer Zeit Bläschen auf der Schale. Nach zwei Tagen ist die Schale verschwunden. Wie ist das zu erklären?

17. Hortensien

Familie Müller ist umgezogen. Ihre rosa Hortensie aus dem Garten hat sie mitgenommen. Im neuen Garten blüht sie plötzlich blau.
Woran kann das liegen?

18. Säure verdünnen

Ein Liter Salzsäure mit einem pH-Wert von 2 soll auf den pH-Wert von 4 mit Wasser verdünnt werden. Welche Menge an verdünnter Säure entsteht dabei?

19. Schwache und starke Säuren

Citronensäure ist eine schwache Säure, Salzsäure eine starke Säure. Erläutere dies mit einer Zeichnung im Teilchenmodell.

20. Entsorgung im Labor

Zur Entsorgung werden im Schullabor Säuren und Laugen gemeinsam in einen Behälter geschüttet. Begründe, weshalb dies sinnvoll ist.

9 Energie für heute und morgen

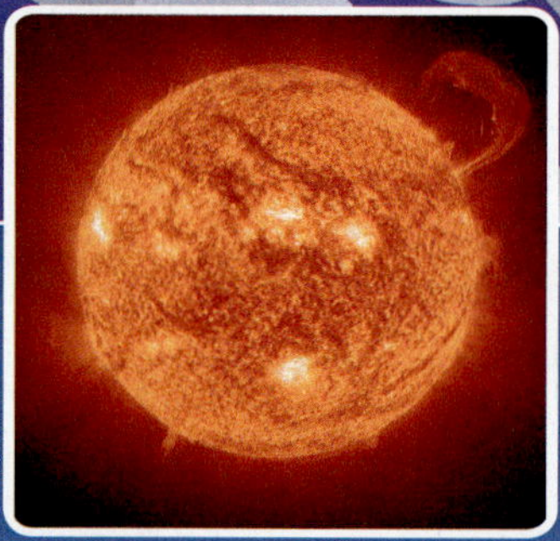

Wir benötigen täglich sehr viel Energie. Unser Körper holt sich die Energie aus der Nahrung. Für Transport und Verkehr nutzen wir Benzin aus Erdöl, viele Wohnungen werden mit Erdgas beheizt. Elektrischen Strom gewinnt man oft aus der Verbrennung von Kohle.
Doch der Energiebedarf wächst, während die Vorräte an fossilen Energieträgern knapper werden. Deshalb müssen erneuerbare Energieträger genutzt werden – vor allem Energie aus Wind, Wasser und Sonnenstrahlung.
Kaum zu glauben, dass die Wüsten der Erde innerhalb von 6 Stunden mehr Energie von der Sonne empfangen, als die Menschheit in einem Jahr verbraucht. Das sollte man nutzen!

◄ *Fast alle Energieträger gehen auf die Sonne zurück. Sie ist die entscheidende Energiequelle für das Leben auf der Erde.*

▲ *1. Pflanzen erzeugen mithilfe von Licht, Wärme, Wasser und Mineralstoffen unsere Lebensmittel. In ihnen ist chemische Energie gespeichert, die unser Körper nutzen kann.*

▲ *2. Unsere Muskeln setzen chemische Energie in mechanische Energie um. Dabei beträgt der Wirkungsgrad lediglich 20 %, d. h. nur 20 % der aufgenommenen Energie kann in Muskelarbeit umgewandelt werden.*

▲ *3. Durch die Verbrennung von Holz und fossilen Brennstoffen wird chemische Energie in Wärme umgewandelt. Damit können Wohnungen beheizt und Turbinen zur Stromerzeugung betrieben werden.*

4. Die Sonne bewirkt durch ihre Einstrahlung auch die Winde, die mit Windgeneratoren in elektrische Energie umgewandelt werden können. ▼

Energie im Alltag

▲ 1. New York mit den Lichtern der Großstadt ... und ...

▲ 2. New York beim Stromausfall im August 2003

1. Stromausfall!

New York im August 2003. Wo normalerweise ein Lichtermeer die Nacht zum Tag macht, blieb es dunkel. Grund war ein großer Stromausfall im Nordosten der USA und Kanadas.

a) Was funktioniert in einer großen Stadt nicht mehr, wenn der Strom ausfällt?

b) Wie würde dein Tag ohne Strom aussehen? Beschreibe stichwortartig deinen Tagesablauf.

2. Wofür benötigt man Energie?

a) Sammle Beispiele, wofür wir Energie benötigen.

b) Vergleiche deine Sammlung mit den Ergebnissen der Mitschüler und erstellt gemeinsam eine Mindmap.

3. Wie viel Energie brauchen Haushaltsgeräte?

a) Schau zu Hause nach, welche elektrische Leistung verschiedene Elektrogeräte benötigen (Typenschild, Angaben in W) und trage die Werte in eine Tabelle ein. Schätze auch die tägliche Nutzungsdauer.

b) Berechne das Produkt aus beiden Angaben. Welche Geräte benötigen die meiste Energie pro Tag?

Gerät	elektr. Leistung (in Watt) A	Nutzung pro Tag (in Stunden) B	Produkt A x B = el. Energie (in Wattstunden)
Fernseher			
Computer			
Spülmaschine			
Haartrockner			
...			

c) Lisa fährt mit dem Bus zur Schule. Auf sie umgerechnet wird dabei pro Woche der Energiegehalt von 8 Litern Benzin (rund 272 000 kJ) benötigt. Wie lange könnten die einzelnen Haushaltsgeräte bei euch zu Hause mit dieser Energiemenge betrieben werden (1 kWh = 3600 kJ)?

4. Wer braucht wie viel Strom?

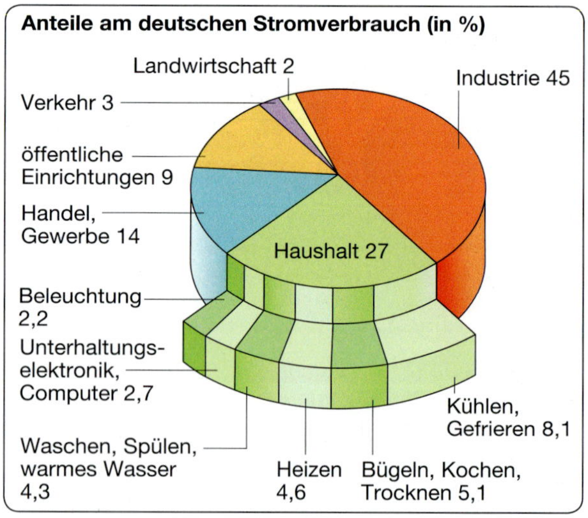

a) Welchen Anteil haben die privaten Haushalte am Stromverbrauch in Deutschland?

b) Woran liegt es wohl, dass Kühl- und Gefriergeräte einen relativ hohen Anteil haben?

c) Moderne elektrische Geräte benötigen oft weniger Energie als ältere Modelle. Dennoch ist der Anteil für Unterhaltungselektronik und Computer in den letzten Jahren angestiegen. Woran könnte das liegen?

Energie überall ... Montag, 7 Uhr 30: Sabrina wacht auf und stellt fest, dass sie verschlafen hat, weil der Radiowecker nicht mehr geht. Auch das Licht funktioniert nicht. Kein Wunder, der Strom ist ausgefallen! Leider muss sie deshalb auch auf die warme Dusche verzichten. In der Küche angekommen muss sie ihre Milch kalt trinken und auch der Toaster und die Mikrowelle laufen nicht mehr.
So geht sie nur mit kleinem Frühstück zur Straßenbahn – doch auch die funktioniert ohne Strom nicht mehr. Genervt geht sie nach Hause und bittet ihre Mutter, sie zur Schule zu fahren. Bereits an der nächsten Ampel gibt es einen Stau, weil die Ampeln dunkel bleiben. Ganz schön stressig ohne Strom, denkt sie...
Sabrinas Tag macht uns deutlich, wie sehr wir von Strom, also elektrischer Energie, abhängig sind.

Wofür benötigt man Energie? Energie wird immer dann benötigt, wenn etwas bewegt wird, etwas erwärmt wird, wenn elektrischer Strom fließen soll oder wenn man einen Fahrradreifen aufpumpt.
Pflanzen, Tiere und Menschen brauchen Energie in erster Linie zum Leben. Außerdem nutzen wir Energie, um uns das Leben angenehm zu gestalten: zum Heizen, Kochen, Autofahren, für warmes Wasser, für verschiedenste Elektrogeräte sowie für Transportzwecke.

Energieformen. Wir brauchen Energie zum Leben, deshalb müssen wir essen. Die Energie steckt in der Nahrung – in Form von **chemischer Energie.** Mit 8600 Kilojoule (kJ) Energie pro Tag benötigt ein Mensch etwa so viel Energie wie eine 100 Watt-Glühlampe.
Auch Autos nutzen chemische Energie. Wenn ein Auto fährt, nutzt es die Energie, die im Benzin gespeichert ist. Bei der Verbrennung im Motor wird sie freigesetzt.
Ein ICE nutzt die **elektrische Energie,** die über die Oberleitungen an die Elektromotoren weitergeleitet wird. Ein fahrender Zug besitzt **Bewegungsenergie.**
Von der Sonne bekommen wir ganz umsonst **Licht** und **Wärme.** Die fett gedruckten Begriffe in diesem Absatz bezeichnet man als **Energieformen.**

Energieträger. In Alltag und Technik gewinnt man Energie oft aus der Verbrennung von Gas, Kohle, Benzin oder Holz. Solche Stoffe nennt man **Energieträger.**

Energieentwertung. Energieformen lassen sich umwandeln. So wird bei einem drehenden Dynamo am Fahrrad die Bewegungsenergie in elektrische Energie umgewandelt. Dabei entsteht allerdings auch Wärme, die an die Umgebung abgegeben wird. Sie lässt sich nicht weiter nutzen, ist also für die Beleuchtung am Fahrrad ohne Wert – man bezeichnet sie daher auch als **entwertete Energie.** Energie kann zwar insgesamt nicht verlorengehen oder verbraucht werden, doch entwertete Energie lässt sich kaum weiter nutzen.

Energie ist maßgeblich für das Leben auf der Erde verantwortlich. Energie ist gespeichert in Energieträgern. Energie kann nicht verlorengehen, doch entwertete Energie lässt sich kaum weiter nutzen.

So lange reicht 1 Kilowattstunde (1 kWh) Energie

- einen Hefekuchen backen
- Mittagessen für 4 Pers. kochen
- eine Maschine Wäsche mit 60 °C waschen
- 7 Stunden fernsehen
- 15 Hemden bügeln
- 40 Stunden CD-Player hören
- 70 Tassen Kaffee kochen
- 17 Stunden Licht (Glühlampe, 60 Watt)
- 90 Stunden Licht (Energiesparlampe, 11 Watt)

▲ *1. Energiebedarf im Vergleich*

Energieträger	Energiegehalt (in kJ pro kg)
Braunkohle	9 100
Holz	14 600
Steinkohle	30 000
Erdgas (pro m^3)	32 000
Heizöl	43 000
Benzin	44 000

▲ *2. Energieträger im Vergleich*

3. Im Haushalt läuft vieles mit Strom ▼

1. Fragen zum Text
a) Wofür benötigen wir Energie? Nenne einige Beispiele.
b) Wo nutzen wir chemische Energie?
c) Schreibe vier Beispiele für Energieträger auf.
d) Wie nennt man die Energieform, die man nicht weiter nutzen kann?

2. Energieentwertung
Begründe, warum Wärme, die bei einer Energieumwandlung auch noch frei wird, als entwertete Energie bezeichnet wird.

Energie aus der Nahrung

1. Energie zum Leben

a) Woher bekommen wir die Energie, die wir täglich für unsere Körperfunktionen benötigen?
b) Informiere dich darüber (siehe Text „Energiebedarf" auf der nächsten Seite), wie viel Energie ein Mensch pro Tag im Durchschnitt aufnehmen sollte.
c) Was geschieht, wenn man längere Zeit zu viel oder zu wenig Energie aufnimmt?

2. Energiegehalt von Lebensmitteln

Schätze zunächst ab, wie viel Energie dir die unten genannten Lebensmittel liefern. Überprüfe anschließend durch Nachschlagen oder Internetrecherche, ob du richtig geschätzt hast.
Hinweis: Man findet für ein Lebensmittel oft unterschiedliche Angaben in Büchern und Internet-Quellen.

1 mittelgroße Banane;
1 Müsliriegel (25 g);
1 Glas Milch (200 ml);
1 T. Schokolade (100 g);
1 Scheibe Brot (35 g);
1 Glas Wasser;
1 mittelgroßer Apfel;
$\frac{1}{2}$ Hähnchen (gegrillt);
1 P. Erdnüsse (60 g);
1 Glas Apfelsaft (200 ml);
100 g Salatgurken;
1 Pizza (350 g).

3. Fett in Kartoffelchips

Überprüfe den Fettgehalt von Kartoffelchips im Schullabor.
a) Zerkleinere etwa 25 g Chips möglichst fein in einer Reibschale.
b) Fülle genau 20 g Chipspulver in ein ausreichend großes Becherglas. Gib dann etwa 100 ml des Lösemittels Aceton (F, Xn) hinzu und rühre etwa 5–10 Minuten gut um.
c) Wiege ein Becherglas genau ab. Filtriere das Gemisch und fange das Filtrat in dem Becherglas auf. Spüle mit Aceton etwas nach.

d) Lass das Filtrat im Becherglas unter dem Abzug einige Tage stehen, bis das Lösemittel verdampft ist. Stelle durch eine Wägung fest, wie viel Fett im Becherglas enthalten ist – und somit in 20 g Chips. Berechne zum Schluss den Fettegehalt von 100 g Chips.
e) Vergleiche den Energiegehalt von Chips (siehe Packungsaufdruck) mit dem von Brot und Schokolade. Weshalb sollte man es nicht zur Gewohnheit werden lassen, so nebenbei Chips oder Schokolade zu essen?

4. Lebensmittel-Kennzeichnung

Auf vielen Lebensmittelverpackungen findet man Angaben zur Zusammensetzung und zum Energiegehalt („Brennwert"). Doch dabei gilt es genau hinzuschauen.
Welches Lebensmittel würdest du wählen, wenn du auf niedrigen Energiegehalt achten willst, A oder B?

A

B

5. Energie abbauen

Jan hat eine Tafel (100 g) Schokolade gegessen. Wie lange muss er mit dem Rad fahren, um die Energie, die in der Schokolade steckt, wieder abzutrainieren?

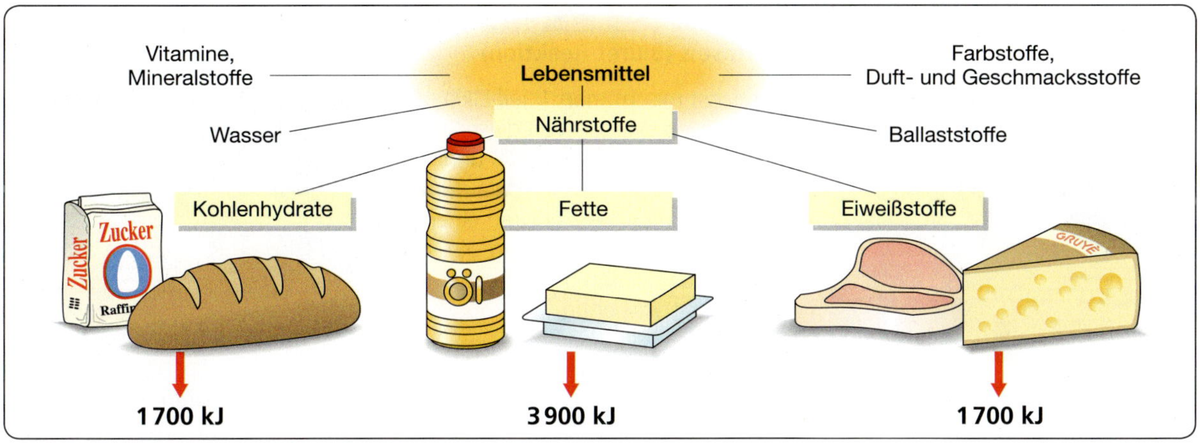

1. Zusammensetzung und Energiegehalt von Lebensmitteln (Energiegehalt pro 100 g Lebensmittel

Hunger nach Energie. Wenn man hungrig ist, benötigt der Körper Energie. Diese Energie ist in den Lebensmitteln chemisch gespeichert.

Was ist drin in Lebensmitteln? Lebensmittel bestehen aus vielen unterschiedlichen Stoffen (Abb. 1). In jedem Lebensmittel ist die Zusammensetzung anders. Energie liefern die drei **Nährstoffgruppen Kohlenhydrate, Fette** und **Eiweißstoffe.** Wichtig zu wissen ist: Fette haben den größten Energiegehalt.

Wofür benötigt der Körper Energie? Selbst im Schlaf benötigen wir für die Atmung, den Blutkreislauf und die Aufrechterhaltung der Körpertemperatur Energie. Diese Energiemenge nennt man *Grundumsatz.* Außerdem benötigt jeder Mensch weitere Energie, wenn er geht, denkt oder Sport treibt. Dies bezeichnet man als *Leistungsumsatz.* Er ist natürlich sehr stark davon abhängig, wie viel sich jemand bewegt. Wenn man Fußball spielt, benötigt man etwa 6-mal so viel Energie wie jemand, der vor dem Fernseher sitzt.
Angaben zur Energie im Bereich der Ernährung werden oft noch in der alten Einheit „Kalorien" angegeben. Dabei gilt: 1 Kilocalorie (kcal) = 4,2 Kilojoule (kJ).

Energiebedarf. Im Durchschnitt benötigt eine erwachsene Frau etwa 8400 kJ (etwa 2000 kcal) Energie pro Tag, ein Mann etwa 10000 kJ (etwa 2400 kcal).
Kinder und Jugendliche benötigen pro kg Körpergewicht mehr Energie als Erwachsene und ältere Menschen. Männer haben einen höheren Energiebedarf als Frauen, da die Muskelmasse meistens etwas größer ist – und Muskeln viel Energie benötigen.
Überschüssige Energie speichert der Körper in Form von Fett.

Der Mensch bezieht die Energie zum Leben aus der Nahrung. Fette haben den höchsten Energiegehalt.

1. Fragen zum Text

a) Wann bekommt man Hunger?
b) Welche Nahrungsbestandteile liefern uns Energie?
c) Erläutere die Begriffe Grund- und Leistungsumsatz.
d) Was sind Kalorien?

2. Gesunde Ernährung: von jedem etwas!

Weshalb sollte man beim Essen den Energiegehalt nicht zu wichtig nehmen? Worauf kommt es noch an?

2. Energiegehalt verschiedener Lebensmittel

Tätigkeit	Energiebedarf pro Stunde
Sitzen	340 kJ
Zu Fuß gehen	950 kJ
Radfahren (10 $\frac{km}{h}$)	1400 kJ
Inlineskaten	1900 kJ
Fußball	2000 kJ
Schwimmen	2500 kJ
Radfahren (25 $\frac{km}{h}$)	2700 kJ
Dauerlauf	3300 kJ

3. Energiebedarf für Aktivitäten

Nährstoffgruppen im Überblick

1. Traubenzucker-Nachweis (Fehlingprobe)

Gib je 2 ml Fehling-Lösung I und Fehling-Lösung II (C, B2) in ein Reagenzglas. Schüttle etwas und gib eine Spatelspitze Traubenzucker und zwei Siedesteinchen hinzu. Erhitze das Reagenzglas vorsichtig (Achtung: Spritzgefahr!). Wiederhole das Experiment mit anderen Nahrungsmitteln.

2. Eiweiß-Nachweis (Biuret-Reaktion)

Zunächst mischt man 1 Teil Eiklar mit 5 Teilen Wasser. Von dieser Lösung nimmt man 4 ml ab und gibt 4 ml verdünnte Natronlauge (C, B1) sowie einige Tropfen einer Kupfersulfat-Lösung (5%-ig; Xn, N, B2) hinzu. Dann erwärmt man die Lösung vorsichtig.

3. Fett-Nachweis (Fettfleckprobe)

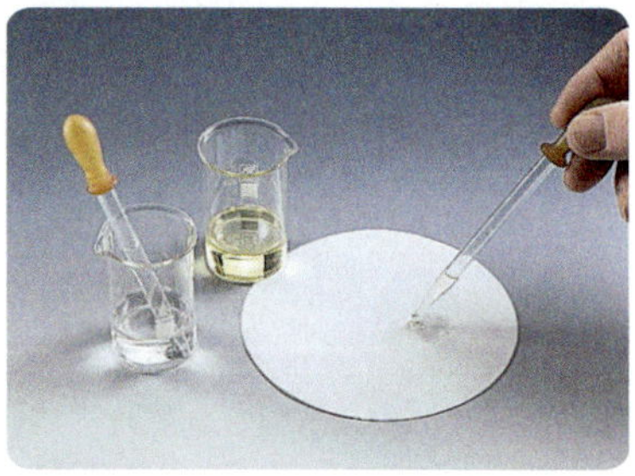

Tropfe auf ein Filterpapier je einen Tropfen Speiseöl, Spiritus und Wasser auf. Markiere und beschrifte die verschiedenen Flecken. Lass das Papier trocknen und halte es gegen das Licht.
Wiederhole das Experiment mit anderen Nahrungsmitteln. In welchen Proben ist Fett enthalten?

Kohlenhydrate, Fette und **Eiweißstoffe (Proteine)** sind die drei **Nährstoffgruppen,** aus denen unsere Nahrung im Wesentlichen besteht.

Kohlenhydrate nutzen wir in erster Linie zur schnellen Energieversorgung. Wir nehmen sie hauptsächlich als Zucker oder Stärke auf.
Ein wichtiger Zucker ist der Traubenzucker (Glucose). Wir finden ihn neben dem Fruchtzucker in vielen Früchten. Milchzucker kommt in Milchprodukten vor.
Stärke ist in Getreide, Getreideprodukten (Reis, Brot, Nudeln) und Kartoffeln enthalten.

Nimmt der Körper mehr Kohlenhydrate auf als er verbrauchen kann, so wird der Überschuss in Fett umgewandelt und so gespeichert.
Traubenzucker und Fruchtzucker kann man mit der Fehling-Reaktion nachweisen, dabei entsteht ein rotbraunes Reaktionsprodukt.

Fette schützen und isolieren den Körper. Sie sind auch wichtige Transportmittel für fettlösliche Vitamine. Manche Fette sind auch am Aufbau von Zellen und Hormonen beteiligt.
Fette sind die energiereichsten Nährstoffe in unserer Nahrung. Wir nehmen sie als tierische Fette vor allem

▲ *4. Lebensmittel mit viel Kohlenhydraten*

▲ *5. Fettreiche Lebensmittel*

▲ *1. Eiweißreiche Lebensmittel*

in Form von Butter und Sahne sowie als Bestandteil von Käse und Wurst auf. Pflanzliche Fette gewinnt man durch Auspressen oder Herauslösen etwa aus Sonnenblumenkernen, Oliven und Nüssen.
Fette kann man mit der Fettfleckprobe nachweisen.

Eiweißstoffe (Proteine) werden hauptsächlich als Baustoff im Körper verwendet. Körperzellen, Muskeln, Enzyme, Hormone und die Antikörper des Immunsystems bestehen zu einem großen Teil aus Eiweiß. Eiweißstoffe sind hauptsächlich in Fleisch, Fisch, Wurst, Eiern und Milch enthalten. Neben diesen tierischen Eiweißen liefern uns Sojabohnen und Mais pflanzliche Proteine. Eiweißstoffe kann man mit der Biuret-Reaktion an der dunkelvioletten Färbung nachweisen. Nährstoffe in den Lebensmitteln werden in drei Gruppen unterteilt. Sie sind für verschiedene Körperfunktionen von Bedeutung.

Unsere Nahrung besteht vor allem aus Kohlenhydraten, Fetten und Eiweißstoffen (Proteinen).

1. Fragen zum Text

a) Wofür nutzt der Körper die Kohlenhydrate?
b) Welche Lebensmittel enthalten viel Stärke?
c) Wie werden Eiweißstoffe im Körper genutzt?
d) Wie weist man Eiweißstoffe nach?

Exkurs

Fotosynthese und Zellatmung

Woher kommt die Energie, die in den Nährstoffen steckt? Sie stammt letztlich von der Sonne. Pflanzen nutzen die Energie der Sonne, um über die **Fotosynthese** zunächst Traubenzucker (Glucose) aufzubauen:

$$6\,CO_2 + 6\,H_2O \xrightarrow{+\text{ Energie (Licht)}} \underset{\text{Glucose}}{C_6H_{12}O_6} + 6\,O_2$$

Aus der Glucose werden dann Stärke und viele weitere Stoffe hergestellt.
Wenn wir die Pflanzen essen, nehmen wir die Stoffe auf, die mithilfe der Fotosynthese erzeugt worden sind. In ihnen steckt damit die Energie der Sonne. Auch wenn wir Fleisch von Nutztieren essen, verwerten wir indirekt Sonnenenergie, denn die Tiere sind ja mit Pflanzen gefüttert worden.

Doch wie gewinnt unser Körper die Energie aus den Nährstoffen?
Wenn wir etwa Brot aus Getreidemehl essen, wird die Stärke bei der Verdauung in kleine Nahrungsbausteine zerlegt, in Glucose. Die Glucose wird dann im Körper zu Kohlenstoffdioxid und Wasser oxidiert. Dieser Vorgang heißt **Zellatmung.** Dabei wird Energie frei:

$$\underset{\text{Glucose}}{C_6H_{12}O_6} + 6\,O_2 \xrightarrow{\text{Energie wird frei}} 6\,CO_2 + 6\,H_2O$$

Die frei werdende Energie kann zum Aufbau körpereigener Stoffe oder auch für Muskeln und Nerven genutzt werden.

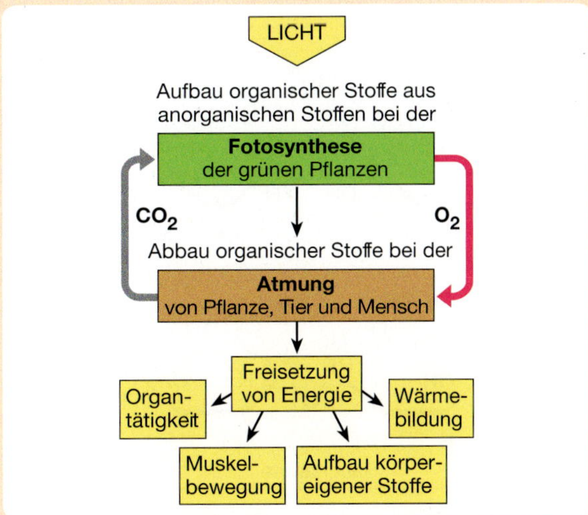

Kohlenhydrate – vom Zucker bis zum Holz

1. Lebensmittel-Test

Untersuche verschiedene Lebensmittel darauf, ob sie Traubenzucker oder Stärke enthalten. Protokolliere deine Ergebnisse.

a) Stärke-Nachweis: Eine Iod-Kaliumiodid-Lösung wird bei Anwesenheit von Stärke blauviolett (Abb. links).
Gib einige Tropfen davon auf Lebensmittelproben.
b) Traubenzucker-Nachweis: Verwende zum Nachweis Glucose-Teststäbchen, mit denen man bei Zuckerkranken Zucker im Harn nachweisen kann.

Kohlenhydrate bestehen aus den Elementen Kohlenstoff, Wasserstoff und Sauerstoff. Je nachdem, aus wie viel Grundbausteinen sie aufgebaut sind, unterscheidet man zwischen Einfach-, Zweifach- und Vielfachzuckern.

Einfachzucker (Monosaccharide). Einfachzucker haben die Summenformel $C_6H_{12}O_6$. Die bekanntesten sind *Traubenzucker (Glucose)* und *Fruchtzucker (Fructose). Das Grundgerüst des Glucose-Moleküls ist ein Ring aus 6 Atomen, beim Fructose-Molekül sind es 5 Atome.*
Beide sind für den süßen Geschmack vieler Früchte verantwortlich. Sie werden sehr schnell vom Körper aufgenommen und vor allem für die Bereitstellung von Energie genutzt. Der Glucose-Gehalt im Blut wird vom Körper stets konstant gehalten, auf ungefähr 80–100 mg Glucose in 100 ml Blut. Ist die Regelung des Blutzuckergehaltes gestört, ist man „zuckerkrank".

Zweifachzucker (Disaccharide). Verbinden sich zwei Einfachzucker, so entsteht unter Wasserabspaltung ein Zweifachzucker. Der bekannteste Zweifachzucker ist der Haushaltszucker, der Rübenzucker *(Saccharose):*

Glucose + Fructose → Saccharose + Wasser

Vielfachzucker (Polysaccharide). Einfachzucker können sich auch zu langen Molekülketten verbinden. Die Vielfachzucker *Stärke* und *Cellulose* bestehen aus Tausenden von miteinander verbundenen Glucose-Molekülen.
Die beiden Stoffe sind zwar aus den gleichen Bausteinen aufgebaut, diese sind jedoch unterschiedlich miteinander verknüpft. Deshalb ergeben sich auch unterschiedliche Molekülketten. Stärke-Moleküle sind spiralförmig gebaut, Cellulose-Moleküle bestehen aus gestreckten Molekülketten.

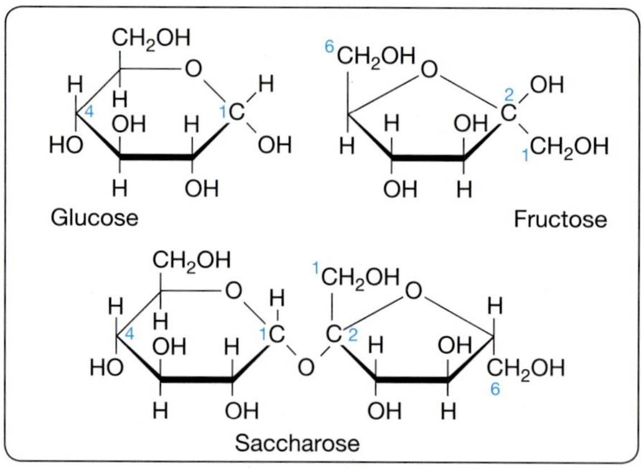

▲ *3. Formeln der wichtigsten Zucker*

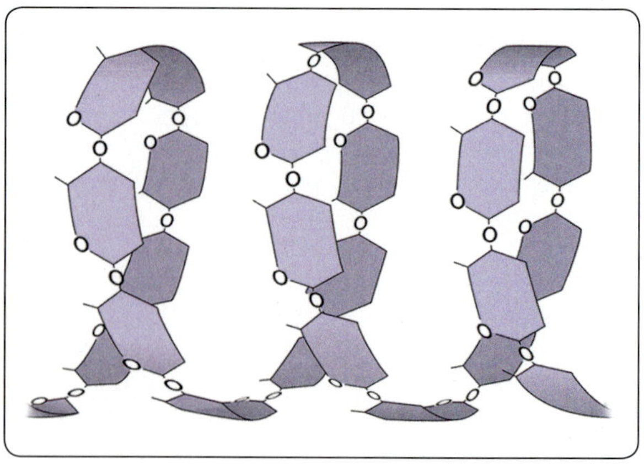

▲ *4. Stärke-Moleküle sind spiralförmig gebaut*

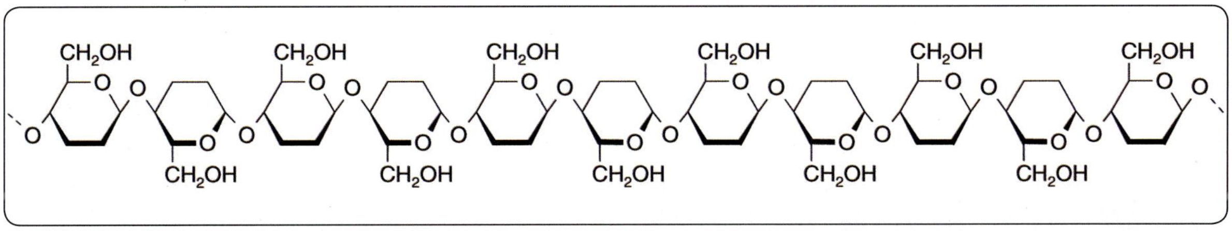

▲ 1. *Cellulose-Moleküle sind langgestreckt*

Eigenschaften der Kohlenhydrate. Der süße Geschmack der *Einfach- und Zweifachzucker* und ihre gute Wasserlöslichkeit sind auf die vielen OH-Gruppen in den Molekülen zurückzuführen. Zucker bindet große Mengen an Wasser. Deshalb wird Zucker zur Konservierung von Lebensmitteln verwendet, etwa für Marmelade, denn Mikroorganismen benötigen zur Vermehrung ungebundenes Wasser.
Stärke ist aufgrund der Molekülgröße kaum wasserlöslich. Erst beim Erhitzen nimmt sie Wasser auf. Wir besitzen Enzyme, die Stärke spalten können.
Cellulose dagegen ist für den Menschen unverdaulich. Allerdings hat sie als Ballaststoff dennoch eine wichtige Funktion für die Ernährung. Viele Mikroorganismen sind aber in der Lage, die Cellulose zu spalten und als Nahrung zu nutzen. Manche Pflanzenfresser wie Rinder und Pferde besitzen in ihrem Darm Bakterien, mit deren Hilfe sie die Cellulose verdauen können. Cellulose ist das Baumaterial aller Pflanzen und damit der mengenmäßig häufigste Stoff auf der Erde.

Holz. Holz ist einerseits biegsam, andererseits aber auch hart und fest. Diese Eigenschaften kommen aus der Kombination der biegsamen Cellulosefasern mit dem sogenannten Holzstoff, dem *Lignin*. Er bildet eine Art feste Grundmasse, in die die Cellulosefasern eingelagert sind.

Verwendung von Cellulose und Holz. Aus Holz gewinnt man Cellulosefasern. Man setzt sie vor allem in der Papierherstellung ein. Aus chemisch veränderter Cellulose lassen sich Textilfasern herstellen (Viskose). Im Baustoffbereich wird Cellulose als Material zur Wärmedämmung eingesetzt.
Holz wird vielfältig als Konstruktions- und Baumaterial verwendet. Als erneuerbarer Energieträger wird es wieder stärker zum Heizen genutzt. Holzpellets werden aus Holzspänen oder Sägemehl gepresst. Sie lassen sich gut maschinell transportieren, sodass man den Brenner automatisch betreiben kann.

Kohlenhydrate kommen in verschiedenen Formen vor. Zucker und Stärke nutzen wir als Energielieferanten für unseren Körper. Cellulose ist das Baumaterial aller Pflanzen.

1. Fragen zum Text

a) In welchen Nahrungsmitteln findest du Kohlenhydrate?
b) Worin liegt der Unterschied zwischen Stärke und Cellulose?
c) Weshalb enthält Marmelade so viel Zucker?
d) Weshalb ist Holz ein wertvoller Rohstoff?

▲ 2. *Holzpellets werden aus zerkleinertem Holz gepresst*

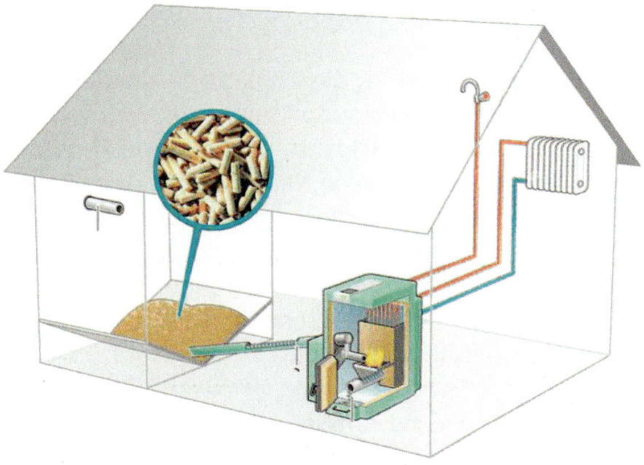

▲ 3. *Heizungsanlage für Holzpellets*

Kohle – immer noch unentbehrlich

1. Jeder braucht Energie

Jeder möchte günstig Energie beziehen, doch keiner ein Kraftwerk vor seiner Tür haben. Diskutiert diesen Sachverhalt in eurer Klasse.

2. Saubere Kohle – ist so etwas möglich?

Die Abgase aus Kohlekraftwerken werden schon seit vielen Jahren weitgehend von Staub, Schwefeldioxid und Stickstoffoxiden gereinigt. Welches Problem bleibt weiterhin bestehen? Betrachte dazu Abbildung 3.

3. Besucherbergwerke

Plane einen Besuch mit deiner Klasse oder Familie in einem ehemaligen Kohlebergwerk. Informationen dazu kannst du im Internet finden.

Bedeutung der Kohle. Die Kohle kann als Wegbereiter der industriellen Revolution betrachtet werden. Eine ganze Region in Deutschland, das Ruhrgebiet, wurde durch die Kohleindustrie geprägt. Für den Braunkohletagebau wurden und werden zum Teil auch heute noch ganze Dörfer umgesiedelt. Im 20. Jahrhundert kam das billigere und leichter zu transportierende Erdöl auf und verdrängte die Kohle zunehmend.
Kohle wird seit über 150 Jahren in Form von Koks im Hochofen zur Stahlherstellung eingesetzt. Der größte Teil der Kohle wird in Kraftwerken verbrannt und so zur Erzeugung von Strom genutzt. Auch heute kann man auf Kohle daher (noch) nicht verzichten.

▲ *2. Kohlekraftwerk – noch notwendig, aber unbeliebt*

Die Steinkohle in Deutschland wird in sehr großen Tiefen abgebaut. Daher ist ihre Gewinnung teuer. Außerdem sieht man auch die Gefahren deutlicher, die vom Bergbau ausgehen. Sehr drastisch deutlich wurde dies durch Erdbeben im Saarland im Februar 2008, die wahrscheinlich durch den Bergbau ausgelöst worden sind. Inzwischen sind die meisten Kohlebergwerke in Deutschland geschlossen.

Kohle – chemisch betrachtet. Kohle besteht aus Verbindungen, die vor allem Kohlenstoff und Wasserstoff, aber auch Stickstoff, Sauerstoff und Schwefel enthalten. Bei ihrer Verbrennung entstehen daher neben Wärme große Mengen an Wasserdampf, Kohlenstoffdioxid, Schwefeldioxid und Stickstoffoxiden. In Kraftwerken in Deutschland werden die Rauchgase aus Kraftwerken aufwändig gereinigt und ein großer Teil der Schadstoffe daraus entfernt. Dennoch tragen die Kohlekraftwerke wesentlich zur Kohlenstoffdioxidbelastung der Atmosphäre bei.

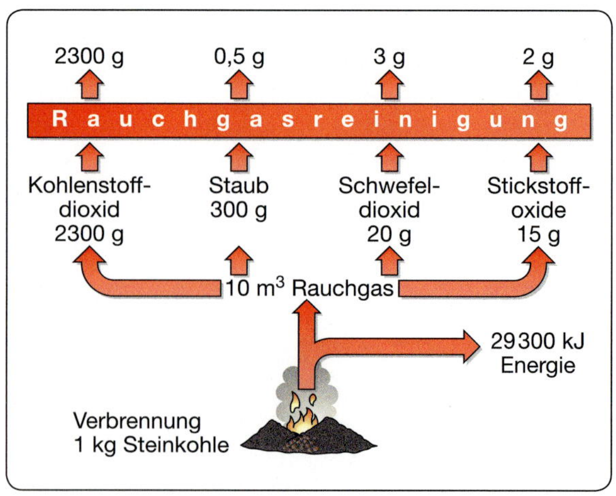

▲ *3. Daten zur Rauchgasreinigung*

- Wenn der Verbrauch so hoch bleibt wie 2004, reichen die Vorräte noch etwa 200 Jahre
- Von 1980 bis 2008 stieg der weltweite Verbrauch von Kohle um über 68 % an
- Im Jahr 2008 wurden jede Woche zwei Kohlekraftwerke in China in Betrieb genommen.
- 80 % des Stroms in China kommt aus einem Kohlekraftwerk
- Vom Jahr 2000 bis 2010 ist der Preis für Kohle um etwa 80 % angestiegen

▲ *1. Fakten zur Kohle*

Die Kohle ist nach wie vor ein sehr wichtiger Energieträger. Sie wird vor allem in Kraftwerken und bei der Eisenverhüttung verwendet.

1. Fragen zum Text

a) Welche chemischen Elemente sind in Kohle vor allem enthalten?

b) Für welche Zwecke wird Kohle benötigt?

c) Was tut man gegen die Abgasbelastung bei Kohlekraftwerken?

d) Wie wird Braunkohle abgebaut? Wie ist es bei Steinkohle?

e) Welche Unterschiede gibt es zwischen Braunkohle und Steinkohle?

2. Kokskohle zur Stahlgewinnung

Zur Stahlgewinnung in Hochöfen nimmt man nicht normale Kohle, sondern Koks. Finde heraus, was bei der Verkokung, also der Herstellung von Koks, geschieht.

Exkurs

Entstehung von Kohle

Vor über 300 Millionen Jahren bedeckten tropische Sumpfwälder große Teile unserer Erde. Es herrschte ein sehr warmes und feuchtes Klima mit einem starken Pflanzenwachstum. Als die Pflanzen abstarben versanken sie im Sumpf. Unter Luftabschluss wurde daraus Torf. Erdbewegungen verlagerten diese Schichten in die Tiefe. Unter dem höheren Druck und der gestiegenen Temperatur begann der Prozess der Inkohlung. Stoffe wandelten sich um, flüchtige Stoffe entwichen. Der Kohlenstoffgehalt nahm zu. In Jahrmillionen entstand aus Torf die Braunkohle. Durch die Ablagerung weiterer Schichten erhöhte sich der Druck, aus Braunkohle wurde Steinkohle. Je tiefer die Kohle unter der Erde liegt und je älter sie ist, desto höher ist der Kohlenstoffgehalt und damit der Energiegehalt.

Steinkohle ist in Deutschland vor etwa 300 Millionen Jahre entstanden; Braunkohle ist mit etwa 65 Millionen Jahren wesentlich jünger. Sie kann meist im Tagebau gefördert werden, während die Steinkohle in Deutschland in bis zu 1800 m Tiefe abgebaut werden muss.

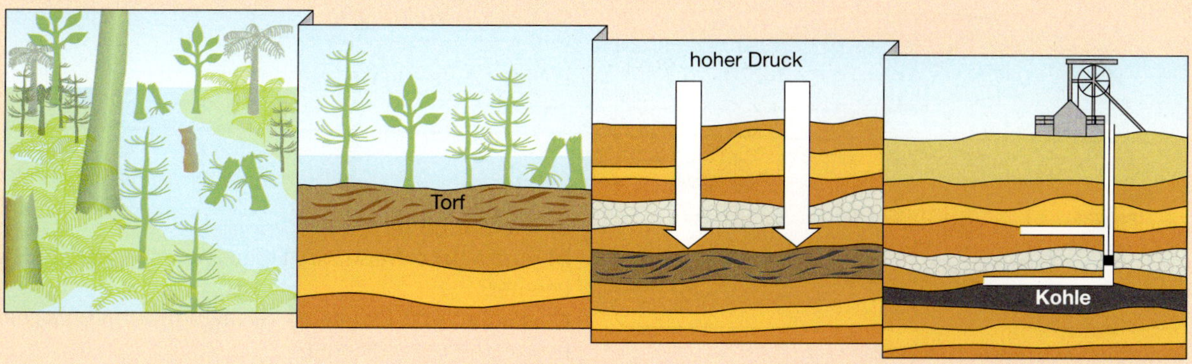

Erdgas, ein wertvoller Energieträger

1. *Erdgasförderung in Sibirien*

1. Bestandteile des Erdgases

Etwa die Hälfte der Haushalte in Deutschland wird mit Erdgas beheizt. Welche Vorteile bietet dieser Energieträger im Vergleich zu Ölheizungen?

Entstehung und Zusammensetzung. Erdgas ist ein Gemisch verschiedener Gase aus unterirdischen Lagerstätten. Es kommt häufig zusammen mit Erdöl vor, da es in Millionen von Jahren auf ähnliche Weise entstanden ist. Der Hauptbestandteil von Erdgas ist mit 75–95 % Methan. Enthalten sind außerdem weitere brennbare Gase. Daneben enthalten Erdgase noch Schwefelwasserstoff (H_2S), Stickstoff und Helium. Die genaue Zusammensetzung ist regional unterschiedlich.

Aufbereitung. Erdgas wird meist aus großen Tiefen gefördert. Bevor es als Heizgas verwendet werden kann, müssen vorher Verunreinigungen wie Staub, Wasserdampf und Schwefelwasserstoffgas entfernt werden. Schwefelwasserstoff ist sehr giftig. Man kann ihn durch Oxidation in elementaren Schwefel überführen und dann vom Erdgas abtrennen. Auf diese Weise gewinnt man den Schwefel, den man für weitere chemische Produkte nutzen kann.
Das gereinigte Gas wird von den Gasversorgern in Salzlagerstätten oder sehr großen Gastanks gespeichert.

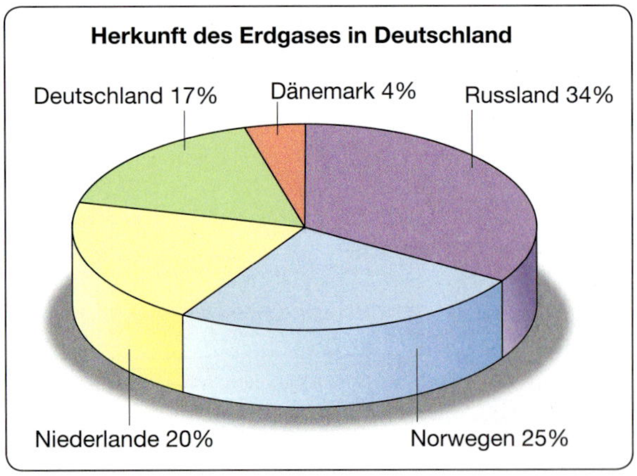

2. *Woher kommt unser Erdgas?*

Transport. Erdgas lässt sich leicht in Pipelines transportieren. Es wird in bis zu 1,5 m dicken Stahlrohren unter hohem Druck nach Deutschland gepumpt. Die Leitungen führen dabei oft über mehrere tausend Kilometer zum Beispiel aus Russland über Weißrussland und die Ukraine nach Westeuropa. Unterwegs muss in Verdichterstationen der Druck wieder aufgebaut werden, damit am Ende der Leitung auch ausreichend Gas den Verbraucher erreicht.

Verwendung. Erdgas wird hauptsächlich zur Strom- und Wärmeproduktion eingesetzt. 2006 wurden rund 48% der deutschen Haushalte mit Erdgas beheizt. Eine wichtige Anwendung für Erdgas ist sein Einsatz in Gasturbinenkraftwerken. Sie sind schnell einsatzbereit und können die sogenannte Spitzenlast des Strombedarfs abdecken.

Umwelt. Gereinigtes Erdgas ist nahezu frei von Schwefelverbindungen. Bei der Verbrennung entstehen im Vergleich zu den übrigen fossilen Brennstoffen weniger Kohlenstoffdioxid und weniger Stickstoffoxide. Rückstände wie Ruß, Staub, Asche und Schwermetalle entstehen überhaupt nicht. Erdgas ist also ein relativ sauberer Energieträger

Erdgas ist der umweltverträglichste fossile Energieträger.

2. Fragen zum Text

a) Woraus besteht Erdgas vor allem?

b) Auf welche Weise wird Erdgas vor der Nutzung aufbereitet?

c) Warum wird Erdgas als relativ umweltfreundlicher Energieträger bezeichnet?

Erdöl bewegt die Welt

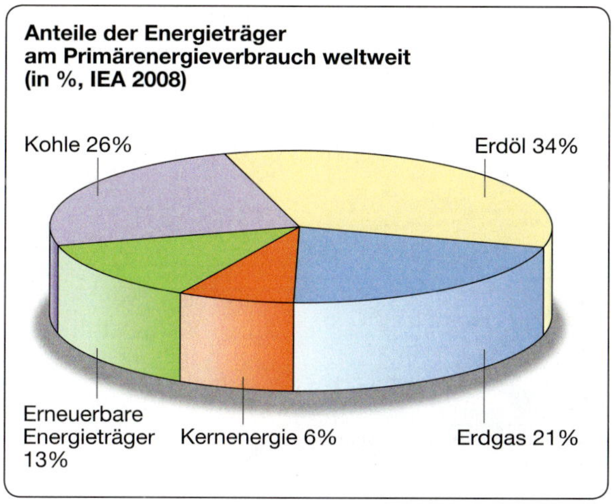

1. Erdöl als Energieträger

Erläutere die Grafik oben. Welche Bedeutung hat der Energieträger Erdöl heute?

Erdöl ist der wichtigste Energieträger für den Verkehr, private Heizungen und ein wertvoller Rohstoff für die chemische Industrie. So werden aus Erdöl werden unter anderem Kunststoffe, Medikamente, Farben, Waschmittel und viele andere Stoffe hergestellt.

Suche nach neuen Erdölquellen. Die Suche nach Erdöl ist technisch sehr aufwändig und kostspielig. Heute stützt man sich bei der Suche nach Erdöl auf modernste Satellitentechnik und Bodenuntersuchungsmethoden. Allerdings werden inzwischen nicht mehr viele neue Lagerstätten gefunden. So trifft man nur bei jeder fünften Bohrung überhaupt auf Öl. Nur eine von vierzig Bohrungen ist wirtschaftlich lohnend.

Förderung. Die Arbeit an Bohrstellen ist sehr hart. Meist arbeiten die Menschen dort in 12-Stunden-Schichten bei jedem Wetter. Da die Bohrstellen häufig an den entlegensten Orten der Welt sind, ist die Anreise dorthin mit weiteren Strapazen und Gefahren verbunden. So gelangt man zu den Bohrinseln in der Nordsee nur mit dem Hubschrauber.
Hat man eine lohnenswerte Lagerstätte gefunden, wird das Rohöl aus großer Tiefe an die Erdoberfläche gepumpt. Häufig wird dabei Wasser durch ein zweites Bohrloch in die Lagerstätte gepumpt, um den Druck zu erhöhen.

Steigende Ölpreise führen dazu, dass inzwischen auch Lagerstätten interessant werden, deren Erschließung vor ein paar Jahren noch unwirtschaftlich war. So werden in Kanada bereits Ölsande verarbeitet und in der Tiefsee nach Erdöl gebohrt.

Erdöl – ein fossiler Energieträger. Erdöl und Erdgas sind im Laufe von Millionen Jahren aus abgestorbenen Meeresorganismen entstanden. Man bezeichnet sie daher wie Kohle als **fossilen Energieträger.**
Da die Erdölvorräte begrenzt sind und Deutschland fast das gesamte Erdöl aus dem Ausland bezieht, sollte man sparsam damit umgehen und Alternativen entwickeln.

▲ *2. Die immer wieder auftretenden Ölkatastrophen zeigen die Risiken der Erdölsuche*

Umwelt. Öl aus leck geschlagenen Öltankern oder die Katastrophe im Golf von Mexiko 2010 zeigen die Gefahren der Erdölnutzung. Die Umweltbelastung wird noch steigen, wenn das Öl unter immer schwierigeren Bedingungen gefördert werden muss; das leicht gewinnbare, billige Öl ist bereits weitgehend verbraucht.

Erdöl ist der wichtigste Energieträger. Er ist außerdem ein wertvoller Rohstoff für die chemische Industrie. Man sollte sparsamer mit ihm umgehen, da die Vorräte zu Ende gehen.

2. Fragen zum Text

a) Weshalb ist Erdöl so wertvoll für uns?
b) Nenne Gründe, warum der Erdölverbrauch weltweit gedrosselt werden sollte.
c) Warum haben steigende Ölpreise Auswirkungen auf unser tägliches Leben?

Öl aus Sand belastet die Umwelt

Es wird immer schwieriger, Ölvorkommen auszubeuten. Die Zeiten, als das Öl von selbst aus dem Bohrloch gesprudelt ist, sind vorbei. Nun beutet man Öl aus, das ziemlich fest im Sandboden Kanadas lagert. Auf einer Fläche doppelt so groß wie Bayern liegen 335 Milliarden Barrel Öl in etwa 30 m Tiefe unter dem Wald im Sandboden. Doch um daraus das Öl zu gewinnen, müssen riesige Wälder gerodet werden. Es entstehen große Seen voll giftiger Abwässer, Flüsse werden stark verschmutzt.
Die Vorkommen sind seit vielen Jahren bekannt. Aber erst als der Rohölpreis explodierte, begann das große Geschäft mit dem Ölsand.

▲ *1. Ölsandabbau in Kanada*

▲ *2. Ölsand*

Nachdem Bäume gefällt und mehrere Kubikmeter Erde abgebaut worden sind, erhält man aus 2 Tonnen Ölsand 1 Barrel Rohöl (159 l). Dafür werden 40 000 l Erdgas und fast 1000 l sauberes Trinkwasser eingesetzt. Außerdem werden 110 kg Kohlenstoffdioxid und 320 l stark belastetes Abwasser in die Umwelt abgegeben.

1. Welche Haltung haben die Anwohner in Kanada zum Ölsandabbau? Informiert euch dazu im Internet.

▲ *3. Der Wald wird gerodet, der Oberboden abgetragen. Mit riesigen Baggern wird der Ölsand abgebaut und zerkleinert.*

▲ *4. Der Ölsand wird mit heißem Wasser und ätzendem Natriumhydroxid behandelt, bis sich eine ölige Masse absetzt.*

▲ *5. In einer Zentrifuge wird mithilfe von Rohbenzin der ölige Bestandteil aus dem Gemisch herausgelöst. Die wässrigen Abfallstoffe werden in riesigen offenen Becken gelagert.*

▲ *6. Das ölige Bitumen wird auf 500 °C erhitzt und mit Wasserstoff versetzt. So erhält man ein dünnflüssigeres Rohöl, das in Raffinerien weiter verarbeitet werden kann.*

Erdöl aus der Heide

Die erste Bohrung. Das Erdölzeitalter begann in Norddeutschland vor rund 150 Jahren, in Wietze im Landkreis Celle. Dort hatte Professor Hunäus im Auftrag des Königreichs Hannover nach Braunkohle gesucht – doch er fand Erdöl. Aus dieser Bohrung erhielt man 25 Jahre lang jedes Jahr rund 20 Zentner Öl, nicht gerade viel.

▲ 1. Erdölfeld bei Wietze (historische Aufnahme)

Öl – wofür? Zunächst hatte man Erdöl vor allem als Wagenschmiere und als Dichtungsmaterial im Schiffbau verwendet. Später fand es reißenden Absatz, denn man brauchte einen Brennstoff für die neuen Petroleumlampen. Als dann gegen 1910 die Nachfrage zurückging, weil immer mehr Glühlampen verwendet wurden, begann mit dem Auto das mobile Zeitalter. Die Bedeutung als Treibstoff, universeller Energieträger und als Rohstoff für die chemische Industrie nahm immer weiter zu. Ein Leben ohne Öl und Benzin ist heute (noch) kaum vorstellbar …

Ölfieber. Die erste Bohrung hatte noch kein Ölfieber ausgelöst. Das kam erst, als weitere Funde in Norddeutschland ergiebigere Quellen aufspürten, etwa 1881 nördlich von Peine oder 1899 wieder in Wietze. Da stieß man auf Erdöl, das üppig aus dem Bohrloch sprudelte. Man suchte und fand immer mehr Öl. Mit Pferdefuhrwerken transportierte man es in Holzfässern zur nächsten Bahnstation. Von dort ging es weiter zu Raffinerien nach Hamburg und Bremen. Suche, Förderung und Transport des Öls brachten vielen Menschen Lohn und Brot.
Die Gegend rund um Wietze war übersät mit Bohrtürmen. Fast 80% des Ölbedarfs in Deutschland hat man dort um 1910 gefördert.

▲ 2. Nachbau einer Bohranlage aus Ölheim (1881)

Das Museum in Wietze. Viele Aspekte der Geschichte des Erdöls in Norddeutschland kann man im **Deutschen Erdölmuseum** in Wietze nachvollziehen (siehe unter: www. erdoelmuseum.de). Dazu gibt es eine Ausstellung und ein großes Freigelände mit Modellen aber auch Originalgeräten. So kann man die Fördertechnik von 1900 bis heute hautnah erleben.

▲ 3. Öl-Wasser-Abscheider

▲ 4. Alte Pumpenanlage

Kohlenstoff – weltweit immer im Kreislauf

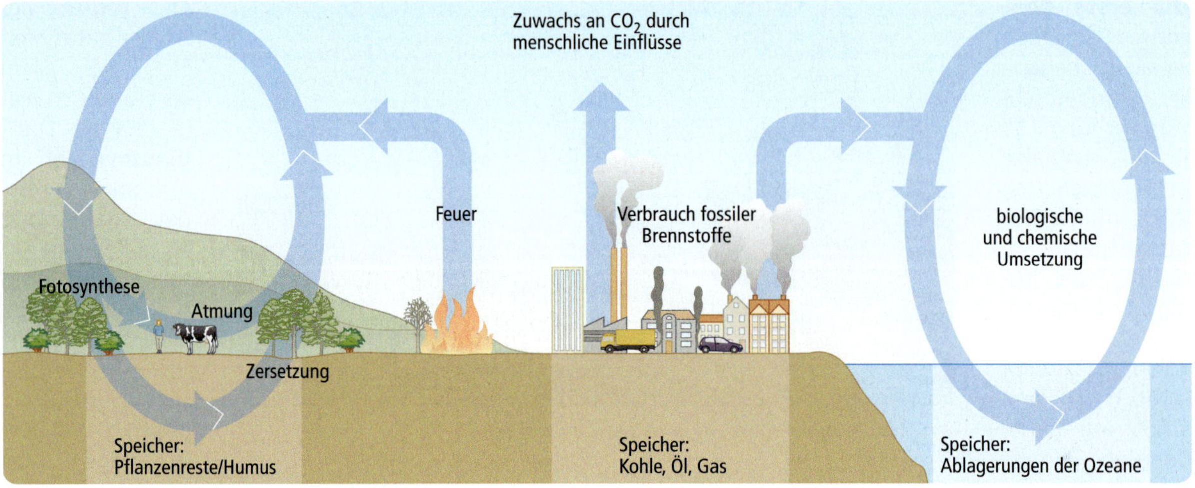

▲ *1. Die wichtigsten Vorgänge beim Kreislauf des Elements Kohlenstoff*

1. Kohlenstoff

a) Erläutere deinem Sitznachbarn mithilfe der Abbildung, wo überall Kohlenstoffdioxid freigesetzt wird.
b) Prüft anschließend mit dem Text nach, ob es weitere Gesichtspunkte gibt.

Kohlenstoff spielt eine zentrale Rolle auf der Erde, denn das gesamte Leben beruht auf Kohlenstoff-Verbindungen. Als Reaktionspartner in der Fotosynthese ist **Kohlenstoffdioxid** der wichtigste Stoff im weltweiten **Kohlenstoff-Kreislauf.**

Industrie, Verkehr und Heizung. Immer, wenn kohlenstoffhaltige Stoffe wie Kohle, Erdöl oder Erdgas verbrennen, entsteht Kohlenstoffdioxid, CO_2. Seit der Industrialisierung sind in kurzer Zeit große Mengen CO_2 in die Luft gelangt. Dies hat sehr wahrscheinlich schon zu Veränderungen des Klimas geführt: Kohlenstoffdioxid ist einer der Hauptverursacher des **Treibhauseffektes.**

Atmung und Zersetzung. Auch Pflanzen, Tiere und Menschen geben Kohlenstoffdioxid ab. Er wird bei der Oxidation der Nährstoffe frei. Man nennt diesen Vorgang Zellatmung. Durch diese langsame Verbrennung kann die Energie, die in den Nährstoffen gespeichert ist, genutzt werden.
CO_2 wird außerdem frei, wenn Mikroorganismen abgestorbene Lebewesen zersetzen.

CO_2 in Luft und Wasser. An jedem Ort der Welt kann man CO_2 finden, wenn auch nur in geringer Menge: Es ist bekanntlich mit rund 0,04 % in der Luft enthalten. Weil sich Kohlenstoffdioxid in Wasser löst, sind in den Meeren, Seen und Flüssen unvorstellbar große Mengen enthalten. Ein Großteil ist nur physikalisch als Gas gelöst, der Rest liegt in Form von Kohlensäure vor.

Kohlenstoff in Lebewesen. Pflanzen an Land und im Wasser nehmen CO_2 auf, betreiben damit **Fotosynthese,** wachsen und vermehren sich. Somit wird der Kohlenstoff in Biomasse umgewandelt.
Manche Meerestiere benötigen CO_2, um damit ihre **Kalkschalen** aufzubauen. Abgestorbene Meeresorganismen sinken auf den Grund der Meere und bilden dort Ablagerungen.

Kohlenstoff in fossilen Brennstoffen. Aus abgestorbenen Pflanzen und Tieren sind im Laufe von Millionen Jahren die großen Lagerstätten mit Kohle, Erdgas und Erdöl entstanden. Sie enthalten größere Mengen an gebundenem Kohlenstoff.

Kohlenstoff in Gesteinen. Die allergrößte Menge des Kohlenstoffs, nämlich rund 99 %, liegt gebunden als Gestein vor, vor allem in Kalkgestein ($CaCO_3$) . Hier ist der Kohlenstoff allerdings relativ stark festgelegt. Er nimmt kaum am Kreislauf teil.

Kohlenstoffdioxid ist wichtigster Bestandteil des weltweiten Kohlenstoff-Kreislaufs. Es wird von Pflanzen zum Wachstum benötigt.

2. Fragen zum Text

a) Nenne drei Vorgänge, bei denen CO_2 frei wird.
b) Wann wird CO_2 aus Luft oder Wasser entnommen?
c) Nenne zwei große „Kohlenstoffspeicher".

Die Zukunft der Energieversorgung

▲ *1. Erneuerbare Energieträger: Sonne, Wind und Wasser*

1. Recherche: Wie lange reicht das Öl?

a) Informiert euch über Schätzungen, wie lange das Erdöl wohl noch reichen wird. Warum findet man dabei so verschiedene Angaben – und welche ist die richtige?
b) Überlegt, was sich in unserem Alltag alles ändern würde, wenn in 20 Jahren das Öl zehnmal so teuer ist wie heute...
c) Wie kann man auf das Schwinden der Ölvorräte reagieren?
d) Weshalb ist es zum Schutz des Klimas sinnvoll, weniger fossile Energieträger zu nutzen?

2. Erneuerbare Energieträger, Vor- und Nachteile

a) Welche Vor- und Nachteile ergeben sich, wenn man Energie aus Wasser, Wind und Sonne nutzt? Erstellt die Antwort in Form einer Tabelle.
b) Die Wasserkraft in Deutschland lässt sich kaum noch stärker ausbauen. Welche Gründe könnte es dafür geben?
c) Welche Probleme ergeben sich, wenn man Windkraftanlagen im Meer nutzen will?

3. Erkundung einer Solaranlage

Sucht euch in eurer Umgebung ein Haus mit einer Solaranlage. Führt ein Interview mit dem Besitzer
– über die Erstellungskosten und laufenden Kosten
– Kollektorfläche, Himmelsrichtung
– Zweck der Anlage (Wärme oder Strom)
– Einsparungen im Jahr
– Förderung durch staatliche Programme…usw.
Erstellt ein Protokoll von den Antworten.

4. Berufe erkunden

a) Erstellt eine Übersicht über Berufe aus den Bereichen der Heizungs- und Klimatechnik sowie Berufe, die sich mit erneuerbaren Energieträgern beschäftigen.
b) Welche schulischen Anforderungen sind nötig?
c) Wie sehen typische Tätigkeiten aus?

5. Projektarbeit

Teilt eure Klassen in verschiedene Gruppen auf. Wählt Projektthemen aus und informiert euch ausführlich dazu. Präsentiert am Ende eure Ergebnisse in der Klasse.
a) Peak Oil-Theorie – Wie lange reicht das Öl?
b) Fossile Energieträger, Vor- und Nachteile
c) Erneuerbare Energieträger, Vor- und Nachteile
d) Energie in der Region: Woher kommt unser Strom, unser Gas oder Öl?
e) Wie kann man Energie speichern?
f) Berufe rund um das Thema Energie
g) Bau eines Funktionsmodells für einen Sonnenkollektor zur Warmwassergewinnung

Die Weltbevölkerung **nimmt weiter zu,** ebenso die **Nachfrage nach Energie.** Vor allem China, Indien und andere aufstrebende Nationen haben einen stark steigenden Energiebedarf. Doch die fossilen Energieträger Kohle, Gas und Öl sind nur begrenzt vorhanden und belasten außerdem die Umwelt. Die Fördermenge für Erdöl könnte schon in wenigen Jahren abnehmen.

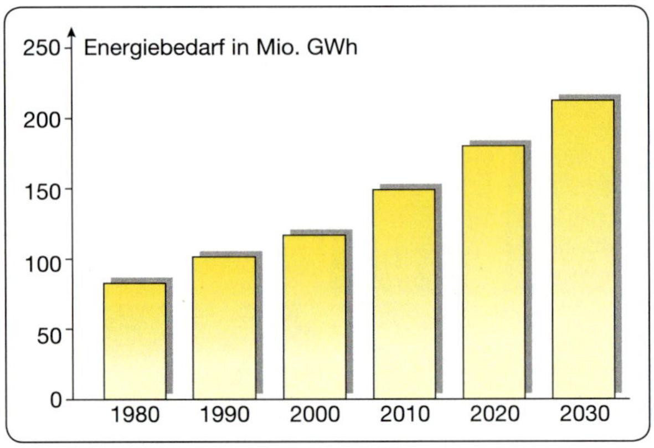

▲ *1. Weltenergieverbrauch (ab 2020: geschätzt)*

Bedeutung von Erdöl. Erdöl ist immer noch der wichtigste Energieträger. Das ist vor allem für das Verkehrswesen kritisch, denn der Großteil des Verkehrs ist vom Energieträger Öl abhängig. Größere Mengen werden auch für Heizungen genutzt. Für die Stromerzeugung bei uns spielt es dagegen nur eine kleine Rolle. Sehr wichtig ist es auch als Rohstoff für die chemische Industrie.

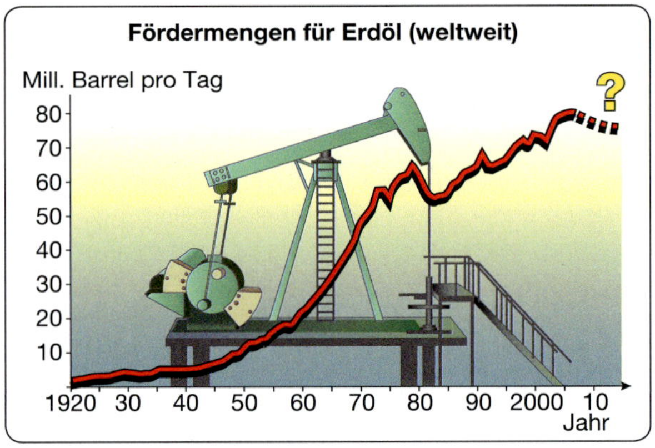

▲ *2. Fördermengen für Erdöl*

Wann geht uns das Erdöl aus? Wie lange das Öl reichen wird, darüber gehen die Meinungen auseinander. Das Bundesamt für Geowissenschaften und Rohstoffe schätzt, dass der Höhepunkt der Ölförderung, der sogenannte „peak-oil", in den Jahren 2015–2020 erreicht sein wird. Andere sagen, der Höhepunkt sei schon im Jahr 2006 erreicht worden.
Anschließend wird das Öl nicht schlagartig verbraucht sein; doch die Förderquote wird schrittweise sinken und der Preis daher (stark) ansteigen, wenn die Nachfrage weiter hoch bleibt. Was soll man da tun?

Die Zukunft: Sonnenenergie. Langfristig ist die Alternative zu den fossilen Energieträgern ganz klar die **Sonne.** Sie schickt an jedem Tag mehr Energie zur Erde, als die Menschheit momentan im Jahr benötigt. Doch zur Nutzung dieser kostenlosen Energie müssen auch Anlagen gebaut werden, die es in der benötigten Zahl noch gar nicht gibt. Außerdem sind für die umfangreiche Nutzung der Sonnenenergie noch mehrere Probleme zu lösen.

Probleme bei der Sonnenenergie:
– Die Sonne scheint nur am Tag, doch Energie wird auch abends und nachts benötigt. Wie lassen sich große Energiemengen also speichern?
– Gerade dort, wo viel Energie benötigt wird, scheint die Sonne nicht besonders intensiv. In Deutschland bräuchte man riesige Flächen, um ausreichend Strom in Solarzellen zu erzeugen.
– Wie lässt sich aufgefangene Sonnenenergie transportieren? In Deutschland, Europa und weltweit sind die Leitungsnetze nicht darauf ausgelegt, große Mengen elektrischer Energie verlustarm über weite Strecken zu transportieren.

Lösung: der Energiemix. Der Umstieg auf Sonnenenergie muss beschleunigt werden; das wird aber nicht so rasch gehen, wie es eigentlich nötig wäre. In der Übergangszeit müssen möglichst viele Energieträger genutzt und intelligent miteinander verknüpft werden:

– Damit das Öl möglichst lange reicht, sollte so viel wie möglich davon eingespart werden
– Schwerer erreichbare Ölvorkommen könnten in der Zukunft doch noch nutzbar sein; allerdings darf die Umwelt dafür nicht übermäßig belastet werden
– Die Erdgasvorräte können einige Zeit einen Teil der fehlenden Ölmengen ausgleichen
– Alle erneuerbaren Energieträger (Sonne, Windkraft, Biogas aus Abfällen, Wasserkraft...) müssen erheblich stärker genutzt werden als bisher
– Die Stromleitungsnetze in Europa müssen baldmöglichst ausgebaut werden
– Der Energiebedarf in der Industrie und im Alltag sollte durch technische Weiterentwicklungen gesenkt werden (Energieeffizienz steigern)
– Das Projekt, Sonnenenergie in heißen Regionen wie Afrika aufzufangen und daraus erzeugten Strom nach Europa zu leiten, sollte intensiv verfolgt werden.

Sonnenenergie. Solarkollektoren liefern warmes Wasser, Photovoltaik-Anlagen erzeugen elektrische Energie – und dies ohne Abgase zu produzieren, allerdings nur tagsüber. Photovoltaik-Anlagen sind in der Anschaffung aber noch teuer.

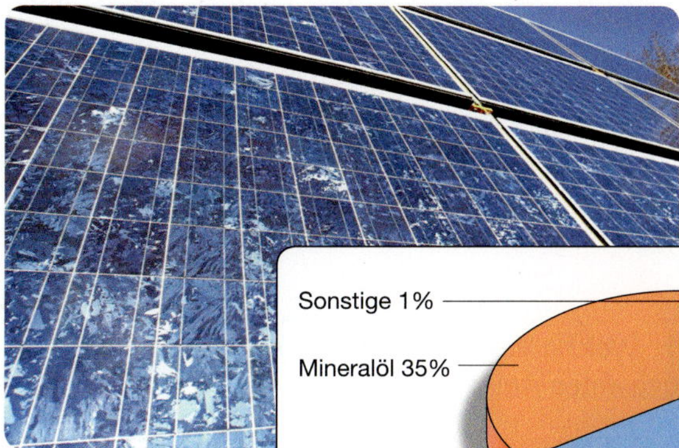

Biomasse. Hier nutzt man Holz, aber auch Abfallprodukte wie Stroh, Müll, Pflanzenöl, Deponiegas sowie tierische Abfallprodukte. Biomasse erneuert sich immer wieder im Naturkreislauf. Allerdings kann die massive Nutzung die Umwelt schädigen.

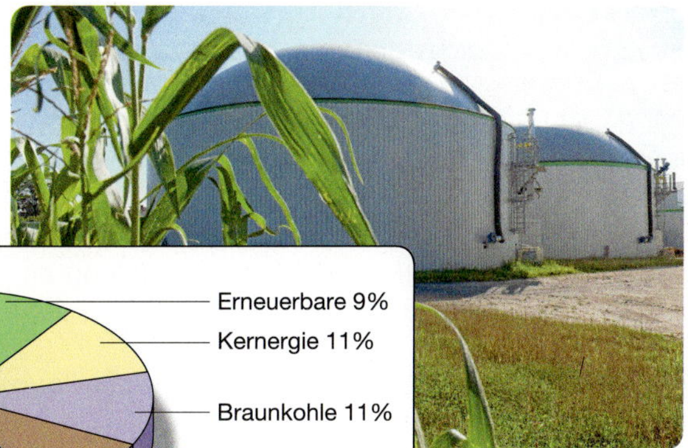

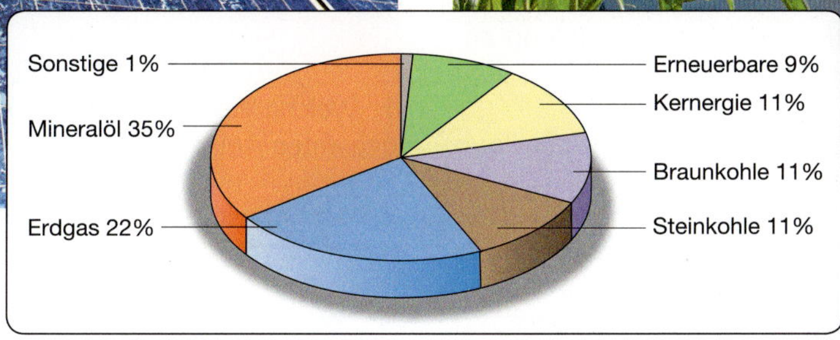

Wasserkraft. Weltweit liefert die Wasserkraft den größten Anteil bei den erneuerbaren Energieträgern. Allerdings gibt es in Deutschland kaum noch Erweiterungsmöglichkeiten.

Windkraft. Der Anteil der Windenergie ist in den letzten 20 Jahren deutlich gestiegen. Ein großer Nachteil ist, dass der Wind ungleichmäßig weht und dass das Leitungsnetz regional nicht mehr ausreicht, um den produzierten Strom weiterzuleiten.

▲ *1. Die wichtigsten erneuerbaren Energieträger; Mitte: Energiehaushalt Deutschland (Stand: 2009)*

Erdöl und die anderen fossilen Energieträger sind begrenzt und belasten die Umwelt. Die Zukunft liegt in den erneuerbaren Energien, vor allem bei der Sonnen- und Windenergie. Sie stehen uns im Prinzip unbegrenzt zur Verfügung.

1. Fragen zum Text

a) Weshalb steigt der Energiebedarf weltweit an?
b) Welche Bedeutung hat Erdöl für unsere Welt?
c) Was versteht man unter dem „peak-oil"?
d) Welche Probleme gibt es momentan noch bei der Nutzung der Sonnenenergie?
e) Weshalb kann man nicht heute schon komplett auf Wind-, Wasser- und Sonnenenergie umsteigen?
f) Wie kann man den Rückgang der Erdölförderung in den nächsten Jahren ausgleichen?

2. Energie sparsam nutzen

Mit Energie sparsam umzugehen, ist sehr sinnvoll. Suche für diese Aussage mindestens drei Begründungen.

Zukunftsprojekt: Energie aus der Wüste

Werden unsere elektrischen Geräte demnächst mit Strom aus der Wüste betrieben? Kommt nun der große industrielle Durchbruch für die Solartechnik?

Die Idee. Ein Konsortium aus Energie-, Industrie- und Finanzkonzernen plant, bis zum Jahr 2050 in Nordafrika große Anlagen zur Stromerzeugung aus Sonnenenergie zu bauen. Der Strom aus den solarthermischen Kraftwerken soll dann über ein großes Verbundnetz auch nach Europa geliefert werden. Die Anlage soll 15 % der europäischen Stromversorgung decken. Mit geschätzten Kosten von 400 Milliarden Euro wäre es das teuerste Industrieprojekt aller Zeiten.
Die Sahara bietet sich für dieses Projekt an, da dort mehr als doppelt so viel direkte Sonnenstrahlung ankommt wie in Mitteleuropa.

Die Technik. Das Sonnenlicht soll mit Spiegeln in Form von gewölbten Rinnen gebündelt werden und dann ein Spezialöl erhitzen. Mit der Wärme wird heißer Dampf erzeugt, der Turbinen und Generatoren antreibt und so Strom erzeugt. Der Strom wird also nicht von teuren Solarzellen produziert, sondern über ein bewährtes System wie es in allen Wärmekraftwerken eingesetzt wird.
Durch den Einsatz von großen Speichertanks mit flüssigem Salz kann die am Tage gewonnene Wärme sogar gespeichert werden. So können die Dampfturbinen auch nachts angetrieben werden.

Der Transport. Der Strom muss über ein neues Leitungsnetz rund 3 000 km nach Europa geleitet werden. Wegen der großen Entfernung müssen dafür Gleichspannungsleitungen verwendet werden. Diese neue Technik wird bereits in China erprobt.

1. Welche Vor- und Nachteile haben die in der Sahara geplanten Anlagen?

2. Warum wird so eine große solarthermische Anlage nicht auch für Deutschland geplant?

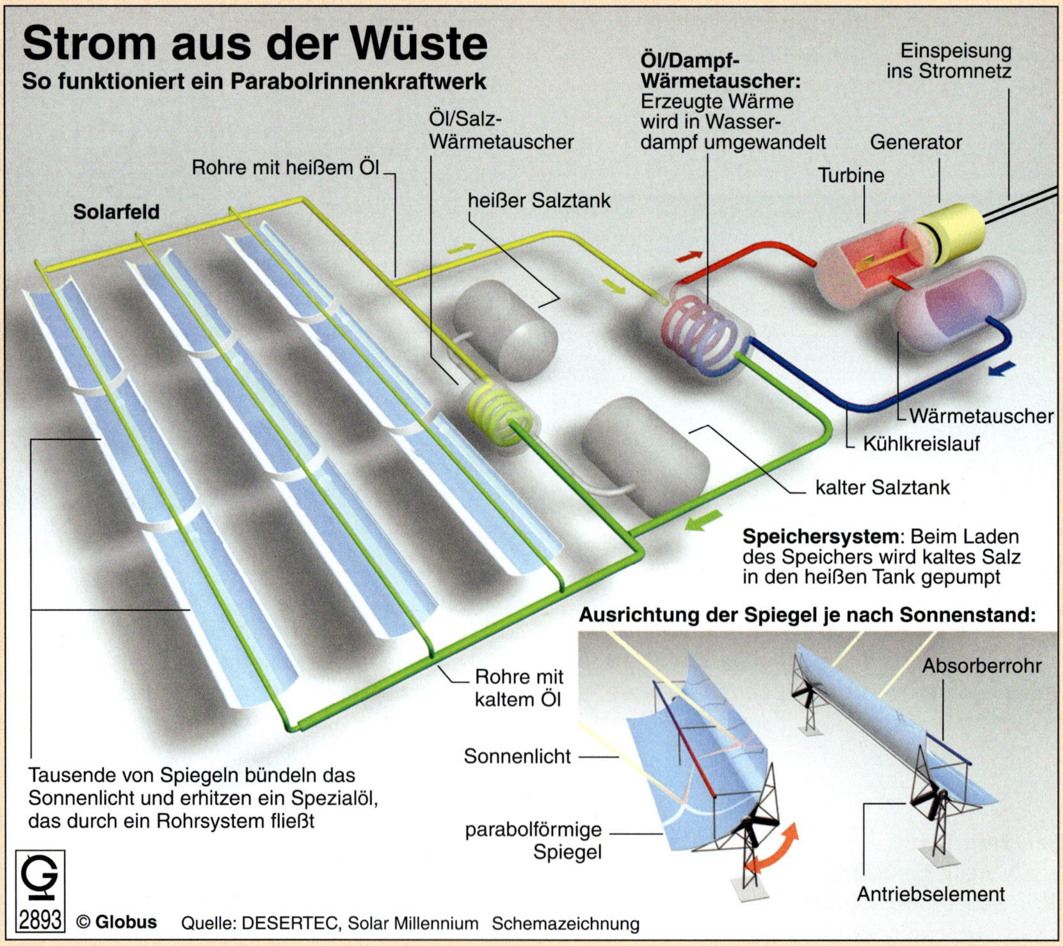

Wie lässt sich Energie speichern?

Der zukünftige Energiebedarf muss zu einem großen Teil mit erneuerbaren Energiequellen gedeckt werden. Doch Strom aus Sonne, Wind und Wasser steht uns nicht immer konstant zur Verfügung. Während Kohle- und Gaskraftwerke ihre Stromproduktion nach dem Bedarf ausrichten, muss der Strom aus Sonne, Wind und Wasser zum Teil gespeichert werden.
Das Grundproblem liegt darin, dass man elektrische Energie nicht unmittelbar speichern kann. Daher muss man sie immer in andere Energiearten umwandeln und bei Bedarf zurückwandeln. Bei jeder Umwandlung geht allerdings nutzbare Energie verloren.

Die kleine Lösung: Akkumulatoren. Nur in kleinem Maßstab kann Energie in Akkumulatoren gespeichert werden, wie heute schon bei Autos, Booten oder Wochenendhäusern.

Bewährt: Pumpspeicherkraftwerke. Bei einem Überschuss an Energie wird Wasser in einen höher gelegenen Stausee gepumpt. Bei Bedarf wird das Wasser wieder abgelassen und treibt dabei Turbinen und Stromgeneratoren an. Der Wirkungsgrad dieser Anlagen liegt bei 70–80%. Allerdings gibt es bei uns kaum noch Erweiterungsmöglichkeiten.

▲ 2. Pumpspeicherkraftwerk

▲ 3. Aufbau eines Druckluftspeicher-Systems

In Erprobung: Druckluftspeicher. Bei einem Überangebot an Strom wird Luft komprimiert und in unterirdische Salzkavernen geleitet. Die freiwerdende Wärme wird gespeichert und später für die Expansion der Luft wieder eingesetzt. So kann ein Wirkungsgrad von 70% erreicht werden. Dadurch wird keine zusätzliche Wärmeenergie zum Anheizen der Luft bei der Rückumwandlung benötigt. Ein erstes Druckluft/Gasturbinen-Kraftwerk wurde im niedersächsischen Elsfleth-Neuenhuntorf errichtet. Dort wird jedoch die komprimierte Luft durch Gasbefeuerung angeheizt. Daher ist der Wirkungsgrad nur bei zirka 40%.

Die Zukunft: Speicherung als Erdgas? Dieses System wird noch erforscht. Mit der überschüssigen elektrischen Energie wird Wasser elektrolytisch gespalten. Der entstehende Wasserstoff wird unter Energiezufuhr mit Kohlenstoffdioxid zu Methan umgesetzt. Methan, der Hauptbestandteil von Erdgas, kann beliebig lang gespeichert werden – in größeren Mengen auch unterirdisch. Wird wieder Energie benötigt, kann es verbrannt werden oder in Brennstoffzellen direkt elektrische Energie erzeugen. Der Wirkungsgrad liegt zwischen 40 und 60 %.

1. Warum wird es immer wichtiger, erzeugte Energie speichern zu können?

2. Welche Speichermöglichkeiten sind im Text erwähnt?

Kraftstoffe aus Nahrungsmitteln?

1. Die Menschheit wächst und wächst …

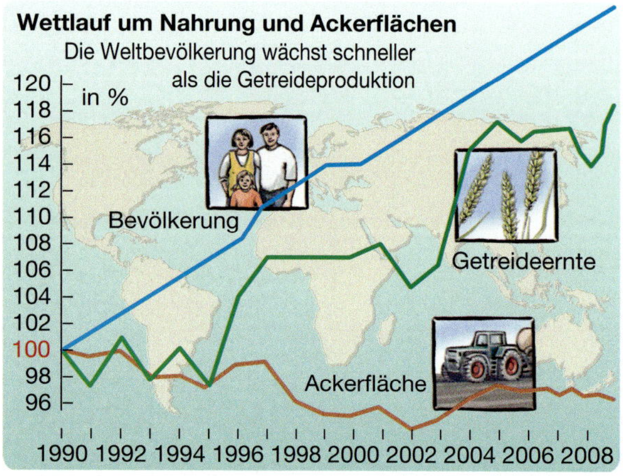

Betrachte die Grafik oben. Welche Aussagen kann man ihr entnehmen?

Biokraftstoffe – umweltfreundlich oder nicht? Biodiesel kann aus Pflanzenölen von Raps, Soja und Ölpalmen hergestellt werden. Bioethanol wird mithilfe von Mikroorganismen aus Getreide und Zucker hergestellt. Diese Biokraftstoffe scheinen besonders umweltfreundlich zu sein, denn die Nutzung ist **CO_2-neutral:** Bei der Verbrennung der Biokraftstoffe wird nur so viel Kohlenstoffdioxid frei, wie die Pflanzen während ihres Wachstums aufgenommen haben.

Allerdings wird bei dieser Darstellung vergessen, dass für den Anbau der Pflanzen große Mengen an Dünger und Pflanzenschutzmitteln benötigt werden. Weiterhin müssen beim Anbau und Transport Traktoren und Lastkraftwagen eingesetzt werden. Diese Tatsachen verschlechtern die Umweltbilanz der „sauberen Kraftstoffe".

Um im großen Maßstab Biokraftstoffe herstellen zu können, werden tropische Regenwälder durch Brandrodung zerstört. An ihrer Stelle werden große Plantagen mit Ölpalmen angebaut.

Gefährden Biokraftstoffe die Ernährung der Menschen? Wenn verstärkt Raps, Getreide oder Mais zur Herstellung von Treibstoffen oder zu Heizzwecken verwendet werden, schont man zwar den Rohstoff Erdöl; allerdings geht dies zu Lasten der Nahrungsmittelproduktion. Da die Weltbevölkerung weiter zunimmt, die nutzbare Ackerfläche aber sogar abgenommen hat, sollte man diesen Weg nicht weiter verfolgen. In ärmeren Ländern könnte sonst die Versorgung der Bevölkerung gefährdet werden.

Energie aus Abfällen. Zurzeit werden Verfahren erprobt, die aus Pflanzenabfällen Energie gewinnen sollen. Eine Möglichkeit ist die Herstellung eines flüssigen Treibstoffes (BtL-Verfahren, „Biomass to liquid") aus allen Pflanzenteilen. Bei einem anderen Verfahren vergären Abfälle aus der Landwirtschaft und Nahrungsreste zu Methan. Es kann wie Erdgas verwendet werden.

Aus Pflanzen kann Biokraftstoff hergestellt werden. Man sollte dafür aber nur Abfälle verwenden, weil sonst die Ernährung in armen Ländern gefährdet werden könnte.

2. Fragen zum Text

a) Aus welchen Stoffen können Biokraftstoffe hergestellt werden?

b) Weshalb erscheinen Biokraftstoffe zunächst umweltfreundlich?

c) Welche Nachteile bringt es, wenn man in großen Mengen Nahrungsmittelpflanzen zur Energiegewinnung nutzt?

3. Teurer Mais in Mexiko: Tortilla-Krise

In Mexiko kam es 2007 zu großen Demonstrationen, weil der Preis für Tortillas sich verdoppelt hatte. Die arme Bevölkerung konnte sich das Grundnahrungsmittel, das aus Maismehl hergestellt wird, kaum noch leisten. Ursache war vor allem der starke Anstieg des Maispreises auf dem Weltmarkt, hervorgerufen durch die starke Nachfrage aus den USA. Dort wird immer mehr Mais zu Bioethanol verarbeitet, um unabhängiger vom Öl zu werden…

Finde für die Karikatur einen passenden Titel oder eine Bildunterschrift.

Pro-und-Contra-Diskussion

Die **Pro- und Contra-Diskussion** ist eine Methode, die sehr effektiv zwei Seiten einer Problematik im Klassenzimmer darstellen kann.

- Dazu werden in einer Klasse zwei Gruppen mit je 4 bis 5 Schülern eingeteilt. Es geht um Biokraftstoffe. Beide Gruppen erhalten Informationsmaterial zu ihrem Standpunkt. Sie können aber auch eigene Argumente zum Thema suchen. Gemeinsam bereiten die Gruppen die Diskussion vor.
- Der Rest bildet die Beobachtergruppe. Sie hat die Aufgabe, später beide Gruppen in der Diskussion zu beobachten und ihnen im Anschluss ihre Beobachtungen mitzuteilen.
- Beide Gruppen setzen sich gegenüber. Ein Mitglied der Pro-Gruppe stellt seinen Standpunkt vor.
- Ein Mitglied der Contra-Gruppe gibt im Anschluss eine Rückmeldung zurück, wie es die Äußerungen verstanden hat. Danach stellt es seinen Standpunkt dar bzw. liefert Gegenargumente.
- Am Ende geben die Mitglieder der Beobachtergruppe ihre Beobachtungen wieder und geben eine Rückmeldung, welche Gruppe überzeugender aufgetreten ist. Welche Gruppe hat die Beobachter mehr überzeugt? Welcher Standpunkt war leichter zu vertreten und warum? Es kann auch eine Abstimmung durchgeführt werden, welcher Standpunkt mehr Anhänger gefunden hat.

1. Führt eine Pro-und-Contra-Diskussion zu einem Energie-Thema durch. Nutzt dabei auch die Informationen aus diesem Buch.

Pro

Biokraftstoffe sind umweltfreundlich. Es wird nur so viel CO_2 in die Atmosphäre abgegeben, wie die Pflanzen vorher aufgenommen haben.

Biokraftstoffe „Made in Germany“ verringern die Abhängigkeit Deutschlands von den Rohölimporten.

Nicht der Anbau von Energiepflanzen hat die Preise für Lebensmittel steigen lassen, sondern die Tatsache, dass immer mehr Menschen Fleisch essen.

Die Preise für Lebensmittel steigen ohnehin, weil ...

Contra

Biokraftstoffe bzw. der Anbau von Energiepflanzen verdrängen den Anbau von Nahrungsmitteln.

Um die riesigen Plantagen mit Energiepflanzen anzulegen, werden die tropischen Regenwälder abgeholzt.

Nicht der Ausbau von Biokraftstoffen muss erhöht werden, sondern alternative Energiequellen für den Transport von morgen entwickelt werden.

Die Anbauflächen für Nahrungspflanzen sind in den letzten Jahren ...

Jedes Jahr wird in Deutschland elektrische Energie im Wert von über vier Milliarden Euro durch **Leerlaufverluste** verschwendet („stand-by-Betrieb"). Dies entspricht ungefähr 4% des deutschen Stromverbrauchs.

Gerät	A: Leistungsaufnahme im Leerlauf (in Watt)	B: Leerlaufzeit pro Tag (in Stunden)	C: Verbrauch pro Tag (= Produkt aus A und B, in Wattstunden)	D: Verbrauch pro Jahr (C mal 365, in Wattstunden oder in Kilowattstunden)	E: Kosten pro Jahr bei 0,25 €/kWh (D in kWh mal 0,25, in Euro)

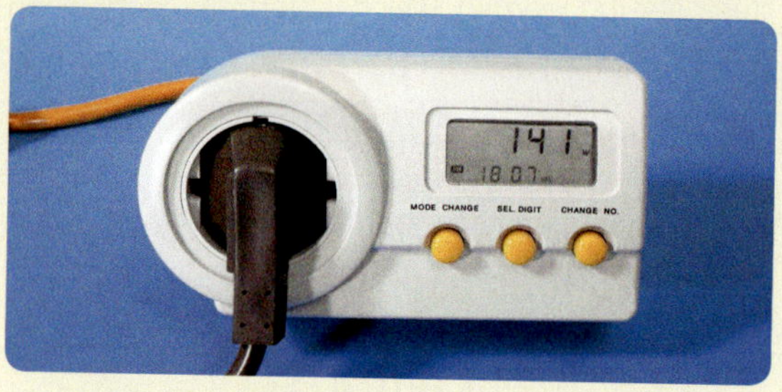

1. Besorgt euch ein Energiemessgerät und ermittelt die Summe an Leerlaufverlusten zu Hause oder in der Schule (Computer, Drucker, Fax …). Erstellt dazu eine Tabelle ähnlich wie oben.
2. Was kann man gegen solche Leerlaufverluste unternehmen?

Wer Energie einspart, schont die Umwelt und spart dazu noch Geld und Rohstoffe.

3. Erläutere diese Aussage etwas näher.
4. Betrachte die Grafik. In welchen Bereichen hat man am ehesten Chancen, Energie einzusparen?
5. Viele moderne Elektrogeräte benötigen weniger Energie als die Geräte früher. Woran könnte es liegen, dass der häusliche Energieverbrauch dennoch nicht gesunken ist?
6. Stellt die besten Tipps zum Energiesparen auf Plakaten zusammen und stellt sie an der Schule aus.

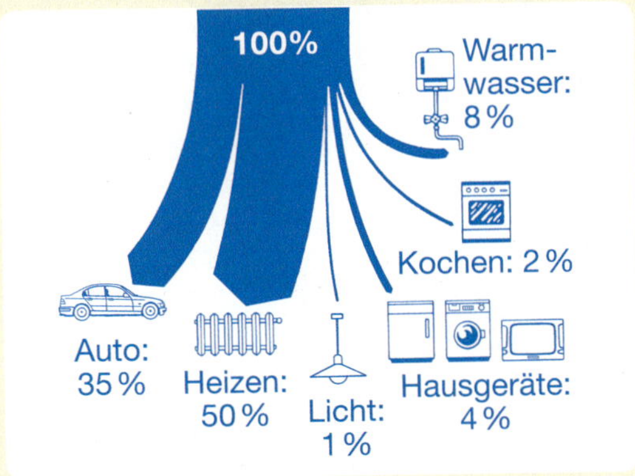

Der Nobelpreisträger Rajendra Pachauri rät, weniger Fleisch zu essen. Das sei die einfachste Art, Energie zu sparen. Denn für die Produktion von Fleisch wird 7-10-mal mehr Energie benötigt, als für die Produktion von Brot.

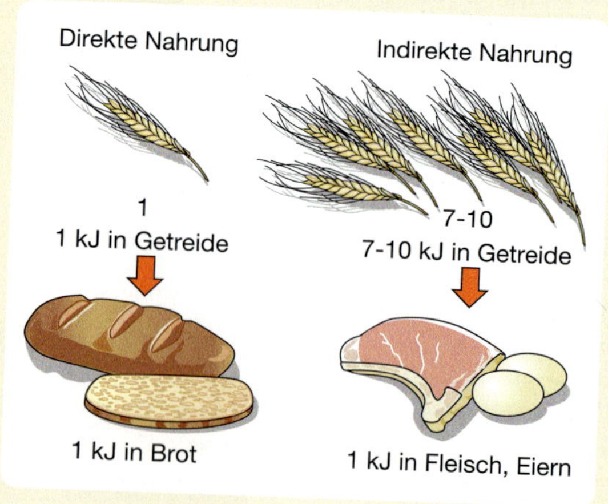

7. Schätze die Menge an Fleisch, die deine Familie durchschnittlich pro Woche verzehrt. Würde es dir leicht fallen, auf die Hälfte des Fleischs zu verzichten?
8. Schätze auch, wie viel Kilometer in eurer Familie pro Woche mit dem Auto gefahren wird. Wäre es leichter möglich, auf etwa die Hälfte der Fahrten zu verzichten?

Energie für heute und morgen

→ **Energie ist lebenswichtig:** Energie ist an allen Vorgängen in der Welt beteiligt. Ohne Energie können wir nicht leben.

→ **Energieerhaltung:** Energie entsteht nicht neu, sie kann auch nicht verbraucht werden. Sie kann nur übertragen und umgewandelt werden. Nicht weiter nutzbare Energie heißt entwertete Energie.

→ **Energie aus Nahrung:** Unser Körper erhält die notwendige Energie mit der aufgenommenen Nahrung durch Kohlenhydrate und Fette, weniger aus Eiweißstoffen.

→ **Kohlenhydrate – Energielieferanten des Menschen:** Kohlenhydrate sind die schnellen Energiespender für den Menschen. Zucker und Stärke können leicht vom Körper verwertet werden.

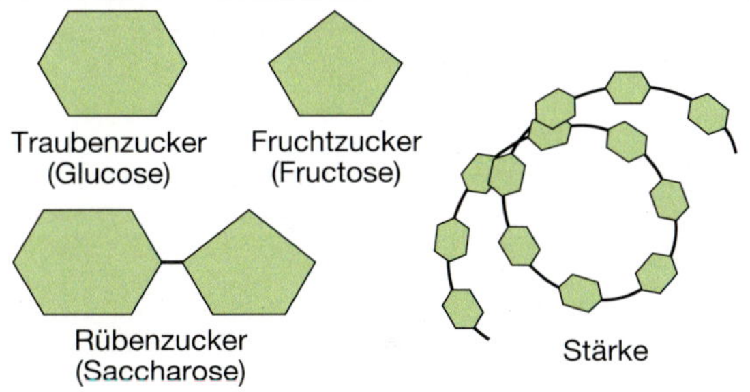

→ **Fossile Energieträger:** Kohle, Erdgas und Erdöl heißen fossile Energieträger, weil sie aus abgestorbenen Pflanzen (Kohle) bzw. Meeresorganismen entstanden sind. Bei ihrer Verbrennung entstehen neben Wärme große Mengen an Wasserdampf, Kohlenstoffdioxid, Schwefeldioxid und Stickstoffoxiden.

→ **Erdöl:** Die Vorräte des bisher wichtigsten Energieträgers drohen in den kommenden Jahrzehnten knapp zu werden. Deshalb müssen die Anlagen für erneuerbaren Energieträger zügig ausgebaut werden.

→ **Kohlenstoff-Kreislauf:** Die Kohlenstoff-Verbindungen auf der Erde stehen über einen weltweiten Kreislauf miteinander in Beziehung.

→ **Erneuerbare Energieträger:** Wind-, Wasser-, Sonnenenergie und Biomasse sind die wichtigsten Energieträger der Zukunft. Sie erneuern sich immer wieder, stehen aber nicht ständig zur Verfügung.

→ **Biokraftstoffe:** Sie sollten nicht aus Nahrungspflanzen hergestellt werden, damit es nicht zur Konkurrenz zur Lebensmittelversorgung kommt. Geeignet sind etwa Abfälle aus der Landwirtschaft.

→ **Energie sparen:** An vielen Stellen gibt es Möglichkeiten, Energie zu sparen oder die Energie mit modernen Geräten wirkungsvoller zu nutzen.

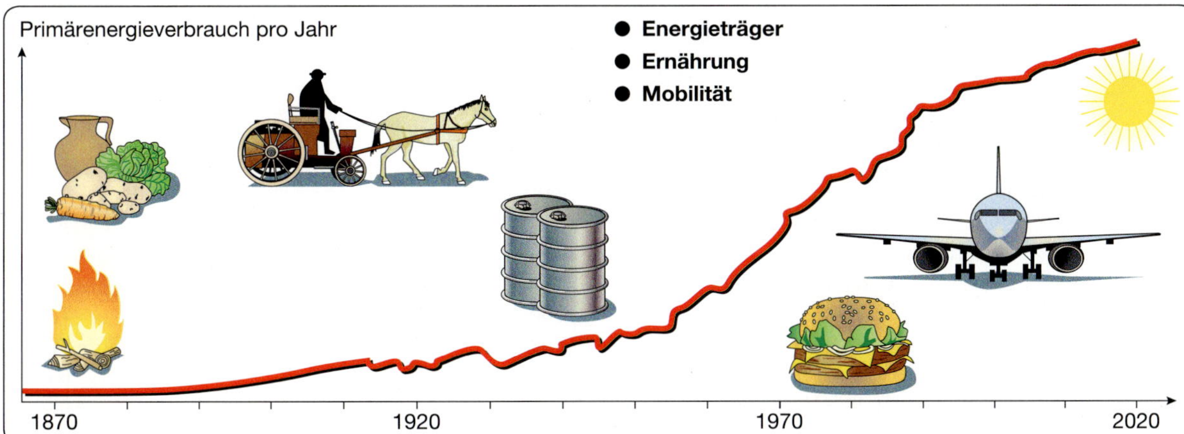

Energie für heute und morgen

1. Begriffe zur Energie

a) Wofür benötigen wir im Alltag Energie?
b) Wie heißen Stoffe, mit deren Hilfe man Energie gewinnen kann?
c) Nenne drei Formen von Energie.
d) Welche Energieumwandlung findet statt, wenn man ein Feuerzeug benutzt?

2. Energieverbrauch – gibt es das?

Im Alltag spricht man oft vom Energieverbrauch, etwa bei der Stromrechnung. Streng physikalisch ist das nicht richtig, denn Energie kann nicht verloren gehen oder im echten Sinne „verbraucht" werden. Sie kann nur von einer Energieform in andere Formen umgewandelt werden.
a) Wie heißt der korrekte Begriff für die Tatsache, dass man umgewandelte Energie (oft) nicht weiter nutzen kann?
b) Erläutere dazu ein Beispiel aus dem Alltag.

3. Energie für den Körper

a) Weshalb nehmen Leistungssportler viele Kohlenhydrate zu sich, bevor sie einen Wettkampf haben?
b) Eiweißstoffe werden vom Körper nur „im Notfall" als Energieträger eingesetzt. Warum ist das für den Körper sinnvoll?
c) Weshalb ist Cellulose als Energielieferant für den Menschen nicht geeignet?
d) Fette sind sehr energiereich. Weshalb sollte man dennoch nicht auf sie verzichten?

4. Zusammensetzung der Nahrungsmittel

a) Welche drei Nährstoffgruppen sind in unseren Lebensmitteln enthalten?
b) Gib jeweils zwei Beispiele für Lebensmittel, die diese Nährstoffe in nennenswerter Menge enthalten.
c) Wie kann man Traubenzucker, Eiweiß und Fett nachweisen?

5. Einfach, zweifach, vielfach...

a) Was haben die Stoffe Traubenzucker, Rübenzucker, Stärke und Cellulose gemeinsam?
b) Wo kommen diese Stoffe in der Natur vor?
c) Wie kann man Holz bzw. Cellulose nutzen?

6. Weltweiter CO_2-Ausstoß

Die Grafik unten zeigt den weltweiten CO_2-Ausstoß einiger Staaten für das Jahr 2007.
a) Suche nach Gründen weshalb es zwischen den Ländern so große Unterschiede gibt.
b) Schreibe die Staaten jetzt in der Reihenfolge ihres Pro-Kopf-Verbrauchs in dein Heft.
Weshalb ist dieser Wert ein besserer Vergleichswert, als der Ausstoß pro Land?

CO_2-Ausstoß weltweit
Energiebedingte Emissionen

Land	pro Land in Mio. t	pro Kopf in t
China	6028	4,6
USA	5769	19,1
Russland	1587	11,2
Indien	1324	1,2
Japan	1236	9,7
Deutschland	798	9,7
Kanada	573	17,4
Großbritanien	523	8,6
Südkorea	489	10,1
Iran	466	6,6
Mexiko	438	4,1
Italien	438	7,4
Australien	396	18,8
Indonesien	377	1,7
Frankreich	369	5,8
Saudi-Arabien	358	14,8
Brasilien	347	1,8
Südafrika	346	7,3
Spanien	345	7,7
Ukraine	314	6,8
Kenia	8,5	0,3

7. Kohlekraftwerke

a) Welche Schadstoffe entstehen bei der Verbrennung von Kohle?
b) Vor und während der Olympiade 2008 in Peking wurden wochenlang viele Kohlekraftwerke abgeschaltet. Recherchiere die Gründe für diese Maßnahme der Regierung.
c) Von 1980 bis 2009 stieg der weltweite Verbrauch von Kohle um 70%, allein in China alleine um 300%. Welche Gründe für den rasanten Anstieg des Kohleverbrauchs kannst du finden?

10. Erneuerbare Energieträger

a) Finnland und die Schweiz nutzen die Wasserkraft viel stärker als Deutschland. Woran liegt das wohl?
b) Welche Probleme ergeben sich, wenn man die Windenergie bei uns noch viel stärker nutzen möchte als bisher?
c) Weshalb muss man Solaranlagen immer mit einer anderen Energieart ergänzen?
d) Weshalb wird die Frage nach Energiespeicherung in den kommenden Jahren noch wichtiger?

8. Öl aus Ölsand – Pro und Contra

Lies den Text S. 120 zum Thema Ölsand.
a) Weshalb ist die Gewinnung von Erdöl aus Ölsanden umstritten?
b) Sammelt Argumente für und gegen den Abbau von Ölsanden. Nutzt dazu Zeitschriftenartikel und das Internet als Quellen. Bildet zwei Gruppen und führt eine Pro-und-Contra-Diskussion durch.

9. Erdöl

a) Betrachte die Abbildung unten. Stelle Vermutungen an, wovon die Schwankungen des Ölpreises abhängen könnten.
b) Weshalb wird in den nächsten Jahren die Gewinnung von Erdöl immer aufwändiger und damit auch teurer werden?

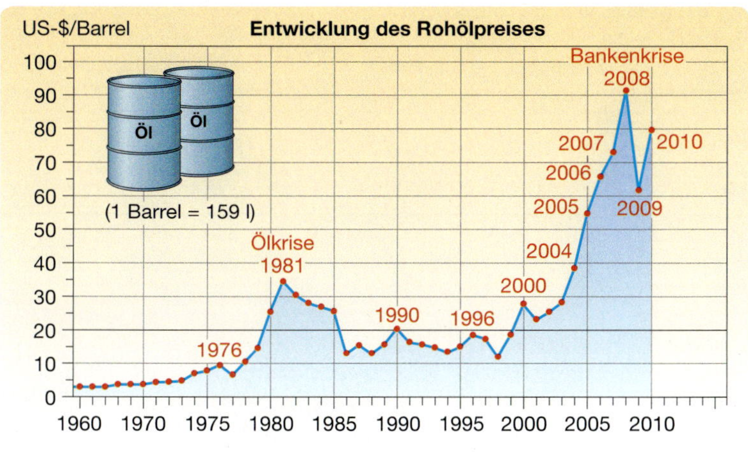

11. Biokraftstoff aus Nahrungsmitteln

Forscher an der Universität von Ithaca (USA) haben den Energieaufwand berechnet, den man für die Herstellung von Biotreibstoff benötigt:
– Für 1 l Ethanol aus Mais benötigt man 31 400 kJ
– 1 l Ethanol liefert aber selbst nur 21 500 kJ Energie
a) Was bedeutet das, energetisch gesehen?
b) Mit Biotreibstoffen will man die Abhängigkeit vom Öl verringern. Lässt sich dieses Ziel erreichen?

12. Zukunft der Energieversorgung

Man weiß schon lange, dass Erdöl und Erdgas eines Tages verbraucht sein werden. Ebenso kennt man bereits längere Zeit Methoden, wie man die Energie der Sonne auffangen kann.
a) Warum hat sich die Energiegewinnung aus Sonnenenergie bisher nicht richtig entwickeln können?
Suche mehrere mögliche Gründe.
b) Wie könnte man deiner Meinung nach den Wandel hin zu erneuerbaren Energieträgern beschleunigen?

10 Erdöl – zu schade zum Verbrennen

1. Bevor das Erdöl zu einem nutzbaren Produkt verarbeitet werden kann, muss es zunächst gefunden und gefördert werden. ▶

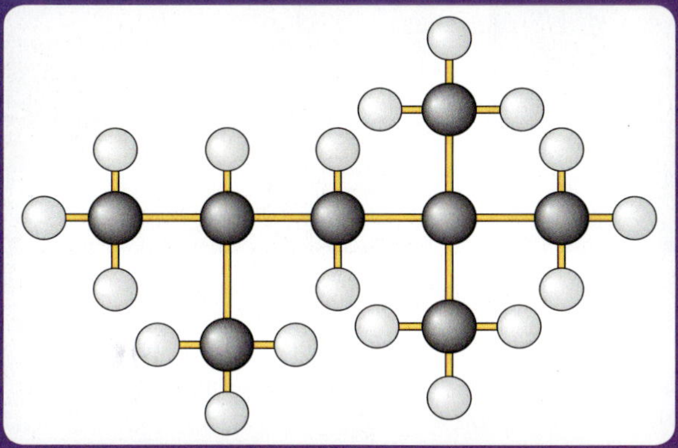

▲ 2. Moleküle mit dieser verzweigten Struktur sind Bestandteile des Erdöls.

In einer Raffinerie werden aus Rohöl und Erdgas in einer Vielzahl von Verarbeitungsschritten Benzin, Diesel, Heizöl und andere Stoffe hergestellt. Das ist der Grund, warum eine Raffinerie aus einem Geflecht von Rohren und Destillationstürmen besteht. Der größte Anteil des Erdöls wird als Treibstoff für Autos, Schiffe und Flugzeuge verwendet. Aus den in einer Raffinerie gewonnenen Grundstoffen werden in der chemischen Industrie viele weitere Produkte wie Kunststoffe, Farben, Lacke, Arznei,- Wasch- und Reinigungsmittel, Kosmetika und Aromastoffe hergestellt.

▲ 3. Das brennbare Gas Methan wird nicht nur zum Heizen verwendet, sondern wurde vor der Erfindung der Elektrizität in Gaslaternen zur Beleuchtung eingesetzt.

◀ 4. Gute Haftung! Welche Kräfte halten einen Gecko an der Wand und auch Moleküle zusammen?

Die Vielfalt der organischen Stoffe

▲ *1.–3. Organische Stoffe aus der Natur z. B. Getreide oder Holz oder Zucker*

1. Organische und anorganische Stoffe unterscheiden

a) Erhitze (unter dem Abzug) jeweils in einem Reagenzglas einen Eisennagel, Holzstücke, Zucker, Kochsalz, Mehl, Gips, Folienstücke einer Tragetasche.
b) Welche Veränderungen kannst du bei den erhitzten Materialien feststellen? Gibt es Gemeinsamkeiten? (Hinweis: Zucker ist ein organischer Stoff.) Führe eine Einteilung der Stoffe in die beiden Gruppen organische oder anorganische Stoffe durch. Begründe deine Entscheidungen.

2. Organische Stoffe überall

a) Gase zum Heizen und Kochen sind organische Stoffe. Welche Gase kennst du?
b) Kunststoffe gehören zu den organischen Stoffen. Nenne vier Beispiele.

3. Woraus bestehen organische Stoffe?

a) Entzünde eine Kerze und leite die Verbrennungsgase durch die Versuchapparatur (Bild 2).
Versetze die im U-Rohr kondensierte Flüssigkeit mit wasserfreiem Kupfersulfat (Xn,N).
b) Notiere deine Beobachtungen und erkläre sie.
c) Kalkwasser ist ein Nachweis für Kohlenstoffdioxid. Was kannst du aus den Veränderungen des Kalkwassers im Versuch (Bild 4) schließen?

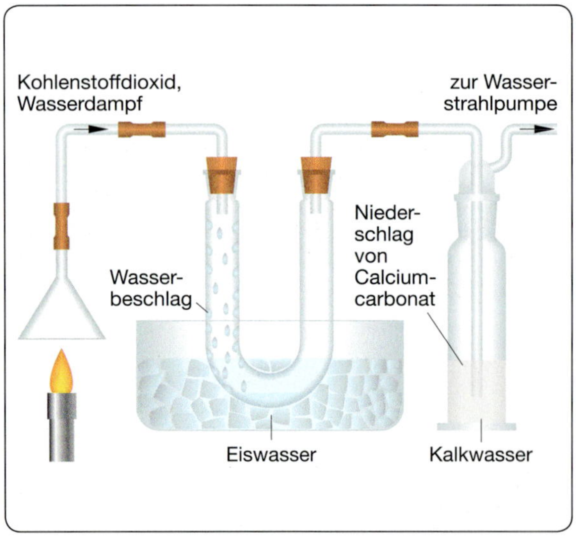

▲ *4. Analyse der Verbrennungsprodukte einer Kerze*

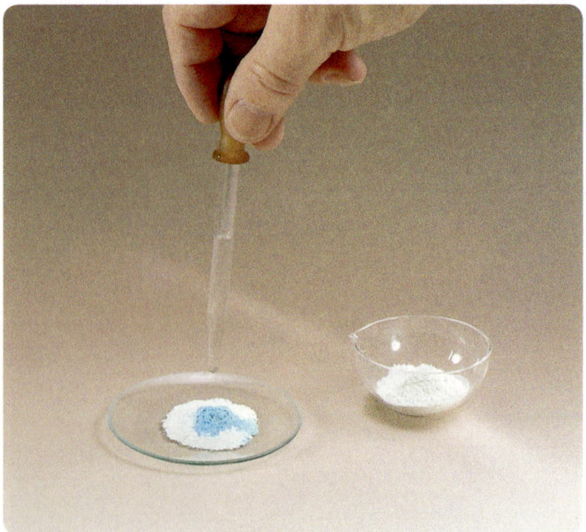

▲ *5. Wassernachweis mit Kupfersulfat*

▲ 1. *Angebrannter Toast*

▲ 2. *Lacke und Farben*

▲ 3. *Gegenstände aus Kunststoff*

Was sind organische Stoffe? Du hast beim Toasten nur etwas zu lange gewartet und schon ist alles schwarz geworden, verkohlt. Unabsichtlich hast du damit gezeigt, dass Toastbrot Kohlenstoff enthält.

Nahrungsmittel und viele weitere Stoffe, wie Holz, Papier oder Kunststoffe zeigen die gleiche Reaktion. Sie alle enthalten Kohlenstoff. Fast alle Verbindungen die Kohlenstoff enthalten werden als **organische Stoffe** bezeichnet. Mit solchen Verbindungen des Kohlenstoffs beschäftigt sich die organische Chemie.

Alle anderen Stoffe werden als **anorganische Stoffe** bezeichnet. Zu ihnen gehören die Metalle, die Salze, aber auch die Säuren und Laugen. Auch einige Kohlenstoffverbindungen werden zu den anorganischen Stoffen gezählt, wie das Kohlenstoffdioxid und die Kohlensäure mit ihren Salzen, den Carbonaten.

Vielfalt der Kohlenstoffverbindungen. Heute sind weit über 19 Millionen Kohlenstoffverbindungen bekannt. Die Anzahl der heute bekannten anorganischen Verbindungen beträgt dagegen nur etwa eine halbe Million.

Diese Vielfalt der organischen Verbindungen beruht darauf, dass Kohlenstoff-Atome sich direkt miteinander verbinden können. Dadurch entstehen lange kettenförmige, aber auch ringförmige Moleküle.

In organischen Verbindungen können auch Atome der Elemente Wasserstoff, Sauerstoff, Stickstoff, Schwefel und Phosphor enthalten sein. Dadurch wird die Zahl der möglichen Verbindungen noch um ein Vielfaches erhöht.

Alle organischen Stoffe sind kohlenstoffhaltige Verbindungen.

1. Fragen zum Text

a) Erkläre den Unterschied zwischen organischen und anorganischen Stoffen.

b) Was ist der Grund für die Vielzahl der organischen Verbindungen?

c) Welche Kohlenstoffverbindungen werden zu den anorganischen Stoffen gezählt?

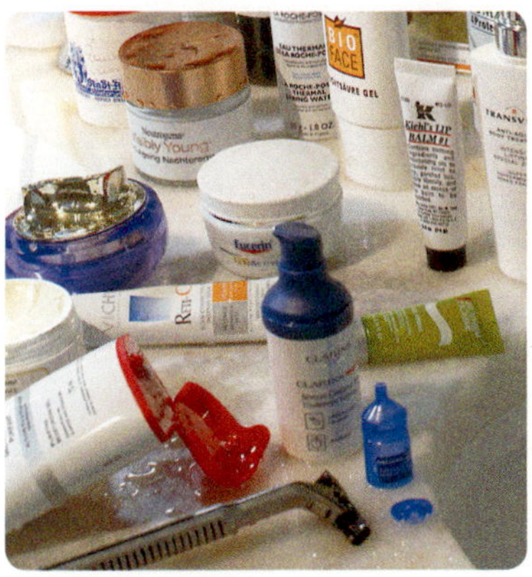

▲ 4. *Kosmetikartikel*

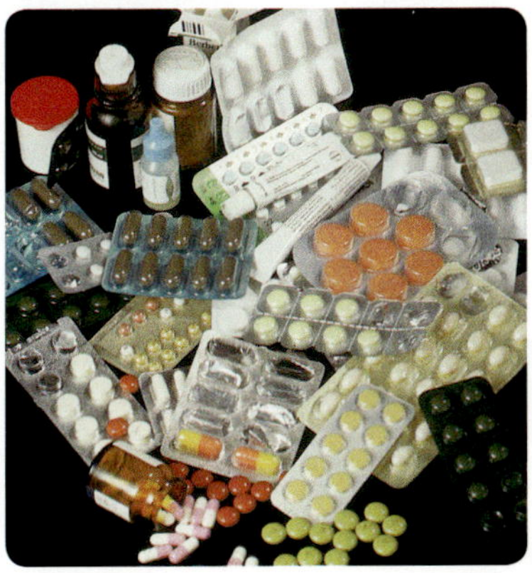

▲ 5. *Medikamente*

▲ 6. *Anorganisch: Calciumcarbonat*

Geschichte der organischen Chemie

▲ 1. FRIEDRICH WÖHLER (1800–1882)

Organische Stoffe. Noch vor etwa 200 Jahren waren viele Wissenschaftler der Meinung, dass pflanzliche und tierische Stoffe wie Zucker, Stärke, Fett nicht vom Menschen im Labor hergestellt werden können. Man glaubte, solche Stoffe könnten nur von lebenden Organismen hergestellt werden. Um sie von den anorganischen Stoffen, die auch im Labor synthetisiert werden konnten, zu unterscheiden, führte im Jahre 1806 der schwedische Chemiker BERZELIUS (1779–1848) den Begriff **organische Stoffe** ein.

Wöhlers Geniestreich. Dem deutschen Chemiker FRIEDRICH WÖHLER (1800–1882) gelang es im Jahre 1828 zu beweisen, dass sich organische Stoffe doch künstlich herstellen lassen. Er stellte erstmals aus einem anorganischen Salz den organischen Stoff Harnstoff her. Über seine Versuche schreibt er an BERZELIUS: „Ich kann, so zu sagen, mein chemisches Wasser nicht halten und muß ihnen sagen, dass ich Harnstoff machen kann, ohne dazu Nieren oder überhaupt ein Thier nöthig zu haben..."

Harnstoff ist ein typisch organischer Stoff, der bei der Verdauung von Eiweiß auch im Körper des Menschen entsteht. Mit der Harnstoff-Synthese hat WÖHLER gezeigt, dass die Stoffe der belebten Natur sich auch im Labor gewinnen lassen. Der Einstieg in die organische Chemie war gefunden.

Die moderne organische Chemie
Mit Wöhler begann die moderne Chemie. Als einer ihrer Väter gilt auch JUSTUS VON LIEBIG (1803–1873). Sein berühmtes Labor, in dem von frühmorgens bis spät in die Nacht geforscht wurde, glich eher einer Küche. Im Sommer war es darin drückend heiß, im Winter eiskalt. Es gab weder Heizung noch Abzug. Wenn es im Labor wieder einmal zu stark qualmte, wurden einfach die Türen und Fenster aufgerissen, VON LIEBIG und seine Studenten flüchteten ins Freie, bis sich der oft beißende Qualm wieder verzogen hatte.
In seinem Labor wurden Hunderte von Stoffen mithilfe einer von ihm entwickelten Analyseapparatur untersucht. Liebigs Labor ist aber mit einem heutigen Chemielabor nicht mehr zu vergleichen.

In modernen Chemielabors sind heute vor allem komplizierte Apparaturen aus Glas und Edelstahl zu finden. Modernste Analysegeräte beherrschen das Bild und mithilfe von Computern, Rührwerken und elektrischen Heizungen lassen sich die Reaktionen nahezu automatisch steuern.

1. Was sind nach BERZELIUS organische Stoffe?

2. Warum erwähnt WÖHLER die Nieren im Zusammenhang mit Harnstoff?

▲ 2. LIEBIGS Labor um das Jahr 1850

▲ 3. Modernes Labor

Stammbaum der Erdölprodukte

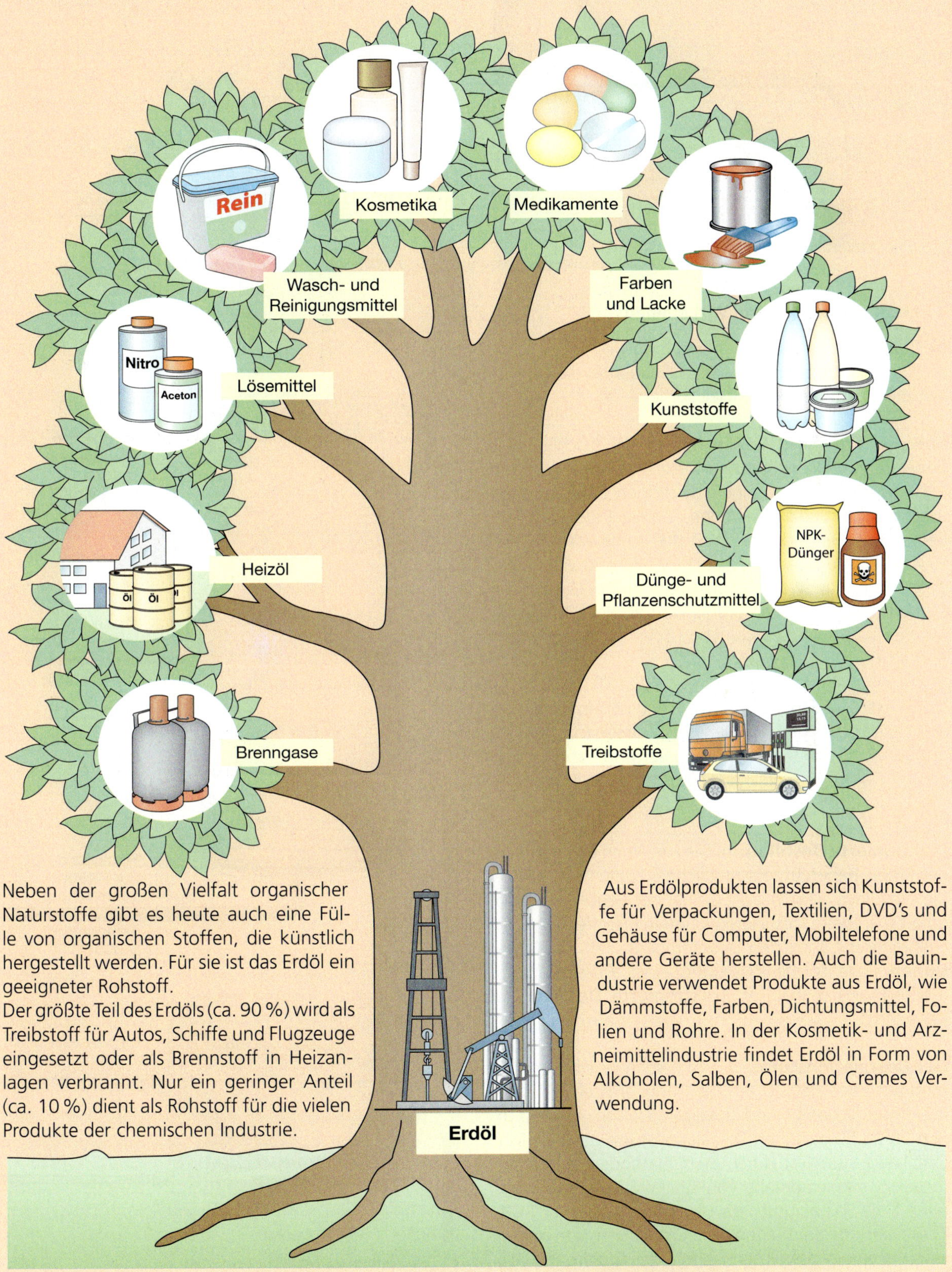

Neben der großen Vielfalt organischer Naturstoffe gibt es heute auch eine Fülle von organischen Stoffen, die künstlich hergestellt werden. Für sie ist das Erdöl ein geeigneter Rohstoff.
Der größte Teil des Erdöls (ca. 90 %) wird als Treibstoff für Autos, Schiffe und Flugzeuge eingesetzt oder als Brennstoff in Heizanlagen verbrannt. Nur ein geringer Anteil (ca. 10 %) dient als Rohstoff für die vielen Produkte der chemischen Industrie.

Aus Erdölprodukten lassen sich Kunststoffe für Verpackungen, Textilien, DVD's und Gehäuse für Computer, Mobiltelefone und andere Geräte herstellen. Auch die Bauindustrie verwendet Produkte aus Erdöl, wie Dämmstoffe, Farben, Dichtungsmittel, Folien und Rohre. In der Kosmetik- und Arzneimittelindustrie findet Erdöl in Form von Alkoholen, Salben, Ölen und Cremes Verwendung.

Die Verarbeitung von Erdöl – ein „raffiniertes" Verfahren

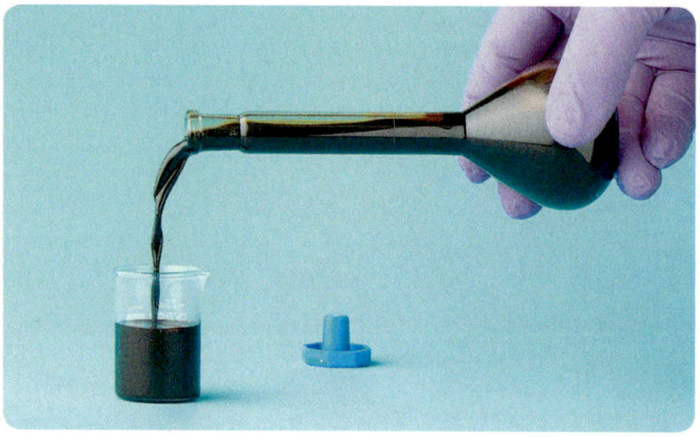

1. Erdöl – Aussehen und Vorkommen

a) Beschreibe das Aussehen von Erdöl.
b) Nenne mithilfe einer Karte im Schulatlas die Länder, die Erdöl aus der Nordsee fördern.

Energieträger und Rohstoff. Seit der Erschließung der ersten Erdöllagerstätten in Texas, USA um das Jahr 1900 wurde Erdöl zu einem wichtigen Energieträger und Rohstoff für die organische Chemie. Erdöl wird von der chemischen Industrie in Stoffe umgewandelt, die zu Kunststoffen, Lacken, Arzneimitteln und vielen anderen Produkten weiterverarbeitet werden. Die größte Menge des geförderten Erdöls wird aber als Treibstoff für den Antrieb von Pkw, Lkw, Schiffen, Flugzeugen und als Heizöl verwendet.

Erdöl ist ein Stoffgemisch. Erdöl ist ein Gemisch aus verschiedensten Kohlenstoff-Wasserstoff-Verbindungen. Es ist außerdem mit Wasser und Sand verunreinigt. Das Öl wird erst gereinigt und dann in Raffinerien in Benzin, Diesel und andere Stoffe zerlegt.

Fraktionierte Destillation. Die einzelnen Bestandteile des Erdöls haben unterschiedliche Siedetemperaturen, die allerdings ganz nahe beieinander liegen. Deshalb erhält man beim Destillieren keine Reinstoffe, sondern Gemische mit ähnlichen Siedetemperaturen, die **Fraktionen.** Eine solche Zerlegung eines Flüssigkeitsgemisches wird deshalb als **fraktionierte Destillation** bezeichnet.

Der Destillationsturm. Das Öl wird in einem Röhrenofen auf etwa 350 °C erhitzt. Dabei entsteht ein Gemisch aus Öldampf und flüssigen Stoffen. Es wird in den bis zu 50 m hohen Destillationsturm geleitet. Der Destillationsturm ist durch Zwischenböden in mehrere Stockwerke eingeteilt. Von Stockwerk zu Stockwerk nimmt die Temperatur von unten nach oben ab. Die Zwischenböden enthalten viele Öffnungen, von denen jede mit einem gewölbten Deckel, der **Glocke** (Bild 1),

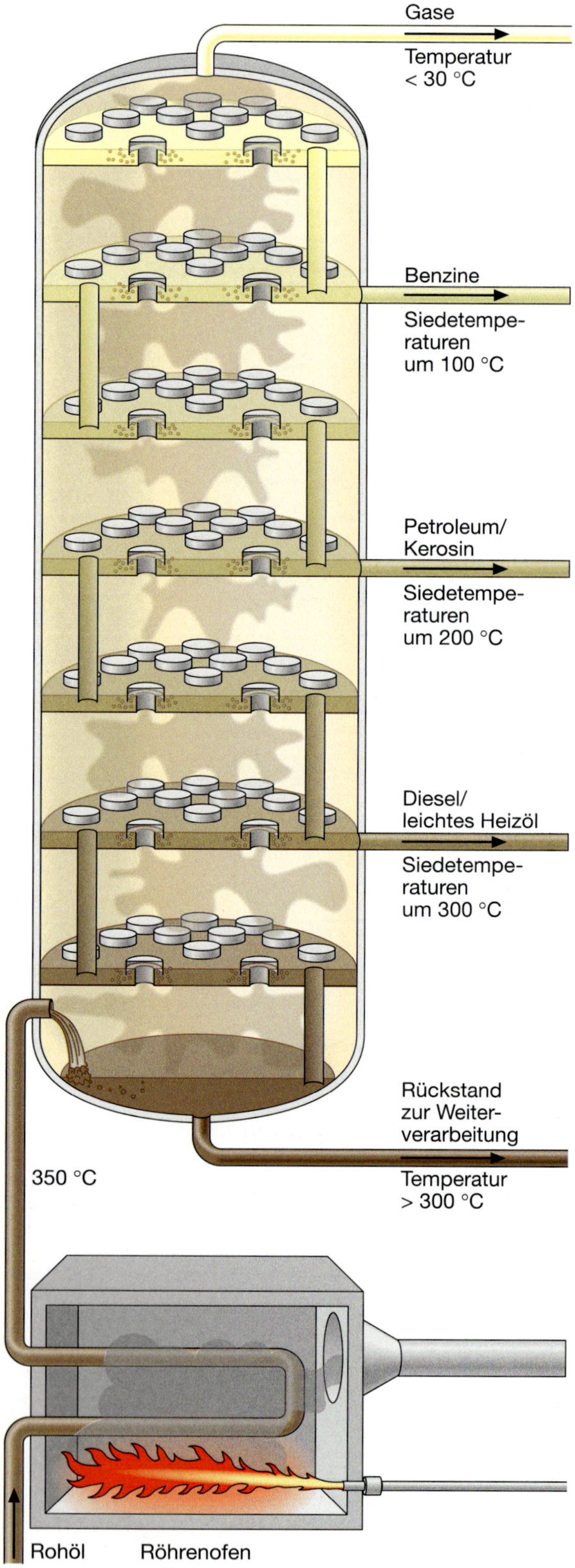

▲ *2. Aufbau eines Destillationsturmes*

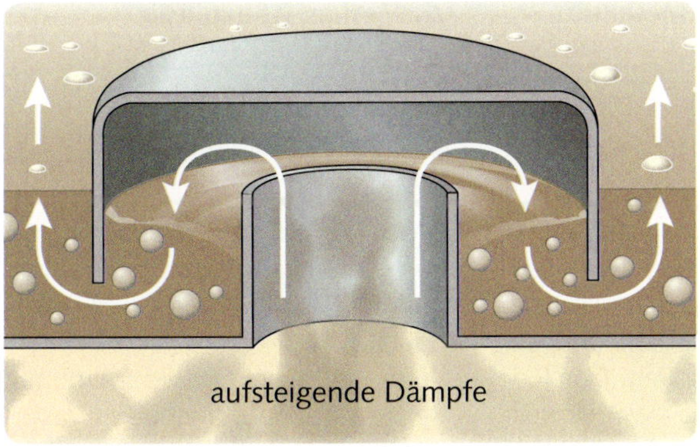

▲ *1. Glocke auf einem Glockenboden*

überdeckt ist. Die Böden heißen deshalb **Glockenböden.** Jeder Glockenboden wird auf einer festgelegten Temperatur gehalten.

So läuft die Destillation ab. Was geschieht nun während der Destillation zum Beispiel auf einem 200 °C heißen Glockenboden? Von unten strömt der Öldampf durch die Öffnungen im Boden. Er wird dabei von den Glocken so umgelenkt, dass er durch die Flüssigkeit am Boden hindurchströmen muss (Bild 1). Alle Bestandteile mit einer Siedetemperatur um 200 °C kondensieren hier. Die Fraktionen, die sich auf den Böden angesammelt haben, werden ständig abgezogen und in Tanks gelagert.
Die Bestandteile des Öldampfes, die eine niedrigere Siedetemperatur als 200 °C haben, bleiben gasförmig und steigen zum nächsten Glockenboden auf. Dort wiederholt sich der Kondensationsvorgang bei einer niedrigeren Temperatur.
Die Stoffe mit einer sehr niedrigen Siedetemperatur bleiben gasförmig. Sie werden an der Spitze des Turms zur weiteren Verarbeitung abgeleitet.

Destillation bei vermindertem Druck. Der flüssige **Rückstand,** der sich am Boden des Turmes gesammelt hat, darf nicht bei noch höheren Temperaturen destilliert werden, er würde sich sonst zersetzen. Deshalb wird der Rückstand in einer weiteren Destillationsanlage bei **vermindertem Druck** destilliert.
Der Rückstand wird wieder erwärmt und bei etwa einem Zwanzigstel des normalen Luftdrucks destilliert. Dabei sieden die Stoffe bei einer viel niedrigeren Temperatur. Im oberen Teil des Turms wird das schwere Heizöl aufgefangen. Es wird Heizöl und Diesel zugemischt. Im mittleren und unteren Teil werden verschiedene Schmieröle aufgefangen. Sie werden zu Maschinenölen, Motoröl und Schmierfetten weiterverarbeitet. Der am Boden des Turms aufgefangene Rest wird als Bitumen im Straßenbau eingesetzt.

Mithilfe der fraktionierten Destillation lässt sich Erdöl in seine Fraktionen zerlegen. Durch die Destillation bei vermindertem Druck kann auch der Rückstand in Fraktionen zerlegt werden.

1. Fragen zum Text
a) Warum erhält man bei der Erdöldestillation Gemische, aber keine Reinstoffe?
b) Welche Vorgänge laufen bei der fraktionierten Destillation ab?
c) Wozu werden die einzelnen Fraktionen verwendet?
d) Warum darf der Rückstand, der aus der Destillation unter normalem Luftdruck gewonnen wurde nur bei Unterdruck destilliert werden?

2. Was passiert auf einem Glockenboden?
Was geschieht mit den Öldämpfen auf dem Glockenboden mit einer Temperatur von 150 °C?

3. Modellexperiment F Xn N B3
Da Erdöl gesundheitsschädliche Stoffe enthält, wird in diesem Versuch als Ersatzstoff ein Gemisch aus Reinigungsbenzin, Nähmaschinenöl und Petroleum verwendet.

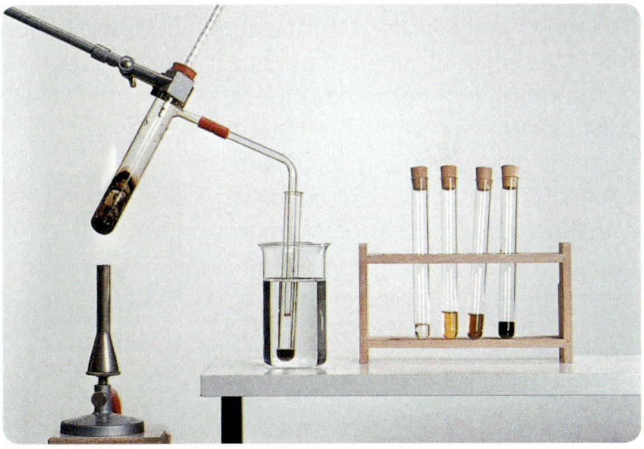

▲ *2. Modellexperiment zur fraktionierten Destillation*

In einem Reagenzglas mit seitlichem Ansatz werden etwa 5 ml Modell-Erdöl in Glaswolle aufgesaugt und vorsichtig erhitzt. Bei 75 °C, 110 °C, 130 °C und 150 °C wechselt man die wassergekühlten Vorlagen. Die verschiedenen Fraktionen lassen sich am Aussehen und am Geruch unterscheiden.
Die Destillate werden unter dem Abzug in Porzellanschalen gegossen. Anschließend wird versucht die Flüssigkeiten mit einem brennenden Holzspan zu entzünden.
Erkläre die unterschiedliche Entzündbarkeit.

Methan – überall zu finden

1. Überall Methan?

Informiere dich, welches die Hauptbestandteile von Faulgas, Erdgas und Biogas sind.

2. Woraus besteht Methan?

Methan ist eine Kohlenwasserstoffverbindung. Wie lässt sich das experimentell zeigen?

3. Methan ist explosiv

Informiere dich, welche Zusammensetzung ein explosives Methan-Luft-Gemisch haben kann.

Methan – überall zu finden. Erdgas, Faulgas oder Sumpfgas – die vielen Namen weisen auf die unterschiedliche Bildungsart der Gase hin. Es sind Gasgemische, die zum größten Teil aus Methan bestehen.

Eigenschaften und Entstehung von Methan. Methan ist ein farbloses, geruchloses Gas. Es ist leichter als Luft, leicht entzündbar und verbrennt mit bläulicher Flamme. Mit Sauerstoff oder Luft bildet es explosive Gemische. Sogenannte „schlagende Wetter" in Bergwerken sind Explosionen von Methan-Luft-Gemischen.
Methan entsteht vor allem, wenn organische Stoffe unter Luftabschluss (ohne Sauerstoff) durch Methanbakterien zersetzt werden. Dies geschieht bei der Verrottung von Klärschlamm, in sumpfigem Untergrund von Reisfeldern oder in Mülldeponien. Methan entsteht auch bei der Verdauung von Cellulose in Rindermägen. So produziert eine Kuh etwa 300 Liter Methan pro Tag. Auch im Darm des Menschen entsteht Methan.

Methan aus Biogasanlagen. In Biogasanlagen werden vor allem pflanzliche und tierische Abfälle von Bakterien in Methan und andere Gase umgewandelt. Das Biogas besteht zu etwa zwei Dritteln aus Methan und zu einem Drittel aus Kohlenstoffdioxid und einigen anderen Gasen.
Die von einem Rind im Laufe eines Jahres erzeugte Mistmenge liefert soviel Methan, dass damit die Verbrennung von 300 Liter Heizöl eingespart werden könnte. Der bei der Biogaserzeugung anfallende Abfall ist fast geruchlos und kann als Naturdünger genutzt werden.

Verwendung des Methans. Methan wird in Heizungen und Gasherden und in Kraftwerken zur Stromerzeugung verbrannt. In Autos ersetzt es immer häufiger Benzin und Diesel.

Methan, ein Treibhausgas. Neben Kohlenstoffdioxid ist Methan ebenfalls ein bedeutendes Treibhausgas.
Aus vielen Quellen, wie sumpfigen Reisfeldern, auftauenden Dauerfrostböden und den Mägen von Rindern und anderen Wiederkäuern, gelangt ständig Methan in die Atmosphäre. Zusammen mit Kohlenstoffdioxid und anderen Gasen sorgt es für eine Verstärkung des Treibhauseffektes.
Diese Treibhausgase verhindern, dass die von der Erdoberfläche abgestrahlte Wärme ungehindert in den Weltraum gelangen kann. Methan hat dabei eine größere Wirkung als Kohlenstoffdioxid.
Nimmt der Anteil der Treibhausgase in der Atmosphäre weiter zu, so verstärkt sich der Treibhauseffekt. Ein möglicher Klimawandel auf der Erde ist die Folge.

▲ 1. Rinderherde

▲ 2. Methan treibt Autos an

Methan – der einfachste Kohlenwasserstoff. Methan ist der einfachste organische Stoff. Wird er verbrannt, entstehen Wasserdampf (H_2O) und Kohlenstoffdioxid (CO_2). Der zur Verbrennung notwendige Sauerstoff kommt aus der Luft. Kohlenstoff und Wasserstoff kommen aus dem Methan. Methan besteht also aus den Elementen Kohlenstoff und Wasserstoff. Es gehört zu den **Kohlenwasserstoffen.**

Das Methan-Molekül. Ein Methan-Molekül besteht aus einem Kohlenstoff-Atom, das mit vier Wasserstoff-Atomen verbunden ist. Die Summenformel ist:

$$CH_4$$

Die räumliche Anordnung der Atome im Methan-Molekül lässt sich durch ein Molekülmodell veranschaulichen. Die vier Wasserstoff-Atome umgeben das zentrale Kohlenstoff-Atom im gleichen Abstand voneinander. Eine anschauliche Vereinfachung stellt das Schattenbild des Molekülmodells dar.
Das Schattenbild zeigt ein Kreuz und entspricht somit der **Strukturformel** des Methans.

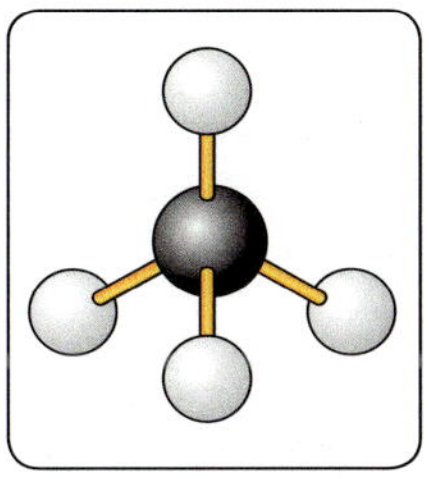

▲ *2. Molekülmodell des Methans*

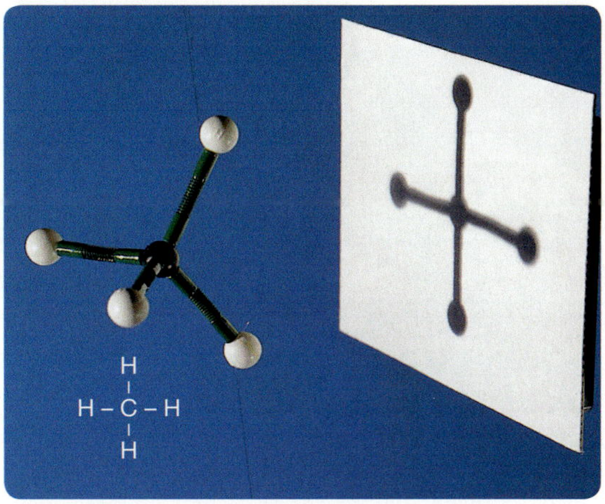

▲ *3. Strukturformel und Schattenbild des Methans*

Das Methan-Molekül besteht aus einem Kohlenstoff-Atom und vier Wasserstoff-Atomen. Es ist der einfachste Kohlenwasserstoff.

Methan ist Bestandteil vieler Gase, die als Energieträger genutzt werden. Als Treibhausgas trägt es zu einem möglichen Klimawandel bei.

1. Fragen zum Text
a) Wo überall kann Methan entstehen?
b) Aus welchen Atomen besteht Methan?
c) Welche Stoffe entstehen bei der Verbrennung von Methan?
d) Erkläre den Unterschied zwischen einer Summenformel und einer Strukturformel.

2. Biogasanlage
Erkläre die Funktionsweise einer Biogasanlage mithilfe von Bild 1.

3. Methan als Treibhausgas
Erkundige dich über die Bedeutung von Methan als Treibhausgas.

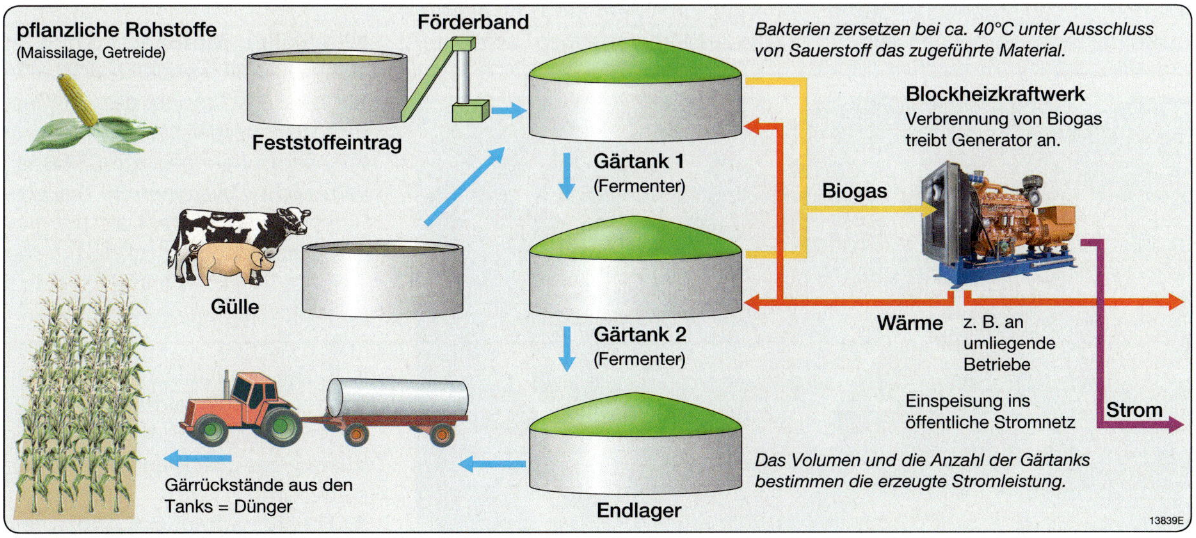

▲ *1. Schema einer Biogasanlage*

Brennendes Eis – Methanhydrat

▲ 1. Methanhydrat

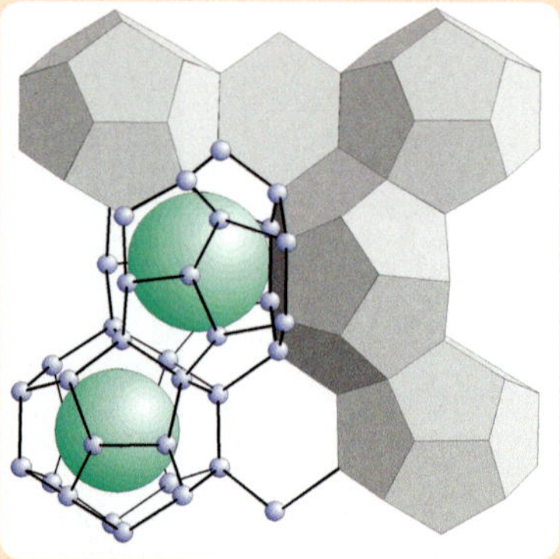

▲ 2. Methanhydrat-Molekül

▲ 3. Brennendes Methanhydrat

Ungewöhnlich war es schon, was die Forscher 1971 vom Boden des Schwarzen Meeres an Deck ihres Forschungsschiffes geholt hatten. Weiße Klumpen, die aussahen wie Eis, sich nach und nach auflösten und brennbar waren. Doch schon bald war klar, woraus der eisartige Stoff aufgebaut ist. Bei dem ungewöhnlichen Feststoff handelt es sich um **Methanhydrat.**

Entstehung von Methanhydrat. Methanhydrat entsteht unter außergewöhnlichen Bedingungen, wie sie nur in Meerestiefen ab 190 m zu finden sind. Neben hohem Druck sind auch Temperaturen von höchstens 2–4 °C notwendig. Aber es muss auch viel Methan aus dem Abbau organischer Stoffe durch Bakterien vorhanden sein. Unter diesen Bedingungen werden die Methanmoleküle in einem Käfig aus Wassermolekülen eingeschlossen.

Methanhydratvorkommen. Rund um den Erdball findet sich Methanhydrat. Vor allem an den Kontinentalabhängen, wo die flachen Schelfmeere in die Tiefsee übergehen, befinden sich die größten Lagerstätten. Auch im Permafrostboden Sibiriens und Nordamerikas ist es gespeichert. Man nimmt an, dass die Methanhydratvorräte im Meer doppelt so groß sind wie alle Vorräte an Kohle, Erdgas und Erdöl zusammen.

Abbau von Methanhydrat. Die riesigen im Methanhydrat gebundenen Methanmengen lassen auf einen Energieträger der Zukunft hoffen. Jedoch ist der Abbau nicht unproblematisch: Wenn das feste Methanhydrat aus den tiefen Lagerstätten an die Oberfläche geholt wird, zerfällt es in Methan und Wasser; das Methan entweicht in die Atmosphäre. Als weitere Gefahr besteht die Möglichkeit, dass durch den Abbau der Meeresboden an den Kontinentalabhängen ins Rutschen kommt. Die Folge wären riesige Tsunamis, die zu Flutwellen an den Küsten führen. Aus diesen Gründen muss der Abbau sehr sorgfältig erfolgen. Allerdings gibt es zur Zeit noch keine geeignete Abbaumethode die eine Freisetzung von großen Mengen Methan verhindern kann.

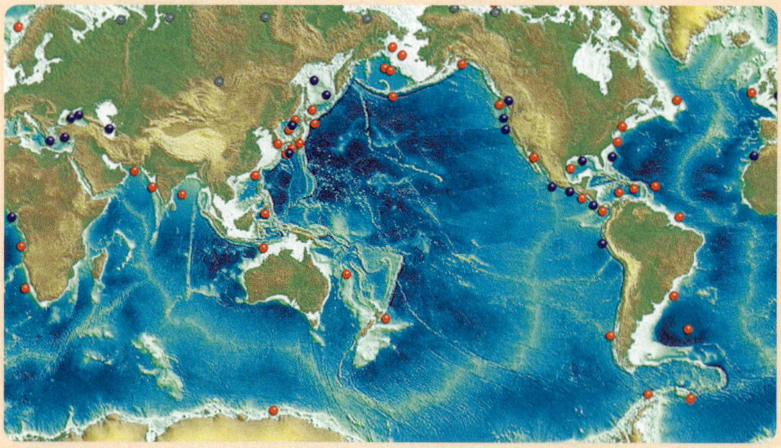

▲ 4. Lagerstätten von Methanhydrat

Klimakiller Methan. Kommt es zu einer zunehmenden Erwärmung der Meere, so könnte das am Meeresboden gespeicherte Methan in die Atmosphäre gelangen. Methan verursacht etwa einen 20 mal größeren Treibhauseffekt als die gleiche Menge Kohlenstoffdioxid. Der Treibhauseffekt könnte dadurch verstärkt werden.

1. Unter welchen Bedingungen entsteht Methanhydrat?
2. Nenne vier Länder, vor deren Küsten es Methanhydrat-Lagerstätten gibt.
3. Erkläre, warum der Abbau von Methanhydrat problematisch ist.

Alkane im Alltag

1. Vielseitige Alkane

a) Finde heraus, welche Kraftstoffe es an der Tankstelle in der Nähe deines Wohnortes gibt.
b) Welche Gemeinsamkeiten haben diese Stoffe?

Ob es das Flüssiggas für das Feuerzeug ist, der Brennstoff in der Petroleumlampe, oder die Kerze am Weihnachtsbaum, überall spielen die Kohlenwasserstoffe eine Rolle. Sie sind Bestandteile von Erdöl und Erdgas. Sie werden **Alkane** genannt.

Gasförmige Alkane. Methan, Ethan, Propan und Butan sind gasförmige Kohlenwasserstoffe. Sie finden als Energieträger Verwendung, da sie leicht brennbar sind. Sie werden zum Heizen und Kochen verbrannt. Propan und Butan werden unter Druck verflüssigt, da sie dann viel weniger Platz benötigen. In Feuerzeugen, Campinglampen und Gaslaternen werden sie verwendet. Immer mehr nimmt die Bedeutung von Methan, Propan und Butan als umweltfreundlicher Treibstoff für Autos zu. Auch in der chemischen Industrie werden diese Gase in großer Menge zur Herstellung vieler Stoffe verwendet.

Flüssige Alkane. In Diesel, Heizöl, Benzin und Kerosin sind flüssige Kohlenwasserstoffe enthalten, wie Hexan, Heptan oder Octan.

Stoff	Formel	Dichte [kg/m³]
Luft	–	1,29
Methan	CH_4	0,72
Ethan	C_2H_6	1,36
Propan	C_3H_8	2,01
Butan	C_4H_{10}	2,71

▲ *1. Dichte von Luft und brennbaren Gasen bei Normalbedingungen (0 °C, 1013 hPa)*

▲ *2. Eine moderne Tankstelle mit verschiedenen Kraftstoffen*

Als Energieträger sind sie ebenfalls von großer Bedeutung. Die kurzkettigen Alkane verdampfen sehr leicht und bilden mit Luft explosive Gemische. Sie haben eine niedrige Entzündungstemperatur und sind sehr feuergefährlich.

▲ *3. Beispiele für Alkane*

Flüssige Alkane sind sehr gute Lösemittel für Fette und Öle. Mit Wasser sind sie nicht mischbar. Sie sind leichter als Wasser und schwimmen auf der Wasseroberfläche.
Zähflüssige Kohlenwasserstoffe werden in der Technik als Schmieröle verwendet. Hochgereinigt werden sie in der Kosmetikindustrie und in der Medizin als Weißöle in Salben eingesetzt.

Feste Alkane. Aus ihnen werden Kerzen und Wachsmalstifte hergestellt. In Salben und Cremes sind sie ebenfalls zu finden.
In der Technik finden feste Alkane in Schmierfetten Verwendung.
Feste und flüssige Alkane werden auch als **Paraffine** bezeichnet.

▲ *4. Petroleumlampe*

Alkane werden vielseitig genutzt, etwa als Heizgas, Lösemittel, Benzin, Schmieröl und Schmierfett.

2. Fragen zum Text

a) Welche Alkane werden zu Schmierölen verarbeitet?
b) Welche Alkane lassen sich unter Druck verflüssigen?
c) Womit kannst du einen Fettfleck entfernen?

3. Autogas

Fahrzeuge mit Autogas (Propan/Butan) als Treibstoff dürfen nicht in Tiefgaragen parken. Fahrzeugen mit Erdgas-Antrieb (Methan) ist das erlaubt. Nutze zur Erklärung die Angaben in der Tabelle links unten auf dieser Seite.

Die homologe Reihe der Alkane

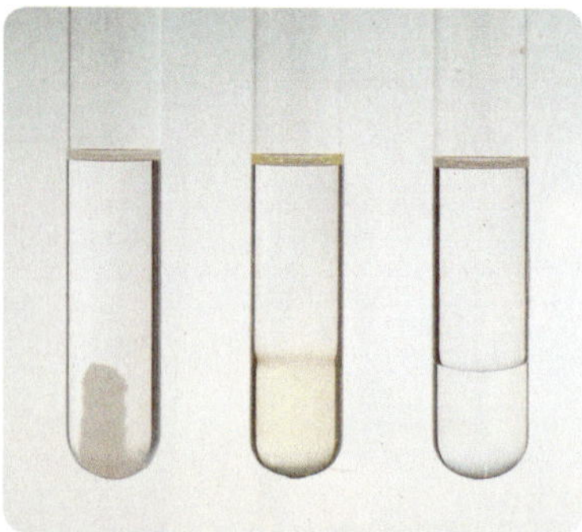

▲ *1. Heptan im Löslichkeitsversuch*

1. Eigenschaften der Alkane

a) Fülle in drei Reagenzgläser etwas Heptan (F, Xn, N). Gib in das erste Reagenzglas etwas Bratfett, in das zweite Speiseöl und in das dritte Wasser. Verschließe die Gläser mit einem Stopfen und schüttle um.
Notiere deine Beobachtungen.

b) Gib etwa 1 ml Heptan (F, Xn, N) und 1 ml Paraffinöl in je eine Porzellanschale. Versuche, beide Stoffe mit einem brennenden Holzspan zu entzünden.
Was kannst du beobachten?

2. Molekülmodelle

Baue mithilfe des Molekülbaukastens das Alkan-Molekül mit der Summenformel C_5H_{12}.

Gesättigte Kohlenwasserstoffe. In den Molekülen von Methan, Propan, Pentan, Decan und vielen anderen Kohlenwasserstoffen ist jedes Kohlenstoff-Atom mit der höchstmöglichen Anzahl von Wasserstoff-Atomen verbunden. Deshalb werden die Alkane auch als **gesättigte Kohlenwasserstoffe** bezeichnet.

Die Länge bestimmt den Aggregatzustand. Die Länge des Alkan-Moleküls, also die Anzahl der Kohlenstoff-Atome, bestimmt den Aggregatzustand des Alkans. Alkane, deren Moleküle bis zu 4 Kohlenstoff-Atome enthalten, sind bei Raumtemperatur gasförmig. Alkan-Moleküle mit 5 bis 16 Kohlenstoff-Atomen sind bei dieser Temperatur flüssig. Alkane, deren Molekülketten aus mehr als 16 Kohlenstoff-Atomen bestehen, sind bei Raumtemperatur fest

Homologe Reihe der Alkane. Die Alkan-Moleküle haben eine sehr regelmäßige Struktur. Zwei in der Reihe aufeinanderfolgende Alkan-Moleküle unterscheiden sich nur um ein Kohlenstoff- und zwei Wasserstoff-Atome voneinander.
Aus dem Methan-Molekül wird durch Anfügen eines Kohlenstoffatoms und zweier Wasserstoff-Atome das Ethan-Molekül. Mit einer weiteren CH_2-Gruppe ergibt sich das Propan-Molekül:

Methan CH_4

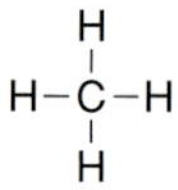

Ethan C_2H_6

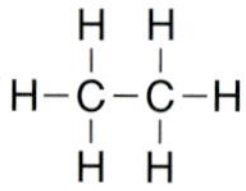

Propan C_3H_8

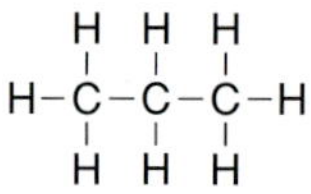

Durch das Einfügen weiterer CH_2-Gruppen ergibt sich eine Reihe von immer länger werdenden Molekülketten. Eine solche Reihe von Kohlenwasserstoffen wird auch als **homologe Reihe** bezeichnet.

Die Summenformel. Aus der Anzahl der Kohlenstoff-Atome in einem Alkan-Molekül lässt sich die Anzahl der Wasserstoff-Atome berechnen. Man verdoppelt dazu die Anzahl der Kohlenstoff-Atome und zählt zwei hinzu.

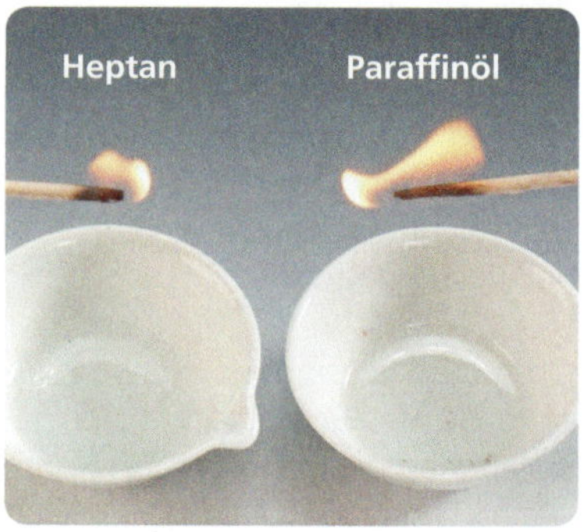

▲ *2. Welche Dämpfe brennen?*

Beispiel: Das Butan-Molekül hat vier Kohlenstoff-Atome, also muss es $(2 \cdot 4) + 2 = 10$ Wasserstoff-Atome haben. Die Summenformel für das Butan-Molekül ist:

$$C_4H_{10}$$

Die **allgemeine Summenformel der Alkane** lautet:

$$C_nH_{2n+2}$$

Dabei steht **n** für die Anzahl der Kohlenstoff-Atome:
Methan: n = 1, Ethan: n = 2, Propan: n = 3, Butan n = 4 usw.

Schreibweise der Alkane. Es gibt verschiedene Möglichkeiten die Formel der Alkane anzugeben.

Für Pentan (n = 5) ergibt sich die **Summenformel** C_5H_{12}

Ausführliche Strukturformel:

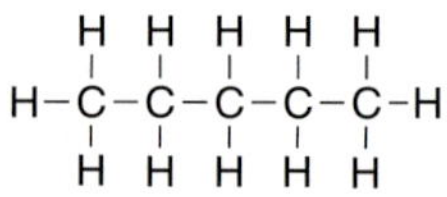

Vereinfachte Strukturformel:

CH_3-CH_2-CH_2-CH_2-CH_3 oder:

CH_3-$(CH_2)_3$-CH_3

Stark vereinfachte Strukturformel:

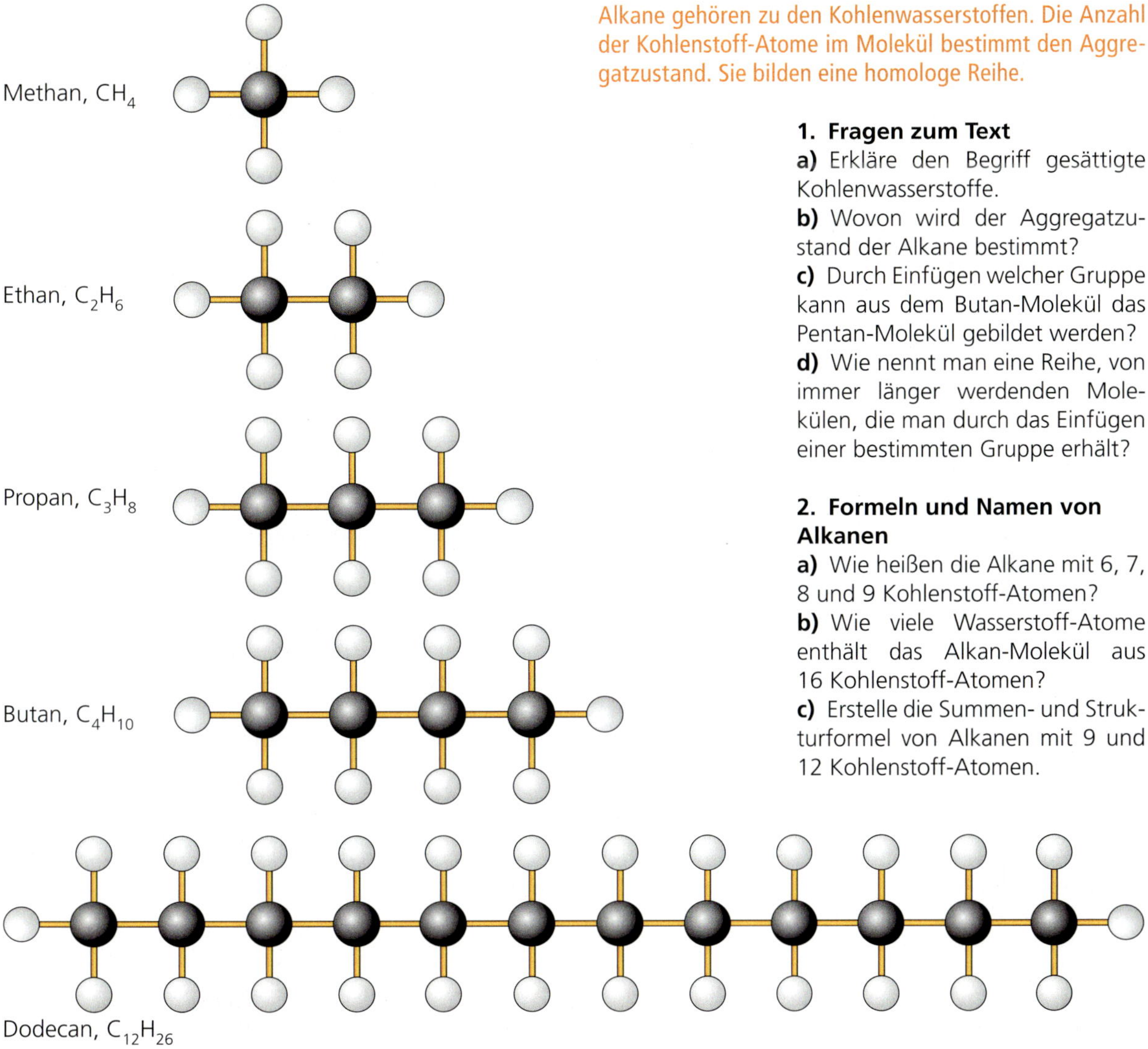

Alkane gehören zu den Kohlenwasserstoffen. Die Anzahl der Kohlenstoff-Atome im Molekül bestimmt den Aggregatzustand. Sie bilden eine homologe Reihe.

1. Fragen zum Text

a) Erkläre den Begriff gesättigte Kohlenwasserstoffe.

b) Wovon wird der Aggregatzustand der Alkane bestimmt?

c) Durch Einfügen welcher Gruppe kann aus dem Butan-Molekül das Pentan-Molekül gebildet werden?

d) Wie nennt man eine Reihe, von immer länger werdenden Molekülen, die man durch das Einfügen einer bestimmten Gruppe erhält?

2. Formeln und Namen von Alkanen

a) Wie heißen die Alkane mit 6, 7, 8 und 9 Kohlenstoff-Atomen?

b) Wie viele Wasserstoff-Atome enthält das Alkan-Molekül aus 16 Kohlenstoff-Atomen?

c) Erstelle die Summen- und Strukturformel von Alkanen mit 9 und 12 Kohlenstoff-Atomen.

Name	n	Formel	Schmelz-temp. [°C]	Siede-temp. [°C]	Verwendung
Methan	1	CH_4	–182	–162	Heizgas, Brennstoff für Motoren
Ethan	2	C_2H_6	–183	–89	Herstellung von Essigsäure und Ethen
Propan	3	C_3H_8	–188	–42	Heizgas, Treibgas in Spraydosen, Kältemittel
Butan	4	C_4H_{10}	–138	–1	Campinggas, Treibgas in Spraydosen
Pentan	5	C_5H_{12}	–130	36	Lösemittel, Benzin
Hexan	6	C_6H_{14}	–95	69	Benzin, Lösemittel, Extraktionsmittel
Heptan	7	C_7H_{16}	–90	98	Benzin, Lösemittel für Lacke und Klebstoffe
Octan	8	C_8H_{18}	–57	126	Benzin
Nonan	9	C_9H_{20}	–54	151	Diesel, Kerosin
Decan	10	$C_{10}H_{22}$	–30	174	Diesel, Kerosin
Hexadecan	16	$C_{16}H_{34}$	18	287	Diesel, Schmieröl
Eicosan	20	$C_{20}H_{42}$	37	343	Paraffin, Kerzen, Diesel

▲ *2. Eigenschaften einiger Alkane*

Zwischenmolekulare Kräfte

1. Kugeln fallen unterschiedlich schnell

a) Fülle je ein Reagenzglas fast vollständig mit Benzin (F, Xn, N), Petroleum (Xn, N) und Paraffinöl.
b) Lass jeweils eine kleine Kugel in jedes Reagenzglas fallen und miss die Zeit, bis die Kugel am Boden angekommen ist.
c) Notiere die Zeit und erstelle ein Balkendiagramm für die drei Flüssigkeiten.
d) Erkläre das Diagramm.

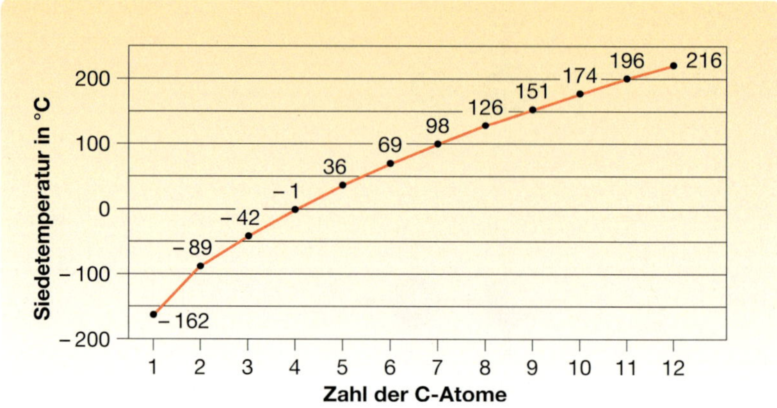

▲ *2. Siedetemperaturen der Alkane*

Motorenöle bestehen ebenso wie Benzin und Diesel aus Gemischen verschiedener Kohlenwasserstoffe. Doch ist Benzin dünnflüssig wie Wasser, Motorenöl dagegen zähflüssig wie Sirup. Auch die Entzündungstemperaturen der Stoffe sind sehr verschieden. Benzin lässt sich leicht entzünden, während Diesel sich erst bei Temperaturen über 900 °C entzünden lässt. Warum ist das so?

Die Anziehung machts. Die Moleküle im dünnflüssigen Benzin haben kürzere Kohlenwasserstoffketten als die Moleküle im Motorenöl. Die langkettigen Moleküle im Motorenöl ziehen sich gegenseitig viel stärker an als die kurzkettigen Moleküle im Benzin. Deshalb sind Öle zähflüssig und besitzen auch höhere Siedetemperaturen als Benzine.

Alkane und Van-der-Waals-Kräfte. Die Kräfte zwischen den Molekülen werden **Van-der-Waals-Kräfte** genannt. Es sind schwache elektrische Anziehungskräfte. Beim Schmelzen und Sieden eines Stoffes müssen sie durch Energiezufuhr überwunden werden. Sie bestimmen dadurch die Schmelz- und Siedetemperaturen der Alkane.

Die Eigenschaften der Alkane werden von zwischenmolekularen Kräften bestimmt.
Die Kräfte zwischen den Molekülen heißen Van-der-Waals-Kräfte.

2. Fragen zum Text

a) Was sind Van-der-Waals-Kräfte?
b) Welcher Zusammenhang besteht zwischen der Kettenlänge eines Moleküls und der Stärke der Van-der-Waals-Kräfte?

3. Siedetemperaturen

a) Beschreibe den in der Grafik (Bild 2) dargestellten Verlauf der Siedetemperaturen für die Alkane.
b) Erkläre den Anstieg der Siedetemperaturen.

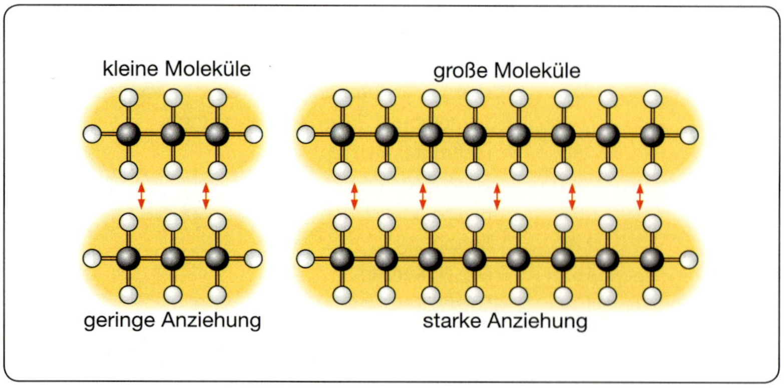

▲ *1. Van-der-Waals-Kräfte im Modell*

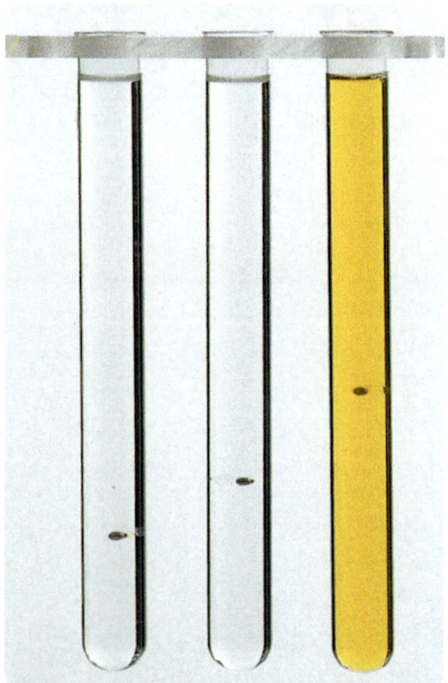

▲ *3. Kugeln sinken unterschiedlich schnell (zu Aufgabe 1)*

Was hat ein Gecko mit Chemie zu tun?

▲ 1. *Ein Geckofuß*

„Ich hätte gerne einen Gecko", flüstert Karen ihrer Nachbarin im Biologieunterricht zu. „Geckos sind nützlich, sie holen mir die Spinnen und andere Insekten aus jeder Ecke".

Mit unbeschränkter Haftung. Es ist schon erstaunlich, was diese kleinen Reptilien leisten. Sie können unglaublich gut klettern und sogar kopfüber an der Decke laufen, um ihre Beute zu jagen.
Die besondere Kletterfähigkeit der Geckos war langen Zeit ein Geheimnis. Man nahm an, dass Klebstoffe oder besondere Saugnäpfe an den Füßen dafür verantwortlich sind. Was aber ist wirklich das Geheimnis dieser exotischen Tiere?
Mit dem Auge erkennt man unter den stark verbreiterten Zehen flauschige Lamellenstrukturen (Bild1). Im Mikroskop lassen sich bereits Felder aus dichten feinen Haaren erkennen. Unter dem Elektronenmikroskop (Bild 2) zeigt sich, dass jedes Haar, Seta genannt, an der Spitze in Hunderte winziger spatenförmiger Blättchen (Spatulae) aufgespalten ist. Durch diese unglaublich feine Verästelung sind die Härchen in der Lage, sich an jede feine Rauheit des Untergrundes anzupassen. Das ist das eine Geheimnis der Haftkraft der Geckos.

Zwischenmolekulare Kräfte. Das andere Geheimnis liegt in den zwischenmolekularen Kräften. Zwischen den Molekülen der Stoffe herrschen Anziehungskräfte, die Van-der-Waals-Kräfte. Sie sind aber nur sehr schwach und wirken nur über sehr kurze Entfernungen. Doch über die vielen Blättchen an den Spitzen der Härchen summieren sich die Kräfte enorm. Diese Haftkräfte reichen aus, einem vierzig Zentimeter langen und etwa 300 g schweren Gecko sicheren Halt bei seiner Jagd nach Insekten an einer Zimmerdecke zu geben.

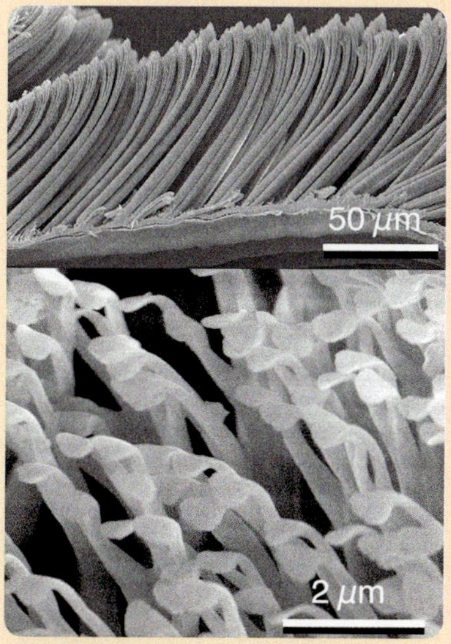

▲ 2. *Elektronenmikroskopische Aufnahme der Setae (oben) und Spatulae (unten) des Geckos*

▼ 3. *Sicher haften – blitzschnell lösen*

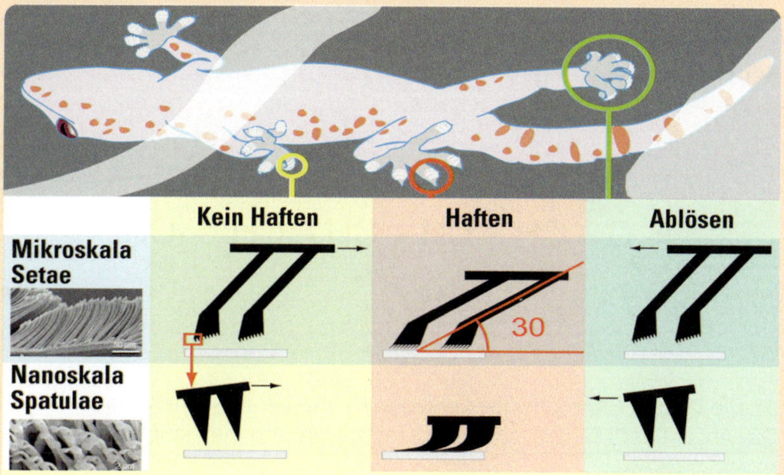

Geckos finden nahezu auf jeder Fläche Halt. Sie können sich aber auch ohne messbaren Kraftaufwand wieder lösen. Dazu aktivieren und deaktivieren sie ihren Haftapparat mit einem ausgefeilten Bewegungsablauf. Solange der Gecko seine Setae nicht einsetzt, krümmen sie sich zur Zehe hin, damit die Spatulae nicht miteinander verkleben. Setzt die Echse ihren Fuß auf, dann drückt sie ihn leicht gegen die Bewegungsrichtung. Dabei klappen die Setae um, bis ihr Winkel zur Fläche kleiner als 30 Grad ist (Bild in der Mitte oben). In dieser Position richten sich die Spitzen der Setae parallel zum Untergrund aus und alle Spatulae schmiegen sich jetzt kraftschlüssig an ihn an (Bild in der Mitte unten). Die Ablösetechnik des Geckos sieht lustig aus: Er rollt dabei die Zehen „verkehrt" herum nach oben, als zöge er Klebebänder ab. Dabei werden die Setae wieder aus dem 30°-Winkel herausgedreht, und die Spatulae lösen sich ohne Kraftaufwand vom Untergrund.

Isomerie – gleiche Formel, aber andere Eigenschaften

1. Verzweigte Alkane

Baue mithilfe eines Molekülbaukastens die zwei Strukturformeln des Butans.

Ein Molekül – zwei Möglichkeiten. Baut man mithilfe eines Molekülbaukastens Modelle des Butan-Moleküls, so ergeben sich zwei verschiedene Möglichkeiten: ein unverzweigtes und ein verzweigtes Molekül. Beide Butan-Moleküle haben die gleichen Summenformel C_4H_{10}. Beide Butansorten unterscheiden sich aber wegen ihres unterschiedlichen Molekülbaus in ihren Eigenschaften.

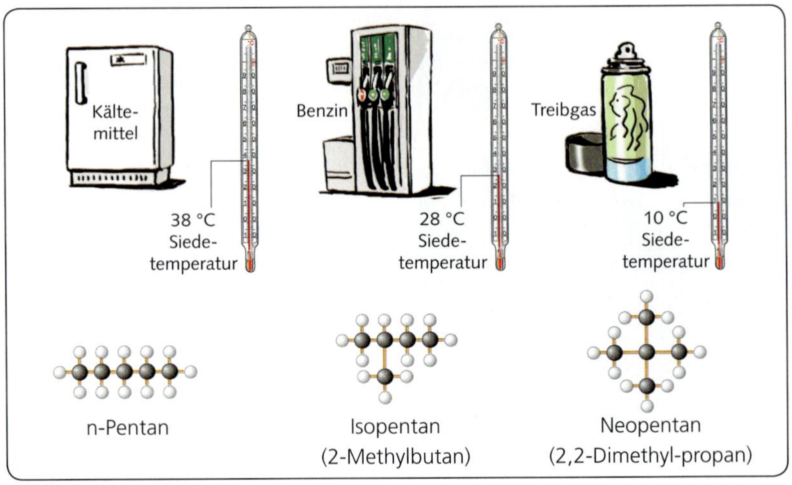

▲ *1. Die Pentan-Isomere werden unterschiedlich verwendet*

Isomerie. Bei Alkan-Molekülen mit mehr als drei Kohlenstoffatomen können Verzweigungen in der Kohlenstoffkette auftreten. Alkane mit unverzweigten Molekülen werden als normale Alkane oder **n-Alkane** bezeichnet. Solche mit verzweigter Kette heißen **Isoalkane.** Allgemein gilt: Stoffe, die die gleiche Summenformel, aber unterschiedliche Strukturformeln haben, werden Isomere genannt.

Benennung der Isomere

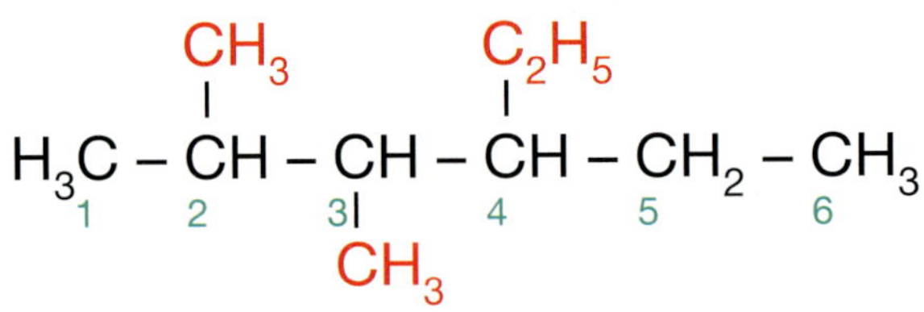

1. Die längste unverzweigte Kohlenstoffkette heraussuchen (Hauptkette). Die Anzahl der Kohlenstoff-Atome feststellen und die Hauptkette benennen.
2. Die Kohlenstoff-Atome der Hauptkette werden so durchgezählt, dass die Kohlenstoff-Atome mit den Verzweigungen möglichst kleine Zahlen erhalten. Hier beginnt die Zählung also links.
3. Stelle die Verzweigungen (Seitenketten) fest. Seitenketten haben ein H-Atom weniger als die entsprechenden Alkane. Sie heißen Alkyl-Gruppen oder Alkyl-Reste. Die kleinsten Alkyl-Grupppen sind die Methyl- ($-CH_3$) und die Ethyl- ($-C_2H_5$) Gruppe. Benenne die Seitenketten. Ordne sie alphabetisch.
4. Ermittle die Anzahl gleicher Alkylreste. Stelle das entsprechende Zahlwort (di-, tri-, tetra-, penta-, hexa-) vor den Alkylrest.
5. Stelle die Nummern der Kohlenstoff-Atome fest, an denen die Seitenketten gebunden sind. Diese Zahlen werden den Namen der Seitenketten vorangestellt.
6. Erstelle den Namen des Stoffes.

Der Name des Alkans ist: 4-Ethyl-2,3-dimethylhexan

Vielfalt der Isomere. Je größer die Anzahl der Kohlenstoff-Atome ist, desto höher ist die Zahl der Isomere. Pentan hat 3, Octan 18 Isomere, Decan 75 und Eicosan ($C_{20}H_{42}$) sogar über 300 000 Isomere. Wegen der Vielfalt möglicher organischer Verbindungen ist es notwendig, die verschiedenen Isomere eindeutig zu benennen.

Kohlenwasserstoffe mit gleicher Summenformel aber unterschiedlichen Strukturformeln heißen Isomere.

2. Fragen zum Text

a) Was versteht man unter Isomerie?
b) Was sind Isoalkane?

3. Isoalkane

a) Zeichne fünf Hexan-Isomere und benenne sie.
b) Zeichne die Strukturformel von 2,4-Dimethyloctan.

Mehr Benzin durch Cracken

1. Zu wenig Benzin

Vergleiche die Zusammensetzung des Erdöls mit dem Bedarf an Erdölprodukten (Bild 1).

2. Lehrerversuch: Moleküle werden zerteilt

a) In ein schwer schmelzbares Reagenzglas wird Glaswolle gegeben. Sie wird mit 4 ml Paraffinöl getränkt. Anschließend wird das Reagenzglas zu etwa drei Viertel mit Katalysatorperlen gefüllt. Dann wird der Versuch wie in Bild 2 aufgebaut.
Zunächst wird nur der Katalysator stark erhitzt, dann das Paraffinöl mit kleinerer Flamme. Die entstehenden Dämpfe werden nach einiger Zeit an der Spitze des Glasrohres entzündet.
b) Notiere deine Beobachtungen.
c) Vergleiche Aussehen, Geruch, Zähigkeit und Brennbarkeit von Paraffinöl mit der Flüssigkeit im U-Rohr.
d) Während des Versuchs ist der Katalysator schwarz geworden. Welcher Stoff hat sich auf den Katalysatorperlen abgesetzt?

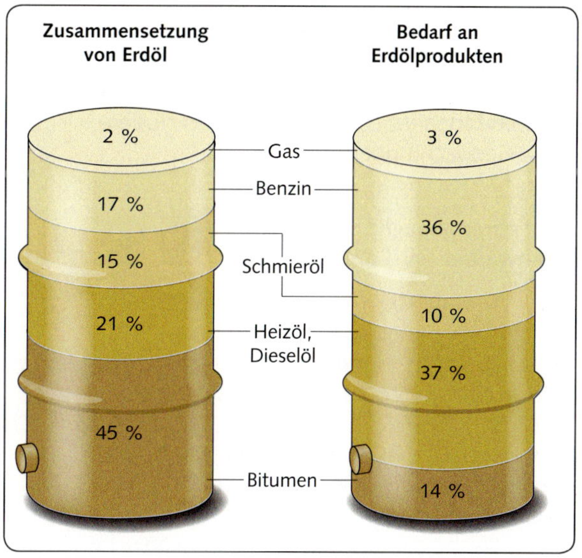

▲ *1. Zu wenig Kohlenwasserstoffe für Benzin im Erdöl*

Hinweis: Ein Teil der Flüssigkeit aus dem Versuch 2 sollte für den Nachweis von Doppelbindungen aufbewahrt werden.

Mangel an Benzin. Nur etwa die Hälfte des heutigen Bedarfs an Benzin, Diesel und Heizöl lässt sich direkt aus dem Erdöl durch fraktionierte Destillation gewinnen. Von den wenig gefragten zähflüssigen und festen Rückstanden fällt dagegen weit mehr an, als tatsächlich gebraucht wird. Trotzdem gibt es keinen Benzinmangel, denn in modernen Raffinerien können die dickflüssigen Bestandteile in die gewünschten kurzkettigen Benzin- oder Heizölsorten umgewandelt werden.

Mehr Benzin durch Cracken. Ein Verfahren, mit dem das gelingt, ist das katalytische Cracken (engl.: to crack – zerbrechen). Dabei werden die zähflüssigen Bestandteile des Erdöls verdampft und über einen Katalysator geleitet. An der Oberfläche des Katalysators werden die langkettigen Kohlenwasserstoffe, aus denen die zähflüssigen Schweröle bestehen, zerbrochen.
Aus den langkettigen Kohlenwasserstoffen ist ein Gemisch aus kurzkettigen geworden.

Es entsteht ein Gemisch aus Benzin, Diesel, Heizöl und gasförmigen Produkten.

Beim katalytischen Cracken werden die langkettigen Kohlenwasserstoffe des Erdöls in kurzkettige Kohlenwasserstoffe zerbrochen.

3. Fragen zum Text

a) Warum werden zähflüssige Bestandteile des Erdöls gecrackt?
b) Welche Stoffe entstehen beim Cracken?

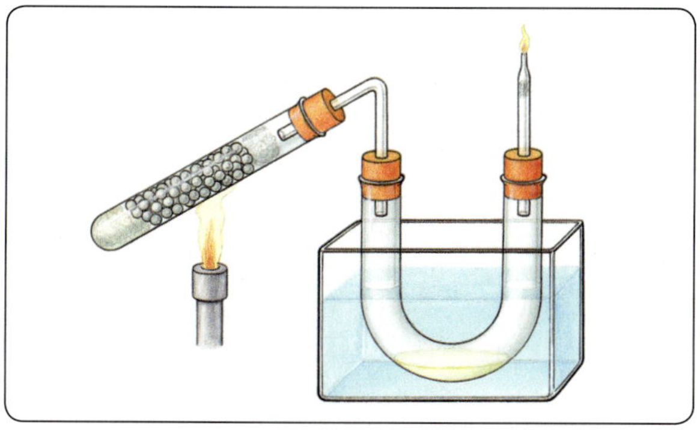

▲ *2. Katalytisches Cracken im Schulversuch*

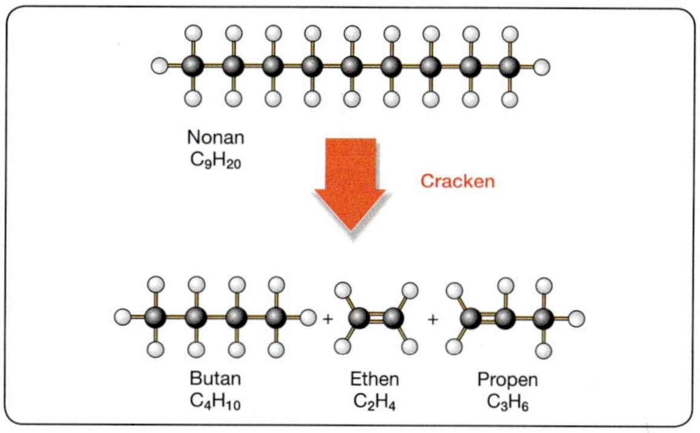

▲ *3. Beim Cracken werden langkettige Moleküle zerbrochen*

Kohlenwasserstoffe mit Doppelbindung – Alkene

1. Lehrerversuch: Reaktionsfreudiges Ethen

Ethen (F+) wird in eine schwach alkalische Kaliumpermanganat-Lösung eingeleitet. Notiere deine Beobachtungen.

2. Lehrerversuch: Bromwasser wird entfärbt

a) Unter dem Abzug wird in ein Reagenzglas Bromwasser gefüllt. Danach wird langsam Hexen (F, Xn, N) zugegeben. Das Reagenzglas wird mit einem Stopfen verschlossen und geschüttelt.
b) Der Versuch wird mit Hexan (F, Xn, N) und der Flüssigkeit aus dem Crackversuch (F) von S. 151 wiederholt.
c) Vergleiche die Ergebnisse der drei Versuche.

Alkene – reaktionsfreudige Moleküle. Neben den reaktionsträgen Alkanen gibt es Kohlenwasserstoffe, die viel reaktionsfreudiger sind. Der Unterschied liegt in einer Doppelbindung zwischen zwei Kohlenstoff-Atomen.
Kohlenwasserstoffe, deren Moleküle **Doppelbindungen** aufweisen, werden **ungesättigte Kohlenwasserstoffe** genannt.
Ihre Moleküle enthalten weniger Wasserstoff-Atome als die entsprechenden Moleküle mit Einfachbindungen. Sie bilden die Stoffgruppe der **Alkene.**
Alkene sind Bestandteile von Erdgas und Erdöl. Sie entstehen auch beim Cracken von Erdölbestandteilen, wenn zwischen Kohlenstoff-Atomen Doppelbindungen entstehen.
Ihre Namen entsprechen denen der Alkane nur mit der Endung **-en.**

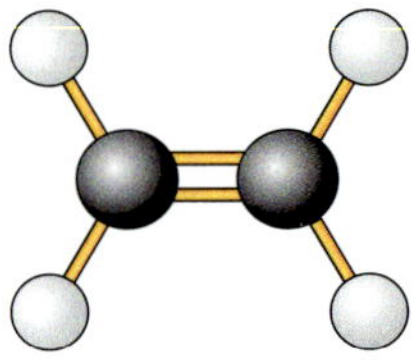

▲ 2. Ethen-Molekül C_2H_4

Eigenschaften der Alkene. Wie bei den Alkanen bestimmt die Kettenlänge der Moleküle den Aggregatzustand.
Die Reaktion von Hexen mit Bromwasser zeigt die Reaktionsfreudigkeit der Alkene. Beim Mischen beider Stoffe verschwindet die braune Farbe des Broms sofort. Die im Hexen enthaltene Doppelbindung öffnet sich und jedes der beiden Kohlenstoff-Atome verbindet sich mit einem Brom-Atom (Bild 1). Diese Entfärbungsreaktion wird als Nachweisreaktion für Alkene benutzt.

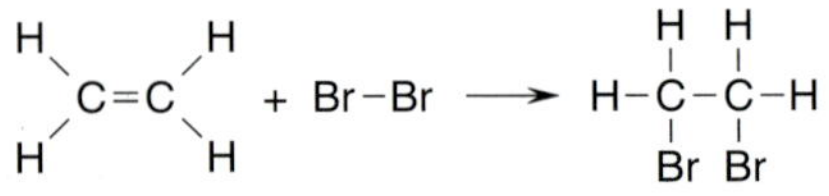

▲ 3. Reaktion von Ethen mit Brom

Verwendung von Alkenen. Aufgrund ihrer Reaktionsfreudigkeit sind die Alkene begehrte Rohstoffe der chemischen Industrie. So werden aus Ethen und Propen z. B. die Kunststoffe Polyethen und Polypropen hergestellt.
Ethen entsteht in der Natur beim Reifen mancher Früchte und beschleunigt die weitere Reifung. Deshalb wird es zum gezielten Ausreifen von grünen Bananen eingesetzt. Die flüssigen und festen Alkene werden vor allem als Ausgangsstoffe zur Herstellung von Alkoholen, organischen Säuren und Waschrohstoffen genutzt.

Ungesättigte Kohlenwasserstoffe mit einer Doppelbindung heißen Alkene. Sie sind wichtige Grundstoffe der Chemie.

3. Fragen zum Text
a) Warum haben Alkene für die chemische Industrie eine große Bedeutung?
b) Wodurch lassen sich Alkene von Alkanen unterscheiden?
c) Nenne zwei Verwendungsmöglichkeiten von Ethen.

Name	Summenformel	Strukturformel
Ethen	C_2H_4	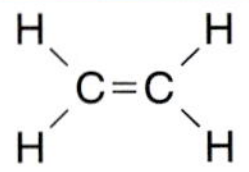
Propen	C_3H_6	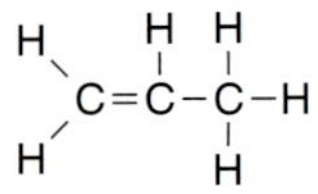
Buten	C_4H_8	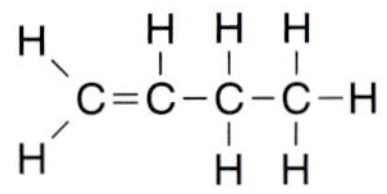
Penten	C_5H_{10}	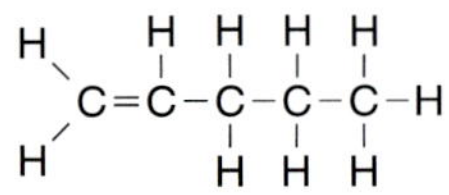

▲ 4. Beispiele für Alkene

Alkine – Kohlenwasserstoffe mit C≡C-Dreifachbindung

Verwendung von Ethin. Vor etwa 150 Jahren breitete sich die Verwendung von Ethin für Beleuchtungszwecke rasch aus. Der Grund dafür war, dass es dem Chemiker FRIEDRICH WÖHLER (1800–1882) gelungen war, Ethin durch ein einfaches Verfahren aus Calciumcarbid und Wasser herzustellen.

$$\underset{\text{Calciumcarbid}}{CaC_2} + \underset{\text{Wasser}}{2\,H_2O} \rightarrow \underset{\text{Ethin}}{C_2H_2} + \underset{\text{Calciumhydroxid}}{Ca(OH)_2}$$

In speziellen Carbidlampen wurde es hergestellt. Vor allem Bergleute verwendeten die Carbidlampen, um mit ihrem hellen Licht die Stollen ausreichend zu beleuchten.

Zu Beginn der Motorisierung hatten die ersten Autos Carbidlampen als Scheinwerfer. Auch Fahrräder und Motorräder wurden mit Carbidlampen ausgerüstet.
Reines Ethin wird in der Technik auch **Acetylen** genannt. Es zerfällt unter Druck explosionsartig. Daher kann es nicht wie andere Gase direkt in Stahlflaschen gepresst werden. Ethin wird in Aceton gelöst und dann unter geringem Druck in Stahlflaschen gefüllt.

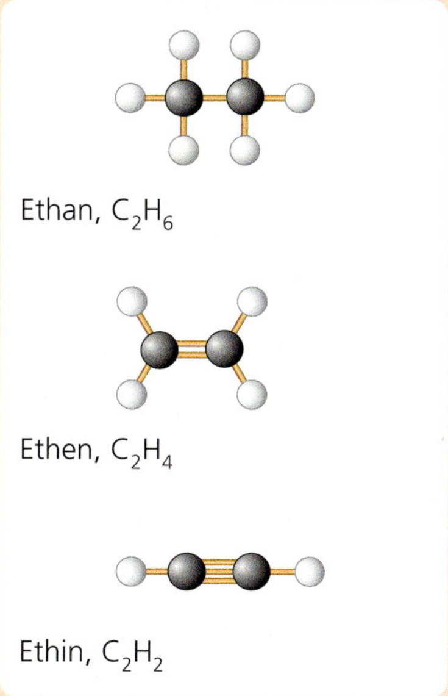

▲ *1. Ethan, Ethen und Ethin*

▲ *2. Carbidlampe*

Mit Sauerstoff verbrennt es mit sehr heißer Flamme. Es werden dabei Temperaturen von über 3000 °C erreicht. Ethin wird deshalb zum Schweißen und Schneiden von Eisen und Stahl verwendet.

Vielseitiges Ethin. Aufgrund seiner Dreifachbindung ist Ethin sehr reaktionsfreudig und deshalb ein Rohstoff zur Herstellung verschiedener Produkte der chemischen Industrie wie Kunststoffe und synthetischer Kautschuk, Alkohole und organische Säuren.

Ethin, das einfachste Alkin.
Ethin ist ein Kohlenwasserstoff, in dem zwei Kohlenstoff-Atome durch eine C≡C-Dreifachbindung miteinander verbunden sind. An jedes Kohlenstoff-Atom ist nur noch ein Wasserstoff-Atom gebunden. Ethin ist ein ungesättigter Kohlenwasserstoff mit der Summenformel C_2H_2. Die Strukturformel ist:

$$H{-}C{\equiv}C{-}H$$

Kohlenwasserstoffe, deren Moleküle eine C≡C-Dreifachbindung aufweisen, heißen **Alkine.** Ihre allgemeine Summenformel ist C_nH_{2n-2}.

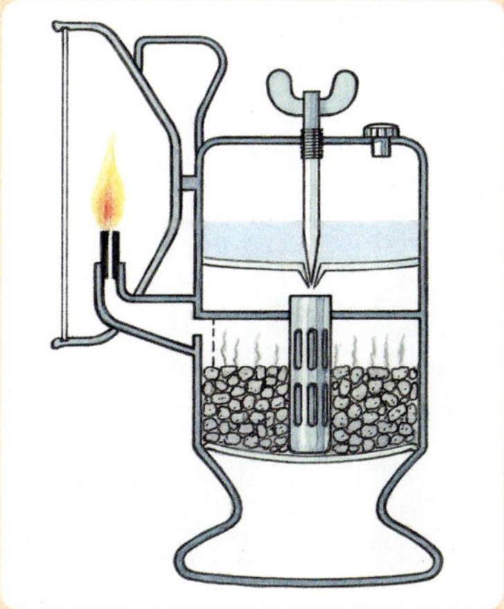

▲ *3. Aufbau einer Carbidlampe*

Alkine in der Natur. Alkine kommen auch in der Natur vor. Man findet sie beispielsweise in Tiergiften und vielen pilztötenden Stoffen. So findet sich in der Haut der südamerikanischen Baumsteigerfrösche ein stark giftiges Alkin, das von den Regenwald-Bewohnern als Pfeilgift verwendet wird.

1. Erkläre die Funktionsweise einer Carbidlampe.
2. Zeichne die Strukturformel von Propin.

▲ *4. Frosch – giftig durch Alkine*

Kraftstoffe nach Maß – Octanzahl

▲ *1. An der Tankstelle gibt es verschiedene Kraftstoffe.*

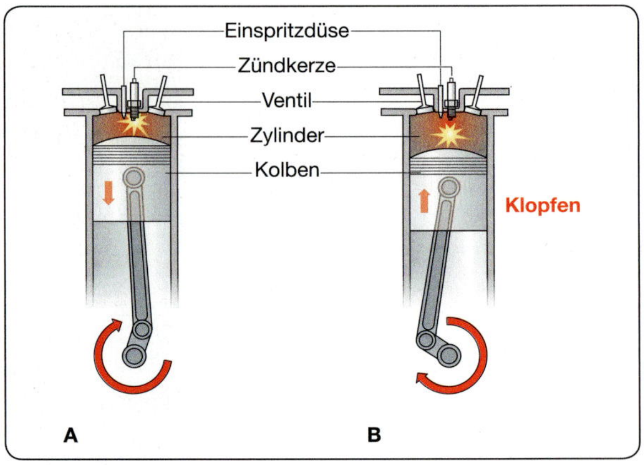

▲ *2. Normale und klopfende Verbrennung.*

1. Treibstoffe fürs Auto

a) Welche Treibstoffe findest du an einer Tankstelle?
b) Erkunde, was auf dem Tankstellenetikett für den jeweiligen Ottokraftstoff steht.
c) Welcher Stoff gehört nicht in den Autotank? Benzin, Diesel, Kerosin, Petroleum, Salatöl, Superbenzin.

Benzin verbrennt im Motor. In einem Benzinmotor wird Luft in die Zylinder des Motors gesaugt. Die Luft wird verdichtet. Sie erwärmt sich dabei. Nun wird Benzin eingespritzt. Das Benzin-Luft-Gemisch wird durch den Funken der Zündkerze gezündet. Dieser Vorgang läuft aber nur dann ungestört ab, wenn der richtige Kraftstoff verwendet wurde.

Klopfen im Motor. Wird ungeeigneter Kraftstoff verwendet, kann sich das zusammengepresste Benzin-Luft-Gemisch schon entzünden bevor der eigentliche Zündzeitpunkt erreicht ist. Dadurch entsteht im Motor ein klopfendes Geräusch. Man spricht deshalb vom Klopfen des Motors. Durch solche unkontrollierten Verbrennungen wird der Motor geschädigt.

Klopffestigkeit und Octanzahl. Alkane mit unverzweigten Molekülen sind klopffreudig, da sie sich schon bei niedrigen Temperaturen entzünden. Alkane mit verzweigten Molekülen sind umso klopffester, je mehr Verzweigungen sie aufweisen. Ein Maß für die Klopffestigkeit des Benzins ist die **Octanzahl.** Je höher sie ist, desto klopffester ist das Benzin. Um die Klopffestigkeit von Benzinen vergleichen zu können benutzt man das besonders klopffeste 2,2,4-Trimethylpentan (Isooctan) als Maß für die Klopffestigkeit. Es hat die Octanzahl 100. Das besonders klopffreudige Heptan hat die Octanzahl 0.

Klopffestes Benzin. Kohlenwasserstoffe mit niedriger Octanzahl lassen sich durch ein technisches Verfahren, das **Reformieren,** in verzweigte und ringförmige Kohlenwasserstoffe mit höherer Octanzahl umwandeln. Dies geschieht in einer Raffinerie mithilfe von Katalysatoren bei hohem Druck und Temperaturen um 500 °C. Das beim Reformieren entstehende Benzol erhöht ebenfalls die Octanzahl. Es darf aber nur zu 1 % im Benzin enthalten sein, da es krebserzeugend ist.

Alkane mit verzweigten Molekülen sind klopffester als solche mit unverzweigten Ketten.

2. Fragen zum Text
a) Wodurch kommt es zum Klopfen im Motor?
b) Warum wird Benzin reformiert?

3. Octanzahl von Benzin
Welche Octanzahl haben Superbenzin und Superplusbenzin?

Stoff	Summenformel	Octanzahl
n-Heptan	C_7H_{16}	0
n-Octan	C_8H_{18}	17
3-Methylheptan	C_8H_{18}	35
2,5-Dimethylhexan	C_8H_{18}	56
3-Ethyl-3-Methylpentan	C_8H_{18}	89
2,2,4-Trimethylpentan	C_8H_{18}	100
2,3-Dimethylbutan	C_6H_{14}	102
Toluol	C_7H_8	124

▲ *3. Octanzahl einiger Kohlenwasserstoffe*

Katalysatoren – nicht nur im Auto

Wasserstoff lässt sich normalerweise nur durch die Hitze einer Flamme entzünden. Das gelingt aber schon bei Raumtemperatur, wenn man ihn gegen fein verteiltes Platin strömen lässt. Das Platin glüht auf, der Wasserstoff entzündet sich und verbrennt zu Wasser. Der Versuch kann beliebig oft wiederholt werden, denn das Platin bleibt dabei unverändert. Wie ist das zu erklären?

So wirkt ein Katalysator. Damit Wasserstoff und Sauerstoff miteinander reagieren können, müssen die Moleküle in Atome gespalten werden. Dafür ist die Zufuhr von Aktivierungsenergie notwendig. Das bewirkt ein Zündfunken oder eine Streichholzflamme.
Durch einen Katalysator (fein verteiltes Platin) setzt die Reaktion jedoch schon bei Raumtemperatur ein. Die Wasserstoff-Moleküle (H_2) werden an der Platinoberfläche gebunden und in ihre Atome gespalten. Die Wasserstoff-Atome reagieren dann leicht mit den ebenfalls an der Platinoberfläche gebundenen Sauerstoff-Molekülen. Die entstehenden Wasser-Moleküle verlassen die Platinoberfläche.

▲ *1. Wasserstoff entzündet sich an Platin*

Bei dieser Reaktion erwärmt sich das Platin so stark, dass es anfängt zu glühen. Das Wasserstoff-Sauerstoff-Gemisch entzündet sich und die Reaktion kann ohne Katalysator weiterlaufen.
Stoffe, die ähnlich wie Platin, die Aktivierungsenergie einer chemischen Reaktion herabsetzen (Bild 3), werden Katalysatoren genannt. So können Reaktionen rascher und bei niedrigerer Temperatur ablaufen. Ein Katalysator nimmt zwar an der Reaktion teil, wird aber selbst nicht verbraucht.

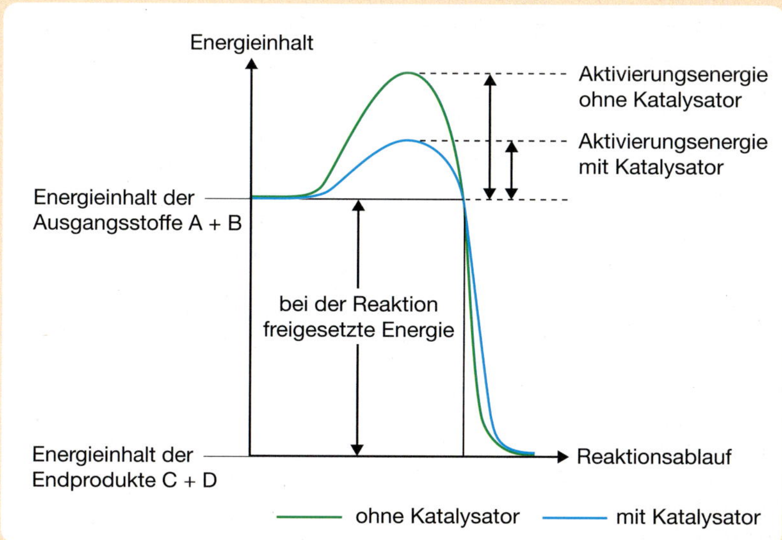

▲ *3. Energie-Diagramm einer Reaktion mit und ohne Katalysator*

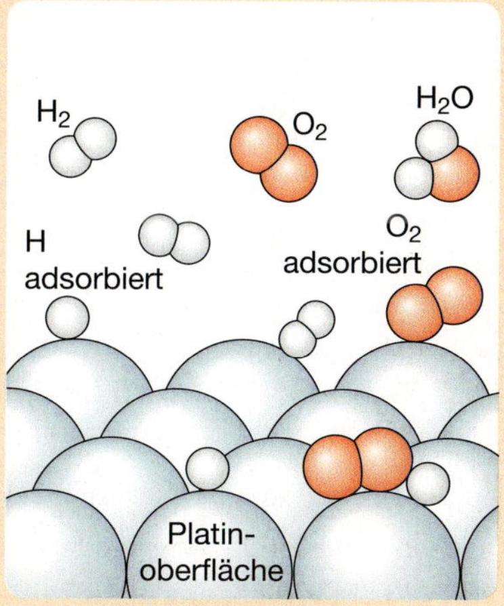

▲ *2. So wirkt ein Katalysator*

Durch den Einsatz von Katalysatoren können Reaktionen schon bei niedrigeren Temperaturen durchgeführt werden. Durch die geringere Temperatur entstehen weniger Nebenprodukte.

Katalysatoren in der Technik. Am bekanntesten ist der Abgaskatalysator im Auto. Damit werden umweltschädliche Abgase in unschädlichere umgewandelt.

Viele großtechnische Prozesse in der chemischen Industrie könnten ohne Katalysatoren nicht ablaufen. Katalysatoren finden Verwendung beim Cracken von langkettigen Kohlenwasserstoffen zur Herstellung von Benzin und Diesel. Bei der Herstellung von den Kunststoffen Polyethen und Polypropen spielen Katalysatoren eine wichtige Rolle. Auch bei der energieintensiven Ammoniak-Synthese aus Stickstoff und Wasserstoff wird ein Katalysator verwendet.

1. Erkläre die Wirkungsweise eines Katalysators.
2. Welche Energie wird durch den Katalysator herabgesetzt?
3. Nenne einige Produkte, bei deren Herstellung ein Katalysator beteiligt ist.

Der Auto-Abgas-Katalysator

Neben Kohlenstoffdioxid und Wasser entsteht beim Verbrennen von Benzin im Motor auch das giftige Kohlenstoffmonooxid (CO). Zusätzlich reagiert bei den hohen Verbrennungstemperaturen auch ein Teil des Stickstoffs aus der Luft zu Stickstoffoxiden. Sie führen zu saurem Regen und verursachen Waldschäden. Außerdem verlässt ein geringer Teil des Benzins den Motor unverbrannt.
Damit der Anteil der für die Umwelt schädlichen Abgase so gering wie möglich bleibt, werden die Abgase mithilfe eines Katalysators gereinigt.

Der Abgaskatalysator. Abgaskatalysatoren bestehen aus einem wabenförmigen Körper aus Keramik, der von Tausenden feiner Kanälchen durchzogen ist. Durch die raue Oberfläche der Kanälchen und Poren ist die Oberfläche des Katalysators insgesamt größer als zwei Fußballfelder. Auf dieser Fläche sind die katalytisch wirksamen Edelmetalle Platin und Rhodium als hauchdünne Beschichtung aufgebracht. Auf dieser riesigen Fläche werden die Kohlenwasserstoffe und das Kohlenstoffmonooxid oxidiert, die Stickstoffoxide in elementaren Stickstoff umgewandelt. Über die Lambda-Sonde wird der notwendige Sauerstoffanteil im Abgas so gesteuert, dass etwa 90 % der Schadstoffe beseitigt werden können.

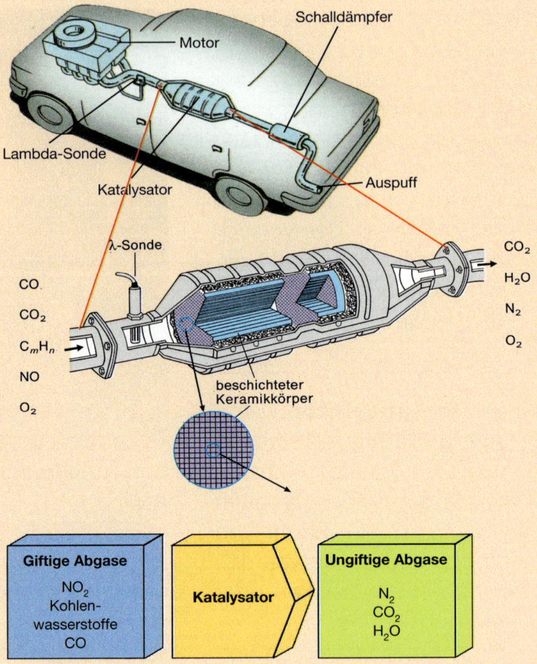

▲ *1. Abgaskatalysator für Fahrzeuge mit Ottomotor*

1. Welche Schadstoffe entstehen im Motor?
2. Wie groß ist die Oberfläche eines Abgaskatalysators?
3. Warum muss die Katalysatoroberfläche sehr groß sein?

Der Rußpartikelfilter

Beim Verbrennen von Dieselkraftstoff im Dieselmotor entstehen feine Rußteilchen. Diese belasten die Umwelt. Sie sind für viele Atemwegserkrankungen verantwortlich und stehen sogar im Verdacht, krebserzeugend zu sein. Ein großer Teil der Rußteilchen im Abgas lässt sich durch einen speziellen Rußfilter entfernen.

Der Rußfilter. Der Rußfilter besteht aus Siliciumcarbid, einer sehr harten und hitzebeständigen Keramik. Die winzigen Rußteilchen werden in den feinen Kanälen des Keramikfilters zurückgehalten (Bild 2). Nach einigen hundert Kilometern ist der Filter voll. Damit der Filter nicht verstopft, werden die gesammelten Rußteilchen zu Kohlenstoffdioxid verbrannt. Dazu wird durch Nacheinspritzung von Kraftstoff die Abgastemperatur erhöht.
Die heißen Abgase verbrennen die Rußpartikel im Filter zu Kohlenstoffdioxid. Der Reinigungsvorgang wird durch Druckmessfühler gesteuert.

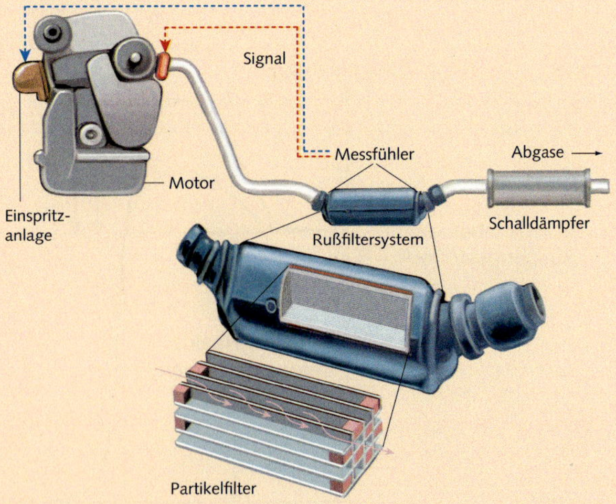

▲ *2. Rußpartikelfilter für Fahrzeuge mit Dieselmotor*

4. Warum muss der Rußpartikelfilter nicht regelmäßig ausgetauscht werden ?

Ozon – ein giftiges Gas, das schützt

In Australien müssen sich die Menschen im Sommer vor den Sonnenstrahlen schützen, da zu wenig Ozon in der Atmosphäre ist und deshalb die schädliche UV-Strahlung bis zum Boden gelangt.

Ozon am Boden. Im Unterschied zum lebenswichtigen Sauerstoff ist Ozon ein äußerst giftiges Gas. Ozon-Moleküle bestehen aus drei Sauerstoff-Atomen (O_3). Ozon ist sehr reaktiv, greift viele Stoffe an und zerstört sie. Ozon wirkt keimtötend und schädigt Pflanzen. Es reizt Augen und Schleimhäute sowie die Lunge.

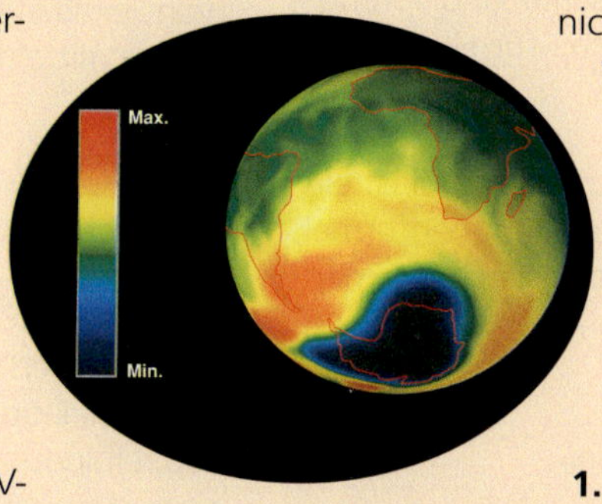

Ozon in der Atmosphäre. Ozon in 20–50 km Höhe schadet uns nicht. Im Gegenteil, es schützt alles Leben auf der Erde vor der gefährlichen UV-Strahlung der Sonne. Wie eine Sonnenbrille filtert es die gefährlichen UV-Bestandteile weitgehend heraus. Ohne die Ozonschicht als Filter würden die UV-Strahlen ungehindert auf die Erde treffen. Beim Menschen würde es zu einer stark erhöhten Hautkrebsrate und mehr Augenkrankheiten sowie zu einer Schwächung des Immunsystems kommen. Aber auch die Pflanzen an Land und die Algen im Meer können durch die Zerstörung des Chlorophylls geschädigt werden. Missernten könnten unter anderem die Folge sein.

Die Ozonschicht ist gefährdet. 1986 haben Wissenschaftler erstmals ein **„Ozonloch"** über der Antarktis festgestellt, also einen Bereich mit sehr wenig Ozon. Aber auch über der Arktis gibt es inzwischen ein Ozonloch.

Hauptverursacher für das Ozonloch sind Kohlenwasserstoffverbindungen, bei denen Wasserstoff-Atome durch Halogen-Atome ersetzt worden sind. Diese **Halogenkohlenwasserstoffe** sind reaktionsträge, ungiftig und galten bis 1980 als ideale Treibgase und Kühlmittel. Besonders die **F**luor**ch**lor**k**ohlen**w**asserstoffe, kurz **FCKW** genannt, wie Frigen (CCl_2F_2), und die Halone, bromhaltige Feuerlöschmittel, zerstören das Ozon in der Atmosphäre. Einmal freigesetzt gelangen die Halogenkohlenwasserstoffe unverändert in die Ozonschicht und zerstören das Ozon. Die UV-Strahlung spaltet aus den Molekülen Chlor-Atome ab. Jedes Chlor-Atom zerstört viele Tausend Ozon-Moleküle, bevor es selbst unschädlich wird.

Halogenkohlenwasserstoffe heute. Wegen der schädlichen Folgen wurde der Einsatz von Fluorchlorkohlenwasserstoffen in vielen Ländern verboten. Seither wird nach Ersatzstoffen gesucht. Die chlorfreien Halogenkohlenwasserstoffe, kurz HFKW genannt, schädigen die Ozonschicht viel weniger, wirken aber als Treibhausgase.

Was wird getan? Umweltverbände und Wissenschaftler haben jahrelang auf die Gefahr von FCKW für die Ozonschicht hingewiesen. Seit 1996 dürfen voll halogenierte FCKW in den Industrienationen nicht mehr hergestellt oder verwendet werden. Bis zum Jahre 2030 sollen auch die teilhalogenierten H-FCKW verboten werden. Trotzdem wird uns das Ozonproblem noch Jahrzehnte begleiten. Bis zu dreißig Jahre kann es dauern, bis die einmal freigesetzten Moleküle in die Ozonschicht gelangt sind.

1. Welche Aufgabe hat das Ozon in der Atmosphäre?

2. Was passiert mit den Halogenkohlenwasserstoffen in der Ozonschicht?

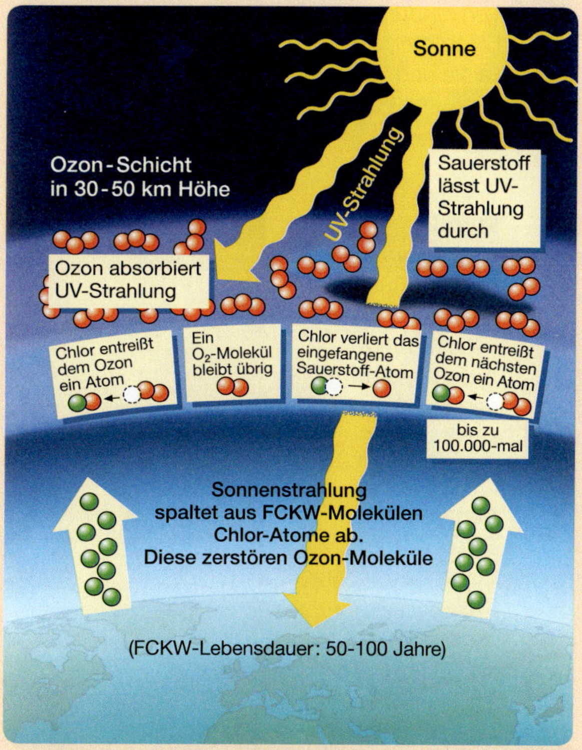

▲ *3. Abbau von Ozon in der Atmosphäre*

Benzol – ein aromatischer Kohlenwasserstoff

1. Aromatische Verbindungen im Alltag

In welchen Produkten im Alltag begegnen uns Stoffe, in denen ein aromatischer Kohlenwasserstoff enthalten ist? (Nutze das Bild 1 auf dieser Seite).

Grundstoff der organischen Chemie. Vor 150 Jahren wurde Benzol aus Steinkohle, heute wird es aus Erdöl gewonnen. Benzol ist ein wichtiger Grundstoff der organischen Chemie und findet vielseitige Verwendung. Benzol wird dem Benzin zugesetzt, um die Klopffestigkeit zu erhöhen. Es ist ein wichtiger Ausgangsstoff für Kunst- und Farbstoffe, Synthesekautschuk und Sprengstoffe. Benzol wird auch als Lösemittel für Harze, Öle und Wachse verwendet.

Bau des Benzolmoleküls. Das Benzol-Molekül ist ein ringförmig gebautes Molekül mit der Summenformel C_6H_6. Da es nur 6 Wasserstoff-Atome besitzt, ging man zunächst davon aus, dass es sich bei Benzol um einen ungesättigten Kohlenwasserstoff handelt. Man vermutete zwischen den 6 Kohlenstoff-Atomen drei Einfach- und drei Doppelbindungen. Doch der Nachweis für Doppelbindungen gelingt bei Benzol nicht. Heute weiß man, dass zwischen den Kohlenstoff-Atomen keine „normalen" Einfach- und Doppelbindungen vorhanden sind. Sechs Bindungselektronen sind frei beweglich und gleichmäßig im Kohlenstoffring verteilt. Das wird durch den Kreis in der Strukturformel beschrieben (Bild 2).

▼ 1. Einige aromatische Kohlenwasserstoffe

Toluol
Eigenschaften:
farblose Flüssigkeit, aromatischer Geruch
Verwendung:
Lösemittel, z. B. für Lacke und Klebstoffe

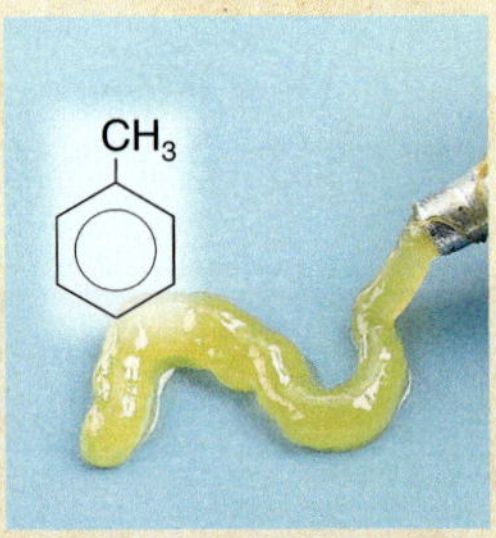

Styrol
Eigenschaften:
farblose Flüssigkeit, stechender Geruch
Verwendung:
Ausgangsstoff für den Kunststoff Polystyrol

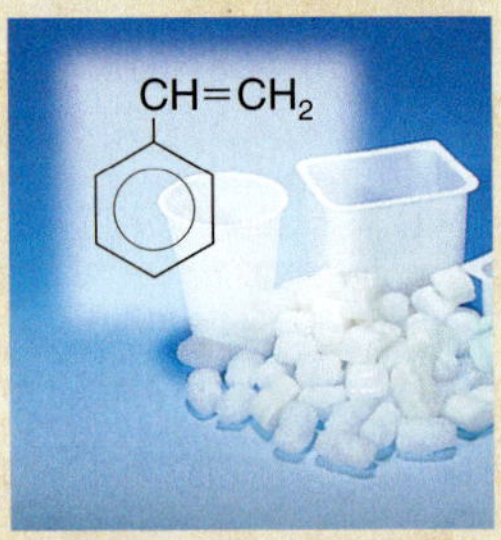

Benzpyren
Eigenschaften:
gelbe, nadelförmige Kristalle
Vorkommen:
im Zigarettenrauch; beim Grillen, wenn Fett auf glühende Holzkohle tropft

Steckbrief: Benzol

Eigenschaften:
farblose Flüssigkeit mit süßlich-aromatischem Geruch; brennt mit stark rußender Flamme; giftig und kann Krebs erzeugen

Dichte: 0,874 g/ml

Flammpunkt: –11 °C

Siedetemperatur: 80 °C

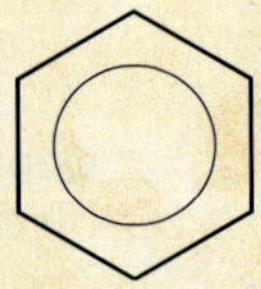

C_6H_6

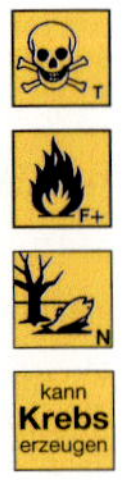

Verwendung: Ausgangsstoff zur Herstellung von Textilfasern, Kunststoffen, Farbstoffen, Arzneimitteln, Aromastoffen, Planzenschutzmitteln

Vorkommen: Erdöl, Steinkohlenteer

▲ *2. Steckbrief von Benzol*

Aromatische Kohlenwasserstoffe. Benzol gehört mit Toluol, Naphthalin, Styrol und Benzpyren zur Gruppe der aromatischen Kohlenwasserstoffe. Die Bezeichnung „aromatisch" geht auf den süßlichen aromatischen Geruch vieler Naturstoffe zurück, die sich vom Benzol ableiten. Alle aromatischen Kohlenwasserstoffe haben als gemeinsames Merkmal einen oder mehrere Benzolringe im Molekül.

Wichtige Verwandte des Benzols. Zwei wichtige Stoffe, die aus Benzol hergestellt werden, sind das Phenol und das Anilin. Aus Phenol werden z. B. Desinfektionsmittel, Medikamente und Kunstharze hergestellt. Anilin wird zur Produktion von Farbstoffen, Kunstfasern und Medikamenten eingesetzt.

Benzol ist der einfachste aromatische Kohlenwasserstoff. Seine Summenformel ist C_6H_6.

2. Fragen zum Text

a) Zu welcher Gruppe von Kohlenwasserstoffen gehört das Benzol?
b) Was ist das gemeinsame Struktur-Merkmal aller Kohlenwasserstoffe dieser Gruppe?

Erdöl – zu schade zum Verbrennen

➔ **Organische Stoffe:** Organische Verbindungen enthalten Kohlenstoff und Wasserstoff. Es können aber auch noch andere Elemente gebunden sein, vor allem Sauerstoff, Stickstoff und Schwefel.

➔ **Methan** ist der einfachste Kohlenwasserstoff.

➔ **Vielfalt der organischen Stoffe:** Die Zahl der organischen Verbindungen ist sehr groß, da sich Kohlenstoff-Atome zu kettenförmigen, verzweigten oder ringförmigen Molekülen verbinden können. Außerdem gibt es zwischen den Kohlenstoff-Atomen Einfach-, Doppel- und Dreifach-Bindungen.

➔ **Rohöldestillation:** Rohöl ist ein Gemisch aus vielen verschieden Kohlenwasserstoffen. Es lässt sich durch die **fraktionierte Destillation** in seine Bestandteile zerlegen.
Die wichtigsten Produkte aus dem Rohöl sind Benzin, Petroleum, Kerosin, Diesel und Heizöl.
Der zähflüssige Rückstand des Rohöls wird durch eine Destillation unter vermindertem Druck in weitere **Fraktionen** zerlegt.

	Alkane	**Alkene**	**Alkine**
Merkmal	Kohlenwasserstoff mit Einfachbindung	Kohlenwasserstoff mit Doppelbindung	Kohlenwasserstoff mit Dreifachbindung
allgemeine Formel	C_nH_{2n+2}	C_nH_{2n}	C_nH_{2n-2}
wichtigste Verbindung	Ethan, C_2H_6	Ethen, C_2H_4	Ethin, C_2H_2
Molekül-Modell	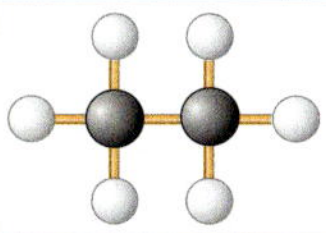	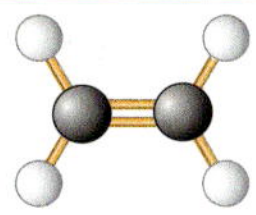	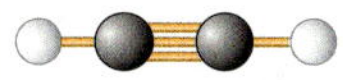
Eigenschaften	reaktionsträge	reaktionsfreudig	sehr reaktionsfreudig
Verwendung	Brenn- und Treibstoffe, Grundstoffe der chemischen Industrie	Grundstoffe der chemischen Industrie (Kunststoffe, Alkohole, organische Säuren	Ethin als Schweißgas, Grundstoffe der chemischen Industrie

➔ **Zwischenmolekulare Kräfte:** Die zwischenmolekularen Kräfte bestimmen die Eigenschaften der Alkane und Alkene. Diese Kräfte werden als Van-der-Waals-Kräfte bezeichnet. Mit zunehmender Kettenlänge nimmt die Zahl der Van-der-Waals-Kräfte zu. Kohlenwasserstoffe mit mehr als 16 Kohlenstoff-Atomen sind deshalb fest.

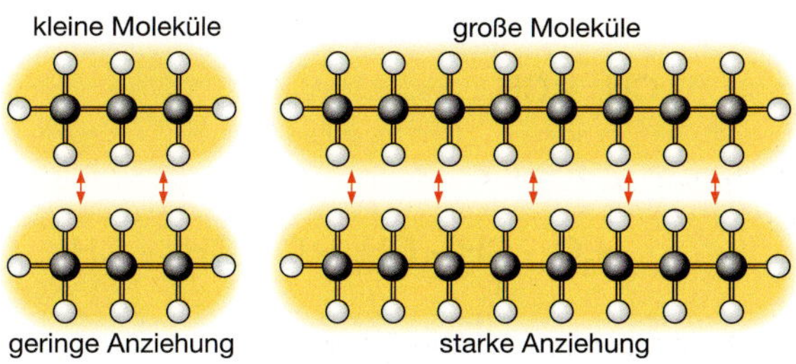

➔ **Treibstoffe:** Benzin und andere Treibstoffe sind Gemische verschiedener Kohlenwasserstoffe. Klopffestes Benzin hat eine hohe Octanzahl. Es besteht überwiegend aus verzweigten Kohlenwasserstoff-Molekülen.

➔ **Cracken:** Die direkt aus dem Rohöl gewonnene Benzinmenge reicht nicht aus. Deshalb werden langkettige Kohlenwasserstoffe durch Cracken in kürzere gespalten. Durch Reformieren wandelt man unverzweigte in verzweigte Kohlenwasserstoffe um.

➔ **Benzol:** Benzol ist der einfachste aromatische Kohlenwasserstoff. Benzol hat die Summenformel C_6H_6.

Erdöl – zu schade zum Verbrennen

1. Vielfalt der organischen Stoffe

Die Vielfalt der organischen Stoffe ist im Vergleich zu den anorganischen Stoffen riesig groß.

a) Nenne vier Beispiele für organische Stoffe in deiner Umgebung.

b) Welche der folgenden Stoffe sind keine organischen Stoffe? Petroleum, Eisen, Kalk, Polyethen, Wasser, Glas, Plexiglas.

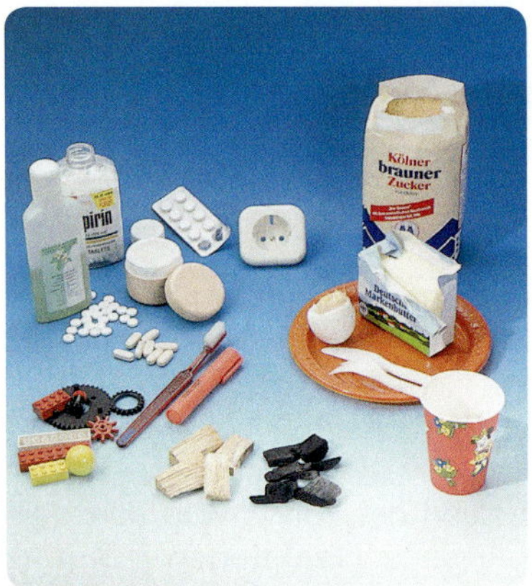

c) Welche Kohlenstoffverbindungen werden zu den anorganischen Stoffen gezählt?

2. Was sind organische Stoffe?

Welche Antwort ist richtig? Organische Stoffe sind ...
- Verbindungen, die Kohlenstoff-Atome enthalten (a)
- Stoffe, die aus Kohlenstoff- und Wasserstoff-Atomen bestehen (b)
- Stoffe, die als Laugen bezeichnet werden (c)
- Nur Benzin und Diesel sind organische Stoffe (d)

3. Verarbeitung von Erdöl

a) Woraus besteht Erdöl?

b) Nenne fünf Produkte, die aus Erdöl hergestellt werden.

c) Wie nennt man den Trennvorgang von Erdöl in seine Bestandteile?

d) Wie werden die Zwischenböden in einem Destillationsturm genannt?

e) Welche Eigenschaft der Erdölbestandteile wird bei der Destillation genutzt?

f) Wie wird die besondere Art der Destillation beim Erdöl genannt?

g) Welche weiteren Stoffe erhält man bei der Destillation unter vermindertem Druck?

4. Methan – überall zu finden

a) Was haben Biogas, Faulgas und Erdgas gemeinsam?

b) Wie entsteht Methanhydrat?

c) Warum wird Methan auch als Klimakiller bezeichnet?

d) Zur Beheizung eines Einfamilienhauses werden pro Jahr etwa 2000 m^3 Methan benötigt. Wie groß müsste eine Rinderherde sein, um diese Gasmenge innerhalb eines Jahres zu erzeugen?

e) Welche Heizölmenge lässt sich durch die Mistmenge von 250 Rindern einsparen?

5. Alkane

Alkane spielen in unserem Alltag eine große Rolle.

a) Nenne vier Beispiele für Alkane im Alltag.

b) Warum darf an Tankstellen nicht geraucht werden?

c) Warum werden Alkane als gesättigte Kohlenwasserstoffe bezeichnet?

d) Mit welchem Oberbegriff werden feste und flüssige Alkane bezeichnet?

6. Homologe Reihe der Alkane

a) Zeichne und benenne je ein Alkan-Molekül mit 7 und mit 10 C-Atomen.

b) Wie heißen diese Alkane?

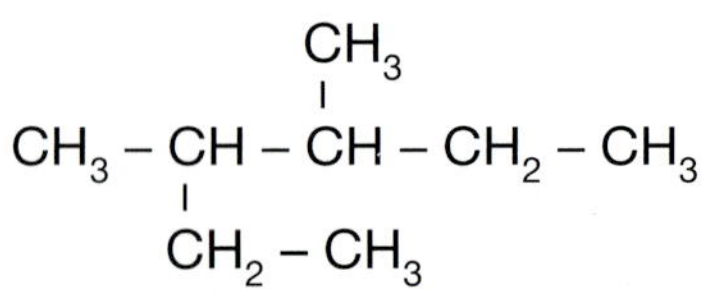

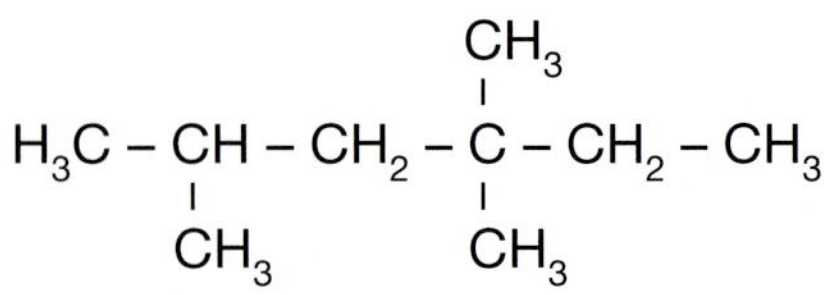

7. Zwischenmolekulare Kräfte

a) Wie nennt man die zwischenmolekularen Kräfte zwischen Alkan-Molekülen?
b) Schreibe die richtige Antwort auf.
Je kürzer eine Kohlenwasserstoffkette ist, desto
– stärker sind die zwischenmolekularen Kräfte.
– höher ist seine Siedetemperatur
– geringer sind die zwischenmolekularen Kräfte.

8. Mehr Benzin durch Cracken

a) Warum werden langkettige Alkan-Moleküle gecrackt?
b) Beim Cracken von Paraffinöl setzt sich Ruß an der Oberfläche des Katalysators ab. Wie lässt er sich entfernen?

9. Alkene, Alkine

a) Schreibe die Strukturformel von Propan und Propen auf.
b) Beide sind brennbare Gase. Wie lassen sie sich voneinander unterscheiden?

c) Welche Kunststoffe werden aus Ethen und Propen hergestellt?
d) Alkine sind Kohlenwasserstoffe, die in ihren Molekülen
– drei C-C Einfachbindungen haben,
– mindestens eine C≡C-Dreifachbindung haben,
– nur aus drei Kohlenstoff-Atomen bestehen?
Schreibe die richtige Antwort auf.
e) Wo kommen Alkine in der Natur vor?

10. Treibstoffe nach Maß

a) Warum enthält Autobenzin ringförmige und verzweigte Kohlenwasserstoffe?
b) Was versteht man unter der Octanzahl?
c) Was passiert beim Reformieren von Benzin?

11. Katalysatoren

a) Was sind Katalysatoren?
b) Warum entzündet sich ein Wasserstoff-Sauerstoff-Gemisch an einem Platindraht ohne offene Flamme?
c) Erkläre die Funktionsweise eines Abgaskatalysators.

12. Ozon

a) Was unterscheidet Ozon-Moleküle von Sauerstoffmolekülen?
b) Welche Folgen hätte es für alle Lebewesen, wenn die Ozonschicht der Erde fehlen würde?
c) Welche Stoffe sind die Hauptverursacher für die Entstehung des Ozonlochs?

13. Benzol – aromatische Verbindungen

a) Gib die Summenformel von Benzol an und zeichne seine Strukturformel.
b) Findet heraus (Internetrecherche), aus welchen Stoffen PET-Flaschen, ASS-Schmerztabletten, der Farbstoff von blauen Jeans und das Bittermandelöl zum Kuchenbacken bestehen. Welches gemeinsame Strukturelement ist in jedem der einzelnen Stoffe enthalten?

11 Vom Traubenzucker zum Alkohol

◀ 1. *Im Mundwasser, Haarspray und Scheibenreiniger fürs Auto ist Alkohol enthalten. Auch viele medizinische Produkte, wie z. B. Desinfektionssprays, Hustentropfen usw. werden mit Alkohol hergestellt.*

Alkohol entsteht auf natürlichem Wege bei der Vergärung zuckerhaltiger Früchte – z. B. aus Trauben. Daher war Alkohol und seine berauschende Wirkung schon den Menschen in frühen Kulturen bekannt.
Es gibt aber nicht nur den einen Alkohol zum Trinken. Im Alltag verwenden wir viele Produkte mit den unterschiedlichsten Alkoholen, ohne das wir das bewusst wahrnehmen.

▲ 2. *Einige Insektenarten produzieren im Winter den Alkohol Glycerin als körpereigenes Frostschutzmittel. Durch diesen Trick überleben sie Temperaturen unter null Grad Celsius, ohne dass sie erfrieren.*

▼ 3. *Zahlen und Fakten (Stand im Jahr 2009)*

Zahlen und Fakten rund um den Alkohol

Verbrauch pro Kopf und Jahr:
9,9 Liter reiner Alkohol

Einnahmen (Alkoholsteuer):
pro Jahr 3,1 Mrd. €
Kosten für den Staat (Schätzung):
pro Jahr ca. 24,4 Mrd. €

Verkehrsunfälle unter Alkoholeinfluss mit Personenschaden:
pro Jahr 19.603; dabei
523 Todesfälle

Tote durch Alkohol:
pro Jahr ca. 74.000
(z. B. durch Alkoholmissbrauch)

Gewaltkriminalität:
32,9 % aller im Jahr 2008 aufgeklärten Fälle wurden unter Alkoholeinfluss verübt, das sind pro Jahr über 50.000 Gewaltfälle.

Hefen stellen Alkohol her

1. „Schäumende" Weintrauben

Wenn man ungewaschene Weintrauben zerkleinert und den Ansatz stehen lässt, entstehen in dem Fruchtbrei Bläschen und der Geschmack ändert sich.

a) Wie kann man dies erklären?

b) Welche Lebewesen sind für die Veränderung verantwortlich?

2. Traubensaft und Hefen

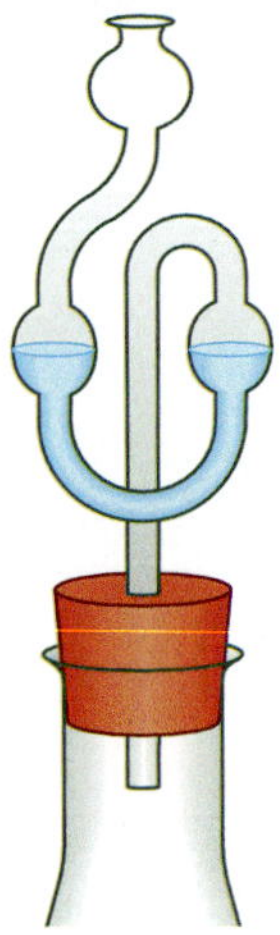

Gib in zwei Erlenmeyerkolben je 150 ml lauwarmen Traubensaft ohne Konservierungsstoffe. Füge zum Inhalt des einen Kolbens 5 g Hefe hinzu und rühre gut um. Verschließe die Kolben jeweils mit einem Gärröhrchen, das bis zur Hälfte mit Wasser gefüllt ist.

a) Schreibe genau auf, was du beobachten kannst. Achte auch auf die Vorgänge im Gärröhrchen.

b) Stelle die Gefäße an einen warmen Ort. Entferne in der nächsten Unterrichtsstunde die Gärröhrchen vom Kolben und prüfe den Geruch.

c) Welches Gas entsteht bei diesem Versuch? Plane einen Versuch, mit dem du deine Vermutung überprüfen kannst.

3. Nachweis: Hefen brauchen Zucker

Fülle in zwei Erlenmeyerkolben je 10 g Hefe und 100 ml Wasser. Gib in einen der beiden Kolben noch 20 g Traubenzucker hinzu. Rühre gut um. Verschließe die Kolben mit einem Gärröhrchen, das bis zur Hälfte mit Kalkwasser gefüllt ist. Stelle die Ansätze für einige Tage an einen warmen Platz. Was ist zu beobachten?

4. Mindmap Alkohol

Erstelle mit deinem Partner eine Mindmap zum Thema Alkohol.

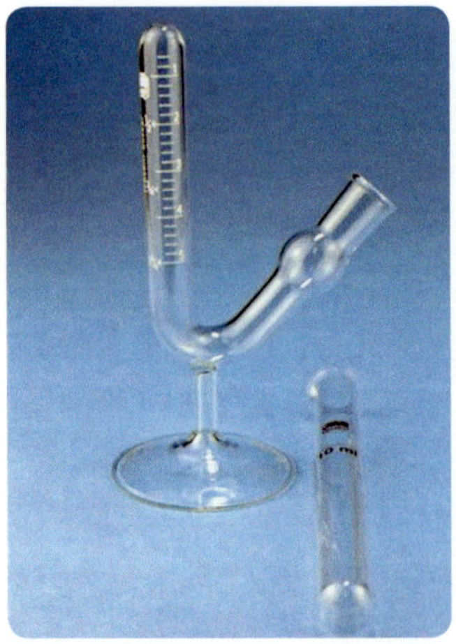

5. Gärungs-Saccharometer ▶

5. Wann arbeiten Hefen besonders gut?

Gib ca. 10 g Hefe in 100 ml Wasser und füge anschließend 10 g Traubenzucker hinzu. Fülle die Mischung in drei Gärungs-Saccharometer. Achte darauf, dass sich im oberen Schenkel keine Luftblase befindet. Stelle die Saccharometer für 30 Minuten an drei unterschiedlich warme Orte: Eisbad (ca. 0 °C), Wärmebad (ca. 40 °C), Fensterbank

a) Schreibe genau auf, was du beobachten kannst. Teste auch, ob sich der Geruch der Versuchsansätze geändert hat.

b) Woran kannst du den Arbeitseifer der Hefen messen?

c) Bei welcher Temperatur arbeiten die Hefen am besten?

6. Hefen – mikroskopisch kleine Lebewesen

a) Stelle aus frischer Bäckerhefe eine stark verdünnte Hefesuspension mit lauwarmem Wasser her.

b) Gib einen Tropfen der Suspension auf einen Objektträger. Färbe das Präparat mit blauer Tinte an. Lege ein Deckgläschen darüber und mikroskopiere. Zeichne und beschreibe, was du siehst.

c) Finde heraus, zu welcher Gruppe von Lebewesen die Hefen gehören. Die Lösung findest du auf den nächsten Seiten in diesem Kapitel.

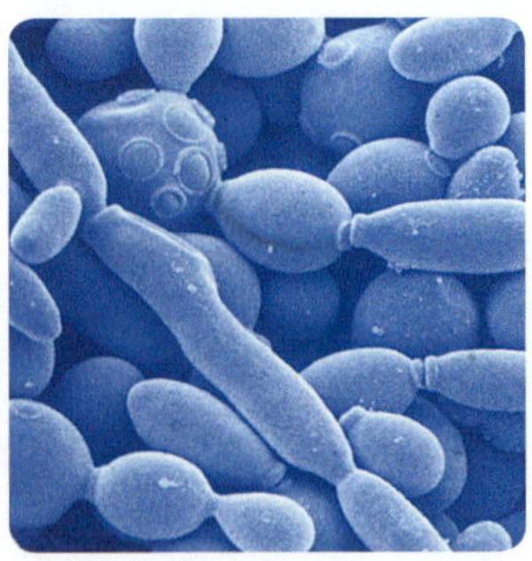

◀ *6. Hefezellen unter dem Elektronenmikroskop*

Von der Traube zum Most. Im Herbst werden die reifen Trauben von Hand oder maschinell geerntet. In der Winzerei wird zuerst der Traubensaft, der Most, gewonnen. Dazu werden die Trauben gequetscht, sodass die Schalen aufplatzen. Es entsteht die Maische, ein Brei aus Traubensaft und Schalen, aus dem dann der Most gepresst wird.

Die Bedeutung von Zucker und Säure. Die Qualität des zukünftigen Weins hängt in erster Linie vom Zucker- und Säuregehalt des Mostes ab. Der Zuckergehalt bestimmt die erreichbare Alkoholkonzentration des Weins. Der Säuregehalt ist entscheidend für den Geschmack und die Haltbarkeit des Weines.

Vom Most zum Wein. Zum Gären wird der Most in Fässer oder Tanks umgefüllt. Die Gärung setzt von allein ein, da sich bereits natürliche Hefen im Most befinden. Dieser Vorgang ist unerwünscht, da er nicht kontrollierbar ist. Dem Most werden deshalb gezüchtete Hefekulturen zugesetzt.
Die Hefen wandeln bei der Gärung Traubenzucker in Alkohol um. Gleichzeitig entstehen Kohlenstoffdioxid und Wärme.

Um den Wein haltbar zu machen, wird er meistens geschwefelt. Dazu leitet der Winzer etwas Schwefeldioxid-Gas in den Wein. Die schweflige Säure, die dabei entsteht, stoppt die Gärung. Die Hefepilze werden abgetötet. Der Wein wird konserviert. Der fertige Wein wird dann in Flaschen abgefüllt.

Der Geschmack des Weins wird von bis zu 500 verschiedenen Inhaltstoffen bestimmt. Wein enthält 8 bis 14 Volumenprozent Ethanol. Das bedeutet, dass in 100 ml Wein 8 bis 14 ml Ethanol enthalten sind. Aus hellen Trauben wird Weißwein, aus blauen Trauben Rotwein hergestellt.

$$\text{Traubenzucker (Glucose)} \xrightarrow[\text{Gärung}]{\text{Hefepilze}} \text{Ethanol} + \text{Kohlenstoffdioxid} + \text{Wärme}$$

Den trinkbaren Alkohol nennt der Chemiker Ethanol.

Nach 1 bis 2 Wochen ist der Gärprozess beendet. Dann wird der frische Wein filtriert, um Hefe und Trübstoffe zu entfernen. Zur weiteren Reifung wird der Wein in Fässern oder Edelstahltanks gelagert.

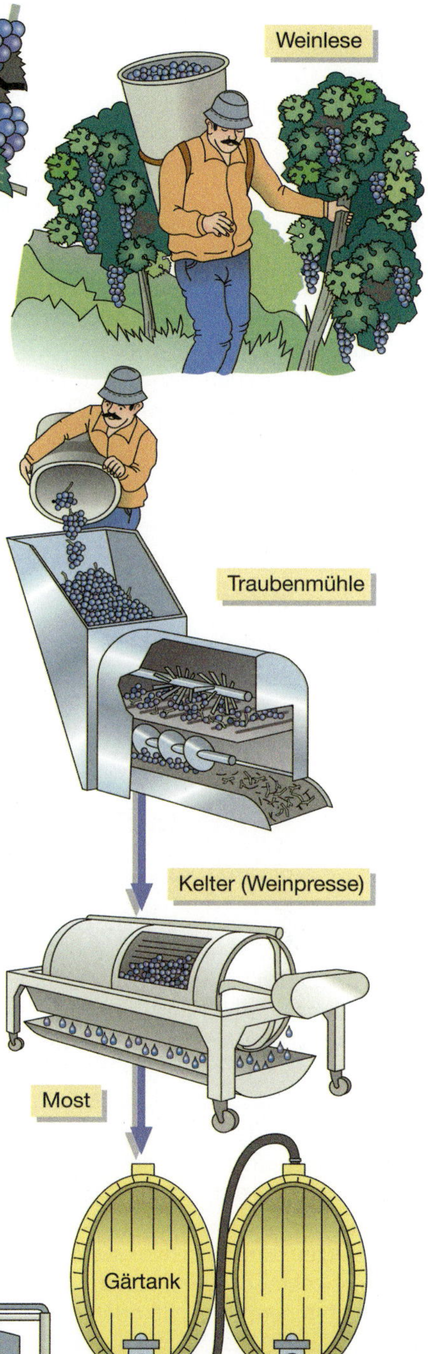

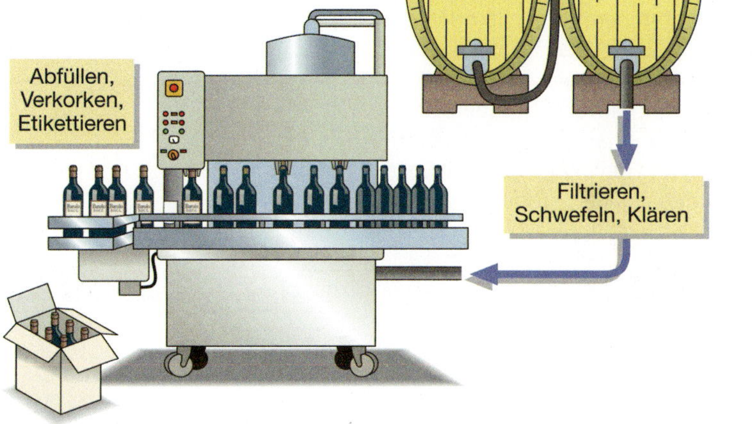

1. Herstellung von Wein ▶

Hefen stellen Alkohol her

Vom Wein zum Branntwein
Bei der alkoholischen Gärung kann nur ein Alkoholgehalt von 15 Prozent Ethanol erzielt werden. Es gibt jedoch eine Reihe von alkoholischen Getränken wie Weinbrand, Weizenkorn und Rum, die einen wesentlich höheren Ethanolgehalt aufweisen.

Wird für bestimmte Getränke ein höherer Alkoholgehalt gewünscht, muss destilliert werden. Dafür wird die vergorene Flüssigkeit in einer Destillationsapparatur auf etwa 80 °C erhitzt. Es verdampft vorwiegend Alkohol, der in einem Kühler aufgefangen wird. Dieser Vorgang wird auch als Brennen bezeichnet. Die Produkte werden als Branntweine bezeichnet. Für einige Produkte wird die Destillation mehrfach durchgeführt, um einen möglichst hohen Ethanolgehalt und eine besondere Reinheit zu erreichen.

Weintrauben werden gepflückt und zu Most verarbeitet. Weinhefen wandeln den Zucker des Mostes in Ethanol und Kohlenstoffdioxid um. Durch Destillation werden Getränke mit höherem Ethanolgehalt gewonnen.

1. Fragen zum Text
a) Wie entsteht der Alkohol im Wein?
b) Welche Bedeutung hat der Zuckergehalt des Mostes für den Gärungsprozess?
c) Weshalb leitet der Winzer Schwefeldioxid in den Wein?

2. Tod im Gärkeller
In schlecht entlüfteten Gärkellern kommt es immer wieder zu Unfällen. Die Verunglückten wurden kurze Zeit nach Betreten des Kellers ohnmächtig und erstickten. Erkläre, was passiert ist.

Exkurs

Die alkoholische Gärung

Lässt man frisch gepressten Obstsaft einige Zeit stehen, kann man Veränderungen beobachten. Der zunächst klare Saft erscheint trübe und schäumt: Die **alkoholische Gärung** hat begonnen.

Ausgelöst wird der Gärungsprozess durch verschiedene Hefen. Hefen sind einzellige Pilze, die sich durch Sprossung oder Teilung vermehren. Hefepilze besitzen Enzyme (Biokatalysatoren), die chemische Reaktionen, die bei Raumtemperatur nicht oder nur langsam ablaufen würden, beschleunigen. Diese Enzyme bauen den in Früchten enthaltenen Traubenzucker (Glucose) zu Ethanol und Kohlenstoffdioxid ab und gewinnen dadurch Energie für den eigenen Stoffwechsel.

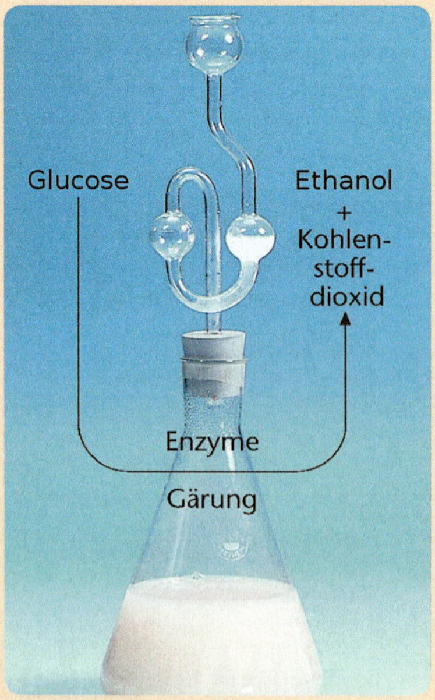

Hefepilze bauen diesen Zucker allerdings nur dann zu Ethanol ab, wenn bei der Gärung kein Sauerstoff vorhanden ist. Daher lässt man die Gärung unter Luftabschluss ablaufen, indem man einen Gäraufsatz verwendet. Er lässt entstehendes Kohlenstoffdioxid aus dem Gärbehälter heraus, aber keine Luft herein.
Bei einer Ethanol-Konzentration über 20 Volumenprozent sterben die Hefepilze ab. Der Gärprozess ist damit beendet.
Bei der Herstellung von Wein wird Glucose durch Weinhefen vergoren. Bei der Bierherstellung vergären Bierhefen Malzzucker. Bier enthält 4 bis 6 Volumenprozent Ethanol.

$$C_6H_{12}O_6 \longrightarrow 2\,C_2H_5OH + 2\,CO_2$$

Glucose → Ethanol + Kohlenstoffdioxid

▲ *1. Glaskolben mit Fruchtsaft und Hefe*

3. Herstellung von Wein

a) Fülle Fruchtsaft ohne Konservierungsstoffe in einen Stehkolben, füge fein zerkrümelte Hefe und Fruchtstückchen nach deiner Wahl hinzu. Verschließe den Stehkolben mit einem Gärröhrchen, das du mit Kalkwasser füllst.

b) Beobachte mehrere Tage den Versuchsansatz. Notiere deine Beobachtungen.

c) Welche Aufgabe hat das Gärröhrchen mit Kalkwasser?

d) Trenne den entstandenen Wein vom Bodensatz ab. Welches Trennverfahren eignet sich dafür?

e) Durch welchen Trick könntest du die Alkoholausbeute erhöhen?

4. Dem Alkohol auf der Spur

Fülle Wein in einen Erlenmeyerkolben. Gib 2–3 Siedesteine hinzu. Verschließe den Kolben mit einem Stopfen mit Steigrohr (60–80 cm). Erhitze den Wein bis zum Sieden. Versuche die entweichenden Dämpfe mit einem brennenden Holzspan am Ende des Steigrohrs zu entzünden. Halte den Wein einige Minuten weiter auf Siedetemperatur und versuche erneut die Dämpfe zu entzünden.

Notiere die Beobachtungen und versuche eine Erklärung zu finden.

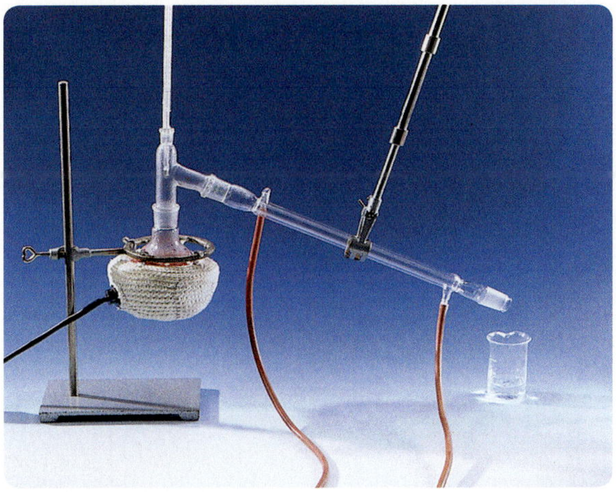

▲ *2. Destillation von Wein*

5. Destillation von Wein

a) Baue eine Destillationsapparatur auf.

b) Destilliere 100 ml Obstwein. Achte darauf, dass die Temperatur nicht über 85 °C ansteigt.

c) Teste Geruch und Brennbarkeit des Destillats.

6. Vorsicht bei frisch gepresstem Saft

a) Warum darf man frisch gepressten Obstsaft nicht in verschlossenen Flaschen aufbewahren?

b) Was passiert, wenn man den Obstsaft vorher erhitzt?

7. Recherche: Drunken animals?

Der in Afrika wachsende Marulabaum wird bis zu 18 m hoch. Er ist ein beliebtes Ziel von vielen Tieren, die es auf die gelben und sehr süßen Früchte des Baumes abgesehen haben. Elefanten, Giraffen, Nashörner und Affen fressen eine große Menge dieser Früchte, was nicht ohne Wirkung bleibt; sie torkeln durch die Savanne.

a) Welche Erklärung hast du für die „drunken animals"?

b) Welche verschiedenen Ursachen diskutiert man heute zu diesem Phänomen?

Alkoholgehalt in verschiedenen Getränken

Bier 0,5 l / 5 %

Alcopop / Mixgetränk 0,33 l / 5,5 %

Sekt / Prosecco 0,15 l / 11 %

Rotwein / Weißwein 0,2 l / 11 %

Longdrink / Cocktail 0,3 l / 8 %

Schnaps / Wodka / Whisky 0,02 l / 42 %

1. Berechne den Anteil an reinen Alkohol in ml im jeweiligen Getränk.
2. Ermittle die Ausgangsstoffe für die Herstellung von Bier, Rum und Whisky.

Beispielrechnung:
300 ml Bier mit einem Alkoholgehalt von 5 Vol.-% enthalten: 300 ml x 5 % / 100 % = 15 ml reinen Alkohol

Ultimativer Cocktail: Lucky Driver

Zutaten:
kleine Eiswürfel,
8 cl Orangensaft,
4 cl Maracujasaft,
4 cl frisch gepresster Limettensaft.

Alle Zutaten im Shaker 15 Sekunden kräftig schütteln, dann von den Eiswürfeln in ein Cocktailglas abgießen.

3. Finde weitere Rezepte für nicht alkoholische Cocktails.

Alkohol-Mix-Getränke

Bei Jugendlichen gehören sie nach wie vor zu den beliebtesten Drinks. Durch den Fruchtgeschmack, den hohen Zuckergehalt und die Kohlensäure wird der eher bittere oder scharfe Alkoholgeschmack überdeckt. Das führt dazu, dass diese Mischgetränke wie Erfrischungsgetränke konsumiert werden. In kurzer Zeit trinken die Jugendlichen relativ große Mengen. Durch dieses Trinkverhalten ist die Gefahr groß, sich schnell an den Konsum von Alkohol zu gewöhnen und den Grundstein für Alkoholmissbrauch zu legen.

4. Welche besonderen Gefahren liegen im Konsum von Alkohol-Mix-Getränken?

Wodka-Herstellung

Wodka wird traditionell aus stärkehaltigen Rohstoffen, wie Getreide und Kartoffeln hergestellt. Zuerst werden die Rohstoffe zerkleinert, mit Wasser versetzt und erwärmt. Die Stärke wird in Zucker umgewandelt. Gärhefen bauen den Zucker zu Ethanol ab. Nach der alkoholischen Gärung wird der Wodka nicht nur destilliert, sondern zusätzlich über Aktivkohle gereinigt. Durch diesen Verfahren werden unerwünschte Aromastoffe entfernt.

5. Warum wird Wodka besonders oft zum Mischen von Cocktails verwendet?
6. Welche Eigenschaft der Aktivkohle wird ausgenutzt?

So wirkt Alkohol

1. Verwendung von Alkohol

Überlege zu welchen Zwecken Alkohol in der Medizin und Biologie eingesetzt wird.

2. Experimente zur Wirkung von Alkohol

a) Wirkung von Alkohol auf Eiweiß

Fülle 2 Reagenzgläser mit je 5 ml Eiklar. Gib in das eine Reagenzglas 2 ml reinen Alkohol (F) und in das andere 2 ml Wasser.
Was kannst du beobachten?
Überlege, was dieses Experiment für den Menschen bedeutet, dessen Zellen viel Eiweiß enthalten.

b) Wirkung von Alkohol auf Kressesamen

Polstere 2 Glasschälchen mit Watte aus. Gib in jedes Schälchen 15 Kressesamen. Feuchte die Watte in einem Schälchen mit Wasser und im anderen mit Alkohol (F) an.
Stelle die Schälchen an einen warmen Ort.
Was kannst du nach einigen Tagen beobachten?
Schaue genau hin und verwende eine Lupe.

c) Wirkung von Alkohol auf Kressepflanzen

Schneide aus einem Kressebeet vier gleich große Quadrate mit Kressepflänzchen heraus. Lege diese Quadrate in 4 Glasschälchen mit Watte. Tränke die Pflänzchen mit 10 ml Wasser bzw. jeweils 10 ml 5 %iger, 10 %iger und 20 %iger Alkohol-Lösung.
Was kannst du nach einigen Stunden beobachten?
Lege eine Tabelle an und notiere deine Beobachtungen bei den vier Kressebeeten.

d) Wirkung von Alkohol auf Möhre und Gurke

Lege Möhren- und Gurkenscheiben in unterschiedlich konzentrierte Alkohol-Lösungen.
Was kannst du beobachten?
Überlege, was dieses Experiment für den Menschen bedeutet, dessen Zellen auch Wasser enthalten.

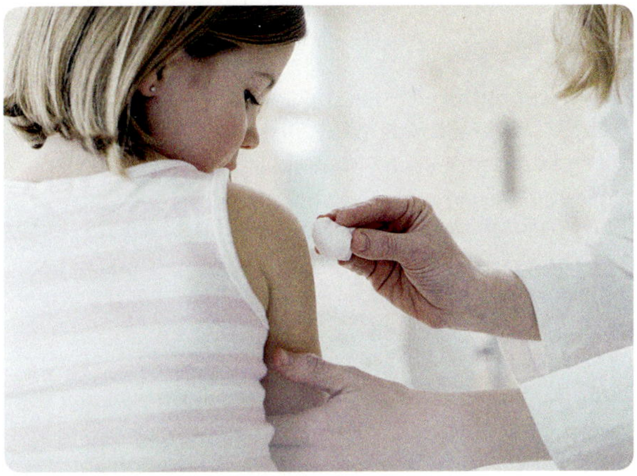

▲ 3. *Hautdesinfektion beim Arzt*

Alkohol – ein Zellgift. Alkohol wirkt auf lebende Zellen in hoher Konzentration als Zellgift. Den Zellen wird Wasser entzogen und die Eiweißstoffe in der Zelle werden durch den Alkohol so stark verändert, dass sie nicht mehr ihre ordnungsgemäße Funktion in der Zelle ausführen können.

Die gleichen Wirkungen des Alkohols können in der Medizin positiv genutzt werden. So wird vor einer Injektion („Spritze") die Haut mit Alkohol desinfiziert. Durch das Abwischen der Haut mit Alkohol werden an der Einstichstelle alle Bakterien abgetötet. Auch medizinische Geräte und Oberflächen in Arztpraxen werden mit Lösungen desinfiziert und gereinigt, die Alkohol enthalten.

Für die Herstellung von Arzneimitteln aus Pflanzen werden Mischungen aus Alkohol und Wasser als Extraktionsmittel verwendet. Hierbei wird die Eigenschaften des Alkohols als gutes Lösemittel für die Pflanzenwirkstoffe genutzt. Gleichzeitig wirkt der Alkohol als Konservierungsstoff für die fertigen Arzneimittel.

Alkohol ist für lebende Zellen ein starkes Zellgift.
In der Medizin wird Alkohol als Desinfektions- und Konservierungsmittel eingesetzt.

3. Fragen zum Text

a) Warum ist Alkohol ein starkes Zellgift?
b) Erkläre warum Alkohol bei der Herstellung von Arzneien aus Pflanzen verwendet wird.
c) Zu welchen Zwecken wird Alkohol beim Arzt und im Krankenhaus verwendet?
d) Überlege warum Alkohol auf Bakterien tödlich wirkt.

Koma-Saufen – Übermäßiger Alkoholkonsum unter Jugendlichen, oftmals auch "Komasaufen" genannt, ist ein sehr bedenkliches Beispiel für Alkoholmissbrauch. Alkohol übt auf Jugendliche eine unwahrscheinlich starke Anziehungskraft aus, welche durch Gruppendruck, geschickte Werbung der Hersteller und öffentliche Ereignisse wie z. B. Volksfeste zusätzlich verstärkt wird.
Man fühlt sich selbstsicherer, attraktiver, lockerer und lustiger. Es gilt schon fast als "cool" wenn man seinen Kumpels berichten kann, wie "dicht" man am Vortag wieder war. Täglich werden Teenager mit Alkoholvergiftung in Krankenhäuser eingeliefert.
„Nicht die Bewusstlosigkeit vom Vorabend, sondern die Windeln beim Aufwachen, sind den Jugendlichen sehr peinlich." So schildert eine Krankenschwester den Zustand von Jugendlichen, welche nach übermäßigem Alkohol-Konsum ins Krankenhaus eingeliefert wurden.

1. Warum ist Koma-Saufen „in"?
2. Ermittle, bei welchem Blutalkoholgehalt in der Regel Bewusstlosigkeit eintritt.

Alkoholkonsum bei Jugendlichen

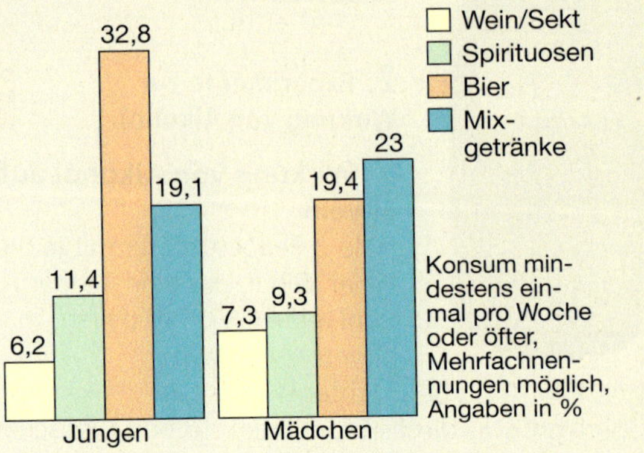

Die Zahl der 14 – 17 jährigen Jugendlichen, die mit einer Alkoholvergiftung ins Krankenhaus eingeliefert werden, hat sich seit 2003 verdreifacht. Besonders alarmierend: Die Trinker werden immer jünger quer durch alle sozialen Schichten.

3. Was kann man aus dem Diagramm ablesen?
4. Erkläre den Begriff „Einstiegsdroge".

Auszug aus dem Jugendschutzgesetz
§ 4 Gaststätten

(1) Der Aufenthalt in Gaststätten darf Kindern und Jugendlichen unter 16 Jahren nur gestattet werden, wenn eine personensorgeberechtigte oder erziehungsbeauftragte Person sie begleitet oder wenn sie in der Zeit zwischen 5 Uhr und 23 Uhr eine Mahlzeit oder ein Getränk einnehmen. Jugendlichen ab 16 Jahren darf der Aufenthalt in Gaststätten ohne Begleitung einer personensorge-berechtigten oder erziehungsbeauftragten Person in der Zeit von 24 Uhr und 5 Uhr morgens nicht gestattet werden.

§ 9 Alkoholische Getränke

(1) In Gaststätten, Verkaufsstellen oder sonst in der Öffentlichkeit dürfen
1. Branntwein, branntweinhaltige Getränke oder Lebensmittel, die Branntwein in nicht nur geringfügiger Menge enthalten, an Kinder und Jugendliche,
2. andere alkoholische Getränke an Kinder und Jugendliche unter 16 Jahren
weder abgegeben noch darf ihnen der Verzehr gestattet werden.
(4) Alkoholhaltige Süßgetränke im Sinne des § 1 Abs. 2 und 3 des Alkopopsteuergesetzes dürfen gewerbsmäßig nur mit dem Hinweis „Abgabe an Personen unter 18 Jahren verboten, § 9 Jugendschutzgesetz" in den Verkehr gebracht werden.

Bestellung o.K.? Erik (17) und Julia (15) treffen sich um 23.30 Uhr in der Disco ihrer Heimatstadt und ordern beim Kellner ihre Getränke. Erik bestellt Wodka-Cola und ein kleines Bier. Julia würde gerne ein Glas Sekt trinken, um ihre bestandene Prüfung zu feiern.

5. Wie muss der Kellner mit dieser Bestellung umgehen? Begründe deine Antwort ausführlich.

Direkt ins Blut. Der Weg der Alkohol-Moleküle in unseren Körper beginnt mit der Aufnahme über die kleinen Blutgefäße im Mund und im Magen-Darm-Bereich. Über den Blutkreislauf wird der Alkohol dann im ganzen Körper verteilt. Es dauert nur etwa 2 Minuten, bis er im Gehirn ankommt und seine Wirkung zeigt.
Die Alkoholmenge im menschlichen Blut wird in Promille (‰) angegeben. 1 Promille bedeutet, dass in einem Liter Blut 1 ml Alkohol enthalten ist.
Der Hauptanteil des Alkohols wird in der Leber abgebaut. Dabei entstehen Kohlenstoffdioxid und Wasser. Pro Stunde baut der Körper lediglich 0,1 Promille ab.
Bis zu 3 % des Alkohols werden unverändert über die Lunge ausgeschieden. Mit Alcotest-Geräten ist der Nachweis von Alkohol in der ausgeatmeten Luft möglich.

1. Warum spüren viele Menschen so schnell die Wirkung des Alkohols?
2. Welche Möglichkeiten hat die Polizei festzustellen, ob ein Verkehrsteilnehmer zu viel Alkohol getrunken hat?
3. In welcher Maßeinheit wird der Blutalkoholgehalt angegeben?

Alkohol im Straßenverkehr.

Alkoholgenuss enthemmt. Mann und Frau traut sich mehr zu als ohne. Unter Alkoholeinfluss wird schneller gefahren, als es die Straßenverhältnisse und die Fahrkünste zulassen.
Aber die Wirkung des Alkohols bedeutet auch: Die Sehschärfe lässt nach, das Gesichtsfeld wird eingeengt und Entfernungen können nur noch schwer eingeschätzt werden. Die Reaktionszeit verlängert sich. Viele schwere Unfälle sind die Folge.
Alkohol und eine Teilnahme am Straßenverkehr ob als Radfahrer, Motorrad- oder Autofahrer - sind unvereinbar. Deshalb gibt es hier auch klare Regeln und Gesetze. Und: Auch als Fußgänger kann es im Straßenverkehr unter Alkoholeinfluss sehr gefährlich werden.

6. Warum ist es gefährlich unter Alkoholeinfluss zu fahren?
7. Recherchiere im Internet, welche Promillegrenzen Führerscheinneulinge einhalten müssen.

Langzeitfolgen von Alkohol auf den menschlichen Körper.
Die Wirkung von Alkohol auf unseren Körper ist von verschiedenen Faktoren abhängig: Körpergewicht, Geschlecht, genetische Veranlagung, Stimmungslage, Ernährungszustand und Umgebung.
Deshalb lassen sich die Auswirkungen einer bestimmten Alkoholmenge nicht genau vorhersagen.

4. Findet heraus, durch welche Wirkungen des Alkohols die Schäden hervorgerufen werden.
5. Recherchiert über die Möglichkeiten und die Erfolgswahrscheinlichkeiten eines Entzugs.

Weitere Infos zum Thema Alkohol findest du unter:
www.kenn-dein-limit.info
www.staygold.eu

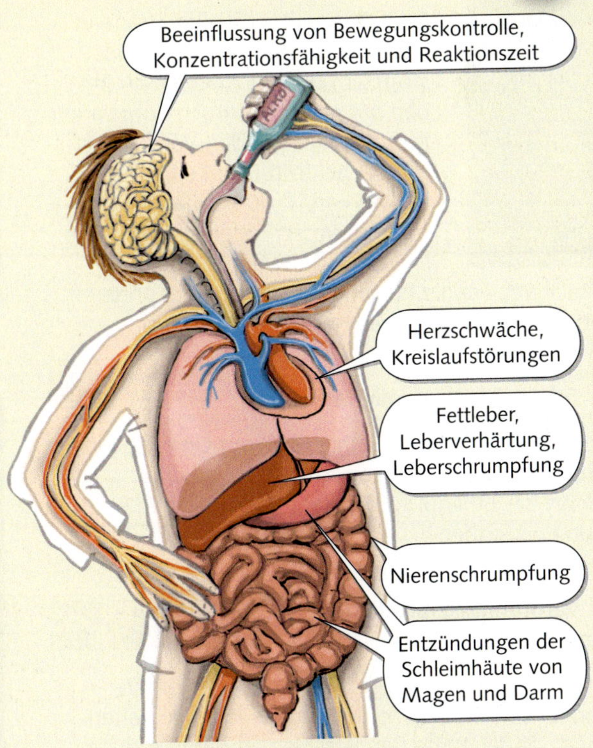

Ethanol, näher betrachtet

1. Ein Stoff, verschiedene Namen

Der Trinkalkohol, auch Ethanol genannt, begegnet uns im Alltag unter vielen Namen. Notiere die verschiedenen Bezeichnungen.

2. Ethanol im Alltag

Welche Verwendungsmöglichkeiten von Ethanol – außer als Trinkalkohol – sind dir noch bekannt?

3. Ethanol verduftet

Gib einen Tropfen Ethanol auf den Handrücken. Puste vorsichtig über die benetzte Stelle.

a) Beschreibe was du beobachten kannst.

b) Wofür kann die beobachtete Eigenschaft im Alltag genutzt werden?

4. Ethanol – ein Lösemittel?

F Xn N B3

Fülle 3 Reagenzgläser 2 – 3 cm hoch mit Ethanol. Füge dann je Glas einige Tropfen Wasser, Waschbenzin oder Speiseöl hinzu. Rühre eventuell um. Was kannst du beobachten?

5. Ablenkbarkeit von Ethanol und Wasser

F B3

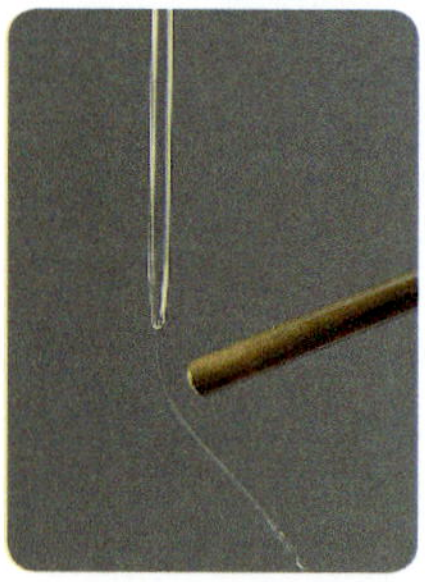

Lass aus einer Bürette einen dünnen Strahl Ethanol ausfließen. Halte in die Nähe des Strahls einen Kunststoffstab, den du zuvor durch Reiben mit einem Wolltuch aufgeladen hast. Wiederhole den Versuch mit Wasser als Testflüssigkeit.

a) Was kannst du beobachten?

b) Sind Wasser- oder Ethanol-Moleküle polar oder unpolar?

c) Recherchiere die Polarität von Ethan oder anderen Kohlenwasserstoffen wie Heptan oder Benzin.

6. Ethanol – sauer oder alkalisch?

F

Prüfe den pH-Wert von Ethanol (F) mit Universalindikator-Lösung oder Indikatorpapier. Gehört das Ethanol zu den sauren, alkalischen oder neutralen Stoffen?

7. Verbrennungsprodukte von Ethanol

F Xn N B2

Entzünde einige Milliliter Ethanol (F) in einem Verbrennungslöffel und halte ihn dann in einen kalten Standzylinder. Prüfe den Beschlag an der Wandung mit Kupfersulfatpapier (Xn, N, B2).

▲ 2. *Nachweis der Verbrennungsprodukte von Ethanol*

Gib anschließend Kalkwasser in den Standzylinder und schüttle vorsichtig.

a) Notiere deine Beobachtungen (Flammenfarbe, Farbe des Kupfersulfatpapiers, Farbe des Kalkwassers).

b) Welche Reaktionsprodukte sind beim Verbrennen von Ethanol entstanden?

c) Auf welche Elemente im Ethanol-Molekül weisen die Beobachtungen aus a) und b) hin?

8. Reaktion von Ethanol mit Magnesium (Lehrerversuch)

F

Ein Reagenzglas wird mit etwas Sand, der mit Ethanol (F) getränkt wird und einigen Magnesium-Spänen (F) gefüllt (siehe Abbildung unten).
Zunächst wird das gesamte Reagenzglas schwach erwärmt und das Magnesium anschließend stark erhitzt. Durch Fächeln mit der Flamme wird das Ethanol aus dem Sand verdampft. Das Magnesium glüht auf. Die entweichenden Dämpfe lassen sich entzünden.

a) Wie heißt das weiße Reaktionsprodukt? Welches Gas entweicht?

b) Welches Element muss im Ethanol-Molekül enthalten sein, damit die beschriebene Reaktion abläuft?

▼ 3. *Reaktion von Ethanol-Dampf mit Magnesium*

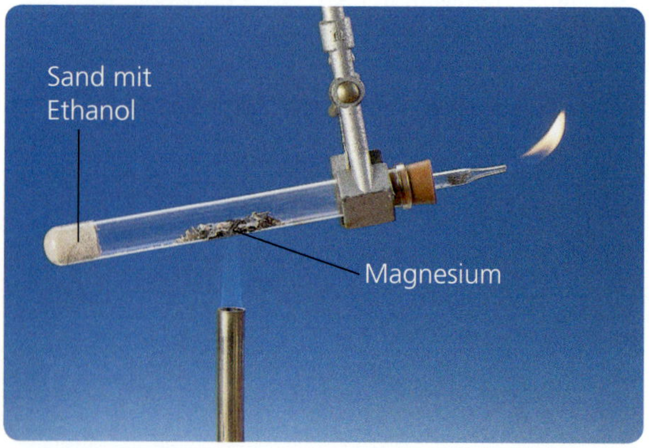

Ethanol chemisch betrachtet. Ethanol ist eine leicht entzündbare, neutrale Flüssigkeit, die mit schwach leuchtender Flamme mit dem Luftsauerstoff zu Kohlenstoffdioxid und Wasserdampf verbrennt. Die Analyse der Verbrennungsprodukte ergibt, dass Ethanol aus Kohlenstoff und Wasserstoff besteht. Wird Ethanoldampf über heißes Magnesium geleitet, bildet sich Magnesiumoxid. Da der zur Oxidation benötigte Sauerstoff nur aus dem Ethanol stammen kann, muss auch Sauerstoff Bestandteil des Ethanol-Moleküls sein.

Quantitative Analysen ergeben für das Ethanol-Molekül die Summenformel C_2H_5OH. Dabei sind 5 Wasserstoff-Atome direkt an Kohlenstoff-Atome gebunden, während das sechste an das Sauerstoff-Atom gebunden ist. Diese **OH-**Gruppe wird **Hydroxyl-**Gruppe genannt. Diese Gruppe bestimmt die Eigenschaften und Reaktionen von Ethanol. Man bezeichnet sie deshalb als **funktionelle Gruppe.**

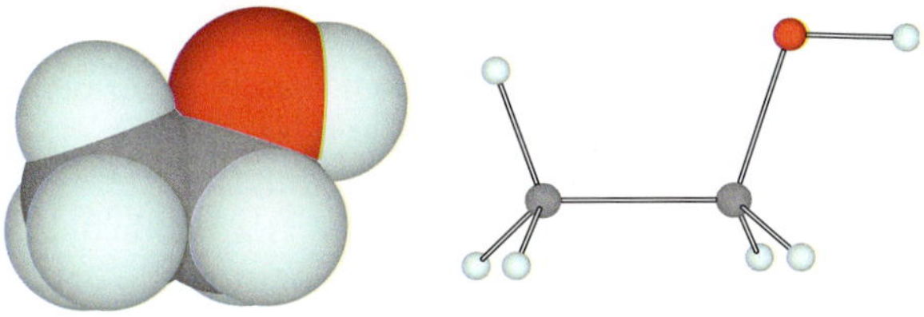

CH_3-CH_2-OH

Polarität von Ethanol-Molekülen. Nähert man einem elektrostatisch aufgeladenen Kunststoffstab einem Ethanolstrahl so wird dieser angezogen. Dies bedeutet, dass Ethanol-Moleküle polar sind. Sie sind, wie Wasser-Moleküle, **Dipol-Moleküle.**

Ethanol als Lösemittel. Ethanol ist gut wasserlöslich. Verantwortlich für die Wasserlöslichkeit ist die Hydroxyl-Gruppe, die wasserfreundlich (hydrophil) ist. Der Kohlenwasserstoff-Rest ist dagegen wasserfeindlich (hydrophob). Ethanol löst deshalb viele organische Stoffe wie Benzin, Heptan oder Speiseöl. Wegen seiner fettlösenden Wirkung wird Ethanol zusammen mit anderen waschaktiven Stoffen in Glasreinigern und Putzmitteln eingesetzt.

Ethanol im Alltag. Ethanol kommt nicht nur in alkoholischen Getränken, sondern in geringen Konzentrationen auch in den unterschiedlichsten Lebensmitteln vor. So kann Apfelsaft oder Traubensaft bis zu 0,4 % Ethanol enthalten. Auch in reifen Bananen, Sauerkraut, Kefir oder Weißbrot findet man ihn in geringer Menge.

▲ *3. Reiniger und Kosmetika die Alkohol enthalten.*

Ethanol ist auch ein wichtiger Grundstoff für die Herstellung von kosmetischen und medizinischen Produkten. Viele Medikamente, Parfüm, Deodorants, Haargel und Reinigungsmittel sind alkoholische Lösungen. Kosmetikprodukte wie z.B. Erfrischungstücher und Rasierwasser enthalten Ethanol, weil es schnell verdunstet und dadurch kühlend wirkt. Außerdem wirkt Ethanol desinfizierend und wird auch zur Wundreinigung eingesetzt.

Durch Zusatzstoffe ungenießbar gemachtes Ethanol kommt als preiswerter Brennspiritus in den Handel. In der chemischen Industrie ist Ethanol ein wichtiges Lösemittel und Zwischenprodukt.

Ethanol ist aus den Elementen Kohlenstoff, Wasserstoff und Sauerstoff aufgebaut. Die Summenformel lautet C_2H_5OH. Ethanol ist ein Lösemittel für hydrophile und hydrophobe Stoffe.

1. Fragen zum Text

a) Nenne die Summenformel von Ethanol.

b) Wie lautet die funktionelle Gruppe im Ethanol-Molekül?

c) Weshalb ist Ethanol ein Lösemittel für viele verschiedene Stoffe?

d) Warum wird Ethanol in Erfrischungstüchern eingesetzt?

Alkohole – vielseitige Flüssigkeiten

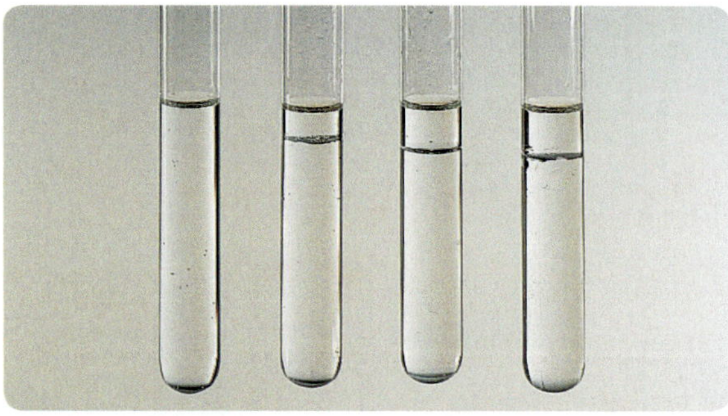

▲ *1. Löslichkeit von Alkanolen in Wasser*

1. Mischbar oder nicht?

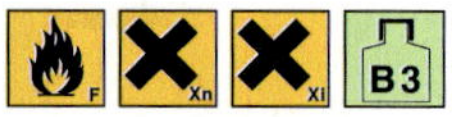

Gib je 1 ml verschiedener Alkohole, z. B. Ethanol (F, B3), Propanol (F, Xi, B3), Butanol (Xn, B3), Pentanol (Xn, B3), Hexanol (Xn, B3), in je 5 ml Wasser. Wiederhole den Versuch mit 5 ml Speiseöl anstelle des Wassers.

a) Was kannst du beobachten? Halte die Ergebnisse in einer Tabelle fest. Verwende folgende Symbole um die Mischbarkeit zu kennzeichnen: +, o, –.

b) Versuche die unterschiedlichen Ergebnisse der Mischbarkeit zu erklären.

2. Brennbarkeit

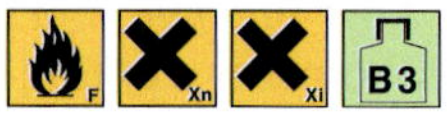

Gib je 1 ml verschiedener Alkohole in je ein Porzellanschälchen. Entzünde sie mithilfe eines brennenden Holzspans.

a) Achte besonders auf die Flammenfarben und versuche eine Erklärung zu finden.

b) Sortiere die verschiedenen Alkohole nach ihrer Entzündbarkeit.

3. Moleküle bauen

Baue mit Hilfe des Molekülbaukastens ein Methanol-Molekül. Verlängere die Kohlenstoffkette nacheinander um 1, 2, 3 und 4 C-Atome. Ergänze die fehlenden Wasserstoff-Atome.

a) Notiere die Summenformel für die entstehenden Moleküle.

b) Zeichne die Strukturformeln.

c) Finde einen Namen für die Moleküle. Denke dabei an die Regeln zur Namensgebung bei den Alkanen.

4. Alkoholpanscher gefasst

Nach mehreren hundert Todesfällen durch Methanolvergiftungen ist die Polizei einer professionellen Alkoholpanscherbande in Russland auf die Spur gekommen. Die Bande hatte Trinkalkohol mit dem billigen, aber hochgiftigen Methanol gestreckt und das gefährliche Produkt als Wodka im Schwarzhandel verkauft.

a) Informiere dich über den Alkohol Methanol und fertige einen Steckbrief an.

b) Mit welchen Gefahrensymbolen muss eine Methanolflasche gekennzeichnet sein?

c) Methanol kann auch als Treibstoff für Brennstoffzellen verwendet werden. Recherchiere im Internet und stelle dies deinen Mitschülern in einem kleinen Vortrag vor.

5. Spiritus als Frostschutz

Brennspiritus eignet sich als preiswertes Frostschutzmittel für die Scheibenwaschanlage. Mit einem Viertelliter Spiritus auf 1 Liter Wasser erzielt man einen Frostschutz von minus 10 °C. Durch Verdunsten des Alkohols kann der Frostschutz im Laufe der Zeit geringer werden.

a) Was bewirkt der Zusatz von Spiritus?

b) Überlege mit deinem Partner, wie im Reagenzglasversuch herausgefunden werden kann, wie viel Spiritus (F) dem Waschwasser bei Temperaturen bis –15 °C zugesetzt werden muss.

c) Führt die Versuche durch und haltet die Ergebnisse fest.

d) Warum empfiehlt es sich nicht, reinen Brennspiritus einzusetzen?

6. Giftgrün

Das sehr giftige Methanol und das Ethanol lassen sich durch eine Flammenprobe unterscheiden. Dazu wird etwas Borax und Schwefelsäure mit den Alkoholproben vermischt und dann entzündet. *(Der Versuch darf wegen der Giftigkeit von Bor-Verbindungen nicht mehr durchgeführt werden!)* Beschreibe die Unterschiede der Flammen.

▲ *2. Flammenprobe: Methanol (links) und Ethanol (rechts)*

Ethanol und seine Verwandten. Das als Trinkalkohol bekannte Ethanol ist nur eine von vielen Verbindungen aus der Stoffklasse der Alkohole. Alle Alkohole, die sich von den Alkanen ableiten, werden als **Alkanole** bezeichnet. Der chemische Name eines Alkohols ergibt sich aus dem Namen des entsprechenden Alkans mit der zusätzlichen Endung **-ol.**

Die homologe Reihe der Alkanole. Alle Alkohole enthalten als gemeinsames Merkmal eine **OH-Gruppe** in ihrem Molekül. Diese Gruppe nennt man **Hydroxyl-Gruppe.** Da diese OH-Gruppe die chemischen Eigenschaften der Alkohole entscheidend mitbestimmt, bezeichnet man sie auch als **funktionelle Gruppe** der Alkohole. Die allgemeine Formel für Alkohole lautet: **R-OH.** Das „R" steht für einen Alkyl-Rest. Der Alkyl-Rest besteht aus Kohlenstoff- und Wasserstoff-Atomen.

Alkanole, die nur eine OH-Gruppe enthalten, werden als **einwertige Alkohole** bezeichnet.
Methanol, Ethanol, Propanol, Butanol sind die ersten vier Alkanole der homologen Reihe der einwertigen Alkohole.
Methanol (Holzgeist) ist eine sehr giftige, farblose Flüssigkeit. Schon geringe Mengen führen zur Erblindung. Es kann als Nebenprodukt bei der Branntweinherstellung entstehen. Methanol wird in der chemischen Industrie als Lösemittel und als Rohstoff für die Kunststoffherstellung eingesetzt. Außerdem wird es als Treibstoffzusatz und als Brennstoff in Brennstoffzellen verwendet.
Propanol wird als „Friseuralkohol" in Haarpflegemitteln, als Ethanolersatz in kosmetischen Produkten und als Lösemittel verwendet.

Name	Formel	Siede-, Schmelztemperatur in °C		Löslichkeit
Methanol	CH_3OH	–97	65	In Wasser abnehmend / In Benzin zunehmend
Ethanol	C_2H_5OH	–114	78	
Propanol	C_3H_7OH	–126	97	
Butanol	C_4H_9OH	–89	117	
Pentanol	$C_5H_{11}OH$	–78	138	
Hexanol	$C_6H_{13}OH$	–45	157	

▲ *1. Homologe Reihe der Alkanole*

Eigenschaften der Alkanole. Methanol, Ethanol und Propanol sind in jedem Verhältnis mit Wasser mischbar. Bei den längerkettigen Alkanolen nimmt die Mischbarkeit mit Wasser stark ab. Hexanol ist in Wasser unlöslich. Diese Abnahme der Löslichkeit lässt sich mit dem Bau der Alkanol-Moleküle erklären. Die Hydroxyl-Gruppe ist wasserfreundlich (hydrophil). Sie ist für die Löslichkeit in Wasser verantwortlich. Der Kohlenwasserstoff-Rest ist dagegen wasserfeindlich (hydrophob). Er sorgt dafür, dass sich Alkanole in Benzin und ähnlichen Lösemitteln lösen.

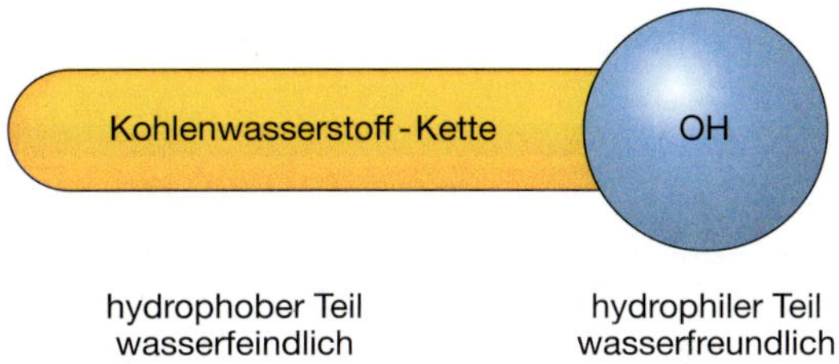

▲ *2. Alkanol-Moleküle besitzen einen wasserfreundlichen und einen wasserabstoßenden Teil.*

Alkohole im Auto. Einige Alkohole, z. B. Ethanol und Propanol, werden im Winter der Scheibenwaschflüssigkeit im Auto zugesetzt. Diese Alkohole setzen den Gefrierpunkt des Wassers herab und verhindern so das Einfrieren oder bewirken ein Auftauen des Eises auf den Scheiben.

▲ *3. Ein vereistes Auto*

Alkanole bilden eine homologe Reihe. Die Eigenschaften der Alkanole werden von der wasserfreundlichen Hydroxyl-Gruppe und dem wasserfeindlichen Kohlenwasserstoff-Rest bestimmt.

1. Fragen zum Text
a) Warum ist Methanol im Gegensatz zu Hexanol sehr gut wasserlöslich?
b) Warum können Ethanol und Propanol als Frostschutzmittel genutzt werden?

Eine Präsentation mit dem Computer erstellen

Präsentationen mit Computer und Beamer werden immer beliebter. Sie bieten gegenüber Postern oder Folien den Vorteil, dass man Töne, bewegte Bilder und Videosequenzen einfügen kann.

Nach dem Öffnen des Programms erscheint eine leere Folie und die schon von Textbearbeitungsprogrammen weitgehend bekannte Oberfläche mit den Tools zur Text- und Bildbearbeitung.

Deckfolie. Die erste Folie sollte ähnlich einem Titelblatt gestaltet werden. Hier werden neben dem Thema auch der Name des Referenten genannt.

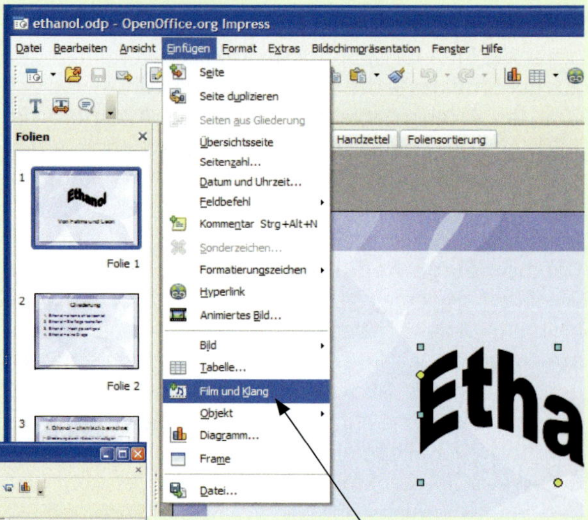

Hier kann man Diagramme und Videos einfügen

Der Text kann als **normaler Text** erstellt werden oder mit dem **FontWork-Modul** graphisch verändert werden.
Wichtig ist aber, dass die Folie übersichtlich und einprägsam konzipiert ist. Auf Schnörkel und Schmuckschriften sollte man verzichten.

Hier kann man die Bildschirmpräsentation einstellen

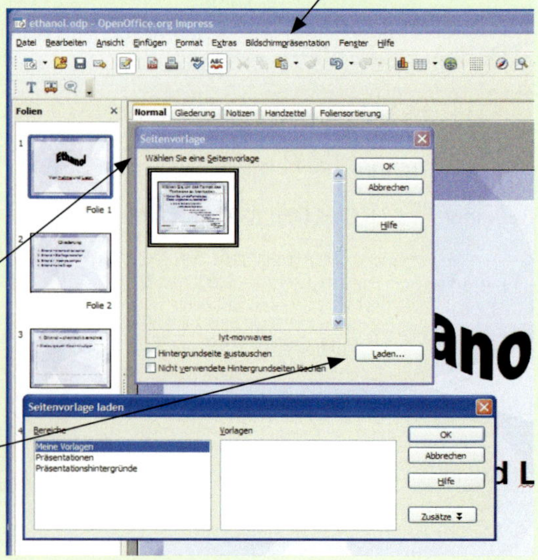

Den Hintergrund formatiert man als **Seitenvorlage.** Man kann zwischen verschiedenen Vorlagen auswählen. Es gibt aber auch die Möglichkeit eigene Bilder zu **laden** und als Hintergrund zu wählen. Diese Funktion kann auch nachträglich über die Option **Format, Seitenvorlage** geändert werden.

Gliederung. Die Inhalte werden auf der zweiten Folie übersichtlich gegliedert. So wissen die Zuhörer, was sie erwartet. Dazu wird über die Option **„Einfügen"** und den Befehl **„Seite"** oder **„Seite duplizieren"** eine weitere Folie eingefügt. Sie erhält automatisch denselben Hintergrund wie die erste Folie.

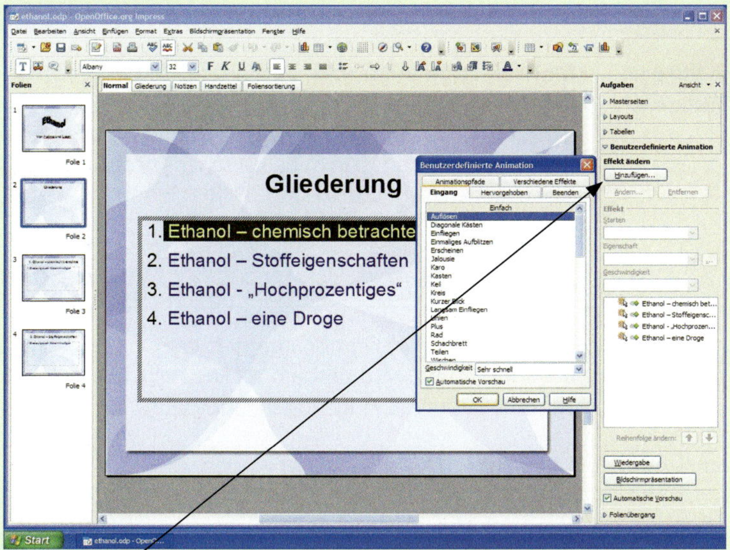

Checkliste für eine Präsentation

- Titelblatt mit Autoren
- Gliederung
- Folienabfolge überlegen
- Folien einheitlich gestalten – mit wenigen Bildern auflockern
- sachliche Richtigkeit prüfen
- auf das Wesentliche beschränken
- Präsentation üben

Präsentieren heißt nicht vorlesen

Animation. Abwechslungsreich und übersichtlich kann man die Präsentation durch eine ansprechende Animation einzelner Textpassagen gestalten. Hier gilt, dass man die Computerpräsentation nicht überfrachten sollte, denn sie soll den Vortrag nur unterstützen.

Gestalte jede **Folie**

- übersichtlich
  7 Stichwörter in maximal 7 Zeilen
  mit wenigen Schriftarten
- mit wenigen Schriftgrößen
- mit wenigen kontrastreichen Farben
- mit aussagekräftigen Bildern oder Diagrammen
- mit aufeinander abgestimmten Texten, Bildern, Hintergründen und Animationseffekten

Bildschirmpräsentation. Zum Abschluss gelangt man über die Option „Bildschirmpräsentation" zur „Vorführung" und erhält einen Gesamteindruck der Folien. Anschließend können entsprechende Korrekturen vorgenommen werden, so dass es eine interessante und ansprechende Präsentation gibt.

Der Vortrag. Für Ungeübte ist das Vortragen mit gleichzeitiger Präsentation reiner Stress. Nicht nur zum Üben, sondern auch für den Vortrag sollte man sich Karteikarten erstellen. Die Präsentationsprogramme enthalten als Hilfe die Funktion **„Notizen"**, mit der man Notizen und entsprechende Folie auf einer Seite ausdrucken kann.
Das laute Einüben der Präsentation mit parallelem Ablauf der Folien ist daher ein absolutes Muss.

1. Gib die schon begonnene Präsentation über Ethanol in den PC ein und führe sie fort.

2. Erstellt in Partnerarbeit eine vollständige Präsentation unter dem Thema „Alkohol und Straßenverkehr" oder „Gesundheitliche Folgen des Alkoholgenusses".

Glycerin und andere mehrwertige Alkanole

▲ 1. *Enteisung eines Flugzeuges*

1. Produkte mit Glycerin

Schau in Bad und Küche nach, in welchen Produkten überall Glycerin (andere Bezeichnungen sind: Glycerol oder Propantriol) enthalten ist.

2. Löslichkeit

Gib einige Tropfen Ethanol (F), Glykol (Xn) und Glycerin in 1 ml Wasser. Wiederhole den Versuch mit 1 ml Waschbenzin (F, Xn, N, B3) als Lösemittel. Was kannst du beobachten? Halte deine Ergebnisse schriftlich fest.

3. Fließgeschwindigkeit

Lasse Ethanol (F), Glykol (Xn, B3) und Glycerin an einem Glasstab entlang laufen. Was fällt dir auf? Notiere deine Beobachtungen.

4. Reaktion mit Kupfersulfat

Fülle 1 ml Ethanol (F), Glykol (Xn) und Glycerin in Reagenzgläser. Tropfe verdünnte alkalische Kupfersulfat-Lösung (N, B2) hinzu. Was kannst du beobachten?

▲ 2. *Frostschutzmittel enthält Glykol.*

5. Gefrierpunkt erniedrigen?

Bereite eine Kältemischung aus 100 g Eis und 35 g Kochsalz. Fülle ein Reagenzglas mit 5 ml Wasser und 5 ml Glycerin, ein zweites Reagenzglas mit 5 ml Wasser und 5 ml Glykol und ein drittes Reagenzglas mit 10 ml Wasser. Stelle die drei Reagenzgläser in die Kältemischung. Was kannst du beobachten?

Mehrwertige Alkanole. Glykol und Glycerin enthalten mehr als eine Hydroxylgruppe im Molekül. Deshalb gehören sie zu den mehrwertigen Alkanolen. Mehrwertige Alkanole kann man mit alkalischer Kupfersulfat-Lösung nachweisen. Die Lösung färbt sich dann tiefblau.

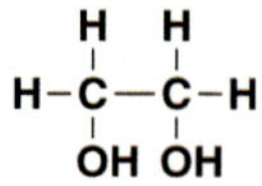

Glykol (Ethandiol) ist eine farblose, ölige, süß schmeckende, aber giftige Flüssigkeit. Es ist sehr gut wasserlöslich. Ein Wasser-Glykol-Gemisch gefriert erst bei −40 °C und wird deshalb als Frostschutzmittel und zur Enteisung von Flugzeugen eingesetzt.

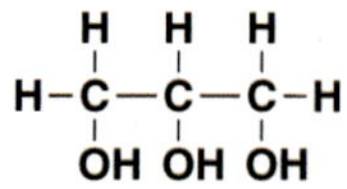

Glycerin (Propantriol) ist noch dickflüssiger als Glykol. Es ist wasseranziehend (hygroskopisch), gefrierpunktsenkend und schmeckt ebenfalls süß, ist jedoch ungiftig. Es gehört zu den dreiwertigen Alkanolen. Aufgrund der drei Hydroxylgruppen löst es sich gut in Wasser und Ethanol.
Es wird zur Herstellung von Salben, Zahn- und Körpercremes verwendet. Es dient als Weichmacher und Feuchthaltemittel. Darüber hinaus spielt es eine wichtige Rolle als Frostschutzmittel und Schmiermittel für Maschinen. Glycerin ist auch ein wichtiger Ausgangsstoff zur Herstellung von Dynamit, einem Sprengstoff.

Glycerin und Glykol sind mehrwertige Alkohole. Sie besitzen mehr als eine Hydroxyl-Gruppe.

6. Fragen zum Text

a) Welche gemeinsamen Eigenschaften haben Glykol und Glycerin?
b) Wozu werden Glykol bzw. Glycerin verwendet?
c) Was versteht man unter dem Begriff „mehrwertige" Alkanole?

Trickreich durch den Winter. In sehr harten Wintern sterben viele Insekten, weil das Wasser in ihrem Körper gefriert. Marienkäfer überwintern in großen Gruppen unter Baumrinden oder altem Laub. Wenn es kalt wird, fallen sie in eine Winterstarre. Auch wenn ihre Körpertemperatur unter 0 °C absinkt, sterben sie nicht. Die Käfer haben einen besonderen Schutzmechanismus und produzieren das körpereigene Frostschutzmittel Glycerin. Dieses verhindert, dass das Wasser in ihrem Körper gefriert und schützt sie so vor dem Kältetod.

1. Welche Eigenschaften des Glycerins sichert das Überleben des Marienkäfers?
2. Recherchiere, welche anderen Lebewesen auch diese oder eine ähnliche Überlebensstrategie bei tiefen Temperaturen anwenden.

Zuckeraustauschstoff Sorbit. In vielen Beeren und Früchten kommt ein sechswertiger Alkohol, das Sorbit (Hexanhexol) vor. Besonders viel Sorbit enthalten die Beeren der Eberesche (Abb.).

Sorbit schmeckt süß und ist hygroskopisch. Beim Abbau im menschlichen Körper wird kein Insulin benötigt. Sorbit wird deshalb von Diabetikern als Zuckeraustauschstoff genutzt. Es ist zahnfreundlich, weil es von Kariesbakterien nicht genutzt werden kann. Sorbit kann bei übermäßigem Verzehr abführend wirken.

3. Warum setzt man Zahncremes gerne Sorbit, auch Sorbitol genannt, zu?
4. Welche E-Nummer steht stellvertretend für diesen Zusatzstoff auf Lebensmitteletiketten?

Kaugummi selbst gemacht. Du benötigst 58 g Gum-Base, 105 g Sorbit-Pulver, 32 g Sorbit flüssig (70 %), 8 g Glycerin und verschiedene Aromastoffe.

Erwärme die Gum-Base im Backofen auf ca. 70 °C. Lasse sie anschließend leicht abkühlen und knete sie geschmeidig. Gib das Flüssigsorbit unter ständigem Kneten hinzu und knete weitere 5 Minuten. Gib anschließend das Sorbit-Pulver portionsweise hinzu und knete weiter. Vor der letzten Zugabe von Sorbit werden das Glycerin und die Aromastoffe eingearbeitet. Der gesamte Knetprozess dauert ca. 25 Minuten. Wichtig ist, dass die Temperatur beim Kneten nicht unter 45 °C fällt. Der fertige Kaugummiteig wird 3–4 mm dünn ausgerollt und in schmale Streifen geschnitten.

5. Warum wurden dem Kaugummiteig Glycerin und Sorbit zugesetzt?
6. Dürftest du deinen Kaugummi als „zuckerfrei“, „energiearm“ und „zahnschonend“ bezeichnen?
7. Warum solltest du auch diesen Kaugummi nur in Maßen genießen?

Der Test naht und es herrscht Chaos im Gehirn. Die Begriffe sind irgendwie da, aber die Zusammenhänge fehlen. Concept-Maps – auch Begriffsnetze genannt – sind dann ein ideales Werkzeug, um strukturiertes Lernen zu unterstützen und den Lernstoff längerfristig im Gehirn zu verankern. Die Methode hilft dir komplizierte Gedanken kurz und treffend zu formulieren.

Gestaltung einer Concept-Map

1. Die ausgewählten Begriffe (Substantive) werden auf Folienschnipsel oder Kärtchen geschrieben und auf einem unlinierten Blatt ausgebreitet.
2. Die Begriffe werden sinnvoll angeordnet.
3. Die Begriffe werden durch Richtungspfeile verknüpft und es entsteht so nach und nach ein Begriffsnetz.
4. Die Ursache-Wirkungsbeziehungen werden durch Verben auf den Pfeilen ausgedrückt.

Bei der Anordnung der Begriffe darauf achten, dass sich die Linien nicht mehr als einmal kreuzen.

5. Mit Farben, Symbolen oder Zeichnungen wird die Concept-Map einprägsamer.

1. Übertrage die angefangene Concept-Map auf ein Blatt und ergänze sie.

2. Erstelle eine eigene Concept-Map zum Thema mehrwertige Alkohole.

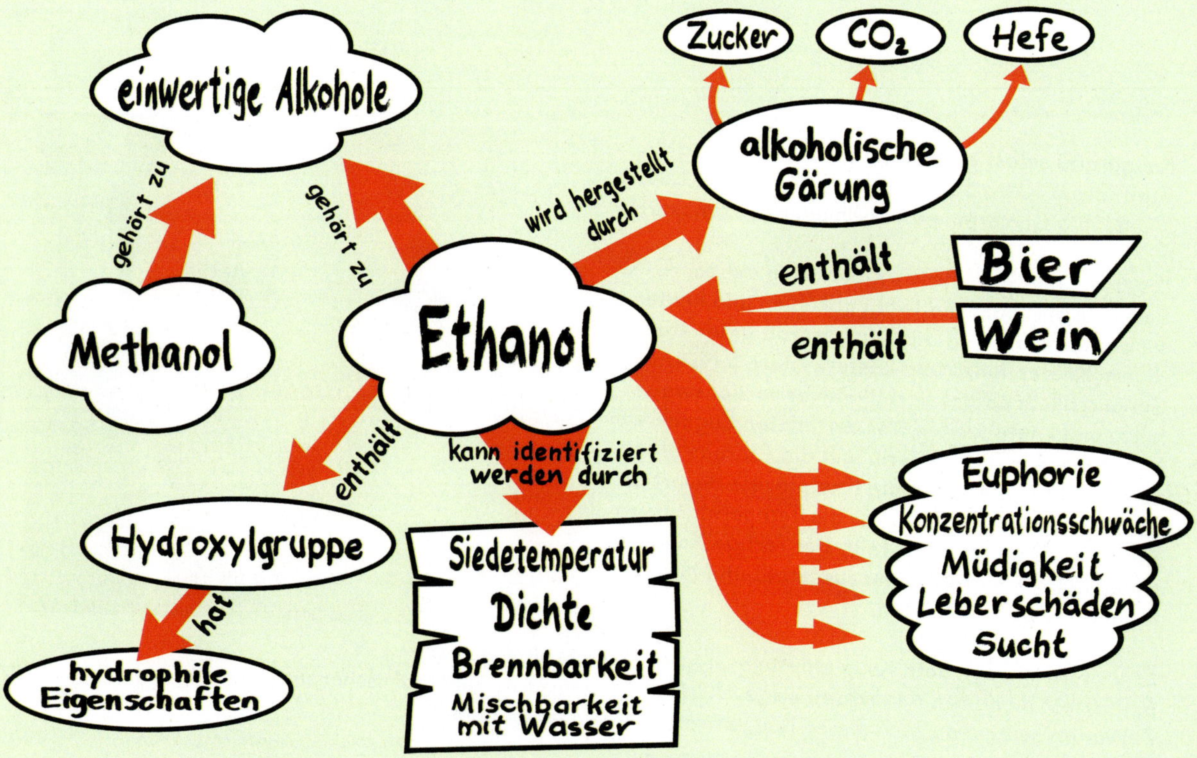

Vom Traubenzucker zum Alkohol

→ Alkoholische Gärung: Alkohol wird durch alkoholische Gärung hergestellt. Hefen wandeln dabei Traubenzucker in Ethanol, den Trinkalkohol, um. Gleichzeitig entstehen Kohlenstoffdioxid und Wärme.

$$C_6H_{12}O_6 \longrightarrow 2\ C_2H_5OH + 2\ CO_2$$

Durch Destillation werden Getränke mit höherem Ethanolgehalt gewonnen (Brennen).

→ Wirkungen und Folgen von Alkoholmissbrauch: Alkohol (Ethanol) wirkt als Zellgift und zersetzt Eiweiße. Er setzt die Reaktionsfähigkeit herab. Dauerschäden sind: Konzentrations- und Denkstörungen, Herzschwäche, Kreislaufstörungen, Fettleber, Leberverhärtung, Nierenschrumpfung, Entzündungen der Magen- und Darmschleimhäute.

Steckbrief: Ethanol

Physikalische Eigenschaften: klare, brennbare Flüssigkeit mit charakteristischem Geruch.

Siedetemperatur: 78 °C

Chemische Eigenschaften: besteht aus den Elementen Kohlenstoff, Wasserstoff und Sauerstoff; verbrennt mit schwach blauer Flamme zu Kohlenstoffdioxid und Wasser.

Formel: C_2H_5OH

Verwendung: Trinkalkohol, Brennspiritus, Desinfektionsmittel, Lösungsmittel für hydrophile und hydrophobe Stoffe, Kraftstoffzusatz

→ Alkanole: Der chemisch richtige Name für Alkohol ist Alkanol. Die Alkanole leiten sich von der Stoffgruppe der Alkane (gesättigte Kohlenwasserstoffe) ab. Alkanole besitzen im Molekül eine oder mehrere Hydroxylgruppen. Die Hydroxylgruppe (OH) ist die funktionelle Gruppe aller Alkanole.

→ Homologe Reihe der Alkanole: Alkanole bilden eine homologe Reihe. Die allgemeine Schreibweise für Alkanole ist R–OH.
Die ersten Vertreter der Reihe sind: Methanol, Ethanol, Propanol, Butanol, Pentanol, Hexanol.

→ Eigenschaften der Alkanole:
- Alkanole lösen sich in Wasser und Waschbenzin.
- Sie besitzen einen wasserfreundlichen und einen wasserfeindlichen Anteil.
- Alkanol-Moleküle sind Dipol-Moleküle.
- längerkettige Alkanole sind wasserunlöslich.

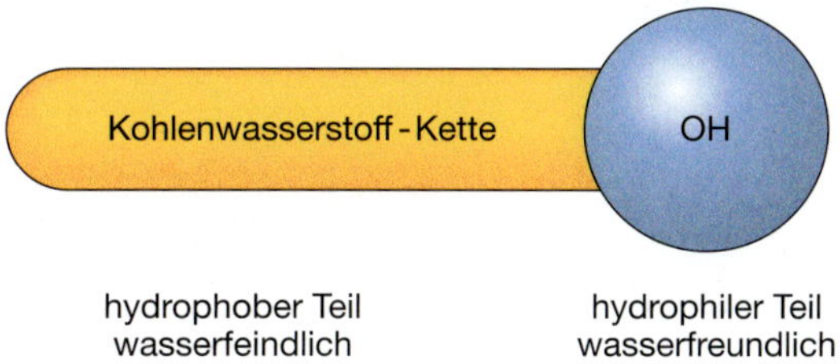

→ Mehrwertige Alkanole:
- enthalten mehr als eine Hydroxylgruppe im Molekül
- Glykol, Glycerin und Sorbit sind die wichtigsten Vertreter dieser Stoffgruppe.

Anwendungen in Alltag und Technik:
Frostschutzmittel, Feuchthaltemittel, Süßungsmittel, Weichmacher und Ausgangsstoffe für die Kunststoffindustrie.

Vom Traubenzucker zum Alkohol

1. Alkoholherstellung

a) Wie entsteht der Alkohol im Wein?
b) Welche Organismen sind für die alkoholische Gärung verantwortlich?
c) Warum lassen sich bei der alkoholischen Gärung nur Alkoholgehalte bis etwa 15 Vol.-% erreichen?
d) Wie können aus Getreide oder Kartoffeln alkoholische Getränke hergestellt werden?

2. Reaktionsgleichung

Notiere die Reaktionsgleichung für die Vergärung von Obst- oder Traubensaft.

3. Im Gärkeller

Warum geht ein Winzer mit brennender Kerze in den Gärkeller, obwohl es dort eine elektrische Beleuchtung gibt?

4. Sulfite im Wein

Die Kennzeichnung „enthält Sulfite" bzw. „enthält Schwefeldioxid" ist bei Konzentrationen von mehr als 10 mg/l seit 2005 in der EU vorgeschrieben.
a) Warum ist diese Information für den Verbraucher wichtig?
b) Finde heraus, auf welchen verschiedenen Wegen Sulfite in den Wein gelangen.

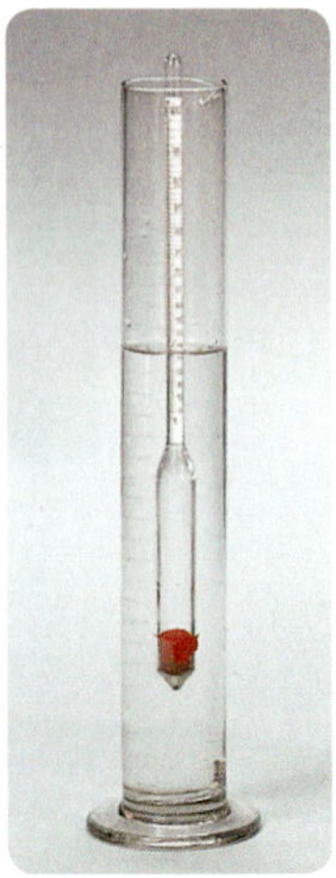

5. Alkoholgehalt bestimmen mit einem Aräometer

a) Bestimme den Alkoholgehalt verschiedener alkoholischer Getränke mit einem Aräometer (Senkwaage).
b) Nach welchem Prinzip arbeitet dieses Gerät?
c) Warum funktioniert die Messung nicht bei Getränken mit „Kohlensäure"?

◀ *Aräometer*

6. Alkohol im menschlichen Körper

a) Auf welche Organsysteme wirkt sich Ethanol aus?
b) Beschreibe mögliche Langzeitfolgen.
c) Formuliere Tipps für den verantwortungsbewussten Umgang mit Alkohol.

7. Physiologische Wirkung von Alkohol

a) Warum hat der Mensch nach übermäßigem Alkoholgenuss großen Durst?
b) Warum nimmt die Fahrtüchtigkeit nach Alkoholgenuss ab?

8. Teufelskreis Alkohol

The next planet was inhabited by a tippler. This was a very short visit, but it plunged the little prince into deep dejection. „What are you doing there?" he said to the tippler, whom he found settled down in silence before a collection of empty bottles and also a collection of full bottles.
„I am drinking," replied the tippler, with a lugubrious air.
„Why are you drinking?" demanded the little prince.
„So that I may forget," replied the tippler. „Forget what?" inquired the little prince, who already was sorry for him.
„Forget that I am ashamed," the tippler confessed, hanging his head.
„Ashamed of what?" insisted the little prince, who wanted to help him.
„Ashamed of drinking!" The tippler brought his speech to an end, and shut himself up in an impregnable silence.
And the little prince went away, puzzled. „The grown-ups are certainly very, very odd," he said to himself, as he continued on his journey.

a) Aus welchem berühmten Werk stammt dieser Text?
b) Welche seelischen Wirkungen des Alkohols werden in diesem Text beschrieben?
c) In welchem Teufelskreis befindet sich der „tippler" (Trinker)?

9. Alkoholwerbung

Die Alkoholindustrie wirbt mit Begriffen wie „fun", „fresh" und „cool" für die verschiedenen Alkohol-Mix-Getränke. Was soll damit erreicht werden?

10. Alkohol im Blut

In welcher Maßeinheit wird der Blutalkoholgehalt angegeben?

11. Risiko am Morgen danach

Nach einem feuchtfröhlichen Discobesuch, ein paar Stunden Schlaf und dem Frühstückskaffee trauen sich viele den Weg zur Arbeit mit dem eigenen Auto zu. Das ist oft eine grobe Fehleinschätzung. Pro Stunde wird bei Frauen durchschnittlich 0,1 Promille und bei Männern 0,15 Promille Blutalkohol abgebaut.
Ein Fahrer/eine Fahrerin verlässt um 3:00 Uhr die Disco mit einem Blutalkoholgehalt von 1,2 Promille.

a) Wie hoch ist der Blutalkoholgehalt des Mannes beziehungsweise der Frau um 8 Uhr?
b) Stelle die zeitlichen Abnahme des Blutalkoholgehaltes für eine männliche und weibliche Person in einem Diagramm dar.
c) Ermittle aus dem Diagramm den Zeitraum bis der Blutalkoholspiegel auf 0,0 Promille abgesunken ist.

12. Ethanol

a) Nenne mindestens 4 Eigenschaften für Ethanol.
b) Notiere die Summen- und Strukturformel von Ethanol.
c) Nenne die Verbrennungsprodukte von Ethanol.

13. Qualitative Alkanol-Analyse

a) Beschreibe den Versuchsaufbau.
b) Welche Elemente der Alkanole kann man mit dem unten abgebildeten Versuchsaufbau nachweisen?

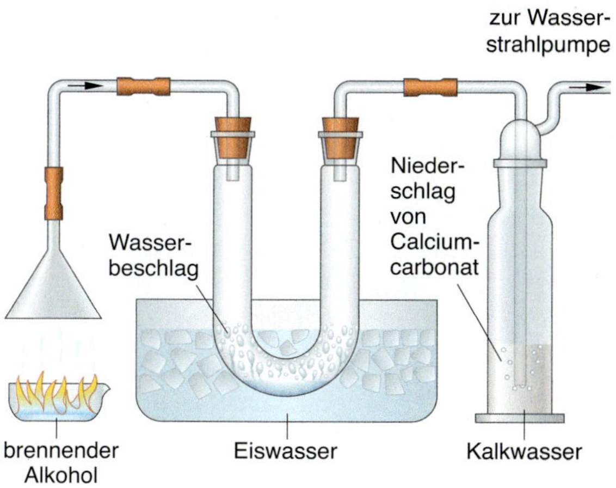

14. Preiswerter und teurer Alkohol

Reiner Alkohol ist in der Apotheke oder Drogerie sehr teuer, Brennspiritus dagegen ist viel billiger.

a) Woher kommt dieser Preisunterschied?
b) Wofür wird Brennspiritus verwendet?

15. Funktionelle Gruppe und Eigenschaften

a) Wie heißt die funktionelle Gruppe der Alkohole?
b) Für welche Eigenschaften der Alkohole ist die funktionelle Gruppe verantwortlich?

16. Reiniger mit Promille

Manche Haushaltsreiniger enthalten erhebliche Mengen Alkohol. Weshalb ist das sinnvoll?

17. Methanol, der einfachste Alkohol

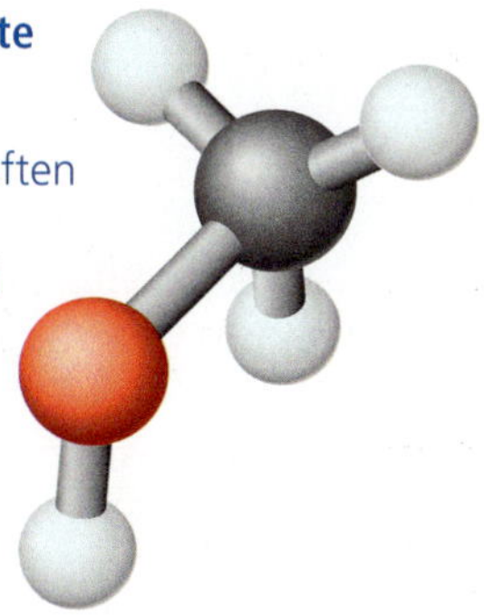

a) Nenne wichtige Eigenschaften des Alkohols Methanol.
b) Warum löst sich Methanol gut in Wasser, aber nur sehr schlecht in Benzin?
c) Wie können die beiden Alkohole Methanol und Ethanol sicher unterschieden werden?

18. Die homologe Reihe der Alkanole

a) Wie heißen die ersten sechs Alkanole der homologen Reihe?
b) In der homologen Reihe wird der Kohlenwasserstoffrest immer länger.
Welche Auswirkungen hat dies auf die Eigenschaften der Alkanole?

19. Mehrwertige Alkohole

a) Wodurch sind mehrwertige Alkohole gekennzeichnet?
b) Welche Eigenschaften haben die mehrwertigen Alkohole Glycerin und Glykol?
c) Wozu werden Glycerin und Glykol verwendet?

12 Organische Säuren überall ...

In der Natur kommen viele organische Säuren vor. Auch in unserem Alltag spielen sie eine große Rolle. In diesem Kapitel erfährst du
– etwas über die Vielfalt der organischen Säuren und deren Verwendung im Haushalt und in der Lebensmittelindustrie
– wie aus ätzenden und unangenehm riechenden Säuren Duft- und Aromastoffe entstehen
– welche Säuren am Aufbau der Eiweißstoffe beteiligt sind.

◀ *1. Die Wächter der Roten Waldameisen versprühen Ameisensäure und vertreiben so ihre Feinde.*

▲ *1. Essig, Öl und Kräuter bringen Geschmack in den Salat. Weißt du, woraus Essig hergestellt wird? Aus Alkohol, aus Erdöl oder aus den Früchten des Essigbaums?*

▲ *2. Sauer eingelegtes Gemüse bleibt länger essbar als frisches Gemüse. Worin liegt wohl die Ursache dafür?*

4. Eiweißstoffe sind die Grundsubstanzen aller Lebewesen. Sie sind aus vielen Aminosäure-Bausteinen aufgebaut. ▼

3. Blüte und Schoten der Echten Vanille (Vanilla planifolia). Vanille aus der Vanilleschote ist sehr viel teurer als Vanillinzucker aus der Tüte. Das Aroma ist ähnlich – doch wie ist der große Preisunterschied zu erklären? ▶

Aus Wein wird Essig

1. Essig wozu?

Essig ist in jedem Haushalt vorhanden. Nenne Beispiele, wofür Essig verwendet wird. Überlege auch, welche Eigenschaften des Essigs dabei eine Rolle spielen.

2. Essig im Supermarkt

Schau dir im Supermarkt die Etiketten von mindestens sechs verschiedenen Essigsorten an. Trage die Ergebnisse in eine Tabelle in deinem Heft ein.

Essigsorte	hergestellt aus	Farbe	Säure-Anteil

3. Kräuteressig selbst zubereiten

Besorge dir zwei bis drei frische Thymian- oder Rosmarinzweige. Gib sie in eine Flasche mit Weißweinessig. Nach ungefähr zwei Wochen ist der Kräuteressig fertig.

4. Essig als Konservierungsmittel

Lege in zwei Petrischalen einige Scheiben einer Salatgurke. Gib in eine Schale etwas Essig, in die andere etwas Wasser. Decke die Schalen ab und beobachte einige Tage. Deute deine Beobachtungen.

5. Kalk und Essig

Erwärme in einem Reagenzglas ein kleines Stück Kalkstein in Essig. Wofür lässt sich Essig im Haushalt demnach verwenden?

▲ *1. Es gibt sehr viele verschiedene Essigsorten*

6. Essig aus Wein

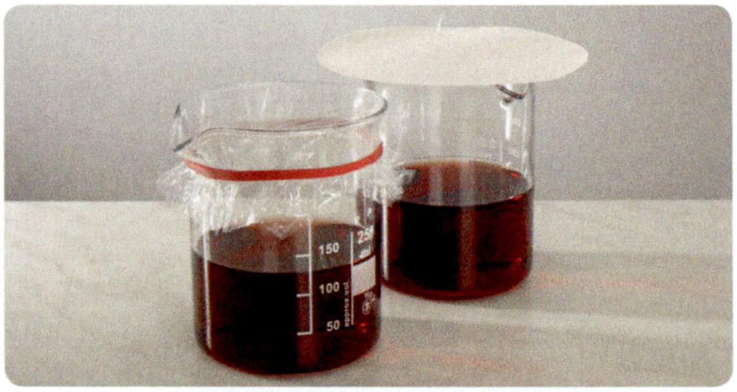

a) Gib in je zwei Bechergläser etwas Rotwein. Lege auf eins der Gläser ein Filterpapier; verschließe das andere fest mit Folie und Gummiband.
Stelle beide Proben an einen warmen Ort.
b) Ermittle den pH-Wert zu Beginn und zwei Wochen später. Prüfe dann auch den Geruch.
c) Deute deine Beobachtungen.

Essig entsteht, wenn man Wein längere Zeit offen an der Luft stehen lässt. Aus dem im Wein enthaltenen **Ethanol** entsteht eine Säure, die **Essigsäure.** Die Umwandlung wird durch **Essigbakterien** bewirkt, die überall in der Luft vorhanden sind. Sie wandeln Alkohol unter Aufnahme von Sauerstoff in Essigsäure um.

Verwendung. Haushaltsessig enthält etwa 5 % bis 6 % Essigsäure. Essig wird nicht nur zum **Würzen** von Speisen verwendet, er dient auch zur **Konservierung** von Nahrungsmitteln. Schimmelpilze und Bakterien können sich im sauren Essig nicht weiter vermehren. Im Haushalt können damit **Kalkablagerungen** aufgelöst werden.

Tafelessig stellt man aus verdünntem Kartoffel-, Getreide- oder Zuckerrübenschnaps her.
Weinessig muss aus Wein hergestellt werden. Er ist deshalb besonders aromatisch.
Obstessig wird überwiegend aus Apfelwein hergestellt.
Kräuteressig erhält man, wenn man Gewürze oder Kräuter längere Zeit in Essig ziehen lässt.
Balsamessig ist ein besonders lange in Holzfässern gereifter Essig mit vielen Aromastoffen.
Essigessenz ist 25 %-ige Essigsäure. Sie wird nicht biologisch, sondern in Chemiefabriken hergestellt. Sie darf nur verdünnt genossen werden!

Essigherstellung früher. Die Gewinnung von Essig aus Wein war den Babyloniern und Ägyptern schon vor 8000 Jahren bekannt. Essig spielte eine wichtige Rolle als Gewürz für Speisen und als Konservierungsmittel für Fleisch und Gemüse. Bei den Römern diente ein Gemisch aus Essig und Wasser als Erfrischungsgetränk.
Bis ins Mittelalter wurde Essig in den Haushalten selbst hergestellt. Dazu ließ man Wein oder Apfelmost in Krügen langsam sauer werden.
Im 14. Jahrhundert entwickelte sich in Frankreich die erste industrielle Herstellung von Essig. Flache Holzbottiche mit Wein wurden in warmen Räumen gelagert. Auf der Flüssigkeitsoberfläche siedelten sich Essigbakterien an, die den Alkohol zu Essig umwandelten. Der Umwandlungsprozess dauerte mehrere Monate. Essighändler zogen mit Holzkarren von Stadt zu Stadt und verkauften den in Fässern mitgeführten Essig.

Industrielle Essigherstellung heute. Das modernste und gängigste Verfahren ist das so genannte Submersverfahren (Abb. 1). Mithilfe einer Turbine wird Luft von unten in eine Mischung aus Alkohol und Wasser geblasen. So entstehen viele feine, mit Luft gefüllte Schaumbläschen. Die **Essigbakterien** siedeln sich an der Oberfläche dieser Schaumbläschen an. Sie können nun untergetaucht (submers) auf einer großen Fläche Alkohol in Essig umwandeln. Nach wenigen Stunden wird der fertige Essig zur Hälfte abgelassen und durch neue alkoholhaltige Flüssigkeit ersetzt. So kann die Essigerzeugung ohne große Unterbrechung weiterlaufen.

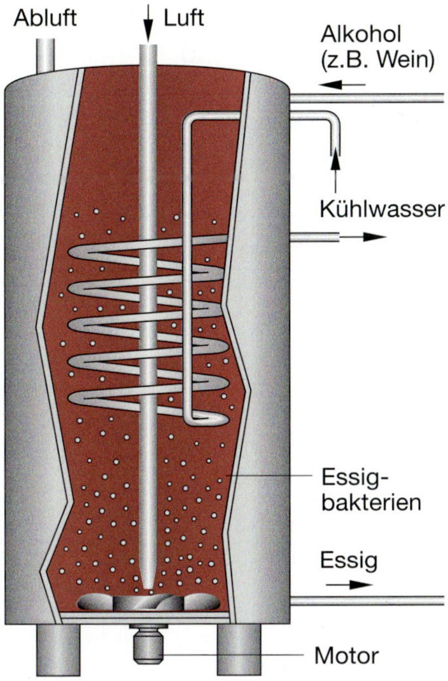

▲ *1. Essigherstellung (Submers-Verfahren)*

▲ *2. Essiglager*

▲ *3. Louis Pasteur*

Bei dem Umwandlungsprozess entsteht Wärme. Da die Essigbakterien bei einer Temperatur von 42 °C absterben würden, muss die Flüssigkeit gekühlt werden. Kühlrohre mit **Kühlwasser** sorgen deshalb dafür, dass die Temperatur nicht zu hoch wird.

Qualitativ hochwertige Essigsorten müssen noch einige Wochen in Fässern lagern, bevor sie abgefüllt werden – die teuersten Sorten sogar einige Jahre. Der Essig wird durch die Lagerung milder und entfaltet sein typisches Aroma.

Speiseessig entsteht aus verdünntem Alkohol unter der Einwirkung von Essigbakterien und Sauerstoff.

1. Fragen zum Text
a) Wie wurde der Essig früher hergestellt?
b) Welche Rolle spielen die Essigbakterien bei der Essigherstellung?
c) Warum siedeln sich Essigbakterien nur auf der Oberfläche der alkoholhaltigen Flüssigkeit an?
d) Beschreibe das Submersverfahren.

2. Pasteur entdeckt die Essigbakterien
Bei der Umwandlung von Wein in Essig bildet sich auf der Oberfläche eine dünne Haut. Der französische Chemiker und Mediziner Louis Pasteur untersuchte 1846 diese Haut unter dem Mikroskop. Er fand winzige, stäbchenartige Bakterien darin. Nur sie konnten für die Umwandlung von Wein in Essig verantwortlich sein.
Informiere dich über das Leben und Wirken von Pasteur und arbeite ein kurzes Referat aus.

Essigsäure – chemisch betrachtet

1. Woran erkennt man eine Säure?

Nenne typische Eigenschaften von Säuren.

2. Eigenschaften der Essigsäure

a) Prüfe vorsichtig den Geruch verdünnter Essigsäure (Xi, B1).
b) Tauche einen Streifen Universalindikatorpapier in die Essigsäure-Lösung.
c) Prüfe die elektrische Leitfähigkeit.
d) Was kannst du aus den Beobachtungen aus b) und c) schließen?

3. Essigsäure und Salzsäure

a) Fülle ein Reagenzglas halbvoll mit verdünnter Essigsäure (Xi, B1), gib ein etwa 4 cm langes Magnesiumband dazu.
b) Wiederhole den Versuch mit gleich konzentrierter Salzsäure (Xi, B1).
c) Vergleiche die beiden Reaktionen.
d) Überlege, welches Gas in beiden Fällen entsteht. Wie lässt es sich nachweisen?

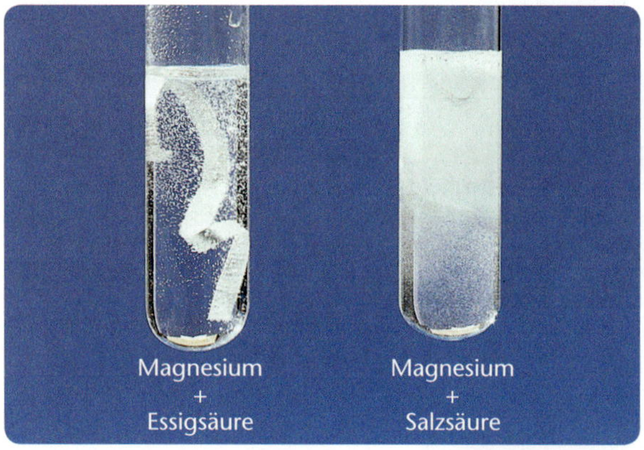

4. Essigsäure und Metalle

a) Gib in drei Reagenzgläser jeweils eine Spatelspitze Eisenpulver, Zinkpulver (F) und Kupferpulver. Fülle dann in jedes Reagenzglas etwa 3 cm hoch 10 %ige Essigsäure (Xi, B1).
b) Notiere deine Beobachtungen.

5. Grünspan

a) Fülle ein kleines Becherglas halbvoll mit verdünnter Essigsäure (Xi, B1) und stelle einen Streifen Kupferblech hinein. Das Blech sollte höchstens zur Hälfte von Säure bedeckt sein.
b) Tropfe verd. Essigsäure auf ein Stück Kupferblech.
c) Beschreibe jeweils die Veränderung des Kupfers. Vorsicht: Der entstehende Grünspan ist giftig (Xn, B2).
d) Wo kannst du im Alltag ähnliche Vorgänge bei Kupfer beobachten?

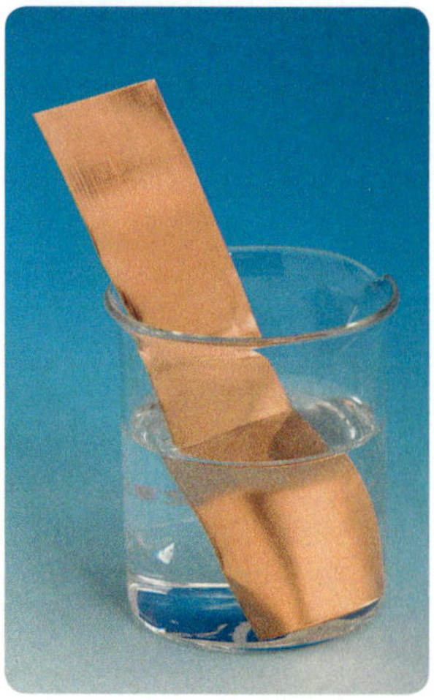

6. Essigsäure und Natronlauge

a) Versetze in einem Reagenzglas 6 ml verdünnte Essigsäure (Xi, B1) mit einem Indikator und gib vorsichtig tropfenweise verdünnte Natronlauge (C, B1) hinzu.
b) Beschreibe und erläutere deine Beobachtungen.
c) Wie nennt man die Reaktion einer Säure mit einer Lauge?

7. Lehrerversuch: Eisessig

Eine kleine Probe reine Essigsäure in einem Glasgefäß stellt man mehrere Minuten in einen Kühlschrank.
a) Was ist zu beobachten?
b) Informiere dich über die Schmelztemperatur der Essigsäure.
c) Warum nennt man reine Essigsäure auch Eisessig?

8. Lehrerversuch: Brennt reine Essigsäure?

In eine kleine Porzellanschale (Abzug) werden wenige Milliliter reine Essigsäure (C) gegeben. Ein brennender Holzspan wird an die Flüssigkeitsoberfläche gehalten. Was ist zu erwarten? Begründe deine Vermutung.

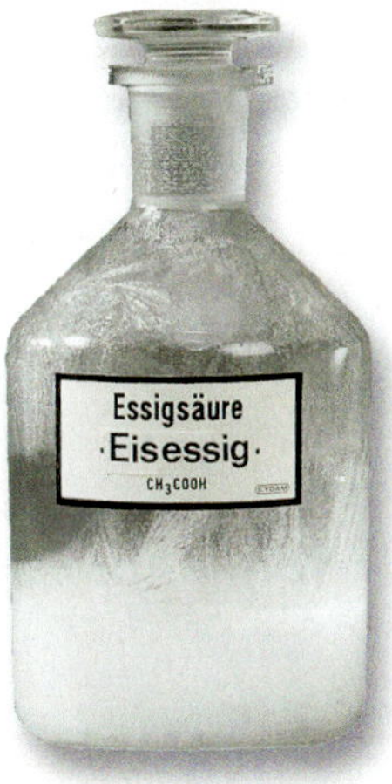

Reine Essigsäure findet man nur im Chemielabor. Sie ist eine farblose Flüssigkeit mit unangenehm stechendem Geruch. Schon eine Geruchsprobe kann gefährlich sein. Sie wirkt stark ätzend, ist brennbar und erstarrt schon bei 16,5 °C zu eisartigen Kristallen. Man nennt sie deshalb auch *Eisessig.*

◀ *1. Eisessig*

Ihr chemischer Name lautet **Ethansäure.** Sie hat die Formel **CH_3COOH.**
Die funktionelle Gruppe ist die COOH-Gruppe, man nennt sie auch **Carboxyl-Gruppe.**

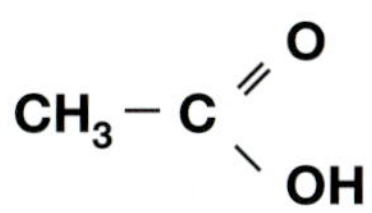

▲ *2. Formel der Essigsäure*

Verdünnte Essigsäure verhält sich ähnlich wie verdünnte Salzsäure:
- sie färbt Universalindikator rot
- sie leitet den elektrischen Strom
- mit unedlen Metallen entsteht Wasserstoff
- bei der Neutralisation mit Laugen erhält man eine Salzlösung.

Essigsäure enthält **Wasserstoff-Ionen** (H^+-Ionen) und negativ geladene Säurerest-Ionen (CH_3COO^-), die man **Acetat-Ionen** nennt. Die H^+-Ionen sind für die saure Reaktion verantwortlich.
Essigsäure ist in konzentrierter Form eine aggressive und ätzende Substanz; verdünnte Essigsäure ist aber nur eine schwache Säure.

Die Salze der Essigsäure heißen Acetate. Verdünnte Essigsäure reagiert mit unedlen Metallen. Bei der Reaktion mit Magnesium entstehen *Magnesiumacetat* und Wasserstoff.

Stellt man ein Stück Kupferblech in verdünnte Essigsäure, bildet sich nach einiger Zeit ein blaugrüner Stoff.
Dieser sogenannte **Grünspan** hat sich aus Kupfer durch Einwirkung von Essigsäure und Luftsauerstoff gebildet. Er besteht vor allem aus Kupferacetat und ist giftig.

▲ *4. Grünspan auf Kupfer*

Wichtiger Rohstoff für die Industrie. Mithilfe von Essigsäure werden viele Produkte hergestellt: Kunststoffe, Kunstseide (Acetatseide), Arzneimittel, Reinigungsmittel sowie Lösemittel für Farben und Lacke.

Konzentrierte Essigsäure (Ethansäure) ist aggressiv und ätzend. Verdünnt ist sie eine schwache Säure. Sie bildet in wässriger Lösung H^+-Ionen. Die Salze heißen Acetate.

1. Fragen zum Text
a) Welche Eigenschaften hat die reine Essigsäure?
b) Welche Teilchen sind in verdünnter Essigsäure enthalten?
c) Weshalb dürfen essighaltige Nahrungsmittel nicht in Kupferschüsseln angerichtet werden?
d) Welche Stoffe entstehen bei der Reaktion der Essigsäure mit unedlen Metallen?

2. Die elektrische Leitfähigkeit ändert sich
Verdünnte Essigsäure leitet den Strom wesentlich besser als die konzentrierte. Woran liegt das?

3. Neutralisation mit Essigsäure
Bei der *Neutralisation* von Natronlauge mit Essigsäure entsteht eine Natriumacetat-Lösung. Schreibe die Reaktionsgleichung dazu auf.

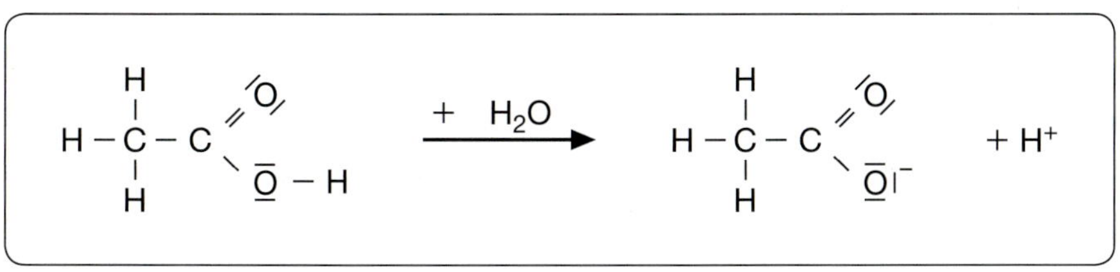

◀ *3. In verdünnter Essigsäure liegen Ionen vor*

Essigsäure und Co: Die Alkansäuren

1. Merkwürdige Namen...

a) Worauf weisen die Namen Ameisensäure, Buttersäure und Palmitinsäure wohl hin?
b) Überprüfe deine Vermutungen mithilfe des Textes auf dieser Buchseite.

2. Ähnlich und verschieden

Vergleiche Ameisensäure, Propionsäure und Palmitinsäure miteinander. Fasse die Informationen in einer Tabelle zusammen.
a) Beschreibe Aussehen und Geruch, nenne den Aggregatzustand.
b) Ermittle anhand der Etiketten auf den Chemikalienflaschen weitere Eigenschaften dieser Säuren.

3. Reaktion mit Magnesium

Gib gleichzeitig ein 2 cm langes Stück Magnesiumband in jeweils 5 %ige Ameisensäure, Essigsäure und Propionsäure.
Vergleiche die Bildung der Gasbläschen. Was kannst du aus den Beobachtungen schließen?

4. Löslichkeit

a) Untersuche die Löslichkeit von Propionsäure, Ölsäure und Palmitinsäure in Wasser und in Benzin. Fasse die Ergebnisse der Versuche in einer Tabelle zusammen.
b) Versuche, deine Versuchsergebnisse zu deuten.

Ameisensäure (H–COOH). Ameisen, Brennnesseln und einige Quallen sondern bei Berührung die schmerzhaft brennende Ameisensäure ab. Sie wurde erstmals 1670 aus Ameisen gewonnen. Ihr chemischer Name ist Methansäure.
Die wässrige Lösung reagiert heftig mit unedlen Metallen. Sie ist eine stärkere Säure als die Essigsäure. Ihre Salze heißen Formiate.

Buttersäure (C_3H_7–COOH). Buttersäure ist eine äußerst unangenehm riechende, ölige Flüssigkeit. Ihr chemischer Name ist Butansäure.
Sie ist in ranziger Butter, manchen Käsesorten sowie im Schweiß von Menschen und Säugetieren enthalten. Wahrgenommen wird sie schon in geringster Konzentration. Ein Hund riecht sogar noch ein Billionstel Gramm (10^{-12}g) Buttersäure in einem Kubikmeter Luft.

Palmitinsäure ($C_{15}H_{31}$–COOH). Die Palmitinsäure kommt neben der Stearinsäure in gebundener Form in vielen pflanzlichen und tierischen Fetten vor. Diese Carbonsäuren werden deshalb auch Fettsäuren genannt. Palmöl enthält etwa 45 % und Rindertalg etwa 30 % Palmitinsäure. Sie ist eine feste, wachsartige Substanz, die in Wasser unlöslich ist. Ihr chemischer Name ist Hexadecansäure.

Die homologe Reihe der Alkansäuren. Methansäure, Ethansäure, Propansäure und Butansäure bilden die ersten Glieder der **homologen Reihe** der Alkansäuren. Ihre funktionelle Gruppe ist die **Carboxyl-Gruppe (–COOH).**
Der chemische Name ergibt sich aus dem Namen des entsprechenden Alkans mit der Endung -säure.

Ähnlich und doch verschieden, die Eigenschaften der Alkansäuren. Methansäure und Ethansäure mischen sich in jedem Verhältnis mit Wasser. Bei den folgenden Alkansäuren nimmt die Löslichkeit in Wasser ab. Schon die Butansäure ist nur noch zu einem Teil in Wasser löslich. Die Eigenschaften der Ameisensäure und der Essigsäure werden besonders stark von der polaren und deshalb hydrophilen Carboxylgruppe bestimmt.

Mit der Zahl der C-Atome nimmt der Einfluss der Carboxyl-Gruppe ab und der Einfluss der Kohlenwasserstoff-Kette nimmt zu.

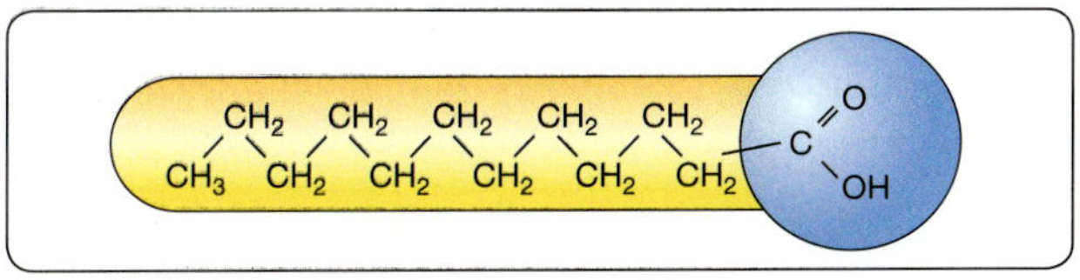

▲ *2. Aufbau langkettiger Carbonsäuren*

Die langkettigen Carbonsäuren sind deshalb in Wasser unlöslich, in Benzin lösen sie sich gut.

Die Alkansäuren bilden eine homologe Reihe. Ihre Eigenschaften werden von der Carboxyl-Gruppe und der Länge der Kohlenwasserstoff-Kette bestimmt.

1. Fragen zum Text
a) Nenne die ersten vier Vertreter aus der Reihe der Alkansäuren.
b) Wie verändert sich die Wasserlöslichkeit bei den Alkansäuren mit wachsender Kettenlänge?
c) Erläutere deine Aussage aus b) etwas näher.
d) Schreibe die Strukturformel der Palmitinsäure auf. Kennzeichne den hydrophilen und hydrophoben Anteil.

2. Ungesättigt und flüssig
Vergleiche die Angaben in der Tabelle unten zu Stearinsäure und Ölsäure. Welche von beiden ist ungesättigt, welche ist bei Zimmertemperatur fest?

3. Ist Stearinsäure wirklich eine Säure? F B3
Gib ein wenig Stearinsäure in ein Reagenzglas.
a) Welche Beobachtung erwartest du, wenn du Wasser dazugibst? Probiere es aus und begründe das Ergebnis.
b) Prüfe mit Indikatorpapier nach, ob sich eine Säure nachweisen lässt.
c) Löse nun ein wenig Stearinsäure in Ethanol (F). Gib danach etwa 2 ml Wasser hinzu und prüfe dann erneut mit dem Indikatorpapier.
d) Versuche deine Versuchsergebnisse zu erklären.

Name	Formel	Schmelztemperatur in °C	Siedetemperatur in °C	Löslichkeit in Wasser	Benzin	Säurestärke
Methansäure (Ameisensäure)	H-COOH	8	100	nimmt ab	nimmt zu	nimmt ab
Ethansäure (Essigsäure)	CH_3-COOH	17	118			
Propansäure (Propionsäure)	C_2H_5-COOH	–21	141			
Butansäure (Buttersäure)	C_3H_7-COOH	–5	163			
Pentansäure (Valeriansäure)	C_4H_9-COOH	–34	185			
Hexadecansäure (Palmitinsäure)	$C_{15}H_{31}$-COOH	63	269			
Octadecansäure (Stearinsäure)	$C_{17}H_{35}$-COOH	71	287			
Octadecensäure (Ölsäure)	$C_{17}H_{33}$-COOH	16	260			

▲ *1. Eigenschaften verschiedener Carbonsäuren*

Carbonsäuren in Natur und Alltag

Sorbinsäure ist eine ölige, angenehm riechende Flüssigkeit. Sie hemmt das Wachstum von Schimmelpilzen und wird deshalb als Konservierungsmittel in vielen Fertigprodukten eingesetzt. Man findet sie in den Beeren der Eberesche (Vogelbeere). Sorbinsäure ist eine ungesättigte Carbonsäure:

$$CH_3\text{-}CH\text{=}CH\text{-}CH\text{=}CH\text{-}COOH$$

Oxalsäure ist eine der stärksten Säuren, die in der Natur vorkommen. Man findet sie und ihre Salze (Oxalate) in Pflanzen wie Sauerklee, Rhabarber, Spinat und Sauerampfer. Sie ist eine Dicarbonsäure, denn sie enthält zwei Carboxyl-Gruppen im Molekül. In großen Mengen wirkt sie auf den menschlichen Organismus giftig.

COOH
|
COOH

Oxalsäure

Mit den im Blut vorkommenden Ca^{2+}-Ionen kann sie sich zu dem schwerlöslichen Calciumoxalat verbinden. Blasen- und Nierensteine bestehen oft aus diesem Salz.

Citronensäure ist einer der am häufigsten benutzten Zusatzstoffe in Lebensmitteln. Sie verbessert nicht nur deren Geschmack, sie trägt auch zur längeren Haltbarkeit bei. Außerdem wird sie in Reinigungsmitteln und zum Entkalken verwendet. In der Natur kommt sie gelöst im Zitronensaft und in vielen Früchten vor. Industriell stellt man sie heute in großen Mengen mithilfe von Schimmelpilzen oder Hefepilzen aus Zuckerrübenabfällen her.

$H_2C - COOH$
|
$HO - C - COOH$
|
$H_2C - COOH$

Milchsäure kommt zum Beispiel im Joghurt und im Sauerkraut vor. Sie entsteht bei der Umwandlung von Milchzucker durch Milchsäurebakterien. Sie verursacht das Sauerwerden der Milch und sorgt für die Umwandlung von Weißkohl in Sauerkraut. Milchsäure wirkt konservierend.

1. Im Jahr werden durchschnittlich 600 000 t Citronensäure hergestellt. Wie kann man sich diese große Menge erklären?

2. Citronensäure ist oft in Brausepulver enthalten. Welche Funktion hat sie dort?

3. Die Citronensäure ist eine Tricarbonsäure. Was bedeutet das?

4. Mit heißer Milch kann man keinen Joghurt herstellen. Was könnte der Grund dafür sein?

5. Welche der obenstehenden Säuren wird als Konservierungsmittel in Lebensmitteln eingesetzt?

6. Weshalb sollten Menschen, die zu Nierensteinen neigen, Rhabarber und Spinat möglichst meiden?

Konservierung von Lebensmitteln

Mikroorganismen – winzig aber effektiv. Alle Lebensmittel verderben, wenn sie nicht konserviert werden. Vitamine und Nährstoffe gehen dabei verloren. Dieser Abbau erfolgt durch Mikroorganismen wie **Hefepilze, Schimmelpilze und Bakterien.** Sie sind überall, befallen die Lebensmittel und vermehren sich darin massenhaft in kürzester Zeit.

Viele von Bakterien und Pilzen gebildete Stoffwechselprodukte sind für den Menschen gesundheitsschädlich, einige sind sogar sehr giftig.

Die Vermehrung verlangsamen oder stoppen. Für eine rasche Vermehrung brauchen die Mikroorganismen günstige Lebensbedingungen: Sie lieben es feucht und warm. Bei Temperaturen zwischen 20 °C und 40 °C gedeihen sie am besten.
Durch **Trocknen, Salzen oder Zuckern** kann man ihnen das Wasser entziehen. Eine weitere Vermehrung ist dann nicht mehr möglich.
Bei den tiefen Temperaturen im **Kühlschrank** oder in der Tiefkühltruhe verlangsamt sich ihr Wachstum.
Ein weiteres traditionelles Konservierungsverfahren ist das **Säuern.** Die konservierende Wirkung beruht darauf, dass sich Mikroorganismen in sauren Lösungen nicht mehr so gut vermehren können. Das Einlegen in Essig, die Milchsäurebildung im Joghurt und Sauerkraut nutzt dieses Prinzip.

Zuckern

Salzen

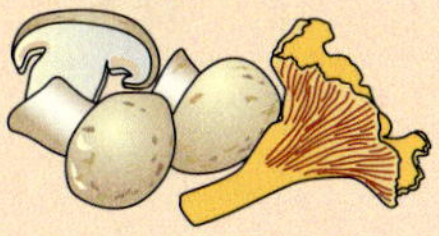
Trocknen

Die Mikroorganismen abtöten. Konserven in Dosen und Gläsern werden zum Haltbarmachen sterilisiert, das heißt sie werden auf eine bestimmte Temperatur erhitzt und dann luftdicht verschlossen. Hefen und Schimmelpilze sterben bei 60 °C, Bakterien ab 80 °C ab. Konserven können so über mehrere Jahre haltbar gemacht werden.

Konservierungsmittel. Sehr häufig werden heute Lebensmittel durch Zusatz von **Konservierungsstoffen** haltbar gemacht. Dazu werden nur Chemikalien zugelassen, die gesundheitlich unbedenklich sind. Auf den Etiketten werden sie durch die sogenannten **E-Nummern kenntlich** gemacht.

E- Nr.	Name	verwendet in
E 200 – E 203	Sorbinsäure und deren Salze	Margarine, Schnittbrot
E 210 – E 213	Benzoesäure und deren Salze	Fischkonserven
E 236 – E 238	Ameisensäure und deren Salz	Fleischsalat, Fischkonserven
E 280 – E 283	Propionsäure und deren Salze	Backwaren

1. Schneide von einer Kartoffel oder einem Apfel drei Scheiben ab und lege sie nebeneinander in eine Schale. Lasse die erste Scheibe unbehandelt, reibe die zweite mit etwas Zitronensäure ein und tränke die dritte mit Essig. Beobachte nach mehreren Stunden bzw. Tagen.

2. Eine Lebensmittelprobe enthält 360 Bakterien. Sie verdoppeln sich alle 30 Minuten durch Teilung. Wie viele Bakterien sind nach 10 Stunden entstanden?

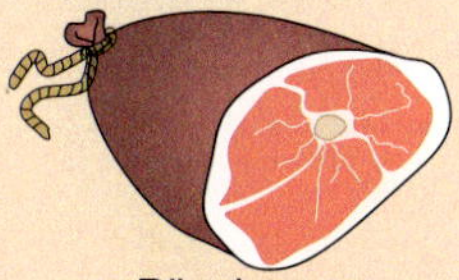
Räuchern

Schwefeln

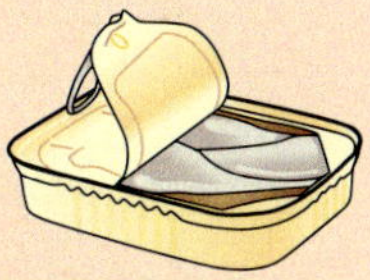
Konservierungsmittel

Kühlen, Tiefgefrieren

Sauer einlegen

Milchsäuregärung

Erhitzen

Ester sind vielseitig verwendbar

1. Lehrerversuch: „Das riecht doch wie ...?"

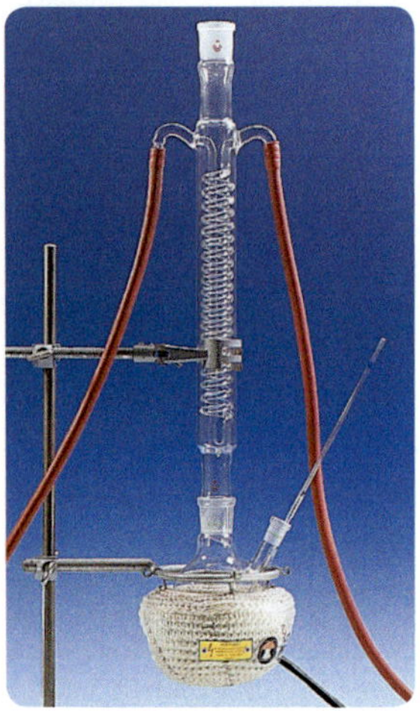

a) In einem Rundkolben werden 20 ml reine Essigsäure (C, F, B3) mit 20 ml Ethanol (F, B3) gemischt. Dazu gibt man 5 ml konz. Schwefelsäure (C, B1) und Siedesteinchen. Der Kolben wird mit einem Rückflusskühler verschlossen und das Gemisch 15 Minuten erhitzt. Anschließend gießt man das Gemisch in einen zur Hälfte mit Wasser gefüllten Standzylinder.
b) Prüfe vorsichtig den Geruch des Reaktionsproduktes. Woran erinnert er dich?
c) Welche Eigenschaft zeigt das Reaktionsprodukt in Wasser?

2. Lehrerversuch: Rumaroma ohne Rum

a) Man vermischt 2 ml reine Ameisensäure (C, B1) mit 2 ml Ethanol (F) und 2 ml konz. Schwefelsäure (C) in einem Erlenmeyer-Kolben und erhitzt kurze Zeit im Wasserbad.
b) In einem weiteren Versuch werden auf die gleiche Weise Propansäure und Butanol zur Reaktion gebracht.
c) Vergleiche den Geruch der Reaktionsprodukte.

3. Ein Allround-Lösemittel

a) Gib in je ein Reagenzglas ein wenig roten Nagellack, Klebstoff, ein Stück Polystyrol, Öl, Wasser und Benzin (F). Fülle in jedes Reagenzglas 3 ml Essigsäureethylester (F, Xn). Verschließe die Gläser mit einem Stopfen und schüttle vorsichtig.
b) Notiere deine Beobachtungen in einer Tabelle.

4. Essigsäureethylester

Prüfe die Brennbarkeit von Essigsäureethylester (F, Xn) und notiere deine Beobachtungen.

Ester – Aromastoffe und Lösemittel. Der fruchtige und intensiv aromatische Geschmack vieler Süßspeisen und Fertigprodukte ist oft auf darin enthaltene Ester zurückzuführen. Ester werden auch als Lösemittel für Klebstoffe und Lacke eingesetzt.

Esterbildung. Ester entstehen aus der Reaktion einer Carbonsäure mit einem Alkohol. Die Reaktion bezeichnet man als **Veresterung.** Je nachdem, welcher Alkohol mit welcher Säure kombiniert wird, entstehen Ester mit verschiedenen Eigenschaften.

Aus Essigsäure und Ethanol entsteht der Essigsäureethylester. Er ist ein gutes Lösemittel für Stoffe, die sich nicht in Wasser lösen.
Lässt man die widerlich riechende Buttersäure mit Ethanol reagieren, erhält man einen nach Pfirsich duftenden Aromastoff, den Buttersäureethylester.
Durch Zugabe von Schwefelsäure wird die Reaktion beschleunigt. Da sich Ester unter Wasserabspaltung bilden, spricht man von einer **Kondensationsreaktion.**

$$\text{Säure} + \text{Alkohol} \xrightarrow{\text{Kondensation}} \text{Ester} + \text{Wasser}$$

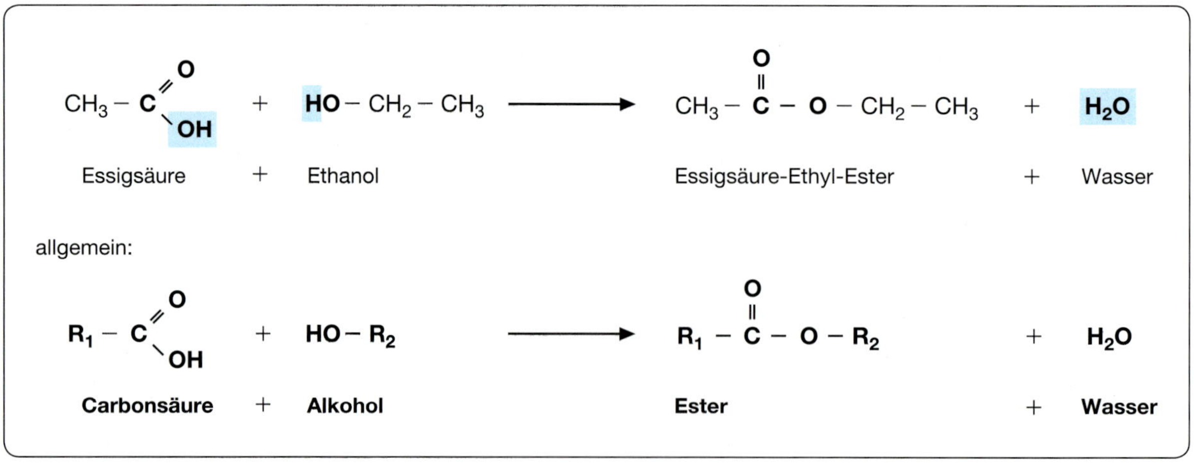

▲ *2. Bei der Veresterungsreaktion wird Wasser abgespalten*

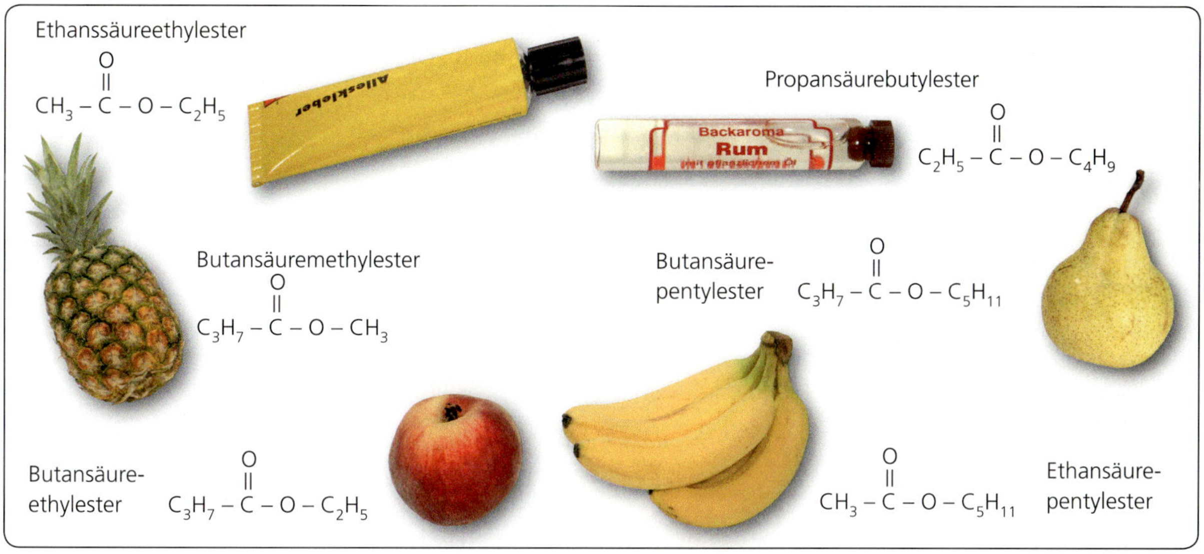

▲ *1. Verschiedene Ester*

Ester aus kurzkettigen Carbonsäuren und Alkoholen sind farblose, leichtflüchtige, aromatisch riechende Flüssigkeiten, die in Wasser nicht löslich sind.

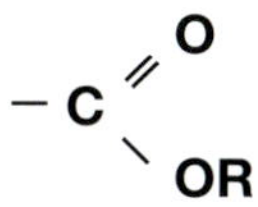

Allen Estern gemeinsam ist die funktionelle **Gruppe –COOR.**

Ihre **Namen** werden aus der Säure und dem Alkylrest des Alkohols gebildet. Aus Ethansäure und Ethanol entsteht so Ethansäureethylester.

Die Esterspaltung. Die Veresterung lässt sich umkehren. Ein Ester kann unter Wasseraufnahme wieder in Säure und Alkohol gespalten werden. Diesen Vorgang nennt man **Hydrolyse.**

Ester + Wasser ⟶ Säure + Alkohol

Noch mehr Ester aus der Natur.
Die wichtigsten in der Natur vorkommenden Ester sind die **Fette.** Es sind Ester aus langkettigen Carbonsäuren und Glycerin, einem Alkohol mit drei OH-Gruppen.

Ester aus langkettigen Alkanolen und Alkansäuren bilden die Gruppe der **Wachse.**
Bienenwachs enthält als Hauptbestandteil einen Ester der Palmitinsäure mit einem langkettigen Alkanol.
Die Schutzschicht von Blättern, Nadeln und Früchten besteht ebenfalls aus Wachsen.

Ester bilden sich bei der Reaktion zwischen Säuren und Alkoholen. Sie werden als Aromastoffe und Lösemittel verwendet. Auch Fette und Wachse sind Ester.

1. Fragen zum Text
a) Butansäuremethylester ist ein Aromastoff, er riecht nach Ananas. Nenne die Ausgangsstoffe.
b) Schreibe die allgemeine Wortgleichung für die Veresterungs-Reaktion auf.
c) Was ist eine Kondensationsreaktion?
d) Nenne einige Beispiele für Ester.

2. Brennende Kerze aus Bienenwachs.
Bienenwachs verbrennt ohne sichtbare Rückstände. Schließe aus der chemischen Zusammensetzung auf die Verbrennungsprodukte.

3. Polar oder unpolar?
Ester sind in Wasser unlöslich. Finde eine Erklärung hierfür.

Vom Nitroglycerin zum Dynamit

Der Sprengstoff **Dynamit** wurde 1866 von dem schwedischen Chemiker Alfred NOBEL erfunden. Um das Jahr 1860 begann er in der väterlichen Fabrik mit dem wenige Jahre vorher entdeckten neuen Sprengstoff Nitroglycerin zu experimentieren. Nitroglycerin mit dem chemischen Namen Trisalpetersäureglycerinester ist eine dickliche, ölige Flüssigkeit. Auf Stoß, leichte Erschütterung oder bei geringer Erwärmung explodiert Nitroglycerin unkontrolliert und äußerst heftig. Bei Herstellung, Transport und Handhabung kam es daher zu einigen folgenschweren Unfällen.

Vor allem im Bergbau suchte man aber dringend einen wirkungsvollen und sicheren Sprengstoff.

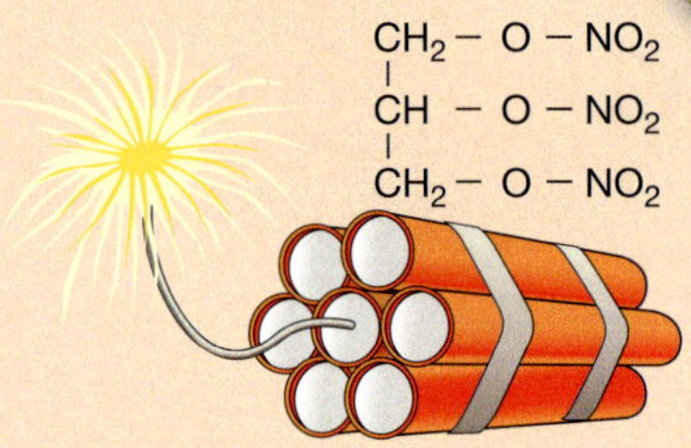

$$\begin{array}{l} CH_2 - O - NO_2 \\ | \\ CH - O - NO_2 \\ | \\ CH_2 - O - NO_2 \end{array}$$

Eine weiße, pulvrige Substanz, die aus den Schalen abgestorbener Kieselalgen besteht, **Kieselgur,** brachte die Lösung. NOBEL entdeckte nämlich durch Zufall, dass man einen sicher zu handhabenden Sprengstoff bekam, wenn man Kieselgur in das Nitroglycerin gab. Er nannte den neuen Sicherheitssprengstoff **Dynamit.** Dynamit wurde weltweit eingesetzt und brachte seinem Erfinder im Laufe der Jahre enormen Reichtum.

Seine Erfindung wurde auch zu Kriegszwecken eingesetzt. NOBEL fasste deshalb kurz vor seinem Tod den Entschluss, sein Vermögen dem Erhalt des Friedens zur Verfügung zu stellen.

Er gründete eine Stiftung und verfügte, dass aus den Zinserträgen jedes Jahr hervorragende Leistungen auf den Gebieten der Physik, Chemie, Medizin, Literatur und des Friedens gefördert werden sollten. Den ersten **Nobelpreis** für Physik erhielt 1901 Conrad Wilhelm RÖNTGEN.

1. Nenne die Ausgangsstoffe für die Herstellung von Nitroglycerin.

2. Nitroglycerin zerfällt bei der Explosion in Sekundenbruchteilen in die Gase CO_2, H_2O, N_2 und NO. Wie ist daraus die enorme Sprengkraft zu erklären?

Von der Weidenrinde zur Schmerztablette

Extrakte aus Weidenrinden (lat. salix: Weide) wurden schon im Altertum gegen Fieber und Schmerzen eingesetzt. Diese Mittel riefen Übelkeit hervor, reizten den Magen und schmeckten sehr bitter.

Es ist die in den Weidenrinden vorkommende **Salicylsäure,** die für die medizinische Wirkung verantwortlich war.

1897 gelang den Chemikern HOFFMANN und EICHENGRÜN, aus Essigsäure und Salicylsäure den **Essigsäuresalicylester** herzustellen. Dieser neue Stoff erwies sich in seiner Wirkung gleichwertig, hatte aber nicht die Nebenwirkungen der Salicylsäure. Er ist unter dem Namen **Acetylsalicylsäure,** abgekürzt **ASS** bekannt. 1899 wurde das Warenzeichen Aspirin® beim Patentamt in Berlin eingetragen.

3. Schreibe die Reaktionsgleichung zur Bildung des Essigsäuresalicylesters.

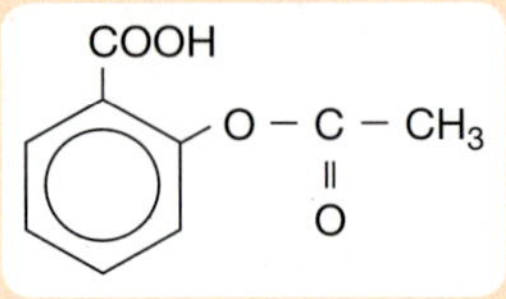

Aromastoffe – natürlich und künstlich

Aromastoffe in der Natur. Die Natur treibt einen großen Aufwand mit der Herstellung der unterschiedlichsten Aromastoffe. So ist am Aroma einer Frucht nie nur ein einziger Aromastoff beteiligt. Das Aroma der Erdbeere zum Beispiel ist ein kompliziertes Gemisch aus etwa 300 verschiedenen Stoffen. Viele davon sind Ester.

Erdbeeraroma aus Holz? Wenn ein Joghurt nach Erdbeere schmeckt, muss nicht unbedingt auch Erdbeere drin sein. Es klingt fast unglaublich, aber ein bestimmter Schimmelpilz, der auf Sägespänen wächst, produziert einen Aromastoff mit Erdbeergeschmack. Auch andere Aromastoffe werden auf ähnliche Weise biotechnisch hergestellt. Das ist deutlich preiswerter, als mehr echte Früchte zu verwenden.

Geschmack aus dem Labor. Es wäre auch gar nicht möglich, den gesamten Bedarf an Fruchtaromen für Joghurt, Süßspeisen, Speiseeis, Bonbons und anderen Fertigprodukten aus Früchten zu decken. So viele Erdbeeren werden gar nicht geerntet. Chemiker haben deshalb die Zusammensetzung unterschiedlicher Aromen erforscht und im Labor nachgebaut. Mittlerweile stehen der Aromastoffindustrie ungefähr 5000 einzelne Stoffe zur Verfügung. Daraus kann jede gewünschte Geschmacksrichtung hergestellt werden. Aus 30 bis 50 einzelnen Chemikalien wird so ein nach Erdbeeren schmeckendes Aroma zusammengesetzt.

▲ 2. *Im Labor werden aus Dutzenden von Ausgangsstoffen neue Aromamischungen „komponiert"*

Kennzeichnung. Sind einem verpackten Lebensmittel Aromastoffe zugesetzt worden, muss in der Zutatenliste der Begriff **„Aromastoffe"** genannt werden. Darunter fallen Aromastoffe, die zwar künstlich hergestellt, aber den natürlichen chemisch gleich sind (früher: „naturidentische Aromastoffe").

Es gibt aber auch Aromen aus dem Labor ohne natürliches Vorbild. Das im Backaroma enthaltene Ethylvanillin schmeckt und riecht nach Vanille, kommt aber in der Natur überhaupt nicht vor (früher: **„künstliche Aromastoffe"**).

Der Ausdruck **„natürliches Aroma"** darf nur für Aromastoffe verwendet werden, die aus pflanzlichen oder tierischen Ausgangsstoffen gewonnen wurden. Das biotechnisch hergestellte Erdbeeraroma aus Sägespänen ist nach dieser Definition also auch ein natürliches Aroma. Nur wenn auf der Verpackung steht „natürliches Erdbeeraroma", ist klar, dass das Aroma tatsächlich aus Erdbeeren gewonnen worden ist.

1. Inwiefern unterscheidet sich das Erdbeeraroma in der Erdbeere von dem im Labor hergestellten Aroma?

2. Teste mit verbundenen Augen den Geschmack unterschiedlicher Fruchtjoghurtsorten.

a) Erkennst du immer den Geschmack der Frucht, die auf dem Etikett angegeben ist?

b) Was kannst du daraus schließen?

▲ 3. *Alles Vanille!*

Eiweißstoffe – Baustoffe des Lebens

1. Wie viel Eiweiß täglich?

a) Nenne einige Lebensmittel mit hohem Eiweißgehalt.
b) Unser Körper besteht zu 20 % aus Eiweißstoffen. Der tägliche Bedarf an Eiweiß beträgt etwa 1 g pro Kilogramm Körpergewicht.
Berechne deinen täglichen Bedarf.

2. Nachweis von Eiweißstoffen

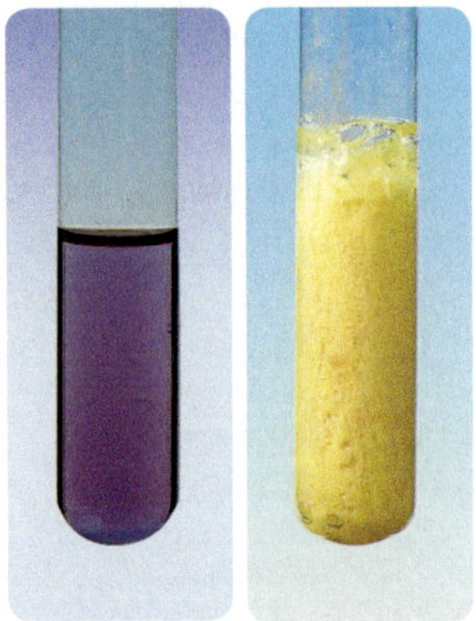

a) Biuret-Reaktion. Fülle in ein Reagenzglas 4 ml Eiklar-Lösung (1 Teil Eiklar und 5 Teile Wasser). Gib 4 ml verdünnte Natronlauge (C, B1) und einige Tropfen Kupfersulfatlösung (5 %-ig; Xn, B2) hinzu und erwärme vorsichtig.
b) Prüfe mehrere Nahrungsmittel, ob du darin Eiweiß nachweisen kannst. Feste Stoffe wie Kartoffeln oder Haferflocken verrührst du dazu in einer Reibschale mit Wasser.
c) Lehrerversuch: Xanthoprotein-Reaktion. Zu 4 ml Eiklar-Lösung werden einige Tropfen konzentrierte Salpetersäure (C, O) gegeben.

3. Eiweißstoffe sind empfindlich

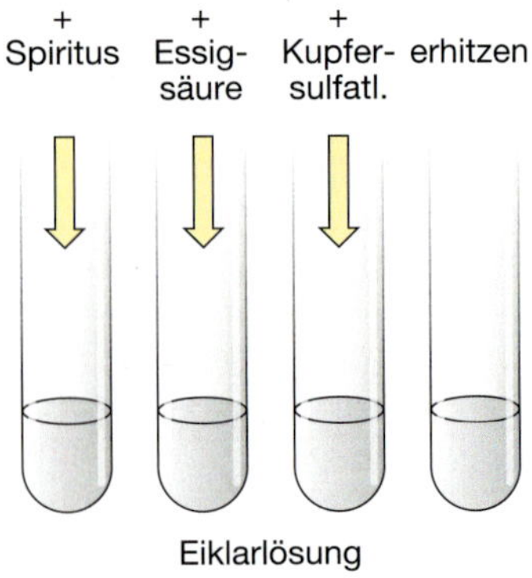

a) Fülle in vier Reagenzgläser je 5 ml Eiklarlösung (1 T. Eiklar, 4 T. Wasser).
Versetze die Lösung im ersten Reagenzglas mit Spiritus (F), im zweiten mit verd. Essigsäure, im dritten mit Kupfersulfatlösung (Xn). Erhitze die Lösung im vierten Reagenzglas.
b) Wie verändert sich das Eiklar jeweils? Vergleiche.

4. Milch mit Zitrone

Gieße etwas mit Wasser verdünnte Milch in ein Becherglas und gib langsam Zitronensaft dazu. Erläutere deine Beobachtungen.

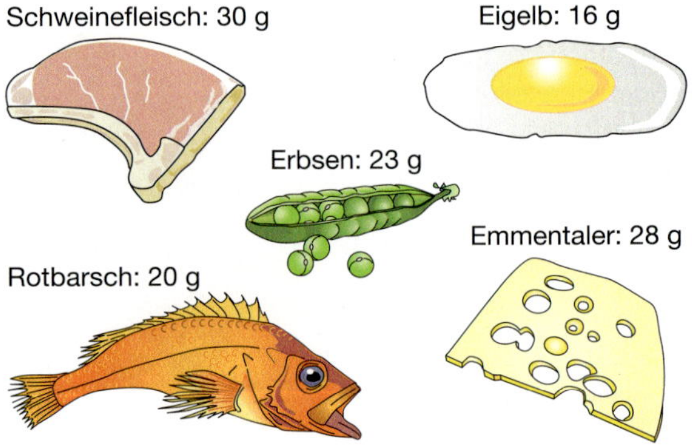

▲ *3. Lebensmittel mit hohem Eiweißanteil (g Eiweiß je 100 g Lebensmittel)*

Vorkommen und Bedeutung. Viele Nahrungsmittel enthalten Eiweißstoffe – vor allem Fleisch, Fisch und Eier, aber auch Gemüse und Getreide. Der Körper benötigt sie vor allem als Baustoff für die Körperzellen, für Enzyme, viele Hormone und für die Antikörper des Immunsystems. Auch Muskeln, Haare und Fingernägel bestehen größtenteils aus Eiweiß.
Da Eiweiß im Gegensatz zu Kohlenhydraten und Fetten im Körper nicht gespeichert wird, müssen wir täglich eine bestimmte Menge mit der Nahrung aufnehmen, etwa 1 g pro Kilogramm Körpergewicht.

So weist man Eiweiße nach. Wenn sich eine alkalische Kupfersulfatlösung von Blau nach Violett verfärbt, weist das auf Eiweiß hin. Dieser Nachweis heißt **Biuret-Reaktion.** Mit konzentrierter Salpetersäure entsteht eine Gelbfärbung. Die Reaktion heißt **Xanthoprotein-Reaktion.**

Eiweiße gerinnen leicht. Erhitzt man eine Eiweißlösung wie Eiklar, wird sie bald trüb und dann fest. Man sagt, das **Eiweiß gerinnt.** Bei Zugabe von Säuren, Schwermetalllösungen oder Alkohol beobachtet man die gleiche Reaktion. Die Eiweiße werden dadurch in ihrer Zusammensetzung nicht verändert, sie können aber ihre ursprünglichen Aufgaben nicht mehr erfüllen. Dieser nicht mehr umkehrbare Vorgang wird als **Denaturierung** bezeichnet.

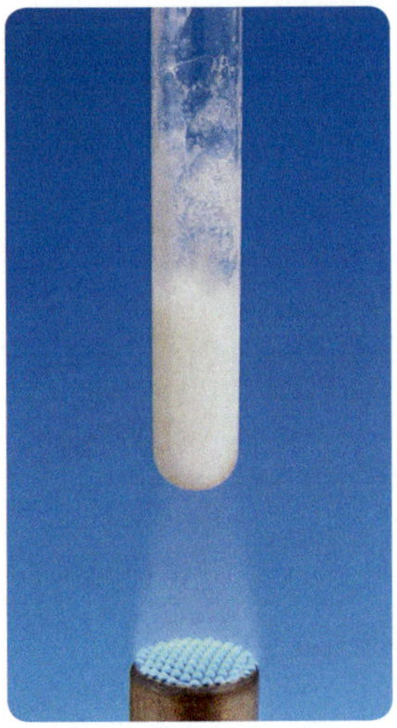

▲ *4. Eiweiß gerinnt*

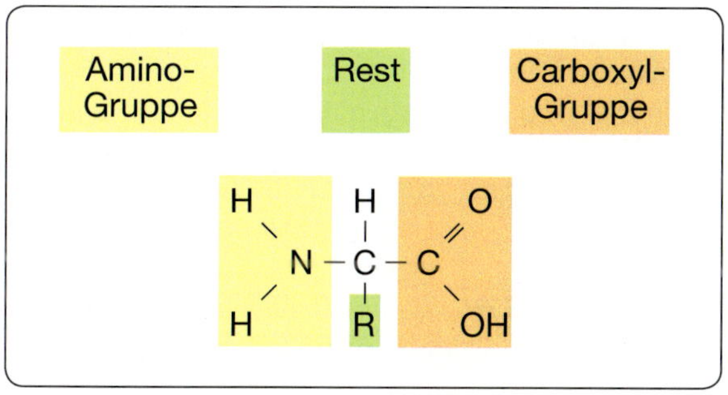

▲ *1. Aufbau von Aminosäuren*

Aminosäuren – Bausteine der Eiweiße. Eiweißstoffe sind Verbindungen, die die Elemente Kohlenstoff, Wasserstoff, Sauerstoff und Stickstoff, sowie zum Teil auch Schwefel und Phosphor enthalten. Sie sind aus **Aminosäuren** aufgebaut.
Aminosäure-Moleküle zeigen einen gemeinsamen Bauplan: An ein Kohlenstoff-Atom sind eine **Carboxyl-Gruppe** (–COOH), eine **Amino-Gruppe** ($-NH_2$), ein Wasserstoff-Atom und eine **Seitenkette** (–R) gebunden. Die einzelnen Aminosäuren unterscheiden sich nur im Aufbau der Seitenketten. Beispiel:

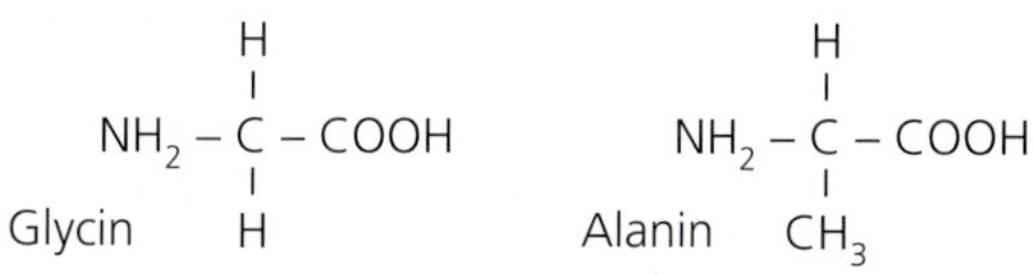

Am Aufbau der Eiweißstoffe aller Lebewesen sind 20 Aminosäuren beteiligt. Einige kann der menschliche Organismus selbst aufbauen. Andere müssen durch die Nahrung aufgenommen werden, sie heißen **essentiell.**

Peptidbindung. In einem Eiweiß-Molekül sind Aminosäure-Moleküle durch Peptidbindungen miteinander verknüpft. Die COOH-Gruppe eines Moleküls regiert mit der NH_2-Gruppe eines anderen Moleküls. Es entsteht ein **Dipeptid.** Weil dabei Wasser abgespalten wird, spricht man von einer **Kondensationsreaktion.** Aminogruppe und Carboxyl-Gruppe des entstandenen Dipeptids können sich mit weiteren Aminosäure-Molekülen verbinden. Auf diese Weise entstehen lange Ketten-Moleküle.

Die Aminosäuresequenz. Es gibt mehrere Millionen unterschiedlicher Eiweißstoffe. Jeder Organismus baut seine körpereigenen Eiweiße auf. Diese Vielfalt wird durch nur 20 Aminosäuren erreicht. Sie sind in jedem Eiweiß in einer ganz bestimmten Reihenfolge, die genetisch festgelegt ist, angeordnet. Man bezeichnet diese Reihenfolge als **Aminosäuresequenz.**

Die räumliche Struktur der Eiweiße. Innerhalb eines Eiweiß-Moleküls können sich zwischen einzelnen Aminosäuren Wasserstoffbrücken ausbilden. Besonders häufig ergibt sich dabei eine **spiralige** oder **gefaltete** Struktur des gesamten Moleküls. Diese räumlichen Strukturen haben eine große Bedeutung für die Funktionsfähigkeit der Eiweiße. Durch Denaturierung wird diese Struktur zerstört.

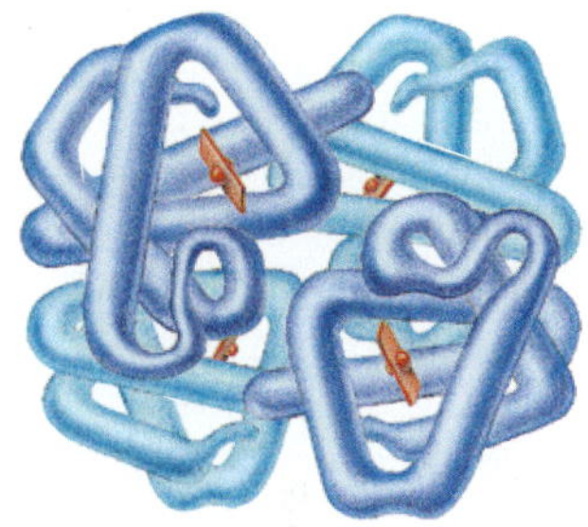

▲ *4. Hämoglobin im Computermodell*

Eiweißstoffe sind lebenswichtige Baustoffe für alle Zellen. Sie sind aus Aminosäure-Bausteinen aufgebaut, die durch Peptidbindung miteinander verknüpft sind. Die Aminosäuresequenz bestimmt Struktur und Eigenschaften des Eiweißes.

1. Fragen zum Text
a) Welche Bedeutung haben Eiweißstoffe?
b) Wie sind Aminosäuren aufgebaut?
c) Was versteht man unter der Aminosäuresequenz?

2. Peptidbildung
a) Wie ist die große Vielfalt der Eiweiße zu erklären?
b) Zeichne die Strukturformel des Dipeptids aus zwei Molekülen Glycin.

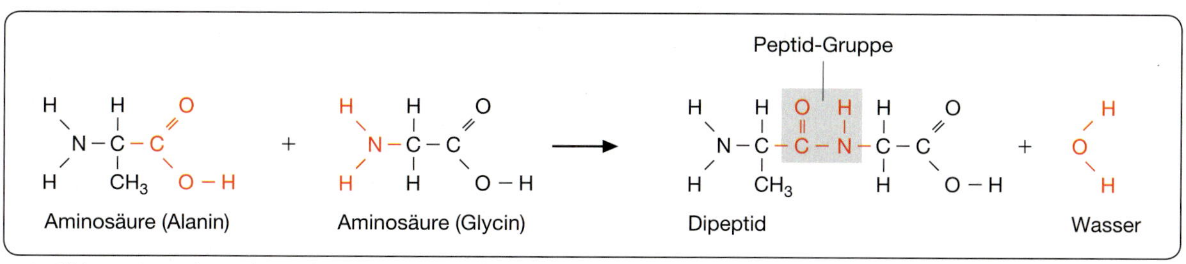

▲ *3. Bildung eines Dipeptids aus den Aminosäuren Alanin und Glycin*

Beim Friseur: Haare und Chemie

Öfter mal eine andere Frisur? Mit Gel, Wachs, Lockenstab, Haarspray, viel Zeit und Mühe lassen sich heute die Haare jeden Tag neu nach der Mode stylen. Nach jeder Wäsche ist die Pracht jedoch wieder verschwunden. Will man ein komplett neues und haltbares Haar-Outfit, hilft nur die Dauerwelle.

Hierbei wird die innere Haarstruktur mithilfe von Chemikalien umgebaut.

Am Aufbau des Haares ist das Eiweiß Keratin beteiligt. Es bildet schraubenförmige Eiweißstränge, die durch zahlreiche Verknüpfungen miteinander verbunden sind. Eine sehr stabile Verknüpfung entsteht über die in den Eiweißketten enthaltene Aminosäure **Cystein.** Da diese Verknüpfungen über zwei Schwefel-Atome gebildet werden, nennt man sie **Disulfidbrücken.**

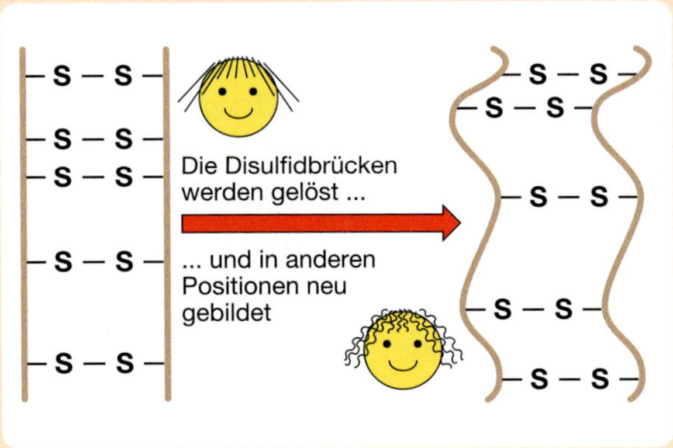

Für eine Dauerwelle werden die Haare zuerst mit Lockenwicklern in die gewünschte Form gebracht. Ein Wellmittel wird aufgetragen. Es dringt in die Haare ein und öffnet einen Teil der Disulfidbrücken. Nach kurzer Einwirkzeit wird es gründlich mit Wasser ausgespült. Damit die neuen Locken halten, muss die neue Krümmung stabilisiert werden. Ein Fixiermittel sorgt dafür, dass sich die Disulfidbrücken in neuen Positionen ausbilden können: Die Haarform ist nun dauerhaft verändert. Nachwachsendes Haar hat jedoch wieder die natürliche Form.

1. Wie unterscheiden sich lockige und glatte Haare?

2. Betrachte ein Haar unter dem Mikroskop. Lege ein anderes kurze Zeit in eine verdünnte Ammoniaklösung, betrachte es ebenfalls und vergleiche.

Das Hormon Insulin – ein Eiweißstoff

Das Hormon Insulin wird von Zellen der Bauchspeicheldrüse gebildet und reguliert zusammen mit dem Hormon Glucagon den Zuckergehalt im Blut. Steigt der Blutzuckerspiegel über einen bestimmten Wert, wird Insulin ausgeschüttet. Dies veranlasst die Zellen, Glucose (Traubenzucker) aus dem Blut aufzunehmen. Der Zuckergehalt im Blut sinkt daher wieder. Alle Zellen müssen stets mit genügend Glucose versorgt werden, sie ist der wichtigste Energiespender. Fehlt das Insulin, können die Zellen nicht mehr mit Glucose versorgt werden.

1935 wurden die Aminosäuresequenz und die Struktur des Insulins aufgeklärt. Das ins Blut abgegebene Insulin besteht aus zwei Polypeptidketten (A und B) mit 21 bzw. 30 Aminosäuren, die über zwei Disulfidbrücken miteinander verbunden sind.

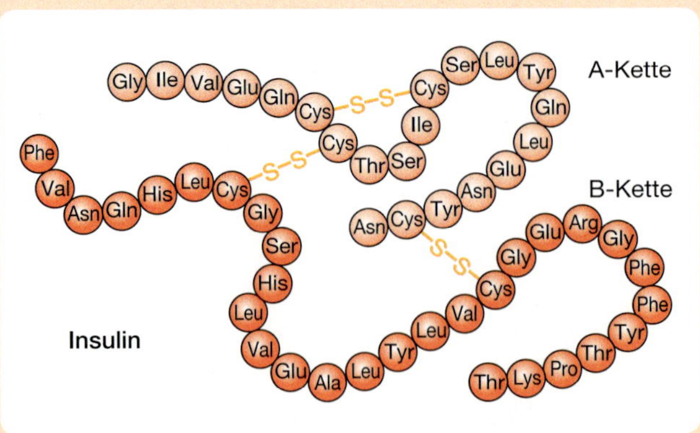

Durch die Bildung dieser Disulfidbrücken ergibt sich eine ganz spezielle räumliche Struktur.

Der Plan zum Aufbau dieses Hormons ist genetisch festgelegt.

Früher wurde das Insulin für medizinische Zwecke aus den Bauchspeicheldrüsen von Rindern und Schweinen gewonnen.

Sie sind nicht genau identisch mit dem menschlichen Insulin. An Position 8 und 10 der A-Kette sind jeweils andere Aminosäuren eingebaut. Heute wird das meiste Insulin gentechnisch gewonnen.

3. Beschreibe den Aufbau des Insulin-Moleküls mithilfe der Abbildung.

4. Nenne die biologische Funktion des Insulins.

5. Informiere dich über die möglichen Folgen und die Behandlung von Diabetes.

Enzyme – Katalysatoren in der Natur

1. Gummibärchen in Ananassaft

a) Fülle in eine Petrischale frisch gepressten Ananassaft, in eine andere Wasser. Lege in beide je ein Gummibärchen. Beobachte nach ca. 24 Stunden.
b) Erläutere deine Beobachtungen.

2. Pepsin ist wichtig bei der Verdauung

Gib in zwei Reagenzgläser je eine Spatelspitze gekochtes Hühnereiweiß. Fülle das eine Reagenzglas halbvoll mit dest. Wasser, das andere mit 10 ml 2 %iger Salzsäure und 1 ml 1 %iger Pepsin-Lösung.
Verschließe beide mit einem Wattebausch und stelle sie in einen Wärmeschrank bei 37 °C.
Beobachte nach einigen Tagen.

3. Katalase in Kartoffeln

a) Schneide eine dünne Scheibe einer rohen Kartoffel ab und lege sie in eine Petrischale. Gib dann drei Tropfen Wasserstoffperoxid (3 %ig) auf die Kartoffel.
b) Halte eine weitere Kartoffelscheibe einige Sekunden mit einer Tiegelzange in die Flamme eines Brenners. Gib wieder Wasserstoffperoxid hinzu.
c) Vergleiche die Ergebnisse von a) und b) und versuche sie zu deuten.

4. Papaya macht Fleisch zart und mürbe

Viele Fleischgewürze enthalten das Enzym Papain. Dieses Enzym wird aus der tropischen Frucht Papaya gewonnen. Es kann das Fleisch zart und mürbe machen. Man kann das Fleisch auch mit Mus aus einer Papaya einreiben, bevor es in die Pfanne kommt. Finde heraus (Lexikon, Internet), wie die weichmachende Wirkung zustande kommt.

Katalysatoren werden in der chemischen Industrie sehr häufig eingesetzt, etwa
– beim Cracken von langkettigen Kohlenwasserstoffen zur Herstellung von Benzin
– bei der Herstellung des Kunststoffes Polyethen.
Im Alltag kennt man den Begriff vom Auto-Katalysator; er hilft, das Abgas zu entgiften.
Ein Katalysator verringert die Aktivierungsenergie, die bei einer chemischen Reaktion benötigt wird. So können Reaktionen rascher oder unter einfacheren Bedingungen ablaufen.

Enzyme sind biologische Katalysatoren. Was der Mensch in der Technik mit Katalysatoren macht, gibt es in der Natur schon lange; dort heißen sie Enzyme. Sie spielen bei Stoffwechselvorgängen in Organismen eine sehr wichtige Rolle. Rund 10000 verschiedene Enzyme sind im menschlichen Körper an chemischen Reaktionen beteiligt.
Enzyme ermöglichen bei Pflanzen, Tier und Mensch chemische Reaktionen bei niedrigen Temperaturen.

Enzyme sind Eiweißstoffe. Enzyme gehören zur Stoffgruppe der Eiweiße. Sie sind daher hitzeempfindlich und können von Schwermetallen blockiert werden. Auch der pH-Wert kann für die Wirkung eine Rolle spielen.

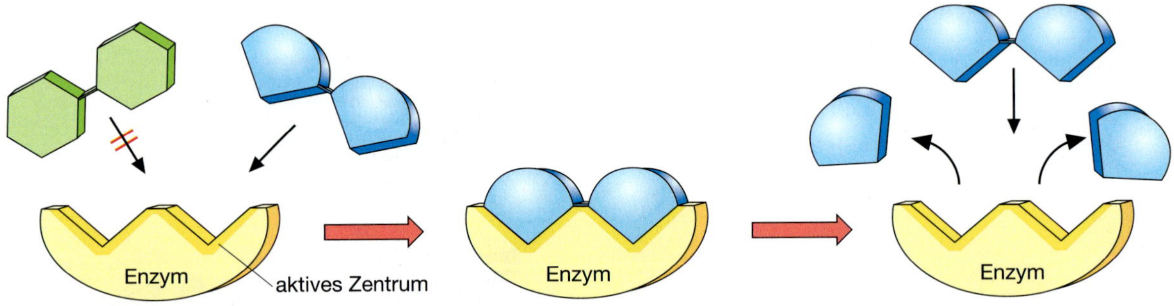

▲ *1. Wirkungsweise eines Enzyms*

Schlüssel-Schloss-Prinzip. Enzyme beeinflussen häufig nur eine einzige Reaktion. Die Reaktion läuft an einer bestimmten Stelle des Enzym-Moleküls ab, dem *aktiven Zentrum.* Die räumliche Struktur des Moleküls ermöglicht nur bestimmten Partnern, sich an dieses Zentrum zu binden. Die Struktur des Enzyms und die des Reaktionspartners müssen zueinander passen wie ein Schlüssel zu einem Schloss, man spricht hier vom **Schlüssel-Schloss-Prinzip.**
Nach erfolgter Reaktion trennen sich die Reaktionspartner wieder und an dem Enzym kann eine weitere Reaktion erfolgen. Passt der Reaktionspartner nicht exakt in das aktive Zentrum, findet keine Umsetzung statt.

Enzyme im Körper. Unsere Verdauungssäfte enthalten viele Enzyme. Mithilfe des Enzyms *Pepsin* aus der Magenschleimhaut werden in Verbindung mit der Magensäure Eiweißstoffe zerlegt. Die *Lipase,* ein Enzym aus der Bauchspeicheldrüse, spaltet im Dünndarm Fette in Glycerin und Fettsäuren. Das Enzym *Katalase* zersetzt Wasserstoffperoxid, das als giftiges Zwischenprodukt in den Zellen entsteht.

Enzyme als Helfer in Industrie und Haushalt. Schon seit langer Zeit nutzt der Mensch die Enzyme von Mikroorganismen: Beim Brotbacken und bei der Gewinnung von Trinkalkohol setzt man Hefepilze ein. Bei der Herstellung von Essig aus Wein spielen Essigsäure-Bakterien mit ihren Enzymen eine Rolle. Milchsäure-Bakterien wandeln mithilfe ihrer Enzyme Milch in Joghurt und Weißkohl in Sauerkraut um.

In Waschmitteln beseitigen *Amylasen* stärkehaltige Speisereste, *Lipasen* beseitigen Fette und *Proteasen* entfernen eiweißhaltigen Schmutz aus Textilien.
Zahlreiche Wirkungen von Arzneistoffen beruhen auf der Hemmung von Enzymen. Aspirin blockiert ein Enzym im Körper und wirkt so unter anderem schmerzlindernd.
Auch bei der Papierherstellung, in der Textilindustrie, bei der Arzneimittelherstellung und in der Lebensmittelverarbeitung vereinfacht ihr Einsatz die Herstellung, verbessert die Qualität oder spart Kosten.

Enzyme sind biologische Katalysatoren. Sie ermöglichen chemische Reaktionen bei niedrigen Temperaturen.

1. Fragen zum Text
a) Zu welcher Stoffklasse gehören Enzyme?
b) Was sind Enzyme und wie arbeiten sie?
c) Weshalb kann man Enzyme bei hohen Temperaturen nicht einsetzen?

▲ *2. Produkte, die mithilfe von Mikroorganismen und deren Enzymen hergestellt werden*

Organische Säuren überall …

→ **Essig** entsteht aus verdünntem Alkohol unter der Einwirkung von Essigbakterien und Sauerstoff. Er dient als Würz- und Konservierungsmittel. Speiseessig enthält etwa 5–6 % Essigsäure.

→ **Essigsäure (Ethansäure, CH_3–COOH)** ist eine schwache Säure. Die Salze heißen **Acetate.**
Essigsäure ist eine **Carbonsäure.**

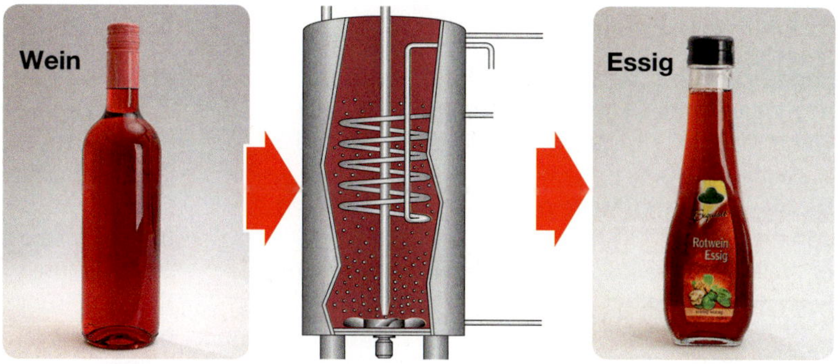

→ **Carbonsäuren** sind Säuren mit einer oder mehreren Carboxyl-Gruppen im Molekül. Viele kommen in der Natur vor, etwa Ameisensäure, Citronensäure, Milchsäure oder Oxalsäure.

Ameisensäure: H – COOH

Oxalsäure: COOH
|
COOH

→ **Alkansäuren** sind aus einer **Carboxyl-Gruppe** und einem **Alkyl-Rest** aufgebaut: **R–COOH**
Ihre Eigenschaften ändern sich mit wachsender Kettenlänge:
- die Säurestärke nimmt ab
- die Löslichkeit in Wasser nimmt ab
- die Löslichkeit in Benzin nimmt zu

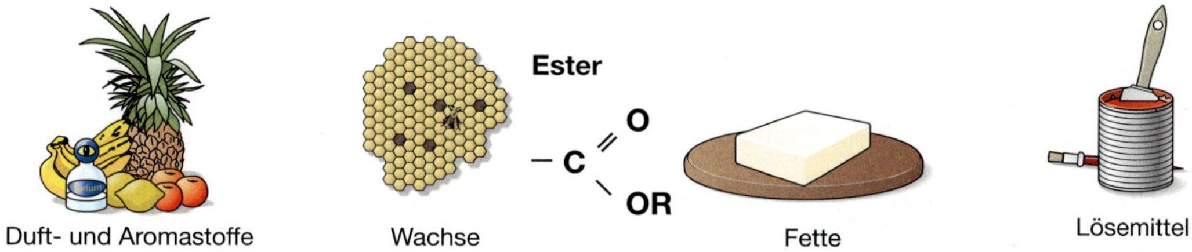

→ **Ester** entstehen bei der Reaktion von Säuren mit Alkoholen unter Wasserabspaltung (Kondensationsreaktion):

$$\text{Säure + Alkohol} \underset{\text{Esterspaltung}}{\overset{\text{Esterbildung}}{\rightleftharpoons}} \text{Ester + Wasser}$$

Ester lassen sich durch die Reaktion mit Wasser wieder in Säure und Alkohol zerlegen (Hydrolyse).

→ **Aminosäuren** enthalten
- eine Aminogruppe **–NH_2** und eine
- Carboxyl-Gruppe **–COOH**

In Pflanze, Tier und Mensch kommen 20 verschiedene Aminosäuren vor.

→ **Eiweißstoffe (Proteine)** sind aus vielen Aminosäure-Bausteinen aufgebaut, die durch **Peptid-Bindungen** miteinander verknüpft sind.

→ **Vielfalt der Ester:**
- Kurzkettige Ester sind farblose, aromatisch riechende Flüssigkeiten. Sie werden als **Aromastoffe** und **Lösemittel** eingesetzt.
- **Fette** sind Ester aus langkettigen Alkansäuren und Glycerin.
- **Wachse** sind Ester aus langkettigen Alkansäuren und langkettigen Alkanolen.

→ **Enzyme** sind biologische **Katalysatoren.** Sie beschleunigen chemische Reaktionen in Organismen. Sie gehören zur Gruppe der Eiweißstoffe.

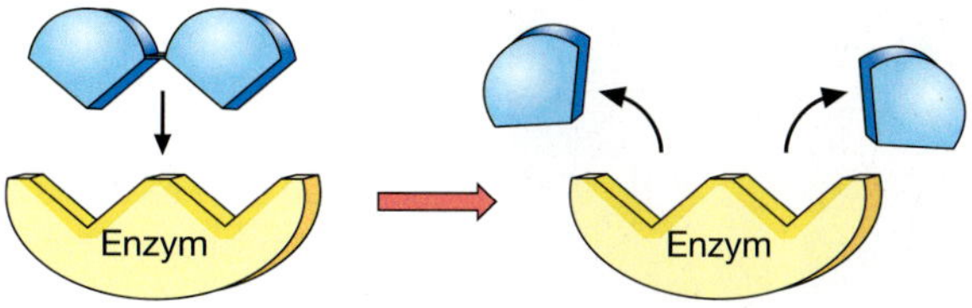

Organische Säuren überall …

1. Essig im Haushalt

Begründe jeweils die folgenden Haushaltstipps:
a) Gegenstände aus Kupfer werden wieder blank, wenn man sie mit einer Mischung aus Essig und Kochsalz abreibt.
b) Den Brotkasten sollte man ab und zu mit Essig auswischen.
c) Kalk in Wasserkochern verschwindet, wenn man Essig darin kocht.

2. Typisch Säure – die Essigsäure

a) In welche Ionen zerfällt die Essigsäure, wenn man sie mit Wasser verdünnt?
b) Welche Ionen sind für die saure Reaktion verantwortlich?
c) Verdünnte Essigsäure reagiert mit unedlen Metallen. Schreibe die Reaktionsgleichung zur Bildung von Natriumacetat.
d) Finde heraus, ob Kupferdächer wegen der Reaktion mit Essigsäure im Laufe der Zeit grün werden.

3. Kupferoxid und Essigsäure

Gib eine kleine Spatelspitze schwarzes Kupferoxid in verdünnte Essigsäure (Xi) und erwärme kurze Zeit. Erläutere deine Beobachtungen und schreibe die Reaktionsgleichung.

4. Ameisensäure – ätzend und reaktionsfreudig

a) Welche Gemeinsamkeit haben Brennnesselhaare und Ameisen?
b) Verdünnte Ameisensäure reagiert gut mit unedlen Metallen. Schreibe die Reaktionsgleichung für die Reaktion mit Magnesium.

5. Gib dem Schimmel keine Chance

a) Milchsäure ist ein natürliches Konservierungsmittel. Bei welchen Vorgängen bildet sie sich?
b) Sorbinsäure und Benzoesäure werden als Konservierungsmittel eingesetzt.
Informiere dich über deren E-Nummern.
Welchen Lebensmitteln dürfen sie zugesetzt werden?

6. Alkansäuren

a) Wie heißen die ersten vier Vertreter der Alkansäuren? Schreibe die Strukturformeln und kennzeichne jeweils die funktionelle Gruppe.
b) In der homologen Reihe der Alkansäuren wird die Kohlenwasserstoffkette immer länger. Wie ändern sich dadurch deren Eigenschaften?
c) Wie heißt die Säure mit der folgenden Strukturformel?

$$CH_3 - CH_2 - COOH$$

Wie wird sich diese Säure in Wasser verhalten? Begründe deine Vermutung.

7. Fettsäuren

a) Weshalb bezeichnet man langkettige Carbonsäuren wie Palmitinsäure auch als Fettsäuren?
b) Wodurch unterscheiden sich gesättigte und ungesättigte Fettsäuren?
c) Löse zwei Spatelspitzen Stearinsäure in 5 ml Benzin (F, B3). Gieße die Lösung in eine mit Wasser gefüllte Glaswanne. Erläutere deine Beobachtungen.

8. Citronensäure

Erstelle einen Steckbrief der Citronensäure. Gehe dabei auf Vorkommen, Eigenschaften, Verwendung und Herstellung ein. Suche im Internet oder in einem Lexikon.

9. Ester

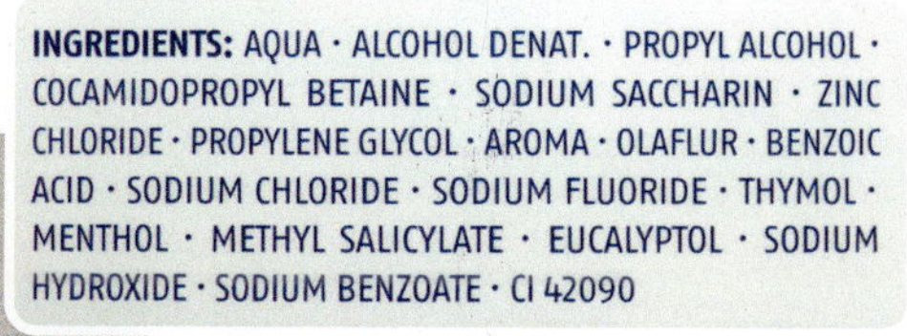

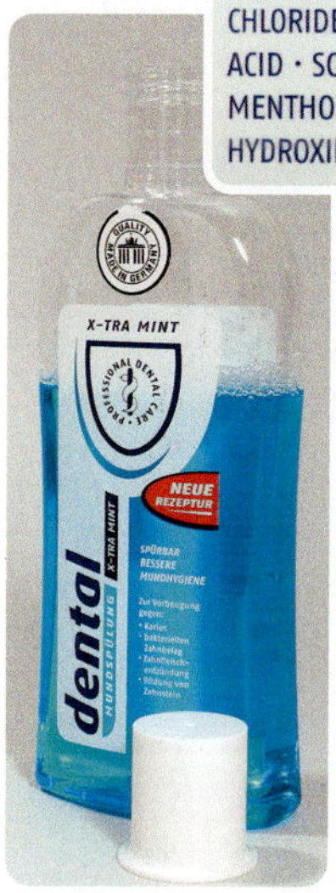

a) Ein beliebtes Aroma für Mundwässer und Zahncremes ist der Salicylsäuremethylester („Wintergrünöl“, *engl.:* Methyl salicylate). Wie könnte man diesen Ester herstellen?
b) An welcher charakteristischen Gruppe erkennt man einen Ester?
c) Nenne einige Beispiele für Stoffe, die zur Gruppe der Ester gehören.
d) Beschreibe mithilfe von Strukturformeln die Reaktion von Methansäure und Ethanol zu Methansäureethylester.

10. Ester plus Natronlauge gibt …?

Gib zu 5 ml Ethansäureethylester (Xi, F; B3) einige Tropfen Phenolphthalein und verdünnte Natronlauge bis zur Rotfärbung. Erwärme im Wasserbad. Deute deine Beobachtungen.

11. Aroma

Auf den Zutatenlisten verschiedener Süßspeisen steht „Aroma“, oder „natürliches Aroma“. Erläutere den Unterschied.

12. Aroma-Test

a) Gib in je ein verschließbares Glasgefäß etwas Vanillemark aus einer Vanilleschote, zwei Spatelspitzen Vanillinzucker, einen kleinen Tropfen Backaroma Butter-Vanille.
b) Prüfe nacheinander den Geruch der Proben und vergleiche.
c) Versuche den Preisunterschied zwischen Vanillezucker und Vanillinzucker zu erklären.

13. Aminosäuren – Bausteine der Eiweißstoffe

a) Welche Elemente kommen in Aminosäuren vor?
b) Durch welche funktionelle Gruppe unterscheiden sich die Aminosäuren von den Alkansäuren?
c) Zeichne die Strukturformel eines Dipeptids aus den Aminosäuren Glycin und Alanin.

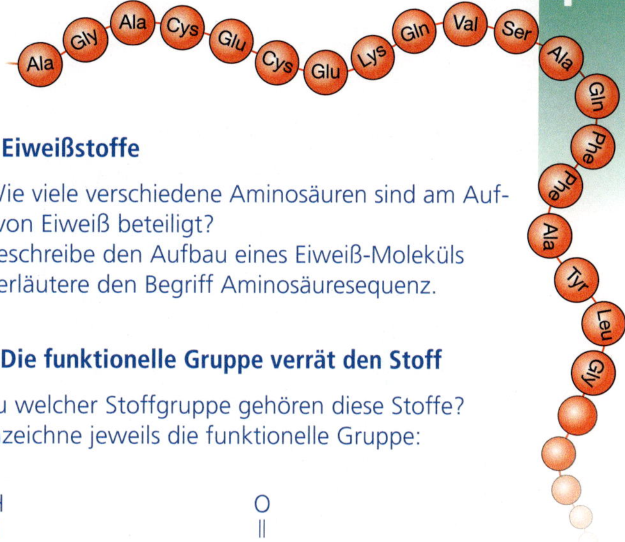

14. Eiweißstoffe

a) Wie viele verschiedene Aminosäuren sind am Aufbau von Eiweiß beteiligt?
b) Beschreibe den Aufbau eines Eiweiß-Moleküls und erläutere den Begriff Aminosäuresequenz.

15. Die funktionelle Gruppe verrät den Stoff

a) Zu welcher Stoffgruppe gehören diese Stoffe? Kennzeichne jeweils die funktionelle Gruppe:

$H-\underset{NH_2}{\overset{H}{C}}-COOH$

$H-\overset{O}{\overset{\|}{C}}-O-CH_2-CH_3$

CH_3-CH_2-COOH

a) Nenne die Namen der Stoffe.

16. Enzyme – Katalysatoren in der Zelle

a)

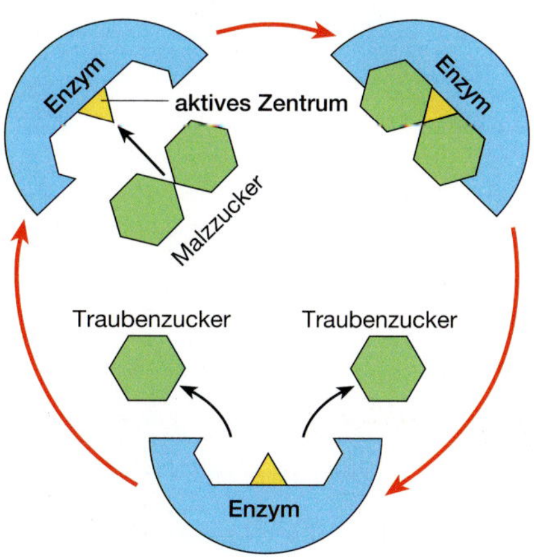

Erläutere die Wirkungsweise des Enzyms Maltase bei der Verdauung von Malzzucker (Maltose).
b) Welche Bedeutung haben Enzyme in pflanzlichen und tierischen Zellen?
c) Welche Vor- und Nachteile haben Enzyme?

13 Vom Fett zur Seife

Wer es nicht weiß, wundert sich: Die Grundlage für diese handgemachte Mandel-Orangen-Seife sind Öle aus Oliven, Kokosnüssen, Sonnenblumenkernen, Rizinusfrüchten und Mandeln …

Fette und Seifen haben auf den ersten Blick nicht viel miteinander gemeinsam.

Butter, Schmalz und Pflanzenöle sind Lebensmittel, in denen reichlich Energie steckt. Seife dagegen verwendet man, wenn man Fett und Schmutz loswerden möchte.
Doch für Chemiker ist es vom Fett zur Seife nur ein kleiner Schritt ...

1. Es gibt viele verschiedene Pflanzenöle. Zähle so viele auf, wie dir einfallen. ▶

▲ *2. Fotorätsel: Was ist das – und welche Informationen kann man diesem Foto entnehmen?*

4. In Putz- und Waschmitteln steckt jede Menge Köpfchen, damit möglichst viele Verschmutzungen beim Waschen entfernt werden. Die wichtigste Stoffgruppe ist die der Tenside. ▼

Inhaltsstoffe:
5 - 15 %: anionische Tenside, amphotere Tenside
<5 %: nichtionische Tenside, Duftstoffe, Benzisothiazolinone, Methylisothiazolinone

◀ *3. Nur mit Wasser allein kann man nicht gut waschen. In diesem Kapitel erfährst du, wie Seife und andere Reinigungsmittel die Waschwirkung verbessern.*

Rund ums Fett

Käse	Schokolade	Walnüsse	ger. Würstchen	Avocado
32 g	30 g	64 g	25 g	24 g

▲ *1. Fettgehalt in jeweils 100 g Lebensmittel*

1. Wo steckt das Fett?

In welchen Nahrungsmitteln ist besonders viel Fett enthalten? Lies dazu auch die Nährwertangaben auf Verpackungen.

2. Die Fettfleckprobe

a) Tropfe jeweils etwas Wasser, Salatöl und Aromaöl (etwa Orangenöl) nebeneinander auf Filterpapier. Umrande die Flecken mit einem Stift. Trockne sie mit einem Haartrockner. Halte das Filterpapier gegen das Licht. Was stellst du fest?
b) Untersuche mit der gleichen Methode einige Lebensmittel. Feste Lebensmittel schneidet man auf und reibt sie auf das Filterpapier.

3. Fettnachweis mit Paprikapulver

a) Fülle ein Reagenzglas zwei Zentimeter hoch mit Wasser, ein anderes mit Salatöl. Versetze jede Probe mit einer Spatelspitze Paprikapulver und schüttle um. Vergleiche die beiden Proben.
b) Gib beide Proben zusammen und schüttle nochmals. Erkläre dein Versuchsergebnis.

4. Gemüse kochen auf gesunde Art

Karotten sind gesund, auch weil sie unter anderem eine Vorstufe des Vitamins A enthalten, das Beta-Carotin.
Informiere dich darüber, warum man den Rat bekommt, Karotten stets zusammen mit ein wenig Fett zu essen.

5. So kommt man an das Öl

F B3

a) Presse drei Walnusskerne oder mehrere Sonnenblumenkerne mit einer Knoblauchpresse aus. Prüfe die Flüssigkeit mithilfe der Fettfleckprobe.

b) Zerdrücke mehrere Sonnenblumenkerne in einer Reibschale. Setze 2–3 ml Spiritus (F, B3) hinzu. Filtriere, lass das Filterpapier trocknen und untersuche es auf Fettrückstände.

▲ *1. Butter enthält 82 % Fett*

Energieträger Fett. Fette sind die energiereichsten Nahrungsmittel. 250 g Butter enthalten etwa so viel Energie wie 500 g Nudeln. Fette sind aber auch Geschmacksträger, ohne die manches Essen nicht recht schmeckt.

Zu viel Fett ist ungesund. Energie, die der menschliche Körper nicht verbraucht, wird in Form von Fett gespeichert. Wer zu viel Fett speichert, wird übergewichtig. 60 bis 90 g Fett pro Tag reichen aus. Diese Menge ist aber schnell überschritten. Pflanzenöl, Butter und Margarine bestehen zu über 80 % aus Fett. Viele Lebensmittel wie Käse, Fleisch, Kuchen oder Schokolade enthalten ebenfalls deutliche Fettanteile.

▲ *2. Eine Tüte mit Kartoffelchips liefert 70 g Fett!*

Auch zu wenig Fett schadet der Gesundheit. Fett stellt für den menschlichen Körper nicht nur ein Energiedepot dar. Es isoliert auch gegen Wärmeverluste. Fettgewebe schützt empfindliche Organe wie Auge, Herz und Nieren vor Erschütterungen. Einige Fette liefern essentielle Fettsäuren, die der menschliche Körper nicht selbst herstellen kann. Sie werden für den Aufbau der Zellen gebraucht. Viele dieser Fettsäuren sind in pflanzlichen Ölen und in Fischarten wie Hering oder Makrele enthalten.
Die fettlöslichen Vitamine A, D, E und K können von unserem Körper bei der Verdauung nur zusammen mit Fett ins Blut aufgenommen werden.

Nachweis für Fette. Fette (F) hinterlassen auf Papier einen bleibenden Fleck – im Gegensatz zu Wasser (W) oder Aromaölen (Aö). Mit dieser einfachen **Fettfleckprobe** lassen sich Fette nachweisen. Mit fettlöslichen Farbstoffen, etwa aus Paprikapulver, lassen sich Fette anfärben.

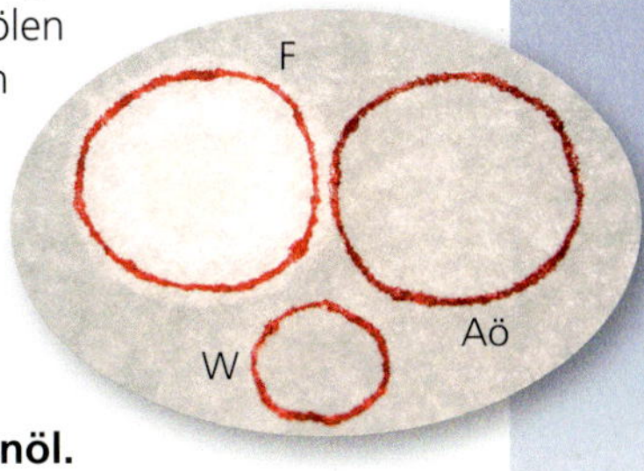

Gewinnung von Pflanzenöl.
Bei der Ölgewinnung in mechanischen **Pressen** werden die ölhaltigen Pflanzenteile zerkleinert und mehrfach ausgepresst.
Bei der **Extraktion** wird ein organisches Lösemittel wie Hexan oder Heptan verwendet. Es löst das Öl aus den zerkleinerten Pflanzenteilen heraus. Das Lösemittel wird anschließend aus dem Gemisch abdestilliert. Es wird aufgefangen und bei der nächsten Extraktion wieder eingesetzt. Oft kombiniert man auch die Methoden Pressen und Extrahieren.

Pflanzenöl als Treibstoff. Rapsöl oder auch ausgedientes Frittierfett kann chemisch zu Biodiesel weiterverarbeitet werden. Manche Dieselfahrzeuge kann man so umrüsten, dass sie sogar direkt mit Pflanzenöl aus dem Supermarkt betankt werden können.

Fette sind sehr energiereich. Der menschliche Körper benötigt Fett für verschiedene Zwecke; doch zu viel Fett kann auch schaden.

1. Fragen zum Text
a) Warum ist Fett für den Körper wichtig?
b) Mit welchen Methoden gewinnt man Pflanzenöl?
c) Wie lässt sich Fett nachweisen?

▲ *4. Dieselfahrzeuge mit Rapsöl als Treibstoff*

Die Chemie der Fette

1. Löslichkeit von Fetten

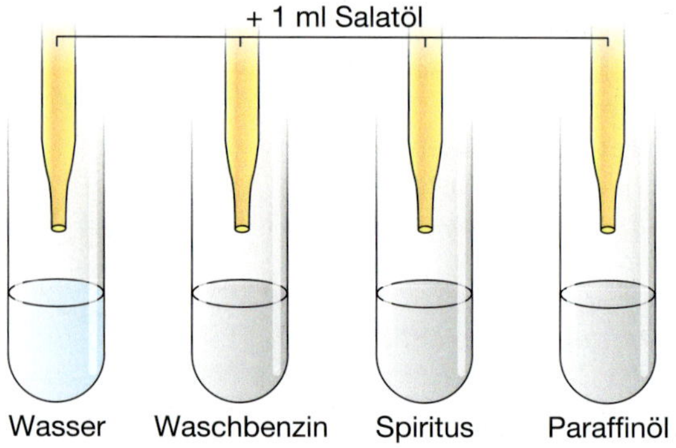

Fülle vier Reagenzgläser jeweils zwei Zentimeter hoch mit Wasser, Waschbenzin (F), Spiritus (F) und Paraffinöl. Gib jeweils etwa 1 ml Salatöl hinzu.

a) Beobachte die vier Reagenzgläser direkt nach der Zugabe des Öls (noch nicht schütteln).

b) Setze nun einen Stopfen auf jedes Reagenzglas und schüttle. Wie verhalten sich die Gemische, wenn sie nach dem Schütteln zwei Minuten ruhig stehen?

2. Brennbarkeit von Fetten

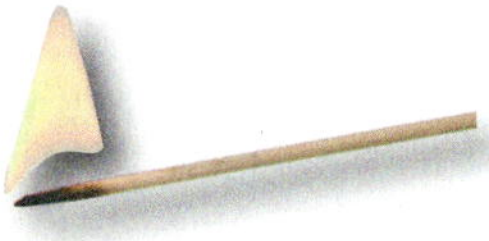

Versuche, mit einem brennenden Holzspan etwa 1 ml Speiseöl auf einem Löffel zu entzünden. Erhitze dann den Löffel mit dem Brenner und versuche es erneut.

3. Fett als Lösemittel

In Karotten sind orange Farbstoffe (Carotine) enthalten. Versuche diese Farbstoffe aus einer Karotte zu extrahieren. Verwende dafür geraspelte Karotten und als Lösemittel Pflanzenöl, destilliertes Wasser und Spiritus (F). Fülle drei Reagenzgläser etwa 1–2 cm hoch mit Karotten und gib jeweils 5 ml Lösemittel hinzu. Welches ist das beste Lösemittel für Carotine?

4. Fettsäuren im Vergleich

Doppelbindungen in Fettsäuren lassen sich durch die Entfärbung von Brom- oder Iod-Lösung nachweisen. Beide Reagenzgläser im Bild links wurden mit etwas Brom-Lösung versetzt. Ein Reagenzglas enthält Stearinsäure, das andere Ölsäure, jeweils in Heptan gelöst. In welchem Reagenzglas befindet sich die Ölsäure?

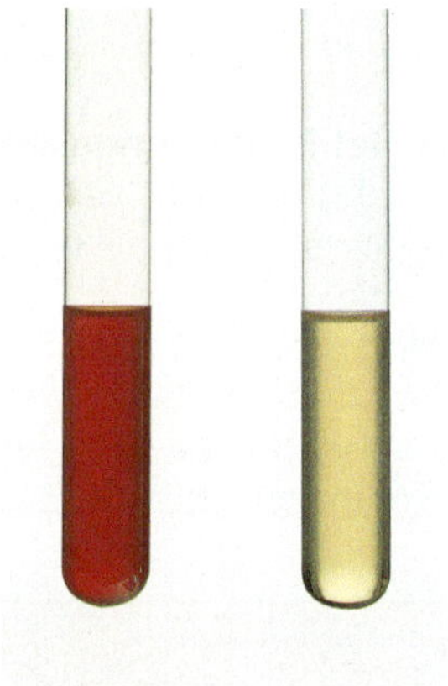

Exkurs

Vorsicht Fettbrand!

Werden Fette beim Braten in der Küche zu stark erhitzt, zersetzen sie sich leicht. Es raucht und schädliche Stoffe können entstehen. Ab einer bestimmten Temperatur entzündet sich das heiße Fett ganz von alleine. Brennendes Fett darf man aber auf keinen Fall mit Wasser löschen! Das Wasser sinkt in das brennende Fett ein und verdampft dann explosionsartig. Heißes, brennendes Fett wird dabei herausgeschleudert.
Man kann einen Fettbrand durch Sauerstoffentzug löschen. Brennende Pfannen deckt man mit einem Topfdeckel oder einem Brett ab. Löschdecken sind ungeeignet.

Aufbau von Fetten. Fette sind Ester des Alkohols Glycerin mit Fettsäuren. Das Glycerin-Molekül hat drei OH-Gruppen und kann deshalb drei Fettsäuren binden. Die Fettsäuren können gleich oder unterschiedlich sein. Fettsäuren sind langkettige Carbonsäuren. Enthält die Kette nur Einfachbindungen, spricht man von **gesättigten Fettsäuren.** Ist eine Doppelbindung vorhanden, nennt man die Fettsäure einfach **ungesättigt.** Enthält eine Fettsäure mehrere Doppelbindungen, nennt man sie **mehrfach ungesättigt.**

▲ *1. Auch flüssige Fette mischen sich nicht mit Wasser*

Eigenschaften der Fette. Die natürlichen Fette sind Gemische aus unterschiedlichen Glycerin-Estern. Sie schmelzen deshalb nicht bei einer ganz bestimmten Schmelztemperatur, sondern in einem gewissen *Schmelzbereich.* Die Kohlenwasserstoffkette macht Fett **wasserabweisend.** Fette **lösen sich nicht** in **polaren Lösemitteln** wie Wasser, **gut** aber **in unpolaren,** wie Benzin, Aceton und anderen organischen Lösemitteln. Fette, die erhitzt werden, zersetzen sich in zum Teil gesundheitsschädliche Stoffe. Ist die Entzündungstemperatur erreicht, brennt das Fett von selbst, ohne dass es angezündet werden muss.

	Fettsäuren – Name – Formel – Schmelztemperatur		Butterfett	Rindertalg	Olivenöl	Sonnenblumenöl
gesättigt	**Palmitinsäure** **$C_{15}H_{31}COOH$**	+63 °C	24	30	15	5
	Stearinsäure **$C_{17}H_{35}COOH$**	+71 °C	13	20	2	2
ungesättigt	**Ölsäure** **$C_{17}H_{33}COOH$**	+16 °C	30	39	71	27
	Linolsäure **$C_{17}H_{31}COOH$**	−5 °C	2	3	8	65
	Linolensäure **$C_{17}H_{29}COOH$**	−11 °C	1	–	–	–
	Schmelzbereich des Fettes in °C		28 bis 38	40 bis 50	−12 bis +6	−18 bis −16

▲ *3. Fettsäureanteil in % und Schmelzverhalten natürlicher Fette*

Fette, Öle und Mineralöle. Mineralöle sind keine Ester. Sie bestehen nur aus Kohlenwasserstoffketten. Mineralöle zeigen ein ähnliches Löslichkeitsverhalten wie Fette und Öle, unterscheiden sich jedoch in anderen Eigenschaften.

Fette sind Ester aus Glycerin mit meist langkettigen Fettsäuren.
Ungesättigte Fettsäuren besitzen eine oder mehrere C=C-Doppelbindungen.
Fette lösen sich nicht in Wasser. Sie können sich bei Erhitzen selbst entzünden oder zersetzen.

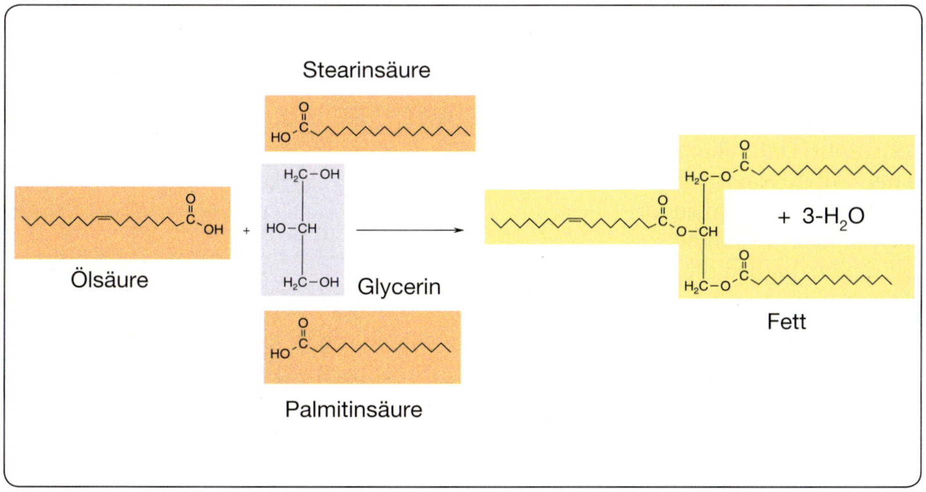

1. Fragen zum Text
a) Wie sind Fette aufgebaut?
b) Erkläre das unterschiedliche Schmelzverhalten natürlicher Fette mithilfe von Abbildung 3.
c) Nenne einige Eigenschaften der Fette.
d) Wie unterscheiden sich pflanzliche Öle von Mineralölen?

◀ *2. Bildung eines Fett-Moleküls*

Seife gewinnt man aus Fetten

1. Bunte Vielfalt

a) Informiert euch über die Vielfalt an Seifen. Sammelt dazu auch Seifenverpackungen.
b) Vergleicht die Etiketten. Welche Stoffe sind in den meisten Seifen enthalten? (Die Fachbegriffe kann man sich im Internet übersetzen lassen; suche unter „INCI-Tester" oder „INCI + Übersetzer").

2. Lehrerversuch: Olivenölseife

B1

Zunächst wird ein Becherglas mit gesättigter Kochsalzlösung vorbereitet.
Dann füllt man 10 g Olivenöl in ein hohes Becherglas (400 ml) und fügt 5 ml destilliertes Wasser hinzu.
Die Mischung wird langsam erwärmt. Unter Rühren werden vorsichtig nach und nach 10 ml Natronlauge zugesetzt (25 %ig; C). Anschließend lässt man die Mischung etwa 20 Minuten lang auf kleiner Flamme sieden. Dabei muss man ständig rühren. Verdampfendes Wasser muss immer wieder durch dest. Wasser ersetzt werden. Vorsicht, Spritzgefahr!
Nach 20 Minuten wird die zähflüssige Masse in das Becherglas mit der gesättigten Kochsalzlösung gegossen. Die Seife kann oben abgeschöpft werden. Man kann sie in Ausstechförmchen pressen und trocknen lassen.

3. Nachweis für die Seifenwirkung

Prüfe die selbst hergestellte Seife und andere Seifenproben darauf, ob sie beim Schütteln einen haltbaren Schaum erzeugen. Fülle dazu eine Seifenprobe und etwas destilliertes Wasser in ein Reagenzglas oder in ein Glas mit Schraubdeckelverschluss. Schüttle die Gläser und vergleiche die Schaumentwicklung.

4. Der passende Rohstoff für Seife

B1

a) Fülle in drei verschiedene Reagenzgläser 0,5 cm hoch Paraffinöl, Stearinsäure (eine langkettige Carbonsäure) beziehungsweise Pflanzenöl.
Gib die dreifache Menge destilliertes Wasser und ein Siedesteinchen hinzu und erwärme die Mischungen nacheinander im Wasserbad bis zum Sieden. Lass dann die Mischungen wieder abkühlen. Sind die Mischungen homogen, bildet sich Schaum?
b) Füge nun aus einem Tropffläschchen vorsichtig etwa 0,5 ml Natronlauge (25 %ig; C) hinzu. Erwärme die Gläser erneut und schüttle sie dabei vorsichtig. Was ist zu beobachten? Gib eine Erklärung dafür.

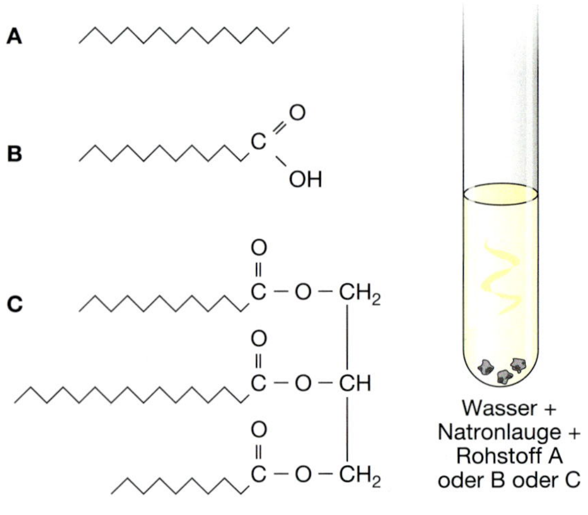

▲ *1. Seifensieder um 1840*

Traditionelle Seifengewinnung. Bei der traditionellen Seifenherstellung wird Fett mit Natronlauge stundenlang gekocht und gerührt. Dabei wird das Fett chemisch zerlegt. Die entstandenen Fettsäuren reagieren mit der Lauge weiter zu Seife. Man nennt diese Reaktion daher auch Verseifung:

Fett + Lauge → Seife + Glycerin

Bildet sich im Kochkessel Schaum, ist Seifenlösung entstanden. Dann wird Kochsalz zugesetzt. Seife ist in Kochsalzlösung schwer löslich und fällt aus. Diesen Vorgang nennt man „Aussalzen". Die feste Seife schwimmt nun auf der Lösung. Sie wird abgeschöpft, mehrmals mit Salzwasser gewaschen und getrocknet. Mit Natronlauge erhält man die festen *Kernseifen.* Für die weiche *Schmierseife* braucht man Kalilauge.

▲ *2. Rohstoffe zur Seifenherstellung*

Seifen sind Natrium- oder Kaliumsalze von Fettsäuren (langkettigen Carbonsäuren).

1. Fragen zum Text

a) Beschreibe in Stichworten den Weg der Seifenherstellung.

b) Lege eine Tabelle an. Ordne jedem Rohstoff eine Aufgabe zu.

c) Formuliere das Reaktionsschema für die Herstellung einer Schmierseife.

Industrielle Seifenherstellung

Bei der industriellen Seifenherstellung wird Fett unter großem Druck mit Wasserdampf und mithilfe eines Katalysators in Fettsäure und Glycerin gespalten. Diesen Vorgang nennt man **Hydrolyse:**

Fett + Wasserdampf → Fettsäure + Glycerin

Das Glycerin wird von den Fettsäuren abgetrennt. Die Fettsäuren werden durch den Zusatz von Lauge **neutralisiert.** Dabei bildet sich die Seife:

Fettsäure + Lauge → Seife + Wasser

Seifen sind die Salze von Fettsäuren. Beispiel:

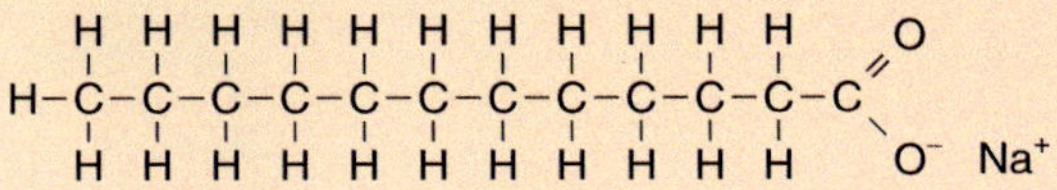

Damit Seife ansprechend aussieht und gut riecht, wird sie vor dem Verpacken mit Farb- und Duftstoffen vermischt und in Formen zu handlichen Stücken gepresst.

2. Vergleiche die technische Seifenherstellung mit der traditionellen Herstellung von Seife.

So wirkt Seife

1. Wirkung von Seife

a) Versuche, etwas Pflanzenöl und Wasser in einem Reagenzglas zu mischen.
b) Mische Öl und Wasser unter Zugabe einiger Tropfen Seifenlösung erneut.

2. Wer findet das beste Rezept zum Entfernen von Schmieröl?

An einer Fahrradkette holt man sich leicht schmutzige Hände. Wie lässt sich die am besten wieder entfernen? Plane und erprobe ein Experiment, um Hände von Fahrradkettenschmiere zu reinigen. Du kannst Wasser, Butter, Seife, Spiritus (F), Waschbenzin (F), Pflanzenöl und Aktivkohle nutzen. Bedenke aber, dass menschliche Haut durch manche Chemikalien gereizt oder sogar geschädigt werden kann.

3. Hilft Seife gegen Flecken?

a) Präpariere zwei Baumwollstreifen jeweils mit Flecken von Tomatenmark, Schokocreme und Butter. Lege davon einen Streifen in ein Schraubdeckelglas mit Leitungswasser, den anderen in ein Glas mit Seifenlösung. Spüle die Stoffstreifen nach etwa fünf Minuten kurz mit Wasser ab und lege sie nebeneinander auf die Tischplatte deines Arbeitstisches. Vergleiche die Stoffproben.
b) Gib die Stoffproben wieder in die Gläser zurück, aus denen sie entnommen wurden. Schraube den Deckel zu und schüttle die Ansätze jeweils drei Minuten lang. Spüle dann die Stoffstreifen wieder ab und vergleiche erneut.

Exkurs

Seife zum Filzen

Aus Wolle lässt sich leicht Filz herstellen. Forme aus Rohwolle eine Kugel mit circa 5 cm Durchmesser. Reibe die Kugel zwischen den Handflächen, bis die Wollfasern aneinander haften. Miss den Durchmesser der Kugel.
Gib die Kugel dann zusammen mit einem Stückchen Seife in ein Schraubdeckelglas. Fülle es zur Hälfte mit heißem Wasser. Verschließe das Glas und schüttle 10–15 Minuten. Ersetze die heiße Seifenlösung etwa alle drei Minuten. Protokolliere dabei jeweils die Größe der Wollkugel.
Aus ganz kleinen Kugeln kann man Schmuckperlen basteln. Filzt man kleine Glöckchen mit in die Kugel, kann man auch Katzenspielzeug herstellen.

Warum filzt Wolle? Auf seiner Außenseite ist das Haar der Schafwolle von dachziegelartigen Schuppen umgeben. Quillt diese Schicht durch Wärme und Feuchtigkeit auf, verhaken sich die Schuppen verschiedener Haare. Durch Bewegung wird diese Vernetzung immer dichter. In warmer Seifenlauge läuft der Vorgang noch schneller ab. Die Wolle schrumpft dadurch auch.

Gibt man Seife ins Wasser, zerfällt das Seifenteilchen in ein positiv geladenes Natrium-Kation und ein negativ geladenes **Fettsäure-Anion.** Der besondere Aufbau des **Fettsäure-Anions** sorgt für die Reinigungswirkung.

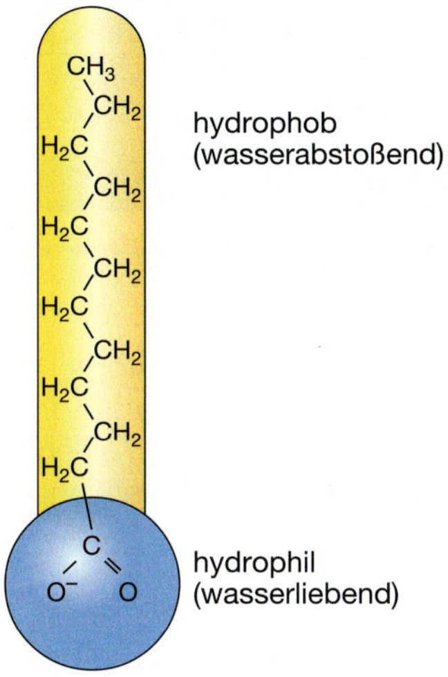

▲ *1. Bau des Fettsäure-Anions*

Eine lange Kohlenwasserstoffkette stößt Wasser-Moleküle ab. Dieser Teil des Fettsäure-Anions ist **wasserabstoßend (hydrophob).** Das andere Ende des Fettsäureanions trägt eine negativ geladene CO^--Gruppe. Im Gegensatz zur Kohlenwasserstoffkette zieht dieses Ende Wasser-Moleküle an, es ist **wasserliebend (hydrophil).**

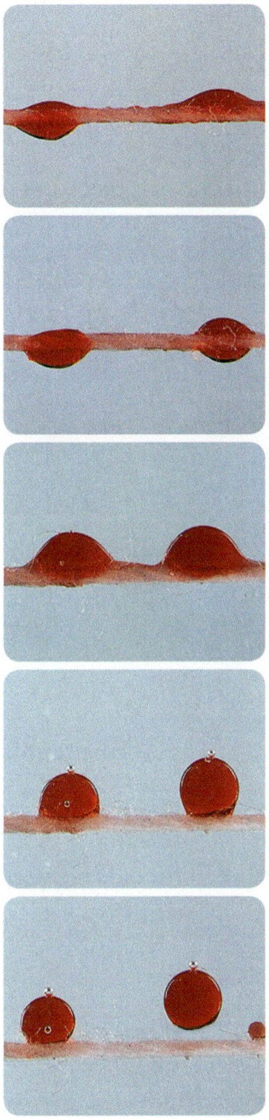

1. Auf einer Faser haftet fetthaltiger Schmutz.

2. Seife wird zugefügt. Der hydrophobe Teil des Seifenanions dringt in den Schmutz und in die Faser ein. Der hydrophile Teil des Seifenanions ragt ins Wasser. So kann das Wasser den Schmutz benetzen.

3. Schmutz und Faser tragen nun negative Ladungen. Diese stoßen sich gegenseitig ab.

4. Der Schmutz löst sich von der Faser. Durch Bewegung der Waschlauge wird dieser Vorgang beschleunigt.

5. Der Schmutz wird in viele kleinere Teilchen zerteilt und vom Wasser fortgespült.

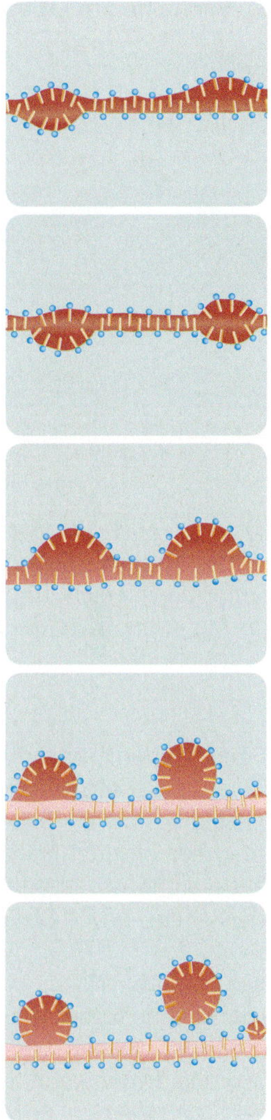

▲ *3. Reinigung einer verschmutzten Faser*

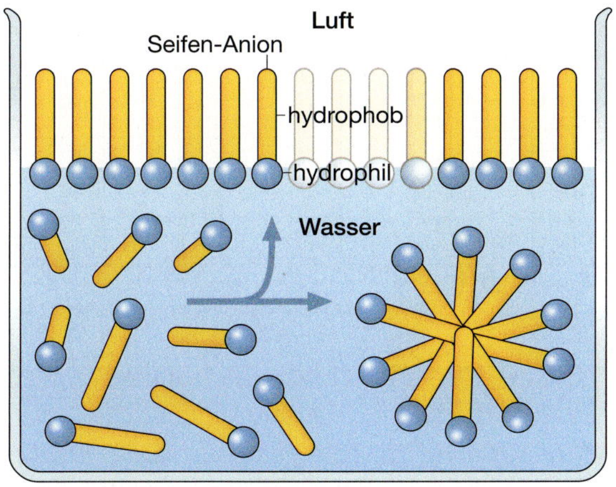

▲ *2. So ordnen sich Seifen-Anionen an*

Seifenteilchen zerfallen in Wasser. Das Fettsäureanion hat einen wasserabstoßenden und einen wasseranziehenden Teil. Es sorgt dafür, dass auch fettähnliche Stoffe in Wasser fein verteilt werden können.

1. Fragen zum Text

a) Beschreibe den Bau eines Fettsäure-Anions. Verwende die Begriffe: hydrophob, hydrophil, Kohlenwasserstoffkette und COO^--Gruppe.

b) Zeichne einen Öltropfen, an den sich Fettsäure-Anionen anlagern.

c) Warum verbinden sich abgelöste Schmutzteilchen nicht wieder zu größeren Teilchen?

Oberflächenspannung

1. Versuche zur Oberflächenspannung

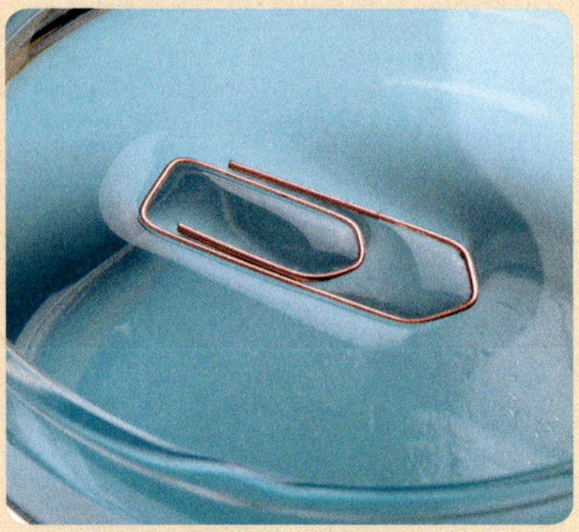

▲ *1. Schwimmende Büroklammer*

▲ *2. Wer bekommt die meisten Nägel in das Glas?*

▲ *3. Hier perlen die Wassertropfen ab*

a) Lege eine Büroklammer vorsichtig auf eine Wasseroberfläche. Setze dann einen Tropfen Seifenlösung oder Spülmittel hinzu. Was geschieht dann?

b) Befülle ein Glas randvoll mit Wasser. Gib dann möglichst viele kleine Nägel hinzu, bis es überläuft. Wiederhole den Versuch anschließend mit Seifenlösung.

c) Setze zwei Wassertropfen auf eine gefettete Glasplatte. Tropfe dann Seifenlösung auf einen der Wassertropfen. Was geschieht?

Oberflächenspannung. Wasser-Moleküle sind Dipole. Über die Wasserstoffbrückenbindungen ziehen sich die Moleküle stark an. Sie verhalten sich so, als ob sie miteinander vernetzt wären. Deshalb sieht es so aus, als hätte die Wasseroberfläche eine Haut. Man sagt, dass Wasser eine große **Oberflächenspannung** besitzt. Besonders deutlich wird diese Spannung an Grenzflächen, wie zwischen Wasser und Luft. Man nennt die Oberflächenspannung des Wassers daher auch *Grenzflächenspannung.* Damit Wasser überhaupt eine Reinigungswirkung zeigen kann, muss die Oberflächenspannung verringert werden. Sonst perlt das Wasser von den Flächen ab und kann den Schmutz nicht benetzen.

Herabsetzen der Oberflächenspannung. Setzt man dem Wasser Seife zu, ordnen sich die Seifen-Anionen an der Wasseroberfläche so an, dass sie mit dem hydrophilen Ende ins Wasser tauchen. Die wasserabweisenden, hydrophoben Kohlenwasserstoffketten ragen aus dem Wasser heraus.
Die Anziehungskräfte zwischen den Kohlenwasserstoffketten sind aber viel kleiner, als die Anziehungskräfte der Wasser-Moleküle untereinander. Es kommt also nicht mehr zu der starken Anziehung der Wasser-Moleküle. Dadurch wird die Oberflächenspannung herabgesetzt und die scheinbare „Haut" der Wasseroberfläche verschwindet.

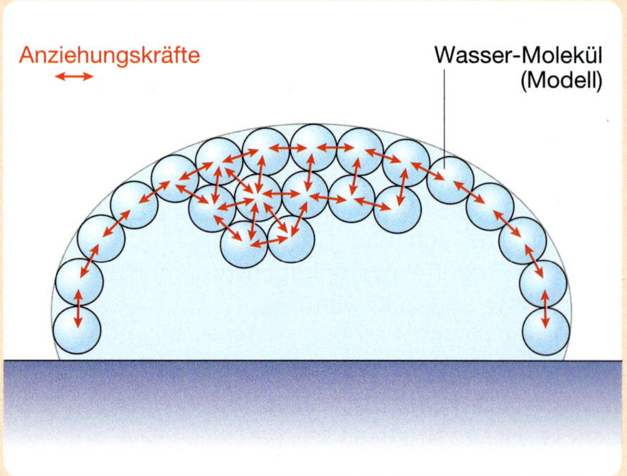

▲ *4. Die Wasser-Moleküle ziehen sich gegenseitig an*

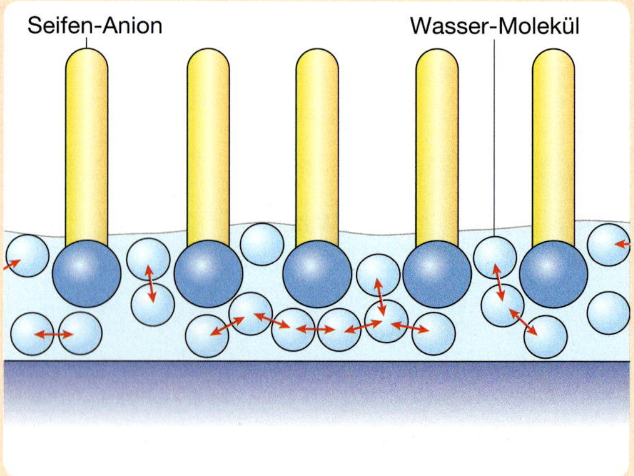

▲ *5. Die Tensid-Moleküle schwächen die Anziehungskräfte*

Vorbereitung auf eine mündliche Prüfung

So bereitest du dich auf eine mündliche Prüfung vor:

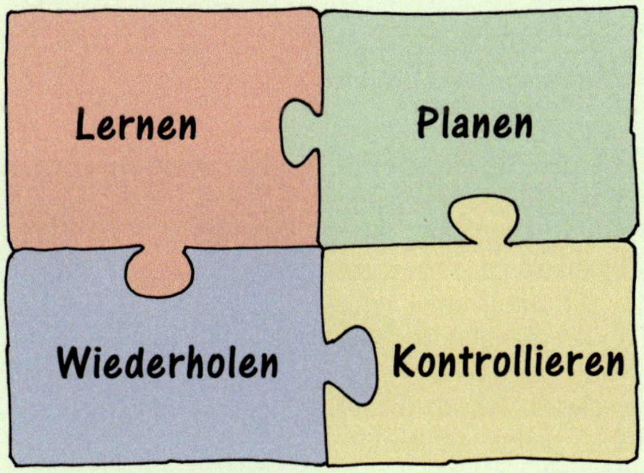

1. Themen absprechen
Sprich mit deinem Fachlehrer/deiner Fachlehrerin möglichst früh ab, welche Teilgebiete in der Prüfung abgefragt werden können. Hast du die Möglichkeit, eine Auswahl zu treffen, wähle, was dich am meisten interessiert.

2. Zeit planen
Verschaffe dir mindestens vier Wochen vor der Prüfung einen gründlichen Überblick über das Thema. Erstelle eine Mindmap oder eine Liste. Markiere darin mögliche Schwachstellen. Erstelle dann einen Zeitplan, wann du für welches Unterthema lernen willst. Plane unbedingt Reserve- und Pausenzeiten ein.

3. Arbeitsplatz vorbereiten
Schaffe dir einen ruhigen, übersichtlichen Lernort. Lege alles Material (Unterlagen aus dem Unterricht, Bücher, Schreibzeug) bereit. Lerne möglichst immer am gleichen Ort.

4. Wissen aneignen
Lies zuerst deine Unterlagen zu einem Unterthema einmal komplett durch. Dann erarbeite den Themenbereich schrittweise, indem du z. B. Schlüsselwörter herausschreibst, Fragen und Antworten formulierst und /oder die Theorie immer weiter zusammenfasst.

5. Wissen kontrollieren
Überprüfe dein Wissen. Schreibe Karteikarten oder Zusammenfassungen. Deine Antworten sollten auch in der Prüfung kurz, aber präzise sein. Suche dir Lernpartner und spielt die Prüfungssituation durch.

6. In der Prüfung
Du erhältst 20 Minuten Vorbereitungszeit. Notiere zu jeder der Teilfragen nur wenige übersichtliche Stichworte. Sprich möglichst frei.
Fasse deine Aufzeichnungen in den letzten Minuten der Vorbereitungszeit gedanklich kurz zusammen.

Tipps und Tricks: Checkliste

- **Startklar?**
  Alle Unterlagen liegen bereit, dein Schulheft ist vollständig.
- **Genug Zeit?**
  Überprüfe deine Zeitplanung zwischendurch immer wieder.
- **Was kannst du schon?**
  Suche Lernpartner, übe freies Sprechen.
- **Denke positiv!**
  Mache dich nicht selbst schlecht. Zeige auch in der Prüfung deine Stärken und sprich nicht das an, was du nicht so gut kannst.
- **Das Ziel vor Augen!**
  Behalte das Thema während der Vorbereitung und auch während des Prüfungsvortrags im Blick. Schweife nicht ab.

Tenside sind vielfältig

1. Mit Partner: Eine Hand wäscht die andere

Zwei Partner waschen sich gegenseitig die Hände. Eine Hand soll mit Seife und destilliertem Wasser, die andere gleichzeitig mit Duschmittel und dest. Wasser gewaschen werden. Wie gut lassen sich die Reinigungsmittel abspülen?
Wiederholt den Versuch anschließend mit Mineralwasser. Vergleicht die Beobachtungen.

2. Seife und andere Tenside im Vergleich

Xi B1

a) Versetze eine Probe Mineralwasser (oder: hartes Leitungswasser) mit Seifenlösung, eine zweite Probe mit Geschirrspülmittel. Schüttle kräftig. Vergleiche Schaumbildung und Trübung der beiden Ansätze.
b) Gib zu einer Seifenlösung einige Tropfen verdünnte Salzsäure (Xi). Notiere deine Beobachtung.
c) Prüfe den ungefähren pH-Wert von Seife und anderen Produkten wie Shampoo, Geschirrspülmittel oder Waschpulver. Stelle die ermittelten Werte in einer Tabelle zusammen.

Nachteile von Seife. Wäscht man sich in Gebieten mit hartem Leitungswasser die Hände mit Seife, bildet sich im Waschbecken ein grauweißer Belag. Hartes Wasser enthält viele Calcium-Ionen (Ca^{2+}). Diese verbinden sich mit den Fettsäure-Anionen der Seife und bilden die unlösliche *Kalkseife*. Sie verursacht den grauen Belag im Waschbecken. Sie schäumt nicht und wäscht auch nicht mehr, weil nur ungebundene Fettsäure-Anionen waschaktiv sind. Auch in saurem und sehr salzigem Wasser besitzt die Seife deshalb keine Waschwirkung. Noch schlimmer wirkt Seife auf empfindliche Fasern wie Wolle und Seide. Weil Seifenlösung **alkalisch** wirkt, wird die Faserstruktur angegriffen. Wollstrümpfe schrumpfen und verfilzen, Seide knittert.

Synthetische Tenside. Um diese Nachteile der klassischen Seife zu umgehen, hat man den Bau des Fettsäure-Anions verändert.

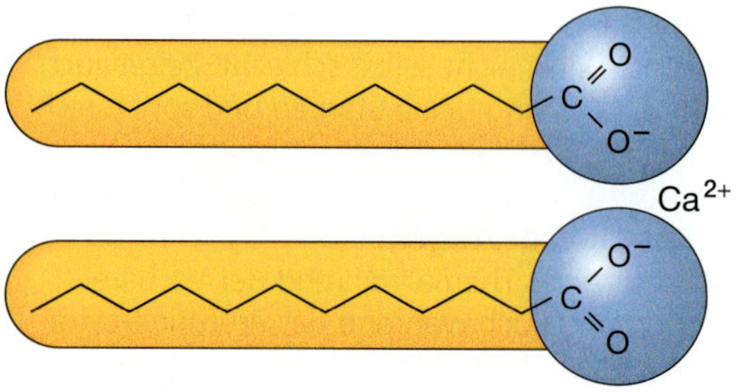

▲ *1. Unlösliche Kalkseife*

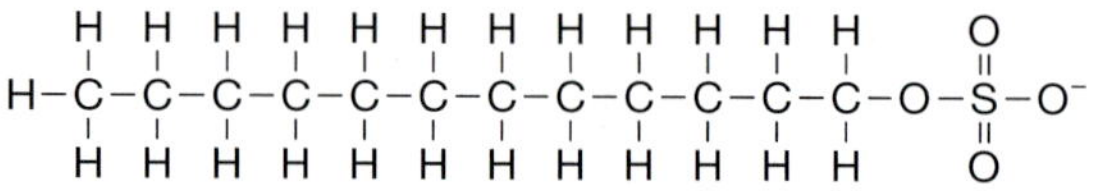

▲ *2. Strukturformel eines Fettalkoholsulfats*

Stellt man das Tensid nicht aus einer Carbonsäure, sondern mithilfe von Schwefelsäure her, sieht die Strukturformel nur ein wenig anders aus. Die negativ geladene Gruppe dieses Tensids bildet jedoch keine schwerlösliche Verbindung mit Calcium-Ionen. Dieses Tensid behält auch in hartem und saurem Wasser seine waschaktive Wirkung.

▲ *3. Fettalkoholsufat in hartem Wasser*

Vielfalt der Tenside. Man kann heute die unterschiedlichsten Tenside herstellen. Je nachdem, welche Eigenschaften gewünscht werden, wechselt man den hydrophilen Teil des Tensids aus. Zur Unterscheidung unterteilt man die Tenside anhand der Beschaffenheit des hydrophilen Teils in verschiedene **Tensidklassen.**

anionische Tenside
- Grundlage für die meisten Wasch- und Geschirrspülmittel

nichtionische Tenside
- ohne elektrische Ladung
- hochwirksam in hartem und saurem Wasser

kationische Tenside
- geringe Waschwirkung
- lagern sich an die negativ geladenen Fasern an
- wirken als Weichmacher

amphotere Tenside
- werden oft in kosmetischen Produkten verwendet

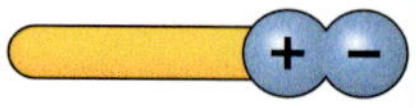

▲ *4. Einteilung der Tenside in Tensidklassen*

Moderne Tenside ersetzen heute vielfach die klassische Seife. Sie waschen auch in hartem, saurem und salzigem Wasser.

1. Fragen zum Text

a) Was versteht man unter „Kalkseife"?

b) Nenne die Nachteile klassischer Seifen.

c) Zeichne und beschreibe jeweils ein Fettsäure-Anion und ein Fettalkoholsulfat-Anion. Worin unterscheiden sie sich?

d) Welche Tensidklassen gibt es?

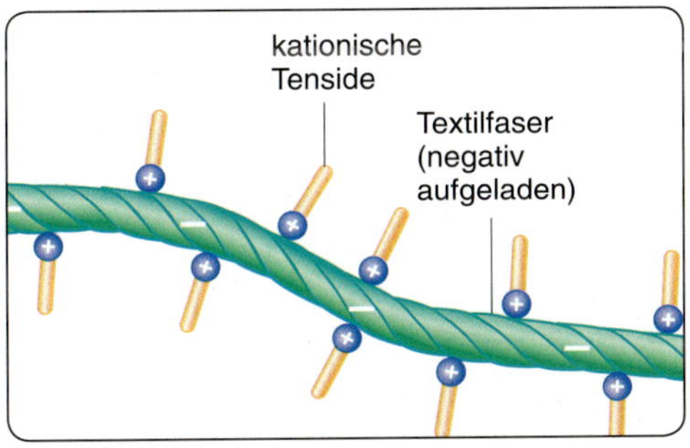

2. Flauschig weiche Handtücher?

Weichspüler enthalten neben Duftstoffen vor allem kationische Tenside mit positiv geladenen Tensidteilchen. Sie werden von der negativ geladenen Wäschefaser angezogen und überziehen diese mit einem dünnen Film. Er bleibt auch nach dem Waschen auf dem Gewebe.

Erkläre mithilfe der Schemazeichnung, warum sich weichgespülte Handtücher flauschiger anfühlen, aber weniger saugfähig als normal gespülte sind.

Exkurs

Tenside aus nachwachsenden Rohstoffen – Vorteil oder Nachteil?

Im 1. Weltkrieg wurden Fette dringend zur Ernährung der Bevölkerung benötigt. Ersatzweise stellte man daher den hydrophoben Teil des Tensids aus Kohle her, später dann aus Erdöl.

Seit einigen Jahren stellt man bestimmte nichtionische Tenside komplett aus nachwachsenden Rohstoffen her. Für den hydrophilen Teil des Tensid-Moleküls verwendet man Zucker aus Zuckerrüben, für den hydrophoben Teil Palmkernöl oder Kokosfett. Diese „Zuckertenside" werden oft in kosmetischen Produkten eingesetzt, weil sie sehr hautfreundlich sind. Ihr Einsatz schont nicht nur die Erdölvorräte; sie sind biologisch auch besonders gut abbaubar.

▲ 2. *Aus Zucker und Palmöl lassen sich hautfreundliche Tenside herstellen*

▲ 3. *Der Regenwald wird gerodet, um mehr Platz für neue Ölpalmen-Plantagen zu gewinnen*

Doch Palmöl wird nicht nur für Margarine, Schokolade, Waschmittel und Kosmetika verwendet, sondern zunehmend auch als Agrartreibstoff – ähnlich wie Rapsöl. In den letzten 10 Jahren hat sich der Palmölverbrauch verdoppelt. Immer mehr Plantagen mit Ölpalmen sind deshalb errichtet worden. Der verstärkte Anbau von Ölpalmen wird von Umweltverbänden sehr kritisiert.

1. a) Wo werden Ölpalmen hauptsächlich angebaut?

b) Wohin wird das meiste Palmöl exportiert?

2. Finde heraus, inwiefern die starke Zunahme von Ölpalmenplantagen Mensch und Umwelt schadet.

Chemie im Waschpulver

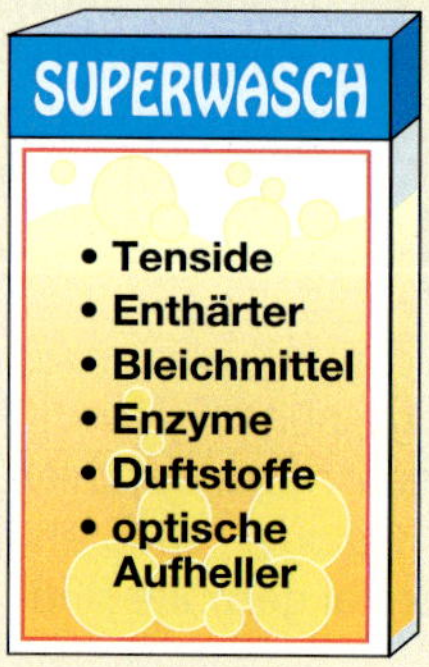

Die wichtigsten Inhaltsstoffe von Waschmitteln

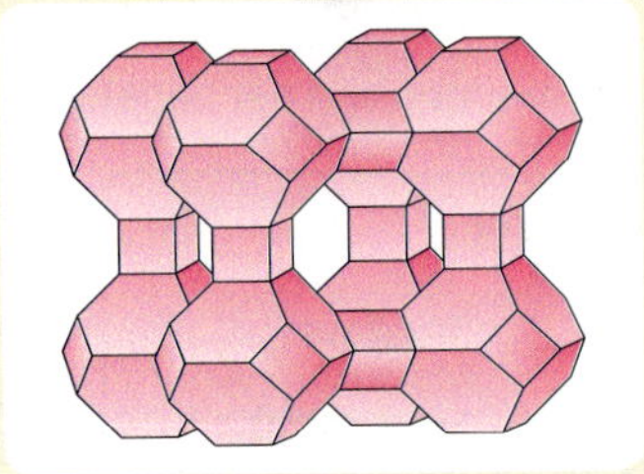

Enthärter machen hartes Wasser weich. Zeolithe sind große Kristalle mit Hohlräumen. Sie lösen sich in Wasser und schließen dann Calcium- und Magnesium-Ionen in ihrem Hohlraum ein.
So können Kalkseifen und Ablagerungen aus Kesselstein gar nicht erst entstehen.

1. Erkläre, wie Zeolithe wirken.

Optische Aufheller lassen Wäsche strahlen. Reststoffe, die durch das Bleichen der Wäsche nicht entfernt werden, lassen Textilien leicht gelblich erscheinen. Optische Aufheller, auch „Weißmacher" genannt, helfen: Sie absorbieren unsichtbares ultraviolettes Licht (UV-Licht) und geben die so aufgenommene Energie als sichtbares bläuliches Licht wieder ab. Das nennt man **Fluoreszenz.** Der Gelbstich der Wäsche ergibt zusammen mit dem Blau des optischen Aufhellers ein „strahlendes Weiß".
Besonders intensiv kann man diesen Effekt mit ultraviolettem Licht („Schwarzlicht") in der Diskothek bei weißen Stoffen beobachten.

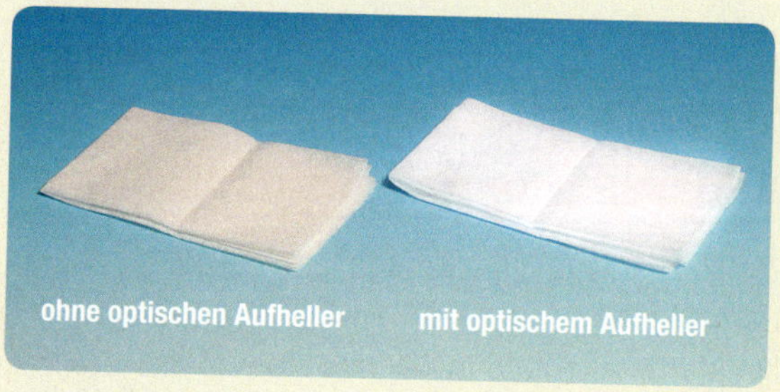

4. Beurteile, ob optische Aufheller Schmutz aus der Wäsche entfernen können?
5. Verdeutliche den Unterschied zwischen Bleichmittel und optischem Aufheller.

Bleichmittel zerstören hartnäckige Flecken. Rotwein- und Obstflecken entfernt man mit aggressivem Sauerstoff. Der Sauerstoff wird in atomarer Form aus Peroxiden wie Percarbonat und Perborat freigesetzt. Dadurch werden die Farbstoffe oxidiert und somit farblos. Bleichmittel wirken meist erst bei höheren Temperaturen ab 60 °C. Auch das Sonnenlicht hat bleichende Wirkung (Foto von 1938).

2. Mit welcher chemischen Reaktion lassen sich hartnäckige Wein- und Obstflecken entfernen?
3. Welchen Nachteil hat es, wenn man Obstflecken auf farbigen Textilien mit Bleichmitteln behandelt?

Enzyme. Diese Biokatalysatoren aus Eiweiß bauen größere Moleküle aus Fett, Eiweiß und Stärke zu kleineren, löslichen Molekülen ab. So lassen sich Blut-, Eiweiß- und Kakaoflecken leichter entfernen. Ab Temperaturen über 40 °C verlieren Enzyme allerdings zunehmend ihre Funktion.

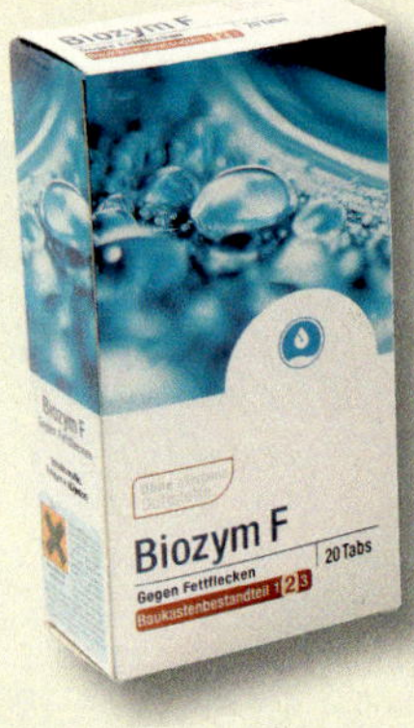

6. Überlege, weshalb Enzyme bei höheren Waschtemperaturen nicht mehr wirken.

Seifenblasen

Die schwebenden Kugeln aus Wasser, Seife und Luft faszinieren mit ihren schillernden Farben nicht nur kleine Kinder.

Seifenblasen sind immer rund. Die Spannung der Oberfläche sorgt für die kugelförmige Gestalt. Das eingeschlossene Luftvolumen wird von einem Seifenfilm mit möglichst kleiner Oberfläche umschlossen. Treffen zwei oder mehr Seifenblasen aufeinander, nehmen sie wieder die Gestalt mit der kleinstmöglichen Oberfläche an. Sind die Blasen gleich groß, ist die Wand zwischen ihnen flach. Ist eine größer als die andere, wird die gemeinsame Wand in die größere Blase gedrückt. Der Innendruck in der kleineren Blase ist größer als der in der größeren Blase.

Der besondere Bau der Seifenblasen. Wie sind Seifenblasen eigentlich aufgebaut? Die Seifenblasenhaut besteht vor allem aus Wasser und darin gelösten Tensiden. Die Tensid-Moleküle bilden eine Doppelschicht. Die hydrophilen Enden liegen im Wasserfilm, die hydrophoben Teile der Tenside ragen in die Luft.

Wann platzen Seifenblasen? Der Wasserfilm zwischen der Tensid-Doppelschicht ist zunächst überall gleich groß. Nach kurzer Zeit führt die Schwerkraft dazu, dass der Wasserfilm oben dünner wird als unten. Irgendwann ist oben nur noch so wenig Wasser vorhanden, dass die negativ geladenen Tensid-Enden wegen der gegenseitigen Abstoßung die Blase zum Platzen bringen.

Riesenseifenblasen, selbst gemacht. Löse 500 ml flüssige Schmierseife in einem Liter warmem destilliertem Wasser auf. Gib dann 50 g Puderzucker und 10 g Tapetenkleister hinzu. Die Mischung muss sehr gut durchgerührt werden und sollte etwa 6 Stunden ruhen.
Forme inzwischen aus 1–3 mm dickem Draht einen Ring mit etwa 15 cm Durchmesser. Umwickle den Ring mit einer Mullbinde. Tauche den Ring in die Lösung und ziehe ihn mit Schwung durch die Luft.

Für kleinere Seifenblasen kann man das Rezept ohne Zucker und Kleister verwenden. Dann braucht man nach dem Mischen nur solange zu warten, bis die Lösung abgekühlt ist.

1. Was für Seifenblasen entstehen, wenn der Ring zum Durchpusten nicht rund ist? Forme aus dem Draht eckige Formen oder Fantasiegebilde und probiere es aus.
2. Erläutere, was beim Platzen einer Seifenblase passiert.

▲ 3. *Seifenblasen zeigen das Bestreben, stets die kleinstmögliche Fläche anzunehmen*

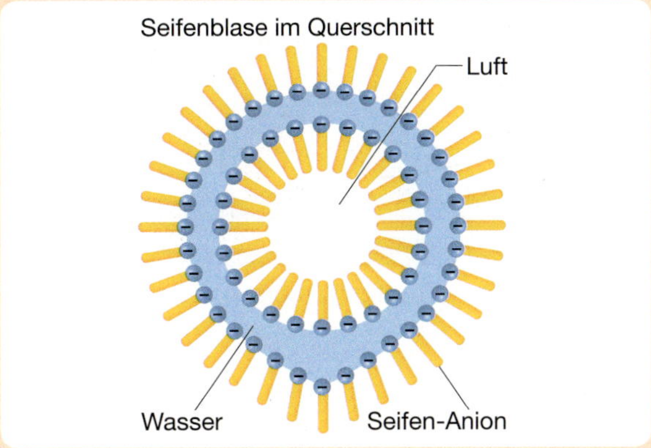

▲ 4. *Seifenblase im Querschnitt*

Chemie mit Haut und Haar

Die menschliche Haut ist unser größtes Organ. Sie schützt uns vor Umwelteinflüssen und Krankheitserregern. Ein Wasser- und Fettfilm hält die Haut geschmeidig.
Produziert die Haut zu wenig Fett, verdunstet die Hautfeuchtigkeit zu schnell. Die Haut wird trocken und rissig. Bei trockener Haut helfen Hautcremes. Cremes bestehen hauptsächlich aus Wasser und Ölen. Damit sich das wasserunlösliche Öl fein verteilt, braucht man **Emulgatoren.** Sie sind wie Tenside aufgebaut, besitzen also einen hydrophilen und einen hydrophoben Bereich. Mit der hydrophilen Seite wendet sich der Emulgator dem Wasser zu, mit der hydrophoben Seite dem Öl. Emulgatoren vermitteln zwischen den sonst nicht miteinander mischbaren Phasen und machen die Creme stabil.

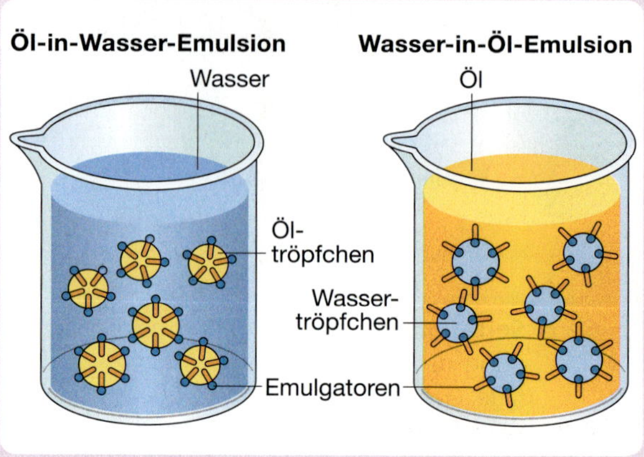

1. So stellt man sich Emulsionen vor (Modell)

1. Creme aus eigener Herstellung
a) Tagescreme (Öl-in-Wasser-Emulsion)
Materialien: Zwei Bechergläser (150 und 300ml), 100 ml Messzylinder, Heizplatte, Thermometer, Mixstab, Filmdöschen, Waage;
90 ml Wasser, 10 ml Glycerin (Feuchtigkeitsspeicher), 18 g Speiseöl, 8 g Tegomuls (Emulgator), 4,5 g Bienenwachs, Duftstoffe nach Wahl, Paraben (Konservierungsmittel). Die Zutaten bekommt man in Läden, die Kosmetika zum Selbermachen anbieten.
Durchführung: Fülle Wasser und Glycerin in das kleine, Tegomuls, Bienenwachs und Öl in das größere Becherglas. Erwärme beide Gläser mithilfe der Heizplatte vorsichtig auf etwa 80 °C, so dass die Substanzen gerade eben schmelzen. Rühre dann mit dem Mixstab auf kleiner Stufe und gib langsam die Glycerin-Wasser-Mischung in das größere Becherglas hinein. Rühre kurz weiter und setze dann 12 Tropfen Paraben und 5–10 Tropfen Parfümöl zu. Fülle die Creme in kleine Döschen ab, bevor sie kalt ist.

b) Fettcreme für rissige Haut (Wasser-in-Öl-Emulsion)
Materialien: Zwei Bechergläser (150 ml), Messzylinder (100 ml), Heizplatte, Mixstab, Filmdöschen, Waage
25 ml Wasser, 60 g Speiseöl, 8 g Walratersatz, 7 g Bienenwachs, Duftstoffe, Paraben.

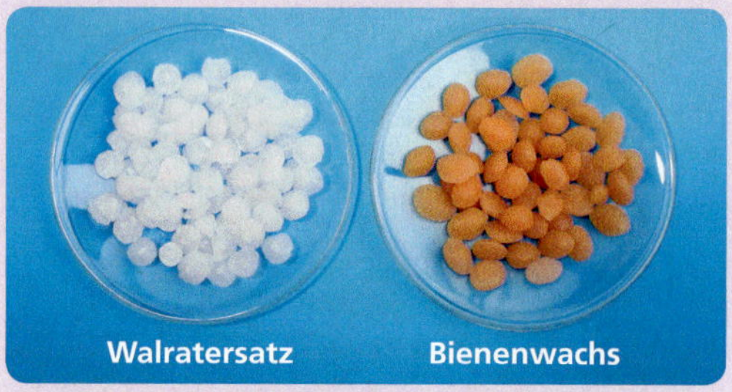

Durchführung: Schmelze in einem Becherglas Öl, Walratersatz und Bienenwachs. Setze dem Wasser ein paar Tropfen Parfümöl zu und wärme es handwarm an. Gib das Wasser dann unter Rühren tropfenweise zur Ölmischung. Mit 10 Tropfen Paraben hält sich die Creme vier Wochen. Rühre so lange weiter, bis die Creme fast kalt und schön weiß ist, dann fülle sie ab.

2. Emulgatoren
a) Welche Aufgabe haben Emulgatoren in einer Hautcreme?
b) In der Küche verwendet man oft Eier, wenn man Fett mit Wasser vermischen will. Was für Stoffe müssen dann in Eiern enthalten sein? Finde heraus, wie diese Stoffe in Eiern heißen.

▲ 1. Umwelteinflüsse belasten Haut und Haar

3. Shampoo für Haut und Haar

Materialien: Schraubdeckelglas (200 ml), leere Shampooflasche, Waage;
80 ml dest. Wasser, 20 g Zetesol (anionische und amphotere Tenside), 4 g Sanfteen („Zuckertensid"), 1–2 g Kochsalz (wirkt als Verdicker), 5 g D-Panthenol, Duftstoffe und Lebensmittelfarben.
Durchführung: Fülle Zetesol, Sanfteen und Wasser in das Glas. Verschließe es und schüttle, bis sich die Tenside gelöst haben. Leichtes Erwärmen hilft dabei. Zur Pflege von empfindlicher Haut füge D-Panthenol hinzu. Schüttle die Mischung kurz weiter. Sollte sie zu flüssig sein, gib noch Kochsalz dazu. Mit ein paar Tropfen Parfümöl und Lebensmittelfarbe kann man das „Design" des Shampoos beliebig gestalten.

4. Haargel

Gib 5 g Gelbildner PN und 20 ml kosmetisches Haarwasser (95 %iger Alkohol) in ein Schraubdeckelglas. Schüttle die Mischung kurz durch. Dann füge 5 Tropfen D- Panthenol und 2 Tropfen eines Duftöls hinzu. Schüttle erneut für ein paar Minuten, bis sich ein Gel bildet.

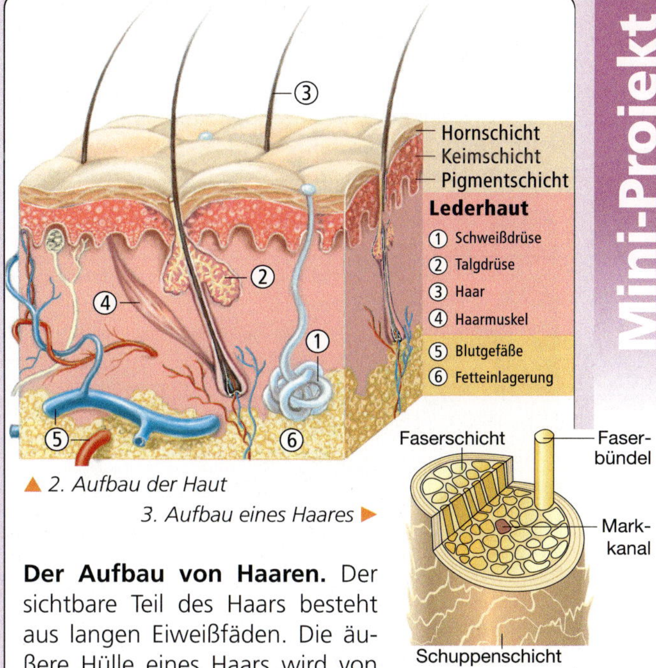

▲ 2. Aufbau der Haut

3. Aufbau eines Haares ▶

Der Aufbau von Haaren. Der sichtbare Teil des Haars besteht aus langen Eiweißfäden. Die äußere Hülle eines Haars wird von 6–10 schuppigen Schichten gebildet, die dachziegelartig aufeinander liegen.
Ist das Haar gesund, liegen alle Schuppen flach aufeinander, das Haar glänzt und ist leicht kämmbar. Unter der Schuppenschicht befindet sich die Faserschicht, die aus Faserbündeln besteht. Dieser Teil macht 80 % des Haares aus. Die Haarfarbe wird durch die Anzahl der verschiedenen Farbpigmente in dieser Schicht bestimmt. Hier wirken auch Anwendungen wie Färben und Dauerwellen, die der Friseur durchführt. In der Mitte jeder Faser findet man den Markkanal mit dem Haarmark aus Abbauprodukten und Fetten.

5. Repair-Lotion für strapaziertes Haar

25 ml kosmetisches Haarwasser (95 %) und 60 ml destilliertes Wasser werden in ein Schraubdeckelglas gefüllt. Dazu kommen ungefähr 5 g Keratin und 20 Tropfen D-Panthenol. Dadurch wirkt das Haar fülliger. 6 g Haarquat verhindern das elektrische Aufladen der Haare, sodass sie nicht mehr „zu Berge stehen". Wer möchte, gibt außerdem 5 Tropfen seines Parfüms hinzu. Die Lotion wird nach dem Waschen dünn ins Haar einmassiert und braucht nicht ausgespült zu werden. Eine Repairlotion glättet die Schuppenschicht der Haare.

▲ 4. Ein Haar im Rasterelektronenmikroskop. Die Schuppenschichten sind gut zu erkennen

6. Wirkung von Haarpflegemitteln

a) An welcher Stelle wirken Shampoo, Spülungen und ähnliche Produkte? Berücksichtige den Aufbau des Haars.
b) Überprüfe Werbeversprechen der Kosmetikhersteller mithilfe von Zeitungsannoncen oder dem Aufdruck auf Verpackungen. Halten die Produkte ein, was sie versprechen?

Gebäudereiniger/in

Tätigkeiten: Fassadenreinigung, Denkmalpflege, Industriereinigung, Desinfektion und Schädlingsbekämpfung, Organisations- und Personalverantwortung in leitenden Positionen

Geeignet für: Praktisch veranlagte, technisch und chemisch interessierte, kontaktfreudige Menschen mit guter Beobachtungsgabe
Zugangsvoraussetzungen: Haupt- oder Realschulabschluss
Aufstiegschancen: Meisterprüfung, Weiterbildung zum/zur Reinigungs- und Hygienetechniker/in, Fachhochschulstudium mit dem Abschluss Reinigungs- und Hygienemanager/in

1. Verfasse ein Kurzprotokoll in Stichpunkten. Wie könnte ein Arbeitstag eines Gebäudereinigers aussehen?

Friseur/in:

Tätigkeiten: Kreative Gestaltung von Frisuren, Pflege und kosmetische Behandlungen
Geeignet für: Kreative, kontaktfreudige Menschen mit Einfühlungsvermögen, die auch körperlich belastbar sind
Zugangsvoraussetzungen: Rechtlich sind keine Schulabschlüsse vorgeschrieben, die meisten Betriebe stellen jedoch bevorzugt Bewerber/innen mit mindestens Hauptschulabschluss ein
Aufstiegschancen: Viele Frisöre/innen streben die Selbständigkeit an

3. Wann hat es ein Friseur bzw. eine Friseurin mit Chemie zu tun?

Molkereifacharbeiter/ in

Tätigkeiten: Herstellung verschiedenster Milchprodukte, auch Käsespezialitäten oder Speiseeis
Geeignet für: Naturwissenschaftlich, mathematisch und technisch interessierte Menschen, die Anlagen werden über moderne Computer gesteuert
Zugangsvoraussetzungen: Oft wird der Realschulabschluss erwartet
Aufstiegschancen: Qualifizierung zum/zur Molkereimeister/in oder Molkereitechniker/in, um damit leitende Aufgaben und mehr Verantwortung zu übernehmen.

2. Recherchiere Tätigkeiten, Zugangsvoraussetzungen und Aufstiegschancen für das Berufsbild des Koches/der Köchin

Vom Fett zur Seife

Fette sind Ester des Alkohols Glycerin und langkettigen Carbonsäuren (Fettsäuren).
In einem Fett-Molekül können jeweils unterschiedliche Fettsäuren gebunden sein.

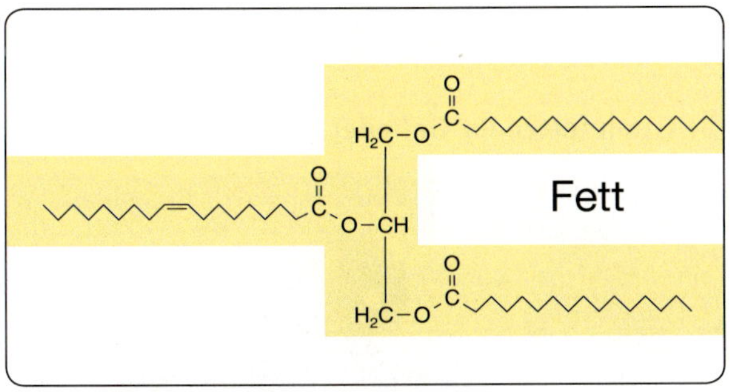

Ungesättigte Fettsäuren enthalten eine oder mehrere Doppelbindungen im Molekül.

Eigenschaften von Fetten: Fette sind unlöslich in Wasser (hydrophob). Sie lösen sich jedoch gut in Benzin oder anderen unpolaren Lösemitteln.

Fettfleckprobe: Fette hinterlassen auf Papier einen bleibenden Fettfleck, anders als Wasser oder Aromaöle (etherische Öle).

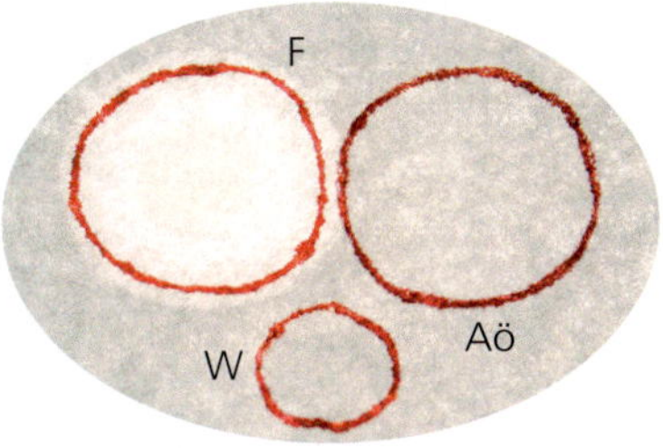

Seife gewinnt man durch eine Verseifungsreaktion aus Fetten:

Fett + Natronlauge ⟶ Seife + Glycerin

Seifen-Anion: Seifen sind Natrium- oder Kaliumsalze von Fettsäuren. Das Seifen-Anion besteht aus einer langen Kohlenwasserstoffkette und einer negativ geladenen Gruppe am Ende.

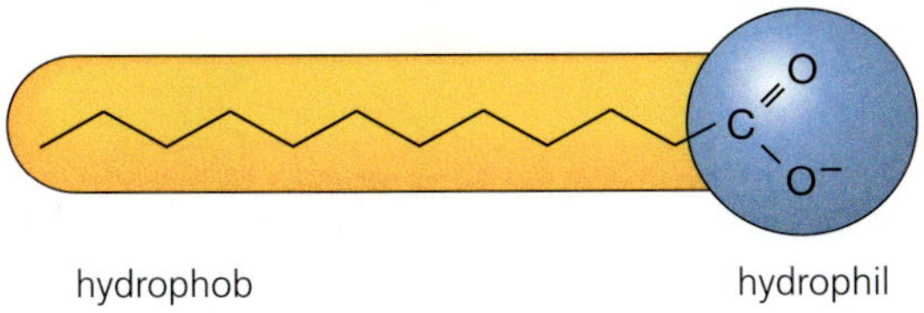

Seifenherstellung: Heute stellt man Seife großtechnisch in zwei Schritten her:

1. Fettspaltung:

Fett + Wasserdampf ⟶ Fettsäure + Glycerin

2. Neutralisation der Fettsäure:

Fettsäure + Lauge ⟶ Seife + Wasser

Nachteile von Seifen:

- Seifenlösungen reagieren alkalisch
- In hartem Wasser bildet sich unlösliche Kalkseife, die keine Waschwirkung hat
- Seifenlösungen sind in salzigem und saurem Wasser unwirksam

Tenside: Sie reinigen wie Seife, besitzen aber nicht deren Nachteile. Alle waschaktiven Substanzen werden Tenside genannt.

Waschwirkung: Tenside verringern die Oberflächenspannung des Wassers. Nur deshalb wird Schmutz und Fett durch Wasser benetzbar.

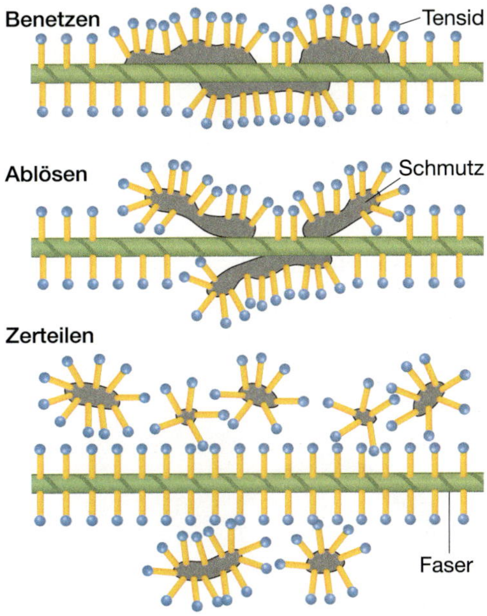

Vom Fett zur Seife

1. Fette sind lebensnotwendig

Auch bei einer Diät sollte man auf ölhaltiges Dressing für den Salat nicht verzichten. Erkläre diese Empfehlung.

2. Chemische Struktur von Fetten

a) Zeichne schematisch den Aufbau eines Fett-Moleküls.
b) Wie unterscheiden sich flüssige und feste Fette im Aufbau?
c) Wie unterscheiden sich die Moleküle in einem Pflanzenöl von denen in einem Mineralölprodukt?

3. Im Lebensmittellabor

Es soll untersucht werden, ob in Kokosnüssen und in Weintraubenkernen Fett enthalten ist. Beschreibe zwei verschiedene Möglichkeiten, wie du vorgehen könntest.

4. Gleiches löst sich in Gleichem

a) Weshalb lässt sich ein Fettfleck allein mit Wasser nicht aus Textilien entfernen?
b) Löst sich ein Fett besser in Ethanol, Wasser oder Heptan? Begründe deine Antwort.

5. Enten fetten ihr Gefieder

a) Tauche eine Vogelfeder unter Wasser, eine zweite in Seifenlösung und eine dritte in ein Becherglas mit Öl. Vergleiche alle Federn nach dem Herausziehen.
b) Enten fetten ihr Gefieder regelmäßig mit einem speziellen Fett aus ihrer Bürzeldrüse ein. Warum gehen sie aber an Ölverschmutzungen von Schiffen zugrunde?

6. Feste Fette aus pflanzlichen Rohstoffen

Im Haushalt wird neben Butter oft auch Margarine verwendet, vor allem zum Backen, aber auch als Brotaufstrich. Hergestellt wird sie meist aus pflanzlichen Fetten, die bei Zimmertemperatur flüssig sind.
a) Was muss man tun, um aus Pflanzenölen Margarine herstellen zu können?
b) Recherchiere, wie Margarine hergestellt wird. Stelle deine Ergebnisse in einem kurzen Vortrag in der Klasse vor. Gehe dabei auch auf die Methode der Fetthärtung ein.

7. Auf der Wasseroberfläche

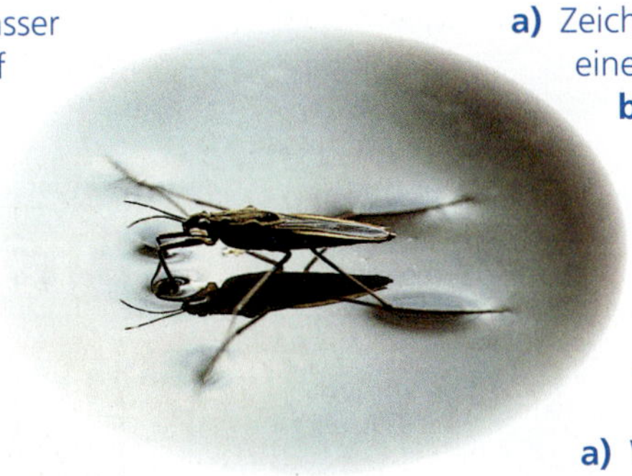

Manche Insekten am Wasser können sich mühelos auf der Wasseroberfläche fortbewegen.

a) Welche Eigenschaft des Wassers nutzen diese Insekten?

b) Beschreibe diese Eigenschaft des Wassers.

c) Begründe, was bei der Zugabe eines Tropfens Seife geschehen würde?

8. Experiment mit Seife

Bestreut man eine Wasseroberfläche mit Pfeffer oder Bärlappsporen und berührt sie in der Mitte mit einem Stück Seife, kann man eine interessante Beobachtung machen.

Führe den Versuch durch und finde eine Erklärung für das Phänomen.

9. Moderne Seifenherstellung

Beschreibe, wie Seife industriell hergestellt wird.

10. Untersuchung von Wasserproben

a) Veranschauliche, wie du mithilfe von Seifenlösung hartes von weichem Wasser unterscheiden kannst.

b) Begründe, warum man sich mit einer „Kalkseife" nicht waschen kann.

11. Waschwirkung von Tensiden

a) Zeichne fünf bis zehn Tensid-Teilchen, die sich an einer Wasseroberfläche anordnen.

b) Beschreibe mithilfe von Skizzen in mehreren Schritten, wie der auf einer Faser haftende Schmutz durch Wasser und Tensid-Teilchen entfernt wird. Schreibe zu jedem Bild einen kurzen Text.

12. Inhaltsstoffe in Waschmitteln

a) Wie kann man feststellen, ob ein Waschmittel optische Aufheller enthält?

b) Bleichmittel sind beim Waschen manchmal überflüssig. Erläutere, wann man sie lieber nicht einsetzen sollte.

c) Was hilft gegen Eiweißflecken?

13. Enzyme in Waschmitteln

Inhaltsstoffe:

über 30%	Zeolithe
5 - 15%	anionische und nichtionische Tenside
unter 5%	Seife, Polycarboxylate, Phosphonate, Enzyme (Protease, Amylase, Mannanase, Lipase, Cellulase), Duftstoffe

Enzyme haben sich als Fleckentferner in Waschmitteln bewährt. Es sind sehr wirksame Helfer schon bei niedrigen Temperaturen. Eingetrockneter Kartoffelbrei und Pudding lassen sich mit Enzymen entfernen, die Stärke zerlegen; Ei, Blut und Milch behandelt man mit Eiweiß-Enzymen; Salatöl oder Bratenfett wird durch Enzyme entfernt, die Fett auflösen.

a) Welche Vorteile bringt der Einsatz von Enzymen in Waschmitteln?

b) Wollpullover sollte man nicht mit enzymhaltigen Waschmitteln waschen. Erläutere diese Aussage.

14. Misslungene Cremeherstellung

a) Trotz kräftigem Rühren trennen sich bei einer Cremeherstellung Öl und Wasser immer wieder voneinander. Wie könnte man das Problem lösen?

b) Beschreibe zwei Formen von Öl-Wasser-Emulsionen.

KAPITEL

14 Kunststoffe überall – vom Handy bis zur Babywindel

Ein Handy ist nur deshalb so leicht, weil viele Teile aus Kunststoff bestehen. Statt durch Schrauben werden die Teile oft durch Klebstoffe miteinander verbunden – auch das sind meistens Kunststoffe.

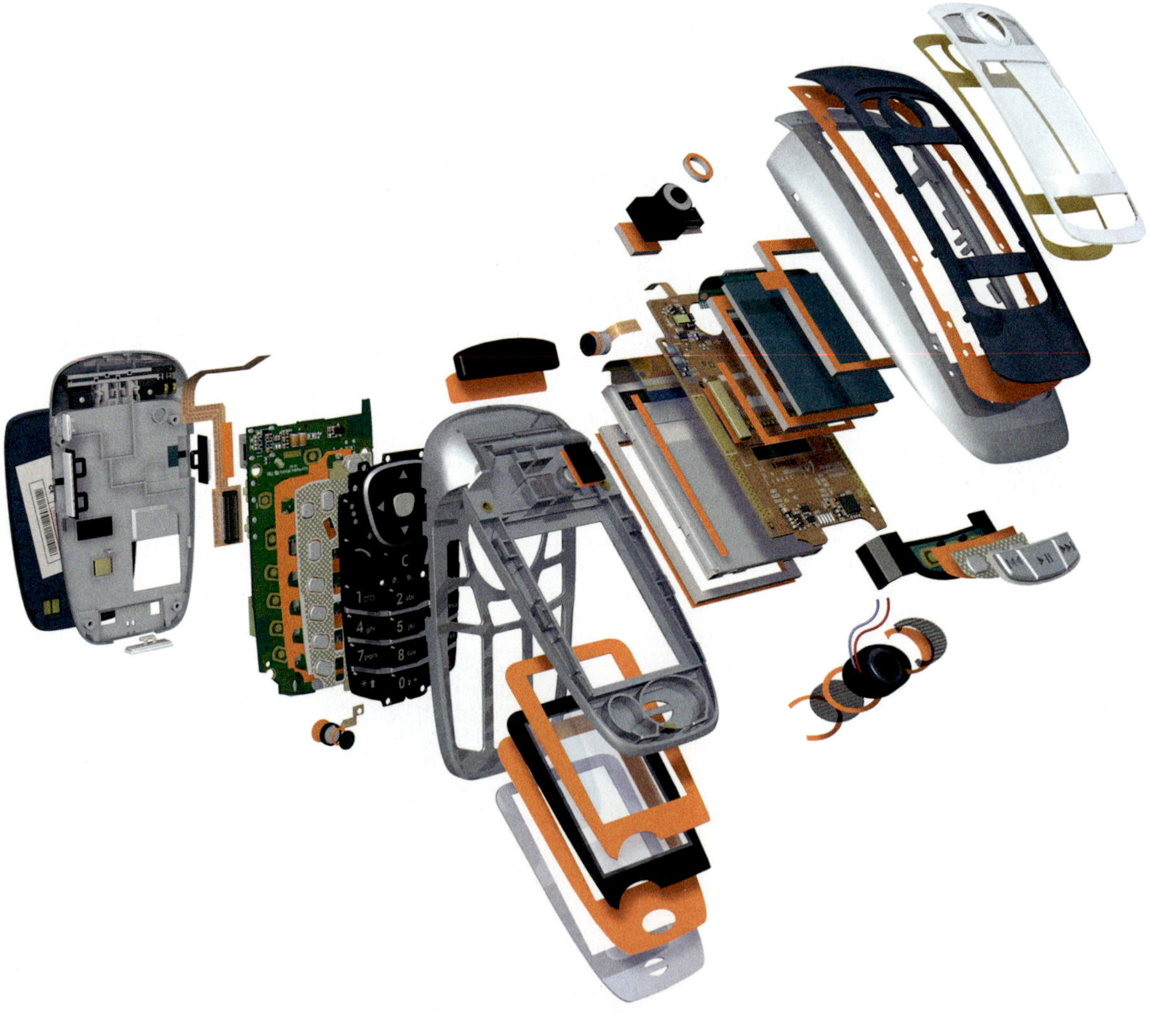

Eine Welt ohne Kunststoffe kann man sich heute gar nicht mehr vorstellen. So sehr hat sich dieser Werkstoff in unserem Alltag verbreitet. Autoteile, viele Haushaltsgegenstände, Spielzeug, Elektrogeräte und vor allem Verpackungen sind ganz oder zum Teil aus Plastik.

Was die Kunststoffe so erfolgreich gemacht hat: Sie lassen sich dank des bisher billigen Rohstoffs Erdöl preiswert und rasch in großen Mengen herstellen. Außerdem haben sie in manchen Bereichen unbestreitbare Vorteile. Was noch dazukommt, ist, dass man ihre Eigenschaften besonders gut auf die Anforderungen einstellen kann.

1. Gerade bei Verpackungen sind Kunststoffe sehr erfolgreich. Welche Vorteile haben Verpackungen aus Kunststoffen gegenüber solchen aus Papier, Glas oder Metall?

2. Windeln enthalten ein Kunststoffgranulat, das große Mengen Wasser aufsaugen kann. So bleibt die Windel dicht und die Haut der Babys trocken.

4. Biologisch abbaubare Kunststoffe gibt es bereits seit mehreren Jahren, vor allem für Verpackungen. Doch bisher haben sie sich noch nicht durchgesetzt.

3. Kunststoffe sind extrem langlebig. Dieser vermeintliche Vorteil ist für die Natur ein Nachteil: Etwa 80% des Mülls in den Weltmeeren sind aus Plastik, bislang etwa 100 Millionen Tonnen!

Eigenschaften von Kunststoffen

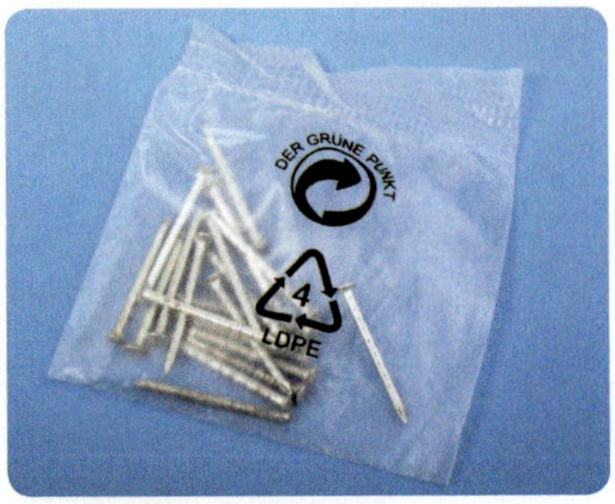

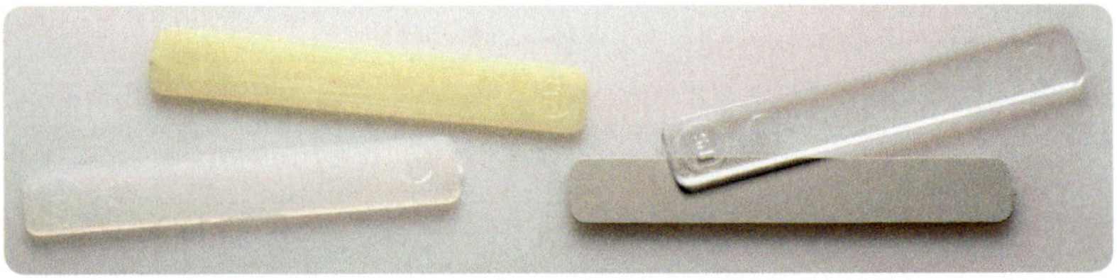

1. Unterschiedliche Sorten

Es gibt viele verschiedene Kunststoffsorten. Anhand ihrer Kennzeichnung kann man sie unterscheiden.
Untersuche mehrere Gegenstände aus Kunststoff. Stelle fest, um welche Sorten es sich handelt und erstelle eine Tabelle mit deinen Ergebnissen.

Kennzeichnung	Name
01 PET	Polyethenterephthalat
02 PE-HD	Polyethen (Hohe Dichte)
03 PVC	Polyvinylchlorid
04 PE-LD	Polyethen (Niedrige Dichte)
05 PP	Polypropen
06 PS, EPS	Polystyrol
07 O	Andere („others")

2. Untersuche Kunststoffproben auf ihre Eigenschaften

Untersuche gleich große Probestücke verschiedener Kunststoffe Fasse alle deine Ergebnisse in einer Tabelle zusammen.

a) Prüfe die Kratzempfindlichkeit verschiedener Kunststoffproben. Ritze dazu die Oberflächen der Kunststoffproben mit einer Nagelspitze an.

b) Untersuche anschließend die Bruchfestigkeit der Kunststoffproben.

c) Tauche die Kunststoffproben mithilfe einer Tiegelzange in heißes Wasser (ca. 70 °C) und prüfe, ob sie dann verformbar sind.

d) Untersuche mit einer erhitzten Stricknadel, wie temperaturempfindlich die Proben sind.

e) Überprüfe die elektrische Leitfähigkeit unterschiedlicher Kunststoffe.

f) Überlege dir eine Versuchsanordnung, mit deren Hilfe du die Wärmeleitfähigkeit von verschiedenen Kunststoffen herausfinden kannst. Führe die Versuche durch und notiere deine Beobachtungen.

g) Schätze die Dichte der Kunststoffproben ab. Beobachte dazu das Verhalten der Kunststoffe in Wasser (Dichte 1,0 g/cm³) und in Glycerin (Dichte 1,26 g/cm³). Wenn die Probe in einer Flüssigkeit oben schwimmt, ist deren Dichte kleiner als die der Flüssigkeit.

3. Löslichkeit von Kunststoffen

a) Untersuche die Löslichkeit der Kunststoffproben in verdünnter Salzsäure (Xi, B1) und in verdünnter Natronlauge (Xi, B1). Beobachte nach einigen Minuten und nach einigen Tagen.

b) Führe den folgenden Versuch unter dem Abzug durch.
Gib wenige Tropfen Aceton (F, Xi; B3) bzw. Spiritus (F, B3) auf Kunststoffproben. Verändern sich die Proben?

c) Betrachte nun das Foto des Joghurtbechers aus Polystyrol (PS) in einem Lösemittel. Um welches der beiden Lösemittel aus b) handelt es sich dabei?

▲ *1. Autos enthalten sehr viele Teile aus Kunststoff*

Kunststoffe im Auto. Von den 5000 bis 6000 Bauteilen eines modernen Autos bestehen etwa 1500 Teile aus Kunststoffen. Vor allem Innenauskleidungen, Reifen, Dichtungen, Schläuche und Leitungen werden überwiegend aus Kunststoffen hergestellt. Dadurch wird das Gesamtgewicht eines PKW um ein Drittel verringert.

Vorteile. Kunststoffteile sind viel leichter als solche aus anderen Werkstoffen. Die Gewichtsersparnis macht sich durch einen geringeren Benzinverbrauch bemerkbar. Im Unterschied zu metallischen Werkstoffen sind Kunststoffe beständig gegenüber Wasser, Luft, Säuren und Laugen. Eine Beschichtung mit Kunststoffen schützt Metallteile vor Korrosion. Elastische Kunststoffe verringern das Verletzungsrisiko bei Unfällen.

Vorteilhaft ist auch, dass man Kunststoffteile maßgeschneidert und preiswert herstellen kann. Selbst kompliziert geformte Bauteile wie Benzintanks lassen sich maschinell in großen Stückzahlen günstig produzieren. Armaturenbretter, die man früher unter großem Zeitaufwand aus vielen Einzelteilen montieren musste, werden heute aus einem Rohling in einem einzigen Arbeitsgang gefertigt.

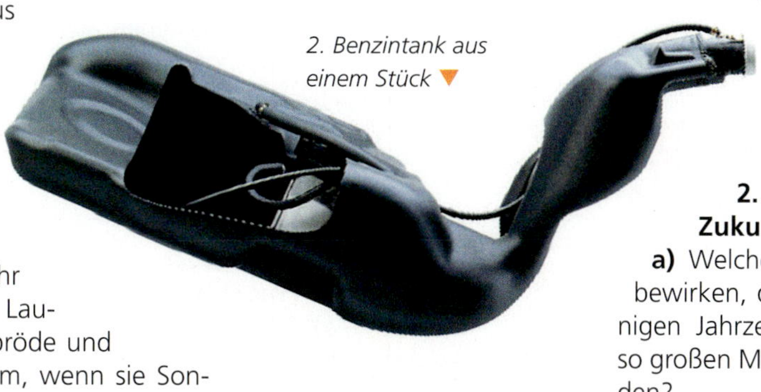

2. Benzintank aus einem Stück ▼

Nachteile. Kunststoffteile sind nicht besonders hart. Sie sind kratzempfindlich und nicht sehr temperaturbeständig. Im Laufe der Zeit können sie spröde und brüchig werden, vor allem, wenn sie Sonnenlicht und Wärme ausgesetzt sind. Eine Reparatur ist dann kaum möglich. Außerdem gibt es noch erhebliche Probleme bei der Verwertung der riesigen Abfallmengen aus Kunststoffen.

Kennzeichnung von Kunststoffen. Seit 1988 werden wieder verwertbare Kunststoffe mit einem Recyclingcode gekennzeichnet. Er besteht aus drei Pfeilen als Recyclingsymbol und einer Buchstabenkombination. Heute nutzen auch andere Industriebereiche diese Kennzeichnungsart.

Kunststoffe lassen sich schnell und kostengünstig herstellen; sie sind leicht und rosten nicht. Sie haben aber auch Nachteile: Sie sind kratz- und temperaturempfindlich und werden im Laufe der Zeit spröde.

1. Fragen zum Text

a) Weshalb werden viele Teile eines Autos aus Kunststoff hergestellt?

b) Stelle die positiven und negativen Eigenschaften von Kunststoffen in einer Tabelle dar.

c) Was bedeuten die Pfeile beim Kennzeichnungssymbol für Kunststoffe?

2. Kunststoffe in der Zukunft

a) Welche Veränderung könnte bewirken, dass Kunststoffe in einigen Jahrzehnten nicht mehr in so großen Mengen eingesetzt werden?

b) Finde heraus, wie viel Prozent des Erdöls aktuell zur Energiegewinnung verbrannt werden.

So sind Kunststoffe aufgebaut

1. Fadenziehen

Erwärme Nylonstücke mit dem Bunsenbrenner auf einem Eisenblech. Versuche, mit einem Draht Fäden aus der weichen Kunststoffmasse zu ziehen.
Welche Produkte kann man aus Stoffen mit solchen Eigenschaften herstellen?

2. Schaumstoffe für den Sport

Stabhochspringer und Hochspringer wollen möglichst hoch hinauf. Damit sie anschließend nicht unsanft landen, nutzen sie meistens mit Schaumstoff gefüllte Kissen, um den Sprung abzufedern. Schaumstoffe sind elastische Kunststoffe, die leicht verformt werden – anschließend ihre alte Form aber wieder einnehmen. Selbst Turmspringer im Wassersport verwenden sie zur Übung in Trockensprunganlagen.
Suche mehrere Beispiele für Schaumstoffe und ihre Verwendung im Alltag.

Aufbau von Kunststoffen. Trotz der großen Vielfalt der unterschiedlichsten Kunststoffe ist ihr Aufbau im Prinzip immer gleich. Viele kleine Moleküle dienen als Grundbausteine. Diese Ausgangsmoleküle heißen **Monomere.**

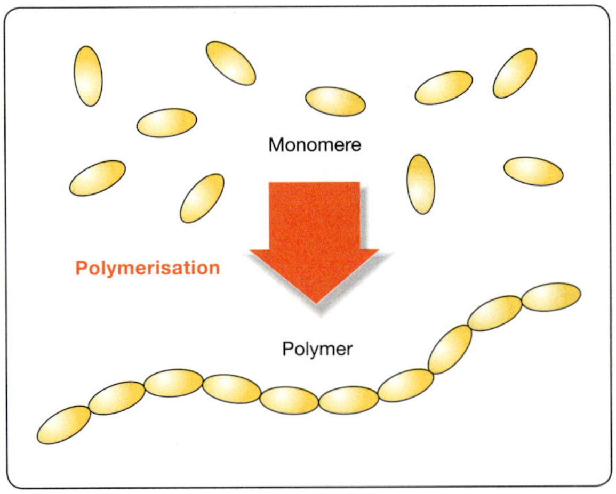

▲ *3. Kunststoffe sind aus langen Molekülketten aufgebaut, die aus vielen kleinen Grundbausteinen entstanden sind*

Sie werden durch chemische Reaktionen kettenartig miteinander verknüpft. Dabei entstehen sehr große Moleküle. Man nennt sie **Makro-Moleküle** oder **Polymere.** Die Vorsilbe **„makro"** bedeutet **groß** oder **lang.** Das Wort **„poly"** bedeutet **viel.**

Die Eigenschaften der verschiedenen Kunststoffe hängen davon ab, aus welchen Monomeren sie bestehen und auf welche Weise sie verbunden sind. Kunststoff-Moleküle bestehen aus zehntausend bis hunderttausend Monomeren.

Kunststoffe bestehen aus kettenartig aufgebauten Makromolekülen, die man als Polymere bezeichnet. Polymere sind aus vielen Einzelmolekülen, den Monomeren, zusammengesetzt.

3. Fragen zum Text

a) Erkläre den Unterschied zwischen Monomer und Polymer.
b) Wie sind Makromoleküle aufgebaut?
c) Was bedeutet die Vorsilbe „poly"?
d) Aus wie viel Molekülen sind Kunststoffe etwa aufgebaut?

Kunststoffe für verschiedene Aufgaben

Thermoplaste. Tragetaschen, Joghurtbecher oder Vorratsbehälter aus Kunststoff gehören zur großen Gruppe der **Thermoplaste.** Bei großer Hitze werden sie weich und zähflüssig wie Honig. Der Kunststoff ist in diesem Zustand plastisch formbar. Das merkt man schnell, wenn der Gegenstand mal versehentlich auf einer heißen Herdplatte steht. Erweichen und Erhärten lassen sich beliebig oft wiederholen.

Die Eigenschaften der Kunststoffe beruhen auf der Anordnung der Makromoleküle. Bei den Thermoplasten liegen die Ketten der Makromoleküle zum größten Teil nebeneinander. Beim Erwärmen gleiten die Molekülketten ungehindert aneinander vorbei, weil zwischen den Molekülen keine Verbindungen bestehen.

Beispiele: Eimer, Schüsseln, Verpackungen, Plastiktüten und Abflussrohre.

Duroplaste. Griffe von Töpfen und Pfannen werden oft sehr heiß, dürfen sich dabei aber nicht verformen. Sie müssen hart sein und manchen Stoß aushalten. Sie können im erwärmten Zustand nicht umgeformt werden. Bei sehr großer Hitze zersetzt sich der Kunststoff. Derartige Kunststoffe heißen **Duroplaste.** Duroplastische Werkstücke sind also nicht plastisch verformbar. Sie müssen schon bei der Herstellung ihre endgültige Form erhalten.

In duroplastischen Kunststoffen sind die Makromoleküle räumlich engmaschig miteinander vernetzt, wie übereinanderliegende Netze, die verbunden sind. Die einzelnen Molekülketten können sich nicht aneinander vorbei bewegen.

Beispiele: Topfgriffe, Motorradhelme, Arbeitsplatten...

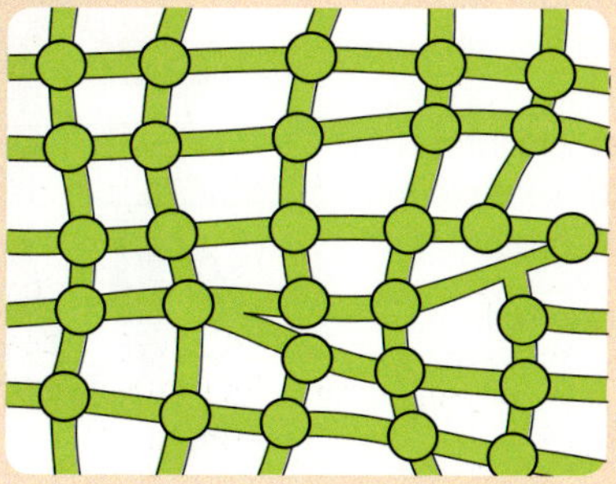

Elastomere. Gummibänder, Sitzpolster und Matratzen sollen elastisch bzw. weich sein, aber doch fest. Sie lassen sich kurzzeitig dehnen oder zusammendrücken. Danach nehmen sie gleich wieder die alte Form ein. Bei zu starkem Zug reißt das Material, bei zu großer Hitze zersetzt es sich.

Kunststoffe mit diesen Eigenschaften bezeichnet man als **Elastomere.** In ihnen sind die Ketten der Makromoleküle räumlich weitmaschig vernetzt. Durch Druck lassen sich die Moleküle kurzzeitig verschieben. Die Vernetzungen zwischen den Molekülketten sorgen dafür, dass Elastomere immer wieder ihre Ausgangsform einnehmen.

Beispiele: Schaumgummi, Schaumstoffe für Dichtungen.

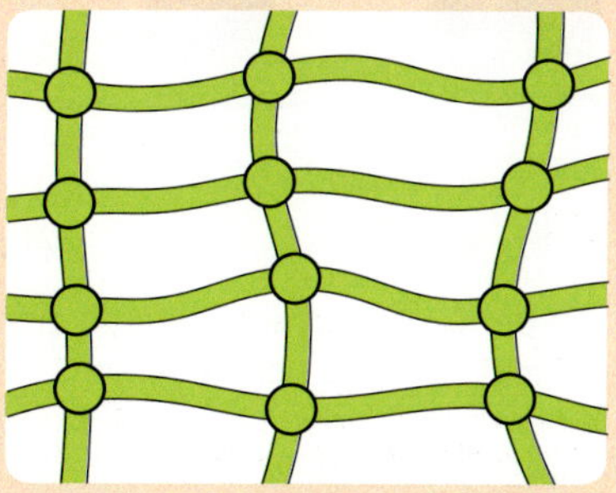

Mono-Poly… wie Kunststoffe entstehen

1. Pinguine als Kunststoff-Monomere

▲ *1. Pinguine als Modell für die Bildung großer Molkülketten*

Mithilfe der Pinguine kann man sich die Entstehung von Makromolekülen (Polymeren) gut vorstellen. Jedes Pinguinpaar stellt ein Ethen-Molekül $CH_2 = CH_2$ dar, ein Monomer. Die Arme der Pinguine symbolisieren die Bindungen zwischen den C-Atomen.

a) Versuche mit eigenen Worten zu erklären, wie aus den Pinguinpaaren eine lange Kette entsteht.

b) Übertrage diesen Vorgang auf die Reaktion von Ethen-Molekülen und zeichne das Formelbild.

2. Polymerisation im Modell

Stelle mithilfe eines Molekülbaukastens die Polymerisation von Polyvinylchlorid (PVC) nach. Das Monomer sieht so aus: $CH_2 = CHCl$.

3. Lehrerversuch: Herstellung von Nylon

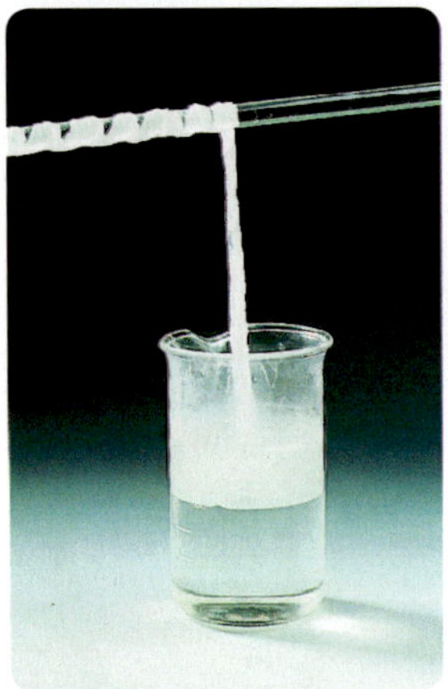

Unter dem Abzug löst man vorsichtig (Schutzhandschuhe verwenden) 3 ml Hexandisäuredichlorid (C, B4) in 100 ml Heptan (Xn, F).

Eine zweite Lösung mischt man sich aus 6 g 1,6-Diaminohexan (C, B3), 50 ml Wasser und 0,5 g Natriumcarbonat. Man überschichtet nun vorsichtig die erste mit der zweiten Lösung.

An der Grenzfläche bildet sich eine dünne Nylonschicht. Sie lässt sich mit einer stumpfen Pinzette zu einem sehr langen Faden ziehen, der sich auf einen Glasstab aufwickeln lässt.

4. Lehrerversuch: Ein Schaumstoff entsteht

In ein Becherglas (500 ml) gibt man 33 g Desmophen Aktivatorgemisch (C, Xn; B3) und 50 g Desmodur (F, Xn; B3).

Man rührt so lange, bis die Gasentwicklung den Beginn der Reaktion anzeigt.

Es entsteht der Schaumkunststoff Polyurethan, der in der Industrie vielfältig verwendet wird.

a) Wo verwendet man diesen Kunststoff?

b) Das bei der Reaktion entstehende Gas ist Kohlenstoffdioxid. Welche Aufgabe hat es bei diesem Versuch?

c) Versuche zu erklären, wie dieses Foto (unten) aufgenommen worden ist.

Polymerisation. Verpackungsfolien für Lebensmittel, Tragetaschen und viele andere Gegenstände aus dem Alltag bestehen aus dem Kunststoff Polyethen (PE). Er wird durch eine **Polymerisations-Reaktion** aus dem Gas Ethen hergestellt.

Ethen-Moleküle enthalten eine **C=C-Doppelbindung** zwischen den beiden Kohlenstoff-Atomen. Unter dem Einfluss von Katalysatoren werden diese C=C-Doppelbindungen aufgespalten. Viele einzelne Moleküle verbinden sich dann zu großen kettenartigen Molekülen. Diesen Vorgang nennt man **Polymerisation.**

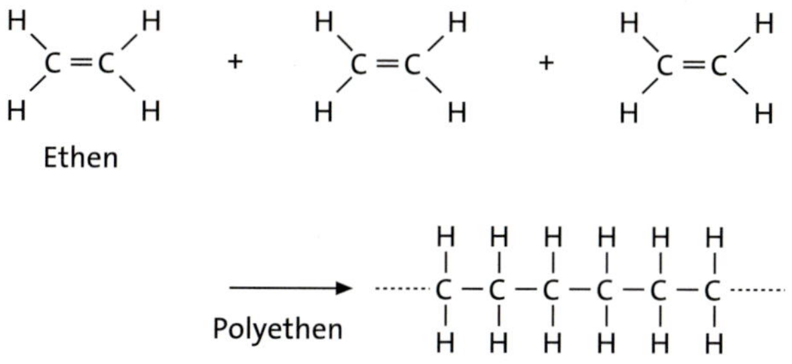

▲ *1. Polymerisation von Ethen*

Polyaddition. Kunststoffe, die durch eine **Polyadditions-Reaktion** entstehen, bilden sich aus Molekülen, die an jedem Ende eine reaktionsfähige Gruppe enthalten. Wie bei der Polymerisation werden keine Nebenprodukte abgespalten. Wichtige Kunststoffe, die man durch Polyadditionen herstellt sind die *Polyurethane.*

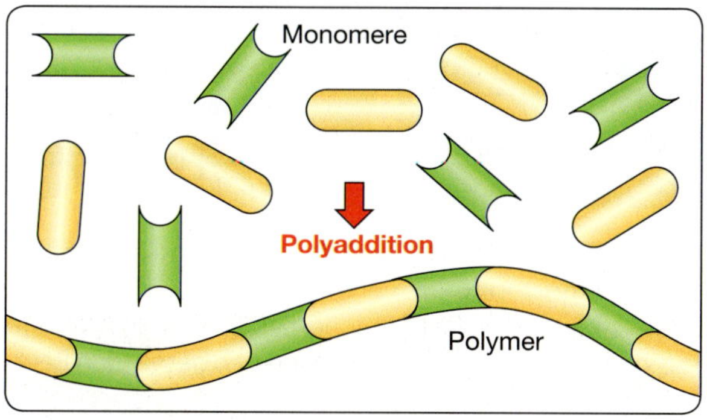

▲ *2. Polyaddition*

Polykondensation. Nylon ist ein Kunststoff, der vor allem für Textilfasern verwendet wird. Er wird durch eine **Polykondensations-Reaktion** hergestellt.
Dabei reagieren zwei verschiedene Stoffe miteinander, deren Moleküle an jedem Molekülende eine reaktionsfähige Gruppe besitzen. Bei der Entstehung von Nylon reagiert die COOH-Gruppe des einen Moleküls mit der NH_2-Gruppe des anderen Moleküls. Jedes Mal spaltet sich dabei ein Molekül Wasser ab. Das geschieht viele tausend Male. Man spricht hier von einer Polykondensation. Der Kunststoff, der entsteht, ist ein Polyamid (PA). Ein wichtiger Polyamid-Kunststoff ist beispielsweise *Nylon.*

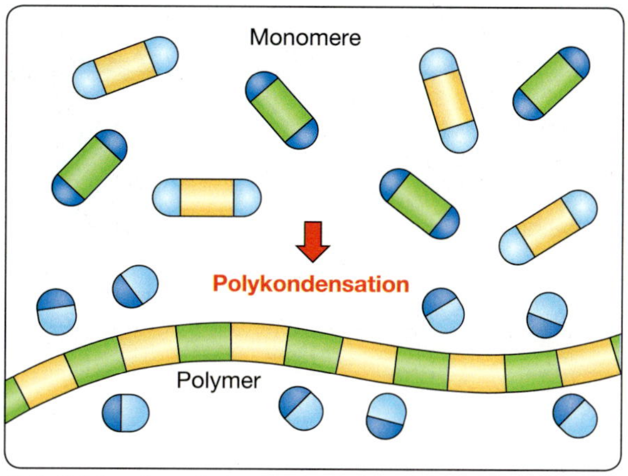

▲ *3. Polykondensation*

Kunststoffe entstehen durch Polymerisation, Polyaddition und Polykondensation. Dabei werden immer viele Einzelmoleküle (Monomere) zu großen Molekülen (Polymere) verknüpft.

1. Fragen zum Text

a) Wozu wird Polyethen hauptsächlich verwendet?
b) Zeichne einen Abschnitt eines Polyethen-Moleküls, der zehn Kohlenstoff-Atome enthält.
c) Nenne die Reaktionsarten, mit deren Hilfe man Kunststoffe herstellen kann.
d) Erkläre die wesentlichen Unterschiede zwischen den Reaktionstypen.
e) Nenne zu jeder Reaktionsart jeweils einen passenden Kunststoff als Beispiel.

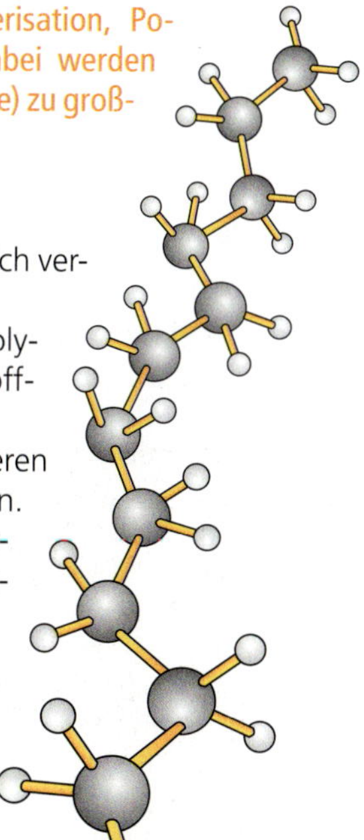
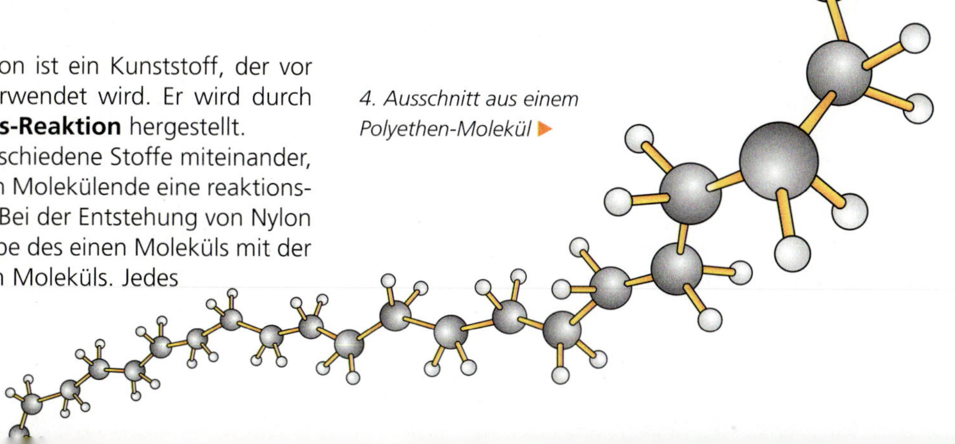

4. Ausschnitt aus einem Polyethen-Molekül ▶

Durch Zufall entdeckt: Teflon

Der damals 27-jährige Chemiker Roy PLUNKETT bekam 1938 den Auftrag, ein neues Kühlmittel für Kühlschränke herzustellen. Er experimentierte auch mit dem Gas Tetrafluorethen. Bei einem Syntheseversuch bemerkte er, dass sich aus einer der Vorratsflaschen kein Gas mehr entnehmen ließ. Er fand nur noch weiße, wachsartige Krümel. Als sie die Gasflasche aufsägten, sahen sie, dass die Flasche innen komplett ausgekleidet war mit dieser weißen Substanz. PLUNKETT und seine Kollegen fanden dann heraus, dass das Gas Tetrafluorethen spontan polymerisiert war. Ein neuer Kunststoff war entstanden, Polytetrafluorethen, PTFE.

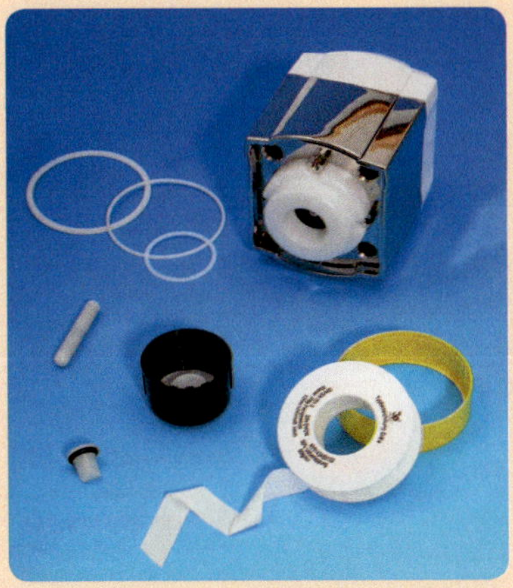

Konnte man diesen Stoff nutzbringend einsetzen? Alle Tests zeigten, dass PTFE sehr hitzebeständig war und mit keinem anderen Stoff reagierte. Man konnte mit ihm daher buchstäblich „nichts" anfangen. Deshalb verschwand PTFE in den Archiven der Herstellerfirma.
Die Erfinder der Atombombe entdeckten erst 1943 das PTFE wieder als Korrosionsschutz für Uranbehälter.
1954 entstand die Idee, Töpfe und Pfannen mit PTFE zu beschichten. Teflon, wie es seitdem heißt, eroberte immer mehr Verwendungszwecke.

Nylons – feine Strümpfe aus dem Labor

Mit einer großen Werbeaktion bereitete die Herstellerfirma den 15. April 1940 als „N-day" vor. Es war der erste offizielle Verkaufstag für „Nylons", feine Damenstrümpfe aus einer chemisch hergestellten, hauchdünnen Faser. Der Tag war ein voller Erfolg. Fünf Millionen Paar Nylonstrümpfe der ersten Produktion waren an einem Tag verkauft, obwohl ein Paar die für damalige Verhältnisse enorme Summe von 250 Dollar kostete. In den endlos erscheinenden Warteschlangen wurden viele Frauen ohnmächtig. Einige, die das Glück hatten, ein Paar erwischt zu haben, zogen es direkt auf der Straße an.
Begonnen hatte alles im Februar 1935. Der Chemiker Wallace Hume CAROTHERS stellte zum ersten Mal eine durchsichtige Kunststofffaser her: Nylon.

CAROTHERS war auf der Suche nach einem Ersatzstoff für Seide gewesen. Die neue künstliche Faser war aber sogar wesentlich elastischer als Seide. Damenstrümpfe aus diesem neuen Material passten sich besser den Beinformen an und bekamen auch weniger Laufmaschen als Seidenstrümpfe. Deshalb waren die neuen Strümpfe ein großer Verkaufserfolg.
Das vorläufige Ende der Massenproduktion von Nylonstrümpfen kam schon 1941. Nylon wurde zum kriegswichtigen Material erklärt – für die Herstellung von Fallschirmen. Nylonstrümpfe wurden knapp und deshalb zu einem beliebten Zahlungsmittel auf dem Schwarzmarkt. Ein erneuter Siegeszug für Nylon als Massenware begann 1963 nach der Erfindung des Minirocks, als Strumpfhose.

Wetterfeste Kleidung durch Chemie

Winddicht, wasserdicht und atmungsaktiv muss moderne Sport- und Freizeitbekleidung heute sein – damit man sich bei jedem Wetter darin wohl fühlen kann. Regenwasser von außen wird abgehalten, Wasserdampf (Schweiß) kann aber trotzdem nach außen entweichen. Wie schafft man es, solche „atmungsaktiven" Textilien herzustellen? Spezielle Membranen und Mikrofasern machen es möglich!

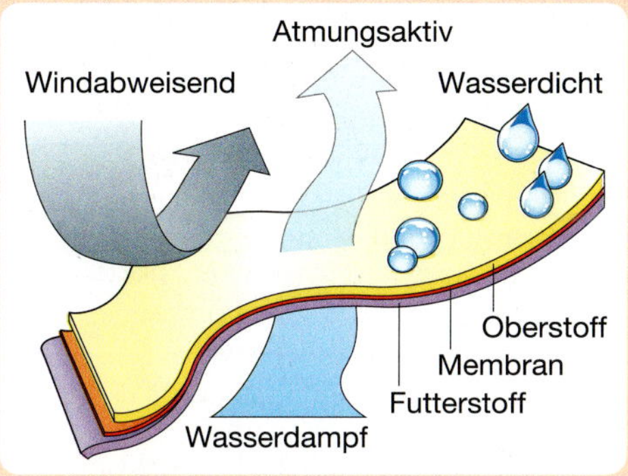

▲ *1. Moderne Sportkleidung ist winddicht, wasserabweisend und atmungsaktiv*

Die Wasser-Moleküle werden dabei von hydrophilen Molekülgruppen der Kunststoff-Moleküle aufgenommen und entlang der Molekülketten durch die Membran nach außen transportiert.

Membranen. Membranen mit besonderen Eigenschaften werden mit anderen Geweben kombiniert. Es gibt zwei unterschiedliche Membranarten.

Bei der *Goretex*-Membran handelt es sich um eine hauchdünne Folie (Dicke nur 0,02 mm!) aus dem Kunststoff Teflon (Polytetrafluorethen). Durch das Strecken der Folie bilden sich darin mikroskopisch kleine Poren, etwa 1,4 Milliarden auf jedem Quadratzentimeter. Diese Poren sind so klein, dass Wassertropfen nicht hindurchgelangen, aber doch groß genug, um Wasserdampf-Moleküle hindurchzulassen. Deshalb kann Wasser in flüssiger Form die Membrane nicht durchdringen, verdunstender Schweiß kann aber nach außen entweichen.

Membranen ohne Poren (wie bei *Sympatex*) enthalten eine wasserabweisende und eine wasserfreundliche Komponente. Die erste macht die Membran wasserdicht. Die andere, wasserfreundliche Komponente nimmt die Feuchtigkeit des Körpers auf und gibt sie durch Verdunsten nach außen ab.

▲ *2. Atmungsaktive Sportkleidung*

Mikrofasern. Gewebe aus Mikrofasern bestehen aus sehr dünnen chemisch hergestellten Fasern. Sie haben nur etwa $\frac{8}{1000}$ Millimeter im Durchmesser. Eine Mikrofaser rund um den Äquator gelegt würde nur etwa 3 kg wiegen! Mit solchen Fasern lassen sich so feine Gewebe herstellen, dass nur noch winzige „Lücken" im Stoff bleiben. Diese sind groß genug, um verdunstende Wasser-Moleküle hindurch zu lassen; sie sind aber so fein, dass Wassertropfen abgehalten werden.

Grenzen. Wunder darf man aber von atmungsaktiver Bekleidung nicht erwarten. Solche Textilien können höchstens 300 g Wasserdampf pro Quadratmeter und Stunde hindurch lassen. Bei sportlichen Aktivitäten produziert der menschliche Körper aber bis zu zwei kg Schweiß pro Stunde. Die Feuchtigkeit kondensiert dann doch in der Kleidung und man wird schweißnass.

1. Welche Eigenschaften werden in den Abbildungen 3–5 demonstriert?
2. Untersuche verschiedene Gewebe darauf, ob sie atmungsaktive Eigenschaften haben.
3. Vergleiche klassische Regenkleidung mit moderner Sportkleidung.
4. Weshalb kann man auch in atmungsaktiver Kleidung bei Anstrengung schweißnass werden?

▲ *3.–5. Hier wird ein Gewebe auf seine Eigenschaften geprüft*

So kommen Kunststoffe in Form

1. Kunststoffe als Verpackungsmaterial

a) Styropor wird häufig als Verpackungsmaterial genutzt. Überlege, welche Vorteile eine derartige Verpackung hat.
b) Wie könnten die Styroporverpackungen ihre exakte Passform erhalten? Notiere deine Vermutungen.
c) Erhitze in einem Becherglas Wasser, bis Dampf aufsteigt. Lass etwa 3 g Styropor P auf einem Metallsieb im Wasserdampf 20–25 Sekunden quellen. Styropor P ist treibmittelhaltiges Polystyrol.

Fülle das vorgeschäumte Styropor in eine verschraubbare Metallform. Hänge die verschlossene Form 10 Minuten in kochendes Wasser. Löse den Inhalt dann vorsichtig aus der Form und beschreibe.

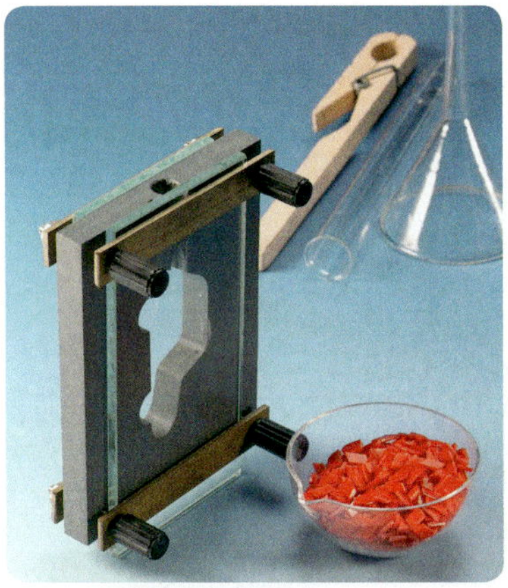

2. Kunststoffe gießen

Mithilfe solcher Hohlformen kannst du Kunststoffteile gießen. Dazu eignen sich thermoplastische Kunststoffe wie PE, PP oder Plexiglas. Stelle zunächst mithilfe von Wasser fest, wie viel geschmolzenen Kunststoff du benötigst.

Streiche die trockene Form innen mit Silikonöl aus. Gib dann den Kunststoff in Form kleiner Stückchen in ein Gefäß, etwa in eine leere Konservendose. Erhitze vorsichtig, bis der Inhalt geschmolzen ist. Gieße den flüssigen Kunststoff durch einen geeigneten Trichter in die Hohlform.

3. Vakuumformen

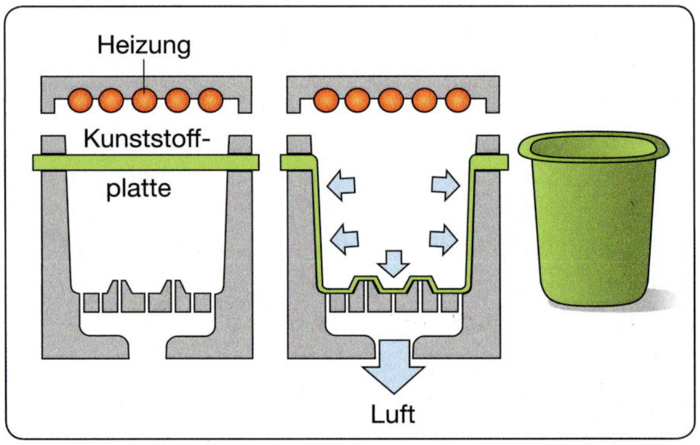

Beschreibe mithilfe der Abbildung, wie aus einer festen Kunststoffplatte ein Plastikeimer entsteht.

4. Kunststoffe „erinnern“ sich

Erwärme einen bedruckten Polystyrolbecher (Joghurtbecher) vorsichtig mit einer Brennerflamme oder einem Heißluftgebläse. Drehe den Becher ständig und erhitze ihn möglichst von allen Seiten gleichmäßig und langsam. Wie lässt sich das Ergebnis erklären?
Hinweis: Beachte Aufgabe 3.

5. Aufgabe: Schmelzspinnen

Wie stellt man aus festem Kunststoffgranulat feinste Kunststofffasern her? Erkläre den Werdegang anhand der Abbildungen.

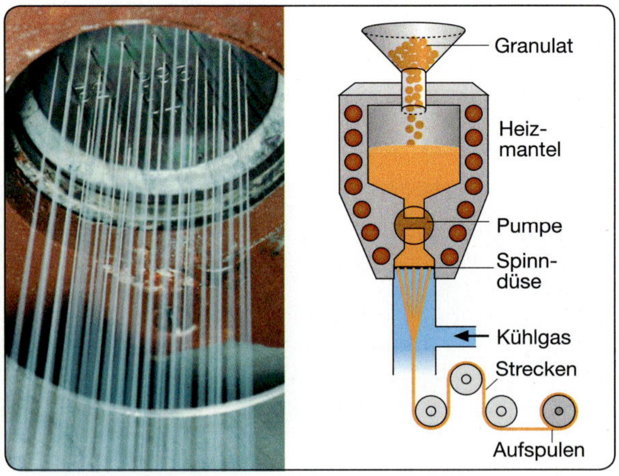

Die Verarbeitung thermoplastischer Kunststoffe beginnt meistens in einer *Schmelzpresse*, einem **Extruder.** Die Maschine funktioniert ähnlich wie ein „Fleischwolf", ist aber außerdem beheizt. Von oben wird Kunststoffgranulat eingefüllt. Der Kunststoff schmilzt und wird von der sich drehenden Metallschnecke zur Öffnung des Extruders transportiert. Aus der Öffnung wird ein Strang aus plastischem Kunststoff gepresst.
Aus diesem Strang kann man die unterschiedlichsten Formen herstellen – je nachdem, welche Werkzeuge vorne am Extruder angebracht sind, etwa Rohre, Gefäße oder Folien.
Beim **Strangpressen** wird der aus dem Extruder austretende Kunststoffstrang durch eine Düse gepresst. Meistens entstehen so Rohre, Stangen oder Profile.

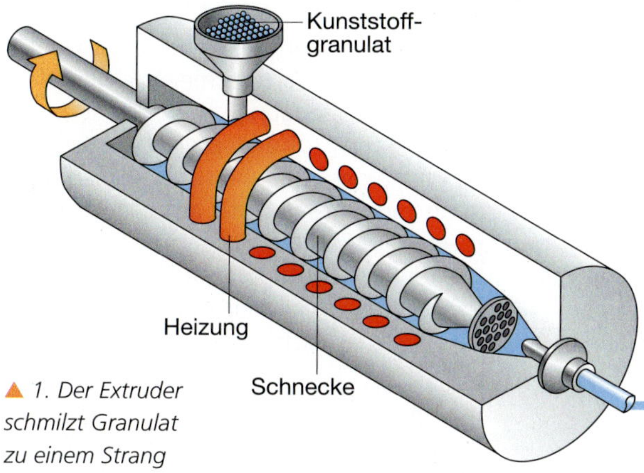

▲ 1. *Der Extruder schmilzt Granulat zu einem Strang*

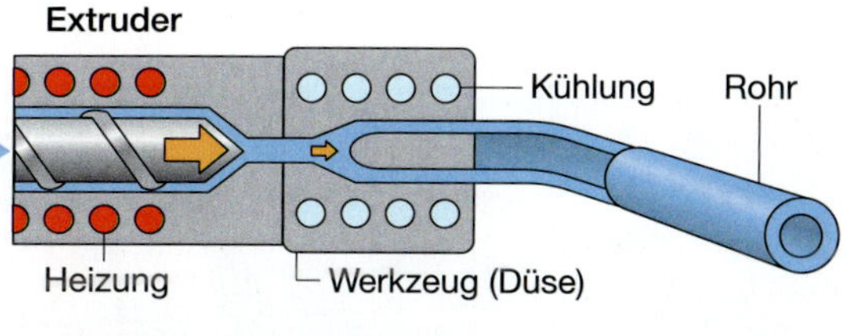

▲ 2. *Strangpressen*

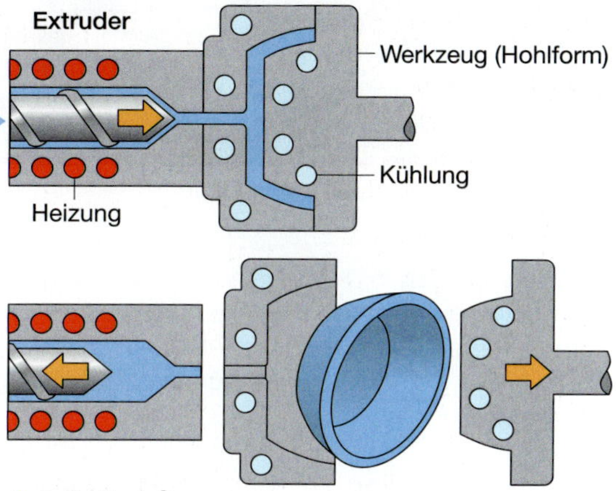

▲ 3. *Spritzgießen*

Beim **Spritzgießen** ist das Werkzeug eine Hohlform. Beim **Folienblasen** wird das noch plastische Kunststoffrohr aus dem Extruder mit Druckluft zu einem weiten Schlauch aufgeblasen. Nach dem Abkühlen wird der Schlauch aufgerollt und anschließend zu Folien geschnitten. Wenn der Schlauch in regelmäßigen Abständen verschweißt wird, erhält man Kunststoffsäcke.

In einem Extruder wird aus Kunststoffgranulat ein plastischer Kunststoffstrang hergestellt. Mithilfe verschiedener Werkzeuge erhält man daraus Rohre, Gefäße oder Folien.

1. Fragen zum Text

a) Beschreibe Aufbau und Arbeitsweise eines Extruders.
b) Wie werden Kunststofffolien hergestellt?
c) Was versteht man unter Spritzgießen?
d) Wie stellt man Rohre aus Kunststoff her?

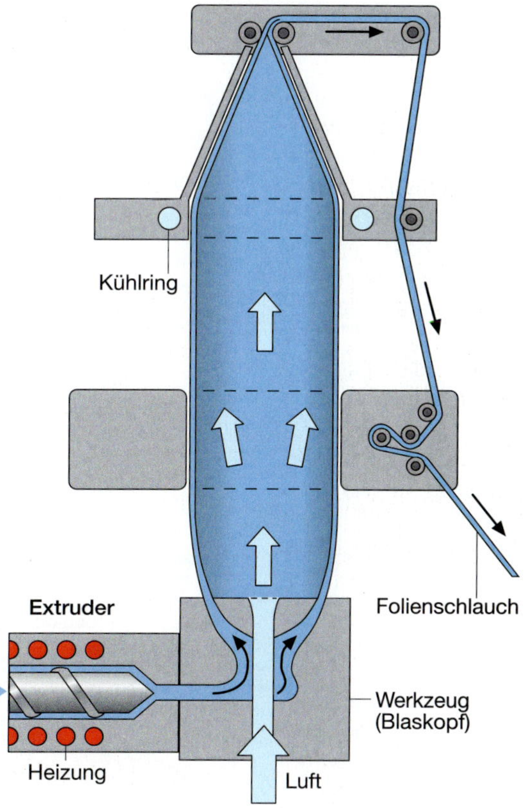

▲ 4. *Folienblasen*

Kunststoff-Verwertung – gar nicht so einfach!

1. Kunststoffabfälle

▲ *1. Kunststoffabfall – Müll oder Rohstoff*

Jedes Jahr werden in Deutschland etwa zwanzig Millionen Tonnen Kunststoffprodukte hergestellt. Ungefähr ein Viertel davon landen im Abfall.
Weshalb wäre es unklug, diese Kunststoffabfälle einfach wegzuwerfen?

Kunststoff-Recycling. Für die Herstellung von Kunststoffen wendet man größere Mengen an Energie auf sowie den wertvollen Rohstoff Erdöl. Bei der Wiederverwertung kann man einen Teil davon wieder nutzen.

Werkstoffliche Verwertung. Hierbei werden thermoplastische Kunststoffabfälle zerkleinert und dann zu neuen Produkten umgeschmolzen; das Material an sich bleibt unverändert. In der Praxis wird dies meist nur mit sortenreinen Abfällen gemacht, wie sie in Fabriken bei der Kunststoffherstellung anfallen; aus Haushaltsabfällen lassen sich nämlich oft nur minderwertige Gegenstände herstellen.

Rohstoffliche Verwertung. Hierbei werden die Makromoleküle der Kunststoffe aufgespalten, sodass wieder kleinere Moleküle entstehen. Es entsteht ein erdölähnliches Produkt, das man wieder zur Herstellung neuer Kunststoffe verwenden kann. Eingesetzt werden die **Pyrolyse** oder die **Hydrierung.**
Bei der **Pyrolyse** erhitzt man die Kunststoffabfälle auf 700 °C. Da dies unter Luftausschluss geschieht, verbrennen sie nicht, sondern werden chemisch zerlegt.
Bei der **Hydrierung** werden die Kunststoffe zusammen mit Wasserstoff und Katalysatoren unter Druck erhitzt.
Nachteil beider Methoden ist, dass rechnerisch etwa die Hälfte des wieder gewonnenen Rohstoffs zur Energieerzeugung verbraucht wird. Außerdem entstehen bei den Verfahren Schadstoffe, die wieder aus den Zwischenprodukten entfernt werden müssen.

Thermische Verwertung. Bei dieser Methode wird der Kunststoffabfall verbrannt und die dabei entstehende Wärme genutzt – etwa als Fernwärme, zur Dampferzeugung oder zur Stromerzeugung.
Der größte Teil der Kunststoffe verbrennt zu Kohlenstoffdioxid und Wasser; es entstehen aber auch giftige Stoffe. Die Abluft muss deshalb mit aufwändigen Filteranlagen gereinigt werden.
Besonders haltbare Kunststoffe wie Teflon lassen sich gar nicht verwerten. Deshalb landen etwa 0,5 Millionen Tonnen Altkunststoffe immer noch auf Deponien. Diese Stoffe sind für eine Nutzung endgültig verloren.

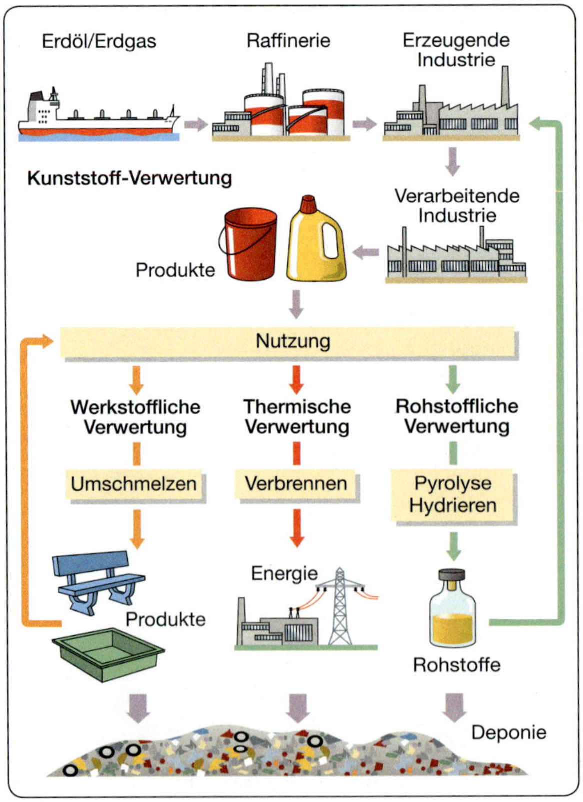

▲ *2. Kunststoff-Verwertung*

Werkstoffliche, rohstoffliche und thermische Verwertung sind Verfahren für das Recycling von Kunststoffabfällen.

2. Fragen zum Text

a) Beschreibe kurz die drei Arten der Verwertung von Kunststoffabfällen.

b) Was ist der Hauptunterschied zwischen der werkstofflichen und der rohstofflichen Verwertung?

c) Welche Nachteile gibt es, wenn man Altkunststoffe verbrennt?

Kunststoffe – biologisch abbaubar

▲ *1. Kartoffeln, Mais und Weizen enthalten viel Stärke*

Kunststoffe sind in vielen Fällen ein nützliches und preiswertes Material. Doch besonders Kunststoffe für kurzlebige Verpackungen verursachen viel Müll. Es ist auch immer noch aufwändig und teuer, Kunststoffabfälle sinnvoll zu verwerten.

Biologisch abbaubare Kunststoffe könnten eine Alternative sein. Bakterien und Pilze im Boden **beseitigen** solche Kunststoffreste **umweltfreundlich:** Sie „knacken" die Makromoleküle der Kunststoffe und verwerten die Bruchstücke als Nahrung. Übrig bleiben lediglich Kohlenstoffdioxid, Wasser und Humus.
Ein zweiter Vorteil: Verwendet man zur Herstellung von Bio-Kunststoff nachwachsende Rohstoffe aus Pflanzen, kann man wertvolles **Erdöl einsparen.** Man verwendet dafür oft Stärke, Cellulose und Pflanzenöle.

Ein weiterer Vorteil ist die **günstige CO_2-Bilanz.** Die Mikroorganismen setzen beim Abbau nur das CO_2 frei, das die Pflanzen zuvor aus der Luft entnommen haben.

Konkrete Beispiele. In der Landwirtschaft kann eine kompostierbare Folie nach Gebrauch einfach untergepflügt werden.
In der Medizin werden heute schon Schrauben oder Nägel aus Bio-Kunststoff in den Körper eingesetzt (Abb. 3). Sie werden vom Körper langsam abgebaut, müssen also nicht mehr in einer zweiten Operation entfernt werden.

1. Vermische in einem Erlenmeyerkolben einen Teelöffel Kartoffelstärke mit einer Spatelspitze Kartoffelmehl, einem Teelöffel Glycerin und 50 ml Wasser. Erhitze die Mischung unter ständigem Rühren auf 100 °C und halte diese Temperatur 15 min lang.
Gieße dann die noch heiße Masse auf eine glatte Kunststoffplatte (etwa 40 cm x 40 cm) und lass diese 24 Stunden trocknen. Danach kannst du die Folie vorsichtig vom Rand her von der Platte abziehen.

2. Prüfe, ob die selbst hergestellte oder eine käuflich erworbene „Bio-Folie" tatsächlich biologisch abbaubar ist. Lege sie dazu auf feuchte Blumenerde und beschwere sie mit einem Stein. Halte die Erde stets leicht feucht.
Was sollte man zu Vergleichszwecken gleichzeitig prüfen?
Beobachte über mehrere Wochen die Veränderungen und berichte darüber.

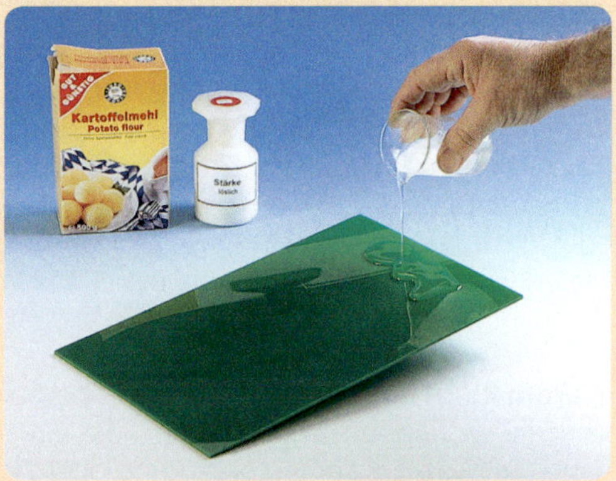

▲ *4. Herstellen einer Folie aus Kartoffelprodukten*

3. Nenne die Vorteile, wenn man Kunststoffe einsetzt, die in der Natur abgebaut werden können.

4. Für den Einsatz von solchen Kunststoffen lassen sich auch Nachteile finden. Überlege kritisch und notiere mögliche Nachteile. Denke dabei auch an die Pflanzen, aus denen man die Rohstoffe gewinnt.

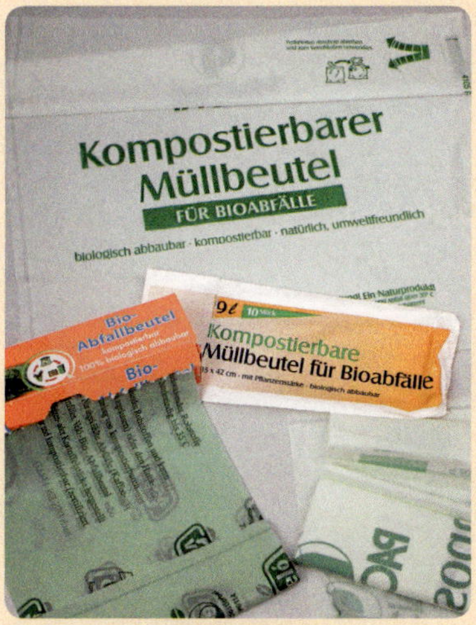

▲ *2. Kunststoff aus Pflanzenstärke*

▲ *3. Schrauben für medizinische Zwecke*

Klebstoffe: Haften und Halten

▲ *1. Klebstoffe werden auch im Flugzeugbau eingesetzt*

Kleber in Flugzeugen. Moderne Klebstoffe leisten Erstaunliches. Im riesigen Airbus A380 halten und stabilisieren Kleber die Segmente des Flugzeugrumpfes. Ohne Einsatz von Klebstoffen wäre ein A380 mit einem Gewicht von 560 t um 170 t schwerer! Die Gewichtsersparnis führt zu besseren Flugeigenschaften und zu Kosteneinsparungen von etwa 40 %. Die geklebten Bauteile übertragen die enormen Kräfte und Schwingungen gleichmäßiger auf das Material als genietete oder geschweißte Werkstücke; beim Schweißen und Nieten wird das Material nämlich immer etwas verletzt und damit geschwächt.

Warum klebt ein Klebstoff? *Haften und Halten,* das sind die wichtigsten Eigenschaften, die ein Klebstoff haben muss. Die *Oberflächenhaftung* oder **Adhäsion** bindet den Klebstoff an die Oberfläche des Materials. Flüssige Klebstoffe können besonders gut in alle mikroskopisch kleinen Unebenheiten eindringen und haften gut auf der Oberfläche.
Der Klebstoff muss aber auch in sich selbst fest zusammenhalten. Diese *innere Festigkeit* nennt man **Kohäsion.** Sie entwickelt sich erst, wenn der Klebstoff aushärtet. Vor allem stabile Makromoleküle von Kunststoffen besitzen große Kohäsionskräfte.

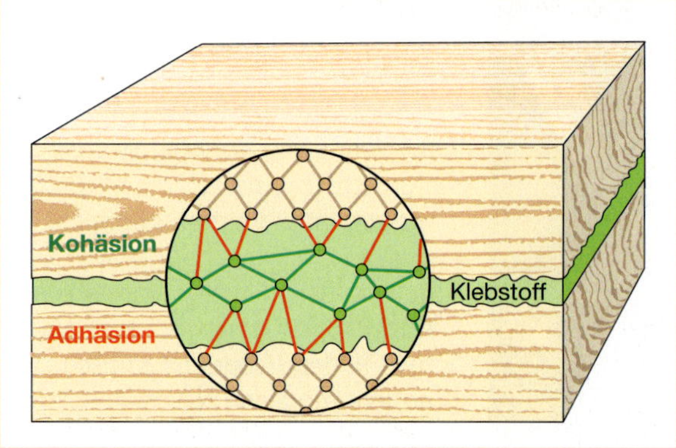

▲ *2. Adhäsions- und Kohäsionskräfte beim Kleben*

Chemisch abbindende Klebstoffe nennt man Reaktionskleber, weil sie durch eine chemische Reaktion hart werden. Der eigentliche Klebstoff entsteht erst beim Aushärten durch Polymerisation. Bei *Zwei*komponentenklebern gibt man einen Härter hinzu, der die Reaktion in Gang bringt. Bei *Ein*komponentenklebern kommt der Reaktionsauslöser aus der Umgebung. Das kann Sauerstoff aus der Luft, Feuchtigkeit oder auch Licht sein.

Bei **physikalisch abbindenden** Klebstoffen sind die Klebstoff-Moleküle meist in Lösemitteln gelöst. Beim Trocknen verdunstet das Lösemittel, die Makromoleküle verknäueln sich und werden hart.
Oft benötigt man Klebstoffe, die nicht ganz hart werden. Klebebänder, Pflaster und Aufkleber, die sich ablösen lassen, enthalten deshalb Kautschuk. Der wird erst nach längerer Zeit hart und spröde.

1. a) Warum sind Klebstoffe oft besser als Nieten und Schweißverbindungen?
b) Welche Eigenschaften muss ein Klebstoff haben?
c) Warum sind die meisten Kleber flüssig?

2. Modellversuch: Der Spaghetti-Kleber. Koche eine kleine Menge Spaghetti. Gieße das Wasser ab und warte einige Minuten, bis die Nudeln klebrig werden.
Gib sie dann zwischen zwei Holzbrettchen und lagere sie unter Druck bis zum nächsten Tag. Verklebe zwei gleiche Holzbrettchen mit Holzleim.

a) Wie fest halten die Brettchen zusammen?
b) Welche Funktion haben in diesem Modellversuch die Nudeln, welche das Wasser?

3. Stelle einen Gummibärchenkleber her und vergleiche die Klebekraft mit herkömmlichen Klebstoffen. Erwärme dazu etwa 10 Gummibärchen mit 5 ml Wasser auf 50–60 °C – am besten in einem Marmeladenglas im Wasserbad. Lass die Probeklebungen vor dem Test einen Tag trocknen.
Wie lässt sich die Klebewirkung erklären?

Superabsorber – für Wüsten und Windeln

Geniale Windeln. Kaum zu glauben, wie viel Flüssigkeit eine moderne Wegwerfwindel aufnehmen kann. Für diese erstaunliche Leistung sind **Superabsorber** verantwortlich. Das weiße Granulat sorgt zusammen mit Zellstoff dafür, dass der Babypopo immer schön trocken bleibt.

Was sind Superabsorber? Superabsorber wie etwa Polyacrylsäure sind vernetzte Polymere. Sie sind selbst wasserunlöslich, können aber große Mengen wässriger Flüssigkeiten aufnehmen und speichern. Die weißen Körnchen bilden zusammen mit der Flüssigkeit ein Gel. Selbst unter Druck geben sie die aufgenommene Flüssigkeit nicht wieder ab.

Wie funktionieren Superabsorber? Die Polyacrylsäure-Moleküle besitzen sehr viele Natriumcarboxylat-Gruppen (COO^-/Na^+). Kommt Wasser hinzu, gehen die Natrium-Ionen in Lösung. Die zurückbleibenden Carboxylat-Gruppen ($-COO^-$) sind negativ geladen und stoßen sich daher voneinander ab. Die Polymerstränge werden deshalb möglichst weit auseinandergedrängt – und schaffen so den Platz für weitere Wasser-Moleküle. Diese sind ja selbst polar gebaut und lagern sich überall an die polaren Teile der Polymere an. Der Zusammenhalt der Wasser-Moleküle ist wegen der relativ starken Wasserstoffbrückenbindungen groß. Deshalb wird das gebundene Wasser auch unter Druck nicht wieder abgegeben. Babys können also unbeschwert herumtollen – auch wenn die Windel voll ist.

Grüne Wüsten durch Superabsorber? Superabsorber lassen sich auch für andere Zwecke nutzen. Möglicherweise können zukünftig Superabsorber helfen, in sehr trockenen Gebieten Pflanzen wachsen zu lassen.
Einige hundert Gramm Superabsorber, die dem Boden um eine Dattelpalme beigemischt werden, verwandeln die Erde in einen Wasserspeicher. Bei Freilandversuchen in Tunesien und in Saudi-Arabien wachsen dank Superabsorber schon Tausende von Dattelpalmen im Wüstensand. Der Wasserverbrauch wurde durch den Einsatz der Kunststoffkörnchen um die Hälfte verringert.

1. Schneide eine saugfähige Babywindel auf. Vorsicht, damit es nicht staubt. In Zellstoff eingebettet findest du weiße Polyacrylatkörnchen, die du herausschütteln kannst. Finde heraus, wie viel Gramm Wasser pro Gramm Superabsorber gebunden werden.

2. Beschreibe, warum die Superabsorber-Polymere so viel Wasser aufnehmen können.

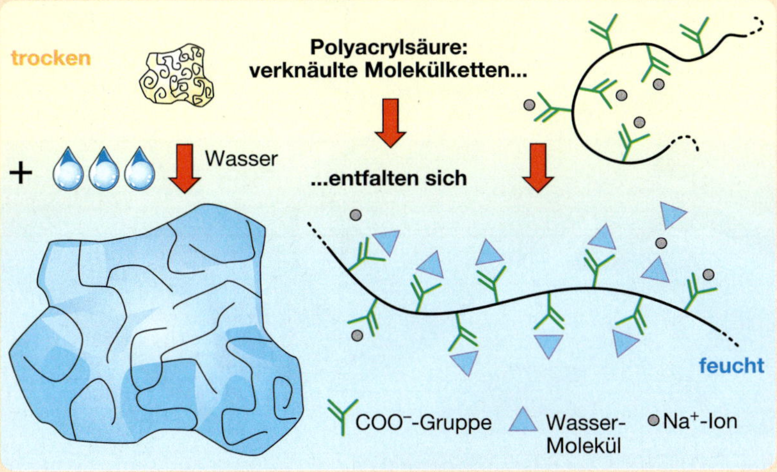

Ausbildung in der Kunststoffindustrie

▲ 1. *Auszubildender der Verfahrenstechnik*

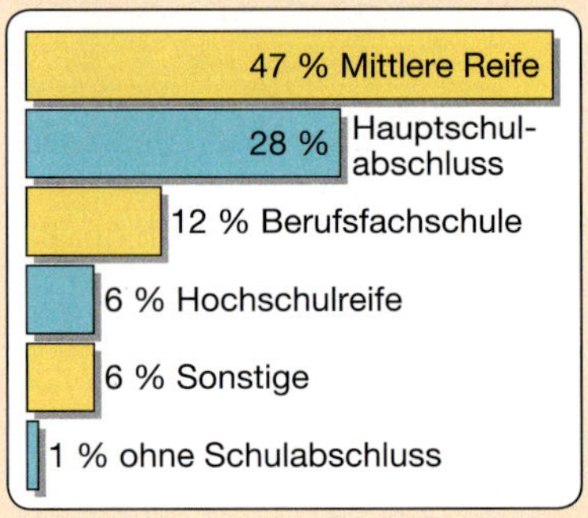

▲ 2. *Ausbildungsanfänger/-innen 2006 in %*

Interessiert dich das Thema Kunststoffe und ist deine Schulzeit bald zu Ende? Kannst du dir vorstellen, eine Ausbildung in diesem Bereich zu machen?

Verfahrensmechaniker/in für Kunststoff- und Kautschuktechnik ist der Beruf in der chemischen Industrie, der ausschließlich ständig direkt mit Kunststoffen in Verbindung steht. Die Auszubildenden arbeiten vor allem in Werks- und Produktionshallen. Die Ausbildung dauert drei Jahre und wird dual durchgeführt, also in der Berufsschule und im Ausbildungsbetrieb.

Voraussetzungen. Grundsätzlich wird keine bestimmte schulische oder berufliche Vorbildung rechtlich vorgeschrieben. In der Praxis stellen Firmen überwiegend Auszubildende mit einem mittleren Schulabschluss ein. Nützlich sind logisches Denkvermögen, räumliches Vorstellungsvermögen und Spaß an der Teamarbeit.

Arbeitsgebiet. Nach der Ausbildung sorgen Verfahrensmechaniker dafür, dass Produkte aus Kunststoff ihre endgültige Form erhalten. Das können Fenster, Folien, verschiedenste Gehäuse oder Autoreifen sein. Die Hauptarbeit liegt hier bei der Steuerung und Wartung der entsprechenden Produktionsmaschinen.

Auszubildende arbeiten an:

Bauteilen: Armaturen, Rohren, Platten, Apparategehäusen...
Faserverbundstoffen: Fahrzeugkarosserien, Sportgeräten...
Mehrschichtkautschukteilen: Autoreifen, Förderbändern, Antriebssystemen.
Kunststofffenstern und anderen Profilen.

Dabei lernt man:

Zuschneiden, Bohren, Schweißen, Fügen,
Extrudieren,
Kalandrieren,
Spritzgießen,
Blasformen,
Pressen, Schäumen und Laminieren

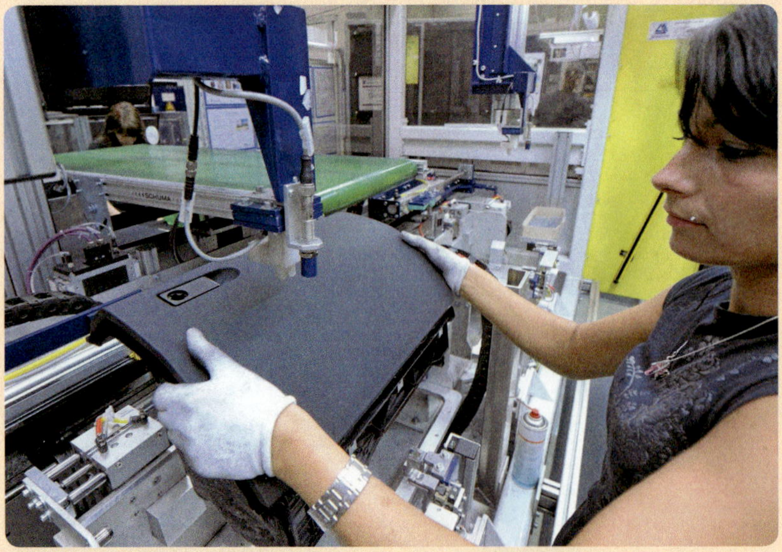

▲ 3. *Arbeitsplatz eines Verfahrensmechanikers*

1. Im Jahr 2006 gab es 2244 Ausbildungsstellen in der Verfahrenstechnik für Kunststoffe in Deutschland. Aus welchem Bereich kamen die meisten Berufsanfänger?

2. Unter dieser Adresse kannst du dich näher über die Berufsmöglichkeiten in der Chemieindustrie informieren:
www.chemie4you.de
Dort gibt es auch Tipps zur Bewerbung und zum Vorstellungsgespräch sowie Adressen für regionale Ansprechpartner.

Kunststoffe überall – vom Handy bis zur Babywindel

→ **Kunststoffe** bestehen aus kettenartig aufgebauten Makromolekülen, den **Polymeren.**

a) Polymerisation: Viele gleiche Moleküle reagieren unter Aufspaltung einer C=C-Doppelbindung miteinander:

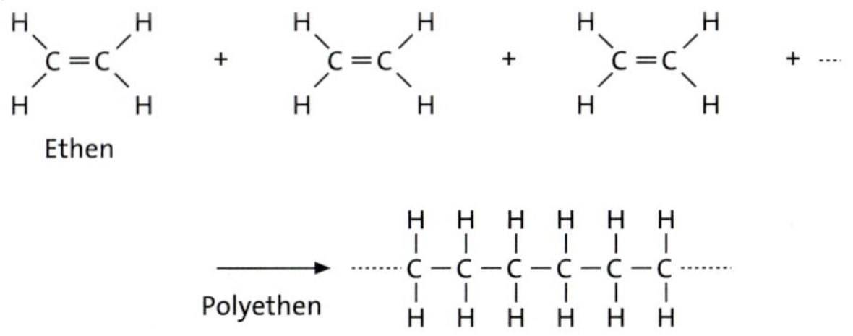

b) Polykondensation: Moleküle reagieren unter Abspaltung von Wasser-Molekülen zu einem Makro-Molekül:

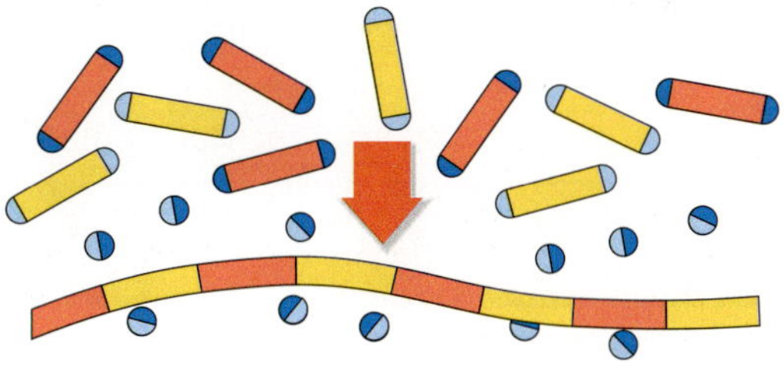

Thermoplaste	Duroplaste	Elastomere
Molekülketten fadenförmig oder wenig verzweigt	Molekülketten eng vernetzt	Molekülketten weitmaschig vernetzt
nach Erwärmen beliebig oft verformbar	hart, spröde; zersetzen sich beim Erhitzen	gummi-elastisch; zersetzen sich beim Erhitzen

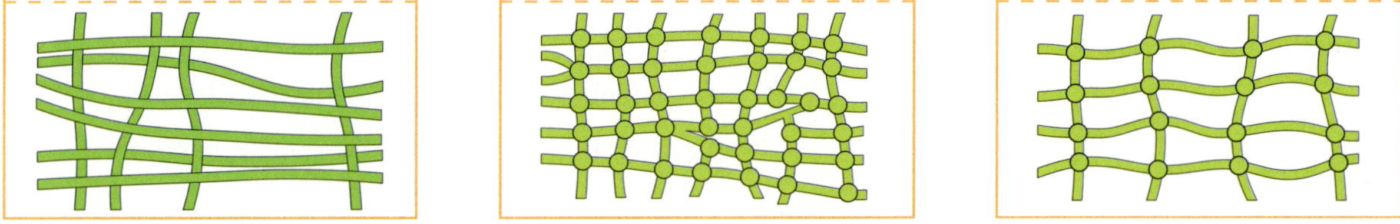

→ **Verarbeitung von Kunststoffen:** In einem Extruder wird Kunststoffgranulat geschmolzen und zu einem Strang gepresst. Mithilfe verschiedener Werkzeuge werden daraus Rohre, Gefäße, Folien oder andere Formen hergestellt.

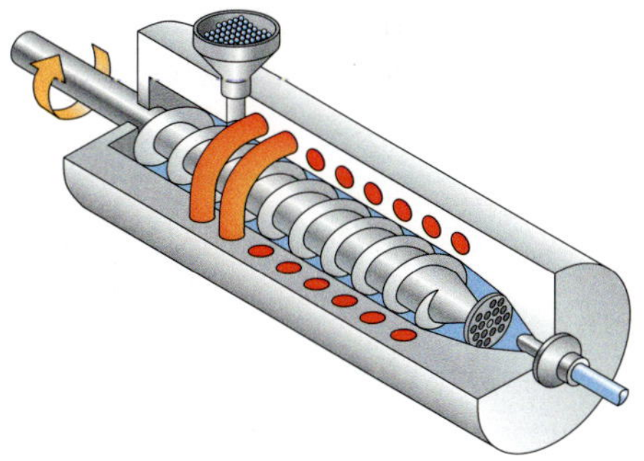

→ **Verwertung von Kunststoff-Abfällen:**

a) Werkstofflich: Die Abfälle werden zerkleinert und umgeschmolzen.

b) Thermisch: Die Abfälle werden verbrannt.

c) Rohstofflich: Die Kunststoffe werden wieder in kleine Moleküle zerlegt und erneut als Rohstoff genutzt.

→ **Biologisch abbaubare Kunststoffe:** Kunststoffe verursachen viel Müll, vor allem im Bereich der kurzlebigen Verpackungen. Biologisch abbaubare Kunststoffe können von Bakterien und Pilzen im Boden umweltfreundlich abgebaut werden.

Stellt man Kunststoffe aus biologischen Rohstoffen wie Stärke, Cellulose und Pflanzenöl her, spart man wertvolles Erdöl.

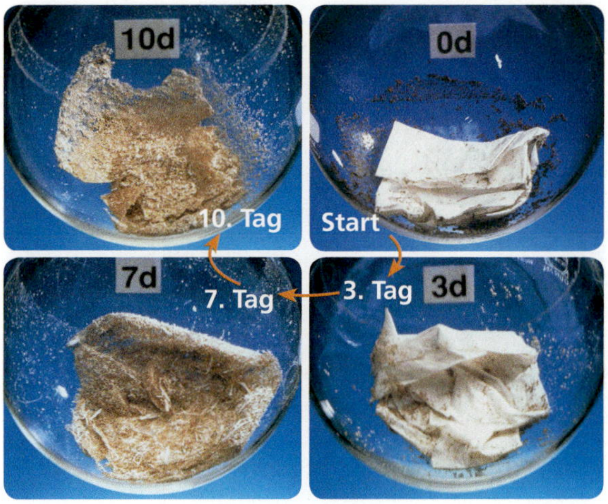

Kunststoff überall – vom Handy bis zur Babywindel

1. Eigenschaften von Kunststoffen

a) Die Abbildungen zeigen Gegenstände aus verschiedenen Kunststoffarten. Ordne diese Produkte unterschiedlichen Kunststoffgruppen zu und begründe deine Entscheidung.
b) Erstelle eine Liste mit Vor- und Nachteilen von Kunststoffen.

2. Herstellung von Kunststoffen

a) Welche Rohstoffe sind zur Herstellung von Kunststoffen geeignet und welche Eigenschaften müssen sie dazu besitzen?
b) Erkläre den Unterschied zwischen Polymerisation und Polykondensation.

c) Wodurch kommt es bei der Herstellung von Schaumkunststoffen zur schaumigen Struktur?
d) Für welche Anwendungen werden Schaumkunststoffe hauptsächlich verwendet?

3. Kennzeichnung von Stoffen

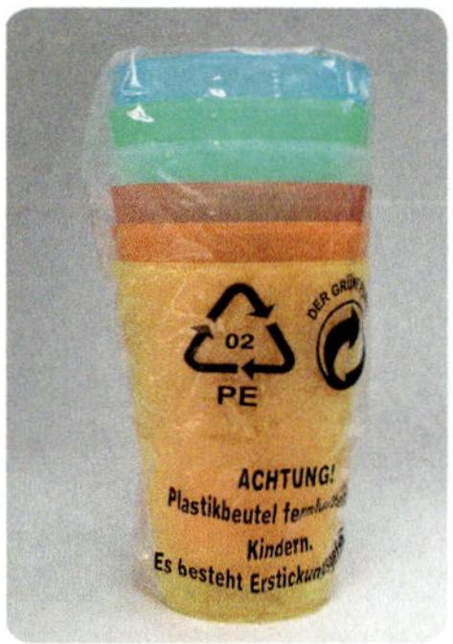

a) Ordne die folgenden Kennzeichnungen den entsprechenden Kunststoffen zu:
HDPE, LDPE, 05, O, PMMA, 07, 01, PAN, PTFE.
b) Welchen Vorteil bringt es, wenn man Kunststoffe kennzeichnet?

4. Kleidung aus Kunststoff

Erkläre die Funktionsweise von Textilien, die atmungsaktiv sind, aber dennoch wind- und wasserdicht.

5. Kleber sind (meistens) Kunststoffe

a) Warum sind Kunststoff-Moleküle besonders zur Herstellung von Klebstoffen geeignet?
b) Bei einem Bruch an einer geklebten Stelle kann man zwischen Adhäsions- und Kohäsionsbruch unterscheiden. Erkläre für jede Bruchart, wo und warum der Materialbruch erfolgt.

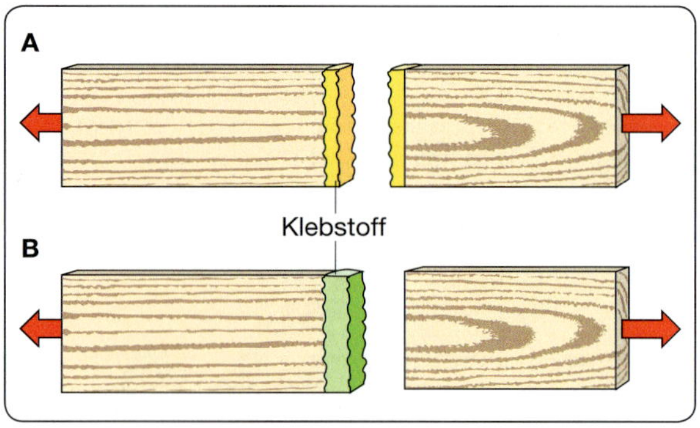

c) Zu welchen Klebstoffarten gehören Einkomponenten- und Zweikomponentenkleber? Begründe deine Antwort.
d) Wie funktionieren Lösungsmittelkleber?
e) Wozu werden Kleber benötigt, die nicht hart werden und wie stellt man sie her?

6. Kunststoff mit besonderen Eigenschaften

a) Was ist Teflon und welche besonderen Eigenschaften hat es?
b) Suche im Internet oder in Lexika nach Anwendungen für Teflon.
c) Finde heraus, welche Probleme Teflonprodukte bei der Entsorgung verursachen können.

7. Kunststoff aus Stärke – mit dem Waffeleisen!

a) Vermische in einem Becherglas 20 g (2 Esslöffel) Kartoffelstärke mit einem Teelöffel Backpulver und einem Teelöffel Gelatinepulver. Verrühre diese Mischung mit 30 ml Wasser.
Backe das Gemisch dann 4–5 Minuten in einem Waffeleisen. Lege die noch warme Masse auf den Rand eines Glases und lass sie abkühlen.
Notiere deine Beobachtungen zum Versuchsverlauf.
b) Vergleiche Stärkopor mit Styropor. Lege jeweils eine Probe in Wasser. Beobachte nach einer Stunde und nach 24 Stunden. Schreibe deine Ergebnisse auf.
c) Wie wird sich der selbst hergestellte „Kunststoff" wohl im Boden bzw. in einer Mülldeponie verhalten?
d) In welchen Bereichen könnte der Stärke-Kunststoff besonders sinnvoll eingesetzt werden, wo wäre er eher fehl am Platze?

9. Recherche: PET

Die meisten durchsichtigen Kunststoffflaschen bestehen aus dem Kunststoff PET.
a) Erstelle einen Steckbrief für diesen Kunststoff mit Angaben über Eigenschaften, Verwendung, usw.
b) Welche Vor- und Nachteile ergeben sich, wenn Getränkeflaschen aus PET verwendet werden?
c) Wie werden PET-Flaschen wiederverwertet?

10. Kunststoff – pro und kontra

Verbraucherschützer fordern ein Verbot der Chemikalie Bisphenol A. Sie ist beispielsweise im Kunststoff Polycarbonat (PC) enthalten.
a) Finde heraus, in welchen Produkten dieser Stoff enthalten sein kann.
b) Wie wirkt Bisphenol A auf Menschen und Tiere?
c) Wie weit verbreitet kommt dieser Stoff in der Umwelt vor?
d) Gibt es Einschränkungen für die Verwendung dieses Stoffes?
e) Diskutiert in der Klasse die Vor- und Nachteile von Kunststoffen mit Bisphenol A.

11. Kurzvorträge: Berufe in der Chemie

Informiert euch über weitere Ausbildungsberufe in der chemischen Industrie; z. B. über den Bundesarbeitgeberverband Chemie e.V. www.bavc.de oder über www.chemie4you.de
Je zwei Schüler können der Klasse in einem Kurzvortrag einen Ausbildungsberuf vorstellen.

8. Biologisch abbaubare Kunststoffe

a) Die wirtschaftliche Bedeutung biologisch abbaubarer Kunststoffe ist zur Zeit relativ gering. Finde Gründe dafür.
b) Überlege, warum ein Kunststoff, der biologisch abbaubar ist, nicht automatisch vorteilhaft für die Umwelt sein muss. Denke dabei auch an die Rohstoffe und deren Herstellung.

Stoff	Gefahren-, Sicherheits- und Entsorgungssymbole	Ratschläge R/S-Sätze
Aceton	F Xi B3	R: 11–36–66–67 S: 9–16–26–46
Aluminiumpulver	F	R: 11–17 S: 7/8–43
Ameisensäure 2 % ≤ *w* < 10 %	Xi B3	R: 36/38 S:
Ameisensäure *w* ≥ 10 %	C B3	R: 35 S: 23–26–36/37/39– 45
Ammoniak-Lösung 5 % ≤ *w* < 10 %	Xi B1	R: 36/37/38 S: 26–36/37/39–45–61
Ammoniumchlorid	Xn	R: 22–36 S:
Ammoniumthio-cyanat	Xn	R: 20/21/22–32–52/53 S: 13–61
Ammoniumthiocya-nat-Lösung		
Bariumchlorid	T B2	R: 20–25 S: 45
Bariumhydroxid-Lösung (ges.)	Xi	R: 20/22–34 S: 26–28–45
Bariumnitrat	Xn O B2	R: 8–20/22 S: 17–28
Benzin (Waschbenzin)	F Xn N B3	R: 11–51/53–65–66–67 S: 9–16–23–24–61–62
Blutlaugensalz, gelb (Kaliumhexacyano-ferrat (II))		R: 52/53 S: 50–61
Blutlaugensalz, rot (Kaliumhexacyano-ferrat (III))		R: 52/53 S: 50–61
Brennspiritus	F B2	R: 11 S: 7–16
Brom (flüssig)	T C N X	R: 26–35–50 S: 7/9–26–45–61
Bromwasser (ges.)	T Xn	R: 23–24–36/38–50 S: 7/9–26–45–61
n-Butanol (Butan-1-ol)	Xn B3	R: 10–22–37/38– 41–67 S: 7/9–13–26–37/39–46
Calcium	F X	R: 15 S: 8–24/24–43
Calciumcarbonat		
Calciumchlorid	Xi	R: 36 S: 22–24
Calciumhydroxid	Xi B1	R: 41 S: 22–24–26–39
Calciumhydroxid-Lösung (gesättigt), Kalkwasser		
Calciumoxid	Xi B1	R: 41 S: 22–24–26–39
Calciumsulfat		
Chlor-Gas	T N X	R: 23–36/37/38–50 S: 9–45–61
Chlorwasser (ges.)	Xi X	R: 20–36/37/38/23 S: 7/9–45
Chlorwasserstoff-Gas	T C	R: 23–35 S: 9–26–36/37/39–45
Cobaltchlorid	T N B2	R: 49–22–42/43–50/53 S: 22–53–45–60–61
1,6-Diaminohexan (Hexamethylen)	C B3	R: 21/22–34–37 S: 22–26–36/37/39–45
Dieselkraftstoff/ Dieselöl	F B3	R: 11 S: 9–16–29–33

Stoff	Gefahren-, Sicherheits- und Entsorgungssymbole	Ratschläge R/S-Sätze
Eisen(III)-chlorid	Xn	R: 22–38–42 S: 26–39
Eisenpulver (Stahlwolle)	F	1)
Eisen(II)-sulfat	Xn	R: 22–36/38 S: 24/25
Essigsäure *w* < 10 %	Xi	R: 36/38 S: 23–26–45
Essigsäure 10 % ≤ *w* < 25 %	Xi	R: 36/38 S: 23–26–45
Essigsäure *w* ≥ 25 %	C B1	R: 34 S. 23–26–45
Essigsäureethyl ester (Ethylacetat)	Xi F B3	R: 11–36–66–67 S: 16–23–26–33
Ethan	F+	R: 12 S: 9–16–33
Ethanol	F B3	R: 11 S: 7–16
Ethen	F+	R: 12 S: 9–16–33–46
FEHLING-Lösung I	Xn N B2	R: 22–36/38–52/53 S: 22–61
FEHLING-Lösung II	Xn C B1	R: 35 S: 26–27–37/39–45
Glycerin		1)
Glykol (Ethandiol)	Xn B3	R: 22 S: 2
Heptan	Xn F N B3	R: 11–38–50/53– 65–67 S: 9–16–29–33–60–61–62
Hexan	Xn F N B3	R: 11–38–48/20–51/53–62–65–67 S: 9–16–29–33 36/37–61–62
Hexandisäure-dichlorid	C B3	R: 34 S: 26–36/37/39–45
n-Hexanol (Hexan-1-ol)	Xn B3	R: 22 S: 2–24/25
Hexen	F B3	R: 11–65 S: 9–16–23–29–33–62
Iod	Xn N B1	R: 20/21–50 S: 23–25–61
Iod-Lösung (in Kali-umiodid-Lösung)		R: 20/21–50 S:
Iod-Tinktur (alkohol. Lösung)	Xn F B2	R: 20/21 S: 23–25
Kalilauge 0,5 % ≤ *w* < 2 %	Xi B1	R: 34 S: 26–37/39–45
Kalilauge *w* ≥ 2 %	C B1	R: 35 S: 26–37/39–45
Kaliumaluminium-sulfat (Alaun)		
Kaliumbromid		1)
Kaliumchlorid		1)
Kaliumhydroxid	C B1	R: 22–35 S: 2–26–37/39–45
Kaliumiodid		1)
Kaliumnitrat	O	R: 8 S: 16–41
Kaliumnitrat-Lösung	O	

Stoff	Gefahren-, Sicherheits- und Entsorgungssymbole	Ratschläge R/S-Sätze
Kaliumpermanganat	Xn O N B2	R: 8–22–50/53 S: 60–61
Kalkwasser (ges. Calciumhydroxid-Lösung)		
Kupfer(II)-chlorid	Xn N B2	R: 22–36/38–50/53 S: 22–26–61
Kupferoxid	Xn N B2	R: 22–50/53 S: 22–61
Kupferpulver	F N B2	R: 11 S: 16
Kupfersulfat	Xn N B2	R: 22–36/38–50/53 S: 22–60–61
Kupfer(II)-sulfat-Lösung $w < 25\,\%$	B2	R: 52/53 S: 61
Lithium	C F X	R: 14/15–34 S: 8–43–45
Lithiumchlorid	Xn	R: 22–36/38 S:
Magnesium (Band, Pulver)	F X	R: 11–15–17 S: 7/8–43
Magnesiumchlorid		R: S: 30
Magnesiumoxid		R: S: 22
Magnesiumsulfat	B1	1)
Methan	F	R: 12 S: 9–16–33
Methanol	T F B3	R: 11–23/24/25–39/23/24/25 S: 7–16–36/37–45
Methansäure (Ameisensäure), $10\,\% \leq w < 90\,\%$	C B3	R: 34 S: 23–26–45
Natrium	C F X	R: 14/15–34 S: (1/2) 5-8–43–45
Natriumborat (Borax)	Xn	R: 60–61 S: 53–45
Natriumbromid		1)
Natriumcarbonat (Soda)	Xi	R: S: 22–26
Natriumchlorid		1)
Natriumhydrogencarbonat (Natron)		1)
Natriumhydroxid	C B1	R: 35 S: 26–37/39–45
Natronlauge $0{,}5\,\% \leq w < 2\,\%$	Xi B1	R: 36/38 S: 26
Natronlauge $w \geq 2\,\%$	C B1	R: 35 S: 26–27–37/39–45
Nitrat-Teststäbchen		
Ölsäure/Heptan-Gemisch (1:1000)	F Xn N B3	R: 11–38–50/53–65–67 S: 9–16–29–33–60–61–62
Oxalsäure $w \geq 5\,\%$	Xn B1	R: 21/22 S: 24/25
Palmitinsäure	Xi B3	R: 36 S: 26
Paraffinöl	B3	1)
Pentan	F Xn N B3	R: 12–51/53–56–66–67 S: 9–16–29–33–61–62
n-Pentanol (Pentan-1-ol)	Xn B3	R: 10–20–37–66 S: 2–46
Petroleum	F Xn N B3	R: 11 S: 9–16–29–33
Phenolphthalein-Lösung (alkohol.)	F B3	R: 11 S: 7–16
n-Propanol (Propan-1-ol)	Xi F B3	R: 11–41–67 S: 7–16–24–26–39
Propionsäure $w \geq 25\,\%$	C B3	R: 34 S: 23–36–45
Salpetersäure $1\,\% \leq w < 5\,\%$	Xi B1	R: 36/37/38 S:
Salpetersäure $5\,\% \leq w < 70\,\%$	C B1	R: 35 S: 23–26–27
Salzsäure $10\,\% \leq w < 25\,\%$	Xi B1	R: 36/37/38 S: 28
Salzsäure $w \geq 25\,\%$	C	R: 34–37 S: 26–36/37/39–45
Schwefel		R: 38 S: 46
Schwefeldioxid	T	R: 23–24 S: 9–26–36/37/39–45
Schwefelsäure $5\,\% \leq w < 15\,\%$	Xi B1	R: 36/38 S: 26
Schwefelsäure $w \geq 15\,\%$	C B1	R: 35 S: 26–30–45
Silbernitrat	C N B2	R: 34–50/53 S: 26–45–60–61
Silbernitrat-Lösung ($w = 1\,\%$)		
Stearinsäure		
Thymolphthalein	B3	
Universalindikator		1)
Wasserstoff-Gas	F+	R: 12 S: 9–16–33
Wasserstoffperoxid-Lösung $5\,\% \leq w < 20\,\%$	Xi	R: 36/38 S: 3–28–36/39–45
Weinsäure	Xi	R: 36 S: 24/25
Zinkiodid	Xi N B2	R: 36/38–50/53 S: 61
Zinkpulver	N B2	R: 50/53 S: 60–61
Zinksulfat	Xi N B2	R: 22–41–50–53 S: 22–26–39–46–60–61

∗ : Herstellerangaben beachten

1) : keine Gefahrstoffdeklarierung

X : spezielle Entsorgungsreaktion

Bei allen Experimenten sollte man grundsätzlich eine Schutzbrille tragen

Schutzhandschuhe tragen

Abzug benutzen oder den Versuch in einer geschlossenen Apparatur durchführen

Entsorgung über Abfluss, bzw. Papierkorb möglich

Haftungsausschluss:
Trotz sorgfältiger Recherche bei der Deklarierung der Chemikalien ist es möglich, dass bei der Zusammenstellung der Liste Fehler aufgetreten sind. Aus diesem Grund übernimmt der Verlag für die Deklarierung der Chemikalien keine Haftung.

Eine ständig aktualisierte Gefahrstoffliste finden Sie unter: **http://www.schroedel.de/gefahrstoffe**

Gefahrenhinweise (R-Sätze)

Diese Hinweise geben Auskunft über die Art der Gefahr.

R 1 In trockenem Zustand explosionsgefährlich
R 2 Durch Schlag, Reibung, Feuer oder andere Zündquellen explosionsgefährlich
R 3 Durch Schlag, Reibung, Feuer oder andere Zündquellen besonders explosionsgefährlich
R 4 Bildet hochempfindliche explosionsgefährliche Metallverbindungen
R 5 Beim Erwärmen explosionsfähig
R 6 Mit und ohne Luft explosionsfähig
R 7 Kann Brand verursachen
R 8 Feuergefahr bei Berührung mit brennbaren Stoffen
R 9 Explosionsgefahr bei Mischung mit brennbaren Stoffen
R 10 Entzündlich
R 11 Leicht entzündlich
R 12 Hoch entzündlich
R 14 Reagiert heftig mit Wasser
R 15 Reagiert mit Wasser unter Bildung hoch entzündlicher Gase
R 16 Explosionsgefährlich in Mischung mit brandfördernden Stoffen
R 17 Selbstentzündlich an der Luft
R 18 Bei Gebrauch Bildung explosionsfähiger/leicht entzündlicher Dampf-Luftgemische möglich
R 19 Kann explosionsfähige Peroxide bilden
R 20 Gesundheitsschädlich beim Einatmen
R 21 Gesundheitsschädlich bei Berührung mit der Haut
R 22 Gesundheitsschädlich beim Verschlucken
R 23 Giftig beim Einatmen
R 24 Giftig bei Berührung mit der Haut
R 25 Giftig beim Verschlucken
R 26 Sehr giftig beim Einatmen
R 27 Sehr giftig bei Berührung mit der Haut
R 28 Sehr giftig beim Verschlucken
R 29 Entwickelt bei Berührung mit Wasser giftige Gase
R 30 Kann bei Gebrauch leicht entzündlich werden
R 31 Entwickelt bei Berührung mit Säure giftige Gase
R 32 Entwickelt bei Berührung mit Säure sehr giftige Gase
R 33 Gefahr kumulativer Wirkung
R 34 Verursacht Verätzungen
R 35 Verursacht schwere Verätzungen
R 36 Reizt die Augen
R 37 Reizt die Atmungsorgane
R 38 Reizt die Haut
R 39 Ernste Gefahr irreversiblen Schadens
R 40 Irreversibler Schaden möglich
R 41 Gefahr ernster Augenschäden
R 42 Sensibilisierung durch Einatmen möglich
R 43 Sensibilisierung durch Hautkontakt möglich
R 44 Explosionsgefahr bei Erhitzen unter Einschluss
R 45 Kann Krebs erzeugen
R 46 Kann vererbbare Schäden verursachen
R 48 Gefahr ernster Gesundheitsschäden bei längerer Exposition
R 49 Kann Krebs erzeugen beim Einatmen
R 50 Sehr giftig für Wasserorganismen
R 51 Giftig für Wasserorganismen
R 52 Schädlich für Wasserorganismen
R 53 Kann in Gewässern längerfristig schädliche Wirkungen haben
R 54 Giftig für Pflanzen
R 55 Giftig für Tiere
R 56 Giftig für Bodenorganismen
R 57 Giftig für Bienen
R 58 Kann längerfristig schädliche Wirkungen auf die Umwelt haben
R 59 Gefährlich für die Ozonschicht
R 60 Kann die Fortpflanzungsfähigkeit beeinträchtigen
R 61 Kann das Kind im Mutterleib schädigen
R 62 Kann möglicherweise die Fortpflanzungsfähigkeit beeinträchtigen
R 63 Kann das Kind im Mutterleib möglicherweise schädigen
R 64 Kann Säuglinge über die Muttermilch schädigen
R 65 Gesundheitsschädlich: Kann beim Verschlucken Lungenschäden verursachen
R 66 Wiederholter Kontakt kann zu spröder oder rissiger Haut führen
R 67 Dämpfe können Schläfrigkeit oder Benommenheit verursachen

Sicherheitsratschläge (S-Sätze)

Hier werden Empfehlungen gegeben, wie Gesundheitsgefahren abgewehrt werden können.

S 1 Unter Verschluss aufbewahren
S 2 Darf nicht in die Hände von Kindern gelangen
S 3 Kühl aufbewahren
S 4 Von Wohnplätzen fernhalten
S 5 Unter ... aufbewahren (geeignete Flüssigkeit vom Hersteller anzugeben)
S 6 Unter ... aufbewahren (inertes Gas vom Hersteller anzugeben)
S 7 Behälter dicht geschlossen halten
S 8 Behälter trocken halten
S 9 Behälter an einem gut gelüfteten Ort aufbewahren
S 12 Behälter nicht gasdicht verschließen
S 13 Von Nahrungsmitteln, Getränken und Futtermitteln fernhalten
S 14 Von ... fernhalten (inkompatible Substanzen sind vom Hersteller anzugeben)
S 15 Vor Hitze schützen
S 16 Von Zündquellen fernhalten – Nicht rauchen
S 17 Von brennbaren Stoffen fernhalten
S 18 Behälter mit Vorsicht öffnen und handhaben
S 20 Bei der Arbeit nicht essen und trinken
S 21 Bei der Arbeit nicht rauchen
S 22 Staub nicht einatmen
S 23 Gas/Rauch/Dampf/Aerosol nicht einatmen (geeignete Bezeichnung(en) vom Hersteller anzugeben)
S 24 Berührung mit der Haut vermeiden
S 25 Berührung mit den Augen vermeiden
S 26 Bei Berührung mit den Augen sofort gründlich mit Wasser abspülen und Arzt konsultieren
S 27 Beschmutzte, getränkte Kleidung sofort ausziehen
S 28 Bei Berührung mit der Haut sofort abwaschen mit viel ... (vom Hersteller anzugeben)
S 29 Nicht in die Kanalisation gelangen lassen
S 30 Niemals Wasser hinzugießen
S 33 Maßnahmen gegen elektrostatische Aufladung treffen
S 35 Abfälle und Behälter müssen in gesicherter Weise beseitigt werden
S 36 Bei der Arbeit geeignete Schutzkleidung tragen
S 37 Geeignete Schutzhandschuhe tragen
S 38 Bei unzureichender Belüftung Atemschutzgerät anlegen
S 39 Schutzbrille/Gesichtsschutz tragen
S 40 Fußboden und verunreinigte Gegenstände mit ... reinigen (Material vom Hersteller anzugeben)
S 41 Explosions- und Brandgase nicht einatmen
S 42 Bei Räuchern/Versprühen geeignetes Atemschutzgerät anlegen (geeignete Bezeichnung(en) vom Hersteller anzugeben)
S 43 Zum Löschen ... (vom Hersteller anzugeben) verwenden (wenn Wasser die Gefahr erhöht, anfügen: „Kein Wasser verwenden")
S 45 Bei Unfall oder Unwohlsein sofort Arzt hinzuziehen (wenn möglich dieses Etikett vorzeigen)
S 46 Bei Verschlucken sofort ärztlichen Rat einholen und Verpackung oder Etikett vorzeigen
S 47 Nicht bei Temperaturen über ... °C aufbewahren (vom Hersteller anzugeben)
S 48 Feucht halten mit... (geeignetes Mittel vom Hersteller anzugeben)
S 49 Nur im Originalbehälter aufbewahren
S 50 Nicht mischen mit ... (vom Hersteller anzugeben)
S 51 Nur in gut gelüfteten Bereichen verwenden
S 52 Nicht großflächig für Wohn- und Aufenthaltsräume verwenden
S 53 Exposition vermeiden – vor Gebrauch besondere Anweisungen einholen
S 56 Diesen Stoff und seinen Behälter der Problemfallentsorgung zuführen
S 57 Zur Vermeidung einer Kontamination der Umwelt geeigneten Behälter verwenden
S S9 Information zur Wiederverwendung beim Hersteller/ Lieferanten erfragen
S 60 Dieser Stoff und sein Behälter sind als gefährlicher Abfall zu entsorgen
S 61 Freisetzung in die Umwelt vermeiden. Besondere Anweisungen einholen/Sicherheitsdatenblatt zu Rate ziehen
S 62 Bei Verschlucken kein Erbrechen herbeiführen. Sofort ärztlichen Rat einholen und Verpackung oder dieses Etikett vorzeigen
S 63 Bei Unfall durch Einatmen: Verunfallten an die frische Luft bringen und ruhig stellen
S 64 Bei Verschlucken Mund mit Wasser ausspülen (nur wenn Verunfallter bei Bewusstsein ist)

Gefahrensymbole – alt und neu

Einfache Bildsymbole geben Hinweise auf Gefahren, die von Chemikalien ausgehen. Gab es bislang national verschiedene Symbole, wird seit 2009 weltweit das global harmonisierte System (GHS) eingeführt.
Die neun Gefahrenklassen werden nochmals unterteilt in bis zu fünf Gefahrenkategorien. So entfällt das bisherige Symbol des Kreuzes mit der Kennzeichnung für gesundheitsschädliche oder reizende Stoffe. Je nach Gefahrenpotential ist das Symbol für Ätzwirkung, Gesundheitsgefahr oder das Ausrufezeichen einzusetzen und auf dem Etikett die Kategorie anzugeben.
Neu sind die Bildsymbole mit Gasflasche, Ausrufezeichen und die Gesundheitsgefahr – ein Mensch mit Stern.

Das Ausrufezeichen wird weiter aufgeschlüsselt. Hierbei spielt die Stärke der Gefährdung eine größere Rolle als die Art der Gefahr. Ebenso muss die Gesundheitsgefahr durch weitere Angaben genauer beschreiben werden. So kann eine Substanz toxisch, krebserregend oder Allergie auslösend sein.
Das Ausrufezeichen entfällt, wenn schon stärkere gesundheitliche Gefahren wie Giftigkeit angeführt wurden.
Auf Etiketten gibt es zusätzliche Signalwörter, die den Grad der Gefährdung anzeigen.

Gefahr für schwerwiegende Gefahrenkategorien
Warnung für weniger schwerwiegende Gefahrenkategorien

neues Symbol	Bezeichnung	Erläuterungstext	altes Symbol	Gefahrenbezeichnung
	explosiv	Stoffe, die explodieren können.		explosionsgefährlich
	entzündbar, Kategorie 1	Stoffe, die sich an der Luft von allein entzünden können.		hochentzündlich
	entzündbar, Kategorie 2	Stoffe, die schon durch kurzzeitige Einwirkung einer Zündquelle entzündet werden können.		leichtentzündlich
	entzündbar, Kategorie 3	Stoffe, die sich beim Erwärmen selbst entzünden können.	–	–
	oxidierend, Kategorie 1, 2, 3	Stoffe, die einen Brand oder eine Explosion verursachen oder verstärken.		brandfördernd
	komprimierte Gase	Komprimierte Gase stehen unter Druck. Vor direkter Sonneneinstrahlung schützen.	–	–
	ätzend, Kategorie 1	Stoffe, die das Hautgewebe an der betroffenen Stelle innerhalb weniger Minuten vollständig zerstören können oder bei Kontakt mit den Augen Schäden verursachen.		ätzend
	ätzend, Kategorie 2	Stoffe, die auf der Haut nach mehrstündiger Einwirkung deutliche Entzündungen hervorrufen können.		reizend
	akute Toxizität, Kategorie 1	Stoffe, die beim Verschlucken oder Einatmen oder bei Aufnahme durch die Haut schwere Gesundheitsschäden oder gar den Tod bewirken können.		sehr giftig
	akute Toxizität, Kategorie 2	Stoffe, die beim Verschlucken oder Einatmen oder bei Aufnahme durch die Haut schwere Gesundheitsschäden bewirken können.	 	sehr giftig oder giftig
	akute Toxizität, Kategorie 3	Stoffe, die beim Verschlucken oder Einatmen oder bei Aufnahme durch die Haut beschränkte Gesundheitsschäden hervorrufen können.	 	giftig oder gesundheitsschädlich
	akute Toxizität, Kategorie 4	Stoffe, die beim Verschlucken oder Einatmen oder bei Aufnahme durch die Haut chronische Gesundheitsschäden hervorrufen können.		gesundheitsschädlich
	Gesundheitsgefahr, Kategorie 1A, 1B, 2	Stoffe, die beim Verschlucken oder Einatmen oder bei Aufnahme durch die Haut krebsauslösend sind.	–	–
	Gesundheitsgefahr gezielte Organtoxizität, Kategorie 1, 2	Stoffe, die beim Verschlucken oder Einatmen oder bei Aufnahme durch die Haut krebsauslösend sind.	–	–
	gezielte Organtoxizität, Kategorie 3	Stoffe, die bei Aufnahme Unwohlsein oder leichte Beschwerden bewirken können.	–	–
	Gesundheitsgefahr Atemwegssensibilisierend, Kategorie 1	Stoffe, die beim Einatmen allergische Reaktionen bewirken können.	–	–
	Hautsensibilisierend, Kategorie 1	Stoffe, die auf der Haut allergische Reaktionen bewirken können.	–	–
	umweltgefährlich, Kategorie 1, 2, 3	Stoffe, die selbst oder in Form ihrer Umwandlungsprodukte geeignet sind, sofort oder später Gefahren für die Umwelt herbeizuführen.		umweltgefährlich

Die chemischen Elemente

Elemente Name	Symbol	OZ	Atommasse in u	Dichte[1] in $\frac{g}{cm^3}$ (Gase: $\frac{g}{l}$)	Schmelztemperatur in °C	Siedetemperatur in °C
Actinium	Ac	**89**	(227)	10,1	1050	–
Aluminium	Al	**13**	26,9815	2,70	660	≈ 2300
Americium	Am	**95**	(243)	11,7	827	2610
Antimon (Stibium)	Sb	**51**	121,75	6,68	630	1640
Argon	Ar	**18**	39,948	*1,784*	–189	–186
Arsen	As	**33**	74,9216	5,73	817p	633s
Barium	Ba	**56**	137,34	3,7	717	1640
Beryllium	Be	**4**	9,0122	1,86	1278	2970
Bismut (Bismutum)	Bi	**83**	208,980	9,80	271	1560
Blei (Plumbum)	Pb	**82**	207,2	11,4	327	1750
Bor	B	**5**	10,81	2,34	≈ 2000	≈ 2500
Brom	Br	**35**	79,904	3,14	–7	58
Cadmium	Cd	**48**	112,40	8,64	321	767
Caesium	Cs	**55**	132,905	1,90	29	690
Calcium	Ca	**20**	40,08	1,55	845	1440
Cer	Ce	**58**	140,12	6,8	800	3600
Chlor	Cl	**17**	35,453	*3,214*	–102	–34
Chrom	Cr	**24**	51,996	7,19	≈ 1900	≈ 2500
Cobalt	Co	**27**	58,9332	8,83	1490	3100
Dysprosium	Dy	**66**	162,50	8,54	1407	≈ 2600
Eisen (Ferrum)	Fe	**26**	55,847	7,86	1537	2730
Erbium	Er	**68**	167,26	9,05	1497	2900
Europium	Eu	**63**	151,96	5,26	826	1439
Fluor	F	**9**	18,9984	*1,70*	–220	–188
Gadolinium	Gd	**64**	157,25	7,90	1312	≈ 3000
Gallium	Ga	**31**	69,72	6,0	30	2340
Germanium	Ge	**32**	72,59	5,36	960	≈ 2700
Gold (Aurum)	Au	**79**	196,967	19,3	1063	2700
Hafnium	Hf	**72**	178,49	13,3	2220	> 3000
Helium	He	**2**	4,0026	*0,178*	–272p	–269
Holmium	Ho	**67**	164,930	8,80	1461	≈ 2600
Indium	In	**49**	114,82	7,31	156	2000
Iod	I	**53**	126,9044	4,94	114	184
Iridium	Ir	**77**	192,2	22,6	2454	> 4500
Kalium	K	**19**	39,102	0,86	64	760
Kohlenstoff (Carboneum)	C	**6**	12,0115	2)	> 3500s	≈ 4000
Krypton	Kr	**36**	83,80	*3,708*	–157	–153
Kupfer (Cuprum)	Cu	**29**	63,546	8,93	1083	2350
Lanthan	La	**57**	138,91	6,1	920	4515
Lithium	Li	**3**	6,941	0,53	180	1335
Lutetium	Lu	**71**	174,97	9,84	1652	3327
Magnesium	Mg	**12**	24,305	1,74	650	1105
Mangan	Mn	**25**	54,9380	7,3	1220	2150
Molybdän	Mo	**42**	95,94	10,2	2620	≈ 5000
Natrium	Na	**11**	22,9898	0,97	98	883
Neodym	Nd	**60**	144,24	7,0	1024	3300
Neon	Ne	**10**	20,179	*0,90*	–249	–246

Elemente Name	Symbol	OZ	Atommasse in u	Dichte[1] in $\frac{g}{cm^3}$ (Gase: $\frac{g}{l}$)	Schmelztemperatur in °C	Siedetemperatur in °C
Neptunium	Np	**93**	(237)	19,5	–	–
Nickel	Ni	**28**	58,70	8,90	1453	≈ 2800
Niob	Nb	**41**	92,906	8,5	2468	≈ 3700
Osmium	Os	**76**	190,2	22,5	≈ 2600	≈ 5500
Palladium	Pd	**46**	106,4	12,0	1555	3380
Phosphor	P	**15**	30,9738	3)	44[4]	285[4]
Platin	Pt	**78**	195,09	21,45	1770	3300
Plutonium	Pu	**94**	(244)	19,7	640	3200
Polonium	Po	**84**	(209)	9,32	254	962
Praseodym	Pr	**59**	140,907	6,7	935	≈ 3300
Quecksilber (Hydrargyrum)	Hg	**80**	200,59	13,55	–39	357
Radium	Ra	**88**	226,05	≈ 6	≈ 700	1140
Radon	Rn	**86**	(222)	*9,96*	–71	–62
Rhenium	Re	**75**	186,2	20,9	3170	≈ 5900
Rhodium	Rh	**45**	102,905	12,4	1966	4500
Rubidium	Rb	**37**	85,47	1,53	39	690
Rhutenium	Ru	**44**	101,07	12,4	2400	≈ 4500
Samarium	Sm	**62**	150,35	7,5	1072	≈ 1900
Sauerstoff (Oxygenium)	O	**8**	15,9994	*1,429*	–219	–183
Scandium	Sc	**21**	44,956	3,0	1540	- 2730
Schwefel (Sulfur)	S	**16**	32,06	2,0	119	444
Selen	Se	**34**	78,96	4,8	220	688
Silber (Argentum)	Ag	**47**	107,870	10,5	960	2150
Silicium	Si	**14**	28,086	2,4	1410	2630
Stickstoff (Nitrogenium)	N	**7**	14,0067	*1,251*	–210	–196
Strontium	Sr	**38**	87,62	2,6	757	1365
Tantal	Ta	**73**	180,948	16,7	2990	> 5000
Technetium*	Tc	**43**	(97)	11,5	2140	–
Tellur	Te	**52**	127,60	6,2	450	990
Terbium	Tb	**65**	158,924	8,3	1350	≈ 2800
Thallium	Tl	**81**	204,37	11,85	303	1457
Thorium	Th	**90**	232,038	11,7	≈ 1800	≈ 3600
Thulium	Tm	**69**	168,934	9,33	1545	1727
Titan	Ti	**22**	47,90	4,51	≈ 1700	3260
Uran	U	**92**	238,029	19,1	1133	≈ 3600
Vanadium	V	**23**	50,9414	6,1	≈ 1800	> 3000
Wasserstoff (Hydrogenium)	H	**1**	1,00797	*0,0899*	–259	–253
Wolfram	W	**74**	183,85	19,30	3410	5400
Xenon	Xe	**54**	131,30	*5,89*	–112	–108
Ytterbium	Yb	**70**	173,04	6,5	8,25	1427
Yttrium	Y	**39**	88,905	4,5	1490	2927
Zink	Zn	**30**	65,38	7,2	420	910
Zinn (Stannum)	Sn	**50**	118,69	7,3	232	≈ 2400
Zirkonium	Zr	**40**	91,22	6,5	1860	≈ 3600

* künstlich gewonnenes Element, OZ Ordnungszahl, (243) Eine eingeklammerte Zahl gibt die Nukleonenzahl des langlebigsten Isotops des Elements an.
– Werte sind nicht bekannt, < Wert sehr ungenau, p unter Druck, s sublimiert, 1) Bei gasförmigen Elementen wird die Dichte *kursiv* gedruckt angegeben. Sie gilt für 0 °C und 1013 hPa. 2) Graphit: 2,25, Diamant: 3,51, 3) weißer P: 1,83, roter P: 2,2, 4) weißer P

Stichwortverzeichnis

Bildquellenverzeichnis

Umschlag: plainpicture, Hamburg; 3.2, 54.1: mauritius images, Mittenwald (Thonig); 4.1, 80.1: Visum, Hamburg (Silke Reents); 4.2, 114.1: ullstein bild, Berlin (ddp Nachrichtenagentur); 5.1, 150.1: Focus, Hamburg (Javier Trueba/MSF/SPL); 5.2, 176.1: F1online, Frankfurt (Ojo Images); 5.3, 198.1: mauritius images, Mittenwald (imagebroker/Rudi Sebastian); 6.1, 214.1: Klimas, Martin, Düsseldorf; 6.2, 246.1: Corbis, Düsseldorf (Paul Souders); 7.1, 274.1: Corbis, Düsseldorf (Kazuyoshi Nomachi); 7.2, 302.1: argum, München (Bert Bostelmann); 7.3a, 324.1a: Tierbildarchiv Angermayer, Holzkirchen (Hans Pfletschinger); 7.3b, 324.1b: Juniors, Ruhpolding; 8.1, 346.1: DaWanda GmbH, Berlin; 8.2, 368.1: tesa SE, Hamburg; 19.1: TruePixel, Krefeld (Achim Meissner); 21.1: StockFood, München (von Bialy, Dorota i Bogdan); 22.1: Corbis, Düsseldorf (Benjamin Rondel); 25.1: action press, Hamburg; 25.2: mauritius images, Mittenwald (SuperStock); 27.2: Okapia, Frankfurt (David Wrobel); 27.3: A1PIX/Your Photo Today, Taufkirchen; 32.1: Corbis, Düsseldorf (Paul Freytag); 33.1: mauritius images, Mittenwald (Arthur Cupak); 34.3: Picture-Alliance, Frankfurt (dpa); 37.1b: Michael Fabian, Hannover; 38.1: Klaus G. Kohn, Braunschweig; 40.2: Still Pictures, Berlin (Richard Revels/WWI); 40.3: Sealord Photography; 40.4: Wildlife Bildagentur GmbH, Hamburg; 44: Image Asset Management/agefotostock; 46.2: Dieter Frühauf, Braunschweig; 46.3 (Symbole): Deutsches Museum, München; 53.3: Deutsches Kupferinstitut e.V., Düsseldorf; 55.1: Picture-Alliance, Frankfurt (dpa); 55.2: Picture-Alliance, Frankfurt (dpa/dpaweb/Steffen Kugler); 55.3: Helga Lade, Frankfurt; 56.2: Ritter, Tobias, Landshut; 56.4: Klaus G. Kohn, Braunschweig; 56.5: Klaus G. Kohn, Braunschweig; 57.1: mauritius images, Mittenwald; 57.3: Astrofoto, Sörth; 61.1: mauritius images, Mittenwald (Artur Cupak); 61.2: mauritius images, Mittenwald (Phototake); 61.3: Michael Fabian, Hannover; 62.1: MEV Verlag, Augsburg; 62.2a: Phillips GmbH, Hamburg (Philips Automotive Lighting); 62.2b, 62.2c: Hella KG, Lippstadt; 62.3: Air Liquide Deutschland, Düsseldorf; 63.1: Lokomotiv, Stadtlohn (Thomas Willemsen); 63.2: mauritius images, Mittenwald (Wolfgang Weinhäupl); 63.3: Picture-Alliance, Frankfurt (dpa); 64.1: Corbis, Düsseldorf (Peter Turnley); 64.2: Picture-Alliance, Frankfurt (dpa/Marco Polo Film); 68.1b: Helmholtz Zentrum München – Deutsches Forschungszentrum für Gesundheit und Umwelt, Neuherberg (Ulrich Heinzmann); 69.1: Bayer AG, Leverkusen; 70.1: Picture-Alliance, Frankfurt (dpa/Dieter Assmann); 70.2: Picture-Alliance, Frankfurt (dpa/Helga Lade GmbH); 71.2: mauritius images, Mittenwald (Oxford Scientific); 72.1: mauritius images, Mittenwald (imagebroker); 72.2: Picture-Alliance, Frankfurt (dpa/Frank Rumpenhorst); 73.2: Groskinsky, Washington; 74.1: Picture-Alliance, Frankfurt (dpa/Torsten_Blackwood); 75.1a, 75.1b: Gesellschaft für ökologische Forschung e.V., München; 76.1: Klaus G. Kohn, Braunschweig; 81.1: ullstein bild, Berlin (Peter Arnold Inc.); 81.3: Stahl-Zentrum, Düsseldorf; 81.4: Corbis, Düsseldorf (Robert Pickett); 82.2: Südtiroler Archäologiemuseum, Bozen (www.iceman.it); 83.1: Studio X Images de Presse, Paris (Gamma); 83.2: wikipedia.org (Kogo); 83.3: Südtiroler Archäologiemuseum, Bozen; 87.1: DB Station&Service AG, Berlin; 87.4: fotolia.com, New York (LosHawlos); 89: ullstein bild, Berlin (CARO/Westermann); 89.1a: Deutsches Kupferinstitut e.V., Düsseldorf; 89.1c: Corbis, Düsseldorf (Floris Leeuwenberg/The Cover Story); 89.1d: KME Group S.p.A., Florenz; 90.1: mauritius images, Mittenwald (imagebroker / Jochen Tack); 90.2: Aurubis AG, Hamburg; 91.1a: KME Group S.p.A., Florenz; 91.1b, 91.1c: Aurubis AG, Hamburg; 88.1, 91.1d: KME Group S.p.A., Florenz; 91.1e: Aurubis AG, Hamburg; 92.1: Corbis, Düsseldorf (Kulka/zefa); 92.2: Ulrich Pfreimbtner, Künzing; 93.1: mauritius images, Mittenwald (Jose Fuste Raga); 93.2: Evonik Degussa GmbH, Hanau; 93.3: Evonik Degussa GmbH, Hanau; 93.4: Evonik Degussa GmbH, Hanau; 94.1: Corbis, Düsseldorf; 94.2: vario images, Bonn (Jo Röttger); 94.3: Picture-Alliance, Frankfurt (dpa/ZB); 94.4: Picture-Alliance, Frankfurt (dpa); 97.1: Initiative Zink/WVM, Düsseldorf; 97.2: mauritius images, Mittenwald (Manfred Habel); 100.2: Stahl-Zentrum, Düsseldorf; 102.1a, 102.1b: Salzgitter AG, Salzgitter; 102.2a: ThyssenKrupp Steel AG, Duisburg-Ruhrort; 103.2: Salzgitter AG, Salzgitter; 103.3: Stahl-Zentrum, Düsseldorf; 104.1: Bridgeman Berlin, Berlin (Heini Schneebeli); 104.2: Dieter Schmid, Berlin; 104.4: Damaszener-Schmiede, Mönchengladbach; 105.1, 105.2, 105.3: aus: G. Agricola, Vom Berg- und Hüttenwesen, München 1994; 107.1, 107.2, 107.3: Weltkulturerbe Rammelsberg Museum & Besucherbergwerk, Goslar; 108.5: Corbis, Düsseldorf (Michael S. Yamashita); 109.1: Corbis, Düsseldorf (William Manning); 112.2: Schulte-Ufer, Sundern; 113.3: Heraeus Holding GmbH, Hanau; 113.4: Salzgitter AG, Salzgitter; 115.1: Okapia, Frankfurt (NAS/Charles D. Winters); 115.3: Schweizerischer Nationalfonds zur Förderung der wissenschaftlichen Forschung (SNF), Bern; 115.4: IBM Almaden Research Center, San Jose/Californien (D.M. Eigler); 115.2a, 115.2b, 117.1a, 117.1b, 117.1c, 119.1a, 119.1c, 119.1d, 119.1e 136.2c, 136.2d: Michael Fabian, Hannover; 119.3: laif, Köln (Martin Kirchner); 120.1: Jörg Lantelmé, Kassel; 120.2: Macherey-Nagel, Düren; 121.4, 122.1a, 122.1b, 122.1d: Michael Fabian, Hannover; 123.1a, 123.1b, 123.1c, 123.1d, 123.1e: wikipedia.org (P. Slawinski); 123.2: Messer Group GmbH, Sulzbach; 127.3: Metaleurop GmbH, Hannover; 130.4: Superbild/Your Photo Today, Taufkirchen; 131.2: Sanofi-Aventis, Frankfurt; 136.2b: Deutscher Wetterdienst DWD, Offenbach; 140.1: Britische Botschaft, Berlin; 142.1: Schaefer Technologie GmbH, Langen; 142.2: Max-Planck-Institut für Metallforschung – BIOKON-Standort, Stuttgart; 142.3: IBM Almaden Research Center, San Jose/Californien (D.M. Eigler); 144.4a, 144.4b, 144.4c: BASF Bilddienst, Ludwigshafen; 145.1: Sto AG, Stühlingen; 145.2, 145.3, 145.4, 145.5: BASF Bilddienst, Ludwigshafen; 117.1d, 117.1e, 122.1c, 146.1a, 146.1b, 146.1c, 147.1, 148.1, 148.2, 149.1: Michael Fabian, Hannover; 151.1b: Süddeutsche Salzwerke AG, Heilbronn; 151.2: Topic-Media Service, Ottobrunn (Heine); 151.3: K+S KALI, Kassel; 152.2: Arco Images, Lünen (G. Thielmann); 153.1: K+S KALI, Kassel; 153.2: Solvay, Hannover; 153.3: Corbis, Düsseldorf (Owen Franken); 155.2: Deutsches Salzmuseum, Lüneburg; 156.3: mauritius images, Mittenwald (Urbanlip); 158.4: Purdue University, Indiana (College of Science Department of Physics); 159.2, 159.3, 159.4: Olaf + Ulrike Mendenbach, Witten; 166.1: Henzler, Nürtingen; 168.2: K+S KALI, Kassel; 171.2: bildagentur-online, Burgkunstadt; 171.3: Forschungsinstitut der Zementindustrie, Düsseldorf; 172.1b: MEV Verlag, Augsburg; 172.1c: Dr. med. Lothar Reinbacher, Kempten; 172.2: Netzwerk für geowissenschaftliche Öffentlichkeitsarbeit, Freiberg; 173.2: mauritius images, Mittenwald (Rosenfeld); 173.3, 172.1a: Knauf Gips KG, Iphofen; 174.1: BilderBox, Thening; 177.2: fotolia.com, New York (pixelot); 177.3: DLR Deutsches Zentrum für Luft- und Raumfahrt, Köln; 179.1: Picture-Alliance, Frankfurt (dpa / DB); 179.2: Deutsches Museum, München; 179.3: ullstein bild, Berlin; 182.1: Dr. Enno Müller, Braunschweig; 182.2: Dieter Rixe, Braunschweig; 184.1: Varta Microbattery, Ellwangen; 186.1: picturemaxx, München; 186.2: Druwe & Polastri, Cremlingen/Weddel; 186.3: Dr. Enno Müller, Braunschweig; 187.1: wikipedia.org (Simon Prisner); 187.2: teamwork, Hamburg (Duwentaester); 187.3: Michael Fabian, Hannover; 190.1: VAW Vereinigte Aluminiumwerke, Bonn; 190.2: Corbis, Düsseldorf (James L. Amos); 191.1: Heinrich Pniok; 192.1, 192.2, 192.3: GoTro-Kunstgalvanik, Moers; 193.1: Winfried Scheibe, Bad Arolsen-Wetterburg; 193.2: tchibo, Hamburg; 194.2: Dr. Nicole Jänisch, Hannover; 195.1: Stills-Online Bildagentur, Hamburg; 196.3: CNImaging; 197.1: Franckh-Kosmos Verlag, Stuttgart; 197.2: Keystone Pressedienst, Hamburg (Oliver Goernandt); 197.5: Thomas Schreiber, Duisburg; 199.2a: ullstein bild, Berlin (Imagebroker.net); 199.2b: mauritius images, Mittenwald (Artur Cupak); 199.3: Stefanie Vielhauer, Gelsenkirchen; 199.4: adpic Bildagentur, Bonn (M. Baumann); 200.1: Konopka; 200.3: Okapia, Frankfurt (Dr. Bäsemann); 200.4: plainpicture,

Hamburg (Pictorium); 201.1: Corbis, Düsseldorf (Owen Franken); 201.3: Okapia, Frankfurt; 205.1: Corbis, Düsseldorf (Zefa); 206.1: Getty Images, München (Foodcollection); 207.3: die bildstelle, Hamburg (ZUMA PRESS INC.); 208.1: Picture-Alliance, Frankfurt (dpa/Roland Weihrauch); 209.1: wikipedia.org (Jochen Gschnaller/Leopold-Franzens-Universität Innsbruck); 209.1b, 209.2: wikipedia.org (Michael Ströck (mstroeck)); 209.3: Max-Planck-Institut für Metallforschung – BIOKON-Standort, Stuttgart (Jannik Meyer); 209.4: Andia.fr, Pacé (Rony/Alpaca); 210.1: mauritius images, Mittenwald (Weststock); 212.1: vario images, Bonn; 212.2: Wildlife, Hamburg (N. Benvie); 212.3: Dr. Enno Müller, Braunschweig; 212.4: Matthias Lüdecke, Berlin; 213.2: Kulkafoto, Berlin; 213.3: wikipedia.org (Michael Ströck (mstroeck)); 215.1: wikipedia.org (Pujanak); 215.2b: Carl Roth GmbH & Co. KG, Karlsruhe; 215.3a: fotolia.com, New York (Karin Jähne); 215.3b: Fotex, Hamburg (MLP); 216.3: Caro, Berlin (Christoph Eckelt); 222.2: Picture-Alliance, Frankfurt (akg-images); 226.1: Brita GmbH, Taunusstein; 226.2, 226.3: Max-Planck-Institut für Chemie, Mainz (Sebastian Wypych); 230.4: mauritius images, Mittenwald (Weststock); 231.1a, 231.1b, 231.1c, 231.1d, 231.1e: Michael Fabian, Hannover; 232.3: Volker Münch – Markgräfler Presseservice (MPS); 234.1: Picture-Alliance, Frankfurt (Okapia); 237.1: Okapia, Frankfurt (Kjell-Arne Larsson); 242.1: Attendorner Tropfsteinhöhle, Attendorn; 244.1: Focus, Hamburg (SPL/Sam Ogden); 244.2: Okapia, Frankfurt (Horst Zanus); 245.3: Flora Press, Hamburg (BIOS); 245.4: Helga Lade, Frankfurt (Werner H. Müller); 246.2: NASA, Washington; 247.2: F1online, Frankfurt (Aflo); 247.3: die bildstelle, Hamburg (Lehtikuva Oy); 247.4: mauritius images, Mittenwald (Haag+Kropp); 248.1: Corbis, Düsseldorf (Alan Schein Photography); 248.2: Corbis, Düsseldorf (Reuters); 255.2: mauritius images, Mittenwald (Anton Luhr/imagebroker); 255.3: Agentur für erneuerbare Energien e.V., Berlin; 256.1: Rüdiger Woelk, Münster; 258.1: Wirtschaftsverband Erdöl- und Erdgasgewinnung e.V., Hannover; 259.2: Corbis, Düsseldorf (Bettmann); 260.1: Visum, Hamburg (Jiri Rezac); 260.2: Corbis, Düsseldorf (Dan Lamont); 261.1: Deutsches Erdölmuseum, Wietze (aus: Ehrenwerth/Abel: Klein-Texas in der Heide. – Ströher, 1998); 263.1: Corbis, Düsseldorf (Johannes Kroemer); 263.2: mauritius images, Mittenwald (Michael Peuckert/imagebroker); 263.3: Keystone Pressedienst, Hamburg (Jochen Zick); 265.1: teamwork, Hamburg (Karl-Bernd Karwasz); 265.2: artvertise fotodesign, Gütersloh; 265.3: Ekkehart Reinsch, Dortmund; 265.4: Guido Schiefer Fotografie, Köln; 266.1: dpa Infografik, Frankfurt; 267.1: Varta Autobatterie, Hannover; 267.2: Max-Planck-Gesellschaft zur Förderung der Wissenschaften e.V., München (Wolfgang Filser); 268.1: Deutsche Welthungerhilfe, Bonn; 268.2: Roger Schmidt, Brunsbüttel; 272.2: mauritius images, Mittenwald (Photononstop); 273.1, 256.3: Blickwinkel, Witten (T. Mohr); 273.2: Visum, Hamburg (Bernd Euler); 275.1: Picture-Alliance, Frankfurt (dpa/TASS/Ustinenko Anatoly); 275.3: Michael Kampf, Leipzig; 276.1, 247.1: Michael Rieke, Hannover; 276.2: creativ collection Verlag, Freiburg; 276.3: iStockphoto, Calgary (Richard Semik); 277.1: Heuer, Hannover; 277.2: Henzler, Nürtingen; 277.3: mauritius images, Mittenwald (STOCK4B); 277.4: mauritius images, Mittenwald (Martin Ley); 277.5: TopicMedia Service, Ottobrunn; 277.6, 159.1: Olaf + Ulrike Mendenbach, Witten; 278.2: Justus-Liebig-Gesellschaft, Gießen; 278.3: Friedrich Stark, Dortmund; 280.1: mauritius images, Mittenwald (Alamy); 282.1: i.m.a., Bonn; 282.2: Picture-Alliance, Frankfurt (ZB/Matthias Bein); 284.1, 284.2, 284.3, 284.4: IFM Geomar, Kiel (J. Greinert); 285.1: Friedrich Stark, Dortmund; 285.4: mauritius images, Mittenwald (Busse Yankushev); 289.1, 275.4: Arco Images, Lünen (NPL); 289.2a, 289.2b, 289.3: Max-Planck-Gesellschaft zur Förderung der Wissenschaften e.V., München (TexMax 7/2008); 293.2: Volker Rinke, Hildesheim; 293.4: Picture-Alliance, Frankfurt (Wittek); 297.2: ESOC, Darmstadt; 298.1, 298.3: Michael Fabian, Hannover; 299.2: Picture-Alliance, Frankfurt (ZB/W. Grubitzsch); 300.2: Dr. Enno Müller, Braunschweig; 300.3: IFM Geomar, Kiel; 301.1: Max-Planck-Gesellschaft zur Förderung der Wissenschaften e.V., München (TexMax 7/2008); 301.2: Picture-Alliance, Frankfurt (dpa/Christian Hage); 301.3: Visum, Hamburg (Manfred Scharnberg); 303.1: Kaloo Fotografie, Mertingen; 303.2: Juniors, Ruhpolding; 304.1-2: adpic Bildagentur, Bonn (R. Rebmann); 304.3: adpic Bildagentur, Bonn (G. Kaindl); 304.4: Glaswarenfabrik Karl Hecht, Sondheim/Rhön; 304.5: Okapia, Frankfurt (David Scharf/P. Arnold, Inc); 306.1: Superbild/Your Photo Today, Taufkirchen; 307.4: iStockphoto, Calgary (Jurie Maree); 308.1: fotolia.com, New York; 309.1: Solvay, Hannover; 309.2: Floramedia Group, EK Zaandam; 309.3: mauritius images, Mittenwald (Cultura); 310.1: Visum, Hamburg (Jacob Silberberg/Panos Pictures); 313.3: Michael Fabian, Hannover; 314.1: Biermann-Schickling, Birgitt, Hannover; 315.3: vario images, Bonn (imagebroker); 318.1: Picture-Alliance, Frankfurt (Hinrich Bäsemann/dpa); 319.1: Tierbildarchiv Angermayer, Holzkirchen; 319.2: Dr. E. Philipp, Berlin; 319.3: adpic Bildagentur, Bonn; 321.1: Corbis, Düsseldorf (R.CREATION/amanaimages); 322.3: Antoine de Saint-Exupéry, Der Kleine Prinz. Cover. © Éditions Gallimard, Paris; 325.1: doc-stock GmbH, Stuttgart (Prisma); 325.3a: Wildlife, Hamburg (D.Harms); 325.3b: agenda, Hamburg (Jörg Boethling); 327.2: Bildagentur Huber, Garmisch-Partenkirchen (Bernhart); 327.3: ullstein bild, Berlin (Granger Collection); 332.2: Westend61, München (Bail); 333.1: Okapia, Frankfurt (Christian Grzimek); 335.3: Juniors, Ruhpolding; 336.1: Blickwinkel, Witten (P. Schutz); 336.2: Nobelstiftelsen, Stockholm; 336.3: Bayer Vital GmbH (obs); 337.1: Ingo Wandmacher, Bad Schwartau; 337.2: Picture-Alliance, Frankfurt (dpa/Peter Steffen); 344.1: Europäische Kupferinstitut (ECI), Brüssel; 344.2: Focus, Hamburg (Burgess/SPL); 347.1: Jahreszeiten Verlag, Hamburg (Uwe Bender); 347.3: allOver, Plourivo (Galerie Photo); 349.4: STOCK4B, München (RG Images); 353.3: Wilhelm Mierendorf, Stuttgart; 354.1: Corbis, Düsseldorf (J. P. Greenwood); 359.2a: i.m.a., Bonn; 359.2b: Getty images, München (Simon Watson); 359.3: agenda, Hamburg (Jörg Boethling); 360.1: Süddeutsche Zeitung Photo, München (Knorr + Hirth); 361.2: Michael Fabian, Hannover; 363.1: Thomas Semmler, Lünen; 363.4: Focus, Hamburg (SPL/Steve Gschmeissner); 364.1: CNImaging; 364.2: imagetrust, Koblenz (Franz Bischof); 364.3: mauritius images, Mittenwald (Doug Scott); 366.1: PhotoAlto, Berlin (Laurence Mouton); 366.4: Wildlife, Hamburg (R. Usher); 367.1: Tierbildarchiv Angermayer, Holzkirchen (Pfletschinger); 369.1: Westend61, München (Christian Kargl); 369.2: mauritius images, Mittenwald (Marina Raith); 369.3: Corbis, Düsseldorf (Andrew Davies); 369.4: BASF Bilddienst, Ludwigshafen; 371.1: BMW AG, München; 372.2: die bildstelle, Hamburg (Rex Features Ltd.); 373.2: Helga Lade, Frankfurt; 373.3: die bildstelle, Hamburg (MCPHOTO); 374.3: Bayer AG, Leverkusen; 376.2, 376.3: DuPont de Nemours Deutschland GmbH, Neu Isenburg; 376.4: Hagley Museum and Library, Wilmington; 377.2: Matysiak, Weyarn; 378.5: Sanofi-Aventis, Frankfurt; 380.1: allOver, Plourivo (Galerie Photo); 381.3: Fraunhofer Gesellschaft e. V., München; 382.1: Xinhua, Berlin; 383.3: Geohumus International, Frankfurt; 384.1: Nico Schmidt, Berlin; 384.3: Picture-Alliance, Frankfurt (ZB/Hendrik Schmidt); 385.1a, 385.1b, 385.1c, 385.1d: Bayer AG, Leverkusen; 386.4: imago, Berlin (Bernd Friedel); 387.2: vario images, Bonn.

Die weiteren Fotos stammen von Manfred Simper, Wennigsen, Hans Tegen, Hambühren, oder dem Verlagsarchiv. Trotz entsprechender Bemühungen ist es uns nicht in allen Fällen gelungen, den Rechtsinhaber ausfindig zu machen. Gegen Nachweis der Rechte zahlt der Verlag für die Abdruckerlaubnis die gesetzlich geschuldete Vergütung.

Das illustrierte Periodensystem

Hauptgruppen

I

1 Wasserstoff

○ Raketentreibstoff
○ Fetthartung
○ Entschwefelung von Erdol
○ Herstellung von Ammoniak
x 1,008

VIII

2 Helium

○ Füllung für Ballone und Zeppeline
○ Tauchglockenatmosphäre
○ Laser und Leckdetetoren
○ Kühlmittel für Kernkraftwerke
x 4,003

II III IV V VI VII

3 Lithium

v Schmieroladditiv
Batterien
+ Legierungen fur die Raumfahrt
v Laborglas
x 6,94

4 Beryllium

Fenster fur Rontgenrohren
+ Uhrfedern
+ Funkenfreie Werkzeuge
x 9.01

5 Bor

v Moderator in Kernkraftwerken
v Tennisschläger
v Hitzefestes Glas
v Bleichmittel
x 10,81

6 Kohlenstoff

○ Diamanten, Bleistifte
○ Färbemittel für Reifen
○ Moderator in Kernkraftwerken
v Kunststoffe
x 12,01

7 Stickstoff

○ Kältetherapie
○ Kühlmittel (flüssig)
○ Ammoniakherstellung
v Düngemittel
x 14,01

8 Sauerstoff

○ Verbrennungen
○ Stahlproduktion
○ Wasseraufbereitung
v Sand, Wasser, Beton
x 16,00

9 Fluor

v Anreicherung von Uran-235
v Kuhlmittel
v Zahnpasta
v Teflon
x 19,00

10 Neon

○ Neonleuchten
○ Scheinwerfer
○ Laser
○ Spannungsprüfer
x 20,18

11 Natrium

○ Straßenbeleuchtung
○ Kühlmittel für Kernreaktoren
+ Batterien
v Kochsalz, Soda, Glas
x 22,99

12 Magnesium

○ Unterwasserfackel
+ Flugzeuge, Motorenteile
v Schamottsteine
v Pigmente, Filter
x 24,31

13 Aluminium

○ Fenster- und Türbeschläge
○ Rohre, Kabel, Folien
○ Feuerwerk
+ Automobile, Raketen, Flugzeuge
x 26,98

14 Silicium

○ Elektronische Bauteile, Solarzellen
+ Werkzeuge
v Zement, Quarzglas
v Silikonschmierstoffe
x 28,09

15 Phosphor

○ Feuerwerk, Zündhölzer
v Düngemittel, Waschmittel
v Zahnpasta
v Pestizide
x 30,97

16 Schwefel

○ Zündhölzer, Feuerwerk
○ Batterien
○ Gummivulkanisierung
v Haarfestiger
x 32,06

17 Chlor

○ Wasseraufbereitung
v Bleiche, Salzsäure
v PVC
v Rostentferner
x 35,45

18 Argon

○ Glühbirnen
○ Glasentladungsröhren
○ Laser, Geigerzähler
○ Schutzgas zum Schweißen
x 39,95

19 Kalium

v Düngemittel
v Optische Gläser
v Zündhölzer, Schießpulver
v Kochsalzersatz
x 39,10

20 Calcium

○ Metallurgie
+ Kabelisolierung
v Düngemittel
v Beton, gebrannter Kalk
x 40,08

31 Gallium

○ Quarzthermometer
v Informationsspeicher
v Transistoren, Laserdioden
v Lokalisierung von Tumoren
x 69,72

32 Germanium

○ Infrarotprismen
○ Tranistoren, Dioden
○ Schmucklot
○ Weitwinkelobjektiv
x 72,59

33 Arsen

+ Schrotkugeln
+ Spiegelbeschichtung
v Leuchtdioden
v Glas, Laser
x 74,92

34 Selen

○ Belichtungsmesser
○ Fotokopierer
○ Solarzellen
v Anti-Schuppen-Shampoo
x 78,96

35 Brom

v Tränengas
v Brandschutz
v Desinfektionsmittel
v Filme
x 79,90

36 Krypton

○ Leuchtröhren
○ Blitzbirnen
○ Wellenlängen-Standard
v UV-Laser
x 83,80

37 Rubidium

○ Fotozellen
○ Gasfalle in Vakuumbehältern
○ Herzmuskelforschung
x 85,47

38 Strontium

v Nuklearbatterien
v Beta-Strahler
v Leuchtfarbe
v Feuerwerk
x 87,62

49 Indium

○ Solarzellen, Spiegel
+ Moderator in Kernreaktoren
v Fotozellen, Transistoren
v Blut- und Lungenforschung
x 114,82

50 Zinn

+ Geschirr
+ Münzen
+ Orgelpfeifen
v Opalglas, Email
x 118,69

51 Antimon

+ Lot, Klischees
+ Bleibatterien, Dichtungen
v Infrarotdetektoren
v Arznei gegen Parasiten
x 121,75

52 Tellur

○ Zündhütchen
○ Gummivulkanisierung
○ Batteriegehäuse
+ Elektrische Widerstände
x 127,60

53 Iod

○ Desinfektionsmittel
○ Halogenlampen
v Tintenpigmente
v Kochsalzzusatz
x 126,90

54 Xenon

○ UV-Lampen, Solarien
○ Farbentester
○ Projektionslampen
○ Elektronenblitze
x 131,30

55 Caesium

○ Fotozellen
○ Gammastrahlenquelle
○ Atomuhren
○ Infrarotlampen
x 132,91

56 Barium

+ Zündkerzen
+ Gasfallen in Vakuumbehältern
v Feuerwerk
v Fluoreszenzlampen
x 137,34

81 Thallium

+ Thermometer
v Infrarotdetektoren
v Herzmuskelforschung
v Insektizide
x 204,37

82 Blei

○ Strahlenschutz
○ Bedachungen, Batterien
+ Lot, Munition
v Farbstoffe
x 207,2

83 Bismut

○ Katalysator in der Gummiproduktion
+ Sicherungen
+ Sprinkler
v Glas, Keramik
x 208,98

84 Polonium

○ Nuklearbatterien
○ Neutronenquelle
○ Antistatikmittel
○ Filmreiniger
x (209)

85 Astat

Keine kommerzielle Verwendung
x (210)

86 Radon

○ Erdbebenvorhersage
○ Gesundheitsgefahr in Häusern, die auf Granit gebaut sind. Kommt in der Natur selten vor.
x (222)

87 Francium

Kommt in der Natur selten vor
(223)

88 Radium

v Neutronenquelle
v Strahlentherapie
x 226,03

Aggregatzustand bei Zimmertemperatur:

Gelb	Gas
Rot	Flüssigkeit
Weiß	Feststoff
Grün	Feststoff (radioaktiv)

Vorkommen in der Natur:

nur in Verbindungen

nur elementar

in Verbindungen und elementar

Verwendung:

20 Calcium — Ordnungszahl und Name

○ elementar
+ in Legierung, Gemenge oder Beimischung
v als Verbindung
x — Atommasse in u (Nukleonenzahl des wichtigsten Isotops in Klammern)